U0610530

灌区节水新技术
研究与实践

司振江 邵东国 黄福贵 李其光 黄 彦 主编

黑龙江科学技术出版社
HEILONGJIANG SCIENCE AND TECHNOLOGY PRESS

图书在版编目（ＣＩＰ）数据

灌区节水新技术研究与实践 / 司振江等主编. —— 哈尔滨：黑龙江科学技术出版社, 2020.9（2021.2 重印）

ISBN 978-7-5719-0722-8

Ⅰ. ①灌… Ⅱ. ①司… Ⅲ. ①灌区 – 节约用水 – 研究 Ⅳ. ①S274

中国版本图书馆 CIP 数据核字(2020)第 182188 号

灌区节水新技术研究与实践

GUANQU JIESHUI XINJISHU YANJIU YU SHIJIAN

作　　者	司振江　邵东国　黄福贵　李其光　黄　彦
责任编辑	王　姝
封面设计	佟　玉
出　　版	黑龙江科学技术出版社
	地址：哈尔滨市南岗区建设街 41 号　邮编：150001
	电话：（0451）53642106　传真：（0451）53642143
	网址：www.lkcbs.cn　www.lkpub.cn
发　　行	全国新华书店
印　　刷	哈尔滨午阳印刷有限公司
开　　本	787 mm×1092 mm　1/16
印　　张	27.75
字　　数	640 千字
版　　次	2020 年 9 月第 1 版
印　　次	2021 年 2 月第 2 次印刷
书　　号	ISBN 978-7-5719-0722-8
定　　价	128.00 元

【版权所有，请勿翻印、转载】

本社常年法律顾问：黑龙江承成律师事务所　张春雨　曹珩

前　言

　　中华人民共和国成立以来，国家始终高度重视灌溉工作，团结和带领全国人民开展了大规模农田水利建设和一系列水利改革，不断完善灌排设施，提升灌溉管理水平以及灌溉保障与支撑能力，为发展现代灌溉奠定了坚实基础。特别是改革开放以来，我国灌溉事业的迅速发展，为实现粮食连续增产发挥了重要作用。"十二五"期间国家把发展大型灌区摆在重点位置，2011年，水利部根据《中共中央、国务院关于加快水利改革的决定》精神提出了"十二五"时期加快实施大中型灌区续建配套和节水改造，要求完善灌排工程设施，提高灌区输水、配水效率和灌排保证率，改善农业生产条件，增强灌区运行管理能力和水平，提高农业综合效益和农民增收。由于历史欠账多、薄弱环节多、积累矛盾多等原因，我国灌溉的总体水平仍不高，水资源短缺、灌溉用水效率不高、抗御水旱灾害的能力仍不强、灌溉可持续发展的后劲仍不足等问题依然存在，与促进现代农业发展、保障国家粮食安全、建设美丽中国的要求相比仍有较大差距。东北粳稻灌区面积占全国粳稻面积的43%，灌区多数为20世纪50年代以来所建，渠道工程老化、冻胀破坏严重，造成输配水能力下降，灌溉水利用率低；耕地面积虽然大，但受农户地权范围、耕种要求和地形条件等限制，田块碎片化状况较为普遍，缺少标准化田间工程，且土地平整精度不高，严重影响灌溉用水效率和机械化作业；灌溉多采用淹灌方式，灌溉管理粗放，水资源浪费严重。南方河网灌区地形复杂，沟、渠、塘、堰集中交错分布，受农业面源及生活点源污染影响，导致水污染十分严重；南方虽降雨丰沛、水资源丰富，但农业灌溉长期存在浪费且排水量大等问题，必须提高农业供水效率和效益；大型灌区的管理水平尚不高，灌区缺少系统的量测水监测设施，用水精量管理困难，高峰期缺少合理调度方案，需要用现代信息化手段提高灌区管理水平。近年来黄河多次出现断流，华北引黄灌区引水能力下降，农业灌溉保证率明显降低；随着上、中、下游灌溉面积的不断扩大，用水紧张现象日益突显；季节性缺水比较严重，灌溉期需水量大，来水不能满足要求，需要地下水补充；输配水工程多为土渠，农田灌溉多采用地面灌溉，渠道、管道受黄河水泥沙淤堵影响严重，造成农田灌溉水利用率低下。

　　为此，水利部在全国范围开展基础研发、示范等科技活动，为保障国家水安全和粮食安全，提高水资源利用效率和粮食增产，在东北、华北、南方片区开展了科技成果创新、产品落地等示范推广工作，建设粮食主产区科技示范工程，为全国提供了可复制的样板工程。

　　本书以"十二五"国家科技支撑计划"大型灌区节水技术集成与示范"课题研究成果为基础，通过室内外试验、理论分析、模型计算及产品研发等深入开展科学研究，来增加科技含量、提升灌区建设标准、提高粮食产量，实现区域农业生产和农村经济可持续发展，为大型灌区节水改造提供技术支撑。在东北粳稻灌区，以黑龙江省庆安县和平灌区为中心，开展装配式渠道及防冻胀措施、低压管道灌溉、控制灌溉、水肥一体化等技术研究，重点解决渠道工程老化、冻胀破坏严重、格田碎片化、土地平整度差、田间用水浪费等问题；在华北引黄灌区，以河南省中牟县杨桥引黄灌区和山东省平原灌区为中心，分别开展了多水源平衡利用及联合调度、井渠双灌田间灌水、规模化管道输水灌溉等技术研究，重点解决了引黄灌区灌溉水紧缺且季节性缺水、泥沙淤堵影响严重、灌溉水利用率低、灌溉用水粗放等问题；在南方河网灌区，以湖南省漳河灌区为中心，开展灌排系统的节灌—控排—生态减污、沟塘系统排水再利用、灌区用水管理等技术研究，重点解决了农业污染严重、排水量过大、重复利用率低等问题。

全书共分为九章，提出了灌区输配水新技术、田间节水灌溉技术、灌区节水栽培管理技术、灌区多水源平衡利用技术、灌区生态节水减污技术等，开发了灌区信息化管理系统，形成了灌区节水灌溉技术模式，建立了工程示范区并进行应用。具体撰写分工如下：

第一章由司振江、滕云、王柏撰写。

第二章由孙雪梅、陶琦、李芳花、张滨、孙景路、王昕、李其光、刘丽佳撰写。

第三章由吕纯波、王柏、邵东国、罗玉丽、孙艳玲、李福祥、宋静茹、庞桂斌、徐征和、李浩鑫、白美健、孙雪梅撰写。

第四章由张忠学、王柏、林彦宇、张玉庆、王忠波、杜平、王孟雪、徐丹、孙雪梅撰写。

第五章由邵东国、黄福贵、胡亚琼、范永申、韩金旭、张会敏、韩松俊、贾艳辉、景明、陈皓锐、姜丙州、卞艳丽、曹惠提、段福义、朱大林、吴玉磊、刘怀钦、孙雪梅撰写。

第六章由李浩鑫、邵东国、焦平金、陈述、顾文权、徐保利、王琲、王柏撰写。

第七章由黄彦、李芳花、黄福贵、范永申、王昕、朱伟峰、于艳梅、胡亚琼、倪新美、徐征和、曹程鹏撰写。

第八章由王柏、李其光、崔远来、毕作坤、詹小来、孙雪梅撰写。

第九章由李其光、黄彦、王柏、邵东国、黄福贵、吕纯波、孙雪梅撰写。

全书的撰写和出版得到了国家科技支撑计划（2012BAD08B05）、国家重点研发计划（2016YFC0400108）和国家课题省级资助（GX17B010）等项目的支撑，谨此一并致谢！由于作者编写时间和认识水平有限，疏漏和错误之处在所难免，敬请读者不吝指正。

作　者
2020 年 4 月

目　　录

第一章 概 论

第一节 我国灌区节水改造技术现状及问题

中华人民共和国成立以来,特别是改革开放以来,党和国家始终高度重视灌溉工作,团结和带领全国人民开展了大规模农田水利建设和一系列水利改革,不断完善灌排设施,提升灌溉管理水平以及灌溉保障与支撑能力,为发展现代灌溉奠定了坚实基础。特别是近年灌溉事业的迅速发展,为实现粮食连续增产发挥了重要作用。但也必须看到,由于历史欠账多、薄弱环节多、积累矛盾多等原因,我国灌溉的总体水平仍不高,抗御水旱灾害的能力仍不强,灌溉可持续发展的后劲仍不足,与促进现代农业发展、保障国家粮食安全、建设美丽中国的要求相比仍有较大差距。

一、灌溉发展现状

1. 灌排设施不断完善

随着我国灌排设施的不断完善,灌排工程体系基本形成。特别是近年来,水利建设步伐加快,灌排设施建设取得了新进展:改造和新建了一批灌溉水源工程;实施了 400 多处大型灌区和 200 多处中型灌区的续建配套与节水改造,新建了一批灌区;对 200 多处大型灌排泵站进行了更新改造;启动实施了 1 250 个小型农田水利重点县建设。

截至 2011 年,全国共有以灌溉为主的水库 6.97 万座,兴利库容为 1 062.00 亿 m^3;引(进)水闸共 1.10 万座,供水泵站共 5.17 万座,部分具有灌溉功能;规模以上灌溉机电井共 407.00 万眼,固定机电灌排站共 42.30 万处;大型灌区 456 处,中型灌区 7 316 处,其中重点中型灌区(设计灌溉面积为 0.33 万 ~ 2.00 万 hm^2) 1 869 处;133.33 hm^2 及以上灌区灌溉渠道共 83.00 万条,总长度为 114.80 万 km(其中衬砌长度为 34.10 万 km),渠系建筑物共 319.10 万座,排水沟道共 41.50 万条,排水建筑物共 82.10 万座。

2. 灌溉面积稳步增加

我国灌溉事业历经了 1949 ~ 1977 年的快速发展阶段、1978 ~ 1990 年的波动徘徊阶段和 1991 ~ 2011 年的稳步发展阶段,灌溉面积逐步发展。1949 ~ 2011 年全国农田有效灌溉面积年均净增 0.11 亿亩[①],农田有效灌溉面积居世界第一位。

---

① 亩为非法定计量单位,1 亩 ≈ 666.67 m^2

截至 2011 年，全国灌溉面积共 6 680 万 hm²，其中农田有效灌溉面积为 6 133 万 hm²，全国实灌面积为 5 800 万 hm²，其中农田实灌面积为 5 373 万 hm²。全国大型灌区设计灌溉面积为 2 320 万 hm²，有效灌溉面积为 1 867 万 hm²，实际灌溉面积为 1 640 万 hm²；中型灌区设计灌溉面积为 1 973 万 hm²，有效灌溉面积为 1 487 万 hm²，实际灌溉面积为 1 213 万 hm²，其中重点中型灌区设计灌溉面积为 1 260 万 hm²，有效灌溉面积为 940 万 hm²，实际灌溉面积为 793 万 hm²。

3. 节水灌溉加快发展

随着已有灌区节水改造、节水灌区新建、节水灌溉示范等项目的实施，以及农机、农艺和生物技术节水措施的推广，节水灌溉取得了长足进步。2000~2010 年，全国净增节水灌溉工程面积 1 093 万 hm²，其中净增高效节水灌溉工程面积 600 万 hm²。

截至 2011 年，全国节水灌溉工程面积为 2 473 万 hm²，全国高效节水灌溉工程面积为 847 万 hm²，其中：管道输水灌溉 462 万 hm²，喷灌 143 万 hm²，微灌 241 万 hm²；高效节水灌溉工程面积占灌溉面积的比重（以下简称高效节水灌溉率）为 13%。

在全国灌溉面积稳步增加、粮食产量与经济作物产值逐年提高的情况下，通过发展节水灌溉，实现了灌溉用水量的基本稳定，提高了水资源利用效率。近年来，全国农田灌溉水有效利用系数由 0.43 提高到 0.51，年节水能力约 280 亿 m³，全国灌溉用水量基本稳定在 3 400 亿~3 700 亿 m³，灌溉用水量占总用水量的比重从 66% 持续下降到 59%。多年平均情形下，全国灌溉用水量为 3 620 亿 m³，其中地下水为 663 亿 m³；全国亩均灌溉用水量为 416 m³。

4. 灌溉事业改革积极推进

政策资金支持力度不断加大。初步建立了以公共财政投入为主导的灌溉投资体制，制定了从土地出让收益中计提 10% 用于农田水利建设等政策措施。

管理体制机制改革不断深化。全国 6 000 多处大中型灌区建立了管理机构，约有 70% 的灌区管理单位被纳入财政补助体系，已有 700 多万处小型农田水利工程完成了产权制度改革。

基层水利服务体系不断完善。全国基层水利站超过 2.9 万个。农民用水合作组织超过 7.8 万个，服务的灌溉面积占全国总灌溉面积的比例超过 25%。准公益性水利专业化服务队超过 6 000 支，服务的灌溉面积近亿亩。

农业水价综合改革积极探索。各地按照《水利工程供水价格管理办法》，积极推行农业终端水价，开展农业水价综合改革试点，建立了水价形成机制。

灌溉信息化建设试点推进。全国约 230 处大型灌区、数十处重点中型灌区开展了不同程度的信息化建设，140 处大型排涝泵站基本建立了计算机监控系统和视频监视系统，初步建成灌区各类信息采集及监控点 4 659 处。

二、灌溉发展存在的问题

1. 灌排设施建设明显滞后

我国灌排设施建设明显滞后，与目前交通、能源、信息等基础设施和基础产业的快速发展相比,仍有较大差距,灌排设施建设的滞后是影响灌溉效益发挥的最大"硬伤"。

基础设施依然不足。目前,全国耕地灌溉率约50%,部分耕地仍是"望天田",缺少基本灌排条件。山丘区和牧区灌排基础设施十分薄弱,抗御自然灾害的能力严重不足。农田水利建设"最后一公里"严重滞后。

设施配套依然不全。全国约40%的大型灌区、50%~60%的中小型灌区、50%的小型农田水利工程设施不配套,大型灌排泵站设备完好率不足60%。

灌排标准依然不高。全国10%以上低洼易涝地区排涝标准不足三年一遇,部分涝区治理不达标,排水能力不足。旱涝保收田面积仅占耕地面积30%左右,旱涝保收能力不强。

设施老化失修现象依然严重。现有的灌排设施大多建于20世纪50~70年代,由于长期缺乏有效的维修养护,有的设施的运行时间已超过使用寿命,工程坏损率高,效益降低,大型灌区的骨干建筑物坏损率近40%,中小型灌区状况更差。

2. 水土资源成为灌溉发展的主要"瓶颈"

我国水土资源自然禀赋并不优越,随着经济社会的快速发展,总量有限且分布不均的水土资源已逐步成为灌溉发展的主要"瓶颈"。

2016年我国人均水资源量约2 060 m^3,仅为世界平均水平的25%左右;耕地亩均水资源量约1 500 m^3,仅为世界平均耕地亩均水资源量的50%左右;因供水不足、被生活和工业用水挤占等原因,灌溉用水形势日益严峻,多年平均情形下灌溉总缺水量已超300亿 m^3。

目前,我国人均耕地约0.09 hm^2,仅为世界平均水平的40%,且耕地质量总体偏差,水土流失、土地沙化、土壤退化等问题日益严重。近年来,因工程老化、建设占地等原因,全国平均每年减少的农田有效灌溉面积已超过66.67万 hm^2,而补充的灌溉面积中,优质耕地占比偏低。

水土资源不匹配问题日益凸显。目前,我国北方地区耕地面积和粮食产量均占全国的62%左右,但其水资源总量仅占全国的22%;13个粮食主产省的耕地面积和粮食产量分别占全国的64%和76%,但其水资源总量仅占全国的40%。

3. 总体用水水平仍需提高

我国灌溉总体用水水平依然不高,且地区间发展不平衡,与实行最严格水资源管理制度、建设节水型社会的要求以及先进国家用水水平相比尚有一定差距。目前,全国农田灌溉水有效利用系数为0.51,有的省份不足0.40,与以色列等节水先进国家的0.7~0.8相比明显偏低。全国高效节水灌溉率为13%,与我国严峻的水资源形势相比明显偏低。

4. 改革与管理任务依然艰巨

我国灌溉发展的体制机制尚不健全,长期以来形成的重建设、轻管理局面未得到根本扭转,投入不足与管理不到位仍然是影响灌溉发展的明显"短板",改革与管理任务依然十分艰巨。

投入不足且尚未形成稳定的投入机制。虽然近年中央财政各种渠道用于农田水利建设的投入逐年增加,2012 年已超过 1 100 亿元,但由于历史欠账多、大型灌区续建配套与节水改造等地方财政建设资金到位率低、"两工"(农村义务工和劳动积累工的简称)取消后农民投劳大幅减少等原因,投入仍难以满足需求。同时,涉及农田水利的中央财政投资渠道较多,但由于政策、规划和标准不统一,资金整合难度大,难以形成合力。

灌溉工程管理改革任重道远。全国农业水价仅为供水成本的 30% ~ 50% ,25% 左右大型灌区、65% 左右中型灌区未核定成本水价,水费实收率不足 70% ,超过 40% 的灌区管理单位的运行经费得不到保障,造成农田水利工程管理主体难以落实、管理责任无法履行。

基层水利服务体系尚不完善。基层水利服务体系覆盖范围小,无法满足农村小型灌溉设施建设、管理、维护和保养等的技术服务需求,抗旱服务队、节水灌溉技术服务队等准专业化服务队伍也存在区域间发展不平衡、投入机制不健全、服务水平不足等问题。

灌溉信息化水平难以支撑现代化。灌溉用水计量率低,灌区监测体系尚未建立,农田水利信息化建设仍处于试点、探索阶段,已建信息系统规模小、节点不足、标准不统一、信息量匮乏,大型灌区运行数据监测点平均每 0.5 万 hm^2 仅 1 个,中型灌区信息化尚处于启动阶段,难以实现全面监测、精准计量、精细管理。

5. 灌区生态环境亟待改善

灌溉是用水大户、用地大户,长期以来形成的重建设、轻保护发展方式,使得水资源短缺地区、生态环境脆弱地区的灌区生态环境不断恶化。

水资源过度开发。由于经济社会快速发展,我国许多地区尤其是北方地区水资源过度开发问题十分突出,生活和工业挤占灌溉用水、灌溉挤占生态用水和超采地下水的现象十分严重。近年来,北方主要河流经济社会用水挤占河道内生态环境用水量为 123 亿 m^3 ,相当于生态环境需水量的 12% ;现全国地下水超采量为 159 亿 m^3 ,地下水超采区面积达 23 万 km^2 。地表水与地下水过度开发现象与灌溉有关。由于水资源过度开发,导致许多地区出现河流断流、干涸,湖泊、湿地萎缩、入海水量减少、河口淤积萎缩,地下水位持续下降、地面沉降、海水入侵、土地沙化等生态环境问题。

环境污染难以控制。长期大量使用化肥、农药、农膜等造成的环境污染仍未得到有效控制,农业生态环境状况堪忧,对农产品质量安全和百姓身体健康构成了严重威胁。全国耕地土壤点位超标率高达 19.4% ,其中重度和中度污染点位占比为 2.9% ,约有 2 000 万 hm^2 耕地受到重金属污染。全国水体质量仍呈恶化趋势,约有 12% 的农业供水水质不合格。

6. 气候变化影响不断加剧

近年来,受全球气候变化的影响,我国部分地区极端天气明显增多,局部地区强暴雨、极端高温干旱以及超强台风等事件多发,自然灾害较为严重。近年来,全国平均每年水旱灾害受灾面积达 3 227 万 hm^2 ,成灾面积达 1 740 万 hm^2 。

第二节 灌区节水改造发展面临的形势

未来10～20年,我国灌溉事业既迎来难得的机遇,也需面对日趋加剧的资源环境约束和日益增长的粮食等农产品需求的双重挑战。

一、灌溉发展的有利条件

(一)水利改革发展的时机好

针对经济社会发展的新要求、气候变化的新特点、防灾减灾的新形势、农业生产的新情况,党中央做出了加快水利改革发展的决定,于2011年首次召开了中央水利工作会议,做出了"要把水利工作摆上党和国家事业发展更加突出位置,着力加快农田水利建设""力争今后10年全社会水利年平均投入要比2010年高出一倍"等部署,并采取了一系列兴水惠民的重大举措。

党的十八大报告提出,加快发展现代农业,增强农业综合生产能力,确保国家粮食安全和重要农产品有效供给,坚持把国家基础设施建设和社会事业发展重点放在农村,深入推进新农村建设,全面改善农村生产生活条件。2012年12月印发的《中共中央、国务院关于加快发展现代农业进一步增强农村发展活力的若干意见》指出,加快大中型灌区配套改造、灌排泵站更新改造,扩大小型农田水利重点县覆盖范围,大力发展高效节水灌溉,加大雨水集蓄利用、堰塘整治等工程建设力度,提高防汛抗旱减灾能力;及时足额计提并管好用好从土地出让收益中提取的农田水利建设资金,加快落实农业灌排工程运行管理费用由财政适当补助的政策。党和国家的高度重视,为灌溉发展开创了崭新局面。

(二)发展条件更加成熟

工业化、城镇化的引领推动作用更加明显。工业化快速发展,信息化水平不断提高,为改造传统灌溉提供了现代生产要素和管理手段;城镇化加速推进,农村劳动力大量转移,为发展规模化、集约化灌溉创造了有利时机。

科技支撑更加有力。科技创新孕育新突破,全球绿色经济、低碳技术正在兴起,生物、信息、新材料、新能源、先进装备制造等高新技术广泛应用于农业领域,现代灌溉发展的科技支撑更加强劲。

发展经验更加丰富。各地在农业综合开发中低产田改造、大中型灌区续建配套与节水改造、小型农田水利重点县建设、节水灌溉示范区建设等项目的实施中积累了丰富经验,给现代灌溉发展带来了宝贵财富。

二、经济社会发展的需求

(一)保障农产品供给的需求

尽管近年来我国粮食产量连续增长,其他重要农产品也大幅增产,但农产品供求仍存在缺口,大豆等少数农产品供给主要依靠进口,农产品"总量基本平衡、结构性紧缺"的状况依然存在。据统计,近年来,平均每年粮食供求缺口在 500 亿 kg 左右。

随着人口的不断增加、人民生活水平的不断提高,我国粮食等农产品需求继续呈刚性增长,食物消费结构快速升级,农产品工业用途和转化规模扩大,使得农产品产需缺口不断扩大、结构性矛盾进一步突出。综合考虑人口增长、消费结构升级、城镇化加速推进、工业用粮转化规模扩大等因素,根据有关部门预测,我国农产品消费需求的快速增长期还将持续 20 年左右。

灌溉对提高农产品供给的作用主要体现在两个方面。一是可提高农作物单产。调查数据显示:有灌溉条件地区的小麦单位面积产量是旱地单位面积产量的 1.67 ~ 1.89 倍,有灌溉条件的玉米单位面积产量是旱地单位面积产量的 1.47 ~ 1.53 倍,而且产量相对稳定。节水灌溉增效示范项目后评价结果显示:项目实施前后粮食作物平均亩产增加 22%,经济作物平均亩产增加 31%。二是有利于扩大播种面积。以 2003 ~ 2011 年为例,在全国农田有效灌溉面积由 5 593 万 hm² 增加到 6 147 万 hm² 的同时,农作物播种面积由 1.53 亿 hm² 增加到 1.62 亿 hm²,耕地复种指数由 124% 增加到 133%,其中粮食播种面积由 0.99 亿 hm² 增加到 1.11 亿 hm²。综合考虑近年灌溉面积与粮食产量关系、未来粮经比及粮食消费结构的变化情况等,为保障农产品供给,预测 2030 年全国人口数量基本达到高峰时,全国灌溉面积应不低于 7 333 万 hm²,其中农田有效灌溉面积应不低于 6 667 万 hm²。前述根据水土资源承载能力,按可持续利用原则确定的灌溉面积规模,基本满足这一要求。

解决十几亿人口的吃饭问题始终是治国安邦的头等大事,要充分利用国内、国际两个市场,并按口粮绝对安全、谷物基本自给的要求,把饭碗牢牢端在自己手中。在人多地少水缺矛盾加剧、全球气候变化影响加大的形势下,尤其要下大力气发展现代灌溉,通过内涵式灌溉面积改善、外延式灌溉面积发展以及适时、适量、精准灌溉等措施,与高效的农业生产机制相结合,着力提高单位灌溉面积上农产品水平、高产稳产能力以及灌溉对国家农产品供给的贡献。

(二)发展现代农业的需求

党的十八大提出,要促进工业化、信息化、城镇化、农业现代化同步发展,到 2020 年,工业化基本实现,信息化水平大幅提升,城镇化质量明显提高,农业现代化和社会主义新农村建设成效显著。党的十八届三中全会提出,推进家庭经营、集体经营、合作经营、企业经营等共同发展的农业经营方式创新。

灌溉是农业生产不可或缺的基础条件,灌溉现代化是农业现代化的重要组成部分。加快发展现代灌溉,推进现代灌溉和现代农业的良性互动,是发展现代农业的必然选择。通过发展现代灌溉,可逐步解决灌溉发展面临的深层次问题,构建与集约化、专业化、组织化、社会化的新型农业经营体系相适应的现代灌溉设施体系、技术体系和管理体系,从而提高劳动生产率,满足省工、省时、省力、省水的灌溉要求,适应农户兼业化、村庄空心化、劳动力老龄化的新形势,提高农业生产的比较效益。

（三）推进生态文明建设的需求

党的十八大提出,要大力推进生态文明建设,努力建设美丽中国。党的十八届三中全会提出,对水土资源、环境容量超载区域实行限制性措施;稳定和扩大退耕还林、退牧还草范围,调整严重污染和地下水严重超采区耕地用途,有序实现耕地、河湖休养生息。在水资源开发过度、环境污染严重、资源环境约束加剧的形势下,必须下决心发展现代灌溉,通过优化水土资源开发格局、控制水土资源开发强度、提高水土资源利用效率、保护生态环境等措施,形成与资源环境承载能力相适应的农业生产布局与农作物种植结构、灌溉发展规模与发展布局、灌溉用水量与高效节水灌溉方式,着力维系良好的灌区生态环境,提高灌溉面积上的农产品品质,促进农业可持续发展。

三、水土资源平衡分析

（一）灌溉可用水量分析

按照《国务院关于实行最严格水资源管理制度的意见》的要求,到 2030 年全国用水总量控制在 7 000 亿 m³ 以内,可基本满足经济社会长期平稳较快发展和维系良好生态的需求,实现水资源的可持续利用。

我国人口仍将处于增长过程,人民生活水平仍处于快速提升阶段,全国生活用水量将保持稳步增加态势。随着经济结构调整以及节约用水力度加大,工业用水定额将有较大幅度降低;同时,工业仍处于快速发展阶段,工业规模和总量仍将维持一定的增长,全国工业用水量也将保持稳步增加态势。为满足城镇河湖补水、绿化与环境卫生、水土保持与林草植被建设与水源涵养、重点湿地湖泊补水等生态环境用水的需求,须不断改善生态环境,全国河道外生态环境用水量将呈快速增加态势。

根据国务院《实行最严格水资源管理制度考核办法》所确定的各省级行政区用水总量,在《全国水资源综合规划(2010—2030 年)》基础上,结合近年灌溉用水量变化情况、未来节水和新增供水情况,进行灌溉可用水量分析。一是合理配置地表水和地下水,重视利用非常规水源,提高农业用水总体保障水平;在渠灌区因地制宜实行蓄水、引水、提水相结合;在井渠结合灌区实行地表水和地下水联合调度;在井灌区严格控制地下水开采,在地下水超采区,不得新增地下水灌溉水量,并逐步削减超采量,实现地下水采补平衡,深层承压水原则上只能作为应急和战略储备水源。二是按照总量控制、统筹协调、高效利用的要求,优化配置灌溉用水与其他行业用水,科学调整农、林、牧用水结构,着力保障各类灌溉用水的合理需求。

2020 年,在多年平均情形下,全国灌溉可用水量为 3 720 亿 m³,占总用水量的比重为 56%,其中地下水为 586 亿 m³;与基准年相比,2020 年全国灌溉可用水量微增 100 亿 m³,灌溉可用水量占总用水量的比例下降 6%。

预计到 2030 年,在多年平均情形下,全国灌溉可用水量为 3 730 亿 m³,占总用水量的比重为 53%,其中地下水为 532 亿 m³;与基准年相比,2030 年全国灌溉可用水量微增 110 亿 m³,灌溉可用水量占总用水量的比例下降 9%。

总体来看,未来在保障基本生态环境用水要求的前提下,满足城镇化、工业化快速发展需求的水资源供需矛盾更加突出,增加灌溉用水空间十分有限。全国分区灌溉可用水量如表1-1所示。

表1-1　全国分区灌溉可用水量　　　　　　　　　　单位:亿 m³

地区	2020 年			2030 年			与基准年差值	
	合计	地表水等	地下水	合计	地表水等	地下水	2020 年	2030 年
全国	3 720	3 134	586	3 730	3 198	532	100	110
东北	507	313	194	589	414	175	67	149
黄淮海	662	435	227	656	452	205	28	22
长江中下游	861	855	6	836	831	5	17	-8
华南沿海	483	472	11	464	452	12	-42	-61
西南	420	413	8	429	420	9	116	124
西北	787	646	141	757	630	128	-86	-116

(二)灌溉可用土地分析

根据《全国土地利用总体规划纲要(2006—2020 年)》,到 2020 年,全国耕地保有量为 1.2 亿 hm²,建设用地总面积控制在 3 727 万 hm²,通过农用地整治、损毁土地复垦和宜耕未利用地开发等补充耕地不低于 367 万 hm²;园地面积达到 1 333 万 hm²,林地面积达到 2.5 亿 hm²,牧草地面积达到 2.6 亿 hm²。

工业化、城镇化的推进将不可避免地占用部分耕地,而我国耕地后备资源少,生态环境约束大,制约了耕地资源补充能力。未来要在守住 18 亿亩耕地红线的前提下,严格控制对灌溉面积和灌排设施的占用,切实遏制灌溉面积"占优补劣"的势头,充分挖掘灌溉用地潜力,特别是现状耕地灌溉率较低的东北、西南等地区的灌溉用地潜力。

(三)灌溉发展规模分析

考虑国家粮食安全和生态文明建设对发展现代灌溉的总体要求,根据水土资源条件、国家"七区二十三带"农业战略布局、生态环境保护与修复等要求,按"以水定灌、有进有退"的要求优化未来灌溉发展规模。

对水土资源条件适宜、有灌溉发展需求的地区,在严格保护生态、控制用水总量和水土资源平衡的基础上,合理确定新增灌溉面积。对国家主体功能区中明确任务要求、水土资源能够维持生产的农产品主产区,确保灌溉面积不减少。对水资源短缺、水资源开发过度、生态环境脆弱地区,严格控制新增灌溉面积,在采取种植结构调整、强化节水措施后仍不能满足灌溉和退减挤占生态环境用水要求的地区,应核减灌溉面积,其中地下水超采区不得新增灌溉面积;对城镇化发展较快、土地利用性质发生重大变化的地区,也要根据相应规划调整灌溉面积。全国各分区规划灌溉面积如表1-2所示。

表1-2　全国各分区规划灌溉面积　　　　　单位:万 hm²

地区	2020 年			2030 年			与基准年相比净增	
	合计	农田有效	林果草地	合计	农田有效	林果草地	2020 年	2030 年
全国	7 333.33	6 673.33	660.00	7 600.00	6 866.67	733.33	653.33	920.00
东北	1 193.33	1 140.00	53.33	1 400.00	1 333.33	66.67	300.00	506.67
黄淮海	2 186.67	2 066.67	113.33	2 206.67	2 086.67	120.00	60.00	80.00
长江中下游	1 433.33	1 326.67	106.67	1 426.67	1 313.33	113.33	73.33	66.67
华南沿海	546.67	480.00	60.00	540.00	473.33	66.67	26.67	20.00
西南	833.33	733.33	100.00	886.67	766.67	120.00	206.67	253.33
西北	1146.67	920.00	226.67	1 153.33	893.33	253.33	-6.67	6.67

总体来看,我国水土资源承载能力有限,为实现农业的可持续发展,未来要走"稳固合理的存量、退减超载的存量、科学发展增量"的灌溉面积发展之路。

第三节　灌区发展布局及其重点任务

一、总体布局

根据水土资源禀赋以及国家实施主体功能区发展战略、建设节水防污型社会战略、加快现代农业发展和保障粮食安全战略、生态安全与生态文明建设战略等要求,合理布局、突出重点、分类指导、梯次推进。

北方地区总体"水少地多",未来以高效节约利用水资源、提高水资源利用效率效益为中心,按"增东稳中调西"的原则优化灌溉面积发展规模,按东北地区重在节水增粮、黄淮海地区重在节水压采、西北地区重在节水增收的要求发展节水灌溉。南方地区总体"水多地少",未来以节约集约利用土地资源、提高土地资源利用效率效益为中心,按"调东稳中增西"的原则优化灌溉面积发展规模,按示范带动的要求发展节水灌溉,大力推广水稻控制灌溉技术,着力节水减污。

结合《全国农业现代化规划(2016—2020 年)》的实施,梯次推进不同区域的灌溉发展。在环渤海、长江三角洲、珠江三角洲地区和海峡西岸经济区等东部沿海地区,沿海地区以外的直辖市、省会城市等大城市郊区,新疆生产建设兵团和黑龙江农垦、广东农垦等 19 个大型集团化垦区,基础条件较好以及地处水资源紧缺和生态环境恶化地区的灌区,率先推进现代灌溉发展;在《全国新增千亿斤粮食生产能力规划》确定的 24 个省级行政区 800 个粮食生产大县(市、区、场),《全国优势农产品区域布局规划(2008—2015 年)》确定的棉花、油菜、甘蔗等农产品优势区,重点推进现代灌溉发展;在牧区等地区,稳步推进现代灌溉发展。

（一）东北地区

东北地区粮食产能需求较大，水资源开发利用率、耕地灌溉率在北方3个分区中均最低，水土资源尚有一定开发利用潜力。未来应在内蒙古东南部以及辽宁、吉林、黑龙江的西部等水资源相对紧缺地区，以改造升级已有灌区为重点，完善灌排设施。在东北地区东部的三江平原等水资源相对丰富地区，改造升级已有灌区，完善灌排设施；合理开发当地地表水资源及界河水资源，适度新建一批水源工程和灌区工程，扩大灌溉面积，提高耕地灌溉率。旱作区合理发展微灌、喷灌，在有规模化耕作条件的地区集中连片发展大中型机械化行走式喷灌，水稻区推广控制灌溉技术。

（二）黄淮海地区

黄淮海地区水土资源开发利用潜力较小，水资源紧缺、供需矛盾突出已成为该区经济社会发展的瓶颈，而粮食产能仍有较大需求。未来应以改造升级已有灌区为重点，完善灌排设施；结合南水北调工程的实施进行灌溉水源置换，并充分利用雨水、微咸水、再生水等非常规水源，逐步退少地下水超采量，控制地下水超采，有序实现地下水的休养生息。在海河区，结合水资源承载能力和城镇化布局，合理调整灌溉面积。在黄河、淮河等水土资源适宜地区，适度新建灌区；加快淮北平原等涝区的排涝工程建设，提高排涝标准。在井灌区重点发展管灌，积极发展喷灌、微灌和水肥一体化；在渠灌区、井渠结合灌区重点发展渠道防渗，因地制宜发展管灌；在水稻种植区，推广节水减污技术。

（三）长江中下游地区

长江中下游地区水土资源总体较为匹配，但各地情况差异较大。未来应改造升级已有灌区，加强低洼易涝区排涝体系建设，完善灌排设施。在中游的水土条件适宜地区，适度新建灌区，扩大灌溉面积；在下游地区，结合水资源承载能力和城镇化布局，合理调整灌溉面积；加强黄河等地区中低产田改造，科学开发沿海滩涂资源。节水灌溉以渠道防渗为主，适当发展管灌，大力发展水稻控制灌溉技术，因地制宜发展喷灌、微灌。

（四）华南沿海地区

华南沿海地区水资源较丰富，但在满足生活、工业用水的前提下，大部分地区未来灌溉用水量增长空间有限。未来应改造升级已有灌区，加强低洼易涝区排涝体系建设，完善灌排设施。在西部的水土条件适宜地区，适度新建灌区，扩大灌溉面积；在沿海经济发达地区，结合水资源承载能力和城镇化布局，合理调整灌溉面积。在丘陵山区，加强坡耕地改造，充分利用小型水源工程进行灌溉。节水灌溉以渠道防渗为主，适当发展管灌，大力发展水稻控制灌溉技术，因地制宜发展喷灌、微灌。

（五）西南地区

西南地区水资源丰沛，水资源开发利用率、耕地灌溉率在全国6个分区中均最低，水土资源开发利用潜力较大，但田高水低，水土资源开发难度大。未来应改造升级已有灌区，完善灌排设施。加强水库及其配套灌区、引提水灌区建设，扩大灌溉面积，提高耕地灌溉率。建设改造塘坝、水池等小型水源工程,改善坪坝、丘陵地区灌排条件。节水灌溉以渠道防渗为主,适当发展管灌,推广水稻控制灌溉技术,因地制宜发展喷灌、微灌;在具备自流条件的地区,优先发展自压管灌、喷灌和微灌。

(六)西北地区

西北地区特别是内陆河区,水资源短缺,生态系统脆弱。未来改造升级已有灌区,应完善灌排设施。在塔里木河、吐哈盆地、天山北麓以及河西走廊的石羊河、黑河等生态环境问题突出的内陆河区,根据水资源承载能力和维系生态安全要求,合理调整农业生产布局,严格限制种植高耗水作物,积极退减灌溉面积,逐步退还超载水量,有序实现耕地、河湖和地下水的休养生息。在黄河以及伊犁河、额尔齐斯河等水土资源适宜地区,适度新建灌区。在内陆河区,大力发展微灌、管灌等高效节水灌溉,加强水肥一体化技术应用;在黄河区,因地制宜发展渠道防渗、管灌等节水灌溉;在具备自流条件的地区,优先发展自压喷灌、微灌和管灌。

二、灌区主要建设任务

要实现现代灌溉发展目标,必须夯实水源工程、输配水系统、排水系统、灌排建筑物、田间工程等灌排设施基础,在薄弱环节、关键领域的建设方面取得突破,着力提高灌排保证程度和抗御水旱灾害能力。

(一)灌溉水源工程建设

按照"先挖潜后配套,先改建后新建"的原则,加强灌溉水源工程及水资源调配工程建设,完善灌溉供水工程体系,切实提高灌溉供水保障能力。

加快推进已有水源工程改造。巩固大中型病险水库除险加固成果,做好水库日常运行管理工作。结合全国重点小型病险水库除险加固、大中型病险水闸除险加固等工程项目的实施,进行现有灌溉水源工程的配套、加固、改造、扩建、挖潜,充分发挥其供水能力。

稳步推进新水源工程建设。根据各地水土匹配情况、生态环境保护要求和灌区发展水源调配需要,结合相关规划,按照建设程序,大中小微、蓄引提调相结合,合理利用地下水,加大非常规水源利用力度,新建一批灌溉水源工程,包括直接增加灌溉供水量的水源工程和南水北调等间接增加灌溉供水量的水源工程,积极增加灌溉水的有效供给。

加强水资源调配工程建设。加强灌区水源工程间、灌排渠系间、灌排渠系与河湖水系间的互联互通,联合调配灌区水资源,完善灌溉水资源配置网络体系,着力提高灌溉供水调控能力。

(二)大中型灌区改造升级

1.加强已有灌区续建配套与节水改造

在已有工作的基础上,进一步加强已有灌区续建配套与节水改造,着力解决设施不足、配套不全、标准不高、老化失修等突出问题。其主要改造内容:整修、加固引水建筑物等渠首工程,完善引水功能;加强灌溉输水渠道续建配套、防渗衬砌,消除险工险段,做好特殊地区的泥沙处理和抗冻胀处理,有条件的地区,明渠逐步改造为暗渠或管道输水工程;完善配套渠系分水、节制、撤洪、泄洪等灌排渠系建筑物设施,对老化损坏严重的建筑物,根据老化损坏程度,分别采取加固或重建等措施;加强对兼有灌溉水调蓄作用、灌排两用沟渠、井灌井排工程以及除涝排水"卡脖子工程"的排水系统进行改造,进一步提高除涝排水标准;进行沟畦、渠(管)道、排水沟、道路与林带等田间工程的配套改造,着力解决"上通下阻"现象。

2. 加快已有灌区升级

结合灌区续建配套与节水改造和高标准农田建设,按现代灌区要求,加快已有灌区向现代灌区的升级。灌区升级的总体要求:一是信息化系统等管理设施要与工程设施同步升级;二是要集中连片、整体推进,以适应现代农业生产和经营方式;三是田间道路等的升级,要方便农机作业,以提高劳动生产率,适应农村劳动力转移的形势;四是要切实保护灌区生态环境。

(三)大中型新灌区建设

遵循灌排设施与水源工程同步、田间工程与骨干工程同步、农艺及生物措施与工程措施同步、管理设施与工程设施同步的要求,结合《全国新增千亿斤粮食生产能力规划》、全国大中型水库建设规划、近年灌溉水源工程建设情况以及项目前期工作基础和建设条件,适度新建大中型现代灌区,扩大灌溉面积,着力加强农产品主产区的新灌区建设。

(四)小型灌区建设

结合高标准农田建设,以改造升级现有灌区为主,因地制宜,分类建设。北方平原地区重点发展高效节水灌溉,推动井灌区实现管道化、自来水化灌溉;西南山丘区重点发展小水窖、小水池、小塘坝、小泵站、小水渠的"五小水利"工程,结合节水灌溉,适度增加灌溉面积;长江中下游、淮河以及珠江流域等水稻主产区,重点加强渠系工程配套改造和低洼易涝区排涝工程建设,大力推广控制灌溉技术。

(五)林果草地灌溉工程建设

结合林果草地类型多、地形复杂、灌溉要求多样的特点,因地制宜采取不同的灌溉措施。一般经济林果地多以补充灌溉为主,利用水池、水窖、小泵站等小型水源工程以及喷灌、滴灌等高效节水灌溉方式,形成灵活、适用的小型灌溉系统以保障林果地灌溉。对灌溉要求高的名优特水果及苗圃等林果地,加大现有灌溉设施的升级改造,提升灌溉水平,提高水源保障程度,大力推广喷灌、滴灌、小管出流等高效节水灌溉技术。草场灌溉以人工饲草料地和改良天然草场灌溉为主,坚持"建设小绿洲、保护大生态"的建设理念,通过对现有草场灌溉面积进行节水改造和新建部分灌溉设施,以灌溉草库伦、联户灌溉饲草料地或灌溉饲草料基地等形式适度发展高效节水灌溉饲草料地,解决部分牲畜的舍饲、补饲饲草料供应问题。

（六）节水灌溉工程建设

结合《国家农业节水纲要（2012—2020 年）》的实施，在东北地区节水增粮行动、西北和华北地区规模化高效节水灌溉工作的带动下，以转变灌溉用水方式、提高灌溉水利用效率为核心，大力推进节水灌溉工作，大幅度提高节水灌溉率，特别是高效节水灌溉率，优先推进粮食主产区、严重缺水和生态环境脆弱等地区的节水灌溉发展。

1. 加快节水灌溉工程建设和节水灌溉技术推广

除有回灌补源和防护林生态保护要求的渠段外，要对渠道进行防渗处理；在地面灌区，平整土地，合理调整沟畦规格，推广抗旱坐水种和移动式软管灌溉等地面灌水技术，提高田间灌溉水利用率；在井灌区和有条件的渠灌区，大力推广管灌；在水资源短缺、经济作物种植和农业规模化经营等地区，积极推广喷灌、微灌等高效节水灌溉；在南方水资源丰富尤其是水网地区，大力推广水稻控制灌溉技术，在节水的同时，减轻农业面源污染。

2. 积极推广农业和生物技术节水措施

合理调整农业生产布局、农作物种植结构，在水资源短缺地区严格限制种植高耗水农作物，鼓励种植耗水少、附加值高的农作物；合理安排耕作和栽培制度，选育和推广优质耐旱高产品种，提高天然降水利用率；大力推广深松整地、中耕除草、镇压耙耱、覆盖保墒、增施有机肥以及合理施用生物抗旱剂、土壤保水剂等技术，提高土壤吸纳和保持水分的能力；在经济作物、蔬菜、果木种植方面，配套和完善节水补灌设备，推广水肥一体化技术，促进现代节水型农业体系的建立；在干旱和易发生水土流失地区，加快推广保护性耕作技术。

3. 不断增加节水灌溉工程面积

2020 年全国初步建立农业生产布局与水土资源条件相匹配、高效节水灌溉技术与现代农业发展相适应、农业用水规模与用水效率相协调、工程措施与非工程措施相结合的节水灌溉体系。全国节水灌溉工程面积达 4 640 万 hm^2，其中渠道防渗面积为 1 967 万 hm^2，管灌面积为 920 万 hm^2，喷灌面积为 513 万 hm^2，微灌面积为 840 万 hm^2，其他节水灌溉工程面积 400 万 m^2；全国节水灌溉率达 63%，高效节水灌溉率达到 31%；全国约形成 260 亿 m^3 的年节水能力，部分用于改善现有灌溉面积以提高灌溉保证率，部分用于新增灌溉面积，部分用于退还现状下挤占的河道内生态环境用水和超采的地下水。

稳步提高灌溉水利用效率。2020 年全国农田灌溉水有效利用系数达到 0.55 以上，各省级行政区农田灌溉水有效利用系数为 0.41～0.75。

（七）灌排泵站更新改造

在已有工作的基础上，进一步加强土建工程、机电设备等的更新改造，着力实现泵站的安全、高效、经济运行；同时加强泵站受益区内灌排体系的改造和配套完善，提高灌区供排水能力。

1. 加快大型灌排泵站更新改造

优先安排改造效益明显和农产品主产区等重点地区的项目。做好东北平原、长江和淮河中下游沿江沿河以及滨湖等地区灌排泵站的更新改造,加强排涝区的配套工程建设,切实减轻洪涝灾害对粮食生产的影响。实施黄河沿岸、西南等地区高扬程灌溉泵站的更新改造,降低能耗和提水成本。

2. 实施中型灌排泵站更新改造

重点做好涉及粮食生产核心区和非主产区产粮大县中型灌排泵站的更新改造,普遍提高泵站的完好率和装置效率,有效降低能源消耗和灌溉成本。实施渍涝灾害严重地区的中型排水泵站更新改造,完善农村防洪排涝、排渍体系,减轻洪涝渍涝灾害对农产品生产的影响。"十三五"期间启动中型泵站更新改造。

做好小型灌排泵站更新改造。结合高标准农田建设、小型农田水利重点县建设、小型水源改造、涝区治理等,做好小型灌排泵站更新改造。

(八)灌区生态文明建设

1. 加强灌溉水质保护

大力发展循环经济和清洁生产,提高废污水处理水平和标准,提升水资源循环利用水平与效率,降低污染物的排放,控制和减少污染物入河湖量,在废水等污染源与灌区之间修筑截流沟和挡墙等截排污工程,逐步改善灌溉水质量。用工业或生活污废水作为灌溉水源时,必须经过净化处理,符合国家现行有关标准的规定,不宜使用再生水作为食用农产品的灌溉水源。以农业用水区为重点,加强全国大中型灌区水质监测网络建设,开展大中型灌区水质定期监测评价制度,实行定期的信息发布和预警预报制度。

2. 减轻灌区面源污染

加快实施化肥农药减施替代工程,推广精准化施肥、施药、施膜等环境友好型农业生产技术,减少灌区污染源。通过采取大畦改小畦,长沟改小短沟以及喷灌、微喷、滴灌工程,农艺及生物节水技术等节水灌溉措施,减少灌区排水量,降低发生灌区径流的可能性,有效降低灌区氮、磷流失量,减轻灌区面源污染。推广生态沟渠、生态湿地、多塘系统、生态隔离带等技术,以长江流域、珠江流域等为重点,实施农业生态拦截工程,在江河湖泊入口处建设人工湿地,降低灌溉退水的氮磷污染。建立健全灌区面源污染监测预警体系,及时掌握灌区面源污染现状和变化趋势,为灌区面源污染防治提供科学的依据。

3. 美化灌区环境

通过渠(河)道疏浚、岸坡整治、沿渠绿化、水质改善、生态修复以及生态景观修建等措施,促进灌区建设与农村居民点建设、农村水景观建设、农村水文化建设、水利风景区建设的深度融合,着力打造生态友好型和环境优美型灌区,为建设美丽中国贡献力量。

参 考 文 献

[1]柳长顺,杜丽娟.关于加快农田水利供给侧改革的几点思考[J].水利经济,2018,36(1):35-37.

[2]吴玉芹.节水灌溉向规模化推进:高效节水灌溉发展现状与展望(上)[J].中国农资,2016(6):21.

[3]王志真,任传栋.由灌溉水利用系数谈节水灌溉[J].黑龙江水利,2012(11):39-41.

[4]李慧,丁跃元,李原园,等.新形势下我国节水现状及问题分析[J].南水北调与水利科技,2019,17(1):215-221.

[5]张利平,夏军,胡志芳.中国水资源状况与水资源安全问题分析[J].长江流域资源与环境,2009,18(2):116-120.

[6]中华人民共和国水利部农村水利司.中国节水灌溉[M].北京:中国水利水电出版社,2009.

[7]高占义.我国灌区建设及管理技术发展成就与展望[J].水利学报,2019,50(1):92-100.

[8]张晓松.我国人均水资源为世界平均水平1/4[J].国土经济,2001(1):46.

[9]马学军.发展旱作节水农业确保农业可持续发展[J].中国农业信息,2011(6):33-36.

[10]刘恒新.绿色环保机械化技术的推广应用[J].农机科技推广,2016(11):4-7.

[11]周健民.浅谈我国土壤质量变化与耕地资源可持续利用[J].中国科学院院刊,2015,30(4):459-467.

[12]汪党献,王浩,马静.中国区域发展的水资源支撑能力[J].水利学报,2000(11):22-27+34.

[13]马学军.发展旱作节水农业 确保农业可持续发展[J].中国农业信息,2011(6):33-36.

[14]陈文江,曹威麟.改善中国农业用水管理的对策研究[J].科技进步与对策,2006(2):32-34.

[15]郑超磊,刘苏峡,舒畅,等.基于生态需水的水资源供需平衡分析[J].人民黄河,2010(1):50-51.

[16]李维明.中国水治理的形势、目标与任务[J].重庆理工大学学报,2019,33(6):1-6.

[17]邹照,刘胜强,任雪菲,等.农田重金属污染防治技术探讨[J].中国环保产业,2017(1):66-68.

[18]李秀芬,朱金兆,顾晓君,等.农业面源污染现状与防治进展[J].中国人口·资源与环境,2010(4):85-88.

[19]吴普特,赵西宁.气候变化对中国农业用水和粮食生产的影响[J].农业工程学报,

2010，26(2):1-6.

[20]孔祥旋，杨占平，武继承，等. 限量灌溉对冬小麦产量和水分利用的影响[J]. 华北农学报，2005，20(5):64-66.

[21]邵立威，张喜英，陈素英，等. 降水、灌溉和品种对玉米产量和水分利用效率的影响[J]. 灌溉排水学报，2009，28(1):48-51.

[22]刘洪禄，马福生，许翠平，等. 再生水灌溉对冬小麦和夏玉米产量及品质的影响[J]. 农业工程学报，2010(3):92-96.

[23]不详. 水利部:2020年全国农田有效灌溉面积达10亿亩[J]. 中国农资，2015(11):3.

[24]张丹. 农业节水灌溉存在的问题与发展对策研究[J]. 水资源研究，2017，6(1):49-54.

[25]李仰斌. 新时期我国节水灌溉发展战略与对策思考[J]. 节水灌溉，2011(9):5-7.

[26]山立，韩冰，邹宇峰. 中国节水农业科技创新面临的挑战及制约因素[J]. 世界农业，2016(3):15-21.

[27]吴丹. 中国经济发展与水资源利用脱钩态势评价与展望[J]. 自然资源学报，2014，29(1):46-54.

第二章 灌区输配水新技术

第一节 装配式渠道输配水技术及其产品

一、装配式混凝土矩形渠

目前,国内输配水渠道形式主要采用梯形、U形、矩形等断面形式,按照生产工艺分为浇筑、预制、工厂化生产等,按照施工方法分为现场砌筑、现场浇筑和现场装配等。本章介绍一种新型结构形式的产品,即装配式混凝土矩形渠,包括矩形构件、分水构件、跌水构件及一体化闸门。

(一)矩形构件

1.典型断面及规格

矩形构件典型断面图如图2-1所示,其规格如表2-1所示。

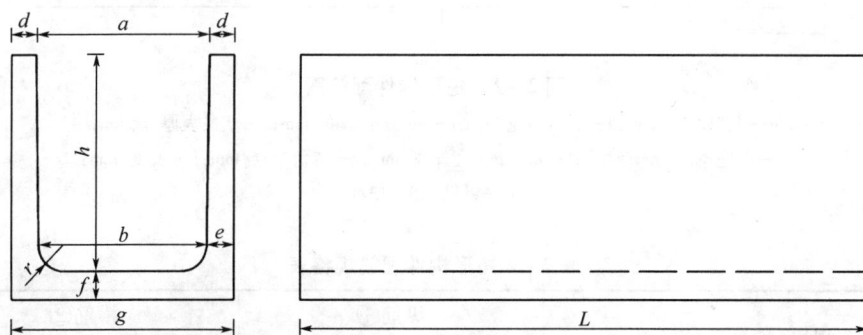

图2-1 矩形构件典型断面图

a—上口净宽,mm;b—下口净宽,mm;d—壁最小厚度,mm;e—壁最大厚度,mm;
f—渠底厚度,mm;h—深度,mm;g—底外宽,mm;r—转角半径,mm;L—长度,mm

表2-1 矩形构件规格表 单位:mm

规格(长×宽×高)	断面尺寸								
	a	b	h	d	e	f	g	r	L
2000 mm×300 mm×300 mm	300	276	300	40	52	52	380	40	2 000
2 000 mm×400 mm×400 mm	400	368	400	40	56	56	480	60	2 000

续表

单位:mm

规格(长×宽×高)	断面尺寸								
	a	b	h	d	e	f	g	r	L
2 000 mm×500 mm×500 mm	500	460	500	60	80	80	620	80	2 000
2 000 mm×600 mm×600 mm	600	552	600	60	84	84	720	80	2 000
2 000 mm×700 mm×700 mm	700	644	700	70	98	98	840	80	2 000
2 000 mm×800 mm×800 mm	800	736	800	70	102	102	940	80	2 000
2 000 mm×1 000 mm×1 000 mm	1 000	920	1 000	80	120	120	1 160	100	2 000
2 000 mm×1 200 mm×1 200 mm	1 200	1 104	1 200	90	138	138	1 380	90	2 000

2. 配筋设计

矩形构件配筋图如图 2 - 2 所示,其规格如表 2 - 2 所示。

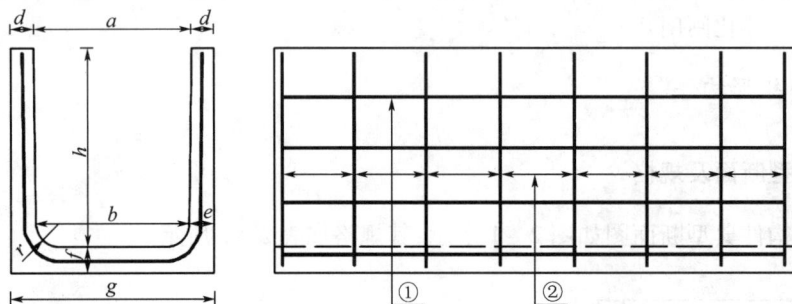

图 2 - 2　矩形构件配筋图

a—上口净宽,mm;b—下口净宽,mm;d—壁最小厚度,mm;e—壁最大厚度,mm;
f—渠底厚度,mm;h—深度,mm;g—底外宽,mm;r—转角半径,mm;L—长度,mm;
①—纵筋;②—横筋

表 2 - 2　矩形构件配筋规格表

规格(长×宽×高)	纵筋①		横筋②	
	直径/mm	数量	直径/mm	数量
2 000 mm×300 mm×300 mm	4	9	4	16
2 000 mm×400 mm×400 mm	4	9	5	16
2 000 mm×500 mm×500 mm	5	9	6	16
2 000 mm×600 mm×600 mm	5	10	6	16
2 000 mm×700 mm×700 mm	5	17	10	14
2 000 mm×800 mm×800 mm	5	18	10	14
2 000 mm×1 000 mm×1 000 mm	5	20	10	16
2 000 mm×1 200 mm×1 200 mm	6	21	10	20

（二）渠道水力计算

过流能力通过水力计算验算，满足渠道正常输水要求及水面线衔接的要求，流量 Q、水位 H 按国家标准《灌溉与排水工程设计标准》（GB 50288）的方法计算。混凝土糙率系数取 $0.013 \sim 0.015$。

续灌渠道的最低控制水位按最小流量确定，并按最小流量验算渠道的不淤流速。续灌渠道的设计流量按式（2-1）计算：

$$Q_s = \frac{q_s A_s}{\eta_s}$$

$$Q_s = Q(1 + \sigma L) \tag{2-1}$$

式中：Q_s——续灌渠道的设计流量，m^3/s；

q_s——设计灌水率，$m^3/(s \cdot 100\ hm^2)$；

A_s——该渠道灌溉面积，$100\ hm^2$；

η_s——该续灌渠道至田间的灌溉水利用系数；

Q——该渠道分出的总流量，m^3/s；

σ——渠道单位长度的水量损失率，$\%/km$；

L——该渠道工作长度，km。

支渠工作长度为 L_1 与 aL_2 之和，L_1 为支渠引水口至第一个斗口的长度，L_2 为第一个斗口至最末一个斗口的长度，a 为长度折算系数，可视支渠灌溉面积的平面形状而定（面积重心在心游时，$a = 0.60$；在中游时，$a = 0.80$；在下游时，$a = 0.85$）；干渠工作长度可取工作渠段的总长度。

轮灌渠道的设计流量按式（2-2）确定：

$$Q_n = \frac{N q_s \overline{A}_n}{\eta_n} \tag{2-2}$$

式中：Q_n——轮灌渠道的设计流量，m^3/s；

N——该渠道轮灌组数；

A_n——该渠道轮灌组平均灌溉面积，$100\ hm^2$；

η_n——该轮灌渠道至田间的灌溉水利用系数。

（三）结构计算

结构计算采用极限状态设计法，将渠道上可能同时作用的各种荷载进行组合，并按最不利条件确定设计荷载组合。在规定的材料强度和荷载取值条件下，采用以安全系数表达的方式进行设计。

1. 承载能力极限状态设计

承载能力极限按式（2-3）计算。

$$KS \leqslant R \tag{2-3}$$

式中：K——承载力安全系数，取值不小于表 2-3 中的规定；

S——荷载效应组合设计值；

R——结构构件的截面承载力设计值，按水利行业标准《水工混凝土结构设计规范》（SL 191）的承载力公式计算。

表 2-3 矩形构件承载力安全系数 K

水工建筑物等级	1	2,3	4,5
钢筋混凝土构件	1.35	1.20	1.15

注：①水工建筑物的级别应根据《水利水电工程等级划分及洪水标准》（SL 252）确定；②当荷载组合由永久荷载控制时，表列安全系数 K 应增加0.05。

矩形构件结构计算工况如表 2-4 所示。

表 2-4 矩形构件结构计算工况

序号	计算工况	荷载				
		静水压力	土压力	扬压力	冻胀力	机械
1	渠内满水、渠外无填土	●				
2	渠内满水、渠外填土	●	●			
3	渠内无水、渠外填土		●			
4	渠内无水、渠外填土、地下水位高于渠底		●	●		
5	渠内无水、渠外填土、冬季有冻胀力		●		●	
6	渠内无水、渠外填土、机械清淤		●			●

注：●为荷载组合。

2. 承载能力极限状态计算

结构构件计算截面上的荷载效应组合设计值 S 按式（2-4）计算。

$$S = 1.05S_{G_1k} + 1.20S_{G_2k} + 1.20S_{Q_1k} + 1.10S_{Q_2k} \qquad (2-4)$$

式中：S_{G_1k}——自重等永久荷载标准值产生的荷载效应；

S_{G_2k}——土压力等永久荷载标准值产生的荷载效应；

S_{Q_1k}——水压力等一般可变荷载标准值产生的荷载效应；

S_{Q_2k}——车辆荷载等可控制不超过规定限值的可变荷载标准值产生的荷载效应。

3. 荷载分析与内力计算

装配式混凝土构件结构荷载分析如图 2-3 所示。荷载计算工况按表 2-4 选取。

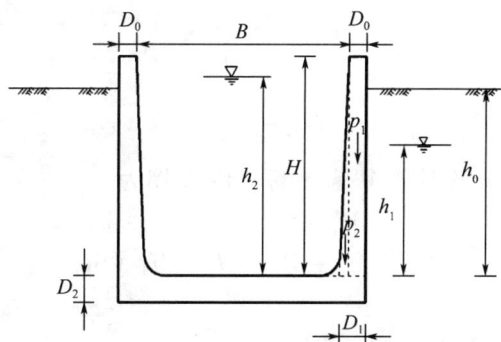

图 2 - 3　矩形构件荷载分析简图

D_0 — 侧墙顶部厚度, m; D_1 — 侧墙底部与底板连接处厚度, m; D_2 — 底板厚度, m;

H — 侧墙净高, m; P_1, P_2 — 侧墙混凝土自重, N; h_0 — 从侧墙底面算起的墙后回填土高度, m;

h_1 — 从侧墙底面算起的墙背地下水深, m; h_2 — 槽内水深, m; $\gamma 1$ — 墙背回填土湿重度, N/m³;

γ_2 — 墙背回填土浮容重, N/m³; γ_0 — 水的重度, N/m³; φ — 墙背回填土内摩擦角, °。

(1) 内力计算

① 侧墙内力计算。

侧墙内力按式 (2 - 5) 至式 (2 - 16) 计算。

A. 地下水面以上土压力作用的弯矩设计值 M_1' 和标准值 M_1 为

$$M_1' = \frac{1.2\gamma_1(h_0 - h_1)^2}{2}\tan^2\left(45° - \frac{\varphi}{2}\right)\left[h_1 + \frac{(h_0 - h_1)}{3}\right] \qquad (2-5)$$

$$M_1 = \frac{\gamma_1(h_0 - h_1)^2}{2}\tan^2\left(45° - \frac{\varphi}{2}\right)\left[h_1 + \frac{(h_0 - h_1)}{3}\right] \qquad (2-6)$$

B. 地下水面以下矩形土压力作用的弯矩设计值 M_2' 和标准值 M_2 为

$$M_2' = 1.2\gamma_1(h_0 - h_1)\tan^2\left(45° - \frac{\varphi}{2}\right)\frac{h_1^2}{2} \qquad (2-7)$$

$$M_2 = \gamma_1(h_0 - h_1)\tan^2\left(45° - \frac{\varphi}{2}\right)\frac{h_1^2}{2} \qquad (2-8)$$

C. 地下水面以下三角形土压力作用的弯矩设计值 M_3' 和标准值 M_3 为

$$M_3' = \frac{1.2\gamma_2 h_1^3}{6}\tan^2\left(45° - \frac{\varphi}{2}\right) \qquad (2-9)$$

$$M_3 = \frac{\gamma_2 h_1^3}{6}\tan^2\left(45° - \frac{\varphi}{2}\right) \qquad (2-10)$$

D. 地下水压力作用的弯矩设计值 M_4' 和标准值 M_4 为

$$M_4' = \frac{1.2\gamma_0 h_1^3}{6} \qquad (2-11)$$

$$M_4 = \frac{\gamma_0 h_1^3}{6} \qquad (2-12)$$

E. 槽内水压力作用的弯矩设计值 M_5' 和标准值 M_5 为

$$M_5' = \frac{1.2\gamma_0 h_2^3}{6} \tag{2-13}$$

$$M_5 = \frac{\gamma_0 h_2^3}{6} \tag{2-14}$$

F. 侧墙底部截面弯矩设计值 $M_墙'$ 和标准值 $M_墙$ 为

$$M_墙' = M_1' + M_2' + M_3' + M_4' + M_5' \tag{2-15}$$

$$M_墙 = M_1 + M_2 + M_3 + M_4 + M_5 \tag{2-16}$$

②底板内力计算。

底板内力按式(2-17)至式(2-28)计算。

A. 侧墙自重设计值 P_1', P_2' 和自重标准值 P_1, P_2 分别为

$$P_1' = 1.05\gamma D_0 H \tag{2-17}$$

$$P_2' = \frac{1.05\gamma H(D_1 - D_0)}{2} \tag{2-18}$$

$$P_1 = \gamma D_0 H \tag{2-19}$$

$$P_2 = \frac{\gamma H(D_1 - D_0)}{2} \tag{2-20}$$

B. 作用于底板的槽内水重设计值 q_1' 和标准值 q_1 及向上作用的地基反力设计值 q_2' 和标准值 q_2 分别为

$$q_1' = 1.2\gamma_0 h_2 \tag{2-21}$$

$$q_1 = \gamma_0 h_2 \tag{2-22}$$

$$q_2' = \frac{q_1' B + 2(P_1' + P_2')}{B + 2D_1} \tag{2-23}$$

$$q_2 = \frac{q_1 B + 2(P_1 + P_2)}{B + 2D_1} \tag{2-24}$$

C. 底板端部侧墙内侧截面弯矩设计值 $M_端$ 和弯矩标准值 $M_端$ 为

$$M_端' = M_墙' - \frac{P_1' D_0}{2} - P_2'\Big[D_0 + \frac{(D_1 - D_0)}{3}\Big] + \frac{q_2' D_1^2}{2} \tag{2-25}$$

$$M_端 = M_墙 - \frac{P_1 D_0}{2} - P_2\Big[D_0 + \frac{(D_1 - D_0)}{3}\Big] + \frac{q_2 D_1^2}{2} \tag{2-26}$$

D. 底板跨中截面弯矩设计值 $M_中'$ 和弯矩设计值 $M_中$ 为

$$M_中' = M_墙' - \frac{P_1'(D_0 + B)}{2} - P_2'\Big[D_0 + \frac{(D_1 - D_0)}{3} + \frac{B}{2}\Big] +$$
$$\frac{q_2'\Big(D_1 + \frac{B}{2}\Big)^2}{2} - \frac{q_1' B^2}{8} \tag{2-27}$$

$$M_中 = M_墙 - \frac{P_1(D_0 + B)}{2} - P_2\Big[D_0 + \frac{(D_1 - D_0)}{3} + \frac{B}{2}\Big] +$$
$$\frac{q_2\Big(D_1 + \frac{B}{2}\Big)^2}{2} - \frac{q_1 B^2}{8} \tag{2-28}$$

混凝土与钢筋的计算参数按《水工混凝土结构设计规范》(SL 191)的规定取值。

（2）承载力计算

矩形截面受弯构件正截面受弯承载力示意如图 2 - 4 所示。

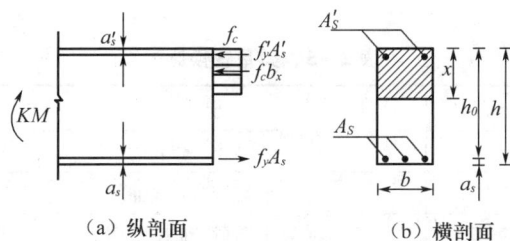

（a）纵剖面　　　　　　（b）横剖面

图 2 - 4　矩形截面受弯构件正截面受弯承载力示意

① 矩形截面正截面受弯承载力按式（2 - 29）计算。

$$KM \leqslant f_c b x \left(h_0 - \frac{x}{2} \right) + f'_y A'_s (h_0 - a'_s) \qquad (2 - 29)$$

② 受压区计算高度 x 按下式（2 - 30）确定，具体按式（2 - 31）至式（2 - 33）计算。

$$f_c b x = f_y A_s - f'_y A'_s \qquad (2 - 30)$$

$$x \leqslant 0.85 \xi_b h_0 \qquad (2 - 31)$$

$$x \geqslant 2 a'_s \qquad (2 - 32)$$

$$\xi_b = \frac{x_b}{h_0} = \frac{0.8 \times 0.0033 E_s}{0.0033 E_s + f_y} \qquad (2 - 33)$$

式中：K——承载力安全系数，取 1.90；

　　　M——弯矩设计值，N·mm；

　　　f_c——混凝土轴心抗压强度设计值，N/mm²；

　　　A_s, A'_s——纵向受拉、受压钢筋的截面积，mm²；

　　　f_y——钢筋受拉强度设计值，N/mm²；

　　　f'_c——钢筋抗压强度设计值，N/mm²；

　　　h_0——截面有效高度，mm；

　　　b——矩形截面的宽度，mm；

　　　a'_s——受压钢筋合力点至受压区边缘的距离，mm；

　　　ξ_b——相对界限受压区计算高度，mm；

　　　E_s——钢筋弹性模量，N/mm²。

（四）防冻胀设计

1. 渠基土换填措施

采用非冻胀性土置换冻胀土渠基时，置换层要设置反滤和排水。置换深度按式（2 - 34）计算。

$$Z_n = \varepsilon Z_d - \sigma \qquad (2 - 34)$$

式中：Z_n——置换深度，m；

　　　ε——渠床置换比，可按表 2 - 5 取值；

Z_d——设计冻深,m;

σ——渠底板厚度,m。

表 2-5 渠基置换比

地下水位埋深 Z_w /m	土质	置换比/%
$Z_w \geq Z_d + 2.0$	黏土、粉土	70 ~ 80
$Z_w \geq Z_d + 1.5$	含砾细粒土、含砂细粒土	
$Z_w \geq Z_d + 1.0$	细粒土质砂、细粒土质砾	40 ~ 50
Z_w 小于上述值	黏土、粉土、含砾细粒土、含砂细粒土	80 ~ 100
	细粒土质砂、细粒土质砾	50 ~ 80

2. 换填材料

①采用砂土、砾石、碎石、矿渣等非冻胀性土,可采用上述材料的混合料。其中粒径 <0.075 mm 的细颗粒含量要满足下列要求:当地下水位距换填料底部的距离 ≥0.5 m 时,细颗粒含量≤10%;当地下水位距换填粒底部的距离 <0.5 m 时,细颗粒含量≤5%。

②缺少换填材料时,可采用改良土换填,改良材料可采用气泡轻质土、EPS 颗粒轻质土或废橡胶颗粒轻质土,改良土的性能通过试验确定。

3. 保温板防冻胀措施

采用保温板防冻胀措施的设计与材料按《渠道防渗工程技术规范》(GB/T 50600—2010)的规定选择。

二、装配式混凝土矩形渠道分配水构件

(一)分水构件

分水构件分为四通、三通和直角弯头等见图 2-5,其规格尺寸见表 2-6、表 2-7、表 2-8。

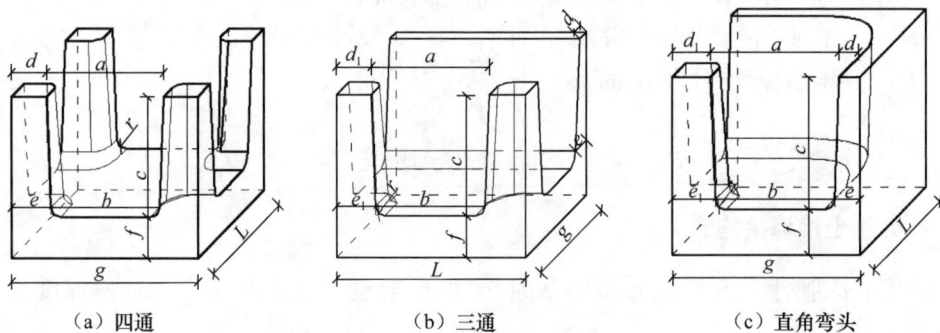

(a)四通　　　　　　(b)三通　　　　　　(c)直角弯头

图 2-5 分水构件图

a— 上口净宽,mm;b— 下口净宽,mm;c— 深度,mm;d— 壁最小厚度,mm;d_1— 立柱最小厚度,mm;e— 壁最大厚度,mm;e_1— 立柱最大厚度,mm;f— 渠底厚度,mm;g— 底外宽,mm;r— 转角半径,mm;L— 长度,mm

表2-6 四通构件规格表　　　　　　　　　　　　　　单位:mm

型号	结构尺寸								
	a	b	c	d	e	f	g	r	L
ST300	300	276	300	150	162	162	600	40	600
ST400	400	368	400	150	166	166	700	60	700
ST500	500	460	500	150	170	170	800	60	800
ST600	600	552	600	150	174	174	900	80	900
ST700	700	644	700	150	178	178	1 000	80	1 000
ST800	800	736	800	150	182	182	1 100	80	1 100
ST1000	1 000	920	1 000	180	220	220	1 360	80	1 360
ST1200	1 200	1 104	1 200	200	248	248	1 600	90	1 600

表2-7 三通构件规格表　　　　　　　　　　　　　　单位:mm

型号	结构尺寸										
	a	b	c	d	d_1	e	e_1	f	g	r	L
T300	300	276	300	80	150	90	162	162	530	40	600
T400	400	368	400	80	150	94	166	166	630	60	700
T500	500	460	500	80	150	100	170	170	730	60	800
T600	600	552	600	80	150	102	174	174	830	80	900
T700	700	644	700	80	150	108	178	178	930	80	1000
T800	800	736	800	80	150	112	182	182	1 030	80	1 100
T1000	1 000	920	1 000	90	150	130	190	190	1 240	80	1 300
T1200	1 200	1 104	1 200	90	200	138	248	248	1 490	90	1 600

表2-8 直角弯头构件规格表　　　　　　　　　　　　单位:mm

型号	结构尺寸										
	a	b	c	d	d_1	e	e_1	f	g	r	L
Z300	300	276	300	80	150	92	162	162	490	40	490
Z400	400	368	400	80	150	96	166	166	590	60	590
Z500	500	460	500	80	150	100	170	170	710	60	710
Z600	600	552	600	80	150	104	174	174	810	80	810
Z700	700	644	700	80	150	108	178	178	920	80	920
Z800	800	736	800	80	150	112	182	182	1 020	80	1020
Z1000	1 000	920	1 000	120	180	160	220	220	1 300	80	1 300
Z1200	1 200	1 104	1 200	120	200	168	248	248	1 520	90	1 520

（二）跌水构件

跌水构件参见图 2-6、表 2-9。

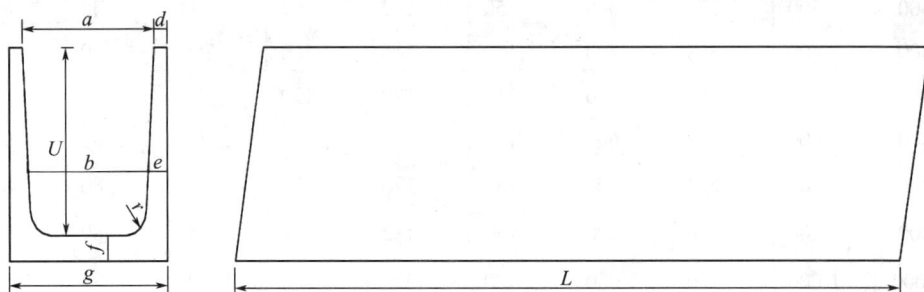

图 2-6 跌水构件图

a— 上口净宽,mm;b— 下口净宽,mm;c— 深度,mm;d— 最小壁厚,mm;L— 长度,mm;

e— 最大壁厚,mm;f— 渠底厚度,mm;g— 底外宽,mm;r— 转角半径,mm

表 2-9 跌水构件规格表　　　　　　　　　　　　　　　　　单位:mm

型号	结构尺寸								
	a	b	c	d	e	f	g	r	l
D300	300	276	300	40	52	52	380	40	2 000
D400	400	368	400	40	56	56	480	60	2 000
D500	500	460	500	60	80	80	620	80	2 000
D600	600	552	600	60	84	84	720	80	2 000
D700	700	644	700	70	98	98	840	80	2 000
D800	800	736	800	70	102	102	940	80	2 000
D1000	1 000	920	993	90	130	130	11 123	80	2 000

（三）一体化闸门混凝土构件

一体化闸门混凝土构件图、规格表见图 2-7 和表 2-10。

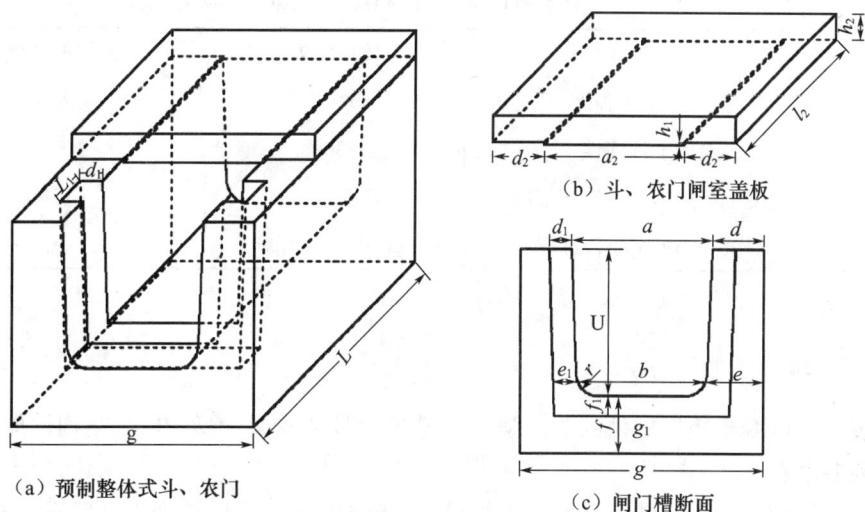

（a）预制整体式斗、农门

（b）斗、农门闸室盖板

（c）闸门槽断面

图 2 - 7 一体化闸门混凝土构件图

a—上口净宽，mm；b—下口净宽，mm；c—深度，mm；d—壁最小厚度，mm；

d_1—闸门槽上口预留尺寸，mm；e—壁最大厚度，mm；e_1—闸门槽下口预留尺寸，mm；

f—渠底厚度，mm；f_1—闸门槽底板预留尺寸，mm；g—底外宽，mm；

L—长度，mm；L_1—闸门槽预留尺寸长度，mm

表 2 - 10 一体化闸门构件规格表 单位：mm

型号	结构尺寸												
	a	b	c	d	d_1	e	e_1	f	f_1	g	r	L	L_1
YZ300	300	276	300	150	60	162	70	162	60	600	40	800	100
YZ400	400	368	400	150	60	166	70	166	60	700	60	800	100
YZ500	500	460	500	180	80	200	100	200	80	860	80	800	100
YZ600	600	552	600	180	80	204	100	204	80	960	80	800	100
YZ700	700	644	700	200	100	228	120	228	90	11 000	80	800	100
YZ800	800	736	800	200	100	232	120	232	90	1200	80	800	100

三、装配式混凝土构件性能要求

（一）混凝土材料

混凝土 28 d 抗压强度不低于 C50，出厂时不低于 C40。侵蚀环境下混凝土强度等级详见《渠道防渗工程技术规范》（GB/T 50600—2020）。混凝土材料质量要求见表 2 - 11。

表 2 - 11 混凝土材料质量要求

序号	项目	质量要求	允许偏差值
1	混凝土抗压强度	50 MPa	≤90%
2	混凝土抗冻性	F300	—
3	混凝土矩形槽抗弯破坏强度	2.7 MPa	±15%
4	混凝土矩形槽抗渗性能	外壁无渗漏无潮湿	—

（二）结构性能

装配式混凝土矩形构件的弯曲强力要满足设计要求见表 2 - 12。结构性能检验符合下列要求：

①使用数量较少的装配式混凝土渠道，抗压强度和抗冻性符合设计要求时，可不做结构性能检验；

②施工单位或监理单位驻厂全程监督生产过程并在产品合格证上确认，可不做结构性能检验；

③检查合格后，应设置出厂标识，内容应包括构件编号、制作日期、合格状态、生产单位等信息。

表 2 - 12 构件弯曲强度

构件规格	支座间距/mm	弯曲强度荷载/kN
2 000 mm×300 mm×300 mm	250	38.5
2 000 mm×400 mm×400 mm	350	41.0
2 000 mm×500 mm×500 mm	450	38.0
2 000 mm×600 mm×600 mm	550	31.0
2 000 mm×700 mm×700 mm	650	31.5
2 000 mm×800 mm×800 mm	750	32.0
2 000 mm×1 000 mm×1 000 mm	950	42.5

（三）外观尺寸要求

表 2 - 13 构件尺寸偏差要求表

序号	项目	检验方法	测量工具分度值/mm	允许偏差/mm
1	公称宽度	钢卷尺（Ⅱ级）量测两端及中间三个部位	1	±5
2	下口净宽	钢卷尺（Ⅱ级）量测两端及中间三个部位	1	±5
3	公称深度	钢卷尺（Ⅱ级）量测两端及中间三个部位	1	±4

续表

序号	项目	检验方法	测量工具分度值/mm	允许偏差/mm
4	壁最小厚度	用卡尺或钢直尺量测	1	±3
5	壁最大厚度	用卡尺或钢直尺量测	1	±3
6	底厚	用卡尺或钢直尺量测	1	±3
7	底外宽	钢卷尺(Ⅱ级)量测两端及中间三个部位	1	±5
8	壁与底转角半径	钢卷尺(Ⅱ级)与量角器量测	1	±2
9	长度	钢卷尺(Ⅱ级)量测	1	±3
10	主筋保护层厚度	钢尺或保护层厚度测定仪量测	1	+5，−3

四、装配式混凝土构件的生产加工

装配式定型产品的生产线有两种形式,即工厂化生产和移动式生产,该生产线开展了产品研发、试验示范工作,取得较好的效果。

(一)工厂化混凝土矩形构件制作

1. 原材料的质量与检验

原材料应按进厂批次进行检验。混凝土原材料进场验收检测见表2-14。

表2-14 混凝土原材料进场验收检测

材料名称	检测频次	检测项目	执行标准
钢筋	同一厂家、同一牌号且同一规格不超过60 t钢筋为一批,超过60 t的部分,每增加40 t(含不足40 t)增加一个拉伸试验试件和一个弯曲试验试件	屈服强度、抗拉强度、伸长率、弯曲性能和重量偏差检验	GB 1499.1 GB 1499.2 GB 13788
成型钢筋网	同一厂家、同一类型且同一钢筋来源的成型钢筋网不超过30 t为一批	屈服强度、抗拉强度、伸长率和重量偏差检验	GB/T 1499.3
水泥	同一厂家、同一品种、同一代号、同一强度等级且连续进厂的水泥,袋装水泥不超过200 t为一批,散装水泥不超过500 t为一批	强度、安定性和凝结时间检验,设计有其他要求时,尚应对相对应的其他性能进行试验	GB 175

续表

材料名称	检测频次	检测项目	执行标准
外加剂	同一厂家、同一品种的减水剂不超过50 t为一批	固体含量、减水率、1d抗压强度比、pH值和密度试验	GB 8076 和 GB 50119
骨料	同一厂家（产地）且同一规格的骨料不超过400 m³或600 t为一批	颗粒级配、细度模数、含泥量和泥块含量试验；机制砂还应增加石粉含量和压碎指标值试验。应对碱活性骨料专项试验	应质地坚硬、清洁、级配良好，天然砂的细度模数宜在2.2～3.0，含泥量不应大于3%，不应含有泥块；人工砂的细度模数宜在2.4～2.8，石粉含量宜为6%～12%。有抗冻要求的混凝土细骨料坚固性不应大于8%
		颗粒级配、含泥量、泥块含量和针片状颗粒含量试验。应对碱活性骨料专项试验	应质地坚硬、清洁、级配良好，应根据衬砌工程的尺寸选取的骨料粒径，粗骨料的含泥量，当最大骨料粒径为20mm、40mm时不应大于1.0%，不应含有泥块。有抗冻要求的混凝土粗骨料坚固性不应大于5%
矿物掺合料	同一厂家、同一品种、同一技术指标的矿物掺合料，粉煤灰和粒化高炉矿渣粉不超过200 t为一批，硅灰不超过30 t为一批	细度（比表面积）、需水量比（流动度比）和烧失量（活性指数）、游离氧化钙和安定性试验，设计有其他要求时，尚应对相应的其他性能进行试验	GB/T 1596、GB/T 18046、GB/T 27690

2. 模具

根据生产工艺、产品类型等制定模具加工方案，建立模具设计、制作或改制、验收、使用和保管制度。模具具有足够的承载力、刚度和稳定性，设计及制造按照下列规定：

①模具的部件与部件之间连接牢固，预留孔洞和预埋件的安装要定位牢固；

②用作底模的台座、胎模、地坪及铺设的底板等平整光洁，不应有下沉、裂缝、起砂和起鼓；

③模具接缝紧密，并采取有效的防漏浆和防漏水措施；

④模具保持清洁，定期检查侧模、预埋件和预留孔洞定位措施的有效性；制定防止模具变形和锈蚀的措施；

⑤模具内表面的脱模剂涂刷均匀、无漏刷、无堆积，且不应沾污钢筋，不影响装配式混凝土渠道的外观效果；

⑥模具附带的埋件或工装定位准确，安装牢固可靠；

⑦模具与平模台间的螺栓、定位销、磁盒等固定方式可靠;

⑧模板的起吊装置应安全可靠、操作方便。

模具尺寸允许偏差和检验方法见表 2 - 15。模具的预埋件和预留孔洞安装的允许偏差见表 2 - 16。

表 2 - 15　模具尺寸允许偏差和检验方法

检验项目	允许偏差/mm	检验方法
长度	+1, -2	用钢尺量平行构件高度方向,取其中偏差绝对值最大处
宽度、高(厚度)	+2, -4	用钢尺测量两端或中部,取其中偏差绝对值最大处
底模表面平整度	+2	用 2 m 靠尺和塞尺量
对角线差	+3	用钢尺测量纵、横两个方向对角线
侧向弯曲	≤2	拉线,用钢尺测量侧向最大弯曲处
翘曲	≤2	对角拉线测量交叉点间距离值的两倍
组装缝隙	+1	用塞尺测量,取最大值
端侧模模与高低差	+1	用钢尺量

表 2 - 16　模具的预埋件和预留孔洞安装允许偏

检验项目		允许偏差/mm	检验方法
预留洞	中心线位置	3	用钢尺量测纵横两个方向的中心线位置,记录其中较大值
	尺寸	+3,0	用钢尺量测纵横两个方向尺寸,取其最大值
预埋起吊螺母	中心线位置	3	用钢尺量测纵横两个方向的中心线位置,记录其中较大值
	外露长度	+5,0	用钢尺量测

3. 钢筋加工与连接

(1)钢筋加工与制作

钢筋加工与制作采用自动化机械设备,符合《混凝土结构工程施工规范》(GB 50666—2011)的规定。

(2)钢筋连接质量检查

①钢筋接头的方式、位置、同一截面受力钢筋的接头百分率、钢筋的搭接长度及锚固长度等符合设计要求。

②钢筋焊接和机械连接工艺检验应合格。

③螺纹接头连接接头使用专用扭力扳手拧紧至规定扭力值。

④钢筋焊接接头和机械连接接头外观质量全数检查合格。

(3)钢筋网片安装

①钢筋网片表面不应有油污及严重锈蚀。

②混凝土保护层厚度满足设计要求。设置钢筋固定垫块并绑扎牢固,垫块应按梅

花状布置,间距满足钢筋限位及控制变形要求。

③钢筋网片的尺寸允许偏差见表2-17。

表2-17 钢筋网片的允许偏差

检验项目、内容	允许偏差/mm	检验方法
长、宽	±5	钢尺检查
网眼尺寸	±10	钢尺量测,连续三档,取最大值
端头不齐	5	钢尺检查

4. 构件浇筑成型

(1)混凝土浇筑

①混凝土浇筑前,预埋件及预留钢筋的外露部分采取防止污染的保护措施。

②混凝土放料高度小于600 mm,并应均匀摊铺。自密实混凝土放料高度小于250 mm,均匀浇筑入模。

③混凝土浇筑要连续进行,浇筑过程中观察模具、吊具等的变形和移位,变形与移位超出规定的允许偏差时及时采取补强和纠正措施。

④混凝土从搅拌机出料到浇筑完毕的延续时间不超过90 min,气温高于25 ℃时不超过60 min。

⑤自密实混凝土从出料到浇筑完毕的延续时间不超过60 min,高温施工时,自密实混凝土入模温度不高于35 ℃。冬季施工时,自密实混凝土入模温度不低于5 ℃。降雨、降雪时不要露天浇筑自密实混凝土。

(2)混凝土振捣

①混凝土采用振动台机械振捣方式成型,振捣工艺根据混凝土的品种、工作性、构件的规格和形状等因素确定。自密实混凝土振捣符合《自密实混凝土应用技术规程》(JGJ/T 283—2012)的规定。

②混凝土振捣过程中随时检查模具有无漏浆、变形或吊具有无移位等现象,出现漏浆、变形或移位超出偏差时,及时采取补救措施。

5. 混凝土养护

装配式混凝土渠道构件采用加热养护、加养护剂的自然养护等方式。混凝土浇筑完毕后压面并及时覆盖保湿,脱模前不得揭开。加热养护可选择蒸汽加热、电加热或模具加热等方式。加热养护制度通过试验确定,常温下预养护时间为2~6 h,升、降温速度不超过20 ℃/h,最高养护温度不超过70 ℃,脱模时的表面温度与环境温度的差值不超过25 ℃。涂刷养护剂应在混凝土终凝后进行。

6. 构件吊装

脱模起吊的混凝土强度不小于30 MPa。吊具要按装配式混凝土渠道形状、尺寸及重量等参数进行配置,额定荷载应经验算或试验检验合格;吊具应定期检查,不合格要及时更换。

起吊时应保证吊点数量、位置符合设计要求,保证吊具连接可靠、各个吊点受力均匀、吊点合力与构件重心应重合。吊装过程中,吊索水平夹角为45°～60°。

7. 表面处理

脱模后,对不存在影响结构性能、钢筋、预埋件或者连接件锚固的局部破损和构件表面的非受力裂缝,及时修补。修补材料的抗拉强度和抗压强度大于构件的设计强度,处理方法见表2-18。

表2-18　脱模后构件表面破损和裂缝处理方法

	表面破损情况	处理方案	方法
破损	1.影响结构性能且不能恢复的破损	废弃	目测
	2.影响钢筋、连接件、预埋件锚固的破损	废弃	目测
	3.上述1,2以外的,破损长度超过20 mm	用不低于混凝土设计强度的专用修补浆料修补	目测、卡尺测量
	4.上述1,2以外的,破损长度20 mm以下	现场修补	目测
裂缝	1.影响结构性能且不可恢复的裂缝	废弃	目测
	2.影响钢筋、连接件、预埋件锚固的裂缝	废弃	目测
	3.裂缝宽度大于0.3 mm且裂缝长度超过300 mm	废弃	目测、卡尺测量
	4.上述1,2,3以外的,裂缝宽度超过0.2 mm	用环氧树脂浆料修补	目测、卡尺测量
	5.上述1,2,3以外的,宽度不足0.2 mm且在外表面的	用专用抗冻防水浆料修补	目测、卡尺测量

8. 质量检验

(1)混凝土检验试件应。

①每拌制100盘且不超过100 m³的同一配合比混凝土,每工作班拌制的同一配合比的混凝土不足100盘为一批。

②每批制作强度检验试块和抗冻性检验试块不少于3组,随机抽取1组同条件转标准养护后进行检验,其余可作为同条件试件在脱模和出厂时进行强度检验;还可根据吊装要求,留置一定数量的同条件混凝土试块进行强度检验。

③评定蒸汽养护的混凝土强度和抗冻性的混凝土试块,随同构件蒸养后再转入标准条件养护28 d。

（2）外观质量检测。

根据其影响结构性能、安装和使用功能的严重程度划分为严重缺陷和一般缺陷，构件脱模后，及时对外观质量进行全数目测检查。外观质量无缺陷，出现一般缺陷的要进行修整并达到合格。出现严重缺陷的按技术处理方案处理重新检验并达到合格。构件外观质量的检验要求见表 2 – 19。

表 2 – 19　构件外观质量的检验要求

项目	检验方法	表现	严重缺陷	一般缺陷
孔洞	目测	构件表面孔穴深度和长度均超过保护层厚度	主要受力部位有孔洞	其他部位有少量孔洞
蜂窝	目测并用百格网量测	构件表面石子外漏	主筋部位有蜂窝	其他部位蜂窝面积不超过构件表面积的1%
裂缝	目测	缝隙从构件表面延伸至内部	主要受力部位有影响结构性或使用功能的裂缝	其他部位有少量不影响结构性或使用功能的裂缝
夹渣	目测	构件中夹有杂物且深度超过保护层厚度	主要受力部位有夹渣	其他部位有少量夹渣
疏松	目测	混凝土局部不密实	主要受力部位有疏松	其他部位有少量疏松
露筋	目测	构件内钢筋外露	主筋露筋	其他钢筋有少量露筋

（二）移动式混凝土矩形构件制作

移动式混凝土矩形构件制作通过模拟工业化生产条件在现场制作。用可移动的生产装置，高性能的 RPC（活性粉末）混凝土为原材料。生产时，采用一键开启式钢模具，填筑 RPC 自密实混凝土浇筑矩形构件，混凝土自动填充模具，用蒸汽养护方式，成型 8 ~ 12 h 后即可拆模，预制矩形构件与常规矩形构件相比，可以减少长距离的构件运输，缩短施工工期。构件生产设备见表 2 – 20。

表 2 – 20　构件生产设备

设备名称	设备型号
搅拌站（带配料机）	0.35 m^3 / 1 台
料仓	30 t / 3 个
蒸汽锅炉	0.5 t / 1 台
模具	0.3 m×2 m/30 套　0.4 m×2 m/4 套
龙门吊	2.5 m×3 m　2 t/1 个
空气压缩机	0.8 MPa/1 台

续表

设备名称	设备型号
手动液压搬运车	3 t/2 个
燃油叉车	1.5 t/2 个
手推车	150 kg / 5 个
装载机	2.0 t/1 个

1. 制作工艺流程

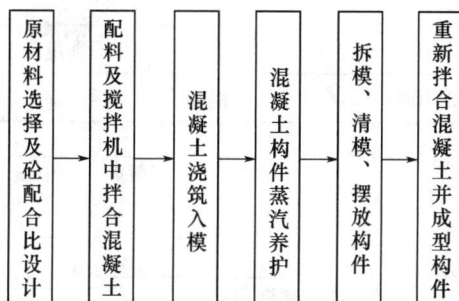

图 2-8　制作工艺流程

2. 制作技术要点

(1)混凝土配合比控制

RPC 混凝土原材料的准确称量、严格控制流动度,确保混凝土的密实;骨料的最大粒径要满足:制品最小厚度的 2/5 以下,钢筋最小间距 4/5 以下;混凝土拌合物在满足流动性的前提下,要满足含气量 5.5% 。

(2)蒸汽养护措施

保证蒸汽养护的温度和时间,严格按照工艺规定实施蒸汽养护措施。详见图 2-9。

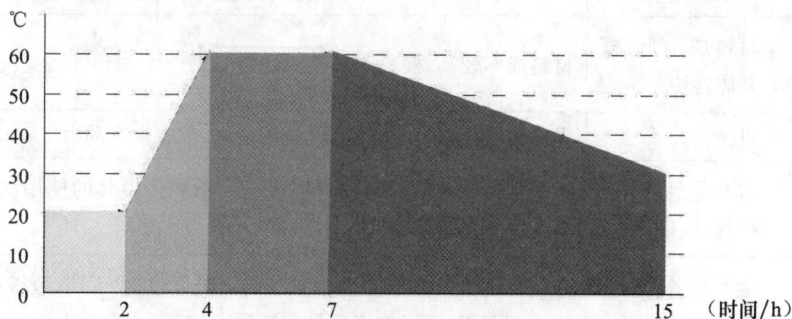

图 2-9　蒸汽养护温度和时间

（3）质量检验

构件的质量检验包括三个部分，即试块试验、外观检查和结构试验。构件质量检查内容与频次见表 2 - 21。试块试验要满足强度及抗冻性要求，即 20 d 试件要达到 C50，F300。外观尺寸小于误差值、不能有裂缝、破损、疏松等；构件要满足抗弯强度的要求，结构试验装置见图 2 - 10。

表 2 - 21　构件质量检查内容与频次

项目	频次	检查内容
外观	全部	裂缝、破损、疏松等
形状、尺寸	2/1000	要求尺寸误差小于规定值
抗弯强度	2/1000	满足强度要求
配筋	2/1000	钢筋直径、根数、保护层厚度满足相应规定

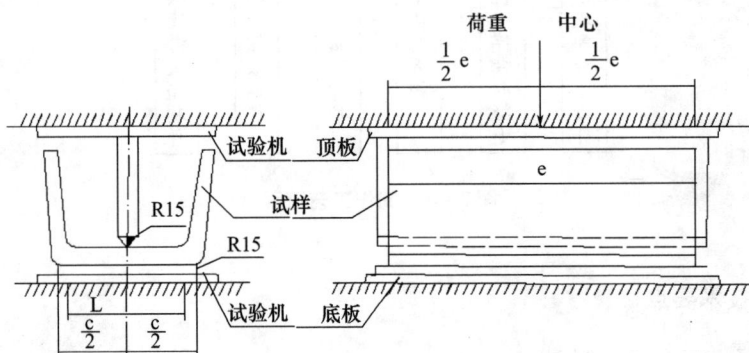

图 2 - 10　结构试验装置

（三）技术经济效益分析

表 2 - 22　技术经济效益对比分析

项目	工厂化生产	移动式生产
生产成本	材料成本低、模具周转快	材料成本较高，模具周转相对较慢
振捣	机械振捣	无须机械振捣，减少振捣机械的费用，节省生产动力
模具损耗	需要重型大刚度模具，价格昂贵	不采用机械振捣，减少模具的损伤，增加了模具的使用次数，从而节省模具制造的费用
生产与施工	生产效率较高、质量容易控制	采用自密实 RPC 可以显著加快施工进度，减少工期，节省相应的施工管理费用；现场施工质量控制要求较高
运输成本	需运送构件至施工地点	在施工地点生产，减少运输成本

第二节　引黄灌区管道灌溉技术

现代农业节水工程与传统的渠道输水工程和地面灌溉工程不同,传统的渠道输水工程多是土渠,地面灌溉工程畦田长且宽,灌溉方式相对粗放,灌溉水浪费较大。现代农业节水工程的特点是减少输水和田间灌溉水损失。根据水源工程取水方式的不同,将灌溉输水工程模式分为自流灌溉输水工程模式和提水灌溉输水工程模式两大类。本节重点介绍提水灌溉输水工程中管道输水灌溉模式。

一、管道输水灌溉系统的组成

管道输水灌溉系统由水源与取水工程、输水配水管网系统和田间灌水系统三部分组成。

1. 水源与取水工程

水源有井水、河流、水库、湖泊、沟渠等。水质应符合农田灌溉用水标准,且不含有大量泥沙等杂物。

以井水为水源的提水灌区取水除选择适宜机泵外,还应安装压力表、逆止阀、减压阀、水锤消除器及水表等,并建有管理泵房等设施。

以河流、水库、湖泊、沟渠为水源的提水灌区取水除上述设备外,还需修建必要的取水建筑物,如拦河坝、引水渠道、前池、进水池等。

2. 输水配水管网系统

输配水管网系统包括各级管道、分水设施、保护装置和其他附属设施。在面积较大的灌区,管网可由干管、分干管、支管、分支管等多级管道组成。

3. 田间灌水系统

田间灌水系统是指分水口以下的田间。作为整个管道输水灌溉系统,田间灌水系统是节水灌溉的重要组成部分。田间灌水技术解决不当,灌溉浪费现象将依然存在。灌溉田块应进行平整,畦田长宽应适宜。为达到灌水均匀、减少灌水定额的目的,通常将长畦改为短畦或者给水栓接移动软管。其中利用闸管系统是减少向畦中灌水水量损失的有效措施之一。

二、一体化泵站开发与应用

一体化污水提升泵站技术源于欧洲发达国家,由于其自身优点,被广泛应用于市政工程已有 40 多年,近几年该技术被引入中国。一体化泵站技术具有占地小、操作简单、维修管理便捷及对环境影响小等特点,在国内迅速崛起,目前应用在雨水、污水、热力管网等市政工程的收集及泵送中,已经投入运行和正在安装的一体化泵站已达到 300 多套,现阶段最大提升量达 4 万 m^3/d。

（一）泵站设计与结构

1. 整体设计

将泵站常规配置所需水泵、闸门、止回阀、管道、拦污格栅及控制系统等设备集成装配在预制筒体内成为一个整体，与用户进出水管网连接、调试后即可使用。

2. 设计要点

（1）主设备的选用

为最大限度地节约设备的安装、运输空间，同时兼顾设备的维修和养护需要，一体化泵站主设备选用潜污泵。潜污泵的电动机与水泵采用同轴结构。因采用自耦合装置，可自动分离，潜污泵如需检修，将其整体从水中吊出，无须人员进入水下或抽干水操作。

（2）占用空间最小化设计

一体化泵站所需设备集成设计在筒体内，能最大程度地减小泵站的用地面积和空间高度要求，从而达到泵站占用空间最小化的目的，而且筒体结构设计缩短泵站建造周期，节约投资成本并可避免冬季无法施工的不利影响。

（3）筒体直径的确定

考虑筒体内安置水泵、栏污格栅、管道等，并兼顾筒体制作工艺及运输，将筒体直径 D 设计为 1 200 mm、1 500 mm、2 000 mm、2 500 mm、3 000 mm、3 500 mm 及 3 800 mm 等 7 种规格。

（4）抗浮力结构设计

一体化泵站的筒体一般采用埋地式或半地埋式安装。当地下水位较高时，地埋式装置可能会产生倾斜或从地下浮起，导致设备不能正常使用甚至遭受破坏。为防止一体化泵站出现上述现象，设计时增加了防浮力结构，如图 2－11 所示。

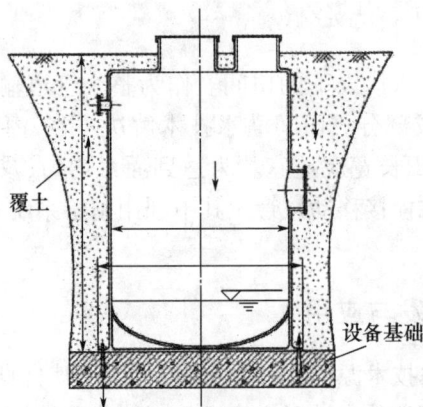

图 2－11　防浮力结构示意

在筒体底部采用法兰式结构，其作用有两方面：
①便于与地基连接固定；

②利用法兰上方泥土的重力作用于法兰上,以平衡地下水对筒体的浮力。

将筒体及其内部设备视为一个整体,直立方向筒体受四种力作用:地下水对其浮力 $F_浮$、螺栓对法兰的拉力 $F_拉$、法兰上方泥土重力 $G_土$、筒体及筒体内设备的自重 $G_筒$。根据受力平衡原理:

$$F_浮 = F_拉 + G_土 + G_筒 \qquad (2-35)$$

若忽略 $F_拉$ 和 $G_筒$ 则

$$F_浮 = G_土 \qquad (2-36)$$

$$F_浮 = \frac{\rho_水\, g\pi hD^2}{4} \qquad (2-37)$$

$$G_土 = \frac{\rho_土\, g\pi h_1 (D_1^2 - D^2)}{4} \qquad (2-38)$$

式中:h——筒体淹没在地下水的深度,最不利情况下,筒体全部淹没在地下水中,筒体承受最大浮力,此时筒体淹没在地下水中的深度即为筒体高度 H_1。

$$F_浮 = \frac{\rho_水\, g\pi h_1 D^2}{4} \qquad (2-39)$$

由

$$\frac{\rho_水\, g\pi h_1 D^2}{4} = \frac{\rho_土\, g\pi h_1 (D_1^2 - D^2)}{4}$$

得

$$D_1 = \left(1 + \frac{\rho_水}{\rho_土}\right)^{1/2} D \qquad (2-40)$$

通常约 $\rho_土$ 为 2 000 kg/m³,$\rho_水$ 约为 1 000 kg/m³。

因此,当 $\rho_土$ 筒体下部法兰外径不小于筒体外径的 1.22 倍时,该结构可承受地下水对筒体的最大浮力。加上筒体的自重 $G_筒$ 和螺栓对其拉力 $F_拉$ 的作用将使筒体更加稳固地埋在地下。

(5)防泥沙沉淀结构

因工况不同,所需收集、输送介质成分也各有差异,部分地区所需输送的水中泥沙含量较高、水中杂草、微小动物生物等如在筒体内停留时间较长,泥沙会在底部及四周沉淀堆结,发酵产生有毒性气体,影响水泵的进水口流态,导致水泵效率降低。为防止出现上述问题,采用特殊的防泥沙沉淀结构设计,如图 2-12 所示。

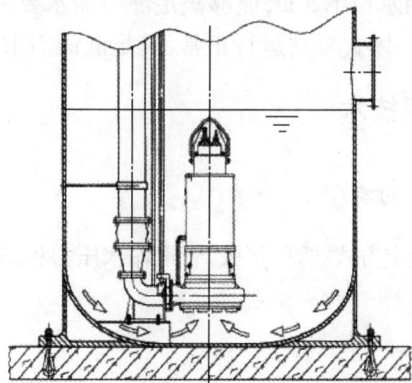

图 2-12　防泥沙沉淀结构设计

筒体底部采用弧形结构,使筒体底部水泵外围的泥沙在重力和水流作用沿着弧线向水泵底部汇集,并随水流被水泵吸入带走,从而较好地解决泥沙在筒体底部四周沉结、发酵产生有毒性气体。

(四)应用情况

在山东省平原县杨庄村建一体式泵站 1 处,水泵宽度为 1 093 mm,泵站筒体直径选择 1 200 mm,潜污泵、自动耦合装置、导杆、自控系统、变频设备等组装在筒体内,见图 2-13。沟深 3.2 m,底宽 2.5 m,泵站控制灌溉面积 500 亩,种植作物为冬小麦、夏玉米。

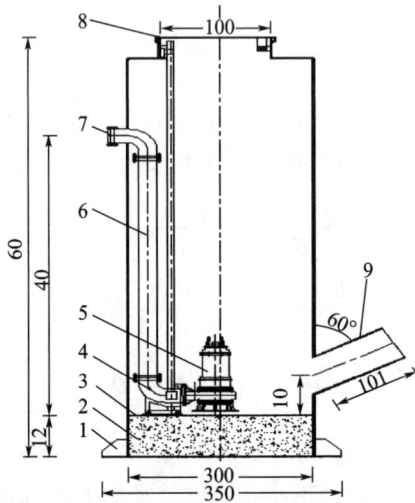

图 2-13 一体化泵站结构图
1—钢肋板;2—混凝土基础;3—筒内钢板底板;4—出水管弯头接口;5—自动耦合式潜污泵;
6—出水管立管;7—出水口法兰;8—进入孔;9—进水管

作物净灌溉定额为 38 m³/亩,每天灌水时间 16 h,灌溉周期 10 d,则系统设计流量 $Q = 155$ m³/h。由水力计算得灌溉系统扬程 $H = 25$ m。水泵选用 WQ2290-427 潜污泵,流量 160 m³/h,扬程 26 m,功率 22 kW。水源来自马颊河和引黄干渠,沟内常年有水,枯水期水位 0.5 m,汛期水位 1.5 m,能够满足灌溉需水要求。通过 2014 年冬小麦返青水期、拔节期 2 次灌溉,一体式泵站运行正常,满足灌溉需求。

三、管道输配水工程技术

(一)输配水管道系统的类型

输配水管道系统按其固定方式、管网形式、管道输水压力和结构形式可划分多种类型。

1. 按固定方式分类

(1)半固定式

管道灌溉系统的一端固定,另一端移动。一般是干管或干、支管为固定地埋、管道,由分水口连接移动软管输水入田间。

（2）固定式

管道灌溉系统中的各级管道及分水设施均埋入地下固定不动，给水栓或分水口直接分水进入田间沟、畦，没有软管连接。

2. 按管网形式分类

（1）树状网

管网为树枝状，水流从"树干"流向"树枝"，即在干、支、分支管中从上游流向末端，只有分流而无汇流。

（2）环状网

管网通过节点将各管道联结成闭合环状网。根据给水栓位置和控制阀启闭情况，水流可做正逆方向流动。

（3）混合型管网

管网由树枝状和环状两者相结合的管网类型。其优点介于上述两种类型的管网之间，但管网结构较复杂，管理运用不方便。

3. 按管道输水压力分类

（1）低压管道系统

低压、管道系统的最大工作压力一般不超过 0.25 MPa，最远出口的水头一般在 0.002～0.003 MPa。一般在山前平原，地势比较平坦的提水灌区采用这种形式。

（2）非低压管道系统

工作压力超过 0.25 MPa 时为非低压管道系统，该形式对管材质量要求较高，一般应采用塑料管、钢筋混凝土管、钢管等，管道系统中的分水、调压等附属设备要求配套齐全，是提水灌区常见的灌溉系统。

4. 按结构形式分类

（1）开闭式

通过水泵和压力管道将水输送到蓄水池中，再由蓄水池通过各级压力管道自压自留到田间的管道系统形式。

（2）半封闭式

在输水过程中，管道系统不完全封闭，在适宜的位置使用浮球阀控制阀门启闭的一种输水形式。这种形式只要下游闸阀不开启，就不会引起上游水的流动，也不会像开闭式那样产生无效放水。

（3）封闭式

水流在全封闭的管道中从上游管端流向下游管道末端。输水过程中管道系统不出现自由水面。这种形式适合输水需要一定压力且灌区面积比较大的地方。

（二）管网布置的基本原则

管道灌溉系统输配水管网的各级管道布置通常应根据地形地貌、地块形状、地物、

耕作和种植方向以及水源和灌溉要求分段、分区进行布置,遵循以下原则:

①在满足定额灌溉和控制整个管道灌区的前提下,应尽可能使单位面积用管道长度最短,管道总用量最少,以减少工程投资,同时不仅要使管道总长度短,还应使管径最小。例如,地埋管道应顺地形坡度由上而下布置,以利用地形落差从而减小管径。但在梯田上,地面移动管道应布置在同一级梯田上,以便于移动和摆放。

②管网布置应力求控制面积大,且管线平顺,减少折点和起伏。若管线布置有起伏时,应避免管道内产生负压。

③管网布置应紧密结合水源位置、道路、林带、灌溉明渠和排水沟道以及供电线路等,统筹安排,尽量使管、路、树、电线等成行排列,便于管理,符合机耕和农业技术措施要求。

④管网布置时,应尽量利用现有的水利工程设施,如过路倒虹、涵管等;并考虑当地技术、经济和劳力情况,以及材料、能源及交通等条件,尽量因地制宜、就地取材。

⑤管线布置应与地形坡度相适应,如在平坦地形,为充分利用地面坡降,干(支)管应尽量垂直等高线布置。若在山丘区,地面坡度较陡时,干(支)管布置应平行等高线,以防水头压力过大,而需增加减压措施。田间最末一级管道,其布置走向应与作物种植方向和耕作方向一致。给水栓和出水口的间距应根据生产管理体制和轮灌以及地面灌水技术等要求确定,以方便用户管理,达到省水、节能的目的。

⑥管网附属建筑物应配备齐全。各级管道均应安设量水装置以量测流量,为按水量收费提供依据。各分水枢纽处应装设压力表,随时检测管道内的压力,管道首部均应设置控制闸阀,管道起伏最高点应设通气装置,低处应设泄水装置,易发生水击位置处应设安全阀或减压装置等。

(三)树状管网的优化布置

管网布置的优劣对管网造价、运行状况和管理维护有很大影响。管网布置要素包括各级管道的位置、走向、间距、条数和长度,以及给水栓、分水口和出水口的个数、位置与在田间的分布等。树状管网的优化布置可用图论中的最短路径法原理设计,然后再结合具体情况加以滲正。

根据图论的基本知识,可将各个给水栓都看作是图上的一个顶点,各给水栓之间的连接管段可看作是图的边,从而形成图。图是顶点和边的有限集合,是顶点的无序对,通常以边的长度作为边的权重,与给水栓之间的连接顺序无关,又称为无向图。如果顶点数为 n 时,边的数目则为 $n(n-1)/2$,称为无向完全图。当图具有其相关的数,即权重,如边的长度或造价等,这类图就称为网。树是图的一种特殊形式,其数据元素,即给水栓的序号有层次关系,某一层上的元素,其与上一层的一个元素联结,而与下一层的多个元素联结。对于树,如果有 n 个顶点时则只有 $(n-1)$ 条边。如再多加一条边就形成了回路,而成为环状网,所以树是无向图中的非完全图,且是极小连通子图。树状网是环状网的子图,是环状网的特殊形式。树状网如果有 n 个顶点,则 $(n-1)$ 条边的联结方法可有 $n!$ 种。为使树状网联结的管网总长度最短且造价最低,通常可采用最小生成树算法。

最小生成树(Minimum Spanning Tree,简称为 MST)算法最早是由 Otakar Boruvka 提

出的,是图论中的一种重要算法,现在已经广泛应用于图像分割、聚类、分类等领域。通常可以使用 $G(V,E)$ 来表示图,其中:V 是图的顶点集合,E 是边的集合。每个连通图均包含生成树和当且仅当 G 包含生成树时才可称为连通图。最小生成树为一包含 n 个节点的连通图的生成树为原图 G 的最小连通子图,并由原图包括的所有 n 个节点构成,同时满足连通图所含边最少的条件在连通网的所有生成树中,所有边的代价和最小的生成树为最小生成树。最小生成树算法如图 2-14 所示。

对于连通网 G(图 2-15)中的任意一条边 $(u,v) \in E_0$。在一给定的无向图 $G = (V,E)$ 中,(u,v) 代表连接顶点 u 与顶点 v 的边,而 $w(u,v)$ 代表此边的权重,若存在 T 为 E 的子集且为无循环图,使得的 $w(T)$ 最小,则此 T 为 G 的最小生成树。

$$\omega(t) = \sum \omega(u,v)$$

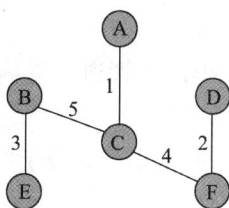

图 2-14 最小生成树算法

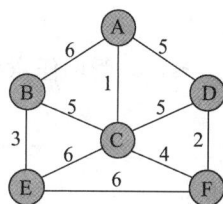

图 2-15 连通网 G

如果图中有 n 个顶点,则生成树有 $(n-1)$ 条边。一个无向连通图可能有多个生成树。在解决最小生成树问题时,通常有两种基本的算法,Prim 算法和 Kruskal 算法,分别从点和边两个角度进行分析。

在解决最小生成树问题时,通常有两种基本的算法,Prim 算法和 Kruskal 算法,分别从点和边两个角度进行分析。

(1)Prim 算法。Prim 算法假设存在一个加权连通图,给定顶点空集 V_0,任意一点 $v_0 \in \{V\}$,将 v_0 加入集合 V_0,此时 $V_0 = \{v_0\}$;对于集合 V_0 中的任意一点 u,以及 $(V-V_0)$ 中任意一点 v,找到使边的权重最小的两个点,即 $e = (u,v)$,并使得 e 在 V_0 中不能形成回路,将点 v 加入集合 V_0 中;重复操作步骤 2,直到连通图 G 中所有点 $\{V\}$ 都加入到集合 V_0 中,则最小生成树 T 已经找到。

(2)Kruskal 算法。Kruskal 算法是从剩余的所有边中寻找出权值最小的边,如果该边与已有的边能够组合成回路,则重新选择权值次小的边。相反,如果不能,则加入树中,直到最后选择结束。Kruskal 算法记图中有 v 个顶点,e 个边;新建图 G_0,两个图中顶点相同,但是新图中边的集合为空集;将原来的边按照权值升序排列,形成新的集合 E;按照边集合的顺序,对每条边进行遍历,直至连通图 G 中所有的节点都在同一棵树中。

(四)提水灌区树状管网优化设计方法

树状管网优化设计的数学规划法主要有线性规划法、非线性规划法和动态规划法,其中以非线性规划法最常用。

1. 目标函数与约束条件

提水灌区管道灌溉系统的树状管网,通常以管网布置要求及各级管道的管径为决策变量,以管网年费用最小为优化目标,从而建立数学模型,寻求在一定约束条件下,管网年费用的最小值。其数学模型为

$$\min F = \min(\alpha F_g + F_y) \tag{2-41}$$

式中:F——管网系统在投资偿还期内的年费用;

$\quad$ F_g——管网系统工程总造价,包括水源之外的所有固定管道、移动管道、管件及附属设施费用;

$\quad$ α——均付因子;

$\quad$ F_y——管网系统年管理运行费,包括动力、维修和管理费用。

约束条件:

(1)$P_{i_{\max}} \leqslant H_i$。管网任意处工作压力最大值小于或等于该处管道承受内水压力的能力。

(2)$V_{i_{\max}} \geqslant V_i \geqslant V_{i_{\min}}$。管道流速应大于或等于不淤流速,并不小于或等于可能发生水击的最大流速。

(3)$D_{i_{\min}} \leqslant D_i \leqslant D_{i_{\max}}$。设计管径必须在已有生产的管径规格内选择。

(4)对于树状管网,要求 $D_1 \geqslant D_2 \geqslant D_3 \geqslant \cdots \geqslant D_n$。

(5)$H_{y_{\max}} - H_{y_{\min}} \leqslant H$(水泵工作点约束)。在管网运行过程中,水泵工作点随管路水头损失变化而变化,一般要求水泵工作点在高校区内。

2. 线性规划法与非线性规划法

线性规划法与非线性规划法两者的数学模型基本相同,但建立数学模型的前提、目标函数、约束条件以及决策变量和求解方法等均有差异。

(1)数学建模建立的前提不同

线性规划数学模型是以实际管径及其单位进行分析计算的。而非线性规划数学模型则是假定管径为连续变化,管段的单价为管径的指数函数形式,其计算得出的经济管径一般均不是标准管径,而是修正进行标准化。

(2)数学模型中的决策变量不同

线性规划的数学模型以管径长度为决策变量,优化得到的结果是各种标准管径的管长。非线性规划的数学模型则以管段的管径为决策变量,优化后得到的是各管段的计算管径。一般情况下,线性规划法的决策变量个数较多。

(3)目标函数与约束条件不同

线性规划法的目标函数和约束条件均是线性的。对于树状管网,在各管段流量已知、管径已经假定的条件下,把目标函数和约束条件均与管段长度建立线性关系,也就是把管段造价与水头损失都看作是管长的线性函数,并假定各管段均有几种标准管径的子管段串联而成,且以相应的长度和管网进口所需增加的水头为决策变量。非线性规划法的目标函数与约束条件一般为非线性的,通常均把管段造价与水头损失表示为

管径的指数函数形式。

（4）两种数学规划法求解方法的区别

从两种方法的求结过程分析,相同之处在于当非线性数学规划问题的求解法为拟线性规划法时,其与线性规划法一样均可采用单纯形法或修正单纯形法求解;且两种数学规划法在求解环装管径时均需进行迭代计算,计算时事先假定初始管径,确定出初始流量分配。但在求解树状管网时,线性规划法不需进行迭代,一次计算即可得到最优解。而采用非线性规划时仍需增加步长约束,逐次迭代计算求解。

（5）计算结果不同

线性规划法求解树状管网得到的结果是其全部最优解。而非线性规划法一般得到的是局部最优解,需要迭代计算求解最优解。

3.动态规划法

动态规划数学模型一般由三个部分组成:系统的状态转移方程,即系统方程;计量决策成效的目标,即目标函数;限制系统运筹的约束条件。

①管道灌溉系统建立以管网投资最省的优化数学模型,目录函数如式(2-42)所示,约束条件如式(2-43)所示。

$$\min \sum G_i(d_i) \tag{2-42}$$

$$\sum h_i(d_i) \leqslant H \tag{2-43}$$

式中:d_i——某管段管径;

$G_i(d_i)$——某管段综合造价;

$h_i(d_i)$——某管段的水头损失;

H——管网总水头损失限制值。

②如果以标准管径为依据,其动态规划中各变量的定义及解题过程如下:

阶段:以节点间单一管段为阶段,用 K 表示动态规划的总阶段。

状态变量:以管段水头损失的和值为状态,用 H_k 表示由第 K 段(最后一段)到第 K 段(当前段)的管段水头损失之和。

决策变量:以管径 d_k 为决策变量。

允许决策集合:$D_k(H_k) = \left\{ d_k \begin{cases} 0 < \psi_k(d_k) \leqslant H_k \\ d_k \in d_s \end{cases} \right.$

状态转移方程:$H_{k+1} = H_k - HF_k$

目标函数:$V_k, K_k = G_i(d_i) \ (1 \leqslant k \leqslant K, i = 1, 2 \cdots k)$

③最优管径动态规划基本方程为

$$f_k(d_k) = \min \begin{cases} G_k(d_k) + f_{k+1}(d_{k+1}) \\ d_k \in D_k(H_k) \end{cases} \tag{2-44}$$

$$f_k + 1\{H_k + k\} = 0$$

其最优策略为 $d_1, d_2, \cdots, d_k, d$ 取值均为标准管径。

动态规划法对于求解离散的非线性多变量优化问题具有明显的优越性。对于众多的非线性规划问题,不连续、不可导的问题,古典优化技术不能解决的问题,均可采用动态规划法求得最优解。但动态规划法所用的数学形式,需依据具体问题的性质来决定,无标准形式,亦无标准解法语言程序;且当问题的变量个数——问题表达为一个多阶段决策过程时,必须恰当地选定状态标量,使其具有无后效性。同时,在利用动态规划求解优化问题时,不可避免地要剔除次优解,只得到唯一的最优解,而有时次优解可能比最优解更具有可行性。

当以各阶段的起点和终点的水压作为状态变量时,各点状态的选择应有恰当的范围,状态的增量也适当。范围小可能漏掉最优状态;范围大,增量小,则占计算机储存太多,可能使危机容量溢出。因此需作大范围粗搜索,再逐步缩小范围做细致搜索,即采用"廊道"逐步收缩的方法来确定最优策略。

动态规划法一般只适用于树装管网,如单环或双环管网,虽然也可以应用动态规划法求解,但仍然需要在预先假定管径并求出管段流量分配后,切断环的连接,使其成为树状管网才能优选出新的管径。如此迭代直到满足精度为止。如果环数过多,水力计算次数和迭代次数以及迭代时间会增多,而其计算结果是否为最优也并不一定。

(四)浑水管灌灌溉系统泥沙淤积规律

1. 引黄水含沙量及颗粒分析

(1)引水含沙量

2007~2011年黄河下游山东段引水工程平均引水含沙量在2.197~3.230 kg/m³。高村、艾山、利津三个水文站分别位于黄河山东段的上、中、下游。从表2-23的统计结果可以看出,平均引水含沙量大于4 kg/m³的只有2次,大于3 kg/m³的6次,大于2 kg/m³的22次。说明在一般情况下,含沙量一般在2~3 kg/m³。

表2-23 黄河下游干流山东段引水工程平均引水含沙量　　　　　单位:kg/m³

年度	水文站					合计
	高村—孙口	孙口—艾山	艾山—泺口	泺口—利津	利津以下	
2007	2.562	3.160	2.589	4.290	2.305	2.950
2008	2.554	3.401	3.112	2.916	2.007	2.691
2009	2.341	2.788	2.541	2.579	2.086	2.225
2010	2.331	2.015	4.112	3.609	2.557	2.679
2011	2.110	3.133	3.798	2.103	2.029	2.242
平均	2.380	2.899	3.230	3.099	2.197	2.558

(2)最大含沙量

2006~2011年黄河下游干流山东段水文站实测含沙量统计见表2-24。2006~2011年黄河下游山东段最大含沙量发生在每年的6~8月,平均最大含沙量为高村58.100 kg/m³,艾山54.383 kg/m³,利津46.933 kg/m³,最大含沙量发生在上游。从平均含沙量看，高村 4.505 kg/m³，艾山 5.448 kg/m³，利津 6.365 kg/m³，平均含沙量下游高于上游。

表 2-24 黄河下游干流山东段水文站实测含沙量统计表

项目	年度	高村	艾山	利津
年最大含沙量/（kg/m³）	2006	73.300	66.500	60.600
	2007	44.200	41.500	39.300
	2008	64.400	62.500	56.000
	2009	10.200	18.100	15.900
	2010	99.800	88.000	69.700
	2011	56.700	49.700	40.100
	平均	58.100	54.383	46.933
年均含沙量/（kg/m³）	2006	5.420	6.690	7.770
	2007	4.970	6.110	7.210
	2008	4.010	4.790	5.300
	2009	2.910	3.380	4.220
	2010	6.080	6.980	8.660
	2011	3.640	4.740	5.030
	平均	4.505	5.448	6.365

（3）中数粒径

2006～2011 年黄河下游干流山东段水文站实测含沙量中数粒径见表 2-25。平均中数粒径高村 0.023 mm，艾山 0.026 mm，利津 0.024 mm，相差不大。

表 2-25 黄河下游干流山东段水文站实测含沙量中数粒径表　　　　单位:mm

年度	水文站		
	高村	艾山	利津
2006	0.022	0.032	0.027
2007	0.016	0.022	0.027
2008	0.021	0.022	0.019
2009	0.038	0.035	0.034
2010	0.014	0.013	0.013
2011	0.024	0.031	0.021
平均	0.023	0.026	0.024

（4）颗粒级配

黄河下游高村、艾山、利津年平均悬移质颗粒级配见表2-26。

表2-26　黄河下游高村、艾山、利津年平均悬移质颗粒级配表

年度	平均小于某粒径沙重（体积）百分数/%									平均粒径 /mm
	0.002	0.004	0.008	0.016	0.031	0.062	0.125	0.250	0.500	
利津站										
2009	5.800	11.100	19.000	30.500	47.100	73.800	97.100	99.900	100.000	0.043
2010	11.300	23.300	38.400	53.600	67.600	85.000	98.500	100.000	100.000	0.028
2011	9.100	17.400	28.900	43.400	59.600	80.800	97.400	100.000		0.035
平均	9.560	19.130	31.740	46.010	61.180	81.550	97.890	99.980	100.000	0.033
艾山站										
2009	6.000	11.700	20.000	32.100	47.000	70.600	93.300	99.500	100.000	0.049
2010	13.300	25.200	40.400	55.900	69.000	85.300	98.000	100.000	100.000	0.028
2011	7.200	14.100	23.700	36.200	50.200	71.600	94.400	99.900	100.000	0.045
平均	9.960	19.090	31.190	45.080	58.810	78.120	95.960	99.880	100.000	0.037
高村站										
2009	5.800	11.100	18.700	29.200	43.800	69.400	93.700	99.700	100.000	0.049
2010	11.700	23.300	38.700	54.400	68.400	85.400	97.800	99.900	100.000	0.029
2011	8.200	15.800	26.400	40.000	56.500	78.700	96.200	99.800	100.000	0.039
平均	9.620	18.930	31.540	45.700	60.540	80.590	96.600	99.840	100.000	0.035

2009～2011年黄河山东段泥沙平均粒径在0.008～0.069 mm，其中高村站0.017～0.067 mm，平均0.033 mm；艾山站0.018～0.069 mm，平均0.037 mm；利津站0.008～0.059 mm，平均0.035 mm。从3年平均值看，三个站相差不大，但从分布看，从上游到下游依次递增。

2.引黄灌区管道输水临界不淤流速

以管道底部是否出现淤积作为不淤流速的界限。按维持泥沙运动的能量和泥沙运动形式的不同，把管道中运动的泥沙分为推移质和悬移质两种。推移运动不淤流速是指在水流的推动作用下，泥沙颗粒沿着管道底部向前移动所需要的最低水流速度；悬移运动不淤流速是指水流在紊流条件下，较细泥沙颗粒在紊动能的作用下悬浮随着水流跳跃、翻滚向前运动所需要的最低水流速度。黄河水泥沙颗粒较细，管道输水中泥沙的运动形式主要为悬移运动。

（1）试验观测方法

基于临界不淤流速的概念、物理含义及水沙运动规律的研究基础，主要有以下三种

判断方法。

①图解法：利用 $J_m - U$ 关系曲线判断临界不淤流速。根据浑水阻力损失试验资料，以单位距离的水头损失，即压力梯度 J_m（清水水柱）为纵坐标，以断面平均流速 U 为横坐标，绘制浑水 $J_m - U$ 关系曲线。以往的研究和很多文献中认为 $J_m - U$ 关系曲线的最低点也就是相当于管底开始出现沉积物的临界情况，此点的流速即为临界不淤流速。

②电测法：利用电导率仪判断临界不淤流速。浑水在管道中流动时，当管内高速水流由大到小变化时，泥沙颗粒从均匀悬浮到不均匀悬浮、管底床面存在明显的推移运动，以至开始出现泥沙的沉积和不动底床，其泥沙在不同流区的变化势必产生管底层电导率的变化。随着底层水流含沙量的增加，其电导率随之增大，当泥沙开始沉积后，电导率接近最大，以后趋于平缓，此时的流速即为临界不淤流速。

③目测法：在测试管道末端安置透明管，如有机玻璃管，通过目测判断临界状态点。当管底床面开始出现泥沙的沉积和不动底床时，此时的流速即为临界不淤流速。

（2）计算公式

目前计算不淤流速常用的有四种方法，结构简单、物理参数少、在工程设计中比较容易获取。但是参数相同条件下，计算误差较大。

①B.C 科诺罗兹公式。

$$V_L = 0.2\beta(1 + 3.43\sqrt[4]{C_d D^{0.75}}) \quad (d \leq 0.07)$$

$$V_L = 0.255\beta(1 + 2.48\sqrt[3]{C_d}\sqrt[4]{D}) \quad (0.07 < d \leq 0.15)$$

$$V_L = 0.85\beta(0.35 + 1.36\sqrt[3]{C_d D^2}) \quad (0.14 < d \leq 0.4)$$

$$V_L = 0.85\frac{d}{0.4}\beta(0.35 + 1.36\sqrt[3]{C_d D^2}) \quad (0.4 < d \leq 1.5) \quad (2-45)$$

式中：d——为泥沙平均粒径，mm；

　　　V_L——临界不淤流速，m/s；

　　　β——相对密度修正系数，$\beta = (\rho g - 1)/1.7$；

　　　C_d——泥沙质量分数，%；

　　　D——管道管径，m。

②何武全经验公式。

何武全经验公式分析了现有的研究成果和试验资料，认为临界不淤流速的主要影响参数有泥沙质量分数、泥沙密度、管径、泥沙粒径 4 个，提出了如下经验公式：

$$V_L = 1.8664 K S_W^{0.2341} \sqrt[4]{gD\omega^2(\rho_s - \rho)/\rho} \quad (2-46)$$

式中：g——重力加速度；

　　　S_W——泥沙质量分数，%；

　　　ρ_s——泥沙密度，g/cm³；

　　　ρ——水的密度，kg/cm³；

　　　g——泥沙自由沉降速度，m/s；

　　　K——管道灌溉形式修正系数，当为加压管道灌溉系统时，$K=1$；当为自压管道灌溉时，$K=1.01\sim1.05$；其他符号意义同上。

③瓦斯普公式。

$$V_L = F_L \left[2gD\left(\frac{\rho_s - \rho}{\rho}\right)\right]^{\frac{1}{2}} \left(\frac{d}{D}\right)^{\frac{1}{2}} \tag{2-47}$$

式中：F_L——与泥沙体积分数 $S_v(\%)$ 有关的参数，$F_L = 3.28S_v0.243$；

其他符号意义同上。

④张英普经验公式。

张英普经验公式选取了河最大支流渭河泥沙作为试验材料，参考舒克和杜兰德的试验结果及研究方法，采用回归分析法，计算临界不淤流速的公式为

$$V_L = 0.2799_V^{0.01847} \sqrt[4]{\frac{gD(\rho_s - \rho)}{\rho}} \sqrt[2]{\omega} \tag{2-48}$$

不淤流速越大，水泵扬程越高，工程投资及运行费用越大；不淤流速越小，工程投资及运行费用减少，但增加了管道泥沙淤积的风险。由不淤流速的计算与分析可知，由瓦斯普和张英普经验公式计算不淤流速较接近，能体现不淤流速变化规律且公式结构简单，参数获取相对容易，所以在引黄管网工程设计中可优先采用瓦斯普公式和张英普两个经验公式。

（3）结论

引黄灌区浑水管道输水时，在相同含沙量、相同管径情况下，泥沙粒径越大，临界不淤流速就越大；在管径、泥沙粒径相同的情况下，含沙量越大，临界不淤流速越大；在泥沙粒径、含沙量相同的情况下，管径越大，临界不淤流速越小。依据多方试验成果和运行经验，管道平均流速在不小于 0.6 m/s 时淤积量为零，可作为黄河下游引黄灌区管道输水灌溉工程规划设计参数应用。

（五）泥沙淤积规律试验

1. 试验布设

山东省聊城市阳谷县地处陶城铺引黄灌区上游，总干渠引水含沙量相对较高，水位低、流量小容易造成河道淤积。目前阳谷县在引黄灌区实行管道浑水灌溉 3.33 万亩。试验地点阳谷县陶城铺引黄闸西南部，黄河五号坝西侧黄河滩地上，泥沙含量及颗粒分析见表 2-27 和表 2-28，试验区东西长 160 m，南北宽 35 m。干管采用直径 110 mm 透明牛筋管，管长 180 m；设直径 75 mm 透明牛筋支管 2 条，总长度 240 m。连接三通、弯头各 1 个，每条支管设出水口 3 个，出水口前设手柄式蝶阀，4 寸软管若干。试验管网布置见图 2-16。

表 2-27 黄河含沙量一览表　　　　　　　　单位：kg/m³

顺序	日期	陶城铺
1	11 月 2 日	1.68
2	11 月 3 日	2.43

续表　　　　　　　　　　　　　　　　单位:kg/m³

顺序	日期	陶城铺
3	11 月 4 日	1.55
4	11 月 5 日	2.05
5	11 月 6 日	1.68
6	11 月 7 日	2.08
7	11 月 8 日	2.00
8	11 月 9 日	2.20
9	11 月 10 日	1.82
10	11 月 11 日	2.66
11	11 月 12 日	1.13
12	11 月 13 日	1.62
13	11 月 14 日	1.97
14	11 月 15 日	1.12
15	11 月 16 日	1.06
16	11 月 17 日	1.96
17	11 月 18 日	2.50
18	11 月 19 日	2.37
19	11 月 20 日	2.31

表 2-28　黄河艾山站实测悬移质单样颗粒级配分析成果汇总表

时间	中数粒径/μm	平均粒径/μm	D(0.1)/μm	D(0.9)/μm	残差
10.05	25.5	36.9	2.6	89.1	0.696
10.10	38.5	48.5	3.0	112.8	1.555
10.19	14.5	32.2	1.9	88.9	0.778
10.25	9.6	22.1	1.7	57.3	1.031
10.30	66.8	70.7	5.5	137.6	1.338
11.05	76.6	78.1	5.4	150.6	1.126
11.10	25.3	44.3	2.5	113.0	0.884
11.16	78.6	79.4	4.8	155.5	1.252
11.20	32.5	52.1	2.5	131.6	1.012

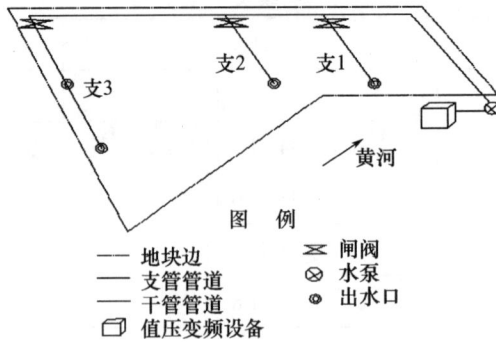

图 2-16 试验管网布置示意图

试验采用电压 380 V、功率 7.5 kW、电流 18 A、扬程 32 m、额定转速 2 850 r/min 的潜水泵作为供水设备,同时配备变频设备调节管道中的流速。

试验采用两种方案,每次试验时长 10 d。

试验方案一:开启 2 支管出水口,关闭 1 支管出水口。本试验段平均流量 48 m^3/s,平均流速 1.7 m/s,平均含沙量 1.93 kg/m^3,时间 2012 年 11 月 2 日到 12 日。

试验方案二:为更贴切地模拟实际地形情况,本方案中人为地将主管道设置成高差为 1.0 m 的起伏状管道,长度 9 m,流速较试验方案一提高。试验开启 1 支管出水口,关闭 2 支管出水口。本次试验段平均流量 53 m^3/s,平均流速 1.9 m/s,平均含沙量为 1.86 kg/m^3,时间 2012 年 11 月 13 日到 20 日。

2. 结果与分析

本试验研究主要通过目测法和图解法相结合的方法。透过透明牛筋管,利用变频设备调节管道中的流速,观察水流以及浑水泥沙沉降淤积情况,根据临界不淤流速的定义判定现临界不淤状态,配合超声波流量计测定流量从而推出临界不淤流速。

(1)试验结果

①试验一。

11 月 2 日上午 8:18 开机,打开 2 支管出水口,关闭 1 支管出水口。开机后 1 支管开始淤积;至下午 15:19(开机 7 h),1 支管处三通中心线距离淤积边缘最近点为 45 cm,距离淤积最高点 55 cm,淤积点最高为 3 cm,淤积影响管道长度 45 cm,详见图 2-17。

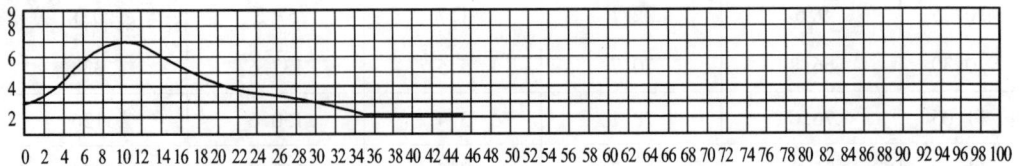

图 2-17 一支管 11 月 2 号(15 点 19 分)泥沙淤积情况

11 月 3 日上午(开机 26 h),管内淤积最高点为 6.8 cm,三通中心线距离淤积最高点 60 cm;至下午 16:23(开机 32 h),淤积最高点 7.8 cm,管道淤积干扰明显段为 42 cm,

42～200 cm为管内水自身沉淀段,泥沙淤积均在2 cm之下,详见图2-18。

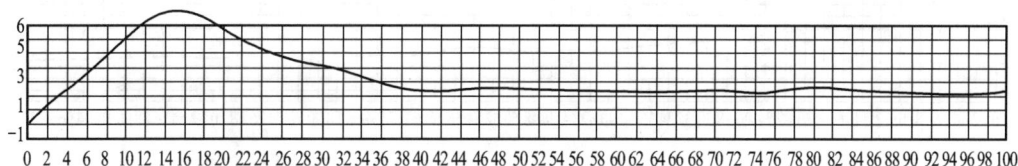

图2-18　一支管11月3号(16点23分)泥沙淤积情况

11月4日上午(开机56 h),管内淤积最高点9.1 cm,三通中心线距离淤积最高点61.5 cm。距离三通最近淤积边缘开始至50 cm处,淤泥厚度比降较大;淤积段35～350 cm段淤泥厚度维持在3 cm;350～500 cm段淤泥逐渐降低,淤积厚度在1～3 cm,附着管壁,通透性好,详见图2-19。

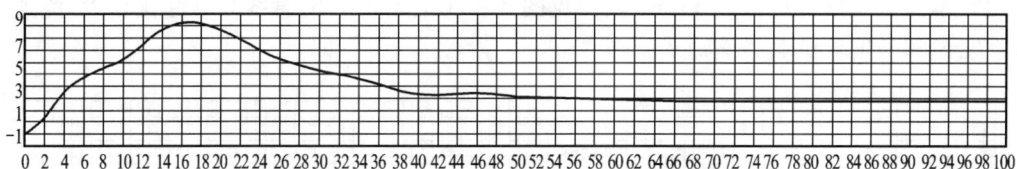

图2-19　一支管11月4号下午泥沙淤积情况

至11月5日上午,淤积正态分布形状被打破,淤积峰值降低但正态分布面变宽,大于4 cm淤积高度的长度达28 cm,下游淤积量在减少,详见图2-20。

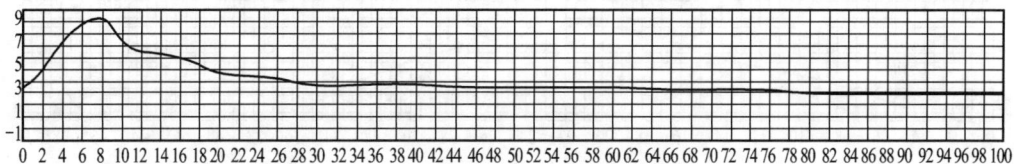

图2-20　一支管11月6号下午泥沙淤积情况

到11月8日管内淤积最高点趋于9.5 cm几乎堵塞,详见图2-21。下午又渐渐冲开,淤积峰面变宽,宽度由原来的6 cm增加到16 cm,高度降至8.5 cm。11月10日淤积高度达到9.5 cm顶部有少量悬浮质轻微回旋,时间越长,淤积宽度越长,淤积呈多样性钟形曲线。至11月12日停机,1支管内距三通中心线淤积长度70 cm,淤积最高点7.6 cm,详见图2-22。

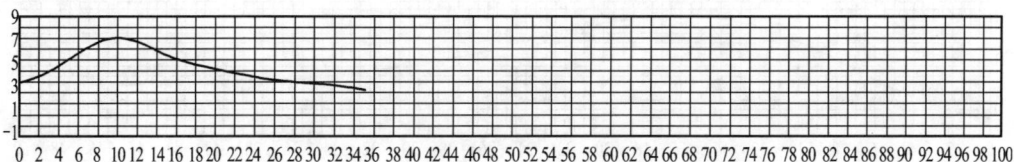

图2-21　一支管11月8号(9点)泥沙淤积情况

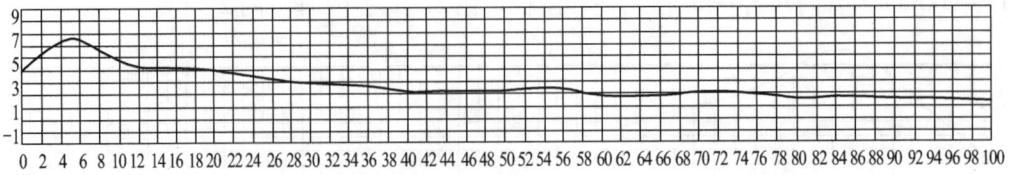

图 2-22　一支管 11 月 12 号(9 点 31 分)泥沙淤积情况

同样打开 1 支管,关闭 2 支管。2 支管淤积情况同 1 支管,淤积量在开始阶段少于 1 支管,但后期逐渐趋于一致。

②试验二。

试验将主管道设置成高差为 1.0 m 的起伏状管道,长度 9 m,管道中心线高差 1.0 m。自 11 月 12 日开始,到 11 月 22 日结束。试验开启 1 支管出水口,关闭 2 支管出水口,本次试验段平均流量 53 m³/s,详见图 2-23 至图 2-26,管线高程起伏较大,流速较快,淤积长度较试验一缩短。

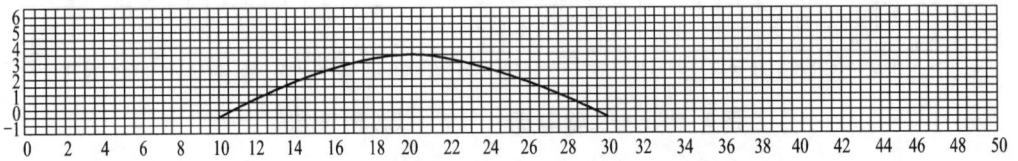

图 2-23　二支管 11 月 13 号下午泥沙淤积情况

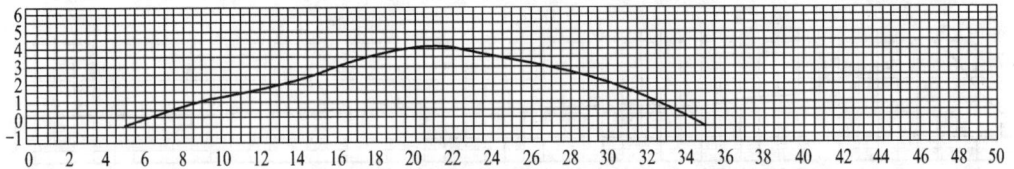

图 2-24　二支管 11 月 15 号上午泥沙淤积情况

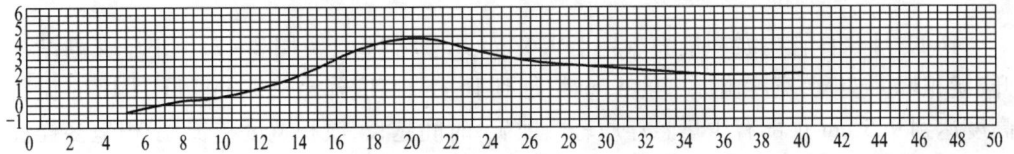

图 2-25　二支管 11 月 18 号上午泥沙淤积情况

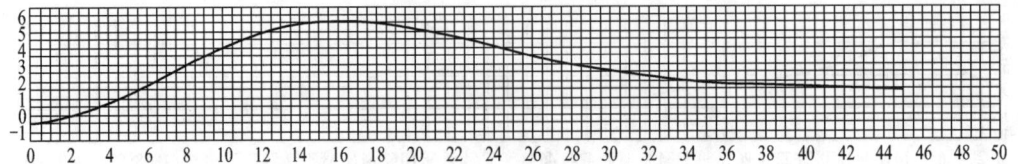

图 2-26　二支管 11 月 22 号下午泥沙淤积情况

（2）结论分析

①两次试验的流速均大于不淤流速，因此在干管及开启的支管不存在泥沙淤积，而未开启支管存在淤积。由于水流在干支管交叉口附近有螺旋流现象，因此淤积发生在支管距干管50 cm长范围内，且淤积形态很不规则。

②随着运行时间的推移，管道底部开始产生淤积，底部含沙量明显增大，在淤积面以上，含沙量分布仍很均匀。只是靠近淤积面部位有一定梯度。运行初期管中淤积速度快，随着运行时间增长，淤积速度减慢，最后趋于冲淤平衡。

③在管道分叉点，或者干支管分流处，支管不流动的容易造成管道淤积，其淤积形态是靠近上游处淤积断面较陡，下游淤积相对较缓，峰顶由窄变宽，逐渐使管体淤塞，时间越长淤积越厚。

④此种淤堵同时也会发生在倒虹吸等静水管道中。

3. 管灌输水泥沙防淤措施

①通过水力计算，合理选择管径，使管内流速不小于临界不淤流速。

②根据灌区设计引水含沙量上限（沙限）及泥沙组成，进行流速校核，管道流速应不小于不淤流速。

③在管网系统规划布置中，综合考虑管网防淤堵问题，合理布局，合理走线，尽量避开易产生管道淤堵的因素。

④每条支管首端均设闸阀，闸阀越接近上级管道越好，防止静水淤积。

⑤在管网倒虹吸管最低处、盲管末端、系统末端和系统低洼处，设置排水排沙设施；灌溉完毕后及时将管道积水排空，减少淤积。

⑥当泥沙含量大于管道引水含沙量上限，且通过管路调节不能满足防淤条件时，应利用地形条件，设泥沙处理建筑物，如沉沙池等。

⑦制定合理、可行的防淤堵运行管理制度。

四、管道材料与管件连接

（一）管材的选择

1. 技术要求

①管材要能承受设计要求的工作压力。管材允许工作压力应为管道最大正常工作压力的1.4倍。当管道可能产生较大水击压力时，管材的允许工作压力应不少于水击时的最大压力。

②管壁厚度应满足相应要求，且壁厚均匀一致。壁厚误差一般要求不大于5%。

③能通过设计要求的流量，且水头损失适当，即管道断面面积或内径应适合通过设计流量的要求。一般要求内径误差不大于5%。

④满足运输和施工的要求，能承受一定的局部沉陷应力。

⑤管材内壁光滑，内外壁无可见裂缝，耐土壤化学侵蚀、耐老化，使用寿命满足设计年限要求。

⑥管材与管件连接方便。连接处应满足工作压力、抗弯折、抗渗漏、强度、刚度及安全等方面的要求。

⑦移动管道要轻便、易快速拆卸、耐碰撞、耐摩擦、不易被扎破及抗老化性能好等。

⑧当输送的水流有特殊要求时,还应考虑对管材的特殊要求,如对灌溉与饮水结合的管道,要符合输送饮用水的要求。

2. 选择方法

在满足技术要求的前提下综合考虑以下经济因素:管材管件价格;施工费用,包括运输费用、当地劳动力价值、施工辅助材料及施工设备费用;工程的使用年限;工程维修费用等。

在经济条件较好,劳动力价值较高的地区,固定管可以选择价格相对较高,但运输、施工、安装方便,运行可靠的硬 PVC 管;移动管可以选择涂塑软管。而在一些经济条件较差,劳动力价值较低的地区,则应该选择价格低廉的管材如固定管可选混凝土管等管材,移动管可选塑料薄膜软管。沙石料可以就地取材的地方选择就地生产的素水泥混凝土管较经济,而在远离沙石料的地方选择塑料管则可能是经济的。另外,选择管材还要考虑应用条件及施工环境的特殊要求。例如,在管道有可能出现较大不均匀沉陷的地方,不宜选择刚性连接的素水泥管,可选柔性较好的塑料硬管;在丘陵和砾石较多的山前平原,管沟开挖回填较难控制,应对管材的外刚度要求较高些,可选双壁波纹 PVC(聚氯乙烯)管,不宜选择薄壁的 PVC 管;在跨沟、过路的地方,可以选择钢管、铸铁管;在矿渣、炉渣堆积的工矿区附近,可以考虑选择利用矿渣、炉渣就地生产的水泥预制管,既发展了节水灌溉,又有利于环境保护;当考虑到长期规划要求,可能将来发展灌溉时,可选择承压能力较高的管材,便于发展灌溉时利用;将来可以发展微灌,可部分选择 PE(聚乙烯)管材,便于工程改造时施工连接。

3. 选择的管材

管道灌溉工程中,干管为玻璃钢管,支管为 PVC 管、PE 管和超高分子量聚乙烯膜片复合管,地面移动管道为改性聚乙烯薄膜塑料管、涂塑管。

(1)玻璃钢管

以玻璃纤维或其制品做增强材料的增强塑料,称玻璃纤维增强塑料,或称玻璃钢。由于所使用的树脂品种不同,因此又有聚酯玻璃钢、环氧玻璃钢、酚醛玻璃钢之称。玻璃硬而易碎,具有很好的透明性以及耐高温、耐腐蚀等性能;同时钢铁很硬并且不易碎,也具有耐高温的特点。

①耐腐蚀性能好:由于玻璃钢的主要原材料选用高分子成分的不饱和聚酯树脂和玻璃纤维组成,能有效抵抗酸、碱、盐等介质的腐蚀和未经处理的生活污水、腐蚀性土壤、化工废水以及众多化学液体的侵蚀,在一般情况下,能够长期保持管道的安全运行。

②抗老化性能和耐热性能好:玻璃钢管可在 $-40 \sim 70\,^{\circ}\mathrm{C}$ 环境中长期使用,采用特殊配方的耐高温树脂还可在 $200\,^{\circ}\mathrm{C}$ 以上正常工作。长期用于露天使用的管道,其外表面添加紫外线吸收剂来消除紫外线对管道的辐射,延缓玻璃钢管道的老化。

③抗冻性能好:在 $-20\,^{\circ}\mathrm{C}$ 以下环境,管内结冰后不会发生冻裂。

④重量轻、强度高、运输方便。玻璃钢管不但重量轻、强度高、可塑性强、运输与安装方便，还容易安装各种分支管，且安装技术简单。

⑤水力条件好：内壁光滑、输送能力强，不结垢、不生锈、水阻小。

⑥可设计性好：玻璃钢管可根据用户的各种特定要求，诸如不同的流量、不同的压力、不同的埋深和载荷情况，设计制造不同压力等级和刚度等级的管道。

⑦维护成本低：玻璃钢管由于上述的耐腐、耐磨、抗冻和抗污等性能，因此工程不需要进行防锈、防污、绝缘、保温等措施和检修。

⑧电热绝缘性好：玻璃钢是非导体，管道的绝缘电阻在 1 012 ~ 1 015 Ω/cm，最适应使用于输电，电信线路密集区和多雷区玻璃钢的传热系数很小，只有 0.23，是钢的 0.5%，管道的保温性能优异。

⑨摩擦阻力小输送能力高：玻璃钢管内壁非常光滑，糙率和摩阻力很小。因此，玻璃钢管能显著减少沿程的流体压力损失，提高输送能力。

（2）PVC 管

PVC 管是由聚氯乙烯树脂与稳定剂、润滑剂等配合后用热压法挤压成型，是最早得到开发应用的塑料管材。

①PVC 管材材质很轻，搬运，施工便利，可节省人工。

②具有较好的抗拉、抗压强度，但柔性不如其他塑料管。

③PVC 管材的管壁非常光滑，对流体的阻力很小，其粗糙系数仅为 0.009，其输水能力可比同等管径的铸铁管提高 20%，比混凝土管提高 40%。

④PVC 管材具有优异的耐酸、耐碱、耐腐蚀、不受潮湿水分和土壤酸碱度的影响，管道铺设时不需任何防腐处理。

⑤PVC 管材的安装，不论采用粘接还是橡胶圈连接，均具有良好的水密性。

⑥PVC 管的耐水压强度，耐外压强度，耐冲击强度等均良好，适用于各种条件的配管工程。

⑦PVC 管的接合施工迅速容易，故施工工程费低廉。

0.20 ~ 0.32 Mpa 系列 PVC 管主要为《抵押输水灌溉用薄壁硬聚氯乙烯（PVC – U）管材》（GB/T 13664—92）；0.63 ~ 1.00 MPa 系列 PVC 管为《给水用硬聚氯乙烯管材》（GB 10002.1—88）；1.2 5MPa 系列为《喷灌用硬聚氯乙烯管》（SL/T 96.1—1994）。

（3）PE 管

PE 是最基础的一种塑料，塑料袋、保鲜膜等都是 PE 材质。HDPE 是一种结晶度高、非极性的热塑性树脂。原态 HDPE 的外表呈乳白色，在微薄截面呈一定程度的半透明状。PE 具有优良的耐大多数生活和工业用化学品的特性。

①连接可靠：聚乙烯管道系统之间采用电热熔方式连接，接头的强度高于管道本体强度。

②低温抗冲击性好：聚乙烯的低温脆化温度极低，可在 – 60 ~ 60℃ 环境中安全使用。冬季施工时，因材料抗冲击性好，不会发生管道破裂。

③耐化学腐蚀性好：可耐多种化学介质的腐蚀，土壤中存在的化学物质不会对管道造成任何降解作用。聚乙烯是电的绝缘体，因此不会发生腐烂、生锈或电化学腐蚀现象。

④耐老化、使用寿命长：含有2.0%～2.5%的均匀分布的炭黑的聚乙烯管道能够在室外露天存放或使用50年，不会因遭受紫外线辐射而损失。

⑤可挠性好：管道的柔性使得它容易弯曲，工程上可通过改变管道走向的方式绕过障碍物，在许多场合，管道的柔性能够减少管件用量并降低安装费用。

⑥水流阻力小：管道具有光滑的内表面，光滑的表面和非黏附特性保证管道具有较传统管材更高的输送能力，同时也降低了管路的压力损失和输水能耗。

（4）玻璃钢管、PVC、PE 的比较

农田灌溉输水管道选用管材现多为玻璃钢管、PVC 管、PE 管。玻璃钢管和PVC、PE 管因具有内壁光滑、水力条件好、地形适用性好、价格低、耐腐蚀、质量轻等优点，已成为管道灌溉的首选管材。

PVC、PE 管材连接速度快、接头强度高，玻璃钢管接头连接较为烦琐。但PVC 管、PE 管的径价比随着管径的增大越来越大，玻璃钢管材的径价比随着管径的增大而减小，经厂家价格对比，本着合理经济的原则，确定 $\Phi500$ 管径以上采用玻璃钢管，$\Phi500$ 管径以下采用 PVC 管、PE 管。PE 管虽然价格相比 PVC 管和玻璃钢管要贵，但对于喷灌或微灌等要求压力高、山丘区地形起伏大的项目，考虑到管道的弯折、韧性等要求，一般选用 PE 管。三种管材管径价格对比见表2-29。

表 2-29　三种管材管径价格对比

材质规格	单价/元			备注
	玻璃钢管	PVC 管	PE 管	
DN90	31	12	25.03	
DN110	40	16	37.46	
DN125	46	17.5	47.71	
DN160	58	28.3	78.12	
DN200	74	43.4	121.97	
DN250	95	67.2	190	玻璃钢管压力为0.6 MPa，刚度6 000；PVC 管压力为0.4 MPa；PE 管压力为1.0 MPa
DN315	135	132.3	308.45	
DN355	205	191.5	392.45	
DN400	235	225	496.61	
DN500	311.5	456	778	
DN600	403.5	600	1 173.5	
DN700	502			
DN800	605			

（5）超高分子量聚乙烯膜片复合管

超高分子量聚乙烯膜片（简称超高膜片）复合管分为超纯高膜片复合管和钢箍增强

超高膜片复合管两种。前者是由多层膜片螺旋缠绕加热加压复合而成,多层膜片用特种聚乙烯做黏合层,大面积整体高强度热合在一起。管道复合的层数和厚度根据管径大小和压力高低确定。超纯高膜片复合管适合于400 mm直径以下的中小口径、中低压管道。后者是在膜片基体外面按一定间隔复合波形塑钢加强筋,这种结构设计可使管道的抗外压能力大幅度提高,一般适用于中大口径管道。

①超强的抗拉强度:超高分子聚乙烯膜片的拉伸强度可达250 MPa,是普通聚乙烯的10倍左右,所以在同样工作压力的条件下,超高膜片管壁厚理论上可以下降到普通聚乙烯管的1/10。

②最佳的抗冲击强度:超高膜片的抗冲击强度高达100 kJ/m² 以上,是普通聚乙烯PE100的5倍、尼龙的5倍、芳纶的2.5倍、碳纤维的5倍、PVC和玻璃钢的十几倍。吸收冲击的本领比钢还要强。低温条件下普通塑料管和钢管都会变脆,而超高膜片管的抗冲击强度不降反升。

③安全可靠地环刚度:由于超高膜片的硬度和弹性模量都是普通聚乙烯的3倍以上,所以小口径管道具有足够的环刚度。对于大口径管道,基体外加钢箍作为支撑结构,保证了管道具有抵御土壤重量和地面荷载足够的环刚度。

④优异的耐磨性:超高膜片管的耐磨性是钢管的4~7倍,是PE管的3~4倍,特别适合于输送泥沙浆体。

⑤杰出的耐腐蚀性:产品具有极强的内外防腐能力。超高分子量聚乙烯是一种长分子链饱和结构,化学稳定性极高,故在一定温度和浓度范围内能耐各种腐蚀性介质的侵蚀。

⑥卓越的耐疲劳性:超高膜片管的耐疲劳性是PE100管的几十倍,胜过玻璃钢管。

⑦稳定的耐老化性:聚乙烯管道原料中有抗紫外线的炭黑稳定素,可以在管道暴露部分防止紫外线照射的老化作用。超高膜片的抗老化作用更比聚乙烯高出30%。国际公认聚乙烯的使用寿命为50年,所以超高膜片管的使用寿命可达60年以上。

⑧超凡的光滑性与不结垢性:超高分子量聚乙烯的表面摩擦系数几乎和冰一样,耐磨性又很强,所以表面非常光滑,液体或浆体输送的阻力大幅度下降,而且还具有不易结垢和不易被海洋生物附着的特性。

⑨优良的柔韧性:螺旋缠绕的超高膜片管在纵向具有一定的柔韧性,既可以随地形弯曲铺设,又可以防止接头因应力集中而开裂,还可以抵御地层不均匀沉降对管体的损害。

⑩质量轻:因为超高膜片超强的拉伸强度,所以管壁相对较薄,而且膜片密度小,所以膜片管既轻便又结实,其质量轻于任何环刚度及内部承压能力与之相同的金属和非金属管道,给运输、施工和使用带来很大方便。

⑪无毒、无污染性:管道的安全性完全符合国家饮用水安全标准,在生产过程中无任何"三废"产生,能量消耗低,属低碳产品。

⑫高性价比:由于超高膜片管的壁厚仅为PE100的1/5左右,所以其性价比远远超过普通聚乙烯管和其他管道,可为用户节省大量开支。

(6)聚乙烯塑料软管

聚乙烯塑料软管也称聚乙烯薄膜塑料软管,现在低压管道输水灌溉系统中应用的聚乙烯塑料软管主要是线性低密度聚乙烯塑料软管(LLDPE 塑料软管)。它是以LLDPE树脂为主体,加入适量的其他高分子材料吹塑制得的。LLDPE 塑料软管不仅用于地面移动输水灌溉,而且也作为地埋污水管的防渗内衬材料。

LLDPE 塑料软管的物理力学性能指标一般要求:拉伸强度(纵、横向)不小于20 MPa;断裂伸长率不小于600%;直角撕裂强度(纵、横向)不小于10 MPa;折边横拉强度不小于20 MPa。

(7)涂塑软管

涂塑软管是用锦纶纱、维纶纱或其他强度较高的材料织成管坯,内外壁或外壁涂敷聚氯乙烯(PVC)或其他塑料制成。根据管坯材料的不同涂塑软管分为锦纶涂塑软管、维纶涂塑软管等种类。涂塑软管将锦(维)纶管坯的耐压强度高和塑料内外壁的不透水性及水力性能好的特点结合在一起,大大提高了管材的工作压力,使用寿命可达 3 ~ 4 年。涂塑软管规格参见《焊接接头疲劳裂纹扩展速干试验方法》(GB 9447—88)。涂塑软管选择时要求表面光滑平整,没有断线、抽筋、松筋、内外槽、脱胶、气孔和涂层夹杂质等缺陷;壁厚应均匀,其厚薄比不得超过 4:3。必要时应根据表 2 - 30 耐压试验要求进行压力试验。

表 2 - 30 涂塑软管的耐压试验压力 单位:MPa

工作压力	0.3	0.4	0.6	0.8
耐压试验压力	0.9	1.3	1.8	2.5

(二)软管的连接

1. 揣袖法

揣袖法就是顺水流方向将前一节软管插入后一节软管内,插入长度视输水压力的大小决定至不漏水为宜。该法多用于质地较软的聚乙烯软管的连接,特点是连接方便,不需要专用接头或其他材料,但程压能力低,不能脱拉。连接时,接头处应避开地形起伏较大的地方和管路拐弯处。

2. 套管法

套管法一般用长 15 ~ 20 cm 的硬塑料管作为连接管,将两节软管套接在硬塑料管上,用铁丝或其他绳子绑扎好,也可用活动管箍固定。该法的特点是接头承压能力高,拖拉时不易脱开,但连接和脱管不方便。

3. 快速接头法

快速接头法就是将软管的两端分别与快速接头连接,用快速接头对接。目前常用的快速接头有消防水带快速接头和近年来研制的简易快速接头,一般采用铸铝或工程塑料注塑成型,采用 V 形橡胶圈或 O 形橡胶圈密封。采用快速接头法连接软管,连接、拆卸速度快,接头密封压力高,使用寿命长,是目前地面移动软管灌溉系统应用最广的一种连接方法,但接头价格较高。

（三）给水栓开发

给水栓在管道灌溉工程中具有向地面灌溉系统输水配水、开关节制、计量水量、保护管道和确保灌溉秩序等重要功能,因此成为管道灌溉工程中最关键的附属设施之一。在目前实际工程中传统的给水栓在结构上有移动式、半固定式、固定式等形式,止水结构形式有平板阀式、蝶阀式、球阀式、丝盖式等,制作材料有铸铁、PE、PVC、玻璃钢等,形式多样,材质不一。

1. 传统给水栓存在的问题

①外压止水,手动关闭。经常因关闭不紧,压力过大,产生水锤等因素,造成松动漏水,每逢灌溉之前需逐一检查是否关紧,费工费时,管理难度较大。

②侧向出水,只能安装于地面以上,影响耕作,被农机破坏情况较为严重。

③开启扳手易于仿制,乱开乱启现象较为严重,无法按轮灌制度有序灌溉。

④功能单一,只能人工开启、关闭,无法实现自动关闭、用水计量、进气排气、保护管道等综合功能。

⑤无计量设施,无法实现用水计量到户、按方收费。

⑥保护装置多为现场砌筑,费工费时,占用农田。传统给水栓保护井作为给水栓的配套保护设施,具有对农田灌溉给水装置起到防盗、防碰撞的功能,是确保农田管道灌溉工程有序灌溉、长效运行的关键措施。目前工程实际中应用的农田给水栓保护装置,一般为现场砌筑或现场浇注,费工费力且占用农田,钢筋砼管保护井,砼管及管盖上没有任何防盗设施,难以防范个别用户擅自盗用水资源,造成无序灌溉;砼管给水栓为侧向开口,地上裸露部分须高于地平面0.5 m以上,影响农机器具运行和农民耕作,易被农机具碰撞或损坏,难以起到保护作用。

2. 浮体式多功能给水栓及保护井

（1）浮体式多功能给水栓

①给水栓结构设计

给水栓主要由上栓体、浮体止水阀和下栓体组成,采用半固定式分体组合结构。

A. 下栓体。下栓体固定于地面以下,置于砼保护井中,内置浮体式止水阀。下栓体采用了浮体止水原理,实现了进气、排气、自动关闭功能。下栓体与管道三通立管连接,形成向田间供水的固定装置;上栓体与下栓体配套,上栓体底部设置十字支撑筋及开启驱动螺母,形成了向下推动浮体、开启下栓体的专用工具。下栓体由下壳体、连接丝帽、快速接头、滑道、止水胶圈、浮体止水阀、防尘盖组成;下壳体中部外围设置若干工装卡口,下壳体顶部与连接丝帽旋紧连接,并将快速接头体固定于其上部;下壳体与快速接头间设密封圈,密封圈的截面下部为分叉结构,快速接头下部内圈设置止水胶圈槽,止水胶圈槽上设置若干预留孔,止水胶圈上设置若干连接胶柱,连接胶柱与预留孔对应,止水胶圈和连接胶柱为一体结构;止水胶圈下方设置一圈带有倾斜角的凸圈;防尘防盗盖置于快速接头上部;下壳体内侧设置浮体滑道,浮体滑道底部设置浮体滑动限位点。浮体式多功能给水栓下栓体结构如图2-27所示。

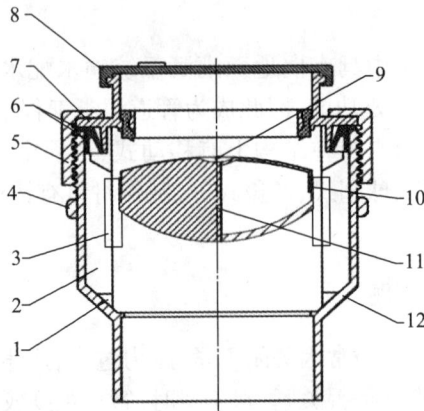

图2-27 浮体式多功能给水栓下栓体结构
1—浮体滑道限位点;2—浮体滑道;3—浮体滑槽;4—工装卡口;5—连接丝帽;6—密封圈;
7—快速接头;8—防盗防尘盖;9—丝杠推球座;10—浮体式止水阀;11—浮体支撑筋;12—下栓体

B. 浮体止水阀。浮体止水阀置于下栓体内滑道上,周边设置浮体滑槽与浮体滑道相对应;浮体滑道、浮体滑槽配合使用使浮体上下滑动;浮体止水阀采用扁平式浮体形式,内设十字结构浮体支撑筋;浮体止水阀顶部中心位置设置丝杠推球座。浮体式多功能给水栓浮体止水阀结构如图2-28所示。

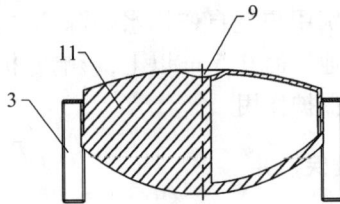

图2-28 浮体式多功能给水栓浮体止水阀结构
3—浮体滑槽;9—丝杠推球座;11—浮体支撑筋

C. 上栓体。上栓体由外壳体、开启手柄、丝杠、快速接头帽、十字支撑筋、开启驱动螺母、灌溉水表组成。外壳体上部为出水弯管,出口处外侧设置止水胶圈,以便于绑扎小白龙,弯管上部为螺杆止水胶帽和固定止水胶帽的压盖;壳体中段为灌溉专用水表;外壳体下部为快速接头帽,快速接头帽内设十字支撑筋、开启驱动螺母和止水胶圈;开启手柄和丝杠通过开启驱动螺母的驱动力推动浮体上下运动,实现下栓体的开启和关闭;开启扳手穿过支撑筋中心位置的开启驱动螺母与丝杠推球座接触;十字支撑筋和开启驱动螺母为一体结构。浮体式多功能给水栓上栓体结构如图2-29所示。浮体式多功能给水栓快速接头、止水胶圈结构分别如图2-30、图2-31所示。

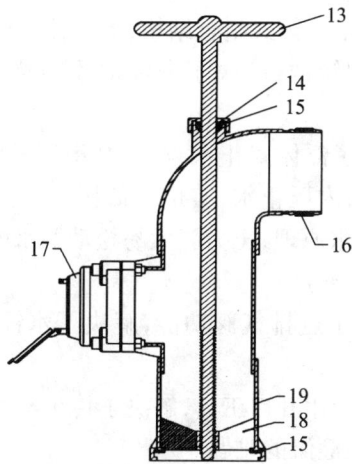

图 2 - 29 浮体式多功能给水栓上栓体结构

13—开启手柄;14—止水圈压盖；15—止水胶圈;16—绑扎小白龙止水胶圈

17—灌溉专用水表;18—十字支撑筋;19—快速接头帽

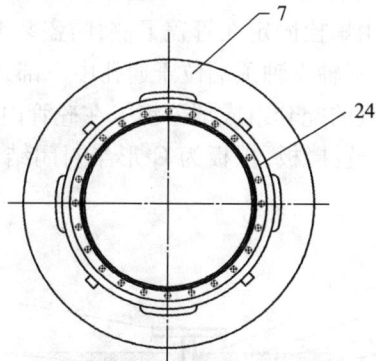

图 2 - 30 浮体式多功能给水栓快速接头结构

7—快速接头;24—止水胶圈槽

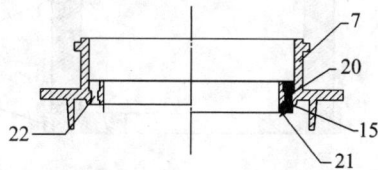

图 2 - 31 浮体式多功能给水栓止水胶圈结构

7—快速接头;15—止水胶圈;20—连接胶柱;21—凸圈;22—预留孔

（2）浮体式给水栓优势

①整套装置采取了半固定分体式组合结构,上下栓体快速连接使用,非灌溉季节下栓体固定于地面以下砼保护管内,解决了非灌溉季节影响农机耕作,易碰撞破坏的问题。

②下栓体创造性地采取了浮体式止水技术,利用管道内水的浮力实现了自动关闭功能,从传统的外压止水改为内压止水,实现了低压、零压不漏水,压力越大关闭越紧。其解决了传统给水栓外压止水原理,压力越大易松动漏水的问题;解决了灌溉之前逐一检查是否关紧费工费时的繁杂劳作。

③浮体式止水结构具备了进排气阀功能,解决了水锤冲击,回水负压破坏管道的问题。

④上栓体为整套装置的专用开启工具,解决了传统给水栓开启扳手易仿制,灌溉时期农户乱开乱启,无法按秩序灌溉的难题。

⑤上栓体加装了灌溉专用水表,实现了分户计量功能,解决了家庭联产承包责任制分户经营模式下管道灌溉工程水量无法计量到户和按方收费到户的难题。

3. 给水栓保护井

给水栓保护井主要由砼管、砼基础及管盖组成。砼管高出地面 60 ~ 80 mm,砼管内增设防盗装置,防盗装置由锁轴、锁卡及固定支座组成,在管盖中心设置通孔,管盖下方设置固定支座,固定支座采用螺栓固定在管盖下侧,防盗装置锁轴部分的立轴置于固定支座内,锁轴为倒 T 形结构,锁轴立轴顶端位于通孔中下部,锁轴立轴的顶端设置卡键,卡键为十字形结构;防盗装置的配套组成部分锁卡在砼管内侧对称设置,锁轴横轴置于锁卡之内,其中一个锁卡上设置挡板,挡板为 C 形半封闭结构;扳手的前端设置与锁轴立轴顶端卡键配套的键槽。

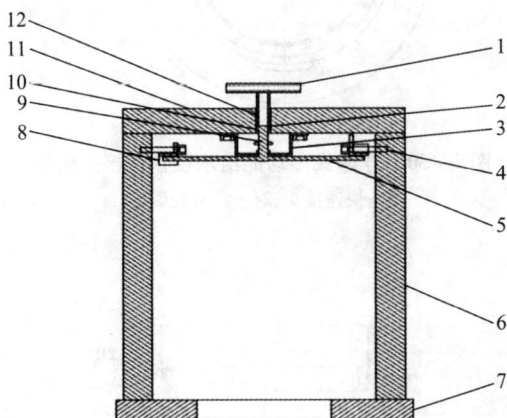

图 2-32 装配式钢筋砼管保护井结构图

1—扳手;2—键槽;3—固定支座;4—锁卡;5—锁轴横轴;6—砼管;
7—砼基础;8—挡板;9—锁轴立轴;10—卡键;11—管盖;12—通孔

给水栓保护井去掉了侧向开口的砼管给水栓,砼管的地上部分可降低到 60~80 mm,不影响农机器具的正常运转,减轻农业生产过程中对给水装置的机械及人为损伤,延长使用寿命,增加防盗装置后,在不使用专门扳手的情况下,无法打开管盖,从而保证灌区的有序管理。

4. 给水栓的合理布置

给水栓是输配水管网的分水点或出水点,即节点,又是田间灌水管网或实施田间灌水的水源点。如果给水栓布置过密,管网造价将增高,且对机耕和田间管理等农事活动有影响;如果给水栓布置过稀将对田间灌水不利,会造成田间输灌水损失加大,灌水劳动强度增加,田间灌水设施投资增大,且不易保证灌水质量。因此,对给水栓的合理布置应有以下基本要求:

①要能满足田间灌水管网或田间灌水用户对供水压力和供水流量的要求;

②满足分水或取用水方便、管理维护方便的要求;

③不影响机耕和田间农事活动;

④一个给水栓控制范围内的地形高差不宜过大,以免影响田间灌水管网内各点压力变化过大,致使灌水质量降低,灌水均匀度下降;

⑤给水栓位置对形成树状管网后的管路总长度应最短,造价应最低。

影响给水栓布置的主要因素:配水管网和田间灌水管网的布局,地块面积大小和形状及其分布,田间用水户的多少和田间灌水方式以及地形和地貌等。给水栓的布置应按灌溉面积均衡布设,并根据作物种类选择布置密度,单口灌溉面积宜为 0.25~0.26 hm^2,单向浇地取最小值,双向浇地取最大值。

第三节　寒冷地区低压管道输水灌溉技术

一、技术应用现状

低压管道输水灌溉具有省时省地、节水明显等特点,已成为许多发达国家进行灌区配套改造的一项重要技术措施。自 20 世纪 50 年代,低压管道输水灌溉技术就已在一些发达国家得到广泛应用。特别是 20 世纪 70 年代以来,随着工业的发展,塑料管道在各行业得到广泛应用,更加速了低压管道输水灌溉技术的推广。

美国在 20 世纪 50 年代,就已较广泛应用低压管道输水灌溉系统进行地面灌溉。目前,美国干旱地区比较先进的灌区,支渠以下的输水系统已大部分埋设地下管道,并设有排水系统,灌溉、排水各成系统,灌水效率和灌溉效益都较高。日本是较早实施管道输水的国家之一,20 世纪 60 年代开始在平原地区推行灌溉农渠管道化,90 年代以后开始在其国内小型灌区进行输水全部管道化,大型灌区在部分灌区开始管道化。日本的信息化、自动化管网系统已得到广泛应用,管道灌溉已向长距离、大口径、耐高压趋势发展。苏联 1965~1984 年的灌溉系统中地下低压管道输水已占 63%,管道灌溉基本代替了土渠输水,田间采用地面软管输水。1984 年以后,地下固定式管道代替地面移动式软管成为低压管道输水灌溉的发展趋势。以色列为干旱、半干旱地区,共有 20 多万公顷灌溉土地,输配水工程95%以上实现了管道化输水,到末端田间灌溉大部分采用的是微灌。

我国自20世纪50年代开始尝试低压管道输水灌溉技术的开发应用,进入80年代后,随着我国北方水资源供需矛盾的日益加剧和农村经济的快速发展,以井灌区为重点的低压管道输水灌溉技术得到迅速推广和应用。到2008年年底,低压管道输水灌溉技术已覆盖全国30个省(自治区、直辖市),灌溉面积达8 810万亩,约占全国节水灌溉工程面积的1/4。目前,低压管道输水灌溉多集中在斗渠以下,长距离、大口径管材的开发与应用,管道灌溉配水与控制设备的开发研制,田间灌水配套设备系列产品开发以及大口径管道施工技术等是管道灌溉发展需要进一步研究的问题。针对寒冷地区的气象特点、土壤因素及种植模式等,研究适合该区管道灌溉的管材、设计指标、运行模式及管理方式,为区域发展管道灌溉提供依据。

二、规划设计

(一)基本资料

1. 地形地貌

地形地貌资料包括项目区高程变化、地面坡向及坡度、地貌特征等。工程规划阶段用1:10 000到1:5 000地形图。管网布置用1:2 000到1:500局部地形图。地形图上应标出行政区划、工程位置及控制范围边界线、耕地、村庄、沟渠、道路、林带、池塘、井、河流、泵站、高(低)压输电线路等。

2. 土壤资料

土壤资料包括项目区土壤类型、土壤质地及容重、土层厚度、田间持水量、饱和含水量、土壤化学指标、冻土深度、地下水埋深等。冻土深度是确定土壤埋深的基础数据。

3. 气象资料

气象资料包括项目区逐年逐月降水、蒸发、气温、湿度等与农业灌溉密切相关的资料。气象资料是确定作物需水量和制定灌溉制度的依据。

4. 灌溉水源资料

灌溉水源为地下水时,应收集项目区地下水含水层厚度及埋深、地下水位变幅、给水度等有关资料。灌溉水源为地表水时,应收集项目区水源的供水能力,包括逐日、逐旬水量及水位的变化情况,灌溉季节的供水、用水情况。

5. 水利工程现状

水利工程现状包括项目区各种类型的水利工程数量、特征、现状及管理情况。在规划设计时,充分考虑利用现有的水利设施,确保有可靠的水源并尽可能减少投资。

6. 农业生产状况

农业生产状况包括土地面积、耕地面积、灌溉面积、作物资料、现状产量及农业措施。作物资料包括作物品种、种植结构、播种面积、分布作物和典型作物的生育期、需水量、主要根系活动层深度以及当地灌溉试验资料。

(二)管网布置原则

①低压管道输水灌溉工程建设,应将水源、泵站、输水管道系统及田间灌排工程作为一个整体统一规划,做到技术先进、经济合理、效益显著。

②规划中应进行多方案的技术经济比较,选择投资省、效益高、节水、节能、省地及便于管理的方案,并保证水资源可持续利用。山区、丘陵地区宜利用地形落差自压输水。

③规划应与道路、林带、供电、通信、生活供水等系统线路,以及居民点的规划相协调,充分利用已有水利工程,并根据需要设置排水系统。

④管网宜采用两级布设。田间固定管道长度为 $90 \sim 150 \ m/hm^2$。支管走向宜平行于作物种植方向,支管间距平原区宜采用 $50 \sim 100 \ m$,单向灌水时取较小值,双向灌水时取较大值。

⑤干管管径宜不超过 800 mm,田间出水口管径宜为 $100 \sim 150 \ mm$,单口灌溉面积宜为 $0.25 \sim 0.50 \ hm^2$,单向灌水取较小值,双向灌水取较大值。

⑥管网规模不宜超过 3 000 亩。

(三)水源工程

根据管道灌溉系统压力获取方式不同,取水工程可泵站加压取水、水源自压取水和蓄水池自压取水。不同取水工程选取需根据地形、工程投资、灌溉面积、灌溉形式、灌溉作物、水源类型等条件经技术经济比较后选取。

1. 泵站加压取水

机压管道输水灌溉系统利用水泵加压,即当水源水位不能满足灌溉要求时,采用水泵加压以获得足够的水头将水输送至田间。水源一般为河流或干渠,河流和渠道水位不足时应设节制闸抬高水位,取水工程包括前池、泵站及配套设备,水泵运行扬程与流量范围,通过水泵工作点设计,并使其位于水泵高效区内。

2. 水源自压取水

自压管道输水系统利用地形上的自然高差形成水流压力进行灌溉,丘陵地区的自流灌区一般采用水源自压取水方式。水源自压取水直接从江河或渠道取水,不需要建工程,是最经济实用的取水方式,但对地形要求严格,高差需满足灌溉系统的水头要求。

3. 蓄水池自压取水

蓄水池自压取水是在能够获得所需水头的一定高度的地方设置蓄水池,通过水泵将水抽送到蓄水池中,通过蓄水池进行自压输水的一种取水方式,取水工程包括泵站系统和蓄水池。蓄水池自压取水前期投入较大,其在运行过程中可根据不同灌溉时期作物需水量大小通过蓄水池容积进行灌溉,避免泵站加压取水泵站的频繁开启,降低水源自压取水水位不足的风险,既可节省泵站运行成本,又提高灌溉保证率。平原地区管道灌溉系统可前期投资情况采用此种取水方式。采用蓄水池自压取水的自压灌溉管道系统要根据田间需水要求及水源供水能力,合理确定蓄水池容积及高程。

(四)水力计算

1. 流量计算

灌溉系统的设计流量由灌水率图确定或按式(2-49)计算:

$$Q_0 = \sum_{1}^{e} \left[\frac{\alpha_i m_i}{T_i} \right] \frac{A}{t\eta} \tag{2-49}$$

式中:Q_0——灌溉系统设计流量,m^3/h;

α_i——灌水高峰期第 i 种作物的种植比例;

m_i——灌水高峰期第 i 种作物的灌水定额,m^3/hm^2;

T_i——灌水高峰期第 i 种作物的一次灌水延续时间,d;

A——设计灌溉面积,hm^2;

t——系统日工作小时数,h/d;

η——灌溉水利用系数;

e——灌水高峰期同时灌水的作物种类。

灌溉系统设计流量是选配水泵和初选最大管径的依据,其值为灌水高峰期所需流量;但水源(或机井)流量为系统设计流量的上限。当水源或已有水泵流量不能满足 Q_0 要求时,取水源或水泵流量作为系统设计流量,同时必须减少灌溉面积或调整种植比例,使设计流量与灌溉面积相匹配。

2. 管径计算

管道系统各管段的直径通过技术经济计算确定,按式(2-50)计算管径:

$$D_i = 1000 \frac{40Q_i}{\pi V_i} \tag{2-50}$$

式中:D_i——第 i 管段直径,mm;

Q_i——第 i 管段流量,m^3/s;

v_i——第 i 管段流速,m/s。

在确定管径时,按表 2-31 选择管内流速。

表 2-31 管道流速表　　　　　　　　　　　　　　　　　　单位:m/s

管材	塑料管	石棉水泥管	混凝土管	薄膜管
流速	1.0~1.5	0.7~1.3	0.5~1.0	0.5~1.2

3. 水头损失计算

管道沿程水头损失按式(2-51)计算:

$$h_f = f \frac{Q^m}{D^b} L \qquad (2-51)$$

式中:h_f——沿程水头损失,m;

　　　f——管材摩阻系数;

　　　Q——管道的设计流量,m^3/h;

　　　L——管长,m;

　　　D——管内径,mm;

　　　m——流量指数;

　　　b——管径指数。

各种管材的 f、m、b 值,按表2-32取值。

表2-32　不同管材摩阻系数、流量指数、管径指数值表

管材类别	管材摩阻系数 f	流量指数 m	管径指数 b
塑料管	0.948×10^5	1.77	4.77
石棉水泥管	1.455×10^5	1.85	4.89
混凝土管	1.516×10^6	2	5.33
旧钢管、旧铸铁管	6.25×10^5	1.9	5.1

注:地埋薄壁塑料管的 f 值,宜用表内塑料管 f 值的1.05倍。

管道局部水头损失按式(2-52)计算:

$$h_j = \zeta \frac{V^2}{2g} \qquad (2-52)$$

式中:h_j——局部水头损失,m;

　　　ζ——局部水头损失系数;

　　　V——管内流速,m/s;

　　　g——重力加速度,m/s^2。

在计算资料不足的情况下,管道局部水头损失也可按沿程损失的一定比例计入,一般取15%~20%。

4. 水锤压力计算

水锤压力按式(2-53)、式(2-54)计算:

$$\Delta P = \Delta V \frac{a}{g} \qquad (2-53)$$

$$a = \frac{1}{\sqrt{\frac{r_w}{g} \left(\frac{1}{k} + \frac{c \cdot D_0}{E_p \cdot t} \right)}} \qquad (2-54)$$

式中：a——压力波回流的速度，m/s；

c——管端固定度，可取值 $0.75 \sim 1.00$；

D_0——管道内径，m；

E_p——管材的弹性模量，MPa；

t——管材的计算厚度，m；

k——水的体积模量，$20℃$时为 $2\,200\ MPa$；

r_w——水的重力密度，取 $10\ kN/m^3$；

V——管道内水的流速变化，可取平均流速，m/s。

（四）结构计算

1. 管道结构设计要计算下列两种极限状态

①承载能力极限状态包括管道环截面强度计算、管道环截面压屈失稳计算、管道抗浮稳定计算；

②正常使用极限状态包括管道环截面变形验算。

管道结构设计包括管体、管座（管道基础）及连接构造等；对埋设于地下的管道，还包括管周各部位回填土的密实度设计要求。

2. 管道结构的强度计算

（1）管道结构的强度按式（2-55）计算：

$$\gamma_0 \sigma_0 \leqslant R \qquad (2-55)$$

式中：γ_0——管道的重要性系数，见表 2-33；

σ_0——在设计内水压力作用下管壁截面上的环向应力设计值，N/mm^2；

R——管道结构的抗力强度设计值，根据管材的抗力分项系数及强度标准值确定；其强度标准值是管道在水温 $20℃$，50 年长期承受内水压力下环向抗拉强度的最低保证值。

表 2-33 管道的重要性系数 γ_0

重要性系数	给水管道		排水管道	
	输水管	配水管	污水管	雨水管
γ_0	1.1	1.0	1.0	0.9

注：1. 当输水管道设计为双线或设有调蓄设施时，可采用 $\gamma_0 = 1.0$；

2. 排水管道中的雨水、污水合流管，γ_0 值应按污水管采用。

（2）设计内水压力作用下管壁环向应力设计值 σ_θ，按式（2-56）计算：

$$\sigma_\theta = \frac{\gamma_Q F_{wd} D_0}{2t} \qquad (2-56)$$

式中：F_{wd}——管道设计内水压力标准值，N/mm^2，采用管道工作压力的 1.5 倍计算；

D_0——管道计算直径,mm;

t——管道计算厚度,mm;

γ_Q——设计内水压力的作用分项系数,$\gamma_Q = 1.2$。

(3)当管道埋设在地下水位以下时,按式(2-57)进行抗浮稳定验算:

$$\sum F_{gk} \geq K_f F_{fw,k} \qquad (2-57)$$

式中:$\sum F_{gk}$——各项抗浮作用的标准值之和,kN;

K_f——抗浮稳定性抗力系数,K_f 不低于 1.10。

$F_{fw,k}$——地下水浮力标准值,kN。

(4)埋地管道的管壁截面环向稳定性按式(2-58)计算:

$$F_{cv,k} \geq K_{st}(q_{vk} + F_{vk})$$

$$F_{cv,k} = \frac{2E_p(n^2 - 1)}{3(1 - v_p^2)}\left(\frac{t}{D_0}\right)^3 + \frac{E_d}{2(n^2 - 1)(1 + v_s)} \qquad (2-58)$$

式中:$F_{cv,k}$——管壁截面的临界压力标准值,N/mm²;

K_{st}——管壁截面的稳定性抗力系数,K_{st} 不应低于 2.0;

q_{vk}——管顶处各项不利组合作用下的单位面积上竖向压力标准值,包括竖向土压力、地面堆积荷载或地面车辆荷载,N/mm²;

F_{vk}——管内真空压力标准值,N/mm²;

n——管壁失稳时的折皱波数,其取值应使 $F_{cv,k}$ 为最小值,并为不小于 2 的整数;

E_p——管材的长期弹性模量,N/mm²;

v_p——管材的泊松比;

v_s——管侧回填土的泊松比;

E_d——管侧土的综合变形模量,N/mm²。

(5)管道在组合作用下,最大竖向变形按式(2-59)或式(2-60)计算:

$$\omega_{d,min} \leq 0.05D_0$$

$$\omega_{d,max} = \frac{D_1 K_b r_0^3 (F_{sv,k} + \psi_q q_{ik} D_1)}{E_p I + 0.061 E_d r_0^3} \qquad (2-59)$$

$$\omega_{d,min} = \frac{D_1 K_b (F_{sv,k} + \psi_q q_{ik} D_1)}{8 S_p + 0.061 E_d} \qquad (2-60)$$

式中:$\omega_{d,max}$——聚乙烯管道在组合作用下最大竖向变形,mm;

D_0——变形滞后效应系数,可取 1.0 ~ 1.5;

K_b——管道变形系数,按管道的敷设基础中心角确定;对土弧基础,当中心角为 90°、120° 时取 0.096、0.089;对素土平基取 0.109;

r_0——管道计算半径,mm;

D_1——管道外径,m;

I——管壁纵向截面单位长度截面惯性矩,mm⁴/mm;

$F_{sv,k}$——管道单位长度上管顶处的竖向土压力标准值,kN/m;

q_{ik}——地面车辆荷载传递到管顶的竖向压力标准值或地面堆积压力标准值,kN/m²,选其大者;

Ψ_q—— 准永久值系数,取 0.5;

S_p—— 管材环刚度,N/mm^2。

自由段管道由季节温差引起的纵向变形量 ΔL,按式(2-61)计算:

$$\Delta L = \alpha L \Delta t \qquad (2-61)$$

式中:α——管材的线膨胀系数,$mm/m \cdot ℃$;

L——管道纵向自由段的长度,mm;

Δt——管壁中心处,施工安装与运行使用中的最大温度差,℃。

(五)抗冻胀措施

寒冷地区冻深基本在 1 m 以上,考虑到施工成本,管道可能埋在冻层内,有条件的地方采取抗冻胀措施。由于管道系统为线性工程,只需考虑保温和隔水两种抗冻胀措施。保温措施即为在管道四周铺设保温材料,材料性能及厚度可按《渠系工程抗冻胀设计规范》(SL 23—2019)方法确定。当地下水在渠底以下的埋深大于或等于地下水影响冻结锋面的临界值,且无傍渗水补给时,可在管道下铺设防渗土工膜;管道与膜料间可用粗砂做过渡层。地下水影响冻结锋面的临界值参见《渠系工程抗冻胀设计规范》(SL 23—2019)。

(六)管道附属设施

管道附属设施是指与管道配合使用的一些设施,包括给水装置、安全保护装置、分水控制装置、测量装置等。

1. 给水装置

给水装置是连接三通、立管、给水栓的统称,通常是指给水栓。给水装置安装结构形式分有移动式、半固定式、固定式三大类型;按制作材料分有铸铁、钢、塑料、玻璃钢等;按止水阀结构形式分有平板阀式和浮阀式两大类。

给水栓应结构合理、坚固耐用、密封性好、操作灵活、运行管理方便、水力性能好。不连接地面移动管的给水栓出口应设置防冲池。

2. 安全保护装置

低压管道输水灌溉系统的安全保护装置主要有进(排)气阀、安全阀、多功能保护装置、调压装置、逆止阀、泄水阀等。其主要作用分别是破坏管道真空,排除管内空气,减少输水阻力,超压保护,调节压力,防止管道内的水回流入水源而引起水泵高速反转。

安全保护装置结构合理、运转灵活、牢固耐用。在管道系统进口或可能发生危害性水击压力的位置,设置限压通气管;在山丘区,管线地形高差变化较大或管道直径较大的管网系统中,可采用调压井(管)等安全建筑物;在管道轴线起伏段的高处和顺流向下弯处,设置进排气设施;在顺坡管道节制阀下游侧,逆坡管道节制阀上游侧,以及可能出现负压的其他部位,设置负压消除设施;在管道系统的最低处,设置泄水阀,灌溉期结束排空管道,防止冬季发生冻胀破坏,泄水阀处设置泄水井,泄水井与排水系统连通,泄水井基础在冻层以下做好防渗措施。

3. 分水控制装置

分水控制装置可采用闸门、闸阀等定型工业产品,产品满足设计的压力和流量要求。管道采用闸门、闸阀等分水、配水控制装置时,设置阀门井,阀门井基础在冻层以下做好防渗措施。

4. 测量装置

管道灌溉系统中常用的测量装置主要有测量压力和流量的装置。测量压力装置用来测量管道系统的水流压力,了解、检查管道工作压力状况;测量流量装置主要用来测量管道水流总量和单位时间内通过的水量,是用水管理的基础。

测量压力装置主要有压力表、压差/压力变送器。流量测量装置主要有水表、流量计、流速仪、电磁流量计等。

5. 镇墩

管道遇到下列情况之一时设置镇墩:

①管内压力水头大于等于 6 m,且管轴线转角大于等于 15°;

②管内压力水头大于等于 3 m,且管轴线转角大于等于 30°;

③管轴线转角大于等于 45°;

④管道末端。

镇墩设置在坚实的地基上,地基在冻层以下用混凝土构筑,强度应不低于 C30。镇墩抗冻胀措施参见《渠系工程抗冻胀设计规范》(SL 23—2019)。

四、工程施工

低压管道输水灌溉工程具有工程隐蔽、使用时间长等特点,为了保证投入使用后正常运行,要从设计、施工和运行管理等环节严格把关。

(一)施工准备

1. 具备的条件

①工程设计施工图及其他技术文件齐全,并通过会审。

②供水、供电等设施已能满足施工要求。

③制定的施工计划和方案已确认可行,技术交底和必要的技术培训工作已经完成。

④管道材料经过外观质量检查,管材、管件配套齐全,并经检查合格,施工机具、施工人员能保证正常施工。

2. 施工组织

根据工程需要成立施工组织领导机构,协调各项工作,编制详细的施工计划,做好施工准备工作。

3. 施工前准备

①施工前,对施工人员进行必要的技术培训和安全意识教育,在技术上要使施工人员熟悉设计图纸,掌握施工方法和程序。

②施工前做好物料及施工设备的采购供应工作。按照设计要求采购、验收、保管和供应。

(二)管槽开挖

1. 测量放线

施工现场应设置测量控制网点。在管道中心线上每隔 50 m 打木桩,并在管线的转折点、给水栓、闸阀等处或地形变化较大的地方加桩,桩上标注开挖深度。

2. 管槽断面形式

沟槽断面形式是根据现场施工环境、施工设备、土质条件、地下水位、土层深度及施工方法等确定。一般沟槽断面形式有直壁、放坡及直壁与放坡相结合形式。沟槽底部开挖宽度、放坡无设计要求时,参照国家现行标准《给水排水管道工程施工及验收规范》(GB 50268—2008)。管材与管件连接处,管槽开挖尺寸适当加大。

3. 管道基础

①槽底应平直、密实,并清除石块与杂物,排出积水。

②人工开挖且无地下水时,沟底预留值为 0.05 ~ 0.10 m;机械开挖或有地下水时,沟底预留值不小于 0.15 m;预留部分在管道敷设前,人工清底至设计标高。

③超挖则应回填夯实至设计高程;软弱地基要采取加固措施;地下水位较高,土层受到扰动时,铺 150 ~ 200 mm 的砂垫层。

④管道要铺设在原状土地基上,地基上需铺设 100 ~ 150 mm 砂垫层,以增加地基强度;管道附件、阀门、镇墩等位置应垫碎石,夯实后按设计要求设混凝土找平层或垫层。

(三)管道施工

1. 管道的连接

①管道安装前,对管材、管件进行外观检查,保证管材质量、清除管内杂物。

②管材沿管线敷设方向排列在沟槽边;安装时,先干管后支管。承插口管材,插口在上游,承口在下游。

③热熔连接的管材应分段在槽边进行连接后,以弹性敷设管法移入沟槽;法兰连接的管材在沟槽内连接。

④管道连接后,除接头外,迅速覆土 20 ~ 30 cm 进行初始回填。

2. 普通铸铁管及钢筋混凝土管的连接

铸铁管、钢筋混凝土管的连接多为承插式,其接头形式有刚性接头和柔性接头两种。连接前,首先检查管件有无裂纹、砂眼、结疤等缺陷,处理掉承口内和插口外的沥青,并清理干净。承插接头常用的填料有水泥、青铅和油麻、橡胶圈等。

3. 管件的连接

材质和管径均相同的管材、管件的连接方法与管道连接方法相同;管径不同时由变径管来连接。材质不同的管材、管件连接需通过加工一段金属管来连接,接头方法与铸铁管连接方法相同,或者通过螺纹连接、法兰连接。管材、管件及附属构件与其他埋设物交叉或接近时,保持 20 cm 的间距,以利于施工和运行。

(四)试水回填

1. 试水

管道系统达到设计强度后方可试水。试水前检查管道系统进、排气阀是否通畅,安全阀、给水栓是否启闭灵活,管段覆土固定情况是否完好。

试水压力为管道系统的设计工作压力,保压时间不小于 1 小时。检查管道系统(重点检查接口、配件处)有无渗漏现象,并做好标志和记录。渗漏损失要符合管道水利用系数要求,不允许有集中渗漏。出现渗漏现象时应终止试水,对管道采取修补措施,并在修补处达到预期强度后重新试水,直至合格。

2. 回填

管道系统试水合格后方可进行最终回填。管道初始回填时先将管底填实,再回填管道两侧,回填至管顶 0.5 m。初始回填采用人工回填夯实。管顶 0.5 m 以上可使用小型机械分层回填夯实,每层松土厚度应为 0.25～0.40 m。回填密实度不低于最大夯实密实度的 90%。

第四节　渠系防冻胀技术

一、防冻胀新材料研发

(一)土工合成材料膨润土垫

土工合成材料膨润土垫(Geosynthetic Clay Liner,简称 GCL),是一种新型的复合土工合成材料。

1. GCL 的性能测试

GCL 主要用于农田水利工程的渠道防渗措施。国内用于生产 GCL 的膨润土大致可以分成颗粒状和粉状两种。针对寒冷地区防渗工程特点,模拟野外冻融循环自然过程对 GCL 材料性能的影响,试样在 −20 ~ 20 ℃ 且单向冻融条件下,通过室内试验对 100 次干湿、冻融循环过程中的 GCL 外观质量评价与渗透系数测定,从而评价其防渗耐久性。

2. 测试结果分析

(1)冻融循环对 GCL 冻胀量变化的影响

单向冻融循环试验对 GCL 的冻胀量变化影响的试验结果见表 2 − 34。可以看出:经 100 次单向冻融循环试样厚度持续增长,100 次单向冻融循环后的颗粒状试样厚度增加约 30.80%,粉末状试样厚度增加约 25.82%。

表 2 − 34 单向冻融循环试验对 GCL 的冻胀量变化影响   单位:mm

冻融循环次数	饱和 48 h 后厚度		最大冻胀量		冻融后残余变形		冻融循环后厚度	
	颗粒状	粉末状	颗粒状	粉末状	粉末状	颗粒状	粉末状	颗粒状
0	7	7	0	0	0	0	0	0
10	10	11	0.98	2.80	0.58	2.42	10.58	13.42
20	10	11	1.75	3.05	1.25	2.45	11.25	13.45
25	10		2.06		1.42		11.42	
30		11		3.06		2.51		13.51
40	10		2.48		1.83		11.83	
50	10	11	2.76	3.08	2.25	2.53	12.25	13.53
60		11		3.28		2.73		13.73
70		11		3.35		2.75		13.75
75	10	11	3.85	3.40	3.04	2.80	13.04	13.80
80		11		3.42		2.82		13.82
90		11		3.43		2.83		13.83
100	10	11	4.03	3.44	3.08	2.84	13.08	13.84

(2)冻融循环对 GCL 渗透性的影响

GCL 在单向冻融循环过程中的渗透系数见表 2 − 35。可以看出:GCL 有很好的抵抗冻融循环的能力,在 −20 ~ 20 ℃ 经 100 次冻融循环,GCL 渗透系数有逐渐增大的趋势,但渗透系数仍在 8 ~ 10 cm/s 量级内,显示出了良好的防渗性能,且粉粒状明显优于颗粒状材料。

表 2 - 35　GCL 在单向冻融循环过程中的渗透系数

冻融循环/次	渗透系数(8~10 cm/s)		冻融循环/次	渗透系数(8~10 cm/s)	
	颗粒状	粉末状		颗粒状	粉末状
0	0.403 9	0.005 8	60	—	1.955 1
10	1.146 1	1.012 4	70	—	1.993 7
20	1.464 6	1.488 4	75	2.042 7	—
25	1.544 1	—	80		2.011 4
30	—	1.723 6	90		2.020 9
40	1.717 6	1.852 3	100	2.081 2	2.021 3
50	1.841 0	1.925 4	—		

（3）冻融循环对 GCL 剥离强度的影响

GCL 的剥离强度是衡量其质量的一个重要指标,也是保证运行期工程安全的重要考量。100 次冻融循环对 GCL 剥离强度的影响曲线见图 2 - 33。

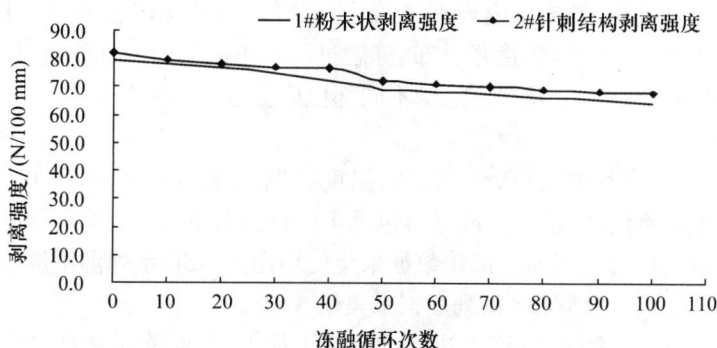

图 2 - 33　冻融循环对 GCL 剥离强度的影响曲线

由图 2 - 33 可以看出:颗粒状试样在 100 次单向冻融循环试验过程中,针刺结构均保持完好,剥离强度为 64.6 ~ 79.4 N/100 mm,与原始样剥离强度相比,强度保持率可达 81.4%;粉末状剥离强度为 68.4 ~ 82.4 N/100 mm,强度保持率可达 86.1%。

（4）冻融循环对 GCL 剪切性能的影响

GCL 90 次冻融循环后剪切试验结果见表 2 - 36。试验结果表明,GCL 试样能很好地抵抗剪切破坏的影响,冻融循环后的剪切试验不能对 GCL 试样自身结构进行破坏,GCL 在季节冻土区具有很好的应用前景。

表2-36　GCL 90次冻融循环后剪切试验结果

冻融次数	剪切角/°	黏聚力/kPa
0	1.830	8.945
10	0.842	8.780
20	1.320	8.280
30	1.690	8.275
40	0.103	5.115
50	0.640	3.715
60	2.420	3.550
70	0.230	2.450
80	0.480	2.060
90	0.773	1.670

3. GCL 防渗渠道冻胀适应性模型试验

根据模型试验理论,开展室内模型试验,模拟野外自然降温及升温过程,监测 GCL 梯形混凝土板渠道环境土体温度场分布、冻融过程中不同断面的冻胀量、侧壁水平冻胀变形、渠壁周围应力分布,以及渠道边壁不同部位应变等相关参数。

（1）试验方案

试验在低温试验室中进行,试验室的温度控制范围为 -35～25 ℃,控制精度为 ±1.0 ℃。根据试验设计,采用的传感器包括 PT100 温度传感器、WY-50 型位移传感器、PDA-PA 微型压力传感器。试验数据采集使用国产 XSL 系列温度巡检仪和澳大利亚 dataTaker 公司的 DT515/615 系列数据采集仪。

方案1：将"GCL＋混凝土板"渠道放在渠基土体上,监测冻结融解过程中渠道衬砌结构周边土体温度场分布与冻结融解过程中渠道冻胀及融沉的变化过程。

方案2：将"GCL＋混凝土板"渠道直接放置在渠基土体上,其上安装固定桁架装置,以保证衬砌结构不发生位移,监测冻结融解过程中渠道衬砌周边土体温度场分布与冻结融解过程中渠道周侧冻胀力的变化过程。

（2）结果与分析

①衬砌结构温度场变化。

试验以控制环境温度为主,环境温度控制按照试验环境温度控制过程曲线进行,降温阶段、恒低温阶段、升温阶段、恒高温阶段至完全融化。

达到最大冻深50 cm时的 GCL 渠道衬砌体系的温度场如图2-34所示,可以看出,在达到最大冻深时,衬砌体系下卧土体温度场曲线分布均匀、平滑。

②下卧土层冻深变化。

试验设计冻深50 cm,渠底实际冻深49.7 cm,基本达到设计值。实际冻深过程线的变化趋势与野外实测冻深的变化趋势基本相同。渠道冻深变化过程线如图2-35

所示。

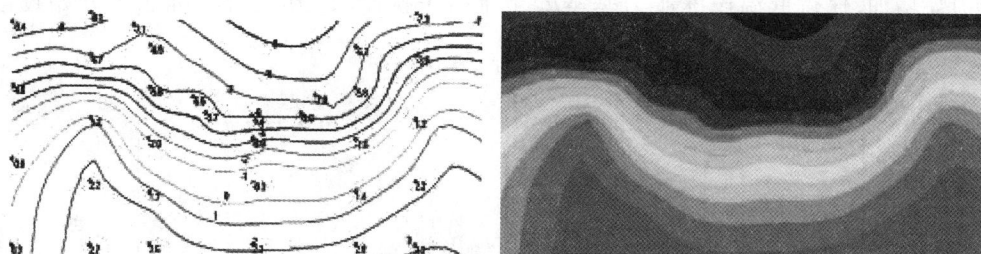

图 2-34　GCL 达到最大冻深 50 cm 时渠道衬砌体系温度场

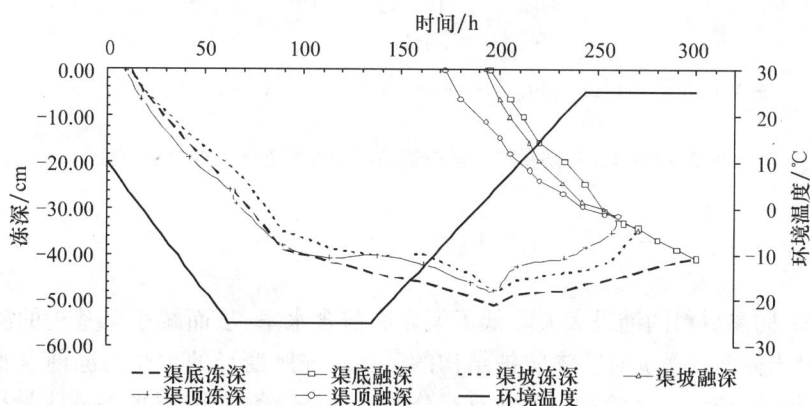

图 2-35　渠道冻深变化过程线

③冻胀量变化过程与冻融恢复率。冻胀融沉量统计见表 2-37。

表 2-37　冻胀融沉量统计表

指标	西侧渠顶	西侧距渠顶10 cm 处	西侧距坡脚1/3 处	渠底中心	东侧距坡脚1/3 处	东侧距渠顶10 cm 处	东侧渠顶
最大冻胀量/mm	26.15	32.63	40.77	37.11	40.67	37.09	30.79
最大融沉量/mm	25.18	31.75	39.06	35.40	39.12	35.42	29.28
残余冻胀量/mm	0.97	0.88	1.71	1.71	1.55	1.67	1.51
冻胀率/%	5.81	7.25	8.20	7.73	8.47	7.89	6.55
冻融恢复率/%	96.30	97.30	95.80	95.40	96.20	95.50	95.10

④冻胀力变化。

由图 2-36 可以看出,在唯一限制试验段,最大冻胀力出现在渠坡上部,最大值为 22.3 kPa,其次出现在坡脚,为 20.0 kPa,渠底中心处冻胀力最小,最小值为 14.1 kPa。

冻胀力的变化趋势基本服从先增加,再维持,最后减小的规律,即土体开始冻结时冻胀力开始增加,保持低温段冻胀力基本处于维持平衡阶段,升温阶段冻胀力开始逐渐减小。

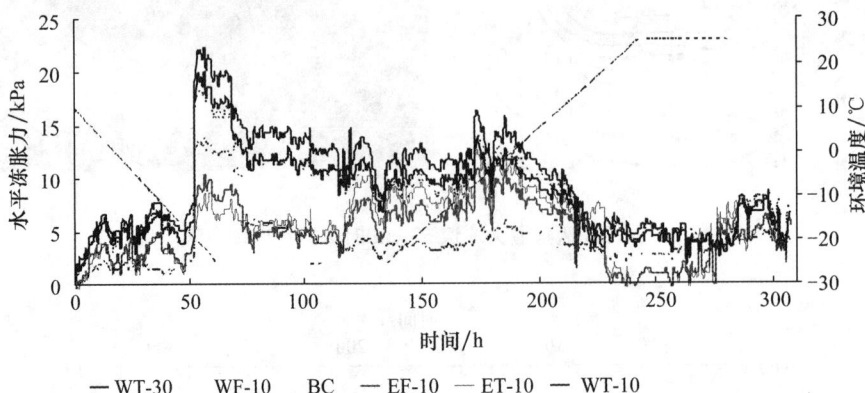

图 2-36　GCL 防渗梯形渠道边坡不同位置冻胀力变化过程线

4. 结论

①GCL 防渗材料的铺设大大降低了渠床冻前含水率,从而减小渠基土的冻深与冻胀量,减轻土体冻胀融沉对防渗防护结构的破坏。冻胀变形的大小与冻前含水量及地下水分补给情况有关,试验过程中在有充分的水分补给条件下,试验中冻胀量呈现如下规律:渠坡下 1/3 >渠底 >渠坡上 1/3 >渠顶,基本符合"GCL + 混凝土板"衬砌体系在冻融循环过程中的冻胀规律。

②"GCL + 混凝土板"衬砌体系在起到防渗与防护作用的同时,增加了热阻,使渠基温度场分布较为均匀、平滑,可有效减小冻深及冻胀量,抑制不均匀冻胀的产生,冻融恢复率均在 95% 以上。

③在冻胀量超过 40 mm 条件下,"GCL + 混凝土板"衬砌体系具有很强的适应冻胀融沉变形能力,其渗透性随着冻融循环次数的增加变化不明显,也说明在冻融循环条件下 GCL 显示了优良的防渗性能。

(二) EPS 颗粒轻质土

1. EPS 的性能测试

EPS 颗粒轻质土,是由细粒土或砂土、水、固化剂、EPS 泡沫塑料颗粒组成的。EPS 颗粒轻质土的密度和抗压强度可以通过配方的改变进行调节。

(1)典型配合比

经过室内试验,推荐的典型质量配合比见表 2-38。

表 2-38　EPS 颗粒轻质混合土典型配合比

垫层名称	土/%	水泥/%	水/%	EPS颗粒/%	界面处理剂/%	引气剂/%	减水剂/%	密度/(kg/m³)	导热系数/(W/mK)
掺2%EPS颗粒轻质土	100	20	40	2	15	0.1	0.5	1.13	0.898
掺3%EPS颗粒轻质土	100	20	45	3	15	0.1	0.5	0.97	0.821
掺4%EPS颗粒轻质土	100	20	45	4	15	0.1	0.5	0.86	0.718

（2）EPS 颗粒轻质土应力 - 应变关系

EPS 颗粒轻质土的应力 - 应变关系，见图 2-37。EPS 颗粒轻质土的三轴 UU 试验应力 - 应变曲线显示了两个特征：

①非线性特征：主应力差与轴向应变关系曲线初始阶段为直线，混合土处于弹性变形状态，当应力达到屈服应力后，应力 - 应变关系开始呈非线性，表明 EPS 颗粒轻质混合土存在塑性变形。

②硬化特性：在加载过程中，材料变形进入弹塑性阶段后，应力随着应变的增大而不断提高，曲线没有明显的峰值，应力 - 应变关系呈明显的硬化特征；也表明 EPS 颗粒轻质土的总应变是由不同性质的应变组成的，总应变可分为弹性应变增量和塑性应变增量两部分。随着轴向应变的不断发展，主应力差在不断增大，应力 - 应变曲线为应变硬化型。

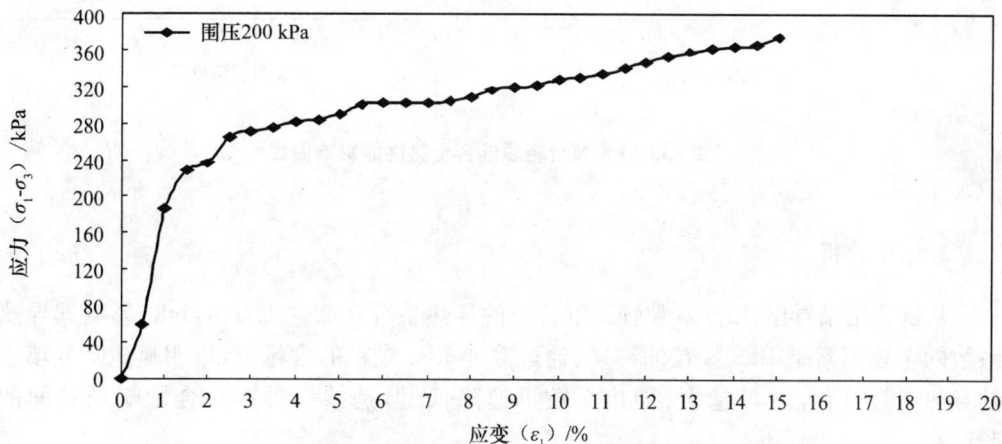

图 2-37　EPS 颗粒轻质混合土三轴 UU 试验应力 - 应变曲线

（3）EPS 颗粒轻质混合土的抗冻耐久性

①EPS 颗粒轻质混合土的抗冻性能，与常规的填土相比有很大的提高，试验结果表

明轻质土的抗冻性可以抵抗 50 次以上的冻融循环作用。

②影响其抗冻耐久性的主要因素是 EPS 颗粒的掺量,通过改变 EPS 颗粒的含量,可以明显降低填土的密度,掺量越大,抗冻性能迅速降低,掺量过多会影响颗粒间的胶结。

③密度增加会显著提高轻质土的抗冻性,含水率的增加会降低抗冻性能。

④掺加水泥类固化剂及粉煤灰及硅粉等混合料可以明显改善 EPS 颗粒轻质混合土的和易性和抗冻性,掺量引气剂和高效减水剂可以明显改善抗冻性能。

⑤EPS 颗粒轻质土的热性能

轻质土的热性能是结构保温设计的关键指标。图 2 - 38 给出不同密度、不同含水率、不同 EPS 颗粒掺量以及固化剂(水泥)掺量对轻质土热性能的影响。

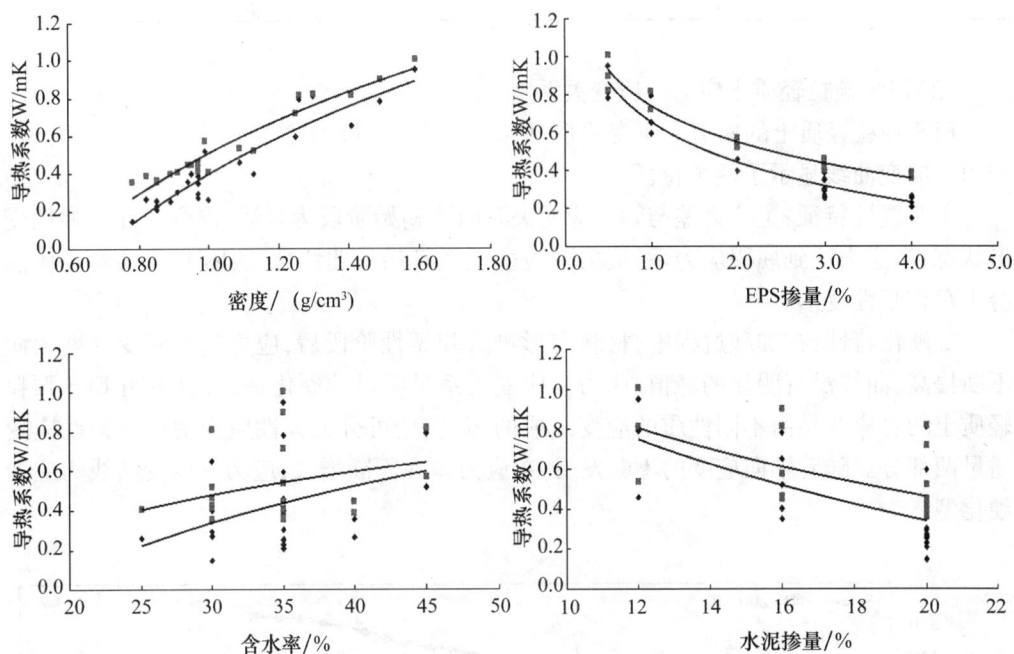

图 2 - 38 EPS 颗粒轻质混合土热性能影响曲线

2. 结果分析

从试验结果看出,EPS 颗粒轻质混合土的导热系数 0.25 ~ 1.0 W/mK,影响其导热系数的主要因素是 EPS 颗粒的掺量,通过改变 EPS 颗粒的含量,可以明显地降低填土的导热系数,而且掺量越大,导热系数迅速降低,但是掺量过多也会影响颗粒间的胶结。

3. EPS 颗粒轻质混合土冻胀适应性模型试验与验证

模型试验的冻结过程中冻深、融深曲线见图 2 - 39,不同 EPS 颗粒掺量轻质土模型试验冻胀量汇总见表 2 - 39。土体温度场试验过程中土体温度场分布见图 2 - 40。

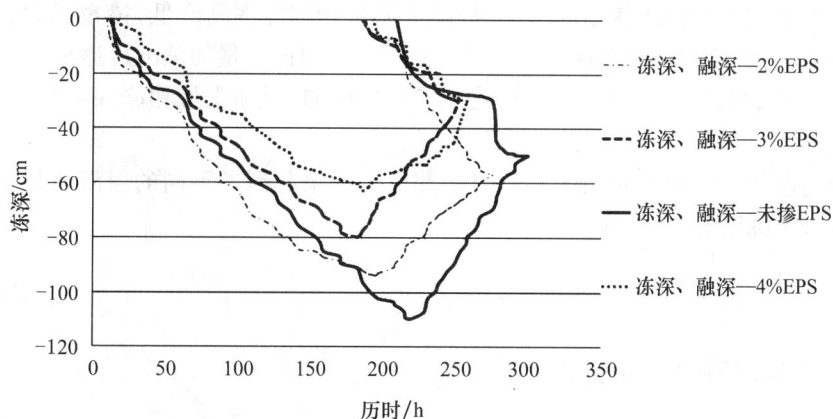

图 2-39　冻深、融深曲线

表 2-39　不同 EPS 颗粒掺量轻质土模型试验冻胀量汇总表

垫层名称	EPS 颗粒掺量/%	换填厚度/cm	最大冻胀量/cm	相对冻胀量/%	削减/%	相对最大冻深/%	削减/%
不掺 EPS 颗粒	—	—	1.81	100	—	100	—
掺 2% EPS 颗粒	2	20	0.77	43	57	85	15
掺 3% EPS 颗粒	3	20	0.65	36	64	73	27
掺 4% EPS 颗粒	4	20	0.19	10	90	57	43

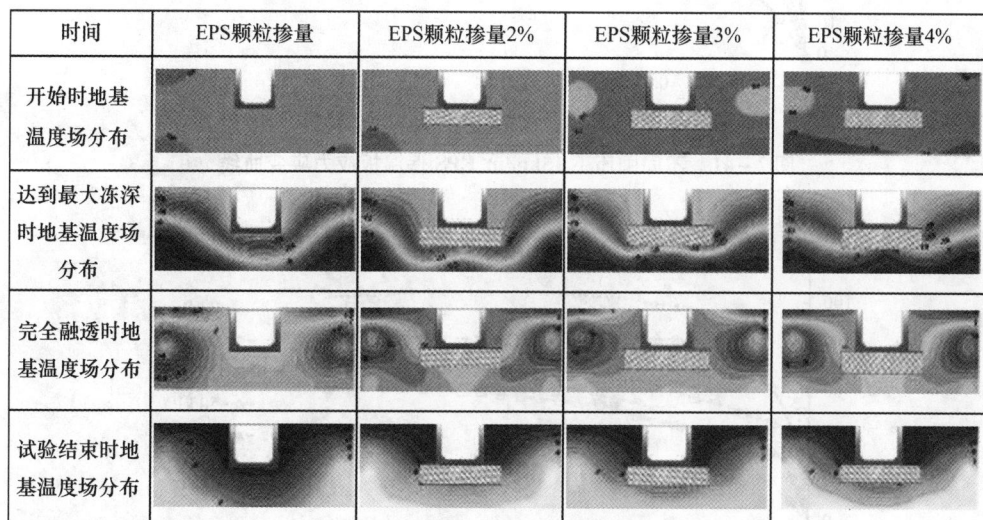

图 2-40　土体温度场试验过程中土体温度场分布图

通过图 2-40 可以看出,在试验过程中,温度场总体符合土体单向冻结、双向融化的寒冷地区地基土的冻融发展规律。冻融循环后,模型温度场变化均匀,没有温度夹层,热量传递均匀。

随着 EPS 颗粒轻质土掺量的增加,模型冻胀量和冻深逐渐降低,掺量越大,冻胀量和冻深的削减量也越大,其中掺量 4% 的颗粒轻质土对冻胀量的消减可达 90%,最大冻深可削减 43%,可以看出,EPS 颗粒轻质土的掺量增加,对冻胀量和冻深的削减有很好的效果。

不同密度的 EPS 颗粒轻质土垫层对装配式矩形渠起到了不同的保温效果,可以有效抵抗地基土冻胀对渠道的破坏。

(三) EPS 保温板

1. EPS 保温板应力 - 应变关系

图 2 - 41 至图 2 - 45 给出不同围压下、不同密度的应力 - 应变关系。结果表明:密度低于 20 kg/m³ EPS 保温板,弹性阶段($\varepsilon < 2\%$)应力值很低,10% 应变强度值时低于 100 kPa。密度为 30 kg/m³ EPS 保温板,弹性阶段($\varepsilon < 2\%$)应力值不超过 140 kPa,10% 应变强度值时低于 200 kPa。推荐在防冻胀工程中使用密度大于 30 kg/m³ 的 EPS 保温板。

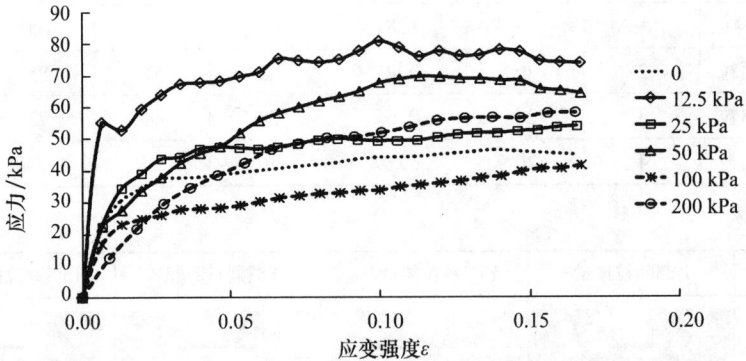

图 2 - 41　不同围压下 15kg/m³ EPS 保温板应力应变曲线

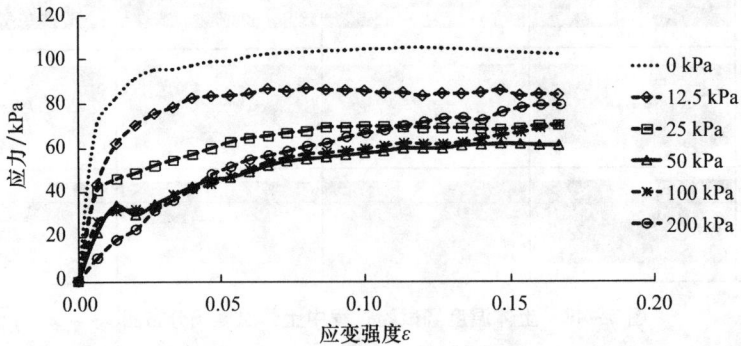

图 2 - 42　不同围压 20kg/m³ EPS 保温板应力应变曲线

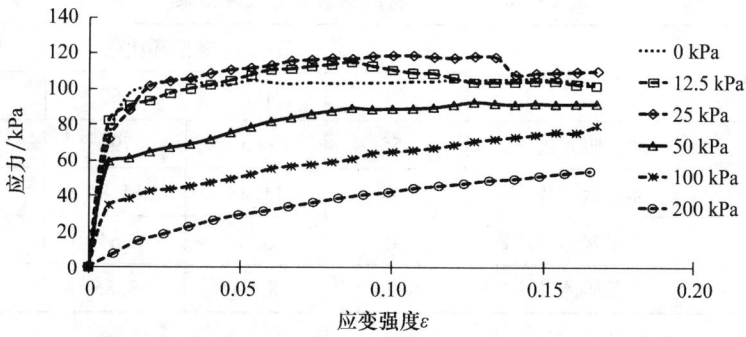

图 2 - 43 不同围压 25kg/m³EPS 保温板应力 - 应变曲线

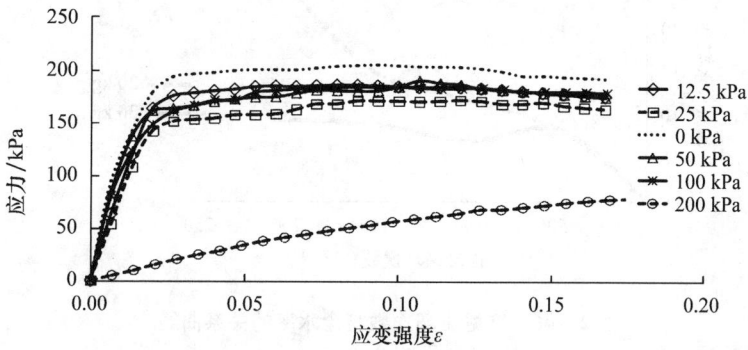

图 2 - 44 不同围压 30kg/m³EPS 保温板应力 - 应变曲线

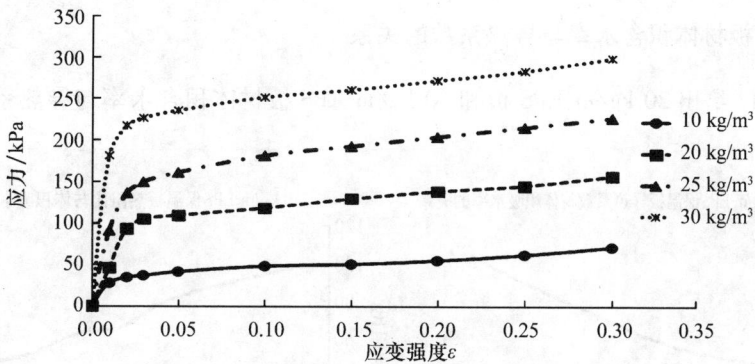

图 2 - 45 不同密度 EPS 保温板的应力 - 应变关系

2. EPS 保温板的冻融循环性能

EPS 保温板的冻融循环试验结果见表 2 - 40,冻融循环次数与含水率的关系曲线见图 2 - 46。

表 2 - 40　EPS 板材的冻融循环试验结果

密度/（kg/m³）	指标	冻融循环次数			
		50	100	150	200
20	质量吸水率/%	455	605	794	1 310
	体积吸水率/%	8.40	11.28	14.81	24.50
30	质量吸水率/%	345	352	364	391
	体积吸水率/%	8.45	8.60	8.85	9.48

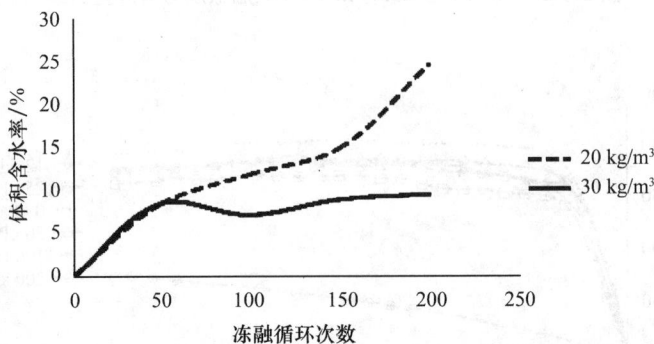

图 2 - 46　冻融循环次数与含水率的关系曲线

随着冻融循环次数的增加质量含水率和体积含水率均明显增加。因此，在设计中要考虑含水率对保温效果的影响。

3. EPS 板材体积含水率与导热系数的关系

图 2 - 47 给出 20 kg/m³ EPS 板和 30 kg/m³ EPS 板材体积含水率与导热系数及热阻比的关系。

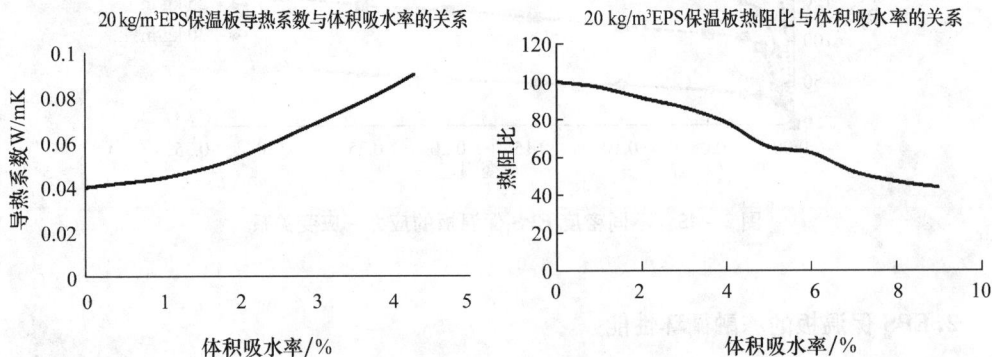

图 2 - 47　体积含水率与导热系数的关系曲线

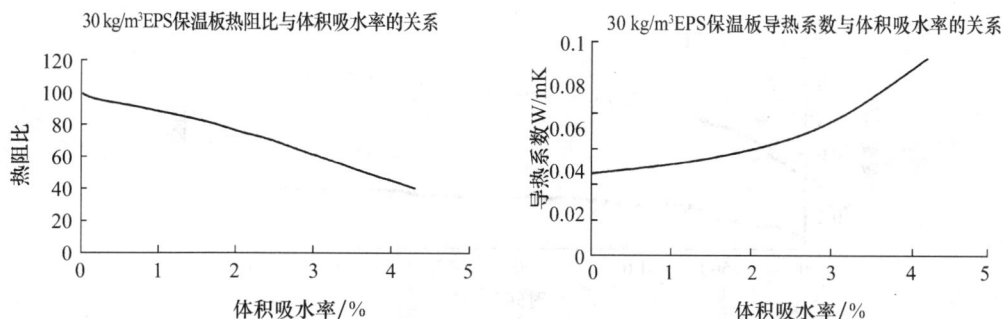

30 kg/m³EPS保温板热阻比与体积吸水率的关系

30 kg/m³EPS保温板导热系数与体积吸水率的关系

续图 2-47

可以看出,含水率对板材的保温性能影响显著,设计中应考虑吸水率因素,推荐在防冻胀工程中使用密度大于 30 kg/m³ 的 EPS 保温板。

4. 蠕变性能

为了检验 EPS 的松弛性能,开展了密度为 15 kg/m³、20 kg/m³、30 kg/m³ EPS 保温板在有侧限条件下的蠕变性能试验,试验结果见表 2-41 和图 2-48 至图 2-50。

表 2-41 EPS 蠕变性能试验结果

密度/(kg/m³)	30		20		15	
荷载/kPa	70	30	50	20	30	15
1 d 蠕变	0.15	0.09	0.40	0.08	0.53	0.35
130 d 蠕变	0.53	0.29	1.07	0.39	1.51	0.63
与总蠕变比/%	28	31	37	21	35	56

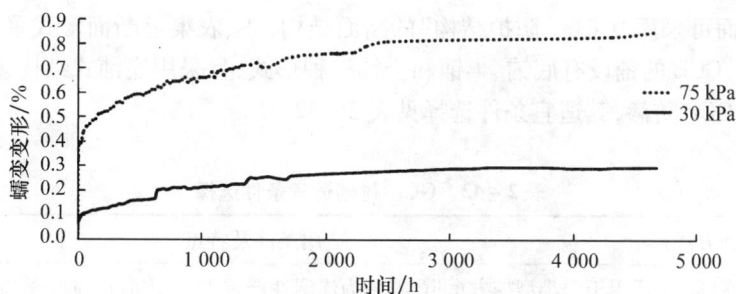

图 2-48 不同荷载下 30 kg/m³ 保温板蠕变曲线

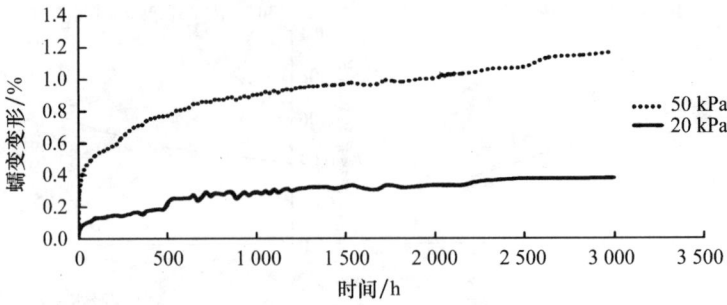

图 2 - 49   不同荷载下 20 kg/m³ 保温板蠕变曲线

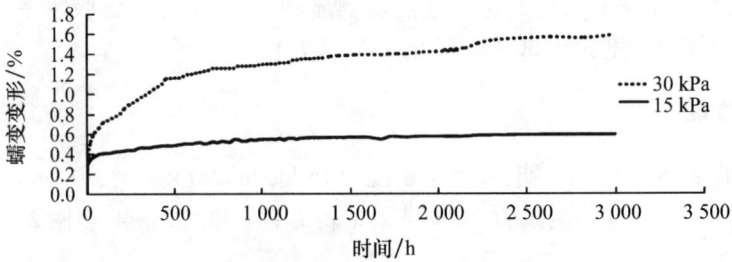

图 2 - 50   不同荷载下 15 kg/m³ 保温板蠕变曲线

从蠕变试验结果看,加载的初期,在恒定的荷载作用下变形较大;密度越小变形越大,特别是密度小于 20 kg/m³ 的 EPS 保温板,蠕变变形特别显著,长期蠕变变形均大于1% 。而 30 kg/m³ 的 EPS 保温板的长期蠕变变形小于 1% 。

二、防冻胀技术应用

(一)土工合成材料膨润土垫

渠道断面可采用"GCL + 防护结构"的断面结构,斗、农渠道断面形式采用矩形断面或 U 形断面,GCL 的铺设有底铺、半铺和全铺三种形式,且采用底铺式结构,必要时采用全断面铺设 GCL 防渗,其适宜条件选择见表 2 - 42。

表 2 - 42   GCL 衬砌适宜条件选择

断面	衬砌方式	适用条件及特点
矩形或 U 形断面	底铺	适用于中小型挖方渠道,渠基为渗漏性严重土壤,冻胀适应性强,造价低
	半铺	适用于中小型挖方渠道,渠基为渗漏性严重土壤,冻胀适应性强,造价较低
	全铺	适用于中小型填方渠道,筑堤为渗漏性土壤,渠底为原状黏性土,冻胀适应性强

（二）EPS 颗粒轻质土防冻胀

1. EPS 颗粒轻质土材料

EPS 轻质土作为保温材料设计时,材料性能指标参见表 2 – 43。

表 2 – 43　保温防冻胀的 EPS 颗粒轻质土性能指标

环境条件	最小密度/（kg/m³）	最低强度/kPa	最大导热系数/（W/mK）
弱冻胀土	800	100	0.25
中等冻胀土	1 000	200	0.50
强冻胀土	1 300	250	0.75

2. 厚度的设计

用于防冻胀工程时,其保温层的厚度采用《水工建筑物抗冰冻设计规范》（GB/T 50662—2011）中的公式计算,通过试验结果或经验,末级渠道厚度推荐 20 cm。

无条件时采用式（2 – 62）计算:

$$\delta_x = \lambda_x R_0 \frac{\delta_c}{\lambda_c} \varphi d k_w K \qquad (2 – 62)$$

式中:δ_x—— EPS 颗粒轻质土的厚度,m;

δ_c——上覆混凝土板或其他材料的厚度,m;

R_0——设计热阻,m² · ℃/W;

λ_x—— EPS 颗粒轻质土的导热系数,W/mK;

λ_c——上覆混凝土板或其他材料的导热系数,W/mK;

ψ_d——日照及遮阴程度影响系数;

k_w——吸水率影响系数,按最大吸水率确定;

K——安全系数取 1.1 ~ 1.15。

（三）EPS 保温板防冻胀

1. EPS 保温板密度的选择

根据室内试验和野外观测,推荐采用密度大于 30 kg/m³ 的 EPS 保温板作为装保温材料。

2. EPS 保温板厚度的选择

厚度计算按照渠系建筑物抗冻胀设计规范计算方法确定,对小型装配式矩形渠的防冻胀结构,推荐密度 20 kg/m³ 厚度 10 cm 或密度 30 kg/m³ 厚度 5 cm 的 EPS 保温板。

（四）防冻胀技术应用效果

在庆安灌溉试验站以 EPS 保温板为例,分别与换填砂垫层、换填砂垫层 + 土工格室、EPS 保温板、碎石垫层、无防护措施(回填土垫层)进行防冻胀对比,每段垫层厚度均为 10 cm,监测渠基土中温度场、冻胀量的变化,图 2-51 给出五种措施的防冻胀对比效果。

装配式矩形渠道不同防冻胀措施防冻胀效果为:EPS 保温板>换填砂垫层+土工格室>换填砂垫层>碎石垫层>无防护措施。

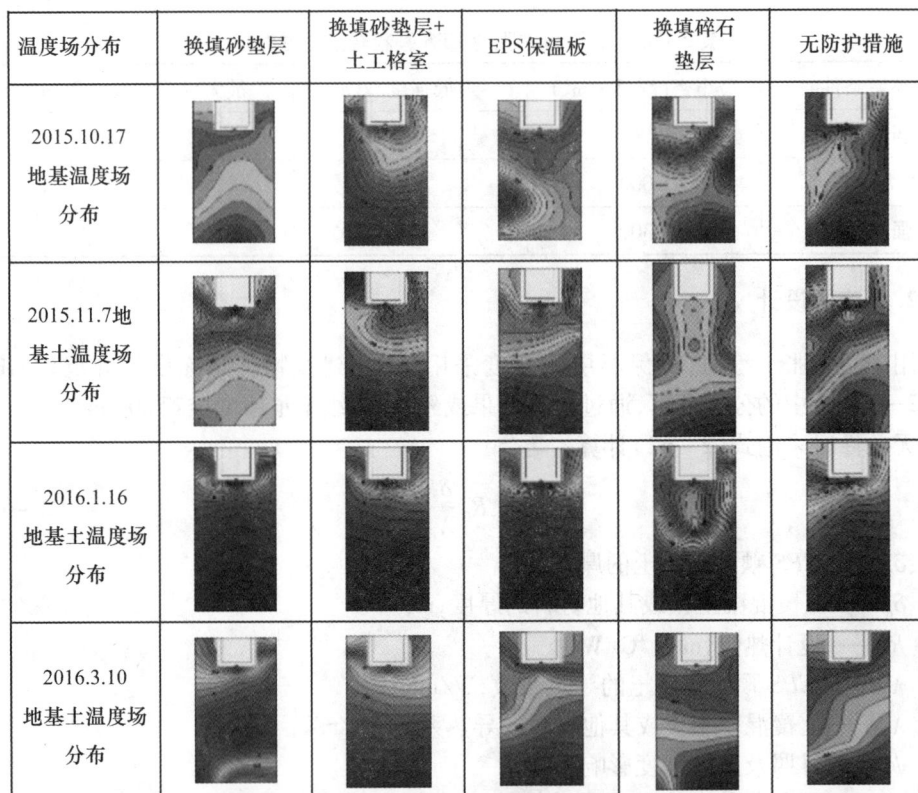

温度场分布	换填砂垫层	换填砂垫层+土工格室	EPS 保温板	换填碎石垫层	无防护措施
2015.10.17 地基温度场分布					
2015.11.7地基土温度场分布					
2016.1.16 地基土温度场分布					
2016.3.10 地基土温度场分布					

图 2-51　五种措施的防冻胀对比效果

参 考 文 献

[1]李晶.浅议农业水价改革问题[J].山东水利,2005(2):28-29.

[2]吴普特,赵西宁,冯浩,等.农业经济用水量与我国农业战略节水潜力[J].中国农业科技导报,2007,9(6):13-17.

[3]李援农,马孝义.节水灌溉新技术:低压管道输水灌溉技术[J].农村实用工程技术,2002(6):13-14.

[4]刘恩民,刘晓云,刘传收,等.低压管道输水小畦灌的优势与发展前景[J].灌溉排水学报,2003,22(3):37-40.

[5]李娟,杨万龙.渠灌区管道输水节水灌溉技术的研究与推广[J].节水灌溉,2009(5):41-43.

[6]王景雷,吴景社,齐学斌,等.节水灌溉评价研究进展[J].水科学进展,2002,13(4):521 – 525.

[7]许迪,龚时宏.大型灌区节水改造技术支撑体系及研究重点[J].水利学报,2007,38(7):806 – 811.

[8]周福国,高占义.渠灌区管道输水灌溉技术[J].中国农村水利水电,1998(4):44 – 46.

[9]白静,谢崇宝.灌溉输水管道现状及发展需求[J].中国农村水利水电,2018(4):34 – 39.

[10]王明旭.低压管道输水灌溉及工程设计探究[J].河南水利与南水北调,2016(8):82 – 83.

[11]刘群昌.低压管道输水灌溉技术[J].中国水利,2008(23):64 – 65.

[12]杨书君,高本虎,赵华.低压管道输水灌溉技术在灌区节水改造中的设计与应用[J].水利技术监督,2014(1):61 – 64.

[13]卢仕伟.生态灌区建设中存在的问题及技术支撑探讨[J].城市建设理论研究(电子版),2018(8):174.

第三章 田间节水灌溉技术

第一节 水稻需水(耗水)规律

一、水稻需水量相关概念

(一)作物需水量

大面积生长的无病虫害作物,在土壤水分和肥力适宜时,在给定的生长环境中能取得高产潜力的条件下,可满足植株蒸腾、棵间蒸发、组成植株体所需要的水量。在实际中,由于组成植株体的水分占总需水量约小于1%,而且这一小部分的影响因素较复杂,难以准确计算,故人们均将此部分忽略不计,即认为作物需水量等于叶面蒸腾量和棵间蒸发量之和,即腾发量。

1. 叶面蒸腾

叶面蒸腾是指作物根系从土壤中吸入体内的水分,通过叶片的气孔扩散到大气中去的现象。试验证明,植株蒸腾要消耗大量水分,作物根系吸入体内的水分有99%以上消耗于蒸腾作用,只有不足1%的水量留在植物体内,成为植物体的组成部分。

植株蒸腾过程是由液态水变为气态水的过程,在此过程中,需要消耗作物体内的大量热量,从而降低作物的体温,以免作物在炎热的夏季被太阳光灼伤。蒸腾作用还可以增强作物根系从土壤中吸取水分和养分的能力,促进作物体内水分和无机盐的运转。所以,作物蒸腾是作物的正常活动,这部分水分消耗是必需的和有益的,对作物生长有重要意义。

2. 棵间蒸发

棵间蒸发是指植株间土壤或水面的水分蒸发。棵间蒸发和植株蒸腾都受气象因素的影响,但蒸腾量因植株的繁茂而增加,棵间蒸发量因植株造成的地面覆盖率提高而减少,所以蒸腾与棵间蒸发二者互为消长。一般作物生育初期植株小,地面裸露大,以棵间蒸发为主;随着植株增大,叶面覆盖率提高,植株蒸腾逐渐大于棵间蒸发;到作物生育后期,作物生理活动减弱,蒸腾耗水量又逐渐减少,棵间蒸发量又相对增加。棵间蒸发虽然能增加近地面的空气湿度,对作物的生长环境产生有利影响,但大部分水分消耗与作物的生长发育没有直接关系。因此,应采取措施减少棵间蒸发,如农田覆盖、中耕松土、改进灌水技术等。

3. 水稻需水量影响因素

水稻需水量因气候、品种、栽培方式不同而异。干旱多风的条件下腾发量大,而湿润多雨的年份则腾发量小;生育期较长的晚熟品种,腾发量较生育期较短的早熟品种大;插秧水稻比直播水稻腾发量小。而大秧迟栽、地膜覆盖等栽培,比常规插秧水稻的腾发量小。

（二）水稻需水量计算方法

在水稻生育期内,每天固定时间观测田面水层(土壤含水量),水稻实际腾发量按式(3-1)、式(3-2)计算。

$$ET = h_1 - h_2 + m + p - f - c \tag{3-1}$$

$$ET = 1\ 000H(W_1 - W_2) + m + p - f - c \tag{3-2}$$

式中:ET——实际腾发量,mm;

h_1,h_2——相邻时段内的田间水层深度,mm;

m——时段灌水量,mm;

p——时段有效降水量,mm;

c——时段地面排水量,mm;

f——时段地下渗漏量,mm;

H——土壤计划湿润层深度,m;

W_1,W_2——相邻时段内的土壤含水率(占土壤体积百分比),%。

二、灌溉模式对水稻需水规律的影响

（一）需水量变化规律

不同的灌溉技术反映田间不同的水分管理状况,尤其是在水稻分蘖后期至成熟期,对田间土壤水分控制上的差异,须调节和控制水肥、气热状况,从而影响需水量的大小。不同的灌溉技术条件下,水稻需水量的变化趋势是深水灌溉大于浅水灌溉,浅水灌溉大于湿润灌溉或浅湿灌溉,控制灌溉的需水量最小。

水稻需水量变化的整体趋势是随着植株体的增大而增加,在分蘖中期,水稻进入营养生长高峰期,需水量达到第一个小高峰;分蘖末期,为了控制无效分蘖而进行晒田,这一时期水稻的需水量随着土壤含水率降低而减少;到拔节期,叶面积增大,光合作用强,代谢作用旺盛,需水量随着植株体的快速增长而迅速增加,是水稻一生中需水量最多的时期,这一时期营养生长和生殖生长并进,需水量达到顶峰,之后逐渐下降;抽穗期为幼穗分化、干物质积累期,虽然光合作用减弱,但呼吸作用增强,需水量也较大。土壤水分越充足,水稻的需水量就越大。从表3-1中可以看出,水稻浅湿灌溉处理的需水量明显高于水稻控制灌溉处理,分蘖中期、拔节期需水量分别高出 33.9 mm、22.4 mm。

表 3-1 不同灌溉模式的水稻各生育期需水量   单位:mm

试验处理	返青期	分蘖前期	分蘖中期	分蘖末期	拔节期	抽穗期	乳熟期	黄熟期	全生育期
浅湿灌溉	37.2	30.8	121.9	29.8	184.8	52.1	80.1	26.4	563.1
控制灌溉	30.0	22.4	88.0	20.0	162.4	51.1	70.2	26.1	470.2

因此,土壤水分对水稻需水量的变化有重要影响,在相同的生育阶段,高水分处理的需水量大于低水分处理的需水量;干旱程度越高,干旱历时越长,需水量下降幅度就越大。

(二)需水强度变化规律

需水强度作为单位面积植株在单位时间内的需水量,其变化规律与需水量变化相似,但由于需水强度除和需水量有关外、还受生育历时的影响,因此又存在新的特点。如表 3-2 所示,不同处理各生育期中需水强度普遍表现为拔节期>分蘖中期>抽穗期>返青期>乳熟期>分蘖前期>分蘖末期>黄熟期。可见,返青期植株返青活苗,稻田土壤含水率比较高,需水量虽不大,但历时仅为一周,故其需水强度要高于需水量较大但历时较长的乳熟期;拔节期是生殖生长和营养生长并进的阶段,是生理阶段需水最多的时期,也是需水强度最高的时期,该期水分亏缺会严重影响幼穗分化,造成穗小、粒少、空瘪粒多,因此灌水指标普遍偏高;分蘖中期水稻生长旺盛、分蘖高发,需水强度仅次于拔节期;抽穗期各模式需水量虽较少,但历时较短,且该期正值 7 月末干燥炎热,日腾发量较大;分蘖末期控蘖晒田、黄熟期水分自然落干,需水强度均较低。

表 3-2 不同处理水稻各生育期需水强度   单位:mm/d

试验处理	返青期	分蘖前期	分蘖中期	分蘖末期	拔节期	抽穗期	乳熟期	黄熟期
浅湿灌溉	4.7	3.4	6.8	3.7	9.7	4.7	3.6	1.1
控制灌溉	3.8	2.5	4.9	2.5	8.5	4.6	3.2	1.1

不同灌溉模式的水稻需水强度生育期内变化曲线见图 3-1,控制灌溉各生育期需水强度较浅湿灌溉均有下降,在分蘖中期至拔节期节水效果明显,抽穗期开始后各处理需水强度无显著差异。需水强度为浅湿灌溉大于控制灌溉,两种灌溉模式虽然灌水控制指标不同,但各生育期需水强度变化趋势走向一致,在分蘖中期第一次达到峰值,之后随着无效分蘖减少,需水强度下降,进入拔节期后再一次迎来需水强度高峰,浅湿灌溉在拔节期需水强度高达 9.7 mm/d,控制灌溉最大为 8.5 mm/d,生育后期需水强度逐渐降低。

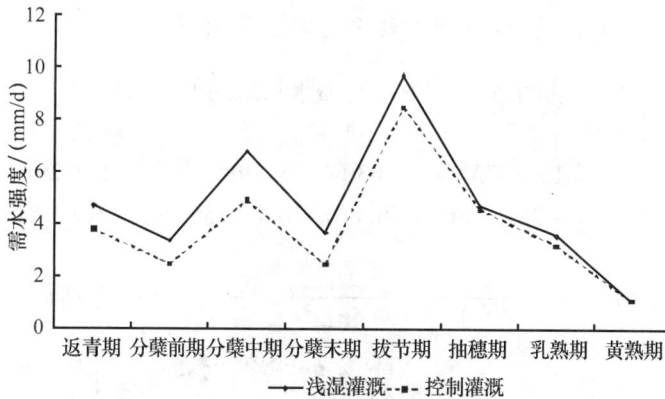

图 3 - 1 不同灌溉模式水稻需水强度生育期内变化曲线

(三)模比系数变化规律

水稻各生育期模比系数为水稻各生育期需水量占全生育期需水量的百分比。模比系数既反映了水稻各生育期对水分的敏感程度,也反映了适时灌水的重要性,依据模比系数可以将有限的水资源合理分配到水稻的各个生育期中。图 3 - 2 为不同灌溉模式水稻模比系数生育期内变化曲线,其与需水量变化规律一致,由大到小依次为拔节期、分蘖中期、乳熟期、抽穗期、返青期、分蘖前期、黄熟期、分蘖末期。

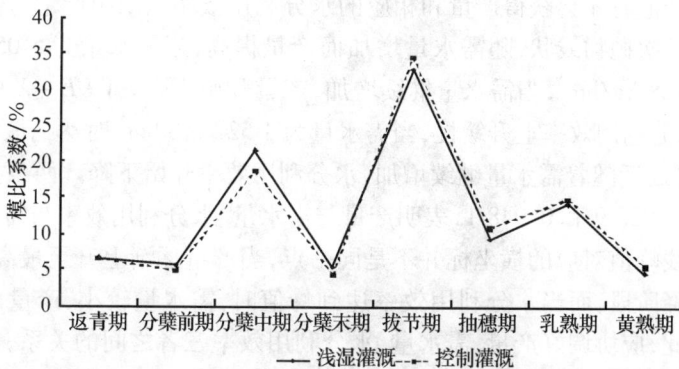

图 3 - 2 不同灌溉模式水稻模比系数生育期内变化曲线

分析不同灌溉模式模比系数:返青期稻苗较小,各处理为维持体内水分供应均保有水层,需水量无较大差异,但各处理全生育期需水量差异显著,从返青期开始到分蘖末期结束,浅湿灌溉模比系数均高于控制灌溉,分蘖期从开始至结束,浅湿灌溉均高于控制灌溉。分蘖末期控制灌溉模比系数在全生育期内最低,仅占全生育期的 4.3%,进入拔节期之后,控制灌溉模比系数高于浅湿灌溉,这是由于水分亏缺使需水关键期延迟,其中控制灌溉模比系数在拔节期达到 34.5%,浅湿灌溉与其相比下降 1.7%,可见控制灌溉处理在需水关键期模比系数较大,占全生育期需水量比例较大。

(四)灌溉模式对产量、水分利用效率与需水量的影响

不同灌溉模式的产量、水分利用效率与需水量之间的关系见图 3-3,图中拟合方程为式(3-3)、式(3-4)。

$$Y = -15.857X^2 + 16.030X - 3.1988 \quad R^2 = 0.9229 \tag{3-3}$$

$$WUE = -28.573X^2 + 25.861X - 4.0756 \quad R^2 = 0.9481 \tag{3-4}$$

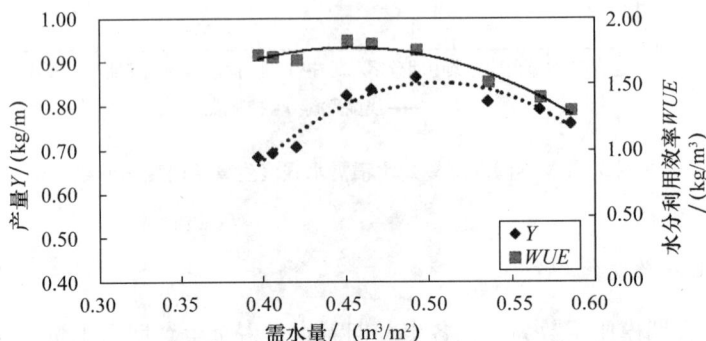

图 3-3 不同灌溉模式的产量、水分利用效率与需水量的关系

两条曲线的拟合方程一次项系数为正说明随自变量增加而因变量增加,二次项系数为负说明当自变量增加到一定值时因变量开始减少,常数项系数也为负值说明需水量只有达到某个值时才会获得产量和相应的水分利用效率。图中产量与需水量之间的关系呈明显的二次抛物线状,随需水量增加而产量提高,当需水量为 5 057 m³/hm²,得到最高产量 8 528 kg/hm²,当需水量继续增加,产量开始下降。WUE-X 曲线前期随着需水量增加,水分利用效率上升缓慢,当需水量为 4 527 m³/hm² 时达到最大水分利用效率 1.79 kg/m³,之后随着需水量继续增加,水分利用效率开始下降。两条拟合曲线的相关系数分别为 0.922 9 和 0.948 1,表明产量与需水量、水分利用效率与需水量相关关系显著。两条曲线峰值对应的横坐标并不是同一点,当产量逐渐上升至最高点,水分利用效率已处于下降阶段,而当水分利用效率达到峰值时,需水量较小,产量由于水分亏缺减产严重。因此,应协调好产量、需水量、水分利用效率三者之间的关系,以达到节水高产的最终目标。控制灌溉处理平均需水量 4 704 m³/hm²,产量达到 8 419 kg/hm²,水分利用效率 1.79 kg/m³,接近最优灌溉模式。

三、栽培模式对水稻需水规律的影响

(一)需水量变化规律

水稻种植方式有直播和移栽两种,以移栽为主,它包括秧田准备、浸种催芽、播种育秧、秧苗移栽、大田管理和收获等。直播就是将干种子(水直播)或经过浸种催芽的种子(旱直播)按所需的播种量直接播种到大田,与移栽相比,省去育秧和秧苗移栽两个环

节,更加省工省力,因此我国直播水稻种植面积呈逐年上升的趋势。

水直播是目前应用最广泛的一种播种方式,多在水源条件较好的地区应用,土壤经过旱整、水整水平后,在湿润状态下直接播下破胸阶段的芽谷,其优点是整地省工,田苗容易整平;旱直播是在旱田状态下整地和播种,稻种播入 1~2 cm 土层内,播后灌水,建立稳定的水层,种子发芽后再排水落干,其优点是便于机械化作业,提高劳动效率。

表3-3　不同栽培模式下水稻各生育期需水量　　　　　单位:mm

试验处理	返青期	分蘖前期	分蘖中期	分蘖末期	拔节期	抽穗期	乳熟期	黄熟期	全生育期
旱直播	35.2	34.2	122.3	16.9	56.4	44.5	48.0	24.7	382.2
水直播	64.1	22.1	74.0	20.1	67.7	55.4	62.7	29.1	395.2
移栽	57.2	20.8	121.9	26.2	175.5	131.0	80.6	24.1	637.3

水直播与旱直播的需水量变化规律几乎一致,返青期由于水直播需要水分较大,所以棵间蒸发量较大,需水量要大于其他种植方式。水稻直播栽培自播种后即有较大的生长空间,自第二节位起就开始产生分蘖,需水量逐渐增大。因此,直播水稻在生育前期为促芽活苗,需水量高于移栽水稻,在分蘖中期达到需水量的高峰,说明直播水稻在需水敏感期比移栽水稻提前;之后进入分蘖末期控制无效分蘖,需水量随着土壤水分的减少而降低。到生育后期,需水量变化幅度较小。不同栽培模式下水稻需水量生育期内变化曲线如图3-4所示。

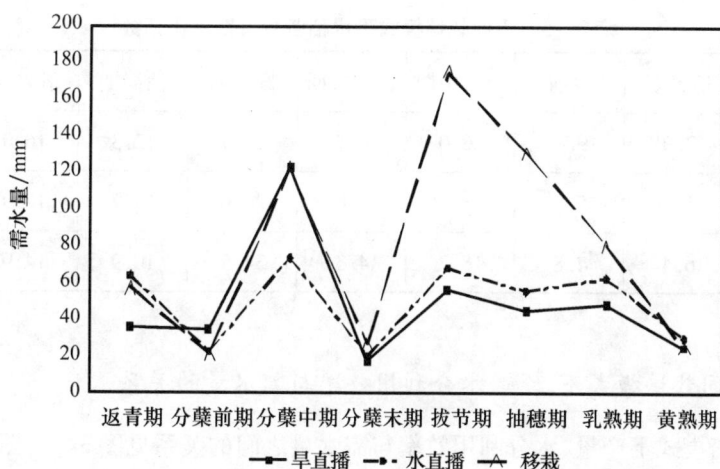

图3-4　不同栽培模式下水稻需水量生育期内变化曲线

(二)需水强度变化规律

不同栽培模式下水稻需水强度见表3-4,水直播水稻在生育前期为促芽活苗,需水强度要高于移栽稻,从分蘖中期开始,需水强度移栽水稻反超直播稻,表现为移栽＞水直播＞旱直播;分蘖末期,三种栽培模式均处于控蘖状态,需水强度接近;拔节期直播稻节水较大,"削峰"明显;抽穗期水直播反超移栽。直播水稻中除旱直播在分蘖前期高于水直播外,其余各生育期水直播需水强度均高于旱直播。生育后期各处理需水强度无较大差异。

表 3-4　不同栽培模式下水稻各生育期需水强度　　　　单位:mm/d

试验处理	返青期	分蘖前期	分蘖中期	分蘖末期	拔节期	抽穗期	乳熟期	黄熟期
旱直播	3.2	3.8	4.0	2.1	4.5	4.0	2.6	1.0
水直播	3.0	2.5	4.1	2.5	5.7	5.0	3.3	1.2
移栽	3.8	2.5	4.9	2.5	8.5	4.6	3.2	1.1

(三)模比系数变化规律

表 3-5 中,由不同栽培模式下各生育期模比系数可见:模比系数在拔节期和抽穗期,说明这两个时期为水分敏感期,这两个生育期应适当提高灌水下限,以期获得较高产量;其次是分蘖中期,说明这一时期水稻对水分也较敏感,应适当提高灌水下限,增加水稻分蘖,提高产量;分蘖末期适当的水分亏缺能够更好地控制无效分蘖,使植株得到充足的养分供应。

表 3-5　不同栽培模式下水稻各生育期模比系数　　　　单位:%

试验处理	返青期	分蘖前期	分蘖中期	分蘖末期	拔节期	抽穗期	乳熟期	黄熟期
旱直播	7.0	9.4	20.0	4.7	23.9	12.3	16.0	6.8
水直播	5.9	5.5	18.3	5.0	26.6	13.7	17.9	7.2
移栽	6.4	4.8	18.7	4.3	34.5	10.9	14.9	5.6

(四)不同栽培模式下产量、水分利用效率与需水量的关系

不同栽培模式下产量、水分利用效率与需水量之间的关系见图 3-5,图中拟合方程为式(3-5)、式(3-6)。

$$Y = 18.333X^2 - 12.213X + 2.5178 \quad R^2 = 0.9662 \qquad (3-5)$$
$$WUE = 37.689X^2 - 27.896X + 6.5441 \quad R^2 = 0.8851 \qquad (3-6)$$

图中 $Y-X$、$WUE-X$ 两条曲线随需水量 X 增加均处于不断上升趋势,$Y-X$ 曲线上升较快,$WUE-X$ 曲线较平缓,两条曲线拟合方程相关系数分别为 0.9662 和 0.8851,说明曲线拟合较好,产量与需水量、水分利用效率与需水量相关性显著。两种栽培模式水分控制指标均与控制灌溉灌水模式一致,受栽培模式影响需水量较少,图中曲线需水

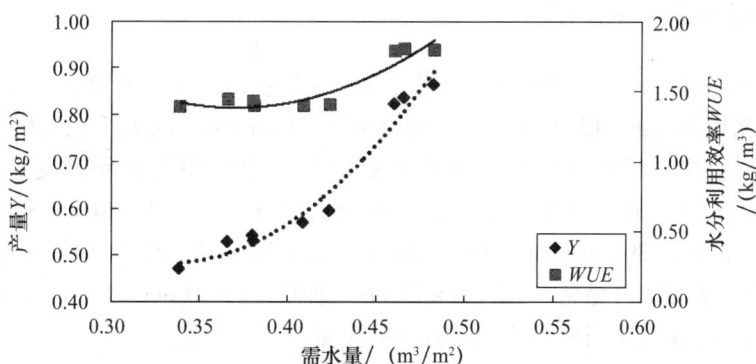

图 3-5　不同栽培模式的产量、水分利用效率与需水量关系

量取值范围为 0.33~0.49 m^3/m^2，数据取值范围有限，若需水量继续增加，曲线可能会出现不一样的变化趋势。由数据可知：在一定范围内产量和水分利用效率随需水量增加而增加。其中移栽模式为获取高产和达到最高水分利用效率的最优栽培模式。

四、种植密度对水稻需水规律的影响

(一)需水量变化规律

在合理的种植密度范围内，密度大，单位面积上植株总数增多，总的叶面积增大。一般叶面蒸腾量增加，棵间蒸发量却相应减少，但棵间蒸发量的减少值小于叶面蒸腾量的增加值，结果水稻蒸发蒸腾量仍是随种植密度增加而增加的。

不同种植密度水稻各生育期需水量如表 3-6，返青期至分蘖前期种植密度 30 cm × 10 cm 较大，叶面蒸腾较高，需水量较高，种植密度 30 cm × 13.2 cm，该阶段需水量最少，种植密度 30 cm × 16.5 cm，单位面积植株较少，棵间蒸发较大，需水量较高；分蘖中期正值高温季节，腾发量主要源于棵间蒸发，种植密度为 30 cm × 16.5 cm 的需水量明显高于种植密度 30 cm × 10 cm、种植密度 30 cm × 13.2 cm；分蘖末期控水控蘖，随着无效分蘖消亡而有效分蘖减少，分蘖末期需水量最少；进入拔节孕穗期后分蘖株高生长旺盛，气温较高，叶面蒸腾和棵间蒸发均达到全生育期最高值，各模式需水量最高，该阶段需水量随密度减少而减少；抽穗期和乳熟期呈现出一致的规律；黄熟期三种种植密度无显著差异。

表 3-6 不同种植密度水稻各生育期需水量　　　单位：mm

种植密度	返青期	分蘖前期	分蘖中期	分蘖末期	拔节期	抽穗期	乳熟期	黄熟期	全生育期
30 cm × 10 cm	46.8	37.4	86.7	21.0	169.8	52.6	77.9	25.5	517.7
30 cm × 13.2 cm	31.6	23.0	87.5	20.6	164.0	51.2	65.2	25.2	468.3
30 cm × 16.5 cm	43.4	33.9	97.7	16.4	153.2	44.6	42.7	24.9	456.8

(二)需水强度变化规律

不同种植密度水稻各生育期需水强度见表 3 – 7,在返青期至分蘖前期,需水强度总体上为种植密度 30 cm × 13.2 cm 最低,种植密度 30 cm × 10 cm 大于种植密度 30 cm × 16.5 cm,在分蘖中期稀植稻苗生长旺盛,分蘖较多,长势较好且棵间蒸发显著,种植密度为 30 cm × 16.5 cm 时需水强度为 5.4 mm/d,高于种植密度 30 cm × 13.2 cm 的 4.9 mm/d,种植密度 30 cm × 10 cm 的 4.8 mm/d,而其后各生育期需水强度与分蘖中期相比正好相反,表现为种植密度 30 cm × 10 cm > 种植密度 30 cm × 13.2 cm > 种植密度 30 cm × 16.5 cm,说明水稻稀植有利于抑制腾发量。

表 3 – 7　不同种植密度水稻各生育期需水强度　　　　单位:mm/d

种植密度	返青期	分蘖前期	分蘖中期	分蘖末期	拔节期	抽穗期	乳熟期	黄熟期
30 cm × 10 cm	5.9	4.2	4.8	2.6	8.9	4.8	3.5	1.1
30 cm × 13.2 cm	4.0	2.6	4.9	2.6	8.6	4.7	3.0	1.1
30 cm × 16.5 cm	5.4	3.8	5.4	2.1	8.1	4.1	1.9	1.0

(三)模比系数变化规律

不同种植密度模比系数水稻各生育期需水强度见表 3 – 8,返青期至分蘖前期种植密度 30 cm × 13.2 cm 处理模比系数不及其他两种种植密度,从分蘖中期开始生殖生长旺盛,种植密度 30 cm × 13.2 cm:处理因密度适宜,单位面积有效分蘖较多,水分需求增加,模比系数增大;种植密度 30 cm × 10 cm:处理密度过大,生育后期对水分需求较高,进入分蘖末期后水分亏缺严重,无效分蘖消亡,单位面积有效穗数降低,模比系数下降;种植密度 30 cm × 16.5 cm:处理密度较小,前期水分供应充足,后期虽有效分蘖较多,但单位面积有效穗数不及种植密度 30 cm × 13.2 cm,分蘖中期之前模比系数较高,生育后期模比系数显著下降。

表 3 – 8　不同种植密度模比系数水稻各生育期需水强度　　　　单位:%

种植密度	返青期	分蘖前期	分蘖中期	分蘖末期	拔节期	抽穗期	乳熟期	黄熟期
30 cm × 10 cm	9.0	7.2	16.7	4.1	32.8	10.2	15.0	4.9
30 cm × 13.2 cm	6.7	4.9	18.7	4.4	35.0	10.9	13.9	5.4
30 cm × 16.5 cm	9.5	7.4	21.4	3.6	33.5	9.8	9.3	5.5

(四)种植密度对产量、水分利用效率与需水量的影响

不同种植密度的产量、水分利用效率与需水量之间的关系见图 3 – 6,图中曲线的拟合方程为式(3 – 7)、式(3 – 8)。

$$Y = -89.385X^2 + 87.349X - 20.493 \quad R^2 = 0.6331 \tag{3-7}$$

$$WUE = -185.35X^2 + 177.94X - 40.951 \quad R^2 = 0.7515 \tag{3-8}$$

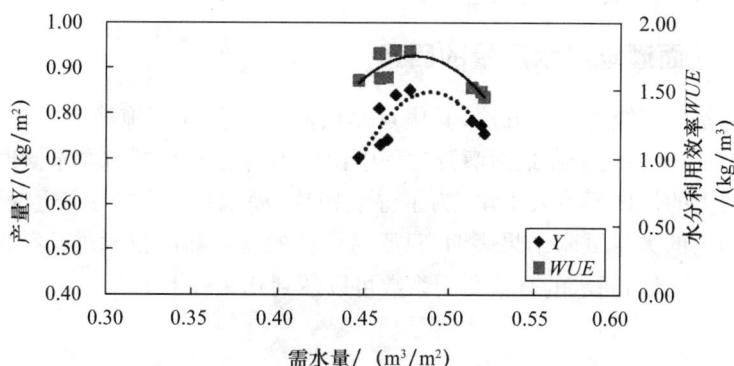

图 3-6　不同种植密度的产量、水分利用效率与需水量关系

图中 $Y-X$、$WUE-X$ 两条曲线大致呈抛物线状，相关系数分别为 0.633 1，0.751 5，相关性显著，随着种植密度减小，需水量减少，产量、水分利用效率先增后减，$Y-X$ 曲线在点（0.488 6，0.846 9）处达到峰值，$WUE-X$ 曲线在点（0.480 0，1.76）处达到峰值，峰值点横坐标均接近 30 cm×10 cm 种植密度需水量值。

五、结论

不同模式需水量普遍表现为拔节期＞分蘖中期＞乳熟期＞抽穗期＞返青期＞分蘖前期＞黄熟期＞分蘖末期。处理间相比较，移栽需水量显著高于直播，直播中水直播高于旱直播；浅湿型灌溉模式在全生育期需水量最大，为 563.1 mm，与其相比，控制灌溉节水 16.5%；不同种植密度中，随着密度增加，需水量增加。

各处理需水强度在分蘖中期第一次达到峰值，在拔节期再次达到峰值。直播较移栽消峰现象明显；控制灌溉各生育期需水强度低于浅湿灌溉；不同种植密度需水强度前期（30 cm×10 cm）＞（30 cm×16.5 cm）＞（30 cm×13.2 cm），分蘖期开始种植密度 30 cm×13.2 cm 反超其他两种种植密度。

模比系数变化规律与需水量相似，各处理拔节期需水量所占比例均为最大。

各模式水稻产量、水分利用效率与需水量之间的关系均为二次曲线关系。不同栽培模式中，两者随需水量增加而增加，不同灌溉模式和种植密度下，两者均随需水量增加先增后减。各处理获得最高产量时，水分利用效率水平往往较低，因此应尽量协调好产量和水分利用效率与需水量之间的关系，为发展节水高产农业提供理论依据。

研究表明，移栽模式、控制灌溉模式、种植密度 30 cm×13.2 cm 组合对节约用水满足水稻各阶段需水规律、提高水稻产量、提高水分利用效率效果显著。

第二节　地面灌溉改进技术

黄河流域大部分灌区以地面灌溉为主，目前黄河流域水资源严重短缺，且农业灌溉用水效率低下,黄河每年 450 亿 m^3 的供水量中 80% 以上用于沿黄灌区的农业灌溉。因此,控制和减少农业用水量是解决黄河断流的重要措施,而提高农业用水效率的途径是提高灌溉管理水平,主要措施是改进田间灌水技术。

一、影响地面灌溉灌水质量的因素

地面灌溉是最传统的灌溉方法,其优点是田间灌水工程设施简单,不需要能源,易于操作,节省投资。但由于在地面灌溉过程中田块内各点不是同时灌水同时停水,水流在重力和毛管力的作用下渗入土壤,为了湿润田块、灌水均匀,容易产生深层渗漏。国外的经验和国内的大量试验结果表明,只要对传统的地面灌溉技术进行科学改进,实行合理控制,地面灌溉田间水的有效利用系数可以达到 0.9 以上。

(一)自然因素

1. 气候条件

在干旱地区,由于降水偏少和时空分配与作物生长期不匹配,这些地区的农作物为满足作物生长的要求,就需要比湿润地区用更多的水进行灌溉,同时由于水资源有限,迫使这类地区尽可能地采取节水灌溉措施,提高管理水平与灌溉用水效率。因此,区域气候条件对所在区域的灌溉水有效利用系数产生显著的影响。一般来说,同一个地区的降水与灌溉水有效利用系数一般成负相关。

2. 水资源条件

水资源缺乏或供水工程条件落后的地区,用水和管水的意识会增强,灌溉水有效利用系数相对较高;而水资源丰富或者供水条件较好的地区,用水比较粗放,节水意识相对薄弱,灌溉水有效利用系数反而不高。

我国北方大部分地区由于区域降水量较少,灌溉用水主要依赖于区域内的河流、湖泊。近十几年来,北方地区持续干旱,降水量减少,河流来水量持续偏枯,使得灌溉用水更为紧张。因此,在内蒙古、河南、河北等地区,逐渐形成了各种高效灌溉方式,如喷灌、滴灌等高效节水措施。相反,南方大部分地区由于区域降水量较大,当地水资源富足,地表水资源条件较好,灌溉取水又相对容易,用水管理相对粗放,因此灌溉水有效利用系数相对较低。

3. 土壤质地

土壤空隙通常占土壤体积的 50% 左右,但并非所有土壤空隙都具有长时间保持水分的能力。细小的毛管孔隙可长时间持水,而大孔隙中的水分只能短暂停留,很快便渗漏到根层土壤以下。田间持水量与土壤质地关系密切,黏土的田间持水量显著高于沙土,通常可达到沙土的 2 ~ 4 倍。以容积计算的田间持水量一般在 0.10 ~ 0.45,见表 3 - 9。

表3-9　不同土壤类型的孔隙率与田间持水量

土壤类型	孔隙率/%	田间持水量/(m³/m³)
沙土	0.30～0.40	0.12～0.20
沙壤土	0.40～0.45	0.17～0.30
壤土	0.45～0.50	0.24～0.35
黏土	0.50～0.55	0.35～0.45
重黏土	0.55～0.60	0.45～0.55

对于质地较粗的沙性土壤,颗粒间空隙较大,同时颗粒中所含胶体物质少(吸附能力弱),因此水流更易于通过且保水能力差,灌溉时地表水下渗速度快,更容易产生深层渗漏。反之,土壤质地越细,渗漏水的流动越慢且不易排出,若黏粒含量越高,则阳离子交换容量比表面积越大(吸附保水能力强);土壤有机质含量与土壤颗粒含量间有一定的相关性,通常在细质地土壤中,易蓄积较多的有机质,使阳离子交换容量更大,进而提高吸附能力,从而使深层渗漏量变得更少。土壤含水量超出土壤持水能力的灌水或降水则经由深层渗漏或地表径流损失掉。

因此,土壤贫瘠、沙性土壤、透水性强、储水困难的灌区,渠道输水和根系层储水条件较差,渗漏损失较大,灌溉水有效利用系数相对较低;土壤肥沃、黏性土壤、地下水埋藏较浅、地势平坦的灌区,渠道输水和根系层储水条件较好,渗漏损失相对较小,灌溉水有效利用系数较高。根系层深度相同时,黏性土壤的灌溉水有效利用系数高于壤土,壤土高于沙性土壤。

(二)灌水技术因素

1. 田面平均纵坡及平整精度

畦田微地形条件主要由田面平均纵坡和田面平整精度指标表示。较大的畦田纵坡有助于缩短入畦水流的推进时间,达到较好的灌溉质量。但田面平均纵坡的选择应根据当地具体条件确定,过陡的田面纵坡会招致地面土壤受到冲蚀、计划灌水深度难以达到要求。适宜的畦田纵坡应根据田间土壤质地在0.001～0.003确定。较差的田面平整精度指标值意味着较为起伏的畦田微地形条件,其中沿纵坡方向的田面不平整状况会阻碍水流的顺畅推进,形成的局部积水将严重影响灌溉质量;而在沿畦长的畦块横断面方向上,地面的凹凸不平会引起水分入渗深度的非均匀性,同样造成较差的灌水效果。因此,尽可能地改善畦田微地形条件、提高田面平整精度是保证水平畦田灌溉方法具有较好灌溉质量的必要先决条件。田间试验结果表明,当田面平整精度小于2 cm时,可获得较好的灌溉系统性能。

2. 畦长、畦宽及改水成数

畦田长度较短时,灌溉水流的推进速度快,水流会快速流到畦尾,灌溉水流在上游段的停留时间较短,入渗量也较少,而灌溉水大量向畦田下游段推进,储存在畦田下游段的水量较多,入渗水量较大,并且水入渗的时间也较长,入渗水量可能远超过计划湿润层以外,致使入渗水分沿畦长的分布不均匀,并且使较多的灌溉水在下游段以深层渗漏的形式损失,造成灌水效率和灌水均匀度偏低;随着畦田长度增长,水流推进速度逐渐减小,下游段入渗到土壤计划湿润层内的水量逐渐增加,致使入渗水分沿畦长的分布变得逐渐均匀,即畦田上下游入渗水量分布趋于均匀化,也就使灌水效率和灌水均匀度逐渐增加,直到畦田长度增加到适宜的长度时,灌水效率和灌水均匀度达到最高值;当畦田长度继续增长时,水流推进速度会继续减小,直到减小到一定程度,在设计的放水时间内,灌溉水在畦田的上游段累积较多,入渗量大会超出计划的灌水深度,造成上游段的深层渗漏,而下游段入渗水量过少,以至于水流到达不了畦田末端,入渗水分沿畦长的分布变得不均匀,使灌水效率和灌水均匀度下降。

畦宽的变化对水流推进过程和消退过程有明显的影响。当土壤入渗能力一定时,在相同的流量、田面坡度和田面糙率下,灌水效率、灌水均匀度和储水效率都先随着畦田宽度的增加而增加,而后随着畦田宽度的增加而减小。畦田宽度对灌水效率的影响没有对灌水均匀度和储水效率的影响明显。深层渗漏是先随着畦田宽度的增加而减小,而后随着畦田宽度的增加而增大。

改水成数太大,水流会在畦田下游段累积,造成下游段深层渗漏,因此造成入渗水分沿畦长的分布不均匀,使灌水效率和灌水均匀度下降;改水成数过小,则水流不能达到畦田下游,致使不能达到灌水要求。因此,要根据土壤的性质和灌溉前的土壤含水量的情况,选择合适的改水成数。

3. 单宽流量

单宽流量是影响灌水质量的重要因素,单宽流量对水流推进过程有明显的影响,单宽流量越大,水流推进过程越快,水流推进速度越大,水流推进趋势线依次变缓,也就是说,单宽流量越大,水流到达同样畦田距离所要的时间越短;单宽流量的变化对水流消退过程影响较小,水流消退过程线较均匀,单宽流量越大,水流消退时间越短。

4. 灌前土壤含水量

灌溉土壤含水量会影响水流推进的速度。含水量越大,水流推进速度也会随之加快;含水量越小,水流推进速度也会变缓,导致上游段水流累积,产生深层渗漏,进而使畦田上下游灌溉均匀度下降。因此,实时对土壤墒情进行观测,选择合适的时机进行灌溉,不但可以提升灌溉水利用效率和灌溉均匀度,还可以使灌溉更加贴近于节水灌溉。

二、地面灌溉技术要素及其优化

1. 灌水定额与单宽流量、畦长

单宽流量的大小影响到土壤湿润均匀性。在相同的土质、地面坡度、畦长条件下,一般是单宽流量越小,灌水定额越大。因而在不同条件下,可引用不同的单宽流量,以控制灌水定额。若坡度小,或畦长长,或土壤渗水能力强,单宽流量可大些,反之则可小些。

为了使得畦田内土壤中的水量都能达到大致相等,湿润土层基本均匀,就要求畦田灌水技术要素之间应有如下关系。

①渗入到畦田内土壤中的水量到达计划灌水定额时,畦田内各处所需的入渗时间要满足以下关系:

$$t_n = (m/K_0)^{1/(1-a)} \qquad (3-9)$$

式中:t_n——畦田内各处入渗水量达到计划灌水定额所需的下渗时间,h;

m——计划灌水定额,cm;

K_0——第一个单位时间内的平均入渗速度,cm/h;需通过土壤入渗试验确定,若无实测资料也可采用下述数值:弱透水性土壤,采用$K_0 \leqslant 5$ cm/h;强透水性土壤,$K_0 \geqslant 15$ cm/h;中等透水性土壤,$K_0 = 5 \sim 15$ cm/h;

a——土壤入渗指数,需通过土壤入渗试验确定。

②进入畦田的总灌水量应与全畦长达到灌水定额所需要的水量相等。即

$$3.6Qt = mbl \qquad (3-10)$$

令 $q = Q/b$,则上式可改为

$$3.6qt = ml \qquad (3-11)$$

式中:Q——畦首控制的入畦流量,L/s;

q——入畦单宽流量,L/(s·m);

b——畦宽,m;

l——畦长,m;

m——计划灌水定额,m;

t——畦首处畦口的灌水时间,h;即 $t = t_n - t_1$,其中:t_1 为畦首处滞渗时间 h,即畦首停止供水后,畦首处田面薄水层全部下渗土壤内,田面已无水层所需要的时间,其在实际中很小,可以忽略不计。

2. 灌水量与单宽流量

当地面坡度一定、畦长一定时,灌水量随着单宽流量的增加而减少,反之则增加。但是随着单宽流量的继续增加,其变化不是很明显,曲线在后阶段趋于平行。单宽流量以 $3 \sim 6$ L/(s·m)为宜,因为单宽流量太大,虽然灌水量相对较小,但会引起畦田冲刷;单宽流量太小,灌水量会显著增大。

3. 灌水量与畦长

当单宽流量和地面坡度一定时,灌水定额随畦长的增加而增大,随畦长的减少而减小。同时,畦长对灌水均匀度、灌水效率都有影响,对灌水效率的影响尤其显著。畦长的选择应综合单宽流量、地面坡度和耕作强度,既满足了作物的最低湿润层深度的作物水分需求,又实现了低定额灌水,节省农田灌溉水量。

4. 畦宽、单宽流量与灌水效率、灌水均匀度

对于坡度一定的田块,畦田规格、单宽流量等技术要素对畦灌灌水效率和灌水均匀度有显著影响。按照灌溉技术规范,灌水均匀度一般应达到80%以上,当畦长一定时,随着畦宽的减小,灌水均匀度呈增加的趋势,而灌水效率却有先提高再降低的趋势。随着单宽流量的增大,供水时间减小,灌水效率也会相应提高。因此,加大入畦单宽流量有助于畦田获得较好的灌水质量。但是单宽流量不宜过大,这样会导致畦田冲刷。另外,如果畦宽较宽,水流在畦首、畦尾的入渗时间变长,造成深层渗漏,这样也会导致灌水效率较低。

5. 改水成数与畦长

改水成数是指畦内水流到畦长的某一成数时封口改水。例如八成改水,即水流到畦长的80%时封口改水。它是实现定额灌水,提高灌水质量的重要措施。改水过早会使畦尾灌水不足,改水过迟会引起畦尾积水。改水成数与畦长、坡度和入田流量有关,当坡度和入田流量一定时,畦田越长,改水应越早,如畦长为30 ~ 50 m时,采取九成改水比较合适,畦长为70 m时,建议采用八成改水。

三、田间灌水技术评价指标

(一)田间水利用效率

田间水利用效率是对作物有效的灌溉水量与灌入田间的水量之比,反映了作物生产过程中进入田间的灌溉水量的转化利用效率,是农业灌溉的一个基本参数,也是评价田间节水灌溉技术的一个主要指标。

长期以来,人们在灌水过程中尽量避免水分亏缺的产生,使作物根区得到充分而均匀的湿润,即充分灌溉。在计算田间水利用效率时,对旱作物,认为田间无效消耗主要是深层渗漏,因此通常将蓄存在土壤计划湿润层中的灌溉水量作为有效灌溉水量,也有根据作物腾发量来计算有效灌溉水量的,即作物有效灌溉水量 = 作物蒸腾蒸发量 − 有效降雨量;而对水田,认为深层渗漏对水稻生长是必需的、有效的,通常将灌溉蓄存在田内的水都作为有效灌溉水量。

方法一:在实际灌水量大大高于净灌溉需水量的条件下,灌水效率可由净灌溉需水量与实际灌水量的比求得。净灌溉需水量则为

$$Z_{rep} = (\theta_{Fc} - \theta_b)D_w \tag{3 - 12}$$

式中:Z_{rep}——净灌溉需水量,mm;

θ_{Fc}——根层土壤平均田间持水量,%;

θ_b——灌前根层土壤平均体积含水量,%;

D_w——计划湿润深度,mm。

例如,取计划湿润深度为60 cm,从田间取土实测,得到试验地0 ~ 60 cm土壤的田间持水量平均为29.7%(体积含水量)。各田块的灌水效率见表3 − 10。

表 3 – 10 田间灌水效率计算表

田块序号	田间持水量 θ_{Fc}/%	灌前含水量 θ_b/%	净灌溉需水量/mm	净灌溉需水量/(m³/hm²)	实际灌水量/mm	实际灌水量/(m³/hm²)	灌水效率/%
1	29.0	13.16	95.0	950.4	128.0	1 279.5	74.25
2	31.0	15.68	91.9	919.2	125.0	1 249.5	73.54
3	29.0	14.07	89.6	895.8	127.0	1 270.5	70.54
平均	29.7	14.30	92.2	922.5	126.7	1 266.5	72.78

方法二:计算灌水效率的另一方法由储存在作物根系吸水层中的平均入渗水深 Z_{sto} 计算,Z_{sto} 根据灌前和灌后根层土壤平均含水量的变化求得

$$Z_{sto} = (\theta_a - \theta_b)D_r \qquad (3-13)$$

式中:Z_{sto}——根层储水量的变化量,mm;

　　　θ_a——灌后根层土壤平均体积含水量,%;

　　　θ_b——灌前根区土壤平均体积含水量,%;

　　　D_r——根层深度,mm。

例如,根据田间实测数据,试验地灌前和灌后一天根层土壤含水量的变化。根据作物特性和实测土壤含水量剖面的变化情况,取作物根系吸水层深度为 1 m,由此计算出的各试验地块的灌水效率见表 3 – 11。

表 3 – 11 田间灌水效率计算表

田块序号	根层(1 m)土壤平均含水量/%			储水量增加/mm	灌水量/mm	灌水效率/%
	灌前一天	灌后一天	增加			
1	17.04	26.56	9.52	95.17	128.00	74.36
2	19.34	29.19	9.85	98.47	125.00	78.78
3	14.95	27.24	12.29	122.94	127.00	96.80
平均	17.11	27.66	10.55	105.53	126.67	83.31

(二)灌水定额

灌水定额是单位面积作物一次灌溉水量,它是反映灌水技术是否节水和先进的重要指标。

影响灌水定额大小的因素主要有土壤的渗透性、地面坡度、地面糙率、地面的平整程度、入畦(沟)单宽流量以及灌水畦(沟)长度等。实际灌水定额与设计灌水定额越接近,表明浪费越少,灌水技术越先进。

通常确定灌水定额是采用土壤田间最大持水量补差法,即把土壤田间最大持水量的 85% 作为灌水定额的上限,而其值的 65% 作为灌水定额的下限,其灌水入渗补墒量即为二者之差再乘以土壤天然容量和作物根系活动深度。采取此法,必须测定土壤容量和最大持水量才能计算确定。但它不足之处是,如果灌水前的土壤墒情小于土壤田

间最大持水量的 65%，采用此法灌水定额偏低，灌水后达不到作物根系活动层的墒情要求。

类比法确定灌水定额，为在降雨前测定作物根系活动层内的土壤墒情，降雨后测定同一位置的土壤墒情，找出降雨的增墒深度。再以降雨量与降雨入渗增墒深度的值相比求出一个常数 K 值，以降雨量来推算灌水量，确定灌水定额。经测定，降雨量与降雨入渗深度的比值：沙土类为 1:6.7，两合土为 1:5.5，淤土为 1:5。其比值可看出土壤粒度越大则吸水性差，越细小则吸水能力越强。其值是土壤粒度、土壤团粒结构和土质中有机质含量多少的总和。从中可以看出沙土类增墒时为 15%，两合土为 18%，淤土则为 20%，通过测墒，土壤在灌水前的基础墒情为 12%~14%，按此法可快速计算灌水定额。各类土壤的灌水定额确定如下（以小麦返青期根系活动层深度 40 cm 为例）：

沙土类：灌水强度 $y(x_4) = 5.65$ mm

灌水定额 $m = 2m_0/3 = 39.8$ m³/亩

若按超深度灌水小麦返青期时根系活动层深度为 60 cm 计，其灌水定额为 53 m³/亩。

两合土：灌水强度 $m_0 = 40/(0.1 \times 5.5) = 72.7$ mm

灌水定额 $m = 2m_0/3 = 48.5$ m³/亩

超深灌水定额为 65 m³。

淤土：灌水强度 $m_0 = 40/(0.1 \times 5) = 80$ mm

灌水定额 $m = 2m_0/3 = 53.3$ m³/亩

超深灌水定额为 71 m³/亩。

超深灌水是指在小麦生育灌水的有利时机灌足水，以期在根系活动层 60 cm 深度以内有足够的墒情供小麦在拔节期、灌浆期溶解土壤中的养分供根系吸收，备足底墒以供在返青期后小麦蒸腾作用的消耗，返青期后的降雨仅补充浅部土壤墒情。

（三）田间灌水均匀度

田间灌水均匀度是指灌溉水下渗湿润作物根系土壤区的均匀程度。对于具有均匀坡度的土壤和作物密度的田块，灌水后水流湿润土壤剖面过程（入渗深度的纵向分布）见图 3-7。灌水均匀度可表示为

$$E_d = 1 - \Delta Z/Z_a = 1 - \frac{\sum_{i=1}^{n} |Z_i - Z_a|}{nZ_a} \qquad (3-14)$$

式中：E_d——田间灌水均匀度，%；

ΔZ——入渗水深的平均偏差；

Z_a——灌水后沿田面各观测点土壤入渗水深的平均值；

n——测点数；

Z_i——田面各观测点土壤入渗水深，$i = 1, 2, \cdots, n$。

对于具有均匀坡度的土壤和作物密度的田块，灌水后水分入渗横向分布见图 3-8。入口处（$x = 0$）横向分布较均匀，但入渗量超过需水量。在 $x = 0.8L$ 处，平均入渗量接近需要的入渗量，但横向均匀度较低。$x = L$ 处均匀度系数小，主要是均值减少、偏差值增

大的缘故。

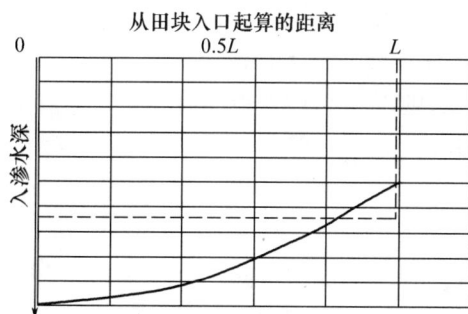

图3-7 灌水后水流入渗纵向分布

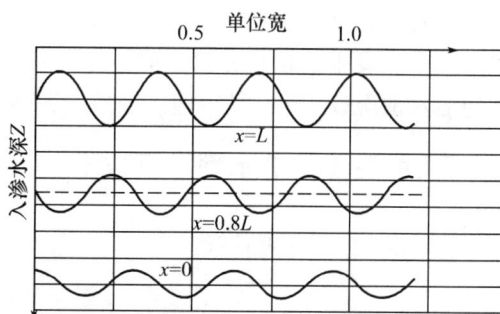

图3-8 灌水后水分入渗横向分布

灌水均匀度表征地面灌水技术实施后,田面各点受水的均匀程度,以及土壤计划湿润层入渗水量的均匀程度。一般对地面灌水技术,要求 $E_d \geq 85\%$, $E_d = 100\%$。

（四）田间灌水质量综合有效利用率

田间灌水质量综合有效利用率（E_g）是指有效入渗水量（蒸腾量）与有效入渗水量、深层渗漏量、田间灌水径流流失量、蒸发量和漂移损失量以及缺水量的总和的比值,表示为式（3-15）。

$$E_g = V_1 / (V_1 + V_2 + V_3 + V_4 + V_0)$$

$$= \frac{\int_0^B \left[\int_0^L Z dx - \int_0^{L_d} (Z - Z_d) dx - Le \right] dy}{\int_0^B \left[\int_0^{L_t} Z dx + \int_{L_d}^L (Z_d - Z) dx \right] dy} \quad (3-15)$$

式中:Z——田块内任意点入渗水量,m^3 或 mm;

L ——田块长度,m;

L_d——到 $Z = Z_d$ 点处的距离,m;

L_t——水流推进长度,m;

e——蒸发量和漂移损失量,m;

B——田块宽度,m。

式（3-15）中,若田块宽度 B 很小时,也可不对 B 进行积分,以使计算更简化。蒸腾量是灌水期间和灌水后作物最主要的有效利用水量蒸腾量,可用下式计算:

$$V_1 = a(V_1 + V_4) \quad (3-16)$$

式中:a——蒸腾因子,即蒸腾量占蒸腾蒸发量与漂移损失量之和的比值。

将（3-16）代入（3-15）中,可得到:

$$E_g = \frac{\int_0^B a \left[\int_0^L Z dx - \int_0^{L_d} (Z - Z_d) dx \right] dy}{\int_0^B \left[\int_0^{L_t} Z dx + \int_{L_d}^L (Z_d - Z) dx \right] dy} \quad (3-17)$$

式中符号意义同前。E_g 指标可用于不同种类灌水方法、灌水技术间的比较与评估。

但是,若用于地面灌水方法与喷灌法设计时,a 应取 1.0。因为,在确定它们的设计变量时应同时计算蒸腾量和蒸发量。对于滴灌设计,应取 $V_0 = 0$,因为滴灌灌水频繁,而且欠水量区并非发生生物水分胁迫的原因。对于既无深层渗漏又无径流流失和欠缺水量的理想灌水情况,E_g 指标是定值。当然,若无蒸腾量,则 $E_g = 0$,即裸地的情况。

四、引黄灌区节水型灌溉技术

(一)节水型畦灌技术

1. 节水型畦灌技术类型

(1)小畦灌技术

通常畦长小于 70 m 的畦灌称为小畦灌或短畦灌,主要是指畦田"三改"灌水技术,即"长畦改短畦,宽畦改窄畦,大畦改小畦"。试验证明,小畦灌较长畦灌可省水 30% 以上,作物产量也较高。小畦灌技术的畦田宽度,自流灌区一般为 2 ~ 3 m,机井提水灌区为 1 ~ 2 m。地面坡度为 1/1 000 ~ 1/400 时,单宽流量为 2.0 ~ 4.5 L/s,灌溉定额为 300 ~ 675 m³/hm²。对于畦长,自流灌区以 30 ~ 50 m 为宜,最长不超过 70 m,机井和高扬程提水灌区以 30 m 左右为宜。畦埂高度一般为 0.2 ~ 0.3 m,底宽 0.4 m 左右,地头埂和路边埂可适当加宽培厚。小畦灌具有以下优点:

①节约水量:灌水定额随着畦长的增加而增大,畦长越长,水流的入渗时间越长,灌水量也就越大。所以,减少畦长可以减少灌水定额,达到节水的目的。

②灌水均匀:由于畦田尺寸小,水流比较集中,水量易于控制,入渗比较均匀,灌水质量较高。

③减少深层渗漏:由于小畦灌灌水易于控制,因此深层渗漏量小,提高了田间水的有效利用率;可防止灌区地下水位抬高,防止土壤沼泽化和土壤盐碱化发生。

④减轻土壤冲刷和板结,减少土壤养分流失:畦田大,则灌水量大,水流易冲刷土壤,易使土壤养分随深层渗漏而流失。小畦灌灌水量小,有利于保持土壤结构,保持和提高土壤肥力,促进作物生长,增加产量。

(2)长畦分段短灌技术

长畦分段短灌技术是将一条长畦分成若干个没有横向畦埂的短畦,采用地面纵向输水沟或塑料软管,将灌溉水输送入畦田,然后自下而上或自上而下依次逐段向短畦内灌水,直至全部灌完的灌水技术。

灌水时若用输水沟输水和灌水,同一条输水沟第一次灌水时,应由长畦尾端短畦开始自下而上分段向各个短畦内灌水。第二次灌水时,应由长畦首端开始自上而下向各分段短畦灌水,输水沟内一般仍可种植作物。长畦分段短灌,若用塑料软管输水、灌水,每次灌水时可将软管直接铺设在长畦田面上,软管尾端出口放在长畦最末一个短畦的上端放水口处开始灌水,该短畦灌水结束后脱掉一节软管,向下一短畦灌水,直至全部短畦灌水结束为止。

长畦分段短灌技术的畦宽 5 ~ 10 m,畦长 100 ~ 400 m,一般在 200 m 以上,但其单宽流量并不增大。这种灌水方法要求确定入畦灌水流量、短畦长度与间距,以及分段改水时间或改水次数。

根据水量平衡原理和水流运动基本规律,在满足灌水定额和十成改水的条件下,计算分段进水口间距。

对于有坡畦灌:

$$L_0 = \frac{40q}{1 + \beta_0}\left(\frac{1.5m}{K_0}\right)^{1/(1-\alpha)} \tag{3-18}$$

对于水平畦灌:

$$L_0 = \frac{40q}{m}\left(\frac{1.5m}{K_0}\right)^{1/(1-\alpha)} \tag{3-19}$$

式中:L_0——分段进水口间距,m;

β_0——地面水流消退历时与水流推进历时的比值,一般取 $0.8 \sim 1.2$;

q——入畦单宽流量,L/(s·m);

m——灌水定额,m^3/hm^2;

K_0——第一个单位时间内的平均入渗速率,mm/min;

α——入渗递减系数。

应用长畦分段短灌技术能达到省水、省电、省工、灌水均匀度高、灌水有效利用率高的目的,具有以下优点:

①可实现小定额灌水,灌水均匀度、田间灌水储存率和田间灌水有效利用率较高。试验表明,长畦分段短灌技术灌水定额在 450 m^3/hm^2 左右,其灌水均匀度、田间灌水储存率和田间灌水有效利用率均大于80%,且随畦长而增大,与畦田长度相同的常规畦灌方法相比,可省水 40% ~60%,田间灌水有效利用率可提高 1 倍左右。

②灌溉设施占地少,可以省去一至二级田间输水渠沟。田间无横向畦埂或渠沟,方便机耕或其他先进耕作方法,有利于作物增产。

③与常规畦灌方法相比,可以灵活适应地面坡度、糙率和种植作物的变化,亦可以采用较小的单宽流量,减少土壤冲刷。

2. 节水型畦灌技术要素

畦灌技术要素主要指畦田长度、畦宽、单宽流量和防水入畦时间等,影响这些要素的因素有土壤渗透系数、畦田田面坡度、畦田糙率和平整程度,以及作物的种植情况等。

(1)畦田规格

畦田规格对灌水量、灌水质量、土地平整工作量,以及田间渠网的布置形式和密度等影响很大。畦宽取决于畦田的横向坡度、土壤的入渗能力、农业机械的宽度等因素,一般为 $2 \sim 4$ m。

畦田取决于畦田的纵向坡度、土壤入渗能力、水源可提供的灌水流量等因素,一般为 $30 \sim 100$ m,见表 3-12。随着畦田长度的增大,微地形田间对畦灌的影响越来越大,从而影响到灌水质量。畦长可根据节水型畦灌技术的具体要求来确定,并满足畦田田面灌水均匀、筑畦省工、畦埂少占地,便于农业机具作业和田间管理。

表 3 – 12　不同土壤质地与坡度下的适宜畦田长度　　　　　单位:m

土壤类型	$i < 0.002$	$i = 0.002 \sim 0.005$	$i = 0.005 \sim 0.010$	$i = 0.010 \sim 0.020$
轻沙壤土	$20 \sim 30$	$30 \sim 60$	$60 \sim 70$	$70 \sim 80$
沙壤土	$30 \sim 40$	$60 \sim 70$	$70 \sim 80$	$80 \sim 90$
黏壤土	$40 \sim 50$	$70 \sim 80$	$80 \sim 90$	$90 \sim 100$
黏土	$50 \sim 60$	$70 \sim 80$	$80 \sim 90$	$100 \sim 110$

（2）入畦单宽流量

较大的入畦单宽流量能使水流推进速度加快,缩短推进历时,而且灌溉供水时间减小,灌溉效率提高。入畦流量的大小与供水量和畦田规格有关,可用式（3 – 20）计算。

$$q = \frac{Q}{b} = \frac{mL}{3\ 600\ t} \times 10^{-4} \tag{3 – 20}$$

式中:q——入畦单宽流量,$\mathrm{m^3/(s \cdot m)}$;

　　Q——供水流量,$\mathrm{m^3/s}$;

　　b——畦宽,m;

　　L——畦长,m;

　　m——灌水定额,$\mathrm{m^3/hm^2}$;

　　t——畦首处畦口的供水时间,h。

（3）微地形条件

畦田正坡时有助于缩短水流推进时间,取得较高的灌溉效率。反坡对灌溉均匀度的影响不显著,但对灌溉效率影响明显。畦田地面起伏程度与地面灌溉特性的关系较为密切,较高的地面起伏程度会导致灌溉均匀度和灌溉效率下降。

（4）入渗系数

入渗参数对灌溉均匀度和灌溉效率的影响都比较明显。对具有较高入渗参数的土壤,灌溉供水时间较长会造成灌水均匀度和灌水效率降低。由于入渗参数由土壤特性决定,其对地面灌溉特性的影响只能通过设计合理的畦灌系数来消除。

（5）灌水持续时间

灌水持续时间与土壤入渗性能、灌水定额有关。灌水时间过长会使田内入渗分布不均,灌溉均匀度减小。假设灌水均匀度为1,累计渗入畦田的水量达到计划灌水定额,田面各点入渗时间等于灌水持续时间,则灌水持续时间为式（3 – 21）:

$$t = \left(\frac{10^{-2} \times m}{K_0} \right)^{1/(1-\alpha)} \tag{3 – 21}$$

式中:t——灌水持续时间,h;

　　m——计划灌水定额,$\mathrm{m^3/hm^2}$;

　　K_0——第一个单位时间内的平均入渗速度,cm/h;

　　α——土壤入渗递减指数。

K_0 和 α 需要通过土壤入渗试验得到,若无试验资料可以采用以下数值:弱透水性土壤 $K_0 \leqslant 5$ cm/h,强透水性土壤 $K_0 \geqslant 5$ cm/h,中透水性土壤 $K_0 = 5 \sim 15$ cm/h。K_0 还随作

· 112 ·

物生育阶段和灌水次数变化。α 一般采用 0.3 ~ 0.8,轻质土壤采用较小值,重质土壤采用较大值。

（6）改水成数

改水成数与灌水定额、土壤入渗能力、坡度、畦长、单宽流量等有关,一般有七成改水、八成改水、九成改水和满流改水。改水成数需要通过田间试验或理论计算来确定,一般对于地面坡度大、单宽流量大、土壤入渗能力低的畦田,改水成数取低值,反之取高值。

（二）应用实例

以在簸箕李引黄灌区上、下游所进行的的试验为例分析。

1. 田间灌溉试验

为通过田间实测的方法评价簸箕李灌区现行灌水技术,在灌区上游的惠民试区选择 3 个畦,在下游的无棣试区选择 4 个畦,进行田间灌溉试验。试验观测内容包括:

①量测畦长和畦宽。

②田面微地形:用水准仪量测,沿畦长方向（进水方向）测定左、中、右 3 条线的高程变化,10 m 一个测定点。

③测量灌溉前后土壤含水量（每个地块测首、中、尾 3 个剖面）。

④入畦流量:用小型量水堰测定。

⑤灌水入畦的开口时间和闭口时间。

⑥水流推进速度:每 5 m 或 10 m 打桩,记录水流前锋推进到每个桩位的时间。

⑦水流消退速度:记录每个桩位地面明水落干的时间。

不同地区畦田灌溉基本参数见表 3 – 13。

表 3 – 13　不同地区畦田灌溉基本参数

地区	灌溉	年份	田块号	长度/m	宽度/m	面积/hm²	平均坡度/%	地形偏差/%	入畦流量/(L/s)	单宽流量/(L/s·m)
惠民试区	冬灌	1998	HM – 4	44	8	0.035	2.9	0.095	14.07	1.76
			HM – 6	44.3	8.8	0.039	2.9	0.101	16.06	1.83
		1999	HM – 4	44	8	0.035	3.7	0.064	16.25	2.03
			HM – 8	46	9.9	0.045	4.3	0.079	19.81	2.00
	春灌	1999	HM – 8	44.3	9.9	0.044	4.5	0.128	13.45	1.36
		2000	HM – 6	44.3	8.8	0.039	2.6	0.04	28.47	3.24
			HM – 8	45.1	9.9	0.045	4.2	0.075	29.84	3.01
	播前灌	2000	HM – 6	44.6	8.8	0.039	3.5	0.071	19.85	2.26
			HM – 8	45.3	10	0.045	3.8	0.097	15.06	1.51
	平均			44.7	9.1	0.041	3.6	0.083	19.21	2.11

续表

地区	灌溉	年份	田块号	长度/m	宽度/m	面积/hm²	平均坡度/%	地形偏差/%	入畦流量/(L/s)	单宽流量/(L/s·m)
无棣试区长畦	冬灌	1999	WD-L3	279	5.6	0.156	1.2	0.01	14.9	2.66
			WD-L7	279	5.5	0.153	1.2	0.01	14.89	2.71
	春灌	2000	WD-L3	278	5.9	0.164	1.3	0.009	27.47	4.66
			WD-L7	276	5.2	0.143	1.3	0.005	23.01	4.43
	播前灌	2000	WD-L7	274	5.9	0.161	1.4	0.006	29.0	4.92
	平均			277.2	5.6	0.155	1.3	0.008	21.85	3.90
无棣试区短畦	冬灌	1999	WD-S7	81	7.4	0.060	0.6	0.013	16.43	2.22
			WD-S8	81	7.4	0.060	0.6	0.01	9.34	1.26
	春灌	2000	WD-S7	78.5	7.2	0.057	0.7	0.015	27.45	3.81
			WD-S8	82	7.5	0.061	0.6	0.014	22.01	2.93
	播前灌	2000	WD-S7	80	7.2	0.057	0.5	0.017	9.36	1.30
			WD-S8	80	7.8	0.063	0.6	0.015	21.02	2.69
	平均			80.4	7.4	0.059	0.6	0.014	17.60	2.38

2. 模型检验与土壤入渗参数的确定

SRFR 是由美国农业部灌溉研究中心开发的地面灌溉模拟模型。其主要功能是通过数值方法对地面灌溉过程进行动态模拟,直观地了解地面水流的推进和消退过程,以及入渗水的分布过程,对灌溉效果进行较精确的评价。同时可以随意改变各灌水技术要素,分析各要素的影响,确定最佳灌水技术要素组合。用 SRFR 模型模拟和评价地面灌水质量时,需要得到基于 Kostiakov 公式的土壤入渗参数为

$$Z = K \cdot t^{\alpha} \qquad (3-22)$$

式中:Z——入渗水深,mm;

t——收水时间,min;

K,α——土壤入渗参数。

某一点的灌水时间是水流推进和消退经过该点的时间之差,畦田内各点的受水时间可由实测的水流推进和消退过程曲线求得。土壤入渗参数可由田间入渗试验测得,也可由计算机模型最佳拟和水流推进和消退过程曲线求得。

研究中采用田间入渗试验和计算机模型拟合相结合的方法确定土壤入渗参数,用田间双环入渗试验得到的土壤入渗参数作为计算机模拟的初始值,用模拟地面灌溉水流运动的计算机模型——SRFR 模型,模拟水流推进和消退过程,反复调整入渗参数,使模拟曲线与实测值拟合最佳,从而得到各试验地块的土壤入渗参数 K 和 α。对惠民试区和无棣试区的所有灌溉试验均进行了模拟,具体模拟结果见表 3-14。

表 3 - 14　入渗参数($I = K \cdot t^{\alpha}$)和糙率(n)的模拟拟合值及模拟精度

地区	灌溉	年份	畦田号	$K/(\text{mm/h})$	α	$n/(\text{m1/3} \cdot \text{s})$	ARE/%
惠民试区	冬灌	1998	HM - 4	70	0.42	0.14	10.9
			HM - 6	70	0.45	0.12	15.0
		1999	HM - 4	110	0.45	0.14	19.6
			HM - 8	100	0.40	0.12	12.7
	春灌	1999	HM - 8	75	0.45	0.12	13.8
		2000	HM - 6	103	0.40	0.14	9.8
			HM - 8	110	0.41	0.14	11.2
	播前灌	2000	HM - 6	61	0.65	0.10	16.0
			HM - 8	76	0.62	0.11	38.1
无棣长畦	冬灌	1999	WD - L3	90	0.48	0.13	12.8
			WD - L7	92	0.53	0.14	7.6
	春灌	2000	WD - L3	110	0.45	0.13	7.1
			WD - L7	104	0.60	0.12	16.8
	播前灌	2000	WD - L7	75	0.62	0.10	22.0
无棣试区短畦	冬灌	1999	WD - S7	75	0.60	0.10	6.5
			WD - S8	75	0.60	0.10	20.8
	春灌	2000	WD - S7	110	0.55	0.13	12.7
			WD - S8	128	0.62	0.14	22.7
	播前灌	2000	WD - S7	25	0.70	0.07	31.0
			WD - S8	70	0.65	0.07	20.0

3. 灌水效率与均匀度

采用三种方法评价惠民试区和无棣试区的田间灌水效率和均匀度。

(1)模型拟合法:采用 SRFR 模型拟合地面水流的推进和消退过程,灌水效率和均匀度是模拟的输出。模拟中采用的土壤入渗参数和田面糙率为表 3 - 15 中给出的最佳拟和值。

(2)田间实测法:根据灌前和灌后在畦田首、中、尾实测的土壤含水量计算各点土壤储水量的变化,与平均灌水量对比,推求田间灌水效率。

(3)模拟与实测相结合的方法:用 Kostiakov 公式计算沿畦长方向各点的入渗水深,从而推算灌水效率和均匀度。计算中各点的受水时间为实测的水流推进和消退经过该点的时间差,入渗参数采用各试区的平均入渗参数。采用上述三种方法得到的田间灌水效率(E_a)和均匀度(D_u)。相比之下,用 SRFR 模型拟合的计算结果更合理。

表 3 - 15   用 SRFR 模型拟合水流推进和消退得到的灌水效率和均匀度

地区	灌溉	年份	畦田号	Z_{rep}/mm	Z_{avg}/mm	Z_{lq}/mm	E_a/%	D_u/%
惠民试区	冬灌	1998	HM - 4	76	66	41	62	62
			HM - 6	76	65	47	72	72
		1999	HM - 4	75	95	71	79	75
			HM - 8	75	106	86	71	81
	春灌	1999	HM - 8	68	56	39	70	70
		2000	HM - 6	62	97	74	64	76
			HM - 8	62	103	82	60	80
	播前灌	2000	HM - 6	60	35	22	63	63
			HM - 8	60	65	44	92	68
	平均						70.3	71.8
无棣试区 长畦	冬灌	1999	WD - L3	70	142	133	49	94
			WD - L7	70	146	119	48	82
	春灌	2000	WD - L3	60	187	161	32	86
			WD - L7	60	173	119	35	69
	播前灌	2000	WD - L7	70	151	132	46	87
	平均						42.1	83.5
无棣试区 短畦	冬灌	1999	WD - S7	75	78	64	96	82
			WD - S8	75	98	82	77	84
	春灌	2000	WD - S7	60	143	125	42	87
			WD - S8	60	184	160	33	87
	播前灌	2000	WD - S7	60	34	20	59	59
			WD - S8	60	35	43	78	78
	平均						64.0	79.5

4. 结论

从表 3 - 16 和表 3 - 17 可以看出:对 44 m 的短畦,地面坡度越小灌溉性能越好,如果通过平整土地将地面平均坡度由目前的平均 0.3% 减小到 0.1%,田间灌水效率可由

62%提高到84%,均匀度可由70%提高到87%,渗漏损失平均可减少42 mm。另外,减小单宽流量对提高灌溉性能也有一定效果。对150 m 的长畦,地面坡度在0~0.05%均能得到比较好的灌溉性能,但零坡度并不总是最好的,由于地表糙率的差异,冬灌时零坡度田块的灌溉性能好于坡度0.05%的田块。春灌则是坡度0.05%的田块更好一些。零坡度时单宽流量越大灌水效率和均匀度越高,而当田面有一定坡度时则是单宽流量小一些更有利。根据以上分析,建议将无棣试区280 m 的长畦截成2个140 m 的畦,同时通过平整土地将田面坡度由目前的0.13%减小到0.05%,则田间灌水效率可提高到80%以上,灌水均匀度也能达到85%以上,可减少渗漏损失50~70 mm。

表3-16 畦长44 m 田块的灌溉性能

灌溉	净灌溉需水量 Z_{rep}/mm	单宽流量 q/(L/s·m)	灌水时间 T_{ap}/min	平均灌水深度 Z_{avg}/mm	灌水效率 E_a/%	均匀度 D_u/%	最小入渗水深 Z_{lq}/mm	平均渗漏水深/mm
田面坡度 S_0 = 0.3%								
冬灌	100	2.5	47	160	62	69	112	60
		3.5	32	162	62	70	114	62
春灌	130	2.5	56	191	68	75	144	61
		3.5	40	191	68	75	143	61
田面坡度 S_0 = 0.1%								
冬灌	100	1.5	58	119	84	88	104	19
		2.5	35	119	84	87	104	19
		3.5	25	119	84	87	104	19
春灌	130	1.5	70	143	91	91	131	13
		2.5	43	147	89	90	133	17
		3.5	31	148	88	90	134	18

表3-17 畦长150 m 田块的灌溉性能

灌溉	净灌溉需水量 Z_{rep}/mm	单宽流量 q/(L/s·m)	灌水时间 T_{ap}/min	平均灌水深度 Z_{avg}/mm	灌水效率 E_a/%	均匀度 D_u/%	最小入渗水深 Z_{lq}/mm	平均渗漏水深/mm
田面坡度 S_0 = 0.15%								
冬灌	100	2.5	190	190	53	60	114	90
		3.5	141	197	51	59	118	97
春灌	130	2.5	160	160	81	81	131	30
		3.5	145	203	64	65	133	73

续表

灌溉	净灌溉需水量 Z_{rep}/mm	单宽流量 q/ (L/s·m)	灌水时间 T_{ap}/min	平均灌水深度 Z_{avg}/mm	灌水效率 E_a/%	均匀度 D_u/%	最小入渗水深 Z_{lq}/mm	平均渗漏水深/mm
田面坡度 $S_0 = 0.05\%$								
冬灌	100	2.5	122	122	82	84	103	23
		3.5	91	127	78	83	106	27
		4.5	70	126	79	82	103	30
春灌	130	2.5	130	130	99	98	128	1
		3.5	105	147	88	90	133	17
		4.5	84	151	83	88	134	21
田面坡度 $S_0 = 0$								
冬灌	100	2.5	115	115	87	90	104	15
		3.5	78	109	92	91	100	9
		4.5	60	108	93	93	101	8
春灌	130	2.5	158	158	82	85	136	28
		3.5	106	148	87	89	133	19
		4.5	80	144	88	91	135	17

目前,簸箕李灌区灌溉水利用系数比较低,现状田间灌水效率上游 0.7 左右,下游不足 0.64。造成田间灌水效率低的主要原因:一是畦田规格不合理,特别是下游地区畦块太长;二是田面坡度过大,而且平整度差。建议将灌区下游超过 150 m 的长畦田截成短畦,同时推广精细平地技术,减小田面坡度,提高田面平整度。对上游 40~50 m 的短畦,如将畦面坡度平整到 0.1% 左右,灌水效率可达到 0.84 以上;对下游 150 m 的长畦,如将畦面坡度平整到 0.05% 左右,灌水效率可达到 0.8 以上。

五、田间灌水技术改进

1. 改进畦田规格

改进畦田的方法为大畦改小畦、长畦改短畦、宽畦改窄畦的"三改"技术。畦田规格应根据土壤、作物、田间地形条件和来水量情况确定,同时受每户农民的地块大小和耕作方式制约,需根据实际情况进行改进。目前,华北平原引黄灌区畦田大小差别很大,以大畦为多,畦块控制面积大多在 0.13 hm² 以上,建议畦田规格改为窄畦,以增大单宽入流量,提高灌溉水流推进速度,减小实际灌水定额。畦田控制面积以 0.06 hm² 为宜。

目前华北引黄灌区不仅畦田普遍偏大,而且许多地方农民直接在农渠上开口取水,造成灌溉时进水方向垂直于作物种植方向,从而影响水流推进速度。建议这样的地块在灌溉季节需在畦中间修建临时性田间输水毛渠,其作用一方面可改大畦为小畦,另一方面可使灌溉进水方向与作物种植方向一致,加快水流推进速度,提高灌水效率,还可以起到保护末级固定渠道的作用。

2. 提高土地平整度

田面的平整程度对地面灌溉的效率和均匀度影响很大,甚至在一定范围内要大于畦田长度的影响。华北引黄灌区目前畦田的平整程度差别较大,总体来看田面平整度不够高,应采取措施推广精细平地技术,建议考虑使用激光平地技术。

激光平地技术是目前世界上最先进的平地技术,采用现代激光技术控制平地,具有平地精度高,操作简便的优点,是实施精准农业必要的设备之一。应用激光平地技术对农田土地进行平整,可以有效改善农田表面状况、提高土地利用率、提高农田灌溉水的利用率、提高化肥使用效率、减少环境污染、节水省肥、增产增效等优点,是发展节水农业和农田基本建设的关键技术。

3. 改进畦(沟)首进水控制设施

采用田间闸管系统。田间闸管系统的作用之一是可代替田间毛渠和输水垄沟,减小田间输水损失,可调节的闸孔系统可以控制入畦流量,田间闸管系统集田间输水和灌水控制系统为一体,成为实施长畦分段灌、细流沟灌和涌流灌的主要工具。

采用虹吸灌溉。虹吸灌溉是一种用于渠灌区的控制进地水流的灌溉方法,在美国和欧洲应用比较广泛,特别在美国西部地区应用较多。它的特点是进水控制设施简单、操作方便,可通过随意移动和增减虹吸管来控制进地水流的位置和流量。这种简单的地面灌溉进水控制方法同样能够适合我国引黄灌区。特别是对畦田控制面积较大的地块,这种灌溉方式可以有效地增大单宽入流量,提高水流推进速度,从而提高灌水均匀度和灌水效率。

第三节　水稻节水控制灌溉技术

一、水稻控制灌溉概念

水稻控制灌溉又称水稻调亏灌溉,是指在秧苗本田移栽后的各个生育期,田面基本不再长时间建立灌溉水层,也不再以灌溉水层作为灌溉与否的控制指标,而是以不同生育期不同的根层土壤水分作为下限控制指标,确定灌水时间、灌水次数和灌水定额的一种灌溉新技术。

控制灌溉技术在水稻生长发育过程中,适度进行水分胁迫,会使水稻产生一定的耐旱性,而且不会导致减产。其基本原理:基于作物的生理生化作用受到遗传特性和生长激素的影响,认为如果在其生长发育某些阶段主动施加一定程度的水分胁迫,可以发挥水稻自身调节机能和适应能力,同时能够引起同化物在不同器官间的重新分配,降低营养器官的生长冗余,提高作物的经济系数,并可通过对其内部生化作用的影响,改善作物的品质,起到节水、优质、高效的作用。

二、控制灌溉水稻需水规律

(一)水稻耗水及需水规律

由于灌溉分区的不同,水稻需水量也有所不同。以水稻面积较大的灌溉Ⅱ区(水稻种植面积的 55.9%)和灌溉Ⅳ区(水稻种植面积的 30.6%)为代表,选择灌溉Ⅱ区的黑龙江省的汤旺河灌溉试验站和灌溉Ⅳ区庆安灌溉试验站的水稻需水量数据作进行研究。

在水稻整个生育期内,每天上午 8:00 观测田面水分变化。当田面有水层时,读取水层变化值;当田面无水层时,采用 MP 土壤水分仪观测土壤含水率值。水稻实际腾发量按式(3-23)、式(3-24)计算。

$$ET_c = h_1 - h_2 + m + p - f - c \qquad (3-23)$$

$$ET_c = 1000H(W_1 - W_2) + p + m - f - c \qquad (3-24)$$

式中:ET_c——实际腾发量,mm;

h_1,h_2——相邻时段间的田间水层深度,mm;

m——时段灌水量,mm;

p——时段有效降水量,mm;

c——时段地面排水量,mm;

f——时段地下渗漏量,mm;

H——土壤计划湿润层深度,m;

W_1,W_2——相邻时段间的土壤含水率,%。

1. 水稻全生育期耗水量及耗水规律

水稻耗水量为水稻耗水量与渗漏量的总和。采用不同的灌溉技术,改变水稻生长期的水分条件,且供水过程后也发生了很多的变化。控制灌溉与常规灌溉对比,控制灌溉田间耗水量减少 248.2 mm(减少 33%),其中田间渗漏量减少 107 mm(降低 51%)。控制灌溉技术通过控制土壤水含水量的大小,既减少了水稻的耗水量,而且减少了田间渗漏量,且下降幅度更大(灌溉Ⅱ区,汤旺河灌溉试验站)。

不同灌溉技术不仅使水稻耗水量发生变化,而且也改变了水稻的耗水规律。由图 3-9可看出,在整个生育期内,常灌处理的耗水量过程线变化起伏较大,而控制灌溉的耗水量过程线变化较为平缓,在各个生育阶段均低于常灌处理,削去了乳熟期的耗水小高峰,对蒸发蒸腾和田间渗漏均起了限制作用。在蒸发蒸腾较大的分蘖中期、拔节期和抽穗期三个阶段,控灌耗水量明显小于常灌。

2. 生育期需水量

(1)全生育期内水稻需水量

灌溉Ⅳ区(庆安灌溉试验站)在全生育期内常灌处理(浅湿晒灌溉,简称常灌,下同)水稻实际蒸发蒸腾量为 633.83 mm,控灌处理(包括两种方式,简称控Ⅰ、控Ⅱ,下同)水稻实际蒸发蒸腾量分别为 392.50 mm 和 480.60 mm,较常灌降低 241.33 mm 和

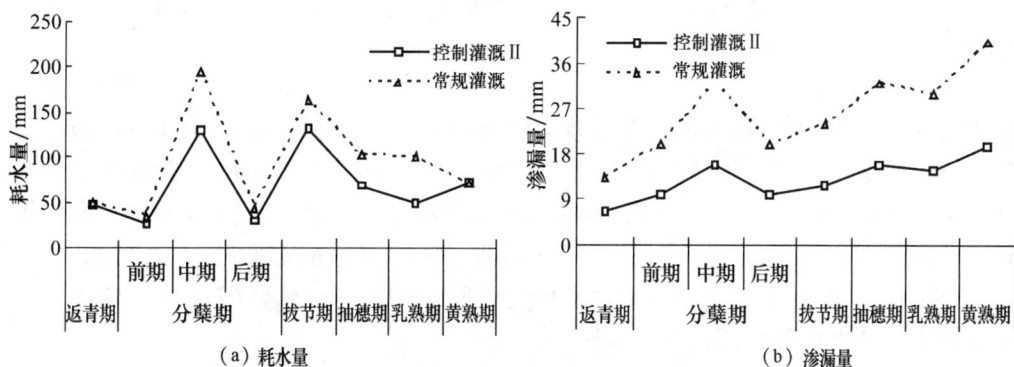

（a）耗水量　　　　　　　　　　（b）渗漏量

图 3-9　水稻全生育期耗水量与渗漏量

153.23 mm,减少幅度为 38.1% 和 24.2%,见表 3-18。

表 3-18　灌溉Ⅳ区全生育期需水量表（庆安灌溉试验站）　　　　单位：mm

| 生育期 | 返青期 | 分蘖期 | | | 拔节期 | 抽穗期 | 乳熟期 | 黄熟期 | 总计 |
		前期	中期	后期					
天数	7	15	13	10	23	10	14	27	119
控灌Ⅰ	21.30	45.60	62.10	25.00	84.60	62.20	45.20	46.50	392.50
控灌Ⅱ	41.30	40.60	67.10	45.00	119.17	65.73	55.20	46.50	480.60
常灌	38.30	63.00	96.50	55.80	151.70	91.70	75.53	61.30	633.83

灌溉Ⅱ区（汤旺河灌溉试验站）在全生育期内常灌水稻实际腾发量为 548.69 mm,控Ⅰ、控Ⅱ水稻实际腾发量分别为 407.60 mm 和 448.80 mm,较常灌降低 141.09 mm 和 99.89 mm,减少幅度为 25.7% 和 18.2%,详见表 3-19。

表 3-19　灌溉Ⅱ区全生育期需水量表（汤旺河灌溉试验站）　　　　单位：mm

| 生育期 | 返青期 | 分蘖期 | | | 拔节期 | | 抽穗期 | 乳熟期 | 黄熟期 | 总计 |
		前期	中期	后期	前期	后期				
天数	10	5	25	6	12	11	11	10	27	117
控灌Ⅰ	53.70	15.00	87.10	15.70	53.20	54.50	53.20	29.80	45.40	407.60
控灌Ⅱ	41.20	15.30	113.90	18.80	53.20	65.90	53.20	34.90	52.40	448.80
常灌	35.49	14.68	163.38	23.45	84.72	54.12	70.74	71.36	30.75	548.69

（2）各生育期水稻需水量

①灌溉Ⅳ区（庆安灌溉试验站）各生育期水稻需水量如下：

A. 返青期内,常灌处理蒸发蒸腾量 38.3 mm,控Ⅰ、控Ⅱ的腾发量分别 21.3 mm、

41.3 mm常灌处理和控灌处理在返青期均保持浅薄水层以利于稻苗返青,腾发量无明显差异。

B. 分蘖前期,控Ⅰ、控Ⅱ的腾发量较常灌处理减少 20 mm,减少需水量 27.4 ~ 35.4%;分蘖中期控Ⅰ、控Ⅱ的腾发量较常灌处理分别减少 34.4 mm、29.4 mm,减少幅度为 35% 和 30%;分蘖后期较常灌处理分别减少 30.8 mm、10.8 mm,减小幅度达 55% 和 19%。分蘖期内,由于连续降雨,控灌处理土壤水分接近饱和,控Ⅰ在降雨后即做排水处理,控Ⅱ可以蓄水,常灌、控Ⅰ和控Ⅱ各处理之间的腾发量表现了较大的差异。

C. 拔节期,控Ⅰ、控Ⅱ处理实际腾发量与常灌量相比,分别减少 67.1 mm、32.5 mm,减小幅度为 44% 和 21%,需水明显减小。

D. 抽穗期,控Ⅰ、控Ⅱ处理实际腾发量与常灌量相比分别减小 29.5 mm、25.9 mm,减小幅度为 32% 和 28%。

E. 乳熟期,由于遇到低温冷害,各个站和各种处理均进行了灌水来防止冷害,控Ⅰ、控Ⅱ处理实际腾发量较常灌分别减小 30.3 mm、20.3 mm,减幅为 40% 和 26%。

F. 黄熟期,由于持续时间较长,常灌处理水稻腾发量仍维持较高水平,控Ⅰ、控Ⅱ处理土壤含水率较低,限制蒸发蒸腾,植株底部叶子衰败,腾发量均减少 24%。

②灌溉Ⅱ区(汤旺河灌溉试验站)各生育期水稻需水量如下:

A. 返青期内,常灌处理腾发量 35.49 mm,控Ⅰ、控Ⅱ的腾发量分别 53.70 mm、41.20 mm。常灌处理和控灌处理在返青期均保持浅薄水层以利于稻苗返青,腾发量无明显差异。

B. 分蘖前期,控Ⅰ、控Ⅱ的腾发量和常灌量相差甚少;分蘖中期控Ⅰ、控Ⅱ的腾发量较常灌处理分别减少 76.3 mm、49.5 mm,减少幅度为 46% 和 30%,需水相差较大;分蘖后期较常灌处理分别减少 7.7 mm、4.6 mm,减小幅度达 33% 和 19%。分蘖中期,水稻腾发量主要取决于田间蒸发阶段,由于连续降雨,控Ⅰ作了及时排水,其腾发量与常灌、控Ⅱ有较大差别;分蘖后期由于降雨较少,常灌晒田控蘖时间较长,所以控Ⅰ、控Ⅱ和常灌处理水稻腾发量无较大差异。

C. 拔节前期,控Ⅰ、控Ⅱ处理实际腾发量与常灌量相比,均减少了31.5 mm,减小幅度为 37%;拔节后期,控Ⅰ、控Ⅱ处理的需水量大于常规灌溉水量的 21%。拔节期前期,有较大的降雨,由于控Ⅰ、控Ⅱ均进行了排水,其需水量明显小于常灌;后期,仍有较大的降雨量,但是此时为需水关键期,水稻需要充足的水分,所以控Ⅰ、控Ⅱ的需水量超过了常灌的需水量。

D. 抽穗开花期,控Ⅰ、控Ⅱ处理实际腾发量与常灌量相比均减小 17.5 mm,减小幅度为 24%。抽穗开花期内有少量降雨,可以支持作物的生长发育,所以控Ⅰ、控Ⅱ与常灌的需水量相差不太大。

E. 乳熟期,由于遇到低温冷害,各个站和各种处理均进行了灌水来防止冷害,控Ⅰ、控Ⅱ处理实际腾发量较常灌量分别减小 41.5 mm、36.4 mm,减幅为 41% 和 36%。

F. 黄熟期,由于持续时间较长,常灌处理水稻腾发量仍维持较高水平,控Ⅰ、控Ⅱ处理土壤含水率较低,限制蒸发蒸腾,植株底部叶子衰败。

3. 需水量变化规律

在控制灌溉和常规灌溉两种灌溉模式下,水稻需水量发生变化,表现出不同的变化规律,从需水量、需水强度和各生育阶段水稻需水模比系数三方面进行分析。

灌溉Ⅳ区在全生育期内(庆安灌溉试验站),三个处理的水稻需水量的变化趋势基本一致,均在分蘖中期和拔节期达到需水量的最大值,且在抽穗期复水后,控Ⅰ的需水量和控Ⅱ的需水量接近,这就说明在水稻控水之后再复水,作物生长的需水有反弹作用。

灌溉Ⅱ区在全生育期内(汤旺河灌溉试验站),三个处理的水稻需水量的变化趋势也基本一致,均在分蘖中期达到最大值,但是生育中后期的高峰出现在不同的时期,常规灌溉出现在拔节孕穗前期,而控Ⅱ出现在拔节孕穗后期,控Ⅰ在拔节孕穗后期和抽穗开花期的需水量接近,两种控灌处理的需水量表现出明显的控水后生育期滞后现象。

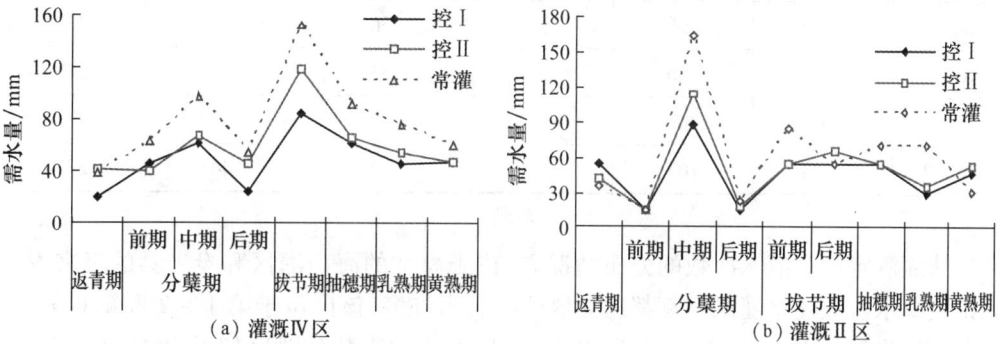

图 3-10 全生育期水稻需水量

(二)水稻控制灌溉制度

1. 水稻全生育期灌溉定额及变化规律

全生育期灌溉定额包括泡田定额和生育期灌溉定额,通常泡田定额约占全生育期灌溉定额的 $1/6 \sim 1/4$,只有讷河试验站的泡田定额最小,只占全生育期的 $1/10$。水稻全生育期灌溉定额见表 3-20。

表 3-20 水稻全生育期灌溉定额 单位:mm

所属分区	站点	泡田定额	生育期次数	生育期各次定额	全灌水定额	生育期定额
Ⅰ-1	查哈阳农场	151	6	74	593	442
Ⅰ-1	泰来农场	171	10	44	615	444
Ⅰ-1	九龙	187	6	66	607	420
Ⅰ-2	全胜	89	8	32	292	253

续表　　　　　　　　　　　　　　　单位:mm

所属分区	站点	泡田定额	生育期次数	生育期各次定额	全灌水定额	生育期定额
Ⅱ-1	大兴	121	9	38	440	319
Ⅱ-1	团山子	102	6	53	437	335
Ⅱ-1	汤旺河	97	5	41	314	217
Ⅱ-1	8511农场	100	7	42	357	332
Ⅱ-1	852农场	113	9	39	465	297
Ⅱ-2	850农场	144	9	36	476	352
Ⅱ-2	云山	87	7	37	327	240
Ⅲ	海南	202	13	40	706	504
Ⅳ-1	香磨山	140	9	36	462	322
Ⅳ-1	庆安	196	7	30	414	217
Ⅳ-1	秦家	150	7	33	396	246
Ⅳ-1	龙凤山	85	5	75	459	374
Ⅳ-2	东明	163	6	47	441	277

从灌溉定额和灌水次数的分布情况看,位于海林的海南灌区和泰来县的泰来农场无论是灌水次数还是灌溉定额都比其他地区高出许多,该区位于第Ⅰ-2和第Ⅲ分区,黑龙江省渗漏最大,平均灌溉定额7 000 m³/hm²;灌水次数分别为17次和16次,都是黑龙江省最高。灌溉定额另一个高值区为查哈阳农场和龙江灌溉试验站,该站位于黑龙江省西部,处于Ⅰ-1分区,也是渗漏量较大的一个分区。

2.各生育阶段灌水次数和灌水量

水稻本田期的灌水量分蘖期达到高峰,以后逐渐减小,平均返青期灌水1~2次,分蘖期灌水量最大,平均灌水3次,拔节期平均灌水2次,抽穗期和乳黄熟期平均各灌水1~2次,表3-21采用2004~2006年试验数据平均值。

表3-21　水稻各生育期灌水次数和灌水量　　　　单位:mm

所属分区	站点	返青期		分蘖期		拔节期		抽穗期		乳熟黄熟期		全生育期	
		灌水次数	灌水量	灌水次数	灌水量	灌水次数	灌水量	灌水次数	灌水量	灌水次数	灌水量	灌水次数	灌水量
Ⅰ-1	查哈阳农场	2	91	2	76	1	68	1	35	1	69	6	442
Ⅰ-1	泰来农场	3	42	3	43	2	47	1	33	1	50	10	444
Ⅰ-1	九龙	1	56	2	93	2	65	1	49	1	48	6	420
Ⅰ-2	全胜	1	44	3	33	1	23	1	27	2	30	8	253

续表

单位:mm

所属分区	站点	返青期		分蘖期		拔节期		抽穗期		乳熟黄熟期		全生育期	
		灌水次数	灌水量	灌水次数	灌水量	灌水次数	灌水量	灌水次数	灌水量	灌水次数	灌水量	灌水次数	灌水量
Ⅱ-1	大兴	1	63	3	32	2	30	2	46	2	32	9	319
Ⅱ-1	团山子	2	67	2	69	1	36	1	19	1	19	6	335
Ⅱ-1	汤旺河	2	40	2	58	0	16	0	7	1	21	5	217
Ⅱ-1	8511农场	1	37	1	60	1	35		57	2	26	7	297
Ⅱ-2	852农场	1	45	3	39	2	52	1	22	2	27	9	352
Ⅱ-2	850农场	1	35	3	39	2	30	1	28	2	42	9	332
Ⅱ-2	云山	1	40	2	39	2	35	1	18	2	40	7	240
Ⅲ	海南	2	36	3	41	4	45	1	28	2	38	13	504
Ⅳ-1	香磨山	2	31	4	37	2	47	1	26	1	14	9	322
Ⅳ-1	庆安	1	26	3	29	1	43	1	30	1	13	7	217
Ⅳ-1	秦家	2	38	2	29	1	62	1	20	1	14	7	246
Ⅳ-1	龙凤山	1	71	1	83	1	102	1	74	1	45	5	374
Ⅳ-2	东明	1	51	2	53	1	59	1	28	2	41	6	277

从各生育期灌溉定额和灌水次数的分布情况来看,返青期查哈阳灌水量最大,分蘖期九龙灌区农场灌水量最大,拔节期龙凤山灌区灌水量远大于其余各站,而乳黄熟期查哈阳农场灌水量最大,查哈阳农场由于土壤渗透性大,所以在蒸发量的春季和夏末灌水量大,分蘖期和抽穗期均属植株蒸腾大的时段,九龙灌区和龙凤山灌区的土壤渗透性大,为满足植株生长需要,同期的灌水量较大。

控制灌溉水稻需水量降低15.3%~40.9%,平均降低23.7%。控制灌溉水稻需水量变化规律仍遵循水稻需水的一般规律,但呈现出新的特点。

控制灌溉水稻作物系数均低于常规灌溉处理,随作物生长发育表现出相似的季节变化规律,但水分条件的差异导致控制灌溉条件下作物系数与基本作物系数与气象、作物生长等参数的关系有别于常规灌溉,表现为土壤干湿变化的影响效应增大、作物生长等的影响效应减弱。

(三)控制灌溉水稻需水量影响因素分析

作物需水量主要考虑土壤株间蒸发和植株蒸腾。土壤表面的蒸发取决于土壤含水量,气象条件,土壤结构、性质、颜色、方位和植被状况等因子。当土壤十分潮湿,含水量足够充分时,土壤中水分蒸发主要受气象条件的影响。植物蒸腾作用是植物体内的水分通过植物叶面气孔以气态水的形式向大气输送的过程。这个过程同时受到外界大气环境、植物结构和生理作用的调节,且这一过程要比一般水分蒸发作用复杂。因此,水稻的需水特性和规律主要由作物本身的生理需水特性和气象因素、栽培方式等外界环境条件所共同决定。在同一区域,同一品种和相同栽培农艺措施条件下,水稻需水规律则主要取决于其生长阶段生理需水特性和主要气象条件。

1. 影响水稻需水量的主要因素

水稻需水量受土壤 - 植物 - 大气连续体(SPAC)中各方面因素的综合影响,其中气象因素是影响水稻腾发量的主要因素。在太阳辐射的作用下,诸多气象因子中以气温、饱和差、日照、风速等对水稻耗水量的影响较大。根据 1985 ~ 2006 年多年平均观测数据分析水稻耗水量影响因素:水——降水量,土——高程、渗漏量,植——株高、茎蘖,光——日照时数,热——积温、无霜期的贡献,通过主成分分析得到影响水稻需水量的主要影响因素。

主成分分析就是将多项指标转化为少数几项综合指标,用综合指标来解释多变量的方差——协方差结构,综合指标即为主成分,所得出的少数几个主成分,要尽可能多地保留原始变量的信息,且彼此不相关。主成分分析中为了消除量纲和数量级,通常需要将原始数据进行标准化,将其转化为均值为 0 方差为 1 的无量纲数据(以下标准化数据与之同)。黑龙江省各试验站点水稻需水量相关因素见表 3 - 22。

表 3 - 22 黑龙江省各试验站点水稻需水量相关因素

站名	地貌 x_1	生育期降雨量 x_2	积温 x_3	日照时数 x_4	无霜期 x_5	渗漏量 x_6	株高 x_7	茎蘖数 x_8
查哈阳农场	180	409	2 570	898	124	321	76	27
九龙	307	460	2 538	900	130	771	80	27
泰来农场	152	398	2 899	1 010	130	290	79	21
汤旺河	93	488	2 546	1 037	127	354	82	45
团山子	205	449	2 700	886	137	308	93	30
852 农场	85	453	2 569	1 005	129	309	82	56
857 农场	352	453	2 500	1 047	135	261	64	33
850 农场	99	454	2 400	933	134	268	80	54
856 农场	71	457	2 400	957	134	297	77	30
云山	88	450	2 400	891	133	282	80	36
海南	967	420	2 566	791	138	1 006	75	33
庆安	188	510	2 532	1 053	130	151	75	26
秦家	149	456	2 580	1 027	129	177	91	33
香磨山	465	504	2 500	1 011	130	283	78	32
龙凤山	211	499	2 600	893	130	220	75	23
河东	259	486	2 500	1 096	120	125	79	33

经过主成分分析法处理后卡方值 $Chi = 35.3721$，$p = 0.1593$，通过 Bartlett 球形检验，得到相应的主成分特征向量值如表 3 - 23。

表 3 - 23　主成分特征向量

因子	因子 1	因子 2	因子 3	因子 4	因子 5	因子 6	因子 7	因子 8
x_1	0.445 6	0.162	-0.323 1	0.243 9	0.399 2	0.289 6	-0.416	-0.441 5
x_2	-0.326 4	0.374 1	-0.219 8	0.707 2	-0.049	0.112 4	0.435 4	-0.021 9
x_3	0.101 7	-0.715	-0.065 2	0.037 3	0.107 6	0.446 3	0.486 1	-0.159 6
x_4	-0.488 9	-0.037	-0.232 4	-0.114	0.206 8	0.540 1	-0.359	0.479 1
x_5	0.385 1	0.179 5	0.230 6	0.079 5	-0.665	0.53 5	-0.084	0.158 6
x_6	0.521 5	0.112 8	0.018 9	0.090 1	0.413 7	-0.082	0.259 3	0.679 5
x_7	-0.094 2	-0.319	0.637 4	0.567 4	0.154 2	-0.068	-0.358	0.066 7
x_8	-0.127 9	0.417 2	0.573 9	-0.299	0.383 9	0.33 9	0.264 9	-0.241 3

得到水稻需水量影响因子重要性排序为渗漏量、积温、株高和降雨量，这四项因子能够反映 80.6% 需水量的信息。其中积温特征向量为负，说明积温低时水稻的需水量增加，这与低温时需要补水保温有关。其中积温和降雨量为气象因素不可控；但渗漏量和株高与灌溉密切相关，以下重点讨论不同灌溉方式对二者的影响，渗漏量和株高的变化进而导致水稻需水量发生变化，是调控工作的重要指标。

（1）渗漏量

两种灌溉模式下，水稻在整个生育期内的渗漏量变化在 59 ~ 247 mm。常规灌溉和控制灌溉渗漏量对比见表 3 - 24。

表 3 - 24　常规灌溉和控制灌溉渗漏量对比　　　　　　　　　　单位:mm

所属分区	示范点	控 II 渗漏	常灌渗漏
I - 1	查哈阳	92.5	224
II - 1	团山子	110.8	226.4
II - 1	汤旺河	80.9	246.9
IV - 1	庆安	95.0	105.5
IV - 1	秦家	58.9	123.3

表 3 - 24 可见，控制灌溉渗漏量均低于常规灌溉，两种灌溉模式渗漏量的主要差别是一个是非饱和流，一个是饱和流。在常规灌溉条件下，土壤处于饱和状态，所有孔隙都充满水和可以导水，并且水势大，导水率高；控制灌溉条件下，土壤处于非饱和状态，部分孔隙被空气填充，土壤横断面导水面积小，导水率低，与常规灌溉相比，控制灌溉平均节水 97.6 mm。

（2）株高

植株高度是植株生长状态的重要标志，也是衡量水稻高光效个体群体的重要调控指标之一，选择拔节期水稻株高，反映水稻生长的壮弱，其影响群体的发展和决定产量的高低。常规灌溉和控制灌溉株高对比见表 3 - 25。

表 3 - 25　常规灌溉和控制灌溉株高对比　　　　单位：cm

所属分区	示范点	控灌	常灌	所属分区	示范点	控灌	常灌
Ⅰ-1	查哈阳农场	76	78.9	Ⅱ-2	850	80	79.6
Ⅰ-1	泰来农场	79	80.54	Ⅱ-2	856	77	88.8
Ⅰ-1	九龙	80	85.5	Ⅱ-2	858	79	76.8
Ⅰ-2	全胜	66	69.3	Ⅱ-2	云山	80	80.9
Ⅱ-1	大兴	82	80.1	Ⅲ	海南	75	74.7
Ⅱ-1	团山子	93	95.1	Ⅳ-1	香磨山	78	93.1
Ⅱ-1	汤旺河	82	85	Ⅳ-1	水稻灌溉试验中心	75	83
Ⅱ-1	857 农场	64	66.1	Ⅳ-1	秦家	91	100.6
Ⅱ-1	855 农场	80	84.5	Ⅳ-1	龙凤山	75	70
Ⅱ-1	852 农场	77	79	Ⅳ-2	河东	79	88.2

由表 3 - 25 可知，控制灌溉水稻平均株高为 78 cm，常规灌溉水稻平均株高为 82 cm，控制灌溉较常灌低 4 cm，说明植株高度有随需水量增加而增加的趋势，各地区差异较显著，变异范围为 10 ~ 29 cm，极差为 19 cm。

2. 气象因素对作物需水量的影响

由图 3 - 11、3 - 12 可以看出，常灌水稻在全生育期内的需水强度与温度、相对湿度、风速的相关性较大，与降雨量的相关性较小，相关系数仅为 0.042；控Ⅱ水稻需水强度与降雨量、温度、相对湿度的相关性较大；控Ⅰ水稻的需水强度与温度和相对湿度的相关性较大。全生育期内水稻需水强度与相对湿度的相关系数为负值，说明相对湿度越大，水稻的需水强度越小；降雨量越大，温度越高，其需水强度越大；特别是在水稻的生长关键期，较多地降雨和较高的气温对作物的生长极其有利（灌溉Ⅳ区，庆安灌溉试验站）。常灌水稻需水强度与降雨量、积温、风速的相关系数较大，说明降雨的增多、积温的增加、风速变大均使水稻的需水强度有所增长；同样与相对湿度呈负相关；同时与日照时数呈正相关；控Ⅱ水稻需水强度与降雨量、温度的相关性较大；控Ⅰ水稻的需水强度与温度、相对湿度的相关性较大（灌溉Ⅱ区，汤旺河灌溉试验站）。

常规灌溉、控Ⅰ、控Ⅱ三种灌溉方式相比较而言，控Ⅰ受气象因素的影响相最小，这是由于控制灌溉条件下,水稻在回复灌水后蒸发蒸腾强度将有较大幅度的反弹,气象因素的影响效应相对减弱;而控Ⅱ受气象因素的影响较大,这是由于控Ⅱ在降雨的情况下可以保留水层,而不是像控Ⅰ完全按照控水的要求把多余的水量排干,这就造成降雨等气象因素对控Ⅱ的需水强度的影响较大。降雨或灌水后,水稻需水强度在不同生育阶段出现不同的增长幅度;常灌水稻需水强度受气象因素影响最大。

控制灌溉和常规灌溉条件下,水稻蒸发蒸腾强度曲线均在分蘖中期出现峰值,分蘖中期水稻蒸发蒸腾以棵间蒸发为主,虽然风速较小,但相对分蘖前期而言,相对湿度较小,温度升高,日照时数增加,同时分蘖中期多雨也是中期蒸发蒸腾强度升高的原因之一。

常规灌溉条件下,水稻蒸发蒸腾强度最大值出现在拔节前期。因为拔节前期灌水可保持较厚水层,虽然风速相对稍有降低,但日照时数相对增大,温度虽然较低,水稻蒸发蒸腾强度依然增大。

控制灌溉条件下,蒸发蒸腾强度在拔节后期达到最大,除了恢复灌水使蒸发蒸腾"反弹"外,气象因素也是导致水稻需水强度增大的主要原因。温度相对升高,风速达到较大,同时适量降雨也满足了水稻在该生育阶段的需水要求,在一定程度上加强了水稻的蒸发蒸腾能力。

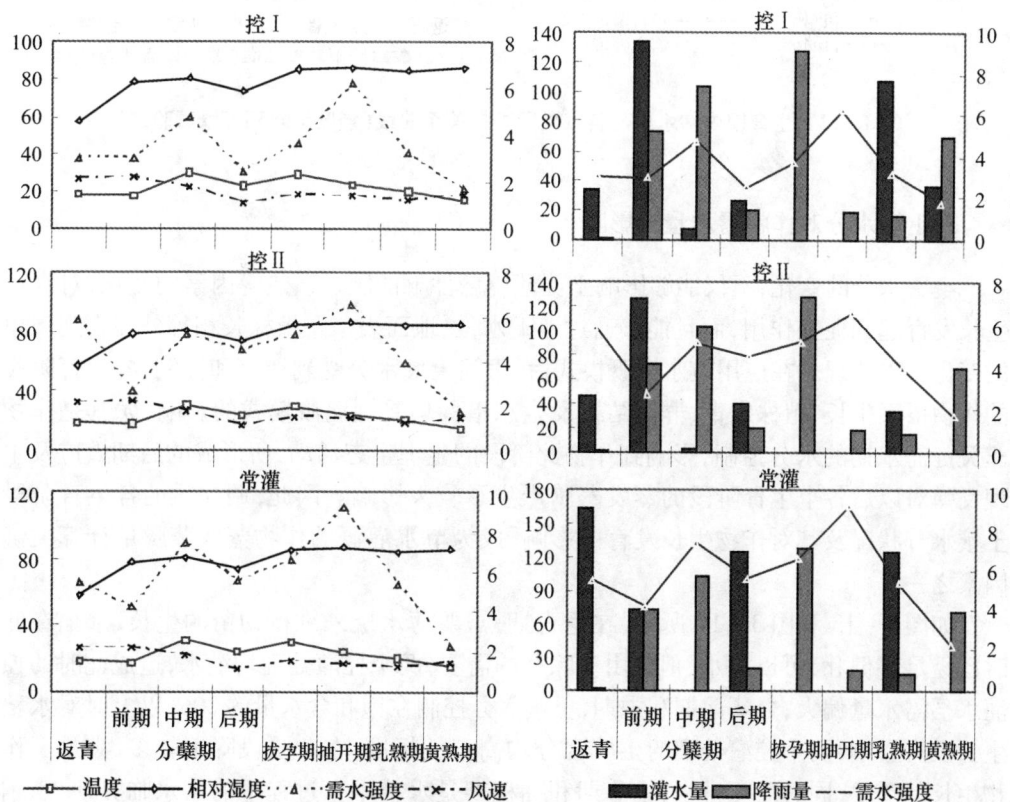

图3-11　生育期内需水量与各气象因素的关系曲线(庆安灌溉试验站)

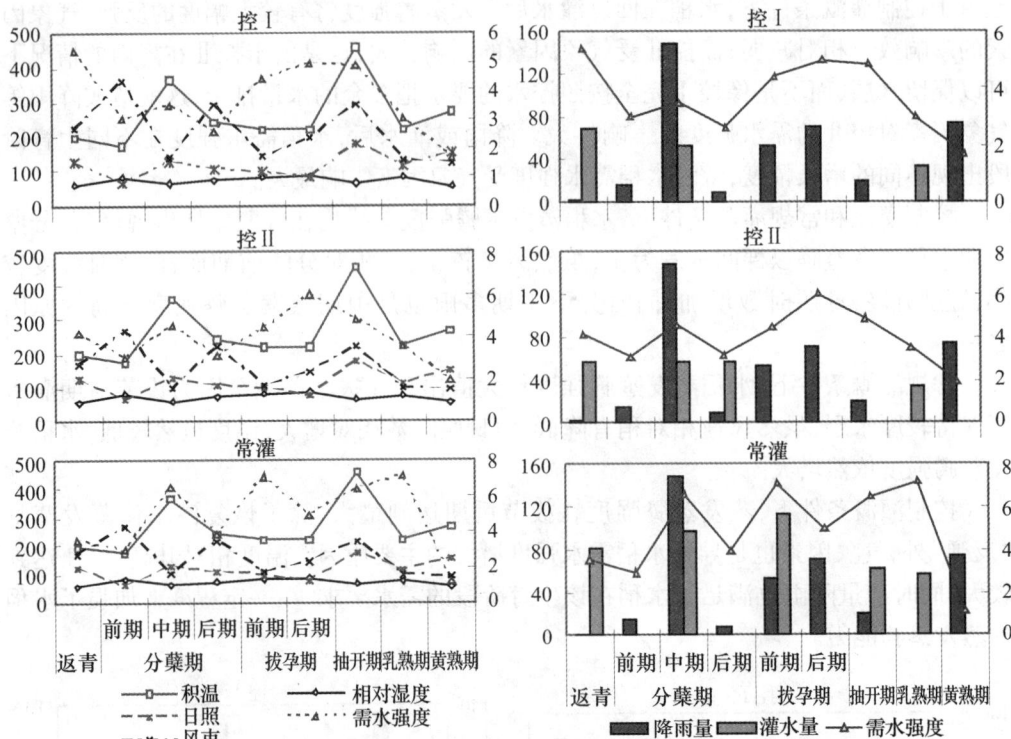

图 3-12 生育期内需水量与各气象因素的关系曲线（汤旺河水稻灌溉试验站）

3. 土壤水分对作物需水量的影响

土壤水分的变化，不仅能够影响土壤环境条件下的肥、气、热等因素的变化，对水稻生长发育起到促控作用，而且能够通过地下水位、地面表象及植株长相等外在直观现象的变化得以体现。在应用节水灌溉模式后，田间土壤水分受到调节和控制，各生育阶段的作物根系生长、植株发育、群体结构及生态指标均受到灌溉模式的影响，尤其是作物非关键需水期的水分控制，影响到作物此阶段的生理生态活动，所形成的后期效应及生理反弹对以后各个生育阶段的蒸发蒸腾产生了较大影响。因此，调控后的各生育阶段土壤水分状况及其对作物生长发育的影响，成为节水灌溉的作物蒸发蒸腾量计算关键因素之一。

如图 3-13 和图 3-14 所示，在返青期，需要薄水层来维持幼苗的生长，水稻在此时已经足够健壮，可以控水，但是由于除草的需要，两个控灌处理均灌水，造成此时的控灌水稻需水量偏大；分蘖前期和中期，土壤水分控制在饱和含水量的 80% 以上时对水稻生长没有影响，两个控灌处理的土壤水分均高于此标准，在此阶段降雨较多，满足了作物生长的需要，同时需要排水；拔节期和抽穗期是水稻生育过程中的需水临界期，水稻对土壤水分的反映比较敏感，控灌下限设定为饱和含水量的 70%~80%，此阶段土壤含水率基本在标准之上，土壤水分得到控制，但是水稻的生长没有受到影响。乳熟期和黄熟期，土壤水分应该控制在整个生育期内的最低值，为饱和含水量的 75%，直到自然落干,由于降雨的影响,土壤水分较高,特别是在黄熟期,造成土壤水分的无效蒸发蒸腾,增加了作物的需水量。在整个生育期内,控灌Ⅱ处理允许蓄雨(不超过50 mm),所以其土壤含水率要比控Ⅰ高。水稻在整个生育期内应该以其生长需要供水,尤其是在需水临界期,而在需水非关键期,可以适当控水,以达到节水高产优质的效果。

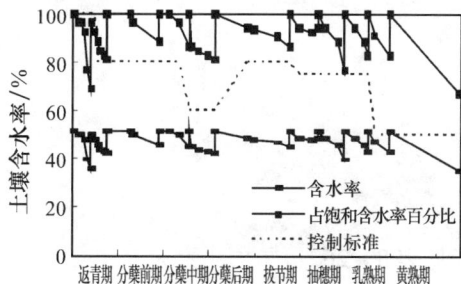

图 3-13　控Ⅰ处理土壤水分变化　　　　图 3-14　控Ⅱ处理土壤水分变化

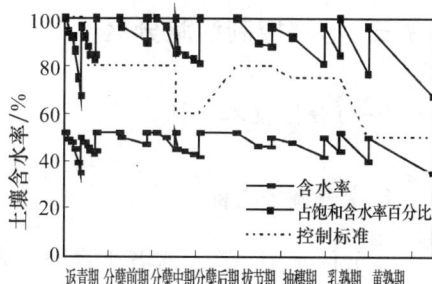

4.水稻生理生态对水稻需水量的影响

水稻作物本身的生长需要是水稻需水量的主要影响因素。茎蘖、株高、冠层和气孔的变化又会影响水稻需水量。

以汤旺河灌溉试验站的数据为例,分析茎蘖株高对水稻需水量的影响。由图 3-15可以看出,分蘖中期为茎蘖生长最为旺盛的阶段,此时,株高也处于快速生长阶段,所以此阶段的需水量较大,在全生育期中首次达到高峰;进入分蘖末期,水稻茎蘖生长开始缓慢下降,其水稻需水量明显下降;随后进入拔节期,从前期到后期,株高生长迅速增大,同时生殖生长的开始,需水量又一次达到需水高峰;在生育末期,株高茎蘖均处于停滞生长,需水量也就随之越来越小。

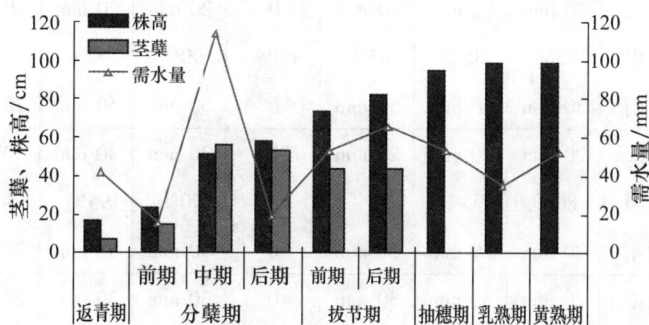

图 3-15　生育期内需水量与茎蘖株高的关系曲线(汤旺河灌溉试验站)

控制灌溉根据水稻生长的基本规律,在其需水关键期充分供水,保证水稻的茎蘖和株高的生长,而在其非需水关键期,适当控制灌溉水量,从而减小水稻的无效分蘖以及株高的无效生长。控制灌溉促进地下部根系生长,可以通过调控土壤水分,改善稻田根层土壤性状,促进根系的生长发育,提高水稻抗倒伏能力,使其具有较合理的增长衰退过程,有效地吸收利用养分,奠定水稻高产的基础。

控制灌溉还能促进水稻地上部生长,通过控制土壤水分,使其吸收的养分主要用于茎秆生长和组织强度的加强,分蘖速度降低,抑制了水稻的无效分蘖;同时,促使水稻尽快完成由营养生长期向生殖生长期的转换。这也就使得控制灌溉的茎干比常规灌溉的矮和粗。土壤水分的控制还会影响水稻的冠层结构、绿叶动态及气孔的开闭。

三、水稻控制灌溉分区

(一)分区技术指标

1. 水分调控指标

各分区水稻高产节水各生育期水分调控指标见表 3 - 26。

表 3 - 26　各分区水稻高产节水各生育期水分调控指标

水层分区		返青期	分蘖(20 cm)			拔节期	抽穗期	乳熟期	黄熟期
			前期	中期	末期				
		x_1	x_2	x_3	x_4	x_5	x_6	x_7	x_8
Ⅰ-1-1	上限	30 mm	50 mm	30 mm	0	50 mm	30 mm	30 mm	30 mm
	下限	85%	90%	90%	80%	95%	95%	80%	70%
	蓄雨	30 mm	50 mm	30 mm	0	50 mm	50 mm	30 mm	30 mm
Ⅰ-1-2	上限	20 mm	30 mm	30 mm	0	30 mm	30 mm	30 mm	20 mm
	下限	90%	95%	95%	80%	95%	95%	80%	70%
	蓄雨	20 mm	50 mm	50 mm	0	50 mm	50 mm	20 mm	20 mm
Ⅰ-2	上限	20 mm	20 mm	20 mm	0	20 mm	20 mm	20 mm	20 mm
	下限	85%	85%	85%	60%	90%	90%	70%	60%
	蓄雨	20 mm	50 mm	50 mm	0	50 mm	50 mm	20 mm	20 mm
Ⅱ-1	上限	20 mm	20 mm	20 mm	0	30 mm	30 mm	20 mm	20 mm
	下限	80%	95%	95%	70%	90%	95%	80%	70%
	蓄雨	20 mm	50 mm	50 mm	0	50 mm	50 mm	20 mm	20 mm
Ⅱ-2	上限	20 mm	30 mm	30 mm	0	30 mm	30 mm	20 mm	20 mm
	下限	85%	90%	90%	80%	90%	90%	80%	70%
	蓄雨	20 mm	50 mm	50 mm	0	50 mm	50 mm	20 mm	20 mm
Ⅲ	上限	20 mm	30 mm	30 mm	0	30 mm	30 mm	20 mm	20 mm
	下限	90%	95%	95%	80%	95%	95%	80%	70%
	蓄雨	20 mm	50 mm	30 mm	0	50 mm	50 mm	30 mm	30 mm

续表

水层分区		返青期	分蘖(20 cm)			拔节期	抽穗期	乳熟期	黄熟期
			前期	中期	末期				
		x_1	x_2	x_3	x_4	x_5	x_6	x_7	x_8
Ⅳ-1-1	上限	30 mm	20 mm	20 mm	0	20 mm	20 mm	20 mm	20 mm
	下限	80%	85%	85%	60%	85%	85%	70%	60%
	蓄雨	30 mm	50 mm	50 mm	0	50 mm	50 mm	20 mm	20 mm
Ⅳ-1-2	上限	20 mm	30 mm	30 mm	0	20 mm	20 mm	20 mm	20 mm
	下限	80%	85%	85%	60%	85%	85%	70%	60%
	蓄雨	20 mm	50 mm	50 mm	0	50 mm	50 mm	20 mm	20 mm
Ⅳ-2	上限	20 mm	30 mm	30 mm	0	30 mm	30 mm	20 mm	20 mm
	下限	80%	85%	85%	60%	90%	90%	70%	60%
	蓄雨	20 mm	50 mm	50 mm	0	50 mm	50 mm	20 mm	20 mm
Ⅴ	上限	20 mm	30 mm	30 mm	0	30 mm	30 mm	20 mm	20 mm
	下限	100%	90%	90%	70%	100%	100%	80%	60%
	蓄雨	20 mm	50 mm	50 mm	0	50 mm	50 mm	30 mm	20 mm
安全控制指标	上限	20 mm	30 mm	30 mm	0	30 mm	30 mm	20 mm	20 mm
	下限	100%	90%	90%	70%	100%	100%	80%	60%
	蓄雨	20 mm	50 mm	50 mm	0	50 mm	50 mm	20 mm	20 mm

各分区由于土壤和气候差异,在土壤水分控制下限上略有区别,应用时主要依据土壤特性确定灌溉下限指标。一般来说,土壤肥力高的控制下限值可低些,土壤肥力低的水分控制下限要高些。特殊土壤如盐碱土、白浆土、沙性土要尤其注意。安全控制指标是根据各分区指标综合给出的一个土壤水分调控安全指标,按这一指标进行水分调控能保证绝大多数地区不会出现减产现象。

采用控制灌溉,及时进行生育期转换十分关键。通过及时灌水可以起到促进生育期转换的作用。如在水稻生长节气上已到了生育期转换的时间,但土壤水分没有达到该生育期所要求的下限,这时继续控制灌溉将使作物生长错过转换最佳时间,影响后期生长发育。特别是分蘖后期,虽然需重控抑制无效分蘖,但及时进行生育期转换更为重要。具体操作方法可遵循"时到不等苗,苗到不等时"的原则进行。"时到不等苗",即不管水稻处于哪个生育期(分蘖末期除外),观测土壤水分到土壤控制下限则灌水至上限,但灌水后田面不保留水层,土壤水分未达到控制下限,不需要灌水;"苗到不等时",即水稻生长发育到分蘖末期,不管土壤水分是否控制到下限,都要及时灌水促进生育期转换。

防病治虫及施肥等生产用水,应尽量结合灌溉进行,如生产用水需要保持适宜水层,则应在达到效果后适时排除积水,水层淹没天数不宜超过 7 d;遇降大雨,田间可蓄雨水(分蘖后期除外),但蓄水不超过50 mm。另外,根据庆安灌溉试验站的米质化验结果,水稻收割前十天应灌水一次,对提高稻米品质十分重要。

2. 土壤裂缝指标

为便于推广,经多年试验观察提出不同分区土壤、不同土壤水分情况下出现的土壤裂缝表相(表3-27),推广时可参考使用。同时,提出各分区水稻各生育期时间节点,便于农民灌溉时进行参考。

表3-27 各区水稻高产节水各生育期土壤裂缝指标　　　　单位:mm

分区	100%	95%	90%	85%	80%	70%	60%
I-1-1		2~4	4~6	6~8	8~10	15~20	
I-1-2		2~3	3~4		4~5	5~10	
I-2			1~3	2~4		4~6	7~10
II-1		0~1	2~4		6~8	8~10	
II-2			2~4	4~6	6~8	10~15	
III		2~3	3~5		7~9	15~20	
IV-1-1				4~6	6~8	8~10	10~15
IV-1-2				2~4	6~8	8~10	10~15
IV-2			1~3	3~5	5~7	7~10	10~15
V			1~3	3~5	7~9	10~15	
安全控制指标		0~1	1~2	2~4	4~5	4~6	7~10

3. 灌溉指标

(1)水田生育期时间指标

黑龙江各分区水稻高产节水各生育期时间指标参见表3-28。

表3-28 各分区水稻高产节水各生育期时间指标

日期 分区	秧田期	泡田期	返青期	分蘖(20 cm)前期	分蘖(20 cm)中期	分蘖(20 cm)末期	拔节期	抽穗期	乳熟期	黄熟期	生育期
I-1-1	4/4—6/5	27/4—6/5	7/5—14/5	15/5—5/6	6/6—28/6	29/6—7/7	8/7—25/7	26/7—6/8	7/8—25/8	26/8—20/9	137
I-1-2	4/4—9/5	30/4—9/5	10/5—25/5	26/5—11/6	12/6—1/7	2/7—10/7	11/7—27/7	28/7—12/8	13/8—29/8	30/8—22/9	135
I-2	20/4—23/5	13/5—23/5	24/5—2/6	3/6—20/6	21/6—1/7	2/7—12/7	13/7—26/7	27/7—7/8	8/8—23/8	24/8—20/9	120
II-1	8/4—17/5	7/5—17/5	18/5—30/5	31/5—14/6	15/6—27/6	28/6—7/7	8/7—27/7	28/7—7/8	7/8—24/8	25/8—20/9	126

续表

| 日期
分区 | 秧田期 | 泡田期 | 返青期 | 分蘖(20 cm) | | | 拔节期 | 抽穗期 | 乳熟期 | 黄熟期 | 生育期 |
				前期	中期	末期					
Ⅱ-2	15/4—17/5	7/5—17/5	18/5—27/5	28/5—12/6	13/6—28/6	29/6—6/7	7/7—26/7	27/7—8/8	9/8—21/8	22/8—15/9	121
Ⅲ	14/4-17/5	7/5—17/5	18/5—27/5	28/5—11/6	12/6—26/6	27/6—6/7	7/7—27/7	28/7—12/8	13/8—29/8	30/8—24/9	130
Ⅳ-1-1	7/4—11/5	2/5—11/5	12/5—20/5	21/5—9/6	10/6—26/6	27/6—6/7	7/7—26/7	27/7—10/8	11/8—28/8	29/8—20/9	132
Ⅳ-1-2	7/4—6/5	27/4—6/5	7/5—15/5	16/5—1/6	2/6—28/6	29/6—8/7	9/7—30/7	31/7—10/8	11/8—23/8	24/8—9/9	145
Ⅳ-2	10/4—15/5	4/5—14/5	15/5—26/5	27/5—10/6	11/6—22/6	23/6—3/7	4/7—24/7	25/7—8/8	9/8—24/8	25/8—20/9	120
Ⅴ	25/4—31/5	21/5—31/5	1/6—10/6	11/6—23/6	24/6—3/7	4/7—11/7	12/7—25/7	26/7—7/8	8/8—24/8	25/8—22/9	114
平均											128

(2)水田净灌溉定额

试验区亩灌溉净灌溉定额一般为 250～300 m³/亩，推广区为 300～350 m³/亩。亩平均节水 100～200 m³。灌溉水利用系数平均达到 0.6 以上。

(3)各分区灌溉指标

考虑推广的可操作性，各试验区灌溉指标主要指标包括泡田定额、移栽后生育期灌水次数和灌溉定额。

从灌溉定额和灌水次数的分布情况来看，Ⅰ区的灌水次数自北向南递增、中部次数多东西次数少，灌溉定额西北角最大，自西向东递减，自北向南递增。生育期灌水次数和灌溉定额趋势相同，因为Ⅰ区中部是渗漏量较大的一个分区。分区水稻节水灌溉指标见表3-29。

表 3-29 分区水稻节水灌溉指标　　　　　　　　　单位：mm

分区	泡田定额	生育期灌水次数	生育期灌水定额
Ⅰ-1	130～200	5～9	320～437
Ⅰ-2	88～149	5～9	200～378
Ⅱ-1	88～149	5～9	200～437
Ⅱ-2	88～130	8～9	258～319
Ⅲ	150～200	8～13	379～501
Ⅳ-1	115～200	5～9	200～378
Ⅳ-2	150～168	5～9	258～437
Ⅴ	88～149	5～7	200～257

（二）灌溉分区要点

黑龙江省有 45.48 万 km² 的土地,各地土壤条件、气温条件、种植条件差异很大,不能采用一种灌溉模式和农艺模式,如壤土地区当土壤"干"到 70% 饱和含水量时,稻田土壤表面裂缝可达 1.5 cm 以上,而沙壤土地区即使土壤"干"到 70% 饱和含水量时,土壤裂缝也不会超过 1 cm。又如,盐碱地有洗碱要求,白浆土受旱能力较差,北部地区和东部地区时常发展冷害等,都需要采取不同的处理措施。因此,必须进行灌溉分区,不同分区采取不同的技术模式。这些技术模式主要包括:灌水时间、灌水次数,生育期转换节点,不同生育期土壤水分控制下限,不同含水量对应的土壤表相,不同生育期对应的农业措施等。

1. 各生育期水分控制

①返青期:Ⅰ区、Ⅲ区、Ⅳ-1区水稻移栽后 7～10 d 第一次灌水 20 mm,Ⅱ区、Ⅳ-2区花达水返青;Ⅴ区插秧后灌 30 mm 返青;土壤含水量下限半干旱区为饱和含水量的 90%,盐碱土和白浆土区为 95%,其他为 85%,高纬度Ⅴ区为 100%;田面裂缝宽参看组合模式图。

②分蘖期:分蘖初期灌水上限为 20～50 mm 水层,下限为饱和含水量的 80%～90%,遇降雨时最大蓄雨深度不应超过 50 mm;分蘖中期灌水上限为 20 mm 水层,下限为饱和含水量的 80%～90%,遇降雨时最大蓄雨深度不应超过 50 mm;分蘖末期要及时晒田,土壤含水量控制上限为饱和含水量,下限为土壤饱和含水量的 60%～90%。

③拔节期到抽穗期:采用"灌一茬水露几天田"的办法,当土壤含水量降到饱和含水量的 80%～95% 时再灌水,灌水上限水层不超过 20 mm,逢雨不灌,蓄雨上限为 50 mm,过多排出。

④乳熟期:土壤水分要求是田面干、土壤湿,蓄雨上限为 20 mm,下限为饱和含水量的 70%～80%。

⑤黄熟期:田间土壤含水量上限为饱和含水量,下限为饱和含水量的 60%～70%,此期除Ⅴ区外如遇天气过于干旱,应在水稻收割前 10～15 d 灌一次饱和水,防止水稻早衰。

2. 分区模式图

为便于实际操作,将控制灌溉灌水模式、农业技术模式按生育期组合成分区模式图(图3-16),组合模式图分为上、中、下三个部分,上部为农业措施,包括肥料的施用量、施用时间,农药的施用量和施用时间,除草注意事项等;中部为各生育期灌溉模式,主要包括生育期时段和生育期节点,各生育期灌溉水层上限、土壤含水量控制下限,75% 保证率下的灌水次数和灌水建议时间,蓄雨要求等;下部为注释说明,包括该区所含市县,品种选取建议,不同土壤含水量下的土壤裂缝经验值等。

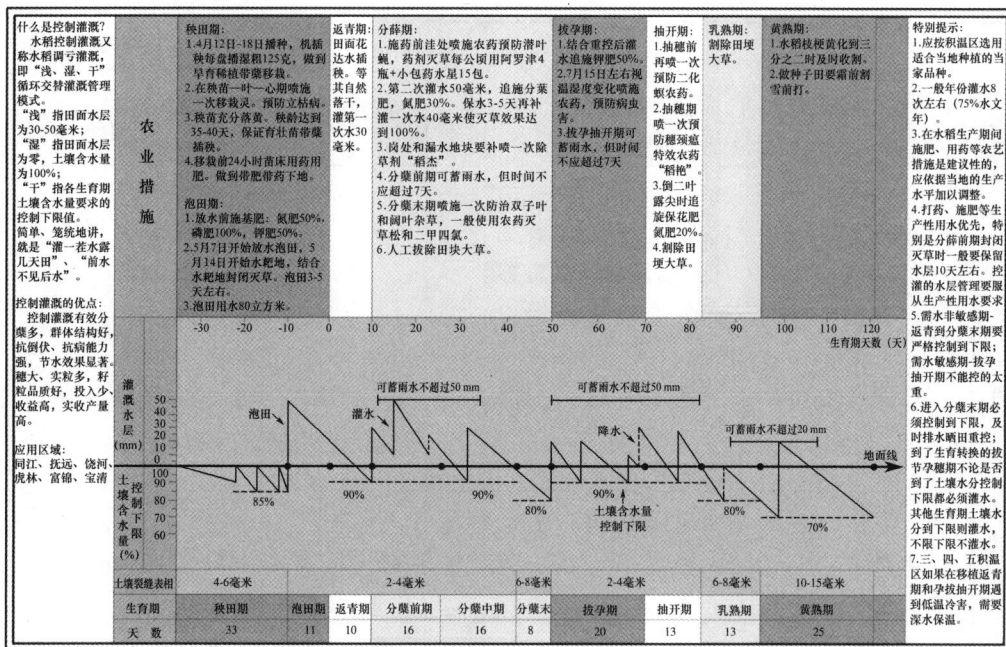

图3-16 黑龙江省控制灌溉技术模式（农业措施）

什么是控制灌溉？
水稻控制灌溉又称水稻调亏灌溉，即"浅、湿、干"循环交替灌溉管理模式。
"浅"指田面水层为30-50毫米；
"湿"指田面水层为零，土壤结构含水量为100%；
"干"指各生育期土壤含水量要求的控制下限值。
简单、笼统地讲，就是"灌一茬水露几天田"、"前水不见后水"。

控制灌溉的优点：
控制灌溉有效分蘖，群体结构好，抗倒伏、抗病能力强，节水效果显著，穗大、实粒多，籽粒品质好，投入少、收益高，实收实产量高。

应用区域：
同江、抚远、饶河、虎林、富锦、宝清

秧田期：
1.4月12日-18日播种，机插秧每盘播湿种125克，做到旱育稀植带蘖移栽。
2.在秧苗一叶一心期喷施一次移栽水。预防立枯病。
3.秧苗充分蹲苗。秧田达到35-40天，保证育壮苗带蘖插秧。
4.移栽前24小时苗床用药施肥。做到带肥带药下地。

泡田期：
1.放水前施基肥：氮肥50%，磷肥100%，钾肥50%。
2.5月7日开始放水泡田，5月14日开始水耙地，结合水耙地施闷花药。泡田3-5天左右。
3.泡田用水80立方米。

返青期：
田面水层达水标准。等其自然落干，灌第一次水30毫米。

分蘖期：
1.施药前洼处喷施农药预防潜叶蝇，药剂灭草每公顷用阿罗津4瓶+小包药水星15包。
2.第二次灌水50毫升，追施分蘖肥，氮肥30%。保水3-5天再补灌一次水40毫升使灭草效果达到100%。
3.岗处和漏田地块要补灌一次除草剂"稻杰"。
4.分蘖前期可蓄雨水，但时间不应超过7天。
5.分蘖末期喷施一次防治双子叶和阔叶杂草，一般使用农药灭草松和二甲四氯。
6.人工拔除田块大草。

拔孕期：
1.结合重控后灌水追施钾肥50%。
2.7月15日左右视温湿度变化喷施农药，预防二化螟虫药。
3.抽穗期喷施一次预防稻瘟病特效农药"稻杰"。
4.拨孕抽开期内灌水，但时间不应超过7天。

抽开期：
1.抽穗前再喷一次预防二化螟虫药。
2.抽穗期喷一次预防穗颈瘟特效农药花肥。
3.倒二叶露尖时追施氮肥20%。
4.割除田埂大草。

乳熟期：
割除田埂大草。

黄熟期：
1.水稻枝粳黄化到三分之二时及时收割。
2.做种子田要霜前割雪前打。

特别提示：
1.应按积温选用适合当地种植的当家品种。
2.一般年份灌水8次左右（75%水文年）。
3.在水稻生产期间施肥、用药等农艺措施是建议性的，应依据当地的生产水平加以调整。
4.打药、施肥等生产性用水优先，特别是分蘖前期封闭灭草时一般要保留水层10天左右，控灌的水层管理要服从生产性用水要求。
5.需水非敏感期-返青到分蘖末期要严格控制到下限；需水敏感期-拔孕抽开期不能控的太过。
6.进入分蘖末期必须控制到下限，及时排田晒田重控；到了生育转换的拔节孕穗期无论是否到了土壤水分控制下限都不论是否控灌。其他生育期田间水分到下限就灌水，不见下限不灌水。
7.三、四、五积温区如果在移栽返青期和孕抽拔换期间遇到低温冷害，需要深水保温。

生育天数（天）：-30 -20 -10 10 20 30 40 50 60 70 80 90 100 110 120

灌溉水层(mm)：50 40 30 20 10 0
土壤含水量(%)：100 90 80 70 60
控制下限

可蓄雨水不超过50 mm　　可蓄雨水不超过50 mm　　可蓄雨水不超过20 mm
泡田　灌水　降水　地面线
85%　90%　90%　80%（土壤含水量控制下限）　80%　70%

土壤裂缝表相	4-6毫米	2-4毫米	6-8毫米	2-4毫米	6-8毫米	10-15毫米
生育期	秧田期	泡田期 返青期	分蘖前期 分蘖中期 分蘖末	拔孕期	抽开期 乳熟期	黄熟期
天数	33	11 / 10	16 / 16 / 8	20	13 / 13	25

图 3-16　黑龙江省控制灌溉技术模式

（三）灌溉分区图

对7个指标分区结果按因子分析的优先次序进行叠加融合，结合黑龙江省行政区划，共划分为5个一级区，6个二级区，4个三级区。各分区行政区划见表3-30。

表3-30　黑龙江省灌溉分区及面积分布　　单位：千hm²

一级区	二级区	三级区	所含县（市、区）名称	县（市、区）数量	县（市、区）水稻面积	农场数量	农场水稻面积	分区水稻面积合计	占全省%
I	I-1 松嫩低平原区	I-1-1	甘南、龙江、泰来	3	103.1	2	41.5	385.4	11.5
		I-1-2	齐齐哈尔市区、林甸、杜蒙、安达、肇源、大庆市区、肇东、肇州	8	126.8	6	8.0		
	I-2 松嫩北部高平原区		富裕、明水、青冈、讷河、克东、克山、五大连池、拜泉、依安、北安	10	85.06	7	19.9		

续表

一级区	二级区	三级区	所含县(市、区)名称	县(市、区)数量	县(市、区)水稻面积	农场数量	农场水稻面积	分区水稻面积合计	占全省%
Ⅱ	Ⅱ-1 三江西部平原区		鹤岗市辖区、萝北、绥滨、佳木斯市区(含郊区)、汤原、桦川、富锦(50%)、桦南、双鸭山市区、集贤、友谊、宝清(75%)、依兰、七台河市区、勃利、鸡西市区、鸡东、密山	17	465.6	35	485.7	2 117.1	63.3
	Ⅱ-2 三江东部平原区		同江、抚远、饶河、虎林、富锦(50%)、宝清(25%)	6	284.7	23	880.1		
Ⅲ	老爷岭山地区		牡丹江市区、海林、东宁、林口、穆棱、宁安、绥芬河	7	46.7	2	2.8	49.5	1.5
Ⅳ	Ⅳ-1 松嫩平原南部高平原区	Ⅳ-1-1	海伦、望奎、铁力、绥棱、庆安、绥化市、北林区	7	257.4	5	16.2	784.5	23.4
		Ⅳ-1-2	呼兰、兰西、巴彦、木兰、通河、宾县、哈尔滨市区、双城、阿城、五常	10	353.8	5	4.8		
	Ⅳ-2 张广财岭山地区		尚志、方正、延寿	3	147.2	2	4.1		
Ⅴ	大小兴安岭山地区		加格达奇市区、呼玛、塔河、漠河、黑河市区、爱辉区、嫩江、孙吴、逊克、嘉荫、伊春市区	11	7.4	3	1.2	8.6	0.3
合计				82	1 895	90	1 450	3 345	100

四、水稻控制灌溉技术优势

1.增产效果明显

控制灌溉技术对水稻的根系生长、株型及群体结构形成,具有良好的促控作用,实现水稻高产基础上的再增产。据研究成果统计,控制灌溉水稻的理论测产比常规灌溉提高4.6%;样方测产比常规灌溉提高3.1%;实收产量比常规灌溉提高5%~10%。

控制灌溉增产的主要原因是控制灌溉水稻根系发育良好,分蘖能力强,群体结构好,茎秆粗壮,抗倒伏,叶面积指数增减过程合理,成熟期能保持较多的功能叶片,穗大、实粒多、千粒重重。

2. 改善稻米米质

水稻节水控制灌溉不仅能提高产量,而且通过土壤水分的适度亏缺和胁迫调控,使作物籽粒品质也相应改善,物理指标与化学指标均发生变化。

研究表明,控制灌溉模式的稻米品质均略好于常规灌溉。控制灌溉糙米率、精米率、整精米率,比常规浅灌处理分别高0.3%、1.2%、3.1%;粒长比常规浅灌略长0.2 mm;胶稠度控制灌溉的比常规灌溉的高1.1%~1.4%;直链淀粉含量各处理基本持平。粗蛋白含量较常规灌溉提高6.2%;脂肪含量比常灌脂肪含量提高了22%,显著提高了控灌水稻的米质,透明度无明显差异。蒸煮和食味品质中,控灌水稻比常规处理的胶稠度略有提高,食味质量有所提高。对稻米品质进行综合评价表明,控灌处理的水稻比常规处理的水稻综合米质明显改善。

3. 节水效果显著

①全生育期节水量:含泡田用水量(常规灌溉和控制灌溉泡田用水相同)在内的全生育期灌水量平均为251 m³/亩,与常规灌溉相比节水141 m³/亩,平均节水36%。

②生育期节水量:由于各处理泡田用水量相同,因此扣除泡田期用水后,生育期控灌节水幅度更大。与常规灌溉相比,生育期平均节水48%,节水效果极其显著。

③干旱期节水量:黑龙江省水稻生长期一般120~140 d,生育期集中在5~9月,一般进入5月开始泡田插秧,9月20日生育期结束。5月1日至7月10日是全省干旱最严重的时期,这一时期包括泡田插秧、返青和分蘖三个时期,是水稻用水量最大的时期,用水量占全生育期的60%,但降水量仅占全生育期的30%,因此水稻渴水一般出现在5月和6月。待分蘖结束后进入主汛期,降水充裕,水稻一般不再干旱。通过22个试验站研究表明,返青-分蘖期控制灌溉比常规灌溉次数减少2次,减少37%,每亩灌水量减少61 m³,减少41%。显示出控制灌溉对水稻春季渴水期减少灌水次数和灌水量起到显著的效果,对抗春旱、保春种意义重大。

④水分利用效率:控制灌溉水稻的水分生产率[田间单方耗水量(灌溉水量+有效降雨量)生产的稻谷量]为1.3 kg/m³,比常规灌溉水稻水分生产率提高44%;灌溉水生产率(单方灌溉水量生产的稻谷量)为2.8 kg/m³,比常规灌溉水生产率提高87%。

4. 投入少收益高

推广水稻控制灌溉技术的实际投入,主要是技术培训、会议宣传、推广人员的出差费用和田间增设的必要的测水量水设施设备费用。根据庆安县的经验,折合每亩投资仅几元钱。而每亩推广所取得的直接经济效益却十分显著。水稻控制灌溉的效益主要体现在增产、节水和节支(油、电、人工等)三个方面。按自流灌区计算,平均每亩增收节支71元;按井灌区计算,如果是机井,平均每亩增收节支92元;如果是电井,平均每亩增收节支81元,其充分显示控制灌溉技术的效益是相当显著。

5. 抗倒伏能力强

控制灌溉水稻抗倒伏能力大大提高。水稻倒伏是因为茎秆基部两节间弯折造成的,茎秆厚度、组织强度、下叶衰老速率等均影响水稻的抗折强度。研究显示,控制灌溉水稻的底部节间长度短、壁厚、节间充实度等均优于常规灌溉对照区。同时控制灌溉水稻的叶子衰老慢,包裹节间的叶鞘坚韧性也好于常规灌溉。控制灌溉水稻茎秆壁厚明显厚于常规灌溉的茎秆。控制灌溉水稻底部节间外直径为3.96 mm,内空直径为2.51 mm,壁厚为0.73 mm;常规灌溉对照区水稻底部节间外直径为3.84 mm,内直径为2.71 mm,壁厚为0.57 mm。水稻茎节倒三节和倒四节节间充实度比常规灌溉高了21%。2005年田间实际倒伏状况的调查表明,控制灌溉区水稻倒伏面积仅为4.8%,常规灌溉区水稻平均倒伏面积高达23.1%。

6. 抗病能力增强

控制灌溉不但抗倒伏,而且在稻瘟病防治方面也具有非常好的效果。据2005年试验统计,控制灌溉模式病株率是3.7%,常规灌溉对比区高达6.5%,控制灌溉病株率降低43%;病叶率控制灌溉是4%,常规灌溉水稻高达6.8%,病叶率降低42%;病情指数控制灌溉为2.9,常规灌溉对比区为6.8,发病程度大大降低。其主要原因是控制灌溉技术自水稻返青后,田间基本不建立明水层,对水稻稻株促控结合,促进水稻群体结构更趋合理,形成上挺下批的理想株型,使各层叶片都能接受阳光照射,降低了空气湿度,增加了地温,改善了农田小气候,从而形成不利于病菌存活发展的条件,有效抑制水稻的发病率。

7. 减少面源污染和温室气体排放

(1)控制灌溉减少面源污染

水稻种植消耗大量的农药和化肥,这些农药和化肥都要通过灌水溶解在土壤中,并在整个生育期发挥作用。但是,长期建立水层,使大量农药和肥料通过下渗和排水流失,进入土壤当中和河流当中,即降低利用率,又污染生态环境。农药和肥料的损失不仅造成资源的浪费,增加生产成本,更重要的是将导致一系列环境问题。氮肥的表面流失和渗漏直接导致地下水污染和江河湖泊的富营养化。实施水稻节水控制灌溉技术大大减少稻田排水量和渗漏量,不仅提高肥料的利用效率,而且减轻肥料对地下水、承泄区和土壤的污染,使河流富营养程度大大降低。此外,由于深层渗漏的减小,减轻农药对地下水的污染。而且农田小气候的改善有助于病虫害的控制,减少农药的使用量。因此推行水稻控制灌溉对减少面源污染有显著作用。

(2)控制灌溉减少了温室气体排放

稻田是CO_2(二氧化碳)、CH_4(甲烷)和N_2O(氧化亚氮)等温室气体的主要排放源,CH_4和N_2O还对臭氧层产生破坏作用。水稻节水控制灌溉使水稻长期无水层成为现实,使土壤排放的温室气体总量、组成及其产生的潜在温室效应也相应发生变化。通过适时的水分调亏,控晒结合,既控制了水稻的无效分蘖,又可抑制土壤中一些还原性有毒物质的产生,并使稻田土壤 Eh 值迅速上升,促进毒害物质的分解,大大降低土壤甲烷细菌的活性,抑制甲烷的产生,明显降低土壤水溶解甲烷含量,同时提高土壤水溶解甲烷的氧化分解速率。通过晒田最终降低稻田甲烷排放速率和甲烷总排放量。

第四节　旱作水稻控势灌溉技术

一、试验区概况

试验区位于湖北省荆门市掇刀区谭店村,属于亚热带季风气候,气候温和,无霜期长,年平均气温 16℃,最高月平均气温 27.7℃,出现在 8 月,最低月平均气温 3.9℃,出现在 1 月。年日照总时数 1300 ~ 1 600 h,雨量丰沛,年均降雨量为 932.9 mm,降水年内分布不均,4 ~ 10 月降水量占全年降水总量的 85 %,6 ~ 8 月降水量约占全年降水量 50%,年蒸发量在 1 345 ~ 1 538 mm。

供试田块土壤为黏土及黏壤土交错分布,土层厚,耕作层较深,质地黏重,透水性差,肥力高,地下水埋深较浅。通过典型剖面采样,将试验区土壤分为三层,即耕作层、犁底层和淀积层。耕作层颜色为棕黑色,团粒状结构,疏松多孔;犁底层颜色为深棕色,团粒状结构,与耕作层相比结构稍密;淀积层颜色为浅棕色,结构呈片状,与耕作层和犁底层相比明显密实。试验区土壤的理化性质如表 3 – 31 所示。

表 3 – 31　试验区土壤物理化学性质

容重 /(g/cm³)	孔隙率 /%	pH 值	全磷 /%	速效磷 /(mg/L)	有机质 /%	全氮 /%	速效氮 /(mg/L)
1.35	45.5	6.8	0.11 ~ 0.15	2.5 ~ 5.5	1.25 ~ 1.85	0.10 ~ 0.13	81.5 ~ 101.5

二、试验设计

(一)作物品种及处理

1. 作物品种

供试品种为安徽省农科院绿色食品工程研究所育成的杂交水稻绿旱 1 号,该品种抗旱性评价 7 级,亩产量达 500 kg 以上。

2. 肥料施用

氮肥分三次施肥,一次基肥,两次追肥,分别为基肥 50%,分蘖肥 30%,拔节肥 20%。基肥施用方式为撒施后混入土壤,追肥方式为表施。磷肥和钾肥作基肥一次性施入,分别为 P_2O_5(105 kg/hm²)和 K_2O(84 kg/hm²)。

3. 种植方式

采用无覆膜旱作条播的方式,无须育秧。种植前,清理田内杂草,施入肥料后耕耘耙平田面,保持田间一定的持水量进行播种,每亩地 5 kg 种子,种植行距为 15 cm。播种后,进行日常田间病虫害及除草管理。

4. 水分管理

采用"跑马水"的灌溉方式,全生育期内田面无水层,降雨后及时排干田面积水,按预设土壤水势阈值控制不同处理下田间水分状况。

(二)水分控制理

水分处理保持全生育期水分胁迫,按梯度安排 5 种不同灌水指标处理,每个处理重复 3 次,共 18 个小区。6 种土壤水势的具体控制标准为 W_0 为全生育期常规灌溉,$W_1 \sim W_5$ 分别为全生育期土壤水势 -10 kPa、-20 kPa、-30 kPa、-40 kPa、-50 kPa 进行灌溉。由于试验在野外进行,土壤负压计难以准确达到预设值,试验过程中以实际读数为控制指标。小区之间用 50 cm 深防渗膜隔开,小区面积 26 m^2。每 2 个处理之间设有 1 m 隔离带,并用 80 cm 深防渗膜隔开。

(三)观测内容及方法

1. 田间土水势

每个田块内布设张力计,埋入地面以下 20 cm,对水稻生育期内每天早上 7 点和下午 7 点的田块土水势记录。

2. 田间灌水

在张力计读数达到设定下限时,对相应田块进行灌水,采用潜水泵抽水灌溉,通过在潜水泵出口安装水表,详细记录灌水时间及灌水量。在抽穗期为保证正常抽穗,灌水次数与灌水量有所增加。

3. 水稻产量及生理指标

观测内容为株高、叶面积指数、产量及构成等。株高和叶面积指数测量时间为返青期、分蘖期、抽穗期、乳熟期和黄熟期. 观测方法:根据《灌溉试验规范》(SL 13—2015)和国际水稻研究所的标准,测定水稻各生育期的株高、叶面积指数,并在水稻成熟后选取 3 m×2 m 的面积收割、脱粒、清除杂质、烘干、称重测产量(含水率 14%),同时测定茎蘖数、有效茎蘖数、穗长、千粒重等。

4. 气象

观测内容包括气温、湿度、风向、风速、降水、积雪、蒸发、气压、日照等气象要素,观测数据来源为试验站气象站人工观测和自动气象仪器测量。

三、水分胁迫条件下作物响应规律

(一)不同水分条件对旱稻生育期的影响

在不同的土壤水分条件下,旱稻的生长发育受到不同程度的影响。随着水分胁迫程度的加深,旱稻生育期推迟,生长发育缓慢,各生育阶段延长,主要表现在分蘖期后移、拔节期延迟。与常规灌溉条件对比,水分胁迫各处理拔节期延长的天数如表3-32所示,拔节期最迟延长达到 24 d。

表3-32 水分胁迫条件下旱稻出穗期延长天数

处理田块	土水势值/kPa	出穗期延长天数/d
W_1	-8	3
W_2	-22	4
W_3	-34	8
W_4	-47	15
W_5	-55	24

(二)不同水分条件下旱稻产量及其相关性状分析

研究选取最高茎蘖数、有效茎蘖数、有效茎蘖数率、株高、穗长、千粒重、相对抽穗期、灌水量 8 个性状作为产量相关指标,其中有效茎蘖数率是指有效茎蘖数占最高茎蘖数的比率,相对抽穗期是指水分胁迫条件下出穗期相对于常规灌溉延长的天数。

从观测结果来看,$W_0 \sim W_5$ 的最高土水势值分别为 -10 kPa、-16 kPa、-30 kPa、-45 kPa、-50 kPa、-58 kPa,产量随着水分胁迫程度的加深而降低,降幅达到44.33%。W_0 处理产量最高,达到 7 644.9 kg/hm²,与同期水稻产量没有明显差异,而其用水量为 2 824.5 m³/hm²,不足同期水稻用水量的1/3。W_1、W_2 处理产量与 W_0 无显著差异,其产量分别达到 7 435.8 kg/hm² 和 6 903.7 kg/hm²,减产率小于10%,即轻度水分胁迫下产量不会出现明显下降,因此在本试验条件下,当土水势不超过 -30 kPa 时不会造成严重减产。株高、穗长、千粒重、有效茎蘖数率在不同水分胁迫程度下均受到一定的影响,其降幅分别达到31.89%、12.11%、15.69%、9.64%。旱稻茎蘖数和有效茎蘖数受到水分胁迫的影响,但是在不同水分条件下,其表现不具有明显的规律。

(三)不同水分条件下旱稻产量构成因子

1. 旱稻产量单因素分析

研究表明,产量与茎蘖数、有效茎蘖数之间不存在显著的相关关系,在轻微水分胁迫条件下,产量与有效茎蘖率之间存在一定的相关性,如图3-17、图3-18、图3-19所示。对产量相关性状进行单因素分析,可以看出产量的构成因子为株高、穗长、千粒重、相对抽穗期和灌水量,其相关系数如表3-33所示。

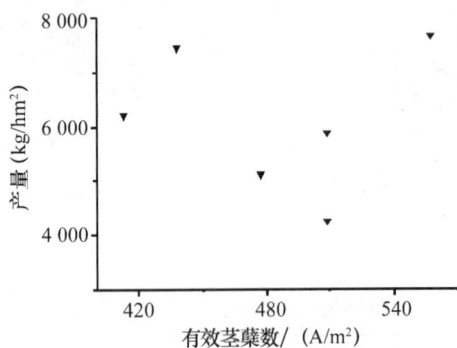

图3-17 旱稻产量与有效茎蘖数关系

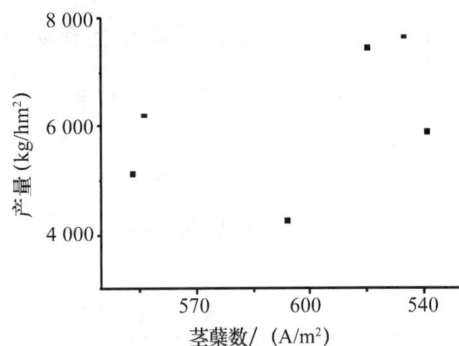

图3-18 旱稻产量与茎蘖数关系

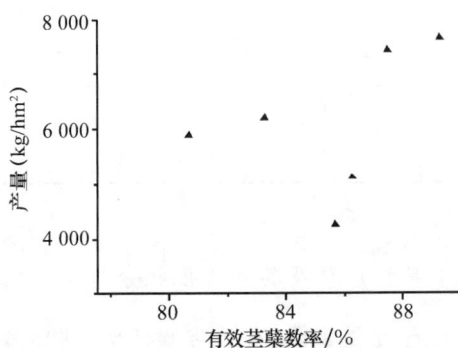

图3-19 旱稻产量与有效茎蘖数率关系

表3-33 旱稻产量相关性状偏相关分析

	株高	穗长	千粒重	相对抽穗期	灌水量
相关系数	0.975	0.991	0.948	-0.948	0.932
显著性检验	0.001**	0**	0.004**	0.004**	0.001**

注:** 表示0.01显著水平。

2. 旱稻产量性状相关分析

为了消除产量多元性状之间的互作效应对相关性状的影响,更准确地分析产量相关性状之间的相关关系,分别对产量相关性状进行多元性状偏相关分析和偏相关系数的显著性检验。结果表明,在不同的水分条件下,相关性状对产量的影响具有明显的差异,产量与株高、穗长、千粒重和灌水量具有极显著正相关性,与相对抽穗期具有极显著负相关性,其中穗长是影响旱稻产量的最主要因素。进一步对旱稻株高、穗长、千粒重及灌水量进行多元偏相关分析和偏相关系数的显著性检验,如表3-34所示,可以发现灌水量与千粒重、株高、穗长之间存在极显著正相关性,因此可以判断,影响旱稻产量的直接因素有株高、穗长、千粒重和相对抽穗期,灌水量是影响产量的间接因素,通过作用于株高、穗长、千粒重和相对抽穗期间接影响旱稻产量。

表 3 - 34　灌水量相关性状偏相关分析

	株高	穗长	千粒重	相对抽穗期
相关系数	0.854	0.961	0.912	- 0.834
显著性检验	0.01*	0**	0.007**	0.039*

注:**,*分别表示0.01和0.05显著水平。

3. 旱稻产量性状通径分析

研究表明,影响旱稻产量的直接因素为株高、穗长、千粒重和相对抽穗期,其他性状通过作用于这4个性状产生间接影响。以旱稻产量为因变量 Y,株高、穗长、千粒重和相对抽穗期分别为自变量 X_1,X_2,X_3 和 X_4,这4个性状对产量进行通径分析,可知其线性回归方程为: $Y = -925.374 + 0.826 X_1 + 54.934 X_2 + 8.288 X_3 - 1.634 X_4$,其通径系数分别为 $PY_1 = 0.11$,$PY_2 = 0.664$,$PY_3 = 0.07$,$PY_4 = -0.171$,显著性检验结果与偏相关分析显著性一致。

4. 不同灌水量对产量影响分析

分析观测数据发现,对于 $W_3 \sim W_5$ 的3个重度水分胁迫处理,其产量降幅分别为23.03%、33.06%和44.33%,而其灌水量虽逐渐递减,但并未出现明显差异,分别为2 593.65 m^3/hm^2、2 551.35 m^3/hm^2 和 2 528.25 m^3/hm^2。针对灌水量差别不大而产量差异明显的现象,根据国际水稻研究对水稻生育期的划分,以 - 30 kPa 作为重度与轻微水分胁迫程度的临界值,结合从幼苗期开始的逐日观测数据对不同生育阶段水分胁迫情况进行总结,如表 3 - 35 所示,表明旱稻分蘖期、孕穗期和抽穗期是影响产量的关键时期。分蘖期缺水会影响旱稻有效分蘖的形成,孕穗期缺水会影响旱稻穗长、结实率以及千粒重,抽穗期缺水会延长旱稻出穗时间从而导致死穗,因此这三个生育期缺水将会导致旱稻严重减产。同时,早期重度水分胁迫会影响旱稻根系发育,从而影响根系对地下水的吸收利用,导致旱稻减产。

表 3 - 35　旱稻不同生育阶段水分胁迫程度

生育期	W_3	W_4	W_5	生育期	W_3	W_4	W_5	生育期	W_3	W_4	W_5
幼苗期	#	#	#	孕穗期		#	#	##	乳熟期	##	#	#
分蘖期	#	#	#	抽穗期	##	##	##	蜡熟期	#	#	##
拔节期	#	##	##	扬花期	##	#	##	完熟期	#	#	#

注:##,#分别表示重度水分胁迫和轻微水分胁迫。

5. 不用水分条件下旱稻的水分生产率

旱稻适度的水分胁迫可以得到较高的水分生产率。试验中6个处理的水分生产率分别为 2.71 kg/m³、2.75 kg/m³、2.64 kg/m³、2.27 kg/m³、2.01 kg/m³ 和 1.68 kg/m³，W_1 处理水分生产率最高，W_2 处理水分生产率降低 2.5%，未造成明显下降。而 $W_3 \sim W_5$ 处理的水分生产率降幅分别达到 16.2%、25.8% 和 38%，达到显著水平。因此，土水势 -30 kPa 作为供试区旱稻灌溉下限在不会明显减产的同时不仅水分生产率显著下降，而且可以节约灌溉水量。

四、旱稻水分生产函数模型研究

(一)旱稻需水量计算

以作物根区所占据的土体单元为研究对象，进行旱稻田间水量平衡分析。

$$W_t - W_0 = W_r + P_0 + K + M - ET \qquad (3-25)$$

式中：W_0——时段初的土壤计划湿润层内的储水量，mm；

$\quad$ W_t——t 时刻的土壤计划湿润层内的储水量，mm；

$\quad$ W_r——由于计划湿润层增加而增加的水量，mm；

$\quad$ K——时段 t 内的地下水补给量，mm；

$\quad$ M——时段 t 内的灌溉水量，mm；

$\quad$ ET——时段 t 内的作物田间需水量，mm。

(二)典型模型选取与检验

选用 5 种公认的典型模型对南方旱稻水分生产函数进行分析，所采用的模型有乘法模型[Jensen 模型(1968)、Minhas 模型(1974)]和加法模型[Blank 模型(1975)、Stewart模型(1976)、Singh 模型(1987)]。

1. 乘法模型

Jensen 模型：

$$\frac{Y_a}{Y_m} = \prod_{i=1}^{n} \left(\frac{ET_{a_i}}{ET_{m_i}} \right)^{\lambda_i} \qquad (3-26)$$

Minhas 模型：

$$\frac{Y_a}{Y_m} = a_0 \prod_{i=1}^{n} \left[1 - \left(1 - \frac{ET_{a_i}}{ET_{m_i}} \right)^{b_0} \right]^{\lambda_i} \qquad (3-27)$$

2. 加法模型

Blank 模型：

$$\frac{Y_a}{Y_m} = \sum_{i=1}^{n} K_i \left(\frac{ET_a}{ET_m} \right)_i \qquad (3-28)$$

Stewart 模型：

$$\frac{Y_a}{Y_m} = 1 - \sum_{i=1}^{n} K_i \left(1 - \frac{ET_{a_i}}{ET_{m_i}} \right) \qquad (3-29)$$

Singh 模型：

$$\frac{Y_a}{Y_m} = \sum_{i=1}^{n} K_i \left[1 - \left(1 - \frac{ET_{a_i}}{ET_{m_i}} \right)^2 \right] \qquad (3-30)$$

式中：Y_a——实际蒸腾量对应的作物全生育期内的实际产量，kg/hm²；

$\quad\quad Y_m$——潜在蒸腾量对应的作物全生育期内的实际产量，kg/hm²；

$\quad\quad E_{ta}$——全生育期作物实际腾发量，mm；

$\quad\quad E_{Tm}$——全生育期作物最大腾发量，mm；

$\quad\quad \lambda_i$——生育阶段 i 缺水对作物产量影响的敏感性指数，即水分敏感指数；

$\quad\quad n$——生育阶段数；

$\quad\quad a_0$——Minhas 模型中；a_0 可以认为是实际水分亏缺以外的其他因素对产量的影响

$\quad\quad\quad$ 修正系数，在单因子水分生产函数中，$a_0 = 1$，b_0 一般取2；

$\quad\quad K_i$——加法模型中，K_i 为第 i 生育阶段作物产量对水分亏缺的敏感因子。

将以上模型转化为多元线性方程，采用多元线性回归分析方法求解系数。

选用以下参数对模型精度进行评价：平均误差(AE)、均方根误差(RMSE)、变异系数(Cv)、残差聚集系数(CRM)和模型性能指数(EF)。

模型性能指数(EF)的计算公式如下：

$$EF = \frac{\sum_{i=1}^{n} (O_i - O)^2 - \sum_{i=1}^{n} (P_i - O_i)^2}{\sum_{i=1}^{n} (O_i - O)^2} \qquad (3-31)$$

式中：P_i——模型模拟值；

$\quad\quad O_i$——试验观测值；

$\quad\quad O$——试验观测均值。

（三）结果与分析

1. 典型模型比较

根据试验中旱稻生育期的灌水量和测得的土壤各深度含水量，利用水量平衡方程式(3-25)，计算得到旱稻各个生育期的作物需水量。应用 SPSS 数据处理软件，根据选用的五种模型，求解旱稻不同模型中的敏感系数值。计算结果如表3-36、表3-37所示。

表3-36　2013年旱稻各处理蒸发蒸腾量及产量

处理编号	处理特征	各阶段蒸发蒸腾量/mm				四阶段蒸发蒸腾量之和/mm	产量/(kg/hm²)
		分蘖期	拔节期	抽穗期	乳熟期		
1	正常灌溉	67.7	73.4	80.0	30.9	252.1	7 644.9
2	分蘖期轻旱	57.2	66.5	75.1	28.2	227.0	6 199.1

续表 3 - 36

处理编号	处理特征	各阶段蒸发蒸腾量/mm				四阶段蒸发蒸腾量之和/mm	产量/(kg/hm²)
		分蘖期	拔节期	抽穗期	乳熟期		
3	拔节期轻旱	65.6	59.3	65.2	26.6	216.7	5 384.6
4	抽穗期轻旱	65.9	72.4	52.3	24.9	215.5	5 117.9
5	抽穗期中旱	67.3	71.6	35.5	23.9	198.3	4 256.0
6	乳熟期轻旱	67.1	72.1	80.3	25.8	245.3	7 435.8

表 3 - 37 各模型敏感系数表

模型	分蘖期①	拔节期②	抽穗期③	乳熟期④
Jensen	0.477	0.771	0.667	0.193
Blank	0.154	0.487	0.817	- 0.582
Stewart	0.492	0.533	0.739	0.135
Singh	- 0.325	3.326	1.554	- 3.744
Minhas	- 21.908	- 4.869	3.073	- 31.098

由表 3 - 37 可知,Jensen 模型中,敏感系数从高到低的阶段顺序为:拔节期、抽穗期、分蘖期、乳熟期。敏感系数的大小反映了作物在不同生育阶段缺水对产量的影响程度,敏感系数越大表明对水分越敏感。由 Jensen 模型推算出南方旱稻敏感系数总体上呈"中间大、两头小"的变化规律,在第②阶段最高,其次是第③阶段,表明这两个生育阶段为关键生育期,与当地实际情况相一致。模型相关系数 $R = 0.997$,认为南方旱稻采用 Jensen 模型比较合理。

Blank 模型中,敏感系数越大,作物对水分的敏感性越小,即因缺水导致减产越轻。敏感系数最高的是第③阶段,其次是第②阶段,表明这两个生育期对水分均不敏感,这与实际情况相违背。可见 Blank 模型不适用于南方旱稻的产量计算。

Stewart 模型中,敏感系数表示的规律与 Jensen 模型一致,与 Blank 模型相反。第③阶段敏感系数最大,表示其受缺水的影响最明显,对水分的敏感性最大。相关系数在 0.95 以上,可见 Stewart 模型亦属合理。

Singh 模型中,敏感系数越小则缺水后减产率越高。系数值最高的是第②阶段,表示其对水分的敏感性最小,而第①阶段和第④阶段的敏感系数为负值,计算出的结果无法用物理意义进行解释,属于不合理。

Minhas 模型中,敏感系数出现 3 个负值,仅有第③阶段为正值,而且系数的绝对值均较大,亦属不合理。

通过对以上 5 种水分生产函数模型的分析认为,在各生育阶段水分生产函数模型中,南方旱稻适宜采用的模型为 Jensen 模型和 Stewart 模型。两个模型的相关系数都满足条件,由于 Jensen 模型为连乘模型,Stewart 模型为连加模型,连乘模型通过连乘的数学关系反映多阶段间的相互影响,比加法模型有更高的灵敏度,因此认为 Jensen 模型更合适。

2. Jensen 模型精度评价

为检验 Jensen 模型的模拟精度,应用 Jensen 模型分别计算旱稻模拟的相对产量,选择平均误差(AE)、均方根误差(RMSE)、变异系数(Cv)、残差聚集系数(CRM)和模型性能指数(EF)等统计指标对模拟结果进行评价,结果见表 3 - 38、表 3 - 39。

Jensen 模型对旱稻相对产量的模拟结果较好,残差聚集系数为 - 0.001,反映 Jensen 模型的相对产量与实测相对产量吻合度高,模型性能指数为 0.987,表示模型整体模拟能力好。综上所述,南方旱稻的水分生产函数模型选用 Jensen 模型较合理。

表 3 - 38　实测相对产量与 Jensen 模型模拟相对产量

处理	实测相对产量	模拟相对产量
1	1.00	1.00
2	0.81	0.81
3	0.70	0.71
4	0.67	0.71
5	0.97	0.95
6	0.56	0.54

表 3 - 39　Jensen 模型模拟结果精度分析

指标	模型评价
AE	- 0.001
RMSE	0.019
Cv	2.363
CRM	- 0.001
EF	0.987

3. 主要结论

通过旱稻田间试验,利用 5 种典型水分生产函数模型对试验结果进行拟合分析,得出如下结论:

①适用于南方旱稻的水分生产函数模型是 Jensen 模型:

$$\frac{Y_a}{Y_m} = \left(\frac{ET_{a_1}}{ET_{m_1}}\right)^{0.477} \left(\frac{ET_{a_2}}{ET_{m_2}}\right)^{0.771} \left(\frac{ET_{a_3}}{ET_{m_3}}\right)^{0.667} \left(\frac{ET_{a_4}}{ET_{m_4}}\right)^{0.193} \tag{3-32}$$

②Jensen 模型中的敏感系数,在拔节期最高,其次是抽穗期和分蘖期,乳熟期最低,该变化规律与旱稻的生理特性相吻合;

③研究得到的模型能体现旱稻灌水的关键生育期,能为制定非充分灌溉制定提供依据,达到节水稳产的最终目的。

第五节　水田激光平地技术

在水稻生产种植过程中,土地平整是水田基本建设的重要内容之一,也是各种灌溉技术应用的前提。水田平整度好坏直接影响到水稻的种植耕作、生长环境,进而影响水稻的生长和产量。平整度好的水田不仅便于浅水灌溉,节约灌溉用水量,而且灌水均匀度高,可有效提高水肥利用效率,抑制田间杂草生长,排水晒田,避免渍水,晒田程度一致,有利于水稻生长整齐,促进水稻产量提高。

传统的水田平整方法有人工平整、畜力平整、拖拉机平整和耕整机平整等,平地过程中完全依靠工作人员经验和目测控制,劳动强度大,平地效率低。激光控制平地技术是利用激光在平整田面上空产生一个平地控制标准面,代替常规机械平地作业中由操作人员根据田间木桩标出的挖填指示目测判断,自动、快速地控制平地铲的升降,具有操作自动化、平地精度高、作业效率高等优点,在国外已得到广泛应用,其最佳平整精度可达 1.0 cm。水田平整一般包括水田基本建设平整和水稻播种前平整两部分,大规模水田基本建设平整可采用旱地激光平地机械,但水稻播种前的平整需要带水作业,土壤状态与旱作情况差异很大,需要研制专门的水田平地机械。

一、激光控制平地技术原理与设备

激光控制平地技术是利用现代光电、液压控制、自动化等技术,以及对传统平地设备的技术改造,形成新型高精度土地平整技术。其工作原理是利用控制系统自动操控平地机械的升降,以确保平地机械与上空激光信号面(激光发射器创立的激光面)之间的距离保持不变。激光控制平地设备按功能可分为光电控制系统、液压驱动系统、平地机械及动力机械(拖拉机)四部分。

(一)光电控制系统

光电控制系统由激光发射器、激光接收器、控制器、电源组成,其功能是利用激光发射器建立与土地平整方案一致的激光控制面,并通过接收器将接收到的光信号转为电流信号传至控制器,控制器向液压驱动系统输出控制电流。激光发射器发射一束光线,且发射装置绕中心轴 360°旋转,由于其旋转速度较高,使其发射的光束形成一个激光面,此激光面的坡度与土地平整设计方案相同,即激光控制面。激光接收器接收激光发射器发出的光束,并根据其具体接收位置产生相应电流信号,通过电缆将其传至控制器。控制器有自动控制和手动控制两个功能,但手动控制优先。自动控制状态下控制器根据接收到的激光接收器传送的电流信号触发相应控制电路,使液压驱动系统的电磁控制阀组的控制电路闭合。手动控制状态下,根据手动控制上升或下降的状态,触发相应控制电路,使液压驱动系统中电磁控制阀组的相应控制电路闭合。

激光发射器、接收器、控制器等设备在国内使用比较广泛的是美国 Trimble 公司生产的激光控制设备,如平坡、双坡发射器等,见图 3 - 20。

图 3 - 20　美国 Trimble 公司生产的激光控制设备

(二)液压驱动系统

液压驱动系统由液压油缸、油管、电磁控制阀组、液压动力输出设备组成,其功能是根据控制器传送的电流信号控制电磁控制阀组的开、闭路转换,调整液压油循环回路,将液压油通过管路输入到液压油缸的大、小腔体,使油缸产生伸缩动作,进而驱动铲运机械的铲刀进行相应动作。

液压驱动系统按驱动方式可分为两种,一种是针对没有配备液压输出的拖拉机,利用动力机械(拖拉机)的动力输出轴,配以液压动力泵进行驱动,另一种是针对配备液压输出的拖拉机,直接利用拖拉机本身自带的液压输出系统作为激光控制平地系统的动力来源,将液压油管连接在动力机械的液压持续输出端口,利用动力机械(拖拉机)的液压动力进行驱动。二者的区别在于动力泵方案除动力泵外还配有液压油箱及过滤器,其与电磁阀组、油缸、油管等组成独立的油路,利用拖拉机动力输出轴输出的动力驱动液压油在管路中流动。其优点是适用广泛,现有国产大中型拖拉机均配有动力输出轴。

液压驱动系统根据平整的土地(有水、无水)两种情况分为旱田(田内无水)激光控制平地设备和水田(田内有水)激光控制平地设备。国产旱田激光控制平地机械的液压系统一般是一套土方机械配置一套液压驱动系统;水田激光控制平地设备的液压系统一般是一套平地机械配置两套液压驱动系统,即垂直液压驱动系统和水平液压驱动系统。

(三)平地机械

激光控制的平地机械分为旱田作业的平地机械和水田作业的平地机械。平地机械是指旱田或水田旱整阶段土地平地施工使用的、具有土方切削、运移等功能的平地机具。其一般由牵引架、铲刀、框架和支撑行走的轮组组成,通过结构组件设计,可以利用液压驱动系统的油缸伸缩动作,驱动铲刀在垂直方向进行升降运动。平地机械的主要作用是在拖拉机的牵引下在田间行驶,进行挖高、填低、土方运移等作业。国产平地机械以中小型为主,其结构简单,加工制造容易,土方容量较小,由于自身质量较轻,其切削土壤深度能力有限,对于平整度较差,挖深或土方运移量较大、运距较远的田块平整作业施工效率较低。因此,国产平地机械适合土壤切削深度小、土方运移量小、运距短的田块平整作业使用。国外平地机械以大型、重型为主,其规格大、自身重、结构复杂、技术含量较高、切削土壤能力强、土方运移量大,适于大面积土地整理或平整度差的较大田块平整作业。

水田平整阶段先进行灌水泡田,田面土壤较软,旱田平地机械的自重使其较深地陷入土壤,拖拉机在牵引行走方面需要消耗大量功率。同时,由于机械陷入土壤,铲刀将大幅升高才能达到地面,而控制铲刀升降的液压油缸伸缩长度有限,平整作业时铲刀的升降范围将受到很大影响。土方运移时,运距稍远或土方量稍大时,土壤受铲刀向前挤压,容易形成大块泥巴粘在铲刀上,影响平地作业效率和平整精度,难以达到平整要求。

"十一五"期间华南农业大学对水田激光控制平地机械开展了大量的研究工作,先后研制出了几款水田激光控制平地机,并进行了初步的田间应用测试。在水田平地作业过程中,水田激光控制平地机不仅要使平地的铲刀可以进行上升、下降调节,而且要保障铲刀始终处于水平状态,即铲刀在平整作业过程中一直与激光束平面保持平行,所以,与旱田使用的平地机械相比,水田平地机械要具有水平控制功能。为了确保水田平地机械铲刀处于水平状态,水平控制选用两种方案分别进行研发:第一种方案采用两套激光接收系统分别控制铲刀左、右两端,使其处于水平状态;第二种方案采用一套激光接收系统加一个水平传感器的方式控制铲刀处于水平状态。通过田间试验测试,两种方案均可以使铲刀在平整作业过程中处于水平状态,基本可以满足水田平地要求。

此外,因为水田激光控制平地机需要水平控制系统控制铲刀作业过程中始终处于水平状态,要求液压系统能够同时为垂直控制和水平控制提供动力,且垂直控制、水平控制所用的液压油路最好相互独立,互不干扰,以减轻控制系统的负荷。华南农业大学先后设计开发了适于 25 马力①和 50 马力拖拉机使用的不同系列水田激光控制平地机。

在水稻种植区,很多农户拥有水稻插秧机而缺少拖拉机,为此,开发设计了与插秧机底盘配套的水田激光控制平地机。其主要特点:一是,使用水田插秧机底盘,发动机功率为 12 马力,四轮驱动,通过性好;二是,利用激光系统进行控制,平地铲刀的高度可自动调节;三是,通过水平控制系统的自动控制,平地铲刀能够始终处于水平状态。

上述研制的水田激光控制平地机在田间平整作业测试中,机械操控、铲刀调节以及平整效果比较理想,但在一些稻茬、杂草等较多残留物的水田中进行带水平地作业时,泥土与稻茬、杂草等容易出现粘连。因此,单纯采用斗式铲刀,既增大平地作业时铲刀的阻力、恶化液压系统的工况,也对最终的平地效果产生一定的不利影响。为此,对平地机械进行了改进设计,将平地、耙田等功能综合,平地机具由平地铲、缺口耙、直齿耙和滚筒组成。平地作业时,平地铲刀将高出设计高程的泥土推至低处,缺口耙和直齿耙将杂草、稻茬等轧入土内,滚筒将田面荡平。田间测试试验显示,改进后的水田激光控制平地机在含有稻茬、杂草的水田中平整作业效果良好,可以实现高精度的土地平整。

---

① 马力为非法定使用单位,1 马力 ≈ 735.5 W。

（四）动力机械

动力机械是指具有牵引、悬挂、动力输出或液压输出功能的农用拖拉机或其他农用机械。拖拉机需根据激光控制平地机械的规格、牵引形式、驱动方式等进行选择，避免出现"大马拉小车，小马拉大车"现象，影响机械平地作业效率。

激光控制平地技术是利用拖拉机牵引平地机械在田内行驶，在此过程中，控制器始终根据激光接收器传送的电信号通过控制电磁阀组开、闭调控液压油路，以控制平地机械铲刀的进行升降动作，确保铲刀与上空激光面之间的距离保持不变。为了保持铲刀与激光面之间的距离不变，地形高时，液压系统驱动铲刀下降，平地机械依靠自身重量下压铲刀进行切削土壤，地形低时，液压系统驱动铲刀上升，此时铲刀中的土壤将卸到田面，并通过行驶将土壤摊平。

二、田块地形测量与评估

田块地形测量与平整度评估是制定土地平整方案、施工作业方案的基础。田内有水状态下，受技术、设备、土壤条件等因素限制，准确测量地形的难度很大，无法准确进行评估。因此，水田地形测量与评估也是在田块无水状态下进行的，即泡田前无水状态下对田块地形进行测量与评估。地形测量主要有人工测量、GPS 测量等测量技术。

人工测量是技术人员使用水准仪、全站仪等设备对田块地形进行详细测量，其方法是按一定规则将田块划分为若干个控制网格，测量每个网格控制点的相对高程，用所有控制点高程描述田块地形。根据田块规模控制网格一般选取 5 m、10 m、15 m、20 m 的正方形，控制点数量决定着田块地形的准确性，控制点越多，测点分布越密，地形描述越准确。

GPS 测量是利用 GPS（全球定位）系统的差分 GPS 测量技术，通过基准站与流动站的计算得到测点的准确三维坐标。差分 GPS 测量是由基准站发送改正数，由流动站接收并对其测量结果进行改正，以获取精确的定位结果，一台基准站可配多台流动站同时进行地形测量。为了提高测量效率，土地平整的地形测量主要使用差分 GPS 系统的实时测量（RTK）技术，通过将流动站 GPS 天线、电台天线固定安装在车辆栅顶之上，接收机、手薄放在车内，驾驶车辆在田内行驶进行车载测量，其优点是效率高、测点多、测点分布密集、高密度的测量对地形的描述更加准确，且可以将测量数据导入电脑，避免人工输入带来的数据失误。同时，使用 GPS 测量的所有地形数据可以通过采用相同的坐标系统，整合在一起，构成统一的区域地形资料，可对大区域地形进行描述。

实时测量技术是一种将 GPS 与数据传输技术相结合，通过实时解算进行数据处理，在极短时间内得到高精度位置信息的技术。流动站可按照设定的测量方案（距离间隔或时间间隔）进行自动三维地形测量。通过流动站在田内移动（手持或车载），就可以测量得到田块多点的三维数据。基准站由 GPS 主机、卫星天线、手薄、无线电台、电台天线、三角支架、电台电源及连接用电缆等组成，流动站由 GPS 主机、卫星天线、手薄、电台天线等组成，美国 Trimble 公司生产的 GPS 测量系统设备构成见图 3－21，其中基准站与流动站使用同一手薄，手薄配有主机设置、数据采集、处理等应用软件。

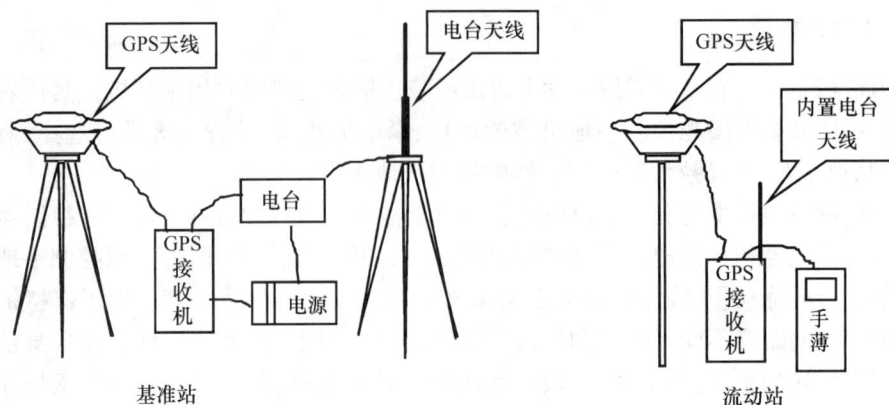

图 3-21　GPS 测量系统设备构成

田块地形平整状态采用测点高程标准偏差 S_d 进行描述,计算公式为

$$S_d = \sqrt{\frac{\sum (Z_i - \bar{Z})^2}{(n-1)}} \qquad (3-33)$$

式中:Z_i——实测点高程值;

　n——实测点个数;

　$\bar{Z}$——实测点高程平均值。

标准偏差 S_d 表示实测点高程对于平均高程的平均离散程度,标准偏差越大,说明实测点高程值与平均高程分散程度越大,距离平均高程的离散趋势也越大。

三、水田平整方案设计

水稻大田插秧前的耕整,一般包括耕翻、灭茬、晒垡、施肥、碎土、耙地、平整等作业环节,分为旱整、水整两个阶段。水田平整方案设计重点是旱整阶段的平整方案计算,即田内无水平整作业所需平整方案的计算,也是水田平整方案设计的主要内容。

(一)水田旱整平整方案设计

水田旱整平整方案计算与旱作农田平整方案计算的过程、方法基本相同,不同之处在于平整坡度直接取值为零,即水平平整,只需利用实测地形数据通过土方平衡计算确定田面平整高程。

1. 网格剖分

将田块按一定规则剖分成若干个网格,通常剖分成若干个正方形,网格规格根据实测点密度确定,实测点密度越大,网格规格越小,利用实测地形数据,通过数学插值方法计算得到网格控制点地形数据。目前,使用最为广泛的插值方法主要有克里金(Kriging)空间插值、反距离加权插值等方法,克里金空间插值结果优于反距离加权插值,但对数据处理要求更加专业,过程较多,计算烦琐、量大,而反距离加权插值计算简单、易用,很多商用 GIS 软件均使用此方进行插值计算,其计算精度虽然低于克里金空间插值,但对于土地平整方案设计,可以满足土方平衡计算的要求。反距离加权插值函数表达式为

$$Z(x,y) = \sum_{i=1}^{n} \lambda_i \cdot Z_i(x_i, y_i) \tag{3-34}$$

其中

$$\sum_{i=1}^{n} \lambda_i = 1$$

$$\lambda_i = \frac{h_i^{-a}}{\sum_{i=1}^{n} h_i^{-a}} \tag{3-35}$$

$$h_i = \sqrt{(x-x_i)^2 + (y-y_i)^2} \tag{3-36}$$

式中:Z——估值点高程,m;

x,y——估值点坐标;

x_i, y_i——实测点坐标;

Z_i——实测点高程,m;

h_i——已知点与估值点之间平面距离;

a——指数,通常选为 2 或 3;

n——参与估值计算的已知点数。

2. 土方平衡计算

农田土地平整一般不进行土方的外输和内运,仅在田块内进行平整运移。土方平衡计算是利用控制网格的地形数据对田块的挖方、填方进行计算,通过调整田面设计高程,达到挖填方平衡的目的。土方平衡计算是一个试算过程,首先假设一个水平面,且平面高程为田块的平整设计高程,一般取值为测点高程的算术平均值;然后计算每个控制网格面与假设平面之间的区域体积,高于假设平面的区域为挖方,低于假设平面的区域为填方,统计得到田块的总体挖填方量,计算挖填比率;最后根据挖填比率调整假设的平面高程,重复前两步的计算过程,直到挖填比率满足设计要求,考虑到挖填区土壤密实度的差别,通常要求挖填比率略大于 1.0。

控制网格挖填方量通常采用四点法进行计算:

$$V_{Ci} = \frac{A_i [\sum C(x,y)]^2}{4 \cdot \{|\sum C(x,y)| + |\sum F(x,y)|\}} \tag{3-37}$$

$$V_{Fi} = \frac{A_i (\sum F(x,y))^2}{4 \cdot \{|\sum C(x,y)| + |\sum F(x,y)|\}} \tag{3-38}$$

式中:V_{Ci}——网格的挖方量,m³;

V_{Fi}——网格的填方量,m³;

$C(x,y)$——网格点的挖深,m;

$F(x,y)$——网格点的填深,m;

A_i——网格面积,m²。

挖填比率为

$$K = \frac{\sum V_{Ci}}{\sum V_{Fi}}(0 < k < 1.1) \tag{3-39}$$

3. 田面平整方案计算

田面平整方案计算是指土方平衡计算完成后,利用田面平整设计高程,计算各实测点挖填深度,确定田块挖填区域,土方挖填量分布等,绘制相应设计图纸,为平整施工提供指导。

(二)水田水整平整方案设计

水田水整平地是先浅水灌入,浸泡24 h后进行的水整拉平作业。这个阶段的拉平作业无法改变田块平整度的整体变化趋势,作业目的是改善局部微地形的分布状态。由于水中地形测量作业难度大,并且所得数据的准确性也无法保障,采用前面所述的先测量后计算的方法进行平整方案设计精度有限,难以使用。所以,确定水整拉平作业平整方案目前最常用的方法是经验法,平地作业技术人员根据多年的平地经验,通过对田块的观察,初步确定平整方案(平地机械初始高度),并在作业过程中,不断调整,最终完成拉平作业,使田面的局部微地形得到改善,达到水整阶段的技术要求。

随着激光控制平地技术在水田水整阶段拉平作业的应用,整个田面的平整高度受同一激光面控制,利用经验法,靠观察确定的初始拉平方案误差就会较大,作业过程中方案调整的次数会大幅增加,从而降低拉平作业效率。因此,使用激光控制技术进行水田拉平作业时,田块初始拉平方案(平地机械初始高度)通常采用以下两种方法确定:一是旱整阶段平整作业结束后进行地形测量,然后利用实测数据进行平整方案计算,最后根据泡田之前田块是否耕翻,确定初始拉平方案;二是选取田块内多个具有代表性的点进行测量,将其算术平均值定为初始拉平方案。

四、激光控制平地施工作业

水田插秧前的耕整是水稻高产栽培技术中的一项重要内容,要求在3 cm水层条件下,高不露墩,低不淹苗,以利于秧苗返青活棵,生长整齐。因此,土地的精细平整十分重要。由于水田的水整作业无法从根本上改善田块平整度,所以,水田平整度的根本改善取决于旱整阶段精细平整施工作业的效果。

(一)平整作业施工方案选择

平整作业施工方案是平整作业过程中平地机械进行挖高、填低、运移土方的行驶路线。合理的施工路线不仅节约油料、减少机械磨损,且缩短施工时间、有效提高机械利用效率,从而提高土地平整工程施工效率。施工方案以平整成本最小为原则进行选择,通常以挖方区域向填方区域运移的土方量与其运距的乘积之和来代表平整成本。

水田与旱田相比,耕作田块的面积相对要小,要求田面没有坡度,即田面处于水平状态为最佳。水田一般是由旱田通过土地水平平整改耕过来的,如果旱田改水田时间不长,受土壤密实度影响,其平整度整体上还会在一定程度上受到改耕前平整度的影响;如果经过多年的水稻种植,田块平整度主要受多年耕作地形变化的累积影响。假设平地机械挖高、填低作业方向为施工主线,土方运移方向为施工辅线,两线相互垂直,则水田平整施工作业路线由主辅两线相互交替组成。根据水稻大田的耕作特点,水田平整路线主要包括主线横向辅线纵向、主线纵向辅线横向两种方案,详见图3-22。施工路线方案选择是采用数学方法通过对施工主、辅线排序的作业成本进行计算,选取适宜的施工作业方案。

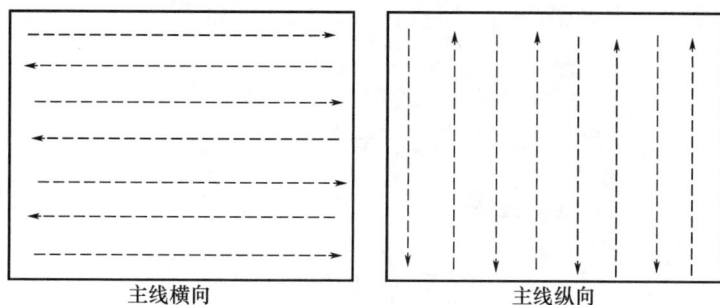

图 3-22 水田平整作业主要施工路线示意图

假设田块纵向分布 N 条横向土方平整路线,每条横向路线中含有 M 个平整网格,土方施工成本函数分为土方横向平整成本和土方纵向调配成本两部分,对两部分平地成本分别进行计算求解,最后将平整路线进行排序,得到平整施工方案。

①横向平整施工作业剩余的土方将纵向调配至其他横向路线,缺少的土方将由其他横向路线纵向调配到此平整路线。设第 i 条横向施工路线土方调配输入量为 V_i^t,计算如式(3-40);土方调配输出量为 V_i^d,计算如式(3-41)。

$$V_i^t = \sum_{j=1}^{M} V_{ij}^t \qquad (3-40)$$

其中,

$$V_{ij}^t = \begin{cases} |C_{ij}| & (C_{ij} < 0, D_{ij-1} \leqslant 0) \\ |D_{ij-1} + C_{ij}| & (C_{ij} < 0, D_{ij-1} < |C_{ij}|) \\ 0 & \end{cases}$$

$$V_i^d = \begin{cases} D_{iM} & (D_{iM} > 0) \\ 0 & \end{cases} \qquad (3-41)$$

横向施工路线平整成本函数 Z_i 的计算为

$$Z_i = \sum_{j=1}^{M} S_{ij}(1 + V_i^t + D_{ij})(i = 1, 2, \cdots, N) \qquad (3-42)$$

式中:S_{ij}——第 i 条横向路线,第 j 网格运距,m;

C_{ij}——第 i 条横向路线,第 j 网格土方剩余量,m^3;

V_i^t——第 i 条横向路线,土方调配输入量,m³;

V_{ij}^t——第 i 条横向路线,由第 1 网格平整至 j 网格总填方量,m³;

D_{ij}——第 i 条横向路线,由第 1 网格平整至 j 网格总挖方量,m³;

D_{iM}——第 i 条横向路线,$j=M$ 时总挖方量,m³;

Z_i——第 i 条横向路线施工成本。

利用上述方法,可得到每条横向平整路线双向行驶的平整成本,取最小值为该条横向施工路线方案。

②以上述 N 横向平整路线方案为基础,将第 i 条路线输出土方通过纵向运移调配输入至第 j 条路线,此时土方调配成为线性规划中的土方运输问题,土方调配最佳方案为土方运移成本函数 Z 最小,并满足条件式(3-44)和式(3-45),函数 Z 的计算如式(3-43):

$$Z = \min \sum_{i=1}^{N} \sum_{j=1}^{N} Y_{ij}(1 + V_{ij}) \tag{3-43}$$

$$\sum_{j=1}^{N} V_{ij} = V_i^t \quad i = 1,2,\cdots,N \tag{3-44}$$

$$\sum_{i=1}^{N} V_{ij} = V_j^d \quad j = 1,2,\cdots N \tag{3-45}$$

式中:Z——土方调配运移成本;

Y_{ij}——土方从第 i 条横向路线运移至第 j 条横向路线的运距,m。

V_{ij}——从第 i 条横向路线运移至第 j 条横向路线的土方量,m³;

V_i^t——第 i 条横向路线土方调配输入量,m³;

V_i^d——第 i 条横向路线土方调配输出量,m³。

根据上述算法可以分别得到每条横向平整路线的施工方向及向其他路线进行土方运移调配的目标线路和调配土方量,以此为依据可以排出横向为施工主线的施工作业方案。

目前,随着耕作技术的不断改进与发展,传统的水田整地机械如水耙轮、刮板等已经发展成具有旋翻、碎土、搅浆、埋茬、平地等多种功能的综合性农机。水田的平整作业已经变为土壤切碎、搅拌成浆,并将根茬、茎秆等埋入泥浆以及地表拉平等综合性耕作。所以,从多功能农机作业效果考虑,此阶段水田拉平作业路线与其他整地作业沿水稻种植方向进行的要求一致。

(二)激光控制平地施工作业

目前,我国生产的激光控制平地机械规格较小,作业宽度一般在 2.0~5.0 m,土方运移量最大在 3.0 m³ 左右,由于平地机械是靠自重进行下切铲土作业,对平整度较差 ($S_d > 15.0$ cm)的田块难以一次下切至平整高度,若采用多次作业方式,施工作业效率则会大幅度降低。因此,平整度较差($S_d > 15.0$ cm)的田块适用于大马力拖拉机、重型、大型平地机械进行平整作业,但我国对大功率拖拉机或重型、大型平地机械还没有实现国产化,成套的重型、大型土地平整机械主要依靠进口,价格较贵,购买数量有限。故在我国,对于平整度较差($S_d > 15.0$ cm)的田块,通常先采用传统平地技术进行粗平,然后使用激光控制平地技术进行精细平整。

经过多年种植的水田平整可以直接使用激光控制平地技术进行施工作业,而旱田改水田时间短的田块要根据实测资料进行分析,挖深大的区域要先进行粗平,然后再进行全面精细平整作业,以提高整体平整作业效率。

1. 建立标准激光平面

选择适宜位置,一般接近平整田块但不影响施工机械作业,最佳位置是激光信号能够完全覆盖平整作业区域,且激光发射器与平整区域之间没有障碍阻挡激光信号;将激光发射器固定在安装支架上,并高于拖拉机驾驶室;调整激光发射器,使其激光信号形成的信号平面坡度与田块平整方案坡度一致,对于水田,激光信号面处于水平状态。

2. 安装控制系统与机械设备

将平地机械与拖拉机的牵引架牢固相连;根据液压系统的驱动方式安装动力泵或将液压油管直接安装在拖拉机的液压输出端,检查液压系统所用液压油量是否满足要求;在拖拉机驾驶员身旁安装控制器,并调到手动控制模式;将激光接收器安装在平地机械的桅杆之上;连接各部件间的电缆(电瓶 - 控制器、控制器 - 电磁阀组、控制器 - 激光接收器)。激光控制平地设备构成、安装示意见图 3 - 23。

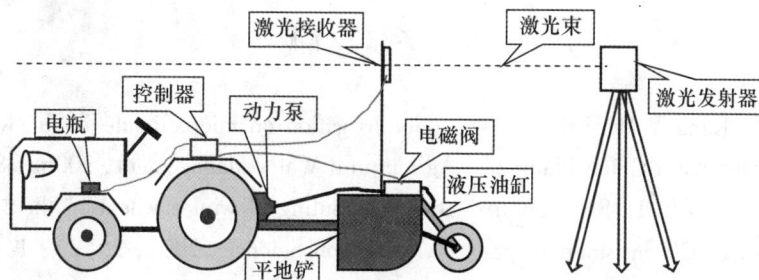

图 3 - 23 激光控制平地设备构成、安装示意

3. 确定平地铲刀高度

在田块内找到一个与设计方案相同的实测点或通过施工创建一个与设计方案高程相同的点;利用拖拉机牵引土方机械,使平地铲刀移至标准点,并将其放置在地表面,此时刀口高度与田面平整设计高度相同。

4. 调整激光发射器、激光接收器

打开控制器电源,调整激光发射器或激光接收器的高度,在满足激光面高于拖拉机驾驶室要求的条件下,使激光接收器中心位置与激光发射器发射的激光面同高,即激光接收器的中心位置接收激光信号。

5. 施工作业

将控制器调到自动控制模式,驾驶拖拉机牵引平地机械按照规划设计方案的施工路线行驶,进行挖高、填低、土方运移以及摊平等作业。

在行驶至田面过高或过低的区域时,激光信号有可能超出接收器接收范围,失去激光信号,平地铲刀失去控制,此时可利用控制器手动功能通过强行控制铲刀升降,调节激光接收器的高度,使其能够接收激光信号,恢复激光信号对铲刀的控制。

当铲刀内土方过多,拖拉机牵引困难或无法行驶时也可使用手动控制功能强制控制铲刀上升。平整作业过程中,田块地形受平整作业和轮胎碾轧密实影响,将会发生不同程度的变化,此时应根据平地机械铲刀作业状态通过调整激光接收器的高度对铲刀高度进行适当调节,以提高土地平整精度。因此,平地作业过程中,施工技术人员要在作业阶段了解掌握地形整体及局部的变化,及时调节铲刀高度,这样既可以提高平整精度,也可以提高平整作业效率。

水田平整是碎土、搅浆、埋茬、拉平的综合作业,利用多功能农业机械,同时进行各种作业。土地拉平作业是所有作业中的最后一个环节。水田的平整作业主要根据搅浆要求进行作业,搅浆作业达到水田技术要求后,其他作业也基本达到了相应的要求,从而完成平整作业。

参 考 文 献

[1] Liu H J, Kang Y H. Effect of sprinkler irrigation on microclimate in the winter wheat field in the North China Plain[J]. Agricultural Water Management, 2006a, 84: 3 – 19.

[2] Liu H J, Kang Y H. Sprinkler irrigation scheduling of winter wheat in the North China Plain using a 20 cm standard pan[J]. Irrigation Science, 2007, 25(2): 149 – 159.

[3] Zhou J, Wang C, Zhang H, et al. Effect of water saving management practices and nitrogen fertilizer rate on crop yield and water use efficiency in a winter wheat-summer maize cropping system[J]. Field Crops Research, 2011, 122(2): 157 – 163.

[4] Du T, Kang S, Sun J, et al. An improved water use efficiency of cereals under temporal and spatial deficit irrigation in north China[J]. Agricultural water management, 2010, 97(1): 66 – 74.

[5] 丛振涛, 杨大文, 倪光恒. 蒸发原理与应用[M]. 北京:科学出版社, 2013.

[6] 张展羽, 冯宝平. 现代灌排技术[M]. 南京:河海大学出版社, 2012.

[7] 王仰仁, 李明思, 康绍忠. 立体种植条件下作物需水规律研究[J]. 水利学报, 2003, 34(7): 90 – 95.

[8] 孙泽强, 康跃虎, 刘海军. 冬小麦农田土壤水分分布特征及水量平衡[J]. 干旱地区农业研究, 2006, 24(1): 100 – 107.

[9] 曹红霞, 康绍忠, 何华. 蒸发和灌水频率对土壤水分分布影响的研究[J]. 农业工程学报, 2003, 19(6): 1 – 4.

[10] 刘海军, 康跃虎, 刘士平. 喷灌对冬小麦生长环境的调节及其对水分利用效率影响

的研究[J].农业工程学报,2003,19(6):46-51.

[11] 张志宇,郐志红,吴鑫淼. 冬小麦-夏玉米轮作体系灌溉制度多目标优化模型[J]. 农业工程学报,2013,29(16):102-111.

[12] 吴彩丽,许迪,白美键,等.地面灌溉田间灌水控制技术与设备研究进展[J].灌溉排水学报,2013,32(6):133-136.

[13] 刘钰,蔡甲冰.甘肃景泰提水灌区田间灌水技术评价与改进[J].中国农村水利水电,2002(7):11-15.

[14] 贾宏伟,卢成.基于非充分灌溉理论的水稻田间水利用效率的计算方法[J].农业工程学报,2010,26(6):38-41.

[15] 赵伟霞,李久生,粟岩峰.考虑喷灌田间小气候变化作用确定灌水技术参数方法探讨[J].中国生态农业学报,2012,20(9):58-64.

[16] 林性粹,王智,等.农田灌水方法及灌水技术的质量评估[J].西北农业大学学报,1995,23(5):17-22.

[17] 仵峰,陈玉民,宰松梅.石津灌区适宜田间灌水技术试验研究[J].中国农村水利水电,2003(2):25-28.

[18] 许迪,程先军,谢崇宝,等.田间节水灌溉新技术应用研究[J].节水灌溉,2001,4(2):7-11+20.

[19] 李益农,许迪,李福祥.影响水平畦田灌溉质量的灌水技术要素分析[J].灌溉排水,2001,20(4):10-14.

[20] 刘钰,Pereira L S.考虑地面灌水技术制约的灌溉制度优化[J].农业工程学报,2003,19(4):74-79.

第四章 灌区节水栽培管理技术

第一节 水稻水肥耦合效应

我国单季稻的氮肥使用量约为 180 kg/hm²,比世界各国单季稻氮肥使用量高 75% 左右。氮肥对水稻生长的影响仅次于水,在水稻的生长过程中具有需求量大且不易于控制的特点。人们往往认为多施氮肥就能多得粮食,这导致盲目增加施氮量,造成氮肥利用率低和环境污染,多余的氮肥渗漏、排水、挥发等途径排放到水和空气中引起许多环境问题。怎样更有效地提高水稻水分生产率和氮肥利用率已是当今研究的热点,大量研究证明,盲目增加氮肥施用量不仅造成"奢侈耗氮",甚至还造成水稻减产;水氮的增产作用不应单独研究水和氮的本身,更重要的应把研究重点放到水氮耦合效应的研究上,只有恰当投入水氮,才能起到"以肥调水"和"以水调肥"的双重效果。因此,研究不同水氮耦合模式对耗水规律、产量及氮肥利用率的作用,解决区域水资源短缺和氮肥损耗率较高问题,指导人们正确灌水施肥,提高效益,对推广节水增效水稻意义重大。

一、试验区概况

试验区位于黑龙江省呼兰河中部的庆安灌溉试验站,地理坐标为东经 125°44′、北纬 45°63′,属于寒温带大陆季风气候,多年平均降水量 577 mm,年平均蒸发 770 mm,年平均气温 1.69 ℃,无霜时长 128 d,日照时数 2 600 h。试验区土壤的理化性质见表 4 - 1。

表 4 - 1 土壤基本理化性状

土壤类型	全氮/(g/kg)	全磷/(g/kg)	全钾/(g/kg)	有机质/(g/kg)	碱解氮/(mg/kg)	pH 值	速效磷/(mg/kg)	速效钾/(mg/kg)
黑土	15.06	15.23	20.11	41.4	154.36	6.40	25.33	157.25

二、材料与方法

(一)试验设计

采取两因素四水平全面小区试验,变量因素为灌溉模式(控制灌溉 C1、间歇灌溉 C2、浅湿灌溉 C3、淹灌 C4)和施氮水平[高肥处理 N1 135 kg/hm²,正常施肥用量 N2 105 kg/hm²,低肥用量 N3 75 kg/hm²,不施氮肥 N4(CK)]。水分管理表见表 4 - 2。共

16 个处理,每个处理重复 3 次,共计 48 个小区,面积为 100 m²,四周用塑料板和水泥埂作为隔渗材料,埋入田间地表以下 40 cm 深,四周种植同品种以排除不同品种引起的差异。

表 4-2 不同灌溉模式水分管理表

生育期		返青期	分蘖期			拔节期	抽穗期	乳熟期	黄熟期
			前期	中期	末期				
控制灌溉 C1	上限	30 mm	100%	100%	100%	100%	100%	100%	落干
	下限	100%	85%	85%	60%	90%	85%	70%	
间歇灌溉 C2	上限	30 mm	40 mm	40 mm	晒田	30 mm	40 mm	40 mm	落干
	下限	100%	100%	100%		100%	100%	100%	
浅湿灌溉 C3	上限	30 mm	30 mm	20 mm	晒田	10 mm	20 mm	20 mm	落干
	下限	100%	100%	100%		100%	100%	100%	
淹灌 C4	上限	30 mm	80 mm	80 mm	晒田	80 mm	80 mm	80 mm	落干
	下限	100%	100%	100%		100%	100%	100%	

注:"%"是指占土壤体积饱和含水率的百分数;土壤体积饱和含水率为 50%

氮肥按照基肥:返青肥:分蘖肥:抽穗肥比例为 5:1:2.5:1.5 分施,不同施氮模式管理见表 4-3,各处理均施纯 P_2O_5 45 kg/hm²,纯 K_2O 80 kg/hm²,P 肥作基肥一次施用,K 肥分基肥和穗肥两次施入,前后比例为 1:1。

供试品种为龙庆稻 3 号,5 月 21 日插秧,9 月 18 日测产,行列间距为 30 cm×10 cm,每穴 3 株,即 30 穴/m²。其他耕作栽培条件相同。

表 4-3 不同氮肥模式管理表   单位:kg/hm²

施氮量	基肥	返青肥	分蘖肥	穗肥	总施氮量
高氮(N1)	67.5	13.5	33.75	20.25	135
常氮(N2)	52.5	10.5	26.25	15.75	105
低氮(N3)	37.5	7.5	18.75	11.25	75
零氮(N4)	—	—	—	—	—

(二)测定方法

1. 土壤水分的测定

①试验灌水量:用水表记录,精确记录每次灌水时间,灌水量。
②土壤水分消耗观测:采用土壤水分速测仪,观测每日 8 时土壤水分。

③水层观测:选取固定点位记录每日 8 时水层深度,精确到毫米。

④记录试验站的气象数据:降雨量,降雨开始、停止时间,蒸发量,温度。

⑤记录各小区的排水情况:排水次数,排水量,排水日期及开始、终止时间。

⑥测量土壤原始肥力和测产时的土壤肥力。

2. 植株生理指标测定

①株高:每个生育期观测。抽穗前为土面至每穴最高叶尖的高度,抽穗后为土面至最高穗顶(不计芒)的高度,取平均值。

②叶面积指数:采用冠层仪测定。

③分蘖数:插秧每穴 3 株。从分蘖期开始,定点观测每穴苗数,考察茎蘖增减动态、最高茎蘖数、有效分蘖数。返青后第一次观测的植株为基本植株总数,以后每 5 天观测一次,临近分蘖盛期时至抽水开花期时应每隔 2 ~ 3 天观测一次,调查起止时间为分蘖期开始至黄熟期。

3. 产量及产量构成因素测定

考种测产:在收割前进行烤种,统计有效穗数、穗粒数、千粒重、植株干物质、植株干重、经济系数、换算理论产量。

①有效穗数:每小区选取 1 m² 长势良好且均匀水稻,观察 1 m² 水稻的有效穗数。

②穗粒数:随机抽取 5 组统计每穗粒数,取其均值。

③千粒重:将水稻脱粒用烘箱 60 ℃烘干至恒重,剔除瘪粒,任意取出 1 000 粒进行称重,记录质量作为千粒重。

④结实率:将其晾晒干后将籽粒充分混合,实粒与总数的比为结实率。

⑤产量:测量产量 = 1 m² 有效穗数 × 穗粒数 × 结实率 × 千粒重/1 000,最终换算成 kg/hm²。

(三)数据处理方法

采用 Excel 2010、SAS 8.1(TS1M0)及 Matlab 2010b 处理分析。

三、结果与分析

(一)不同水氮耦合对株高的影响

采用对比分析的方法,对不同水氮处理下水稻株高和分蘖数的动态变化特征进行分析。从表 4-4 看出,在整个生育时期内水稻株高的增速表现出先慢后快最后增速基本为停滞的状态。从总体来看,返青期的株高相差不大,可知返青期水稻生长缓慢株高与移栽时基本相同,这种状态维持 7 d 左右,这是由于从苗床移栽到大田水稻的根系还没有扎入土壤,植株根系不能从土壤中吸收大量的水分和养分以供给水稻植株生长,在此初期水稻植株会出现萎蔫叶片卷缩的情况,随着水稻根系在土壤固定根系活力的恢复使得水稻植株开始生长分蘖,继而进入分蘖期。株高在分蘖前期生长速度仍处于缓慢阶段直到拔节期植株增速达到最大,这是由于分蘖后期的晒田利用水分亏缺遏制继续分蘖同时也由于水分竞争导致一些小的分蘖因缺少而枯萎死亡,当晒田期结束剩下的分蘖具有生长优势,根系吸收的水分和养分优先供给用来为株高的生长提供动力。当进入抽穗期时,从营养生长向生殖生长过渡,植株株高增速开始放缓,养分开始优先供给幼穗生长分化致使水稻株高生长速度减慢。水稻进入乳熟期,株高基本保持不变,是由于光合产物不断向籽粒中转移。当水稻进入黄熟期时,株高稍有降低,主要是因为水稻将植株本身的可转移的营养物质向籽粒中转移,植株本身开始萎蔫枯萎,致使株高稍有降低。

表4－4　不同水氮处理水稻平均株高　　　单位:cm

处理	返青期 5.21~5.29	分蘖前期 5.30~6.9	分蘖中期 6.10~6.27	分蘖末期 6.28~7.7	拔节期 7.8~7.21	抽穗期 7.22~8.1	乳熟期 8.2~8.24
C1N1	17.94	28.28	37.99	51.00	72.04	83.45	91.61
C1N2	17.28	29.60	40.21	52.44	74.94	87.77	93.53
C1N3	18.27	30.77	38.79	50.99	71.22	82.06	87.08
C1N4	17.17	27.02	35.13	48.23	69.06	76.76	76.19
C2N1	14.56	28.28	39.22	51.36	73.04	84.45	91.98
C2N2	17.56	29.92	41.21	50.50	71.28	84.25	91.18
C2N3	16.67	28.54	37.80	49.16	69.91	83.80	89.39
C2N4	17.00	26.55	35.64	45.53	63.13	80.53	82.38
C3N1	16.39	29.28	39.55	52.32	74.00	86.81	91.94
C3N2	14.56	25.16	33.35	45.91	64.17	77.20	81.54
C3N3	16.60	25.86	35.07	47.17	66.06	78.97	83.48
C3N4	14.68	25.58	34.85	48.67	68.67	77.83	77.00
C4N1	15.30	34.41	41.10	54.39	69.22	80.56	84.00
C4N2	16.87	29.67	38.66	54.44	65.56	75.22	82.00
C4N3	16.76	31.71	39.66	53.56	66.44	78.33	81.67
C4N4	17.23	30.12	38.12	50.22	63.00	73.00	70.83

1. 不同施氮水平对水稻株高的影响

当固定灌水模式,把相同氮肥使用量水平的株高取均值,消除不同灌水模式对株高的作用,从而分析不同氮肥使用量对株高的作用。根据表4－4中数据得出不同施氮水平下株高变化规律见图4－1。从图4－1不同施氮水平下株高变化规律中可知,整体上看,水稻株高增长速度呈现出先慢后快的整体趋势。由于曲线的斜率代表水稻株高的增长速度,即曲线越陡代表株高增速越快,相反曲线越平缓则代表株高增速越缓慢。由此可以看出,各施氮处理返青期的株高相差不大,说明在返青期施氮量的大小对株高的增长影响不明显;从返青期到分蘖末期曲线斜率变化不大且相对平缓代表在此阶段水稻株高增长速度较稳定且均生长较慢,可能是由于水稻将大部分的营养供给用于水稻分蘖数的增加从而导致水稻株高增长缓慢;从分蘖末期到拔节期曲线的倾斜程度变陡说明在此阶段水稻的株高增长迅速,是由于晒田期结束减少了无效分蘖从而降低了水稻的养分竞争;水稻到拔节期和乳熟期株高的生长速度开始有所放缓。

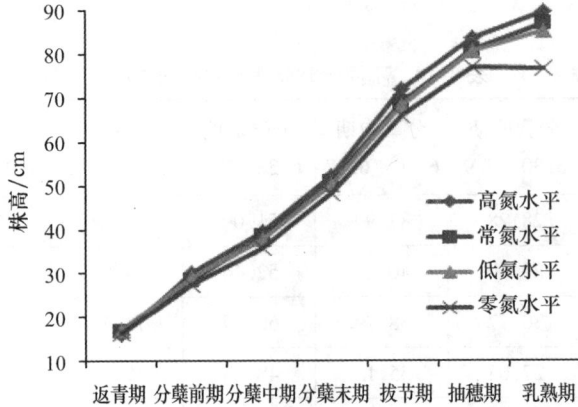

图4-1 不同施氮水平下株高变化规律

从图4-1中曲线之间距离代表各氮肥使用量下株高的差距,即两曲线间的间距越大代表这两种施氮水平所造成的株高差异显著,相反两曲线间的间距不大或者重合代表该施氮差异没有对水稻株高产生明显作用。从图4-1的变化趋势可知,各施氮水平下的水稻株高变化基本相同,高氮水平与常氮水平的株高曲线基本重合,说明高氮水平和常氮水平之间的差异对株高没有显著影响,同时在抽穗期到乳熟期水稻的株高有进一步提高,在这两种氮肥使用量下水稻到后期依然有生长后劲;从整体看高氮水平曲线与常氮水平曲线最接近高于低氮水平曲线高于零氮水平曲线并且常氮水平曲线稍高于高氮水平曲线,在相同灌溉方式常规氮肥使用量的株高要高于较高氮肥使用量株高要高于较低氮肥使用量株高要高于不下水稻株高,两者之间的差距常氮水平与高氮水平之间的差距最小,低氮水平与零氮水平之间的差距最大,说明在一定范围内氮肥使用量的提升对株高有明显促进作用,并且随着氮肥使用量提升对株高促进作用在变弱。曲线之间的差距主要是在拔节期至抽穗期变大,这个阶段对株高来说是需氮敏感期。

2. 不同灌溉模式对水稻株高的影响

从图4-2上看,每种灌水方式下株高生长速度呈现倒抛物线形,其中各曲线还出现了交叉的情况,各灌溉方式对水稻株高在不同生育阶段的作用是不同的。水稻株高从返青期至分蘖期,各曲线基本重合,说明在返青期至分蘖前期株高的增长受灌水方式影响不大;在分蘖前期到拔节期,各曲线出现交叉,这说明在该时段内株高生长速度与灌水方式有关;从分蘖中期到末期淹水模式下株高增长速度最快,间歇灌水方式下的株高增长速度次之,浅湿灌水方式下的株高增长速度更慢,控制灌溉下株高生长速度最慢。拔节期到抽穗期曲线出现交叉,在此阶段灌溉模式对水稻的株高生长作用较大,在此阶段淹灌下的水稻株高曲线最平缓,此模式下的水稻株高生长最缓慢,证明淹灌模式在此阶段对水稻株高的生长有一定的抑制作用,控制灌溉模式下水稻株高曲线的倾斜程度最大,证明在此阶段控制灌溉对株高的增长具有促进作用。在抽穗期到乳熟期水稻株高曲线的倾斜程度接近平行,在此阶段水稻株高的生长快慢与灌溉模式的不同没有显著关系。

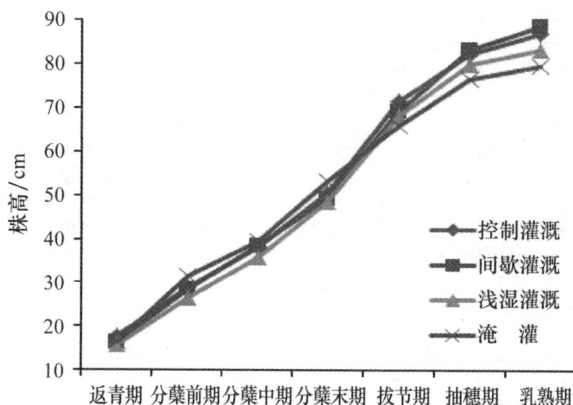

图 4-2　不同灌溉模式下株高变化规律

(二)不同水氮处理对水稻分蘖数的影响

土壤水分状况和氮肥使用量是影响分蘖数两大重要因子,有效分蘖数和结实率是构成产量的主要因子,所以提升有效分蘖及结实率对增加产量具有重大意义。通过对比分析各水氮处理对水稻分蘖数的影响找到最佳的水氮耦合方式,为水稻的节水高效推广提供理论依据。水稻分蘖数的多少与插秧密度、土壤类型、气候条件、水肥处理、田间管理措施等均有关系,本试验除水氮处理不同外其他条件均保持一致,仅讨论不同水氮处理对分蘖特性的作用。

按不同生育阶段对各水氮处理下的分蘖数进行测量,结果见表 4-5。

表 4-5　不同处理的水稻分蘖数　　　　　　　　　　　单位:株

处理	返青期	分蘖前期	分蘖中期	分蘖末期	拔节期
C1N1	6	11	27	30	25
C1N2	6	9	28	30	25
C1N3	8	13	28	29	22
C1N4	7	8	19	19	19

续表

单位：株

处理	返青期	分蘖前期	分蘖中期	分蘖末期	拔节期
C2N1	6	8	25	29	24
C2N2	4	8	22	26	20
C2N3	7	8	24	23	20
C2N4	8	11	21	22	19
C3N1	6	7	27	29	25
C3N2	8	10	26	28	24
C3N3	6	8	26	27	24
C3N4	6	7	18	22	20
C4N1	8	9	33	36	33
C4N2	7	9	31	32	27
C4N3	6	9	25	27	25
C4N4	6	7	21	23	21

从表4-5中可知，不同水氮处理分蘖规律基本相同，呈现出起初不变当到达分蘖期时分蘖数迅速增加，在末期出现最大值，之后分蘖数迅速降低。分蘖末期的最大值达到30株/穴，之后突然减少，是由于晒田期水分控制，减少土壤水分使得比较弱小的分蘖枯萎死亡。后期分蘖数基本保持不变是由剩下的分蘖已经具有生长优势，养分和水分优先供给剩下的分蘖生长。从分蘖数增加的速度来看分蘖前期分蘖数增长的速度较慢，分蘖中期分蘖数增加的速度最快，在分蘖末期水稻分蘖数的增速较前期快较中期慢。

1. 不同施氮水平对水稻分蘖的影响

当固定灌水模式，把相同氮肥使用量下分蘖数取均值，消除各灌水方式对分蘖的作用，从而分析各氮肥使用量对分蘖的作用。根据表4-5中数据得出不同施氮水平下水稻分蘖的变化规律见图4-3。从图4-3不同氮肥使用量下分蘖数的变化规律可知，由于曲线的斜率代表水稻分蘖数的增长速度，即曲线越陡代表水稻分蘖数的增加越快，反之曲线越平缓则代表水稻分蘖数增加速度越缓慢。整体上看，水稻的分蘖数的增加呈现先缓慢增加后快速增加最后迅速下降的过程。可以看出各施氮处理返青期的分蘖数增加速度基本相同，证明在返青期氮肥使用量的大小对分蘖数的增加影响不显著；从分蘖前期到分蘖中期曲线倾斜程度变陡，说明在此阶段分蘖数增长速度较快；从分蘖末期到拔节期曲线突然下降，说明水稻的分蘖数出现减少的趋势，是由于晒田水分亏缺，各分蘖间出现水分竞争，较弱小的分蘖枯萎死亡导致。

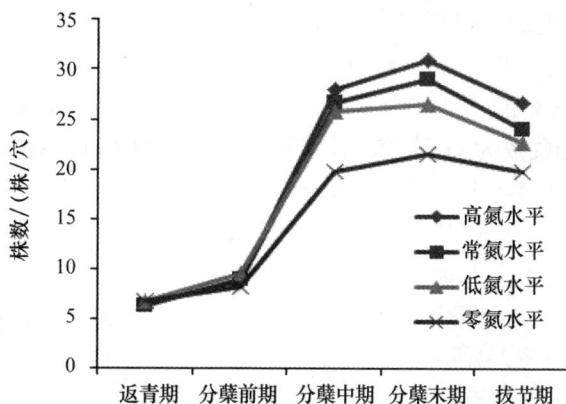

图4-3　不同施氮水平下株高变化规律

从图4-3中曲线的距离代表各施氮水平下水稻分蘖数的差距,即两曲线间的间距越大代表这两种施氮水平所造成的分蘖差异越显著,相反两曲线间的间距不大或者重合代表该施氮差异没有对水稻分蘖数的增加产生明显作用。最终有效分蘖数之间的差距零氮水平与低氮水平造成的水稻分蘖数之间的差异大于高氮水平与常氮水平造成的水稻分蘖数之间的差异大于常氮水平与低氮水平造成的水稻分蘖数之间的差异;从图4-3变化趋势可知,各施氮水平分蘖数变化基本相同,均呈抛物线形。从整体来看,高氮水平下的分蘖数 > 常氮水平下的分蘖数 > 低氮水平下的分蘖数 > 零氮水平下的分蘖数;从分蘖中期到分蘖末期,低氮水平和零氮水平曲线持平或稍有下降,可能是由于施氮量较少不能维持水稻分蘖数的继续增加。

2. 不同灌溉模式对水稻分蘖的影响

灌水方式的不同直接造成土壤水分状况的差别,间接造成分蘖、株高及产量的差异,从分蘖动态角度来衡量各种灌水模式优劣。从图4-4中可知,不同灌溉模式的分蘖变化规律基本一致,呈抛物线形,说明灌水方式的不同不能改变水稻分蘖的基本规律,在分蘖前期分蘖数开始缓慢增加,在分蘖末期时达到最大值,之后的拔节期分蘖数突然减少,在此之后,分蘖数保持稳定。

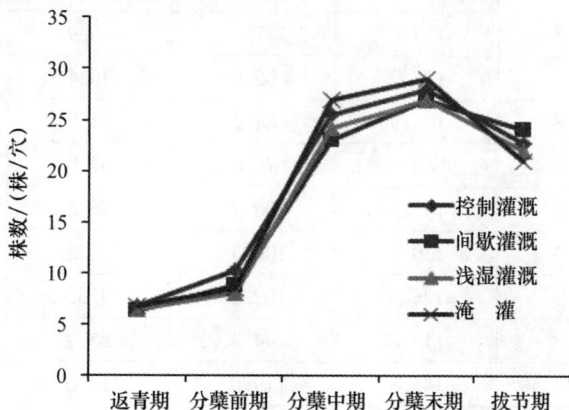

图4-4　不同灌溉模式水稻分蘖变化规律

从返青期到分蘖前期,控制灌溉水稻分蘖数高于其余三种灌溉模式下的水稻分蘖数,说明控制灌溉模式下水稻分蘖开始早于其他三种灌溉模式。从分蘖前期到末期,淹灌分蘖数高于其余三种灌水方式下的分蘖数,其分蘖数最大值出现在分蘖末期为29 株/穴,最终有效分蘖数为21 株/穴,有效分蘖率达72.4%;间歇灌溉和浅湿灌溉在分蘖末期的最大分蘖数基本相同均为27 株/穴,有效分蘖数分别为24 株/穴和22 株/穴,有效分蘖率分别达88.9%和81.5%;控制灌溉最大分蘖数为28 株/穴,有效分蘖数为23 株/穴,有效分蘖率达82.1%。

在各种灌溉模式中:间歇灌溉＞控制灌溉＞浅湿灌溉＞淹灌的有效分蘖率,控制灌溉与浅湿灌溉的有效分蘖率差异不大;然从有效分蘖数量上来看,间歇灌溉模式下的有效分蘖数量＞控制灌溉模式下的有效分蘖数量＞浅湿灌溉模式下的有效分蘖数量＞淹水方式下的有效分蘖数。因此,分蘖特征的整体规律受灌溉模式的差异影响较小,只会影响分蘖数提升或降低的幅度,使最终的有效分蘖数受到影响,进而对水稻产量产生作用。

(三)不同水氮耦合对水稻耗水规律的影响

1.水稻耗水量变化趋势分析

水稻通过吸收水分完成养分的运输及新陈代谢过程,通过腾发作用完成水分的散发,使植株本身不被灼伤保持良好的生长环境,以此达到水分的平衡。通过测量不同水氮耦合处理的各生育阶段腾发量,计算出不同水氮耦合处理的水分生产率、耗水量及耗水强度。

水稻各生育期的用水量数据见表4－6。从图4－5可知,不同处理各生育阶段耗水规律基本相同,均呈倒置抛物线形趋势,在分蘖期时出现最大值,其次为:拔节期＞抽穗期＞乳熟期＞黄熟期＞返青的耗水量。水稻分蘖期耗水量最大,主要由于分蘖期水稻开始分蘖,生长旺盛而且水稻植株不能完全封闭水面所以同时存在较大的植株蒸发蒸腾量和水面蒸发。

表4－6　不同生育阶段水稻耗水量

处理	分蘖期/mm	孕拔期/mm	抽穗期/mm	乳熟期/mm	全生育时期/mm
C1N1	126.8	113.9	87.1	76.9	508.5
C1N2	123.8	112.9	86.6	76.4	503.5
C1N3	113.8	108.9	84.6	74.9	486.0
C1N4	91.8	89.9	76.6	67.9	430.0
C2N1	157.6	132.5	106.7	96.5	597.1
C2N2	155.3	130.2	106.3	96.2	591.8
C2N3	147.3	126.6	102.3	92.2	572.2
C2N4	130.3	113.8	94.3	85.2	527.4
C3N1	197.4	145.8	119.0	117.0	683.0
C3N2	195.4	143.6	118.6	116.2	677.6

续表

处理	分蘖期/mm	孕拔期/mm	抽穗期/mm	乳熟期/mm	全生育时期/mm
C3N3	191.4	139.6	114.2	112.4	661.4
C3N4	173.4	126.6	105.2	103.6	612.6
C4N1	231.4	166.4	132.9	130.9	765.4
C4N2	230.4	165.6	131.6	130.3	761.7
C4N3	226.4	161.6	128.6	126.7	747.1
C4N4	206.4	147.6	120.6	120.7	699.1
均值	168.7	132.8	107.2	101.5	641.5

由表4-6可知,分蘖期耗水量91.8~231.4mm,C4N1 > C4N2 > C4N3 > C4N4 > C3N1 > C3N2 > C3N3 > C3N4 > C2N1 > C2N2 > C2N3 > C2N4 > C1N1 > C1N2 > C1N3 > C1N4 处理的耗水量。在同种氮肥使用量条件下,不同灌溉模式的阶段耗水变化规律见图4-6。

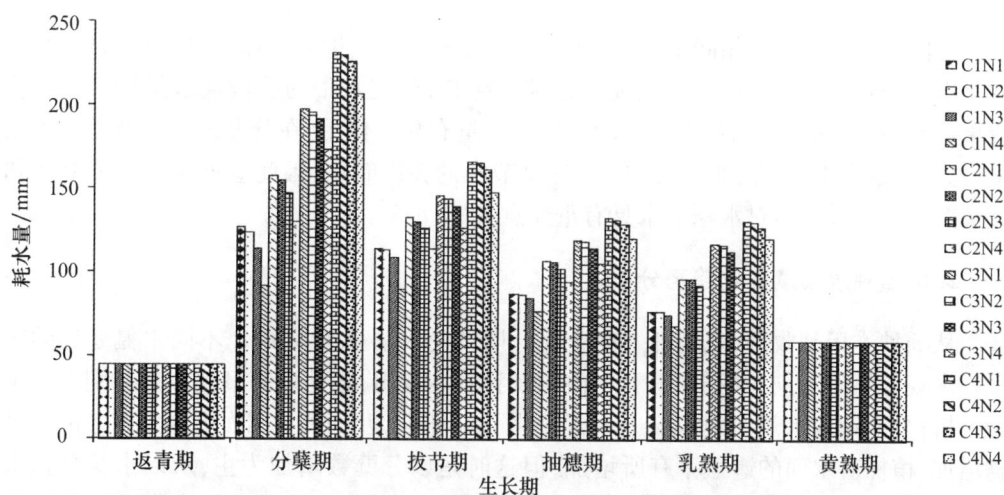

图4-5　各生育期作物耗水量分布

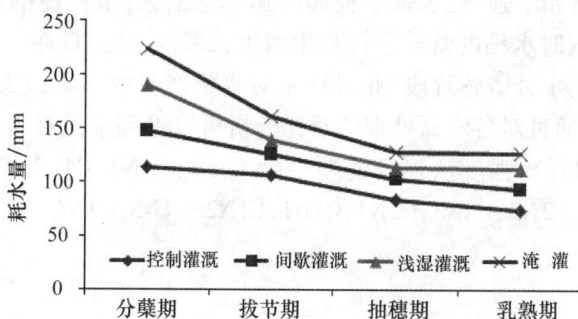

图4-6　不同灌溉模式水稻耗水量变化规律

由图 4-6 可知,当固定施氮量,四种水分管理模式下,各生育阶段耗水量变化趋势相同,为淹灌 > 浅湿灌溉 > 间歇灌溉 > 控制灌溉,控制灌溉下各生育阶段的耗水量最小,削锋效果最明显,主要是由于控制灌溉能有效地减少水稻的无效蒸发蒸腾及田间渗漏。

在相同灌溉条件下,不同施氮水平下的水稻耗水量变化规律见图 4-7。

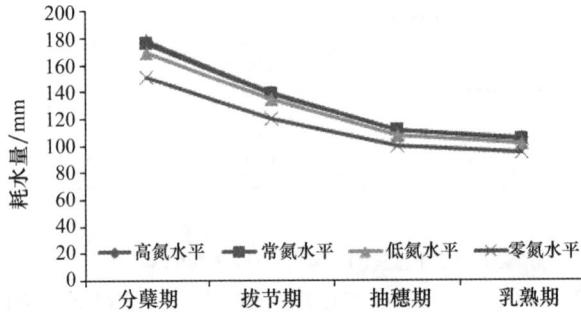

图 4-7 不同施氮水平下水稻耗水量变化规律

由图 4-7 可知,在相同水分管理的模式下,随着施氮量的增加耗水量是增加的,主要是由于施氮量的增加可以有效地促进植株生长,致使水稻的阶段耗水量增加。试验成果证明,各处理对水稻各生育阶段的耗水用量有显著作用,在分蘖期和拔节期耗水用量最大,约占全生育期耗水量的 50%,这是节水的关键时期,因此应该在水稻分蘖期和拔节期采取有效措施对水稻节水具有重要意义。

2. 水稻耗水强度变化趋势分析

从插秧本田到收割,观测各处理全生育期日耗水量见图 4-8。不同水氮处理的水稻耗水规律大致相同,水稻在返青期由于刚移栽到本田,各处理间日耗水量差别不大不做分析;分蘖期各水氮处理水稻进入营养生长旺盛期,叶面积也开始增大,随之植株蒸腾增加,植株对水面的遮盖率有所增加,但这时是以分蘖数增加为主,所以水稻日耗水量呈上升趋势;水稻从晒田期到拔节期,由于水稻晒田导致水稻部分分蘖因缺水而死亡,促进根系的生长可以提升水稻吸收养分和水分的能力,进入拔节期,植株叶面积逐渐增大,植株蒸腾开始增强,耗水强度提高的速率也变大;水稻在抽穗期是从营养生长向生殖生长转变,这时水稻的营养生长和生殖生长都很旺盛,日耗水量在抽穗期达到最大,此阶段是水稻的水分敏感阶段,此时缺水对水稻产量的影响最大;水稻在乳熟期日耗水量逐步降低。通过对各水氮处理的对比分析可以得到水氮对水稻日耗水规律的影响。各处理水稻的耗水强度从强到弱顺序为 C4N1,C4N2,C4N3,C4N4,C3N1,C3N2,C3N3,C3N4,C2N1,C2N2,C2N3,C2N4,C1N1,C1N2,C1N3,C1N4。

表4-7 不同生育阶段水稻耗水强度 单位:mm/d

处理	分蘖期耗水强度	拔节期耗水强度	抽穗期耗水强度	乳熟期耗水强度	全生育期耗水强度
C1N1	3.52	7.12	7.92	3.66	4.24
C1N2	3.44	7.06	7.87	3.64	4.2
C1N3	3.16	6.81	7.69	3.57	4.05
C1N4	2.55	5.62	6.96	3.23	3.58
C2N1	4.38	8.28	9.7	4.6	4.98
C2N2	4.31	8.14	9.66	4.58	4.93
C2N3	4.09	7.91	9.3	4.39	4.77
C2N4	3.62	7.11	8.57	4.06	4.4
C3N1	5.48	9.11	10.82	5.57	5.69
C3N2	5.43	8.98	10.78	5.53	5.65
C3N3	5.32	8.73	10.38	5.35	5.51
C3N4	4.82	7.91	9.56	4.93	5.11
C4N1	6.43	10.4	12.08	6.23	6.38
C4N2	6.4	10.35	11.96	6.2	6.35
C4N3	6.29	10.1	11.69	6.03	6.23
C4N4	5.73	9.23	10.96	5.75	5.83
均值	4.69	8.3	9.75	4.83	5.12

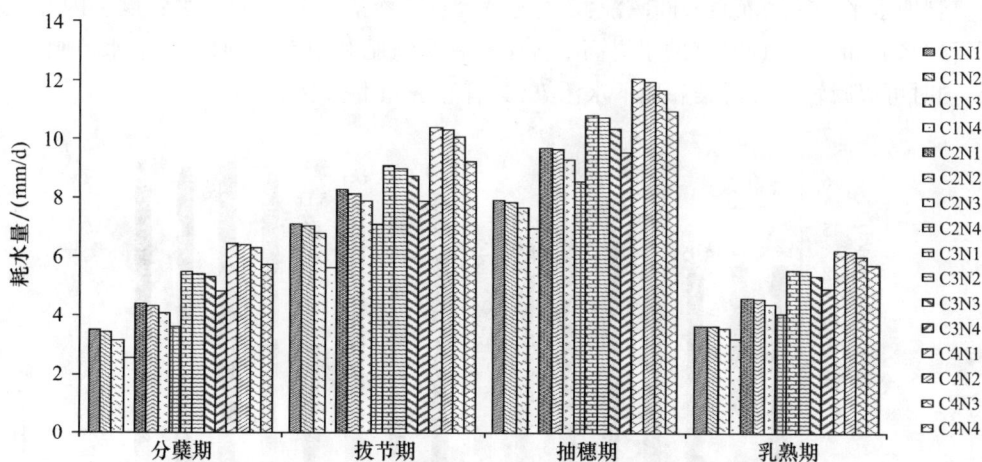

图4-8 不同生育阶段耗水强度变化曲线

由图 4-9 可知,在高氮水平下四种灌溉模式下的耗水强度分别为 4.24 mm/d、4.98 mm/d、5.69 mm/d、6.38 mm/d,在常氮水平下四种灌溉模式下的耗水强度分别为 4.20 mm/d、4.93 mm/d、5.65 mm/d、6.35 mm/d,在低氮水平下四种灌溉模式下的耗水强度分别为 4.05 mm/d、4.77 mm/d、5.51 mm/d、6.23 mm/d,在零氮水平下四种灌溉模式下的耗水强度分别为 3.58 mm/d、4.40 mm/d、5.11 mm/d、5.83 mm/d。试验结果证明,在同种灌水方式下,随着氮肥使用量的增加耗水强度也随之增强。

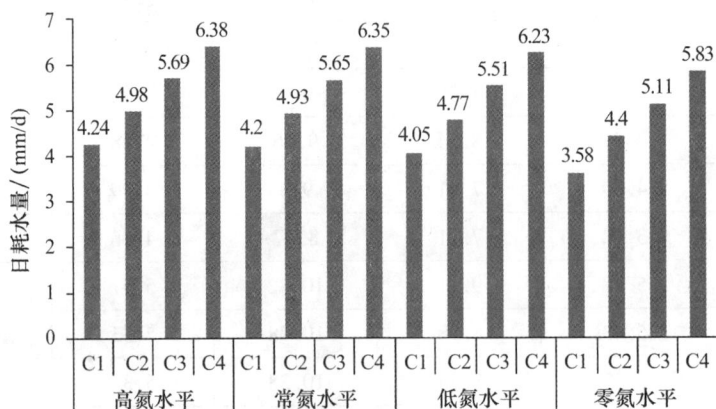

图 4-9 不同施氮量耗水强度变化曲线

由图 4-10 可知,控制灌溉模式下四个施氮水平下的耗水强度分别为 4.24 mm/d,4.20 mm/d,4.05 mm/d,3.58 mm/d,间歇灌溉模式下四个施氮水平下的耗水强度分别为 4.98 mm/d,4.93 mm/d,4.77 mm/d,4.40 mm/d,浅湿灌溉模式下四个施氮水平下的耗水强度分别为 5.69 mm/d,5.65 mm/d,5.51 mm/d,5.11 mm/d,淹灌模式下四个施氮水平下的耗水强度分别为 6.38 mm/d,6.35 mm/d,6.23 mm/d,5.83 mm/d。在相同的施氮管理水平下控制灌溉 < 间歇灌溉 < 浅湿灌溉 < 淹灌模式下的耗水强度。因此,合理管理水分和施用氮肥,有助于提高水分生产率和氮肥利用率,从而达到节水节肥的效果,同时可以减轻面源污染和地下水污染,具有经济和生态双重效益。

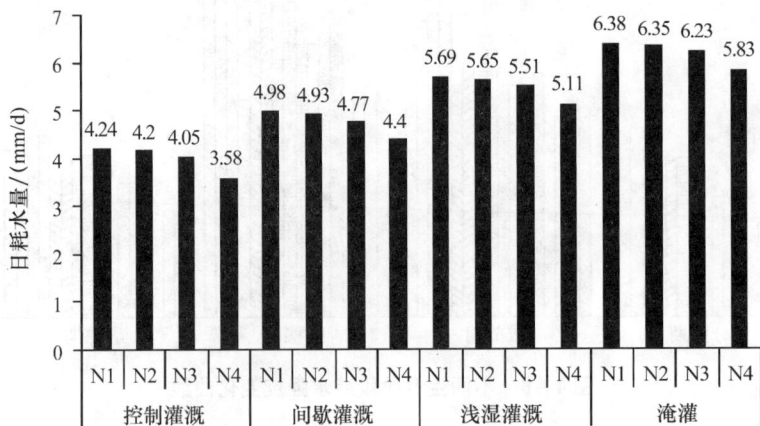

图 4-10 不同灌溉模式耗水强度变化曲线

3. 不同水氮耦合模式的水分生产率

水和氮是对水稻产量影响的两大主要因素,以往人们一般采用多水多氮肥来追求水稻的高产量,带来了氮肥有效率低下而且容易造成水源污染,致使生态遭到破坏。然而产量不但未提高反而降低,这一直是人们长期存在的思想误区。随着我国水资源的日益紧张及人口数量的继续增大,要求我们利用有限的水资源来生产更多的粮食,从而摆脱对进口粮食的依赖。这就是研究水氮耦合模式下的水分生产率的重要性,从而确定最优水氮耦合配合比例,达到用尽可能少的水资源及氮肥来生产更多的粮食,对指导人们合理灌溉施肥,提高经济效益,进一步挖掘节水高产高效水稻意义重大。水稻水分生产率是指水稻植株利用单位水量所生产的经济产量,计算公式为 $WUE = Y/ET$,单位是 kg/m^3。Y 为实测产量(kg/hm^2),ET 为全生育期有效水量,即腾发量或净耗水量。不同灌溉模式下水分生产效率和灌溉水生产效率见表 4 - 8,可以看出,在相同的氮肥管理条件下水分生产效率从高到低依次为控制灌溉 > 间歇灌溉 > 浅湿灌溉 > 淹水;在相同施氮管理条件下灌溉水生产效率从高到低顺序为间歇灌溉 > 控制灌溉 > 浅湿灌溉 > 淹水。

表 4 - 8 不同处理水稻的水分生产率

处理	灌溉水量/ (m^3/hm^2)	耗水量/ (m^3/hm^2)	产量/ (kg/hm^2)	灌溉水生产率/ (kg/m^3)	水分生产率/ (kg/m^3)
C1N1	3 625	5 085	10 110	2.79	1.99
C1N2	3 575	5 035	10 220	2.86	2.03
C1N3	3 400	4 860	7 348	2.16	1.51
C1N4	2 840	4 300	6 206	2.19	1.44
C2N1	3 891	5 971	10 081	2.59	1.69
C2N2	3 838	5 918	10 267	2.68	1.73
C2N3	3 642	5 722	7 489	2.06	1.31
C2N4	3 194	5 274	6 371	1.99	1.21
C3N1	4 585	6 830	8 566	1.87	1.25
C3N2	4 531	6 776	7 953	1.76	1.17
C3N3	4 369	6 614	6 806	1.56	1.03
C3N4	3 881	6 126	6 436	1.66	1.05
C4N1	5 084	7 654	8 039	1.58	1.05
C4N2	5 047	7 617	7 360	1.46	0.97
C4N3	4 901	7 471	6 015	1.23	0.81
C4N4	4 421	6 991	5 842	1.32	0.84

（四）不同水氮耦合对水稻产量的影响

1. 不同水氮耦合模式对水稻产量构成因素的影响

水稻产量的多少主要是由有效穗数、穗粒数、千粒重及结实率共同决定,各水氮处理的产量、有效穗数、穗粒数、千粒重及结实率见表4-9,分析有效穗数、穗粒数、千粒重及结实率对水稻产量的影响,得到回归方程及相关系数的大小,具体见表4-10。

表4-9　各处理产量及其构成因素

处理	单位面积穗数/ （穗/m²）	穗粒数/ 粒	结实率/ %	千粒重/ g	产量/ （kg/hm²）
C1N1	542	92	90.21	27.17	10 110
C1N2	617	108	89.15	28.50	10 220
C1N3	508	83	84.39	27.50	7 348
C1N4	467	79	82.24	26.75	6 206
C2N1	550	99	89.30	27.67	10 081
C2N2	533	102	88.95	28.67	10 267
C2N3	517	83	85.45	28.33	7 489
C2N4	483	73	84.17	26.50	6 371
C3N1	600	100	87.93	25.83	8 566
C3N2	542	75	88.03	27.17	7 953
C3N3	508	70	86.62	27.00	6 806
C3N4	425	69	84.62	26.75	6 436
C4N1	592	93	85.64	27.83	8 039
C4N2	558	95	87.77	27.83	7 360
C4N3	550	77	86.40	26.83	6 015
C4N4	408	73	80.78	26.25	5 842

表4-10　相关分析

相关因子	相关系数	回归方程
有效穗数	0.417 4	$Y = -1\ 448.5 + 17.653X$
穗粒数	0.709 0 **	$Y = -1\ 229.5 + 105.6X$
千粒重	0.326 4	$Y = -22\ 657 + 1\ 116.9X$
结实率	0.699 4 **	$Y = -35\ 384 + 500.31X$

注: * * 代表在 0.01 下极显著。

（1）不同水氮耦合处理对有效穗数的影响

由图 4 – 11 可知,各处理的有效穗数高低:C1N2 > C3N1 > C4N1 > C4N2 > C4N3 > C2N1 > C3N2 > C1N1 > C2N2 > C2N3 > C3N3 > C1N3 > C2N4 > C1N4 > C3N4 > C4N4。控制灌溉常氮处理的有效穗数最大,由于控制灌溉对水分的控制导致无效分蘖减少,使养分充分供给水稻生长。

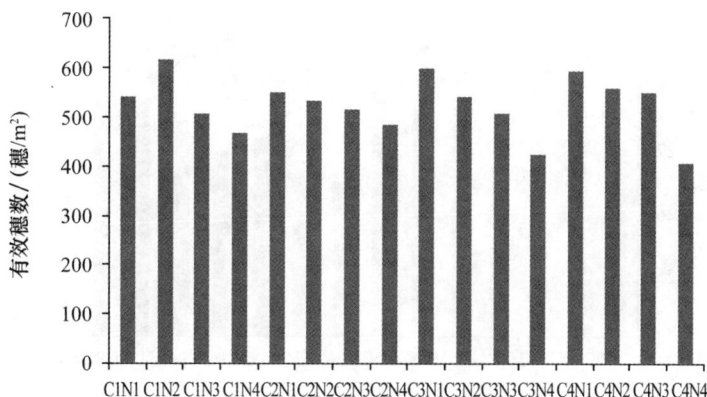

图 4 – 11 不同水氮处理对有效穗数的影响

在同种灌水方式情况下,控制灌溉模式下,随着氮肥使用量的提高有效穗数呈抛物线形特点;其余灌溉模式下,随着施氮量的增加有效穗数也随之增加,常氮和低氮水平下的有效穗数大致相同。

分析表明:氮肥使用量的提升可以有效提高水稻有效穗数,可以得出氮素对水稻有效分蘖的形成至关重要。施氮量过低,不能保证其有效分蘖,致使水稻产量不高。

（2）不同水氮耦合处理对穗粒数、结实率的影响

根据表 4 – 9 中各处理的穗粒数及结实率数据绘图 4 – 12。从图中可以看出水稻的穗粒数随着施氮量的增加变化很明显,表现为先增后减的趋势,呈抛物线形;在同种灌水方式下随着氮肥使用量的提升水稻结实率差异不大。控制灌溉常氮施肥量的穗粒数最大。

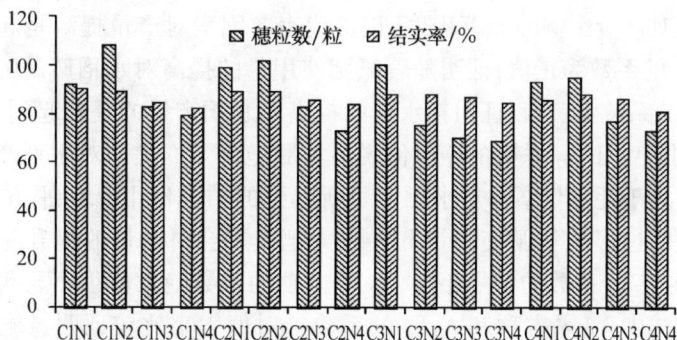

图 4 – 12 不同水氮耦合处理对穗粒数、结实率的影响

（3）不同水氮耦合处理对水稻千粒重的影响

根据表4-9中各水氮耦合处理的千粒重数据绘制图4-13。在相同氮肥使用量情况下，间歇灌水下的千粒重略＞控制灌溉下的水稻千粒重＞淹水下的水稻千粒重＞浅湿灌水下的水稻千粒重；在相同水分管理情况下，表现的规律大致相同，随着氮肥使用量的提升水稻千粒重先增后降。

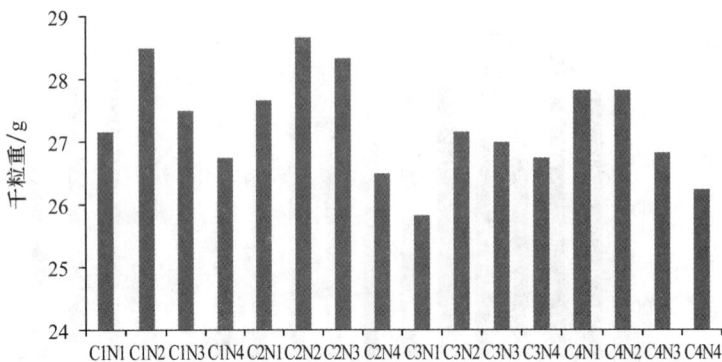

图4-13　不同水氮耦合处理对千粒重的影响

2. 水氮耦合回归模型

根据水稻耗水量、施氮量和产量，建立回归数学模型，得到耗水量和氮肥施用量对产量的回归方程。

$$Y = 11\ 266 + 47.45X_1 - 15.21X_2 - 0.14X_1^2 - 0.07X_2X_1 + 0.01X_2^2 \qquad (4-1)$$

式中：Y——产量，kg/hm^2；

　　　X_1——施氮量，kg/hm^2；

　　　X_2——耗水量，mm。

应用SAS软件对得到的试验数据进行处理分析，拟合方程，相关系数的平方为0.865 6，方程通过显著性检验。

由于式（4-1）中偏回归系数已标准化。通过式（4-1）中偏回归系数的绝对值大小可以判断其对产量影响的显著程度，正负代表各因素对产量提高是起协同作用还是拮抗作用。X_1的系数为正值，证明随着氮肥使用量的提高对水稻产量的提高起到一定协同作用，X_2的系数为负值，证明耗水量的提高对水稻产量的提高起到一定拮抗作用，X_1系数的绝对值大于X_2系数的绝对值说明氮肥施用量的提高对水稻产量提高所起到的协同作用要大于耗水量增加对水稻产量所起到的拮抗作用。X_1平方项和X_2X_1的系数为负数则表明过多的氮肥使用量和大水大肥模式会对产量的提升起到一定拮抗效应。X_2平方项与X_2系数的符号相反，X_2平方项的系数绝对值很小与实际不相符不做分析。通过对式中X_1平方项和X_2X_1的系数绝对值大小比较证明氮肥使用量叠加作用＞耗水量与氮肥使用量的叠加作用。从总体来看，施氮量增加的协同作用＞耗水量增加的拮抗作用＞施氮量过多造成的拮抗作用＞大水大肥的拮抗作用。

运用Matlab软件对试验的实际产量进行模拟见图4-14。当固定一种因素变量，另一种因素变量与实际产量呈现二次抛物线的曲线关系,把曲面向水平面进行投影可以得到不同灌溉模式及不同施氮量关于产量的等值线图,图中暗灰色为高产区,位于 1 与 2 之间即控制灌溉—间歇灌溉与高氮—常氮水平之间。等值线间距离大小代表对产量的影响大小,通过观察曲线的疏密程度可以找到提高产量最快途径。

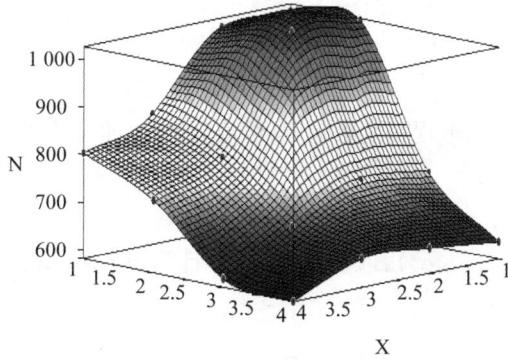

图 4-14　水氮耦合与产量关系

3. 对产量影响因素的模糊综合评价

(1)评价指标集合的确定

$$U = \{U_1, U_2, U_3 \cdots U_n\} \qquad (4-2)$$

式中,$U_1, U_2, \cdots, U_n$ 代表各不同的评价指标。

(2)数据无量纲化处理

对于越大越优的指标:

$$x(i,j) = \frac{x^*(i,j)}{x_{max}(j)}; \qquad (4-3)$$

对于越小越优的指标:

$$x'(i,j) = \frac{x(i,j)}{x_{max(j)}}; \qquad (4-4)$$

式中:$x_{max}(j)$——第 j 个指标中的最大值;

$x_{min}(j)$——第 j 个指标中的最小值;

$x^*(i,j)$——第 i 个样本中第 j 个指标值;

$x'(i,j)$——第 i 个样本中第 j 个指标值;

$x(i,j)$——指标特征值归一化序列。

(3)建立单因素评价矩阵

$$r(i,j) = \frac{x(i,j)}{\sum_{j=1}^{m} x(i,j)}, \quad i = 1,2,\cdots,n, \quad j = 1,2,\cdots,m \qquad (4-5)$$

$$R = \begin{bmatrix} r_{11} & r_{12} & \cdots & r_{1m} \\ r_{21} & r_{22} & \cdots & r_{2m} \\ \vdots & \vdots & & \vdots \\ r_{n1} & r_{n2} & \cdots & r_{nm} \end{bmatrix} \quad\quad (4-6)$$

式中:$x(i,j)$——指标特征值归一化序列

$r(i,j)$——单因素评价值。

(4)权重值确定

权重值按照对各因素的重视程度来确定,付值为产量:水分生产率:灌溉水生产率:千粒重 $=0.4:0.25:0.25:0.1$。

(5)综合评价

对于权重 $A = (a_1, a_2, \cdots, a_n)$,取合成运算,即计算 $B = A \cdot R$,方法如下:

$$B = A \cdot R = (a_1, a_2, \cdots, a_n) \begin{bmatrix} r_{11} & r_{12} & \cdots & r_{1m} \\ r_{21} & r_{22} & \cdots & r_{2m} \\ \vdots & \vdots & & \vdots \\ r_{n_1} & r_{n_2} & \cdots & r_{nm} \end{bmatrix} = (b_1, b_2, \cdots, b_m) \quad (4-7)$$

(6)按照评判值的大小顺序进行排列

确认各处理的优劣顺序,模糊综合评价模型应用。

模糊综合评价模型应用本文选择水稻产量、水分生产率(WUE)、灌溉水生产率($IWUE$)及千粒重作为评价指标。水稻产量是人们追求的经济效益,指标为越大越优型;随着水资源的日益紧张,我们要用有限的水来生产更多的粮食,所以该指标也是越大越优型;在水稻的生育期内尽可能用天然降雨,少灌溉,这样可以减少工程占地及工程量,同时也减轻对生态环境的破坏,因此该指标也是越大越优型;千粒重是衡量稻谷饱满程度的指标,该指标同样是越大越优型。以千粒重、WUE、$IWUE$ 和产量四个指标为评价指标对不同水氮试验按评价值排序。基本资料如表 4-11 所示。

表4-11 不同处理水稻资料

处理	产量/ (kg/hm²)	水分生产率/ (kg/m³)	灌溉水生产率/ (kg/m³)	千粒重/ g
C1N1	10 110	1.99	2.79	27.17
C1N2	10 220	2.03	2.86	28.50
C1N3	7 348	1.51	2.16	27.50
C1N4	6 206	1.44	2.19	26.75
C2N1	10 081	1.69	2.59	27.67
C2N2	10 267	1.73	2.68	28.67
C2N3	7 489	1.31	2.06	28.33
C2N4	6 371	1.21	1.99	26.50

处理	产量/ （kg/hm²）	水分生产率/ （kg/m³）	灌溉水生产率/ （kg/m³）	千粒重/ g
C3N1	8 566	1.25	1.87	25.83
C3N2	7 953	1.17	1.76	27.17
C3N3	6 806	1.03	1.56	27.00
C3N4	6 436	1.05	1.66	26.75
C4N1	8 039	1.05	1.58	27.83
C4N2	7 360	0.97	1.46	27.83
C4N3	6 015	0.81	1.23	26.83
C4N4	5 842	0.84	1.32	26.25

$$R = \begin{bmatrix} 0.25 & 0.25 & 0.23 & 0.20 & 0.27 & 0.26 & 0.24 & 0.22 & 0.28 & 0.27 & 0.25 & 0.24 & 0.28 & 0.27 & 0.25 & 0.24 \\ 0.25 & 0.25 & 0.23 & 0.24 & 0.23 & 0.22 & 0.21 & 0.21 & 0.20 & 0.20 & 0.19 & 0.19 & 0.18 & 0.18 & 0.17 & 0.18 \\ 0.25 & 0.25 & 0.24 & 0.25 & 0.25 & 0.25 & 0.23 & 0.25 & 0.22 & 0.21 & 0.21 & 0.22 & 0.20 & 0.19 & 0.18 & 0.20 \\ 0.24 & 0.25 & 0.30 & 0.31 & 0.26 & 0.26 & 0.32 & 0.33 & 0.30 & 0.33 & 0.35 & 0.35 & 0.34 & 0.36 & 0.40 & 0.39 \end{bmatrix}$$

根据上文所确定的指标权重为

$$A = \begin{bmatrix} 0.4 & 0.25 & 0.25 & 0.1 \end{bmatrix}$$

根据评价矩阵和权重运用 Matlab 可以得出评价值 B：

$$B = \begin{bmatrix} 0.25 & 0.25 & 0.24 & 0.23 & 0.25 & 0.25 & 0.24 & 0.23 & 0.25 & 0.24 & 0.23 & 0.23 & 0.24 & 0.24 & 0.23 & 0.23 \end{bmatrix}$$

按照 B 值的大小从大到小对各水氮处理进行排序,依评价值 B 可以得到水氮耦合方案优劣顺序为:C1N1 > C2N1 > C1N2 > C2N2 > C3N1 > C3N2 > C4N1 > C1N3 > C2N3 > C4N2 > C3N3 > C2N4 > C1N4 > C3N4 > C4N4 > C4N3,评价优劣顺序如表 4 - 12。

表 4 - 12　不同水氮处理的评价值

处理	评价排序	评价值	水分生产率/ （kg/m³）	灌溉水生产率/ （kg/m³）	千粒重/g	产量/ （kg/hm²）
C1N1	C1N1	0.251	1.71	2.79	27.17	10 267
C1N2	C2N1	0.251	1.48	2.59	27.67	8 566
C1N3	C1N2	0.250	2.23	2.86	28.50	10 220
C1N4	C2N2	0.250	1.38	2.68	28.67	8 039
C2N1	C3N1	0.247	0.96	1.87	25.83	7 360
C2N2	C3N2	0.241	1.78	1.76	27.17	7 348
C2N3	C4N1	0.240	1.09	1.58	27.83	6 371

续表

处理	评价排序	评价值	水分生产率/ （kg/m³）	灌溉水生产率/ （kg/m³）	千粒重/g	产量/ （kg/hm²）
C2N4	C1N3	0.238	2.16	2.16	27.50	10 110
C3N1	C2N3	0.237	1.47	2.06	28.33	7 953
C3N2	C4N2	0.236	1.53	1.46	27.83	6 436
C3N3	C3N3	0.234	1.04	1.56	27.00	6 860
C3N4	C2N4	0.234	1.34	1.99	26.50	7 489
C4N1	C1N4	0.234	1.93	2.19	26.75	10 081
C4N2	C3N4	0.233	1.38	1.66	26.75	6 206
C4N3	C4N4	0.228	0.9	1.32	26.25	5 842
C4N4	C4N3	0.228	0.88	1.23	26.83	6 015

（五）不同水氮耦合对水稻品质的影响

近年来，居民生活水平的不断改善，不再满足于仅仅能吃饱的状态而是要既能吃饱又能吃好，往往对口感好营养价值高的大米越来越青睐。因此，关于米质的试验研究也越来越受人们的关注。米质主要包括碾米品质、营养品质及食用评分三个方面。米质主要由基因和环境因子相互作用决定。遗传因素来源于水稻品种，环境因素主要包括水肥状况、耕作措施、气候条件及灌溉方式等。本试验采取控制水和氮肥之外的所有因素，研究水氮耦合对水稻品质的影响。各试验处理对米质指标的影响见表4-13。

表4-13 不同处理的米质指标差异

处理	糙米率/ %	精米率/ %	直链淀粉 含量/%	蛋白质 含量/%	垩白粒率 /%	垩白度	长宽比	完整度 /%	综合 评分
C1N1	81.02	73.28	18.25	8.60	2.45	2.75	1.85	7.74	77.26
C1N2	80.88	72.87	18.40	7.90	3.55	2.05	1.82	7.73	84.04
C1N3	80.38	72.89	18.30	8.20	2.30	1.70	1.81	7.44	82.75
C1N4	78.22	68.90	18.30	7.60	2.45	1.65	1.80	7.77	85.08
C2N1	80.82	72.30	18.40	8.30	2.95	2.60	1.83	7.66	77.56
C2N2	80.63	72.36	18.70	7.95	3.38	2.15	1.83	7.72	83.57
C2N3	80.60	72.09	18.20	8.20	2.65	1.78	1.83	7.59	80.95
C2N4	79.45	70.65	18.10	7.90	2.05	1.60	1.83	7.66	82.53
C3N1	80.40	72.33	18.50	8.20	2.88	2.63	1.84	7.70	78.77
C3N2	80.49	72.38	18.90	7.90	3.00	2.05	1.83	7.64	82.20

续表

处理	糙米率/%	精米率/%	直链淀粉含量/%	蛋白质含量/%	垩白粒率/%	垩白度	长宽比	完整度/%	综合评分
C3N3	80.05	72.13	18.40	8.50	2.75	1.65	1.82	7.76	79.18
C3N4	79.96	70.28	18.40	8.20	2.45	1.40	1.80	7.69	79.62
C4N1	80.71	72.22	18.30	8.70	2.78	2.43	1.87	7.76	77.93
C4N2	80.72	72.56	18.35	8.00	3.53	1.89	1.86	7.88	82.86
C4N3	80.17	72.10	18.30	8.00	2.83	1.75	1.81	7.79	80.76
C4N4	79.11	70.93	18.20	7.90	1.80	1.65	1.81	7.57	79.52
C	0.22	0.08	3.93*	0.27	0.06	1.37	1.65	0.51	2.24
N	9.69**	12.64**	5.80**	5.44**	10.68**	78.07**	6.16**	0.61	10.09**

注：* 代表在 0.05 下显著，** 代表在 0.01 下极显著。

由表 4-13 可知，土壤水分控制对水稻品质的影响很小，除土壤水分控制对水稻直连淀粉的影响呈显著效应；氮肥使用量的差异对米质的影响除稻米完整度影响不显著外均呈现极显著影响。因此本试验不考虑土壤水分不同对水稻品质的影响，讨论氮肥不同所造成的水稻品质之间的差异。

1. 不同施氮量对水稻营养品质的影响

以蛋白质含量及直链淀粉含量作为水稻营养品质的评价指标。由表 4-13 结果可知，不同施氮量对稻谷蛋白含量及直链淀粉含量的影响都达到极显著水平，见图 4-15。施氮量的增加对蛋白质含量的影响表现为折线形，即先升再降再升的趋势；氮肥使用量的提升对直链淀粉含量影响表现为抛物线形，即伴随氮肥使用量的提高直链淀粉含量先提高后减少。

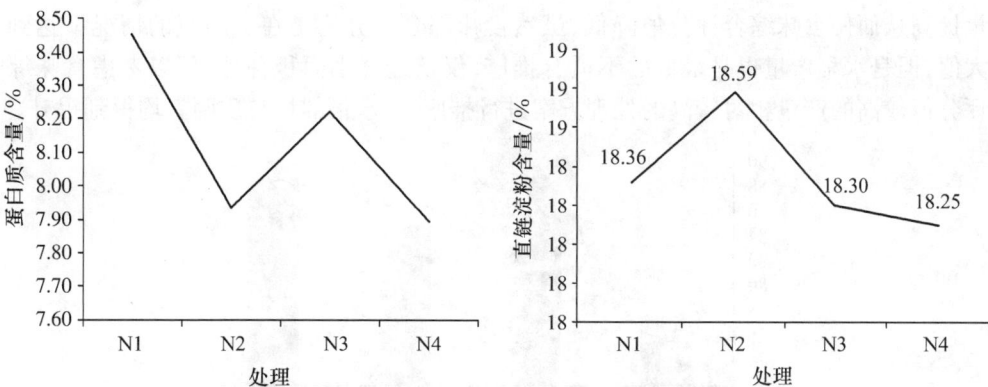

图 4-15 不同施氮水平下各处理蛋白质和直链淀粉含量

2. 不同施氮量对水稻碾米品质的影响

采取的水稻碾米品质评价指标包括糙米率和精米率。糙米率是指水稻去壳简单处理后所得到的糙米重占稻谷总重的百分数;精米率是指糙米进一步处理之后精米粒质量占稻谷总质量的百分率。经方差分析,不同灌溉方式对水稻的糙米率和精米率无显著影响,不同氮肥使用量对水稻碾米品质存在极显著作用,具体表现为伴随氮肥使用量的提升糙米率和精米率均有所提高,氮肥使用量为零时明显小于氮肥使用量较高时和常氮水平下的糙米和精米率值。各施氮处理的糙米率和精米率趋势图见图 4 – 16。因此,增加水稻施氮量有助于提升稻谷的糙米率和精米率,促进改善其碾米品质。

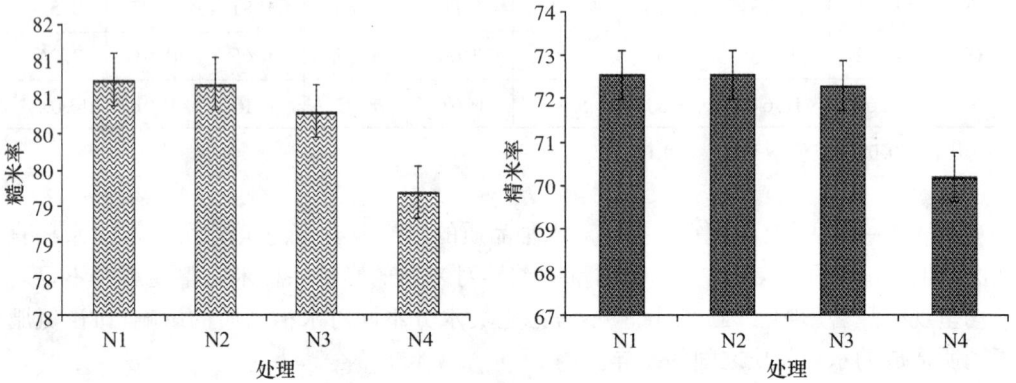

图 4 – 16 不同施氮水平下各处理糙米率和精米率

3. 不同施氮量对水稻品质综合评分的影响

根据表 4 – 13 的综合评分数据得出不同施氮量下食味评分综合评分值如图 4 – 17 所示,氮肥使用量的差异对食味综合评分值的作用非常显著,伴随氮肥使用量的提升食味综合评分值呈现先升后降趋势,这与前人试验成果相一致,氮肥使用量的提升导致蛋白量提高从而使食味综合评分值降低,虽然食味综合评分值是在不施氮的情况下达到最大值,但是水稻产量也是最低的不适合推广,仅仅适合小面积种植,可以考虑食味综合评分值较高的产量相对较高的处理方案进行推广,使水稻的量与质两者均得到提升。

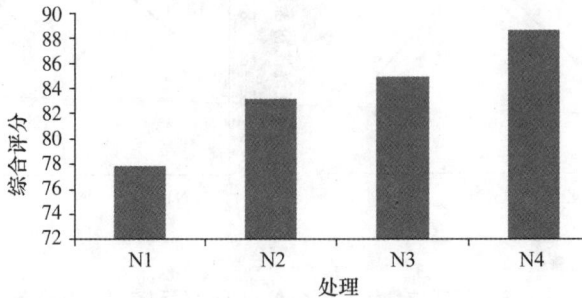

图 4 – 17 不同施氮水平下各处理食味值

四、结论

①不同灌溉模式下在相同的时间间隔株高增长呈倒抛物线形。在一定范围内,施氮量的增加对水稻株高有显著的促进作用,并随着施氮量的增加对水氮株高的促进作用在减弱。

②整体上看,水稻的分蘖数的增加呈现先缓慢增加后快速增加最后迅速下降的过程。高氮水平下的分蘖数大于常氮水平下的分蘖数大于低氮水平下的分蘖数大于零氮水平下的分蘖数。间歇灌溉下的无效分蘖率最低,控制和浅湿灌溉居中,淹灌模式下无效分蘖率最高。

③在水稻的各生育阶段耗水量中,水稻分蘖期和拔节期的耗水量最多,这两个生育阶段耗水量的和约占水稻总耗水量的50%,其中控制模式下分蘖耗水值最小,削峰效果最好,过渡最平稳。在相同施氮水平条件下,控制灌溉的耗水强度小于间歇灌溉的耗水强度小于浅湿灌溉的耗水强度小于淹灌的耗水强度;在相同水分管理条件下,水稻耗水强度随施氮量增加有增加趋势。

④相同施氮条件下,控制灌溉下水分生产率最高,间歇灌溉下水分生产率次之,浅湿灌溉更低,淹灌模式下水分生产率最低。相同水分管理条件下,水稻水分生产率随施氮量增加呈先增加后降低的趋势。

⑤通过对各处理进行回归分析得出:随着施氮量增加对水稻产量的提高起到一定协同促进作用,耗水量的增加对水稻产量的提高起到一定的抑制作用,施氮量的增加对水稻产量提高所起到的促进作用要大于耗水量增加对水稻产量所起到的抑制作用,大水大肥模式不但没有使水稻产量提高反而降低了水稻产量。

⑥通过对水稻稻米品质(碾米、营养及食用评分)的三个方面的对比分析得出:施氮量的增加对稻米蛋白质含量的影响表现为先升再降再升,稻米直连淀粉的含量先升后降。灌溉模式对水稻的糙米及精米率无显著影响,施氮量增加对糙米率和精米率的提高有一定的促进作用,零氮水平明显小于高氮和常氮水平下的糙米率和精米率。随着施氮量的增加食味综合评分值呈现先升后降的趋势,食味综合评分值是在不施氮的情况下达到最大值。

⑦在所有水氮耦合处理中,水稻产量最大值区域出现在控制灌溉向间歇灌溉过渡与高氮向常氮过渡的交汇处。

第二节　小麦玉米水肥耦合效应

肥料和水分利用率低成为限制现代农业发展的主要障碍,如何根据水分条件,在不增加施肥量的前提下,提高水肥利用效率是摆在农业科学工作者面前的一个严峻的问题。适宜的水分条件和合理的养分供应是作物高产优质的基本保证,水分胁迫、养分缺乏以及二者供应的不同步性均不利于作物生长。因此,要摆脱我国农业发展困境,实现可持续发展必须依赖于对水肥因素之间的耦合机理的深入研究。因地制宜地调节水分和肥料,使其处于合理的范围,使水肥产生协同作用,达到"以水促肥"和"以肥促水"的目的,是实现农业生产节水节肥和高产高效的主要途径。

一、水肥耦合模型建立

在科学试验中,研究变量 Y 与其他多个试验因子之间的定量关系时,Y 往往是 X 的非线性函数。而在非线性函数中,二次函数是比较简单的一种,且大量的计算实践证明,一种算法如果对于二次函数有效,则对于一般函数也有较好的效果。因此,水肥耦合效应对冬小麦产量构成因素的影响,可选用一个包含交互项的二次型数学模型来描述,即

$$Y = b_{00} + b_{10}x_1 + b_{01}x_2 + b_{11}x_1x_2 + b_{20}x_1^2 + b_{02}x_2^2 \qquad (4-8)$$

冬小麦产量的水肥耦合模型为

$$Y = 24.332 + 7.239x_1 + 11.920x_2 + 0.127x_1x_2 - 0.051x_1^2 - 0.699x_2^2 \quad (4-9)$$

式中:X_1——土壤水分,%;

$\quad X_2$——施氮量,kg/hm^2;

$\quad Y$——产量,kg/hm^2。

经检验,$F = 24.59^{**}[F_{0.01}(1,6) = 13.70]$,$r = 0.976^{**}(r_{0.01} = 0.684)$,达到极显著性水平,说明模型精确可靠,模型的预测值与实际值均十分接近,具有很高的实用性,能够为田间水肥试验结果的建模提供依据。

(一)水肥因子效应比较分析

因素水平已经无量纲线性编码代换,偏回归系数已标准化,可根据 b_{ij} 其大小判断试验因素对籽粒产量影响的主次地位,其正负号表示因素的作用方向。综合考虑 1,2 次项偏回归系数,试验因素对产量影响大小的顺序是土壤水分(X_1)>施肥量(X_2)。

(二)水肥因子增产效应分析

由式(4-8)可以看出:

①一次项 X_1(土壤水分)、X_2(施氮量)的系数 b_{10},b_{01} 都是正值,说明土壤水分和施肥都有明显增产效果;

②X_1,X_2 的交互项系数 b_{11} 也是正值,说明土壤水分与施肥量之间的协调非常重要,可进一步扩大增产,只要二者搭配得当,便能获得较高的产量;

③X_1,X_2 的平方项系数 b_{20},b_{02} 都是负值,说明土壤水分和施肥量过多,不仅无益,反而会降低增产效果。

二、水肥耦合效应分析

(一)水肥对小麦的耦合效应

1. 小麦水肥耦合中主因素的影响

在干旱年,水分是限制冬小麦产量的主要因素,施肥量过大或者氮,磷配合不协调,会导致施肥效益和产量下降。金柯等提出在欠水年土壤水分很低的情况下,只有在氮

60 kg/hm^2、P$_2$O$_5$ 180 kg/hm^{2}时为协同作用交互类型;氮,磷为李比希(Liebig)限制因素,氮,磷一起施用时的增产效果大于氮,磷单独施用时的增产效应的乘积。王殿武等研究发现,供水150 mm的干旱年,水分是限制作物生产的主导因素。徐学选等试验表明,春小麦水分平均主效应大于肥料平均主效应。辽西低山丘陵半干旱区春小麦试验表明:氮、磷、水对小麦的增产顺序为水 > 氮 > 磷;氮磷和氮水的交互作用为协同作用型;氮、磷、水都为李比希限制因素;磷、水交互作用为拮抗型。

2. 小麦水肥交互因子作用及模型

在一定的范围内氮素和水分具有协同作用,而氮,磷水的交互作用不明显,有时磷和水可以替换。金柯在以不同氮,磷水配合对旱地冬小麦产量的影响试验中得出回归方程(氮:x_1,P$_2$O$_5$:x_2,水:x_3):

$$Y = 3\,492.05 + 90.66x_1 + 27.98x_2 + 261.89x_3 - 46.67x_1x_2 + 58.99x_1x_3 -$$
$$16.19x_2x_3 - 107.82x_1^2 - 82.6x_2^2 - 8.87x_3^2 \tag{4-10}$$

由回归系数的检验得知,单因素的贡献率氮 > 磷 > 水;两因素交互作用氮水 > 氮磷 > 磷水,即底墒水充足,氮素对小麦的产量影响最大;氮和水的交互作用对小麦的产量贡献最大。依据降水规律氮磷合理配施是提高作物产量与水肥利用率的有效措施,如王殿武等根据冀西北高原旱薄相随且以薄为主的地势提出莜麦水肥合理耦合模型:

$$Y = 632.93 + 6.06N + 6.22P + 10.48W + 0.012NP + 0.028NW + 0.004PW -$$
$$0.066N^2 - 0.04P^2 - 0.015W^2 \tag{4-11}$$

根据回归系数分析,从二次项系数均为负值可知,小麦产量随着水、氮、磷投入量增加均同样表现为开口向下的抛物线。试验表明,干旱年(150 mm)以氮60kg/hm^2、磷90 kg/hm^{2}处理时水分利用率最高,再增加氮肥,产量反而下降;其他年均为氮120kg/hm^2、磷90 kg/hm^{2}处理最高,且以平水年(350 mm)为最佳。

(二)水肥对玉米的耦合效应

1. 肥效大于水效

在我国北方旱作条件下,当土壤自然肥力水平低时,玉米施肥增产效果大于水分增产效果,水肥间有一个平衡系数。张秋英等提出在施用相同数量无机肥或有机肥的情况下,充足降水较自然降水并不能提高玉米的产量,说明供水量与施肥量之间一个平衡系数。尹光华等研究表明,施氮量对产量影响最大,灌溉量次之,施磷量最小;耦合作用效应大小顺序为氮与磷耦合 > 磷与水耦合 > 氮与水耦合。

2. 水效大于肥效

更多的研究表明,在我国广袤的干旱和半干旱地区,水分是影响玉米生长的首要因素。潘颜霞等认为,水分是限制玉米生长的决定因子,在一定的灌溉范围内,灌水量的增加能促使玉米生物量和产量增加;氮肥对玉米性状的影响处于次要地位。在水肥配合方案中,4 500 m^3/hm^{2}的灌溉定额、300 kg/hm^{2}的氮肥施用量是经济产量最高的处理,此时灌溉量和氮肥的进一步增加并不能促进收获指数的提高。在商丘试验区,夏玉米产量的氮、磷和水3因素的效应模型表明3因素对产量均有显著影响,其中以灌水量对产量影响作用最大,施氮量次之。吕刚等也发现水和钾耦合效应对玉米产量影响不显著;水分是影响玉米产量的主导因素,其次是氮和钾效应。

此外,在杨凌中等肥力的红油土玉米水肥配合试验表明,施肥有明显的调水作用,灌水也有显著的调肥作用,灌水量少时,水肥的交互作用随肥料用量增加而增加;灌水量多则有相反趋势。灌水提高了当季作物产量和肥料利用率,却降低了后作产量及肥料效果。但从总体来看,灌水提高产量,增加肥效的作用依然突出。不管灌水与否,当季作物的肥料利用率均随用量增加而降低,而两季作物的肥效却随用量增加而升高。水肥配合可改变籽粒和茎叶的构成,改变两者间的养分分配比例,有利于形成更多的经济产物。商丘试验区夏玉米产量的氮、磷和水三因素的综合效应研究表明,水肥配合存在阈值反应,这个阈值:氮为 105.0kg/hm², P_2O_5 为 52.5 kg/hm²,灌溉定额为1 500 m³/hm²。低于阈值水平,氮、磷无明显增产效应,水分利用效率低;高于阈值,水肥互作增产效应显著。增加氮、磷投入和适宜限量供水是提高水分利用效率的重要途径。山西农业大学试验表明,水肥对玉米产量的影响依次为水 > 氮 > 磷,水肥互作效应中水的效应大于肥的,且肥效随灌水量的增加而提高。综上所述,玉米与小麦类似,水肥互作显著,只有控制在适宜范围,才能高产节水,不同地区、不同生育期也有差异。

三、水肥耦合效应试验研究

以山东省聊城位山灌区为例开展相关的工作,研究水肥对小麦、玉米产量的耦合效应。

(一)材料与方法

1. 研究区概况

位山灌区地处黄泛冲积平原,地势平坦开阔,但有微倾斜。全区地面倾斜方向基本随河流流向由西南向东北微微倾斜,地面高程在 28.99～34.88 m,地面自然坡降为1/10000～1/7500。由于黄河的多次决口泛滥,区域微地貌相对较复杂,岗、坡、洼相间分布,高差不大。

位山灌区处于暖温带季风气候区,属于半干旱半湿润大陆性气候。多年平均气温13.1 ℃,多年平均日照时数为 2 514.7～2 740.7 h,多年平均水面蒸发量927.0 mm,灌区多年平均降水量为554.1 mm,降水主要集中在汛期,降水年际变化较大。光照充足,温度适宜,四季分明,春季南风大而多,降水稀少,空气干燥;夏季温度高,雨量大,雨热同步;秋季温和凉爽,降水减少;冬季寒冷干燥,雨雪稀少,常有寒流侵袭。

2. 试验材料

①野外实验:PICO - BT 便携式土壤剖面水分速测仪、真空泵、多微孔陶土管采样瓶、塑料管等。

②室内试验:紫外分光光度仪、电子天平、KDY - 9820 凯氏定氮仪等。

③作物:小麦和玉米。

3. 试验设计

（1）试验田块

选定编号 1,2,3,4,5,6 号的 6 个田块,长、宽均为 4 m。开展自然降雨条件下不同耕作模式、不同施肥量及灌水量对农作物产量的影响。每块田埂设深度为 20 cm、40 cm、80 cm、120 cm、160 cm 的负压计。

（2）种植小麦,施肥与灌水方案

①灌水量。

按常规灌水量 45 m^3/亩,试验田面积 16 m^2,常规灌水量为 1.080 m^3（67.5 mm）,分别按常规水量的 120%、100% 和 80% 进行灌溉,具体灌溉量如下:

试验田 1,2 号的灌水量:1.296 m^3（81 mm）;

试验田 3,4 号的灌水量:1.080 m^3（67.5 mm）;

试验田 5,6 号的灌水量:0.864 m^3（54 mm）。

②施肥量。

常规施肥量尿素 15 kg/亩,试验田面积 16 m^2,常规施肥量为 360 g,设计两种施肥方案,分别按常规施肥量的 100% 和 80% 进行施肥,具体施肥量如下:

试验田 1,3,5 号的施肥量:360 g（N:54 g,P_2O_5:90 g,P:54 g）。

试验田 2,4,6 号的施肥量:288 g（N:43.2 g,P_2O_5:72 g,P:43.2 g）。

③观测内容。

用 TDR 观测不同深度（20 cm、40 cm、80 cm、120 cm、160 cm）土壤含水量;采集不同深度（20 cm、40 cm、80 cm、120 cm、160 cm）土壤溶液;取 5 个深度的土样。

（3）种植玉米,施肥与灌水方案

①灌水量。

本次播种不需灌水,后期按常规灌水量 45 m^3/亩,测坑面积 16 m^2（4 m×4 m）,常规灌水量为 1.080 m^3（67.5 mm）,分别按常规水量的 100% 和 80% 进行灌溉,具体灌溉量:

测坑 1,3,5 号的灌水量:1.080 m^3（67.5 mm）。

测坑 2,4,6 号的灌水量:0.864 m^3（54 mm）。

②施肥量。

常规施肥量复合肥 30 kg/亩,测坑面积 16 m^2（4 m×4 m）,常规施肥量为 720 g,设计三种施肥方案,分别按常规施肥量的 120%、100% 和 80% 进行施肥,具体施肥量如下:

测坑 1,2 号的施肥量:862 g（N:129.3 g,P_2O_5:215.5 g,P:129.3 g）。

测坑 3,4 号的施肥量:720 g（N:108 g,P_2O_5:180 g,P:108 g）。

测坑 5,6 好的施肥量:576 g（N:86.4 g,P_2O_5:144 g,P:86.4 g）。

③观测内容。

用 TDR 测定不同深度（20 cm、40 cm、80 cm、120 cm、160 cm）土壤含水量;采集不同深度（20 cm、40 cm、80 cm、120 cm、160 cm）土壤溶液;取 5 个深度的土样。

(二)水肥耦合试验结果分析

1. 灌水量与小麦产量的耦合效应

在保证施肥量相同的条件下,将测坑1,3,5和2,4,6号分为两组,分别为A组、B组,两组中各测坑的灌水量分别为1.296 m³、1.080 m³、0.864 m³。小麦产量分别采用千粒重和每平方米的总质量。

表4-14　灌水量与小麦产量的耦合效应

处理	A组			B组		
测坑编号	1	3	5	2	4	6
灌水量/m³	1.296	1.080	0.864	1.296	1.080	0.864
千粒重/g	35.54	36.59	34.11	35.43	37.20	35.12
总重/(g/m²)	551.54	705.35	537.52	516.02	671.49	502.1

由表4-14可知,A组、B组测坑呈现出相同的规律:A组小麦的产量5号<1号<3号;B组6号<2号<4号,由此可推出灌溉量与小麦产量效应为开口向下的抛物线,灌溉量较小时会影响小麦的产量,随着灌水量的增大,在一定范围内,小麦对水肥的利用效率提高,小麦的产量也会随之升高,当到达抛物线的顶点时,即灌水量45 m³/亩时,达到产量的峰值,当灌水量大于45 m³/亩时,灌水量与产量则呈现拮抗作用,随着灌水量的增大,小麦的产量会随着减少。

2. 施肥量与小麦产量的耦合效应

在保证灌水量相同的条件下,将测坑1,2为a组,测坑3,4为b组,测坑5,6为C组,每组内的各施肥量分别为360 g、288 g。小麦产量采用千粒重和每平方米的总质量。

表4-15　施肥量与小麦产量的耦合效应

处理	a组		b组		c组	
测坑编号	1	2	3	4	5	6
施肥量/g	360 g	288 g	360 g	288 g	360 g	288 g
千粒重/g	35.54	35.43	36.59	37.20	34.11	35.12
总重/(g/m²)	551.54	516.02	705.35	671.49	537.52	502.10

表4-15表明,三个组施肥量与小麦产量的关系:c组<a组<b组。与灌水量与产量的效应一样呈现出开口向下的抛物线,当施肥量处于较低水平时,会抑制作物的生长降低产量,在一定范围内,随着施肥量的增加,小麦的产量会随之增加,当到达抛物线顶点时,施肥量和产量的协同作用达到顶峰,即30 kg/亩。如果继续增加施肥量,施肥量

与产量就会呈现出拮抗作用。

3. 施肥量、灌水量与小麦产量的耦合效应

由表 4 – 14 可知,当施肥量相同时,灌水量由 810 m^3/hm^2 减少到 675 m^3/hm^2,小麦增产率为 21.8%,灌水量由 540 m^3/hm^2 增加到 675 m^3/hm^2,小麦的增产率为 31.2%。

由表 4 – 15 可知,当灌溉量相同时,施肥量 180 kg/hm^2 增加到 225 kg/hm^2,小麦的增产率为 6.3%,而灌溉量对产量的增产率 21.8% ~ 31.8%,明显高于施肥量的增产效果。

因此,可推断灌溉量会影响农作物对氮、磷等元素的吸收。高水底肥,导致小麦对水肥的利用率下降;中水中肥,即灌溉量为 675 m^3/hm^2,施肥量为 225 kg/hm^2,小麦产量达到最大值,小麦对水肥的利用率达到峰值。中水底肥,小麦对水肥的利用率要高于高水低肥,灌溉过量会降低小麦根系对氮、磷的吸收,加速氮、磷的流失。中水高肥,同样会降低小麦对氮、磷的吸收效率,高肥还会导致氮、磷的过度剩余,引起面源污染,破坏环境。低水中肥,对小麦的增产有着一定的促进作用。低水高肥则相反,当肥料大量施于农田时,作物并不能全部吸利用,尤其氮素经由各种途径而损失,导致地下水、大气的污染。

4. 灌溉量与玉米产量的耦合效应

在保证施肥量相同的条件下,将测坑 1,2 为 A 组,测坑 3,4 为 B 组,测坑 5,6 为 C 组,每组内灌溉量分别为 1.080 m^3、0.864 m^3。

表 4 – 16　灌水量与玉米产量的耦合效应

处理	A 组		B 组		C 组	
测坑编号	1	2	3	4	5	6
灌水量/m^3	1.080	0.864	1.080	0.864	1.080	0.864
百粒重/g	25.68	27.19	24.45	26.18	25.21	26.14
总重/(g/m^2)	1 025.20	1 115.49	1 025.83	1 126.10	951.68	1 048.59

由表 4 – 16 看出,A,B,C 三组灌水量在 1.080 m^3 时的玉米产量均少于灌水量为 0.864 m^3 的产量,由此可推出玉米灌水量与产量关系同样为开口向下的抛物线,田间持水量过少时,玉米对水肥的利用效率降低,玉米产量减少,在一定范围内,随着灌水量的增加,玉米对水肥的利用效率提高,玉米的产量也会随之增加,呈灌水量与产量呈现出协同效应。当达到抛物线顶点时,即灌水量为 0.864 m^3 时,玉米对水肥的利用效率最高,超过该点灌水量与产量的便表现出拮抗作用。

5. 施肥量与玉米产量的耦合效应

在保证灌水量相同的条件下,将测坑 1,3,5 设为 a 组,测坑 2,4,6 设为 b 组,每组内的施肥量分别是 862 g、720 g、576 g。

表 4 – 17　施肥量与玉米产量的耦合效应

处理	a 组			b 组		
测坑编号	1	3	5	2	4	6
施肥量/g	862	720	576	862	720	576
百粒重/g	25.68	24.45	25.21	27.19	26.18	26.14
总重/(g/m^2)	1 025.20	1 025.83	951.68	1 115.49	1 126.10	1 048.59

由表 4 – 17 可以看出,在灌水量相同的条件下,玉米产量与施肥量的效应关系和小麦相似,测坑产量:5 < 1 < 3,6 < 2 < 4。说明玉米对水肥的利用效率同产量的耦合效应同样为开口向下的抛物线,在施肥量达到 30 kg/亩时,即抛物线顶点,玉米对水肥的利用效率达到峰值,没达到 30 kg/亩时,施肥量与产量呈现为协同作用,超过时表现出拮抗作用。

6. 施肥量、灌水量与玉米产量的耦合效应

由表 4 – 16、表 4 – 17 可知施肥有明显的调水作用,灌水也有显著的调肥作用,灌水量少时,水肥的交互作用随肥料用量增加而增加;灌水量多则有相反趋势。灌水提高了当季作物产量和肥料利用率,却降低了后作产量及肥料效果。但从总体来看,灌水提高产量,增加肥效的作用依然突出。不管灌水与否,当季作物的肥料利用率均随用量增加而降低,而两季作物的肥效却随用量增加而升高。商丘试验区夏玉米产量的氮、磷和水三因素的综合效应研究表明,水肥配合存在阈值反应,这个阈值是:氮为 105.0 kg/hm^2,P$_2$O$_5$ 为 52.5 kg/hm^2,灌溉定额为 1 500 m^3/hm^2。低于阈值水平,氮、磷无明显增产效应,水分利用效率低;高于阈值,水肥互作增产效应显著。增加氮、磷投入和适宜限量供水是提高水分利用效率的重要途径。山西农业大学试验表明,水肥对玉米产量的影响依次为水 > 氮 > 磷,水肥互作效应中水的效应大于肥,且肥效随灌水量的增加而提高。综上所述,玉米与小麦类似,水肥互作显著,只有控制在适宜范围,才能高产节水。不同地区、不同生育期有差异。

(三) 水肥与作物生育期耦合效应

试验在西北农林科技大学农试站玻璃温室内进行。选用规格为高 21 cm × 内径 15 cm 的塑料盆,每盆装土 3.5 kg。磷肥用过磷酸钙(含 10% P$_2$O$_5$),干土按 0.30 g/kg P$_2$O$_5$ 的用量作底肥于装盆前混入每盆土中;氮肥为尿素(含氮 46%),按试验方案于小麦四个不同生育期结合灌水施入,土壤水分用称重法控制。播种量为 20 粒/盆,三叶期留苗 10 株,分盆收获得籽粒产量。

表 4 – 18　因素水平编码表

因素变化间距		自变量设计水平(r = 2)				
		−2	−1	0	1	2
苗期	0.05	0	0.05	0.10	0.15	0.20

续表

因素变化间距		自变量设计水平（$r=2$）				
		-2	-1	0	1	2
越冬期	0.05	0	0.05	0.10	0.15	0.20
拔节期	0.05	0	0.05	0.10	0.15	0.20
灌浆期	0.05	0	0.05	0.10	0.15	0.20
土壤含水量/%	4	13	17	21	25	29

表4-19　施肥与作物生育期耦合效应　　　　　　　单位:g/盆

处理编号	设计水平					资料产量
	苗期施氮	越冬期施氮	拔节期施氮	灌浆期施氮	土壤含水量	
1	1	1	1	1	1	10.42
2	1	1	1	-1	-1	4.08
3	1	1	-1	1	-1	3.33
4	1	1	-1	-1	1	10.84
5	1	-1	1	1	-1	5.19
6	1	-1	1	-1	1	8.44
7	1	-1	-1	1	1	5.86
8	1	-1	-1	-1	-1	3.94
9	-1	1	1	1	-1	4.96
10	-1	1	1	-1	1	9.27
11	-1	1	-1	1	1	7.03
12	-1	1	-1	-1	-1	5.23
13	-1	-1	1	1	1	6.19
14	-1	-1	1	-1	-1	4.77
15	-1	-1	-1	1	-1	3.81
16	-1	-1	-1	-1	1	5.95
17	2	0	0	0	0	4.33
18	-2	0	0	0	0	6.36
19	0	2	0	0	0	6.72
20	0	-2	0	0	0	4.93
21	0	0	2	0	0	6.44
22	0	0	-2	0	0	4.905
23	0	0	0	2	0	6.39

续表

处理编号	设计水平					资料产量
	苗期施氮	越冬期施氮	拔节期施氮	灌浆期施氮	土壤含水量	
24	0	0	0	−2	0	5.47
25	0	0	0	0	2	10.25
26	0	0	0	0	−2	1.46
27	0	0	0	0	0	4.81
28	0	0	0	0	0	5.31
29	0	0	0	0	0	6.85
30	0	0	0	0	0	4.19
31	0	0	0	0	0	6.75
32	0	0	0	0	0	6.52

根据二次通用旋转组合设计原理,以籽粒产量作为目标函数(因变量),以灌水量和不同生育时期的施氮量作为自变量,采用唐启义等的 DPSWIN 软件计算,求得籽粒产量与各因素编码值的回归数学模型为

$$Y = 5.650\ 9 + 0.348x_1 + 0.608\ 3x_2 + 0.432\ 9x_3 - 0.161\ 0x_4 + 1.927\ 9x - 0.010\ 2x_1^2 +$$
$$0.109\ 2x_2^2 + 0.071\ 1x_3^2 + 0.136\ 1x_4^2 + 0.116\ 4x_5^2 - 0.033\ 4x_1x_2 + 0.061\ 61x_1x_3 +$$
$$0.045\ 0x_1x_4 + 0.585\ 0x_1x_5 - 0.171\ 3x_2x_4 + 0.382\ 8x_3x_4 + 0.123\ 4x_3x_5 - 0.266\ 9x_4x_5$$

$$(4-12)$$

式中:x_1,x_2,x_3,x_4,x_5——分别代表苗期、越冬期、拔节期、灌浆期施氮及土壤绝对含水量5个因素。

方差分析表明,模型的失拟 $F = 1.001$,远小于 0.05 水准下的 F 值(4.95),说明失拟项不显著,即无失拟因素存在,而模拟项的 $F = 4.837$,大于 0.01 水准下的 F 值(4.10),又说明了方程是极显著的,模型与实际情况拟著水平,交互项中苗期施氮和土壤含水量,越冬期施氮和土壤含水量的回归系数也均达 0.10。偏回归系数检验结果表明,越冬期施氮、拔节期施氮及土壤含水量一次项回归系数均达 0.10 的显著水平。因此,从本试验结果看,对冬小麦生长有重要意义的是这三个主效应和两个交互效应。逐步回归证明,在优化设计中,剔除不显著项后,只有常数项和二次项的系数有变化,而且变化很小。所以,本研究选用剔除不显著项后的方程为

$$Y = 5.650\ 9 + 0.608\ 3x_2 + 0.432\ 9x_3 + 1.927\ 9x_5 + 0.585\ 0x_1x_5 + 0.702\ 2x_2x_5$$

$$(4-13)$$

①主因子效应:在量纲相同情况下,偏回归系数反映了某一因子对产量的效应,其值越大,作用越突出。在本研究中,水分和氮素量纲不同,不能直接比较。经过无量纲线性编码代换,回归系数已标准化,可根据其大小判断试验因素对籽粒产量影响的程度,其正负号表示因素的作用方向,经过对模型中偏回归系数的综合分析,各试验因素

对籽粒产量影响的大小顺序:土壤含水量 > 越冬期施氮 > 拔节期施氮 > 灌浆期施氮 > 苗期施氮。

②单因子效应:对式(4-13)采用降维法可解析单因子在其他因子居一定水平时的效应,相当于做多组单因子试验。将其他四个因素假定在零水平,得到各因素与籽粒产量的一元回归子模型为

$$y(x_1) = 5.650\ 9 \tag{4-14}$$

$$y(x_2) = 5.650\ 9 + 0.608\ 3x_2 \tag{4-15}$$

$$y(x_3) = 5.650\ 9 + 0.608\ 3x_3 \tag{4-16}$$

$$y(x_4) = 5.650\ 9 \tag{4-17}$$

$$y(x_5) = 5.650\ 9 + 1.927\ 9x_5 \tag{4-18}$$

通过对模型的寻优分析得到籽粒产量取最大值的因素组合。

表 4-20　籽粒产量最大时各因素的优化组合

苗期施氮/ (g/kg)	越冬期施氮/ (g/kg)	拔节期施氮/ (g/kg)	灌浆期施氮/ (g/kg)	土壤含水量/ %	籽粒产量最大值/ (g/盆)
0.2	0.2	0.2	0.0	29	16.74

本试验的双因子分析结果表明,无论在苗期还是在越冬期,均以高氮高水配合的冬小麦籽粒产量最高;在低水分条件下,随施氮量的增加产量显著;而在低氮条件下,产量并不随水分含量的增加而增加;相反,在高氮条件下随水分含量的增加或是在高水条件下随施氮量的增加,产量则大幅度增加。另外,从主因子和单因子效应分析可看出,在本试验条件下,水分效应大于氮素效应,主要是因为施氮量相对偏高,必须有与之相适应的水分条件才能促进养分的溶解、迁移和吸收运输,充分发挥氮素的作用效果。

水肥高效配合要注意用量的合理配合并考虑最佳配合时期,有关水分和养分的关系问题已有大量的研究报道,但这些研究都注重水分和养分在用量上的相互配合,而没有考虑这两个因子与作物生育期的配合。实际上水肥的相互关系极为复杂,除应考虑不同的土壤水分状况以及与之相适应的肥料用量之外,还要考虑根据作物不同生育阶段的需水需肥规律确定最佳施肥灌水时期。根据作物的需水需肥规律,寻找作物对水肥的需求临界期,水肥的最佳施用量及水肥协同作用的最佳时期及相互配合,才能充分发挥水肥的效应。在水资源短缺的北方旱农区,作物不同生育时期水分和养分用量的优化组合既是提高水分利用效率的关键,也是提高养分利用效率的关键。本试验通过建立水肥耦合模型,并对其进行解析和寻优分析表明,越冬期和拔节期施氮对冬小麦籽粒产量的影响达显著水平;在苗期和越冬期进行水氮配合,其交互作用达显著水平,且越冬期的交互作用效果更为显著,表明越冬期是冬小麦水氮配合的最佳时期。

第三节　水稻覆膜栽培技术

目前将覆膜与节水灌溉模式相结合的研究较少,在覆膜条件下不同节水灌溉模式

产量性状和节水机理机制尚不清楚。本试验是在黑龙江省庆安灌溉试验站进行的,采用田间试验与测桶试验相结合,将地膜覆盖与淹灌、间歇灌溉、控制灌溉相结合,研究覆膜对水稻各节水模式的影响以及不同的技术措施对水稻各生物性状指标、不同深度土层温度、耗水量、水分利用效率等的影响,并提出适合该地区节水高产的集成技术模式。

一、材料与方法

(一)试验设计

试验分别在测桶与田间小区进行。测桶为圆柱形塑料桶,高 50 cm,半径 26 cm,供试面积约 0.2 m^2,露天放置在周围为水田的空地上,以便形成与大田相似的田间小气候;田间小区规格为 10 m×10 m,周边用混凝土池埂及 PVC 板防渗。水稻种植密度为 15 cm(株距)×20 cm(行距),每穴插 3 株基本苗。

桶测试验水分管理采用三种灌溉模式,分别为淹灌,间歇灌溉,控制灌溉,每种模式分地表覆膜与地表裸露两种情形,将地表裸露作为对照,地表裸露的灌溉模式与相应覆膜的灌溉模式一致,每个处理重复三次,共 18 个测桶;小区试验水分管理采用三种灌溉模式,分别为淹灌、间歇灌溉、控制灌溉,每种模式分地表覆膜与地表裸露两种情形,将地表裸露作为对照,每个处理重复三次,共 18 个小区。测桶内装 50 cm 原状土,灌水时采用容积一定的量杯灌水;小区试验先打垄,垄长 10 m,宽 30 cm,垄高 20 cm,后覆膜打孔,两垄之间留出宽度为 20 cm 的垄沟,水分大部分存蓄于垄沟内,然后侧渗补给。桶测及小区各重复施肥标准,施肥时间,施肥方法均相同,详见表 4 - 21、表 4 - 22。

表 4 - 21　施肥用量用法表　　　　　　　　　　　　　单位:kg/hm^2

元素	基肥	分蘖肥	穗肥	粒肥
氮	72	54	36	18
磷	72	—	18	—
钾	104	—	26	—

表 4 - 22　不同灌溉模式水分管理表

灌溉模式	返青期	分蘖初期	分蘖盛期	分蘖末期	拔节期	抽穗期	乳熟期	黄熟期
控制灌溉	0~30%	0~70%	0~70%	晒田	0~80%	0~80%	0~75%	落干
间歇灌溉	0~30%	0~40%	0~40%	晒田	0~30%	0~40%	0~40%	落干
淹灌	0~30%	0~80%	0~80%	晒田	0~80%	0~80%	0~80%	落干

按照"典型性、代表性、可操作性"的原则选择试验小区,详见图 4 - 18、图4 - 19。

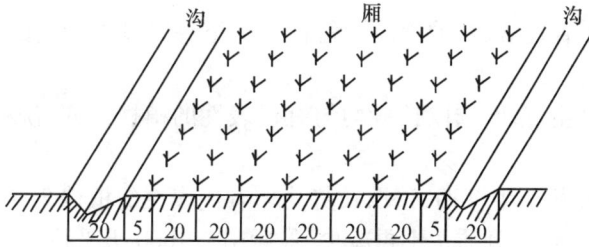

图 4 - 18 水稻栽培方式示意(单位:cm)

图 4 - 19 试验小区布置

(二)观测内容和方法

水稻本田生长期间总耗水量($W_{consumption}$)计算方法:

$$W_{consumption} = I + P + \Delta W - R \qquad (4-19)$$

式中:$W_{consumption}$——稻田灌水量,mm;

I——灌溉水量,mm;

P——降水量,mm;

ΔW——0~40 cm 耕层土壤水稻移栽前和收获后储水量差值,mm;

R——排水量,mm。

观测内容有以下几方面。

①水表记录试验所需用水量。

②采用土壤水分速测仪进行土壤水分观测。

③每个生育期观测小区水层变化情况,准确记录每次灌水、排水的时间和水量。

④生育性状观测:

A. 分蘖数:标记移栽时大田选取生长比较均匀的植株每穴10株,盆栽每穴10株。从分蘖期至黄熟期,通过记下的标记观测每穴苗数,考察茎蘖增减动态、有效分蘖、最多茎蘖数。

B. 株高:每个生育期观测,抽穗前为植株根部至每穴最高叶尖的高度,抽穗后为根部至最高穗顶的高度。

C. 鲜重:在每个生育期,选取长势均匀有代表性的植株 3 穴,洗根,用 1/1000 天平称量。

D. 干物质重:在每个生育期,选取长势均匀有代表性的植株 3 穴,烘箱调至 105 ℃将水稻杀青,再 80 ℃烘干到质量不再减少,最后用 1/1000 天平称量。

⑤温度测定:分别于土壤 5 cm、10 cm、15 cm、20 cm、25 cm 埋设地温计,测定土壤温度,于早上 8 时、晚上 7 时各测定 1 次。每个小区重复多点,并且要避开土面特殊的点,如积水,突出的大土块等。

⑥考种测产:水稻成熟后,各处理仅收获各小区中间预先划定的 1 m×1 m 的收获区取 3 个重复,拿回实验室搓下籽粒,籽粒在恒温下烘干,风干后称重计产。在收割前考察有效穗数、每穗实粒数、千粒重,实测每平方米产量,计算理论产量。

⑦测桶测产:将测桶的水稻全部收割,实测每个处理产量。

(三)农业措施

①筛选品种:选用当地代表性的北方绿洲品种。

②科学育秧:育秧要选光照较好、土层较厚的低台位土做苗床地;6 月 7 日移栽插秧,9 月 22 日收割。

③合理施肥:肥料的用量需参照当地田块的肥力适当做增减;水稻一生施肥四次,即基肥、分蘖肥、穗肥、粒肥。

④薄膜选择:薄膜要用 1.8~2.0 m 宽的全新料的一级膜,这样才能盖住厢沟侧面,从而达到更好预期效果。

⑤严实覆膜:厢面平整后再盖膜,以滚动膜捆的办法覆膜,这是非常关键的一个环节。盖膜时防止有气泡,厢面平整了,膜就能全贴厢面,那样就会防止杂草滋生。为使厢面不变形,覆膜快,施肥和平好厢面后应等 20~30 h 后再覆膜。

⑥护膜补苗:水稻插秧,根受损伤。在插秧的当天,及时在膜面浅灌 1 cm 厚的定根水,1~2 d 自然落干。移栽秧苗返青后,应及时检查秧苗缺穴、沟水余缺和地膜严实情况,切实做到缺苗补齐、膜损盖泥。

⑦药剂灭草:水耙地后做一次性封闭灭草,使用农药;分蘖时期施药进行封闭灭草;可以根据具体情况再进行用药除草。

⑧防治病虫害:插秧后 10 d 喷施一次防治潜叶蝇农药,分蘖期容易发生各种病虫害,在高温潮湿条件下纹枯病和螟虫最易发生,喷施预防此类虫害的农药。拔节期喷施预防稻瘟病农药,抽穗期喷施一次预防穗茎瘟农药。乳熟期喷施一次防治二化螟农药。

⑨防止废膜对土壤的白色污染,稻谷收获后一定要仔细揭膜,清除干净碎膜,彻底消灭残膜后要及时回收地膜。

(四)水稻生育期划分

水稻生育期的时间划分见表 4-23。

生育期	返青期	分蘖期	拔节期	抽穗期	乳熟期	黄熟期	全生育期
日期	6.07—6.18	6.19—7.15	7.16—7.23	7.24—8.06	8.7—8.18	8.19—9.20	6.07—9.22

（五）数据统计及分析方法

实验数据采用 Microsoft Office Excel 2003 整理后作图并用 SAS 软件进行统计分析。

二、结果与分析

（一）覆膜灌溉对水稻分蘖特性的影响

水稻分蘖是水稻生长的一项重要的群体特征,水稻分蘖数的多少及有效分蘖率的高低直接影响移栽水稻的产量,水稻覆膜技术在一定程度上影响着水稻分蘖发生的高峰期和水稻的有效分蘖率,在一定程度上制约着水稻的分蘖情况。本研究将从覆盖方式及灌溉模式两方面研究不同处理水稻的分蘖动态,探讨覆膜灌溉对水稻分蘖特性的影响。

1. 相同灌溉模式下覆膜对水稻分蘖动态的影响

为研究覆膜灌溉对水稻分蘖动态的影响,覆膜试验设置了淹灌,间歇灌溉及控制灌溉三种灌溉模式,同时在田间与测桶进行,以常规不覆膜条件下相应的灌溉模式为对照。

图 4 – 20 给出覆膜淹灌与常规淹灌条件下水稻的分蘖动态。从图 4 – 20(a)看出,两种淹灌处理的水稻分蘖均呈现出先增后减的变化特征;在田间环境中,常规淹灌处理与覆膜淹灌处理的分蘖趋势大体一致,分蘖高峰出现时期均在分蘖末期,分蘖数分别为 44 和 32,此后逐渐减小;在两种处理中,前三个生育期,常规淹灌分蘖数一直大于覆膜淹灌,到黄熟期,二者趋于相同,分别为 24 和 25。覆膜淹灌条件下水稻分蘖呈现一个稳定的增长,没有像常规淹灌那样有较大的起伏。

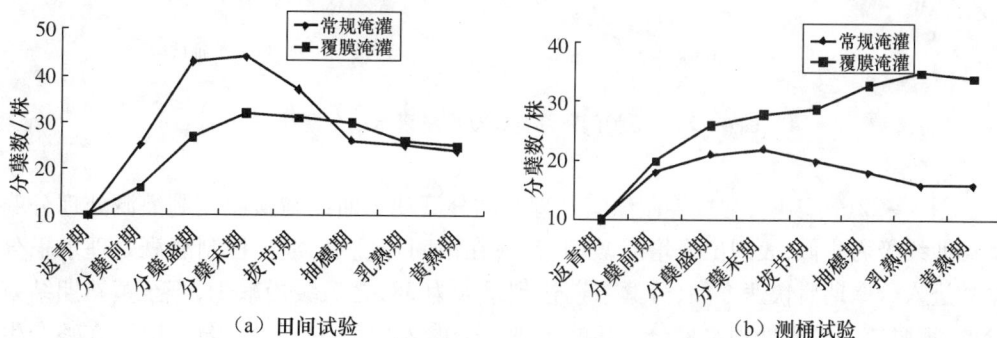

（a）田间试验　　　　　　　　　　　（b）测桶试验

图 4 – 20　覆膜淹灌与常规淹灌水稻分蘖动态

从图 4－20(b)看出,在测桶环境中,常规淹灌处理水稻在分蘖末期出现分蘖高峰,此后逐渐减小;覆膜淹灌处理水稻在乳熟期前一直处于分蘖状态,在乳熟期达到分蘖高峰,在黄熟期出现缓慢降低趋势;测桶环境中,常规淹灌处理与覆膜淹灌处理水稻分蘖变化特征差异明显,覆膜淹灌处理水稻在分蘖期过后,分蘖数仍呈现快速增加趋势,并且覆膜淹灌处理分蘖数始终大于淹灌处理的,最终覆膜淹灌处理分蘖数为34,明显超过了常规淹灌的分蘖数,这可能与测桶的环境与田间环境的差异性引起的。在整个生育期,覆膜处理分蘖数明显高于常规处理。从图上分析可得,在测桶环境下覆膜淹水灌溉条件下可以延迟水稻分蘖的时间,高峰较晚出现。

图 4－21(a)表明,在大田环境中,常规间歇灌溉处理水稻分蘖高峰出现在分蘖盛期分蘖数为47,覆膜间歇灌溉处理水稻分蘖高峰出现在分蘖末期分蘖数为30,直到抽穗期后分蘖数逐渐减少;两者趋势基本一致。在整个水稻生育期,常规间歇灌溉处理水稻分蘖数均为前期快速增加,后期逐渐减少的趋势,但常规间歇灌溉处理分蘖数一直高于覆膜间歇灌溉处理。

图 4－21(b)表明,在测桶环境中,常规间歇灌溉处理水稻分蘖高峰出现在分蘖末期,之后的拔节期和抽穗期也保持较高的分蘖数,在乳熟期和黄熟期分蘖数逐渐减少;覆膜间歇灌溉处理水稻在整个生育期一直保持分蘖状态,分蘖数随着生育期的推进而增加,且后期仍保持较高的增长;常规间歇灌溉处理与覆膜间歇灌溉处理水稻在抽穗期以前,表现出近乎相同的分蘖趋势,均为初期快速增加,达到高峰后趋于缓和,抽穗期以后覆膜间歇灌溉处理分蘖数继续增加,而常规间歇灌溉处理分蘖数则逐渐减少。在测桶环境下,覆膜间歇灌溉分蘖数在最后大于常规处理,且表现为较大的差异。

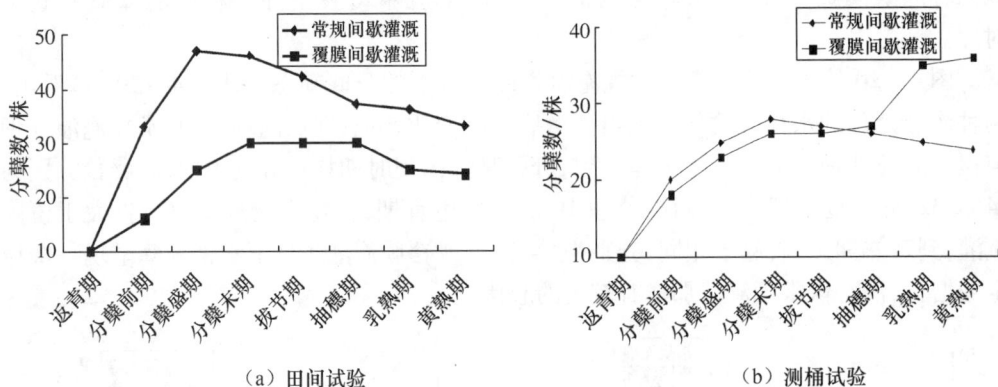

（a）田间试验　　　　　　　　（b）测桶试验

图 4－21　覆膜间歇灌与常规间歇灌水稻分蘖动态

图 4－22(a)表明,常规控制灌溉处理水稻分蘖动态曲线与覆膜控制灌溉处理分蘖动态曲线极为相似,表现出先增后减的特点;在田间环境中,常规控制灌溉处理水稻分蘖数进入分蘖期后快速增加,分蘖末期达到最大为38,之后缓慢减少,直至黄熟期结束分蘖;覆膜控制灌溉处理水稻分蘖高峰出现在分蘖末期为32,之后缓慢减少;在整个生育期,常规控制灌溉处理分蘖数一直高于覆膜控制灌溉处理分蘖数,而最终的有效分蘖数即有效穗数,则二者相等,故覆膜控制灌溉有效分蘖率高于常规控制灌溉处理,说明

覆膜在一定程度上减小了无效分蘖。

图4-22(b)表明,在测桶环境中,常规控制灌溉处理水稻分蘖数在分蘖期快速增加,在分蘖末期达到高峰,之后逐渐减少;覆膜控制灌溉处理水稻分蘖数在分蘖期快速增加,在拔节期达到一个较高水平,抽穗期继续保持,在乳熟期再次增加,黄熟期则有所降低,即覆膜控制灌溉处理水稻分蘖数在整个生育期几乎都维持分蘖状态,只有在黄熟期出现减少现象。在测桶环境下覆膜控制灌溉分蘖数在最后仍然高于常规控制灌溉。

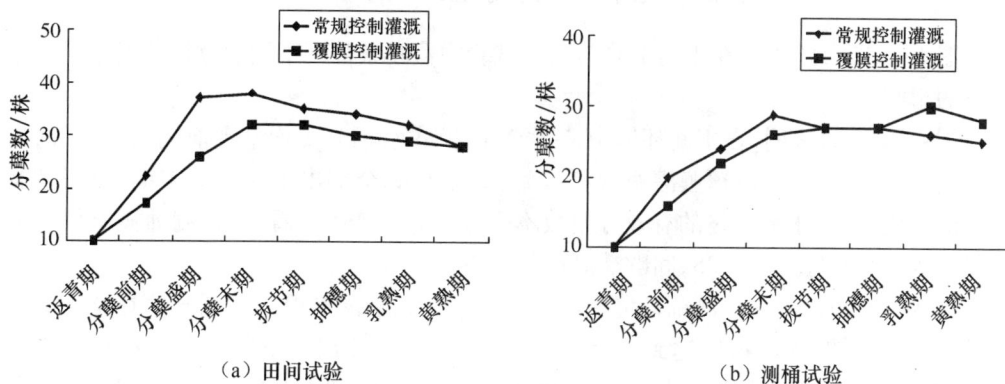

（a）田间试验　　　　　　　　　（b）测桶试验

图4-22　覆膜控制灌溉与常规控制灌溉水稻分蘖动态

从图4-20(a),图4-21(a),图4-22(a)可以看出,在田间环境中,三种覆膜灌溉处理水稻分蘖数,在整个生育期几乎都小于各自对应的常规灌溉处理水稻分蘖数,即由于覆膜的作用,抑制了水稻分蘖的增加。表4-24给出了三种灌溉处理水稻的有效分蘖率,覆膜使相应的灌溉模式水稻有效分蘖率均有所提高,减少无效分蘖;还可以看出覆膜使水稻分蘖高峰期滞后,这一点与徐俊增等研究结果一致。

表4-24　不同灌溉处理水稻有效分蘖率(田间试验)

灌溉处理	常规(不覆膜)	覆膜
淹水灌溉	54.55%	78.13%
间歇灌溉	70.21%	80.00%
控制灌溉	73.68%	87.50%

从图4-20(b),图4-21(b),图4-22(b)可以看出,在测桶环境中,不覆膜的常规灌溉处理,水稻分蘖特征表现出先增后减的趋势,与田间环境中水稻分蘖特征一致,而覆膜灌溉处理,三种灌溉模式水稻均表现出在全生育期分蘖的特点,即分蘖数一直处于增加状态,直至乳熟期。在测桶环境下的分蘖数,覆膜处理的长势大于不覆膜处理,可以看出在测桶环境下,使得水稻覆膜节水模式得到了充分的发挥。在测桶这一特定环境中,由于覆膜的存在,根本性地改变了水稻生长的土壤环境,提供了水稻在生育阶段后期继续分蘖所需的水分及温度条件。可以看出增加水稻生长期的水分,保持适当的水温和后期追肥是水稻增加分蘖的关键所在。

从表4-24看出,在田间试验中,覆膜条件下水稻分蘖虽然刚开始没有像常规灌溉模式那样表现出强劲的增长,但是通过有效分蘖率的数据可以看出在覆膜条件下大大提高水稻的有效分蘖率。通过覆膜有效地降低无效分蘖数。通过比较,覆膜控制灌溉处理的有效分蘖率最高为87.5%;常规淹灌处理最低为54.55%。因此,水稻覆膜对提高成穗率有一定的积极作用。

2. 覆膜条件下不同灌溉模式对水稻分蘖动态的影响

图4-23(a)给出了在田间试验与测桶试验中覆膜条件下不同灌溉模式对水稻分蘖动态的影响。

图4-23(a)表明,在田间环境中,三种灌溉模式水稻分蘖均呈现前期快速增加,后期逐渐减小的特征,与不覆膜灌溉水稻一致,分蘖高峰全部出现在分蘖末期;由于灌溉模式的不同,导致水稻最终的有效分蘖数不同,从图4-23(a)看出,控制灌溉有效分蘖数最高为28,淹灌次之为25,间歇灌溉最低为24。

图4-23(b)表明,在测桶环境中,覆膜条件下,三种灌溉模式水稻分蘖在全生育期内几乎一直增加,到乳黄期达到分蘖高峰,直到黄熟期才出现下降趋势。在抽穗期以前,淹灌模式水稻分蘖数一直高于间歇灌溉和控制灌溉,到了黄熟期,则是间歇灌溉最高,淹灌次之,控制灌溉最低。

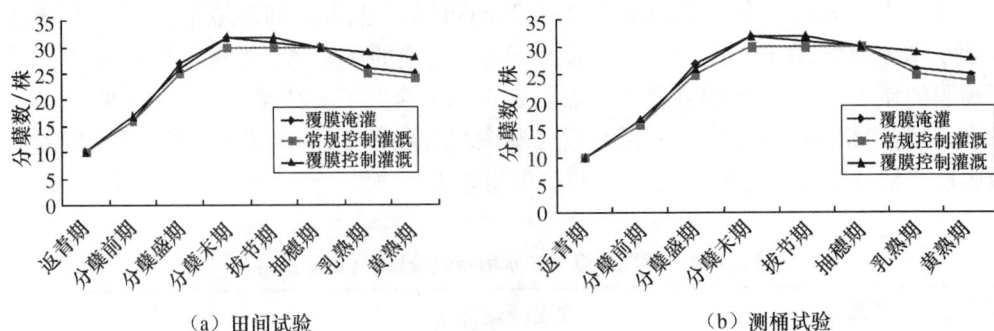

图4-23 不同覆膜灌溉模式水稻分蘖动态影响

综上所述,在田间环境中,由于覆膜的存在,可以起到抑制水稻无效分蘖的作用,并且大幅度提高有效分蘖率;覆膜灌溉水稻,其分蘖动态特征与常规不覆膜灌溉水稻基本一致,说明覆膜的存在不会改变水稻的分蘖变化趋势;覆膜的存在,提高了水稻的有效分蘖率,而灌溉模式的改变也可以提高水稻有效分蘖率,二者相比较而言,覆膜对提高水稻有效分蘖率的影响要大一些,覆膜条件下淹灌水稻有效分蘖率最低为78.13%,明显高于常规不覆膜条件下分蘖率最高的控制灌溉处理,其值为73.68%;覆膜的存在,缩小了不同灌溉模式水稻有效分蘖率的差异,常规不覆膜条件下,间歇灌溉有效分蘖率为70.21%,比淹灌高出15.66个百分点,控制灌溉有效分蘖率为73.68%,比淹灌高出19.13个百分点,在覆膜条件下,间歇灌溉有效分蘖率为80%,比淹灌高出1.87个百分点,控制灌溉有效分蘖率为87.5%,比淹灌高出9.37个百分点。从以上分析我们可以看出,用水量最多但分蘖不一定最多,这里也有一个适当的水分临界期。我们知道,提高成穗率是提高产量的关键因素,而覆膜条件下能通过减少无效分蘖来提高水稻的成穗率,从而提高有效穗数。根据 Graivois 和 Helms 的研究有效穗数是提高产量的关键因素,因此覆膜对水稻产量的提高有一定的现实意义。

(二)覆膜灌溉对水稻干湿重的影响

用单位土地面积上植株的干重或湿重来代表田间作物生长情况的指标,水稻干重的多少直接影响着物质积累与输出速率。水稻的干重是指水稻干物质质量,为光合作用产物,是水稻生长状况的基本特征之一,可以用来描述水稻在某个生育阶段进行光合作用的宏观表现,可用于分析干物质的积累和分配与水、肥、气象、管理等因素的关系,鉴定农业技术措施的效应等,直接影响产量的形成。水稻湿重,又称鲜重,为鲜活的水稻植株采集后立刻测得的质量,可用于分析植株的含水率。

从两个角度,即覆盖方式与灌溉模式就水稻干湿重在整个生育期的变化特征进行阐述。表 4-25 给出了在全生育期不同覆膜灌溉处理水稻湿重数据,表 4-26 给出了在全生育期不同覆膜灌溉处理水稻干重数据,以此为依据绘出了覆膜灌溉水稻干湿重在全生育期的变化图,见图 4-24 至图 4-31。

表 4-25　不同灌溉处理水稻湿重　　　　　单位:g/株

生育期	常规淹灌	覆膜淹灌	常规间歇灌溉	覆膜间歇灌溉	常规控制灌溉	覆膜控制灌溉
返青期	1.105	1.165	0.749	0.780	0.921	1.000
分蘖盛期	1.108	1.169	1.209	1.893	1.524	1.661
分蘖末期	2.638	2.142	2.152	2.626	2.663	3.202
拔节期	4.302	4.635	3.101	3.856	3.866	4.437
抽穗期	5.086	5.593	4.631	5.645	4.030	4.539
乳熟期	8.367	9.567	6.824	7.417	7.246	9.470
黄熟期	5.077	7.496	4.847	5.745	5.053	5.696

表 4-26　不同灌溉处理水稻干重　　　　　单位:g/株

生育期	常规淹灌	覆膜淹灌	常规间歇灌溉	覆膜间歇灌溉	常规控制灌溉	覆膜控制灌溉
返青期	0.249	0.246	0.263	0.261	0.255	0.258
分蘖盛期	0.255	0.276	0.279	0.291	0.263	0.270
分蘖末期	0.409	0.557	0.410	0.445	0.460	0.628
拔节期	1.072	1.134	0.719	0.899	0.702	0.824
抽穗期	1.184	1.341	0.848	1.122	1.165	1.342
乳熟期	2.274	2.625	1.543	1.824	2.081	2.127
黄熟期	2.430	3.642	2.519	2.697	2.482	2.746

1. 相同灌溉模式下覆膜对水稻鲜重的影响

从图 4－24 看出,常规淹灌处理与覆膜淹灌水稻鲜重在全生育期表现出相同的变化特征,即在返青期到分蘖期水稻鲜重缓慢增加,常规淹灌与覆膜淹灌鲜重分别从 1.105 g 和 1.165 g 增加到 2.638 g 和 2.142 g,分别提高 138.73% 和 83.87%;常规淹灌处理与覆膜淹灌处理从分蘖期到乳熟期水稻鲜重处于快速增加阶段,分别从 2.638 g 和 2.142 g 增加到 8.367 g 和 9.567 g,分别提高 217.17% 和 346.64%,在乳熟期达到高峰,而在黄熟期,随着水稻植株进入衰老死亡阶段,鲜重较之乳熟期有所减少,分别为 5.077 g 和 7.496 g;除分蘖末期外,在各个生育期阶段,覆膜淹灌处理水稻鲜重始终大于常规淹灌处理水稻鲜重,黄熟期覆膜淹灌水稻鲜重比常规淹灌高 47.64%。由此看出,淹灌条件下覆膜可以在一定程度上提高水稻的鲜重。

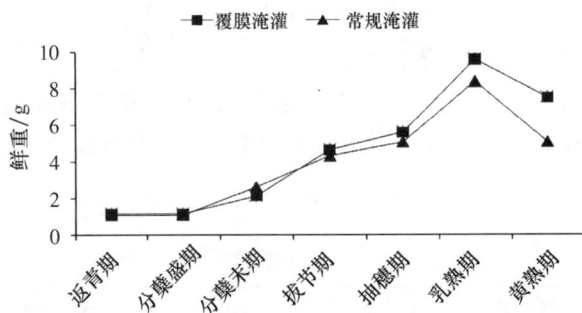

图 4－24 覆膜淹灌与常规淹灌水稻鲜重

从图 4－25 看出,在整个生育期,覆膜间歇灌溉与常规间歇灌溉处理水稻鲜重变化特征几乎完全一致,水稻鲜重从返青期到乳熟期一直处于递增阶段,直至在乳熟期达到高峰,分别为 7.417 g 和 6.824 g,之后在黄熟期出现降低,分别为 5.745 g 和 4.847 g;在全生育期,覆膜间歇灌溉处理水稻鲜重始终大于常规间歇灌溉水稻鲜重,黄熟期覆膜间歇灌水稻鲜重比常规间歇灌高 7.04%。以上可以看出,覆膜与否没有改变水稻鲜重的变化趋势。

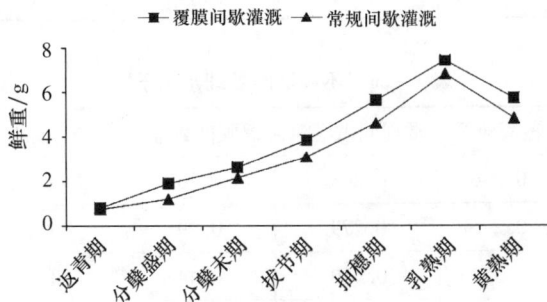

图 4－25 覆膜间歇灌与常规间歇灌水稻鲜重

从图 4－26 看出,覆膜控制灌溉处理水稻鲜重在全生育期变化特征与常规控制灌溉处理一致。从返青期到分蘖盛期,鲜重缓慢增加,覆膜控制灌溉与常规控制灌溉水稻鲜重分别从返青期的 1.000 g 和 0.921 g 增加到分蘖盛期的 1.661 g 和 1.524 g,分别提高 66.1% 和65.47%;从分蘖盛期到拔节期增速变大,覆膜控制灌溉与常规控制灌溉水稻鲜重分别从分蘖盛期的 1.661 g 和1.524 g 增加到拔节期的 4.437 g 和3.866 g,分别提高 167.13% 和153.67%;从拔节期到抽穗期增速变小,覆膜控制灌溉与常规控制灌溉水稻鲜重分别从拔节期的 4.437 g 和3.866 g 增加到抽穗期的 4.540 g 和4.030 g,分别提高 2.32% 和4.24%;从抽穗期到乳熟期又是一个快速增长阶段,覆膜控制灌溉与常规控制灌溉水稻鲜重分别从抽穗期的 4.540 g 和4.030 g 增加到乳熟期的 9.470 g 和7.246 g,分别提高 118.59% 和79.80%;之后,在黄熟期出现下降;在全生育期,覆膜控制灌溉处理水稻鲜重始终大于常规控制灌溉处理水稻鲜重,黄熟期覆膜控制灌溉水稻鲜重比常规控制灌溉高 10.67%。

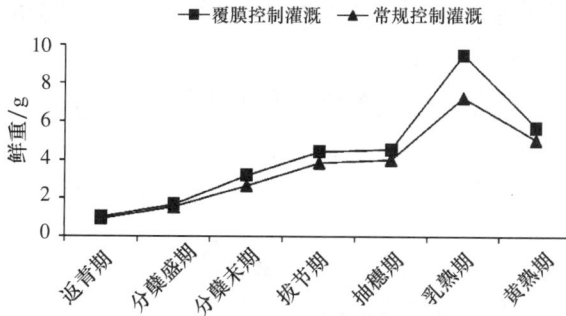

图 4 - 26　覆膜控制灌溉与常规控制灌溉水稻鲜重

综上所述,当灌溉模式相同时,与常规不覆膜灌溉处理相比,覆膜处理水稻鲜重始终较大,表现出覆膜的较强的保水性;无论覆膜与否,同一灌溉模式水稻鲜重表现出相同的变化特征。可见,覆膜的存在可以提高水稻鲜重;灌溉模式相同时,覆膜的存在不会改变水稻鲜重在全生育期的变化趋势。

2. 覆膜条件下不同灌溉模式对水稻鲜重的影响

从图 4 - 27 看出,覆膜条件下,三种灌溉模式水稻鲜重在全生育期的变化特征各有特点,但总体上都呈现出先增后减的特点。可见,覆膜条件下灌溉模式的不同决定了水稻鲜重在全生育期变化特征的不同,但是差异性不是很大。可以看出,覆膜淹灌方式到最后水稻的鲜重最大,其他两种灌溉方式水稻鲜重达到一致。

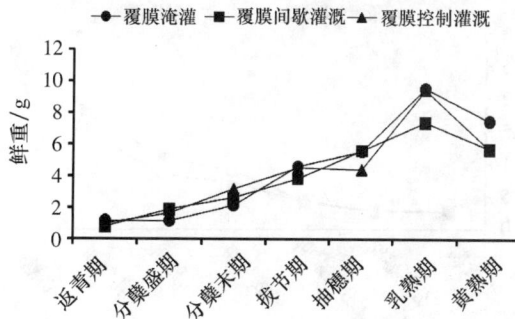

图 4 - 27　不同覆膜灌溉模式对水稻鲜重的影响

3. 相同灌溉模式下覆膜对水稻干重的影响

从图 4-28 看出,覆膜淹灌处理与常规淹灌处理水稻干重在全生育期变化特征基本一致,从返青期到分蘖盛期干重增加缓慢,覆膜淹灌与常规淹灌处理干重分别从 0.246 g 和 0.249 g 增加到 0.276 g 和 0.255 g,增加了 12.20% 和 2.41%;从分蘖盛期开始,水稻干重增加迅速,覆膜淹灌与常规淹灌处理干重分别从 0.276 g 和 0.255 g 增加到最终的 3.642 g 和 2.430 g,分别为返青期干重的 14.80 倍和 9.74 倍;其中以抽穗期到乳熟期增加幅度最大,乳熟期覆膜淹灌与常规淹灌处理干重达到 2.625 g 和 2.274 g,比抽穗期增加了 95.78% 和 92.00%;覆膜淹灌处理水稻干重始终大于常规不覆膜灌溉水稻干重,最终干重比常规淹灌高出 1.211 g,达到 49.84%。说明淹灌条件下,覆膜在一定程度上提高了水稻的干重。

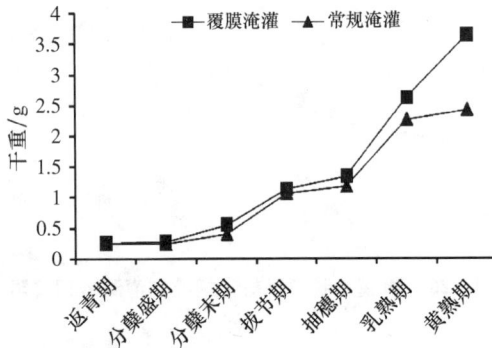

图 4-28   覆膜淹灌与常规淹灌水稻干重

从图 4-29 看出,覆膜间歇灌溉处理与常规不覆膜间歇灌溉处理水稻干重在全生育期变化特征基本一致,从返青期到分蘖期二者干重基本相同,单株干重质量增加缓慢,覆膜间歇灌溉处理与常规不覆膜间歇灌溉处理水稻干重分别从 0.261 g 和 0.263 g 增加到 0.291 g 和 0.279 g,增加了 11.49% 和 6.08%;从拔节期开始到黄熟期,干重重量增加迅速,黄熟期覆膜间歇灌溉与常规间歇灌溉水稻干重为 2.697 g 和 2.519 g,分别为返青期的 10.34 倍和 2.52 倍;从拔节期开始,覆膜间歇灌溉处理水稻干重明显大于常规不覆膜间歇灌溉处理水稻干重,黄熟期覆膜间歇灌溉处理水稻干重比常规间歇灌溉高出 7.04%。

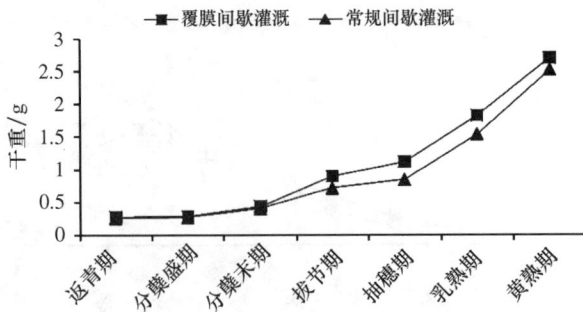

图 4-29   覆膜间歇灌与常规间歇灌水稻干重

从图 4-30 看出,覆膜控制灌溉处理水稻干重与常规不覆膜控制灌溉处理水稻干重在全生育期的变化特征基本一致,都是在返青到分蘖期增加缓慢,覆膜控制灌溉处理水稻干重与常规不覆膜控制灌溉处理水稻干重从 0.258 g 和 0.255 g 增加到 0.270 g 和 0.263 g,增加了 4.65% 和 3.14%;从分蘖期开始,迅速增加,黄熟期覆膜控制灌溉处理水稻干重与常规不覆膜控制灌溉处理水稻干重分别为 2.746 g 和 2.482 g,分别为返青期的 10.65 倍和 9.73 倍;从全生育期来看,覆膜控制灌溉处理水稻干重大于相应阶段的常规控制灌溉处理水稻干重,黄熟期覆膜控制灌溉处理水稻干重比常规控制灌溉处理水稻干重增加 10.67%。可见在常规控制灌溉下,水稻覆膜与否对水稻干重影响不大。

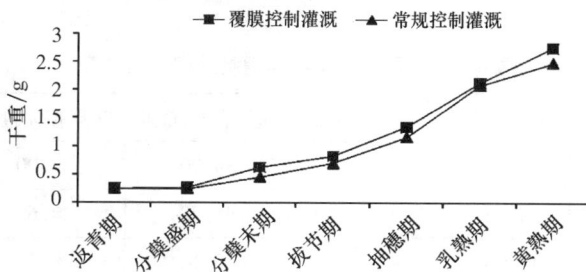

图 4-30 覆膜控制灌溉与常规控制灌溉水稻干重

综上所述,在灌溉模式相同的条件下,由于覆膜的存在,在各生育期水稻干重比常规处理都有所增加;当灌溉模式相同时,不管是否覆膜,水稻干重在全生育期的变化特征趋于一致,即灌溉模式相同的处理,其水稻干重变化特征趋于一致。说明覆膜可以提高水稻的干物质积累,使得水稻干重增加;覆膜的存在不会影响水稻干重在全生育期的变化特征。从水稻干重增加速度来看,由于返青期水稻干重几乎相等,而在全生育期覆膜灌溉处理水稻增速干重明显高于相应的常规灌溉处理水稻干重,因而导致最终的干重高于常规灌溉处理的水稻干重。

4. 覆膜条件下不同灌溉模式对水稻干重的影响

从图 4-31 看出,覆膜条件下不同灌溉模式水稻干重在全生育期变化特征曲线并不一样;最终的干重为覆膜淹灌最大,覆膜间歇灌溉及覆膜控制灌溉相差无几。可见,覆膜条件下灌溉模式的不同导致水稻干重在全生育期变化特征的不同,其中覆膜淹灌效果最佳。同时看出水稻覆膜条件下水稻干物质积累量较常规条件下有一定的提高,说明覆膜可以提高水稻的干物质积累量。

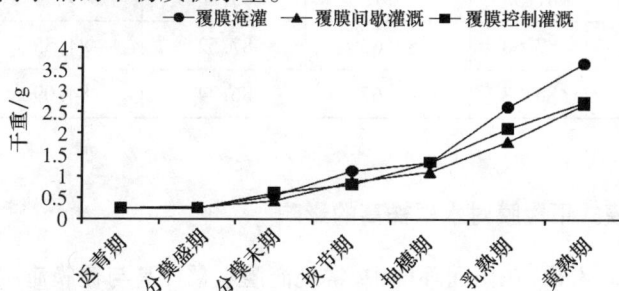

图 4-31 不同覆膜灌溉模式对水稻干重的影响

（三）覆膜灌溉对水稻株高的影响

水稻株高是控制水稻产量的重要生物性状,其变化特征受到多种因素制约,在一定程度上水稻的产量随着水稻株高的增加而增加,但是超过了一定的范围就会起到相反的效果。本试验主要从覆膜灌溉的角度进行阐述,探讨覆盖方式和灌溉模式对水稻株高的影响。表4-27为田间环境中各覆膜灌溉试验处理全生育期水稻株高数据,表4-28为桶测环境中各覆膜灌溉试验处理全生育期水稻株高数据。根据表4-27和表4-28做出覆膜灌溉水稻株高的影响变化(图4-32至图4-34)。

表4-27　田间试验不同灌溉处理水稻株高　　　　单位:cm

生育期	常规淹灌	覆膜淹灌	常规间歇灌溉	覆膜间歇灌溉	常规控制灌溉	覆膜控制灌溉
返青期	35.05	35.07	35.20	35.90	36.00	35.85
分蘖前期	46.30	38.35	48.05	45.98	44.60	42.55
分蘖盛期	50.10	46.90	49.85	50.10	49.75	44.50
分蘖末期	74.30	65.93	66.05	71.23	75.50	60.93
拔节期	79.40	72.78	73.40	75.83	77.15	65.93
抽穗期	95.85	83.35	88.55	83.75	89.65	79.33
乳熟期	106.40	96.28	99.90	93.93	99.90	89.00
黄熟期	104.28	95.01	97.38	92.52	96.87	87.92

表4-28　桶测试验不同灌溉处理水稻株高　　　　单位:cm

生育期	常规淹灌	覆膜淹灌	常规间歇灌溉	覆膜间歇灌溉	常规控制灌溉	覆膜控制灌溉
返青期	37.00	36.68	37.13	37.15	36.93	37.05
分蘖前期	49.42	43.70	46.78	44.55	47.37	43.28
分蘖盛期	54.18	51.62	51.75	54.18	53.10	50.52
分蘖末期	64.27	67.22	62.13	63.10	60.56	62.75
拔节期	69.58	74.40	66.77	70.55	67.83	69.20
抽穗期	77.23	81.33	79.13	83.33	79.98	82.17
乳熟期	79.92	87.68	82.63	87.52	84.55	86.78
黄熟期	77.52	86.08	81.67	86.34	84.09	85.27

1. 相同灌溉模式下覆膜对水稻株高的影响

从图4-32(a)看出,在田间环境中,常规淹灌水稻株高与覆膜淹灌水稻株高表现出几乎相同的变化趋势,水稻株高在乳熟期达到最大,分别为106.4 cm和96.28 cm,在黄熟期有所减少,分别为 104.28 cm 和 95.01 cm;在整个生育期,常规淹灌处理水稻株高始终大于覆膜淹灌处理水稻株高,分蘖盛期差距最小为 3.2 cm,抽穗期最大为 12.5 cm,最终高出 9.27 cm,全生育期平均高出 8.29 cm。

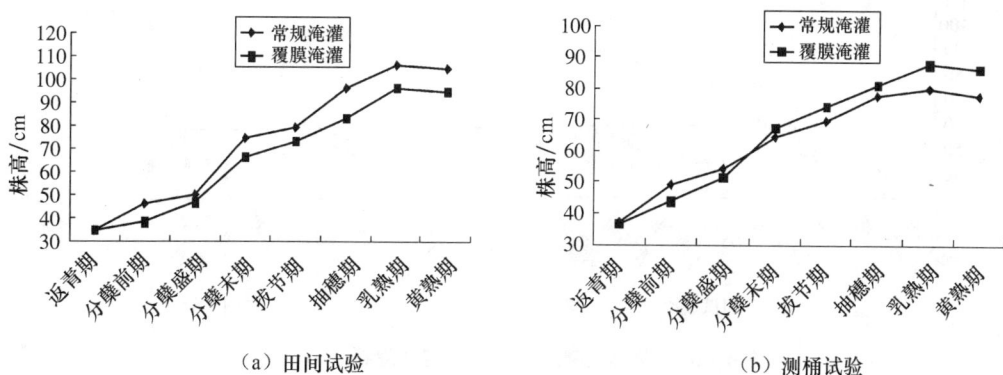

（a）田间试验　　　　　　　　（b）测桶试验

图 4-32　覆膜淹灌与常规淹灌水稻株高的影响变化

从图 4-32(b)看出,在测桶环境中,常规淹灌处理和覆膜淹灌处理水稻株高在全生育期都表现出先增后减的特点,两种灌溉模式水稻株高表现为交替增长;分蘖末期以前常规淹灌处理水稻株高大于覆膜淹灌处理水稻株高,分蘖末期以后覆膜淹灌处理水稻株高一直大于常规淹灌处理水稻株高。

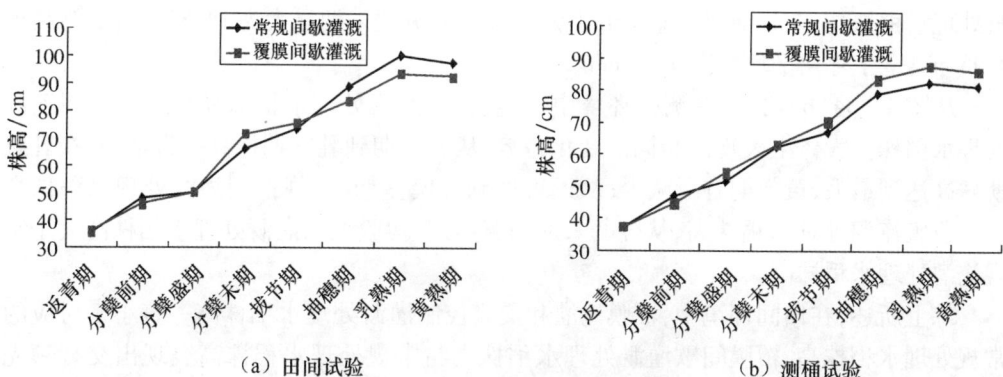

（a）田间试验　　　　　　　　（b）测桶试验

图 4-33　覆膜间歇灌与常规间歇灌水稻株高

从图 4-33(a)看出,在田间环境中,常规间歇灌溉处理水稻株高与覆膜间歇灌溉处理水稻株高大体上表现出先增后减的趋势,分别从返青期的 35.2 cm 和 35.9 cm 一直增加到乳熟期的 99.9 cm 和 93.93 cm,在乳熟期株高达到最大,黄熟期有所减少,分别为 97.38 cm 和 92.52 cm;在整个生育期,常规间歇灌溉处理水稻株高与覆膜间歇灌溉处理水稻株高表现出交替领先的特点,从返青期到分蘖盛期,常规间歇灌溉处理株高较大,从分蘖末期到拔节期覆膜间歇灌溉处理株高较大,从抽穗期到黄熟期常规间歇灌溉处理株高较大,两者的增长趋势差别较大。

从图 4-33(b)看出,在桶测环境中,常规间歇灌溉处理水稻株高与覆膜间歇灌溉处理水稻株高总体上表现出先增后减的趋势;从返青期到分蘖前期,常规间歇灌溉处理水稻株高较大,从分蘖盛期开始,覆膜间歇灌溉处理株高一直大于常规间歇灌溉处理水稻株高。

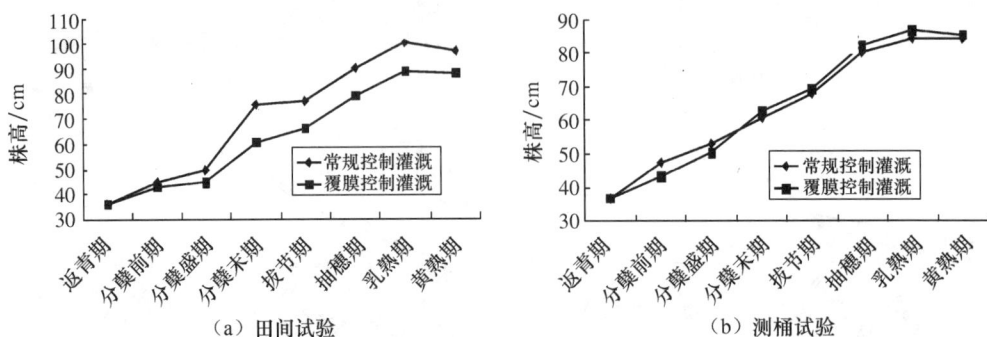

图 4-34 覆膜控制灌溉与常规控制灌溉水稻株高

从图 4-34(a)看出,在田间环境中,常规控制灌溉处理水稻株高与覆膜控制灌溉处理水稻株高大体上表现出先增后减的趋势,分别从返青期的 36 cm 和 35.85 cm 一直增加到乳熟期的 99.9 cm 和 89 cm,在乳熟期株高达到最大,黄熟期有所减少,分别为 96.87 cm 和 87.92 cm,并且两种处理水稻株高在分蘖盛期到分蘖末期都有一个明显的快速增长过程,分别从 49.75 cm 和 44.5 cm 增加到 75.5 cm 和 60.93 cm,株高分别增长了 51.76% 和 36.92%;在整个生育期,常规控制灌溉处理水稻株高始终大于覆膜控制灌溉处理水稻株高,在分蘖前期差距最小为 2.05 cm,分蘖末期最大为 14.57 cm,最终高出 8.95 cm,全生育期平均高出 9.04 cm。

从图 4-34(b)看出,在测桶环境中,常规控制灌溉处理水稻株高与覆膜控制灌溉处理水稻株高大体上表现出相同的变化趋势,从返青期到乳熟期株高一直增加,在乳熟期株高达到最大,黄熟期有所减少;从返青期到分蘖盛期,常规控制灌溉处理水稻株高大于覆膜淹灌处理水稻株高,从分蘖末期到黄熟期,覆膜控制灌溉处理水稻株高大于常规淹灌处理水稻株高。

综上所述,在田间环境中,覆膜淹灌和覆膜控制灌溉处理水稻株高一直小于对应的常规处理水稻株高,覆膜间歇灌溉处理水稻株高与常规处理水稻株高表现出交替领先的特点,到了后期覆膜间歇灌溉处理水稻株高明显小于常规处理水稻株高;在桶测环境中,三种灌溉模式均表现出,水稻前几个生育期常规处理水稻株高大于覆膜处理水稻株高,后几个生育期覆膜处理水稻株高大于常规处理水稻株高的特点,这说明测桶的环境下可以将覆膜的优点充分发挥。通过对数据的分析可以看出田间环境下的水稻株高比测桶环境下的水稻株高在相同的灌溉模式下都高,说明田间环境可以充分提供水稻生长所必需的各种营养,使水、气、热三者协调统一,更适宜水稻株高的增长。

2. 覆膜条件下不同灌溉模式对水稻株高的影响

从图 4-35(a)中看出,在田间环境中,覆膜条件下三种灌溉模式水稻株高在全生育期的变化特征趋于一致。从图 4-35(b)中看出,在测桶环境中,覆膜间歇灌溉与覆膜控制灌溉处理水稻株高表现出相似的变化特征,而覆膜淹灌处理水稻株高则与之有所不同。可见,在田间环境中,水稻覆膜时,灌溉模式的改变对水稻株高在全生育期的变化特征影响很小,但是覆膜控制灌溉处理的株高表现为最小,其他两种灌溉模式差异不大;在测桶环境中,由于灌溉模式的不同,会给水稻株高的增长造成一定的影响,三种灌溉模式的株高基本维持在同一水平,差异不明显。

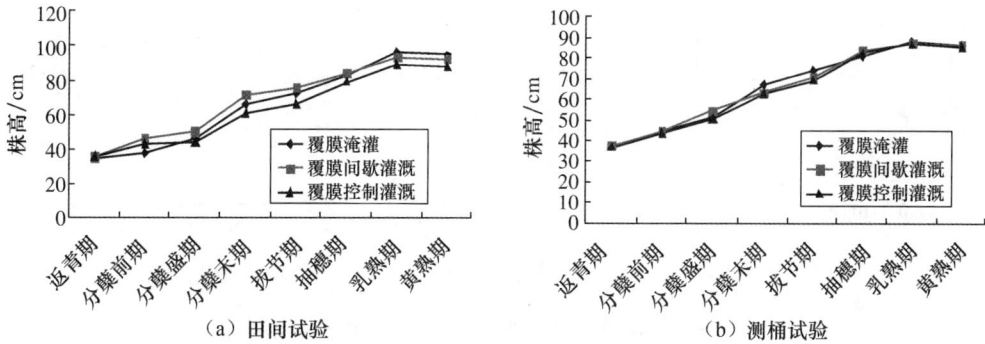

（a）田间试验   （b）测桶试验

图 4 – 35   不同覆膜灌溉模式下水稻株高变化

（四）覆膜灌溉对水稻地温的影响

作物的生长发育必须以一定的温度为条件。外界温度的高低会影响作物的生理变化从而影响到产量。土壤温度是表征土壤热量状况的指标之一,在很大程度上制约着水稻的生长发育情况。土壤温度的高低决定土壤的物理性质进而影响植株的生长状况。地膜覆盖技术极大地改善了土壤的水热状况。为作物的生长提供有利的条件。本节主要从覆膜灌溉的角度进行阐述,探讨覆盖方式对水稻土壤温度的影响,见图 4 – 36 至图 4 – 38。

从图 4 – 36 看出,在淹灌模式下,覆膜普遍提高了耕层土壤的温度。将观测的温度取平均值,可以看出覆膜淹灌条件下 5 cm、10 cm、15 cm、20 cm、25 cm 在前期分别增温 2.1 ℃、1.5 ℃、1.05 ℃、0.85 ℃ 和 0.90 ℃;中期分别增温 2.3 ℃、1.6 ℃、1.35 ℃、0.15 ℃ 和 – 0.2 ℃;后期分别增温 2.4 ℃、2.1 ℃、0.7 ℃、0.1 ℃、– 0.5 ℃。在淹灌模式下,覆膜条件下在整个生育期的增温效果趋势基本一致。

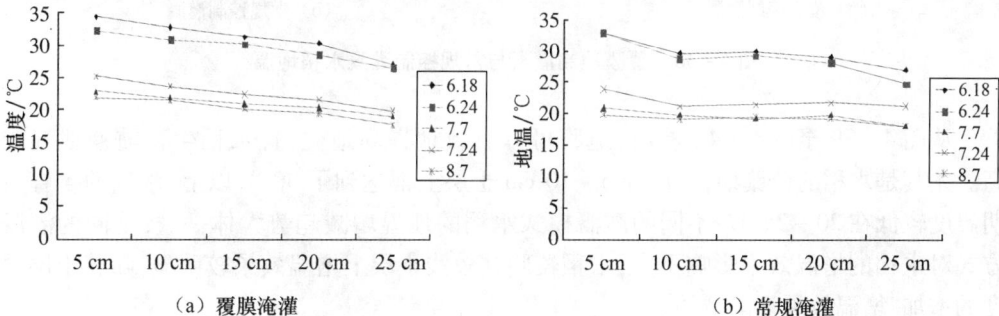

（a）覆膜淹灌   （b）常规淹灌

图 4 – 36   覆膜淹灌与常规淹灌水稻地温

从图4-37看出,在间歇灌溉下,对观测温度取平均值,得到覆膜间歇灌溉条件下较常规间歇灌处理在5 cm、10 cm、15 cm、20 cm、25 cm在前期分别增温1.8 ℃、1.35 ℃、1.2 ℃、0.9 ℃和0.05 ℃;中期各个土层分别增温2.1 ℃、1.75 ℃、1.35 ℃、1.05 ℃和0.8 ℃;后期分别增温1.2 ℃、1.1 ℃、1.0 ℃、0.4 ℃、0.6 ℃。

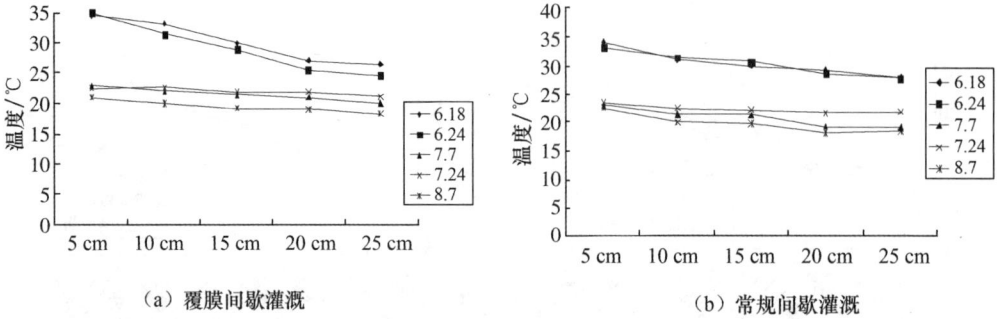

（a）覆膜间歇灌溉　　　　　　　　（b）常规间歇灌溉

图4-37　覆膜间歇灌溉与常规间歇灌溉水稻地温

从图4-38看出,在控制灌溉模式下,覆膜条件较常规条件下在5 cm、10 cm、15 cm、20 cm、25 cm土层前期分别增温5 cm、10 cm、15 cm、20 cm、25 cm在前期分别增温2.8 ℃、1.95 ℃、1.85 ℃、-0.55 ℃和0.75 ℃;在中期分别增温1.35 ℃、1.3 ℃、0.9 ℃、-0.7 ℃和-0.7 ℃;后期分别增温0.7 ℃、0.5 ℃、0.3 ℃、0.4 ℃和0.1 ℃。在控制灌溉模式下,覆膜在前期增温明显,有利于水稻的早发快发;随着生长期的延续,增温效果越来越小,究其原因可能是植株隐蔽和后期降雨数量较多等因素,而这些正好符合水稻孕育期及花期所需条件。

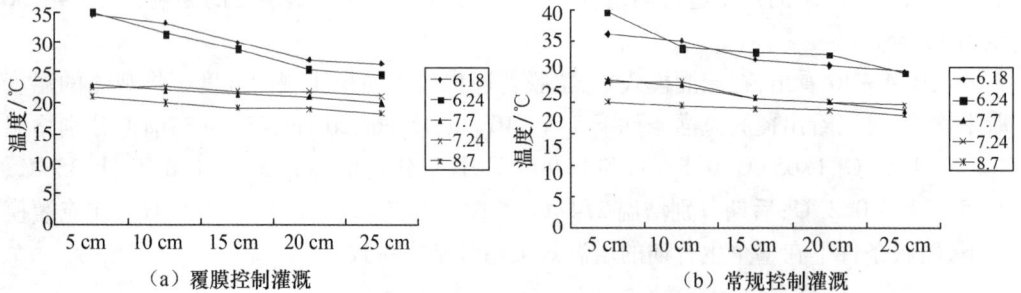

（a）覆膜控制灌溉　　　　　　　　（b）常规控制灌溉

图4-38　覆膜控制灌溉与常规控制灌溉水稻地温

从图4-39至图4-41看出,地膜可以有效地提高地温,且水稻生育前期地温较高。尤其是水稻的分蘖期,深度在5~10 cm土层上都达到了30 ℃以上,水稻的生育后期温度较低在20~25 ℃;不同的灌溉模式水稻的地温增减趋势大体一致,不同的灌溉方式对水稻的增温效果影响不大;水稻覆膜在较浅土层上增温效果较明显,随着土层深度的增加,增温效果逐渐减弱。

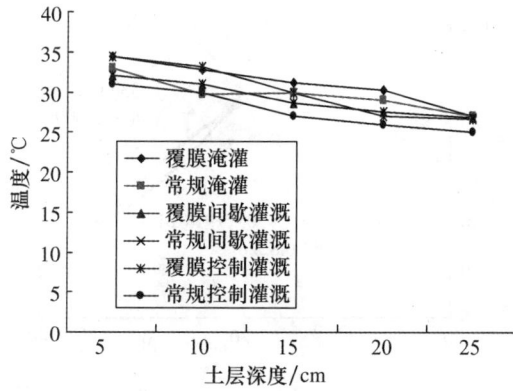

图 4 - 39　不同灌溉模式前期不同土层深度地温

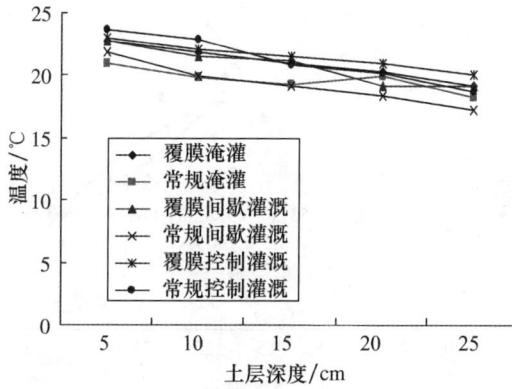

图 4 - 40　不同灌溉模式中期不同土层深度地温

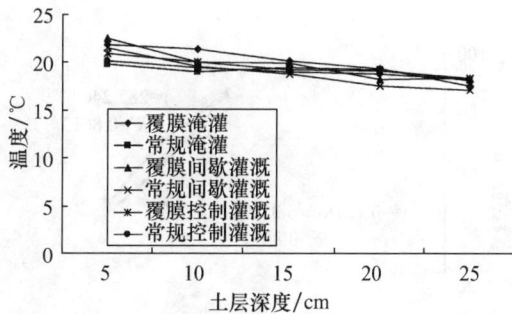

图 4 - 41　不同灌溉模式后期不同土层深度地温

图 4 - 42 至图 4 - 47 给出了不同灌溉模式下,地下 5 cm 土层地温与株高的关系,得到以下拟合方程。表 4 - 29 给出最后的拟合方程汇总。

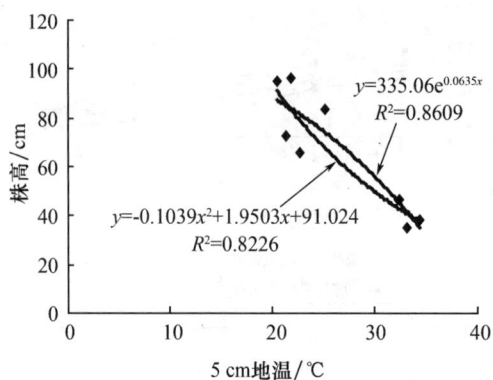

图 4-42　覆膜淹灌条件下 **5 cm** 地温与株高关系

$y=335.06e^{0.0635x}$
$R^2=0.8609$

$y=-0.1039x^2+1.9503x+91.024$
$R^2=0.8226$

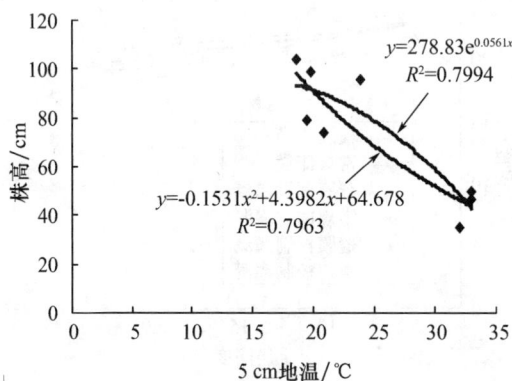

图 4-43　常规淹灌条件下 **5 cm** 地温与株高关系

$y=278.83e^{0.0561x}$
$R^2=0.7994$

$y=-0.1531x^2+4.3982x+64.678$
$R^2=0.7963$

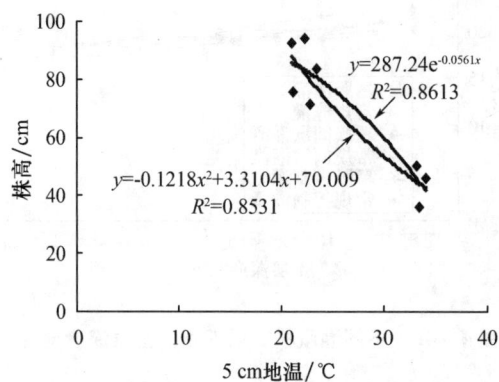

图 4-44　覆膜间歇灌条件下 **5 cm** 地温与株高关系

$y=287.24e^{-0.0561x}$
$R^2=0.8613$

$y=-0.1218x^2+3.3104x+70.009$
$R^2=0.8531$

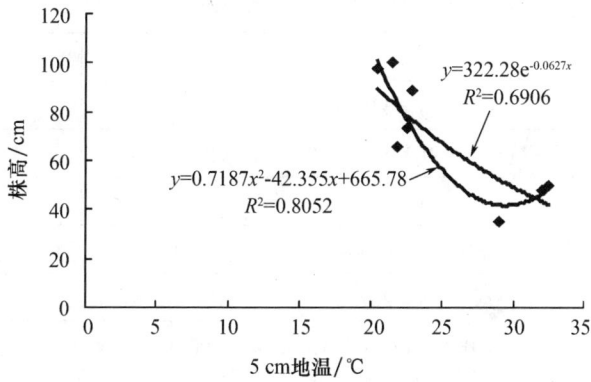

图 4 − 45　常规间歇灌条件下 5 cm 地温与株高关系

$y=322.28e^{-0.0627x}$
$R^2=0.6906$

$y=0.7187x^2-42.355x+665.78$
$R^2=0.8052$

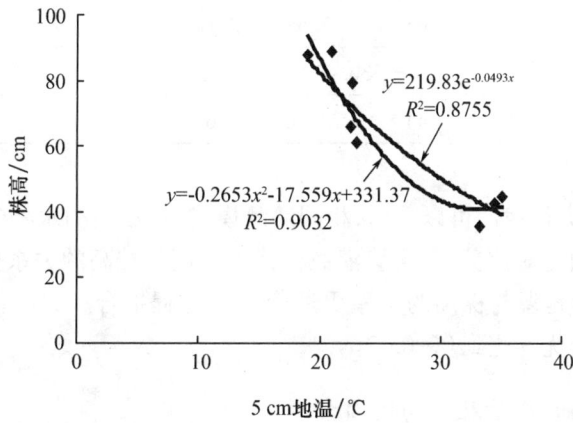

图 4 − 46　覆膜控制灌溉条件下 5 cm 地温与株高关系

$y=219.83e^{-0.0493x}$
$R^2=0.8755$

$y=-0.2653x^2-17.559x+331.37$
$R^2=0.9032$

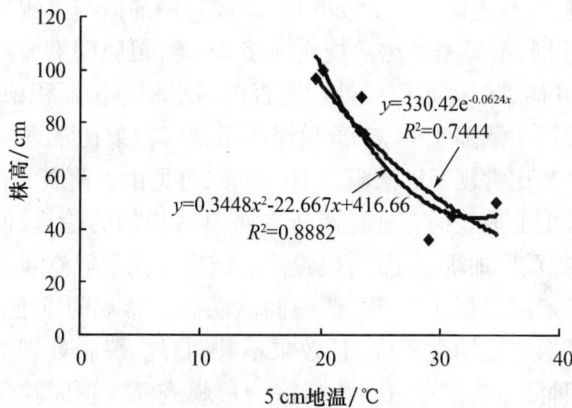

图 4 − 47　常规控制灌溉条件下 5 cm 地温与株高关系

$y=330.42e^{-0.0624x}$
$R^2=0.7444$

$y=0.3448x^2-22.667x+416.66$
$R^2=0.8882$

表4-29　株高与地温关系的拟合方程汇总

灌溉模式	拟合方程	相关系数 R^2
覆膜淹灌	$y = 335.06^{e^{-0.063\,5x}}$	0.860 9
	$y = -0.103\,9x^2 + 1.950\,3x + 91.024$	0.822 6
常规淹灌	$y = 278.83^{e^{-0.056\,1x}}$	0.799 4
	$y = -1\,531x^2 + 4.398\,2x + 64.678$	0.796 3
覆膜间歇灌溉	$y = 287.24^{e^{-0.056\,1x}}$	0.861 3
	$y = 0.121\,8x^2 + 3.310\,4x + 70.00\,9$	0.853 1
常规间歇灌溉	$y = 322.28^{e^{-0.062\,7x}}$	0.690 6
	$y = 0.718\,7x^2 - 42.355x + 665.78$	0.805 2
覆膜控制灌溉	$y = 29.83^{e^{-0.049\,5x}}$	0.875 5
	$y = 0.265\,3x^2 - 17.559x + 331.37$	0.903 2
常规控制灌溉	$y = 330.42^{e^{-0.062\,4x}}$	0.744 4
	$y = 0.344\,8x^2 - 22.667x + 416.66$	0.888 2

从以上的拟合方程我们可以看出,相同灌溉模式下,覆膜的水稻的地温与株高的拟合程度较高,而且通过对比分析,覆膜灌溉模式下地温与株高的关系更适合指数方程拟合,常规灌溉模式下地温与株高的关系更适合二次方程拟合。其中拟合程度最高的为覆膜控制灌溉,拟合优度达到0.903 2。

(五)灌溉水稻的产量及其构成因素

从试验区的考种测产情况(表4-30)看出,不同灌溉方式下水稻的产量表现出一定差异性。对产量结构比较,不同灌溉处理模式单位面积上的有效穗数有差异,常规间歇灌溉最多为543穗,常规淹灌最少为498穗,覆膜控制灌溉与常规控制灌溉单位面积穗数相差为3,基本相同,覆膜淹灌比常规淹灌多21穗,覆膜间歇灌溉比常规间歇灌溉少37穗。从表4-30尚难以确定覆膜处理能否提高水稻单位面积穗数;覆膜控制灌溉每穗实粒数比常规控制灌溉多8.94%,覆膜淹灌每穗实粒数比常规淹灌多13.66%,覆膜间歇灌溉每穗实粒数比常规间歇灌溉多10.05%,可见由于覆膜的存在普遍提高了每穗实粒数。在一定程度上地膜的存在使得千粒重具有增加的趋势,但是增加的程度较小,不同灌溉处理千粒重增加程度不一;覆膜淹灌结实率比常规淹灌高1.4%,覆膜控制灌溉结实率比常规控制灌溉低1.25%,覆膜间歇灌溉比常规间歇灌溉低0.07%,可见覆膜对水稻结实率的影响规律性不强,且效果不甚明显。覆膜处理的产量均高于常规处理,覆膜条件下三种灌溉模式产量大小依次为覆膜淹灌>覆膜控制灌溉>覆膜间歇灌溉;覆膜淹灌产量比常规淹灌高22.72%,覆膜控制灌溉产量比常规控制灌溉高10.28%,覆膜间歇灌溉产量比常规间歇灌溉高2.90%,可见覆膜处理可提高水稻产量,不同的灌溉模式水稻产量提高的程度也不一样,淹灌最高,控制灌溉次之,间歇灌溉最小。常规灌溉条件下,产量的大小依次为常规间歇灌溉 > 常规控制灌溉 > 常规淹灌。

表 4 - 30　不同灌溉模式的产量影响因素

试验处理	单位面积穗数	每穗实粒数	千粒重/g	结实率	产量/(kg/hm²)
覆膜淹灌	519	79.61	21.84	0.939 5	9 023
常规淹灌	498	70.04	21.08	0.926 7	7 353
覆膜间歇灌溉	506	74.91	21.23	0.930 5	8 047
常规间歇灌溉	543	68.07	21.16	0.931 2	7 821
覆膜控制灌溉	517	74.08	21.57	0.922 0	8 261
常规控制灌溉	514	68.00	21.43	0.933 7	7 491

常规灌溉时,淹灌处理每穗实粒数为 70.04,较间歇灌溉的 68.07 增加 2.89%,较控制灌溉的 68.00 增加 3.00%;覆膜灌溉时,淹灌处理每穗实粒数为 79.61,较间歇灌溉的 74.91 增加 6.27%,较控制灌溉的 74.08 增加 7.46%。覆膜的处理使不同灌溉方式间每穗实粒数的差异加大。

常规灌溉时,间歇灌溉处理产量为 7 821 kg/hm²,较控制灌溉的 7 491 kg/hm² 增加 4.41%,较淹灌的 7 353 kg/hm² 增加 6.36%;覆膜灌溉时,淹灌处理产量为 9 023 kg/hm²,较控制灌溉的 8 261 kg/hm² 增加 9.22%,较间歇灌溉的 8 047 增加 12.13%。

常规灌溉时,控制灌溉处理千粒重为 21.43 g,较间歇灌溉的 21.16 g 增加 1.28%,较淹灌的 21.08 g 增加 1.66%;覆膜灌溉时,淹灌处理千粒重为 21.84 g,较控制灌溉的 21.57 g 增加 1.25%,较间歇灌溉的 21.23 g 增加 2.87%。

1. 产量性状的相关分析

产量是由各个产量因素构成的,各生育性状与产量之间存在着一定的相关性,可以通过性状间的相关性来了解哪个性状与产量和其他性状的相关关系,进而来指导育种和栽培工作。表 4 - 31 为产量因素与产量的相关系数。

表 4 - 31　产量因素对产量的相关系数

产量性状	单位面积穗数	每穗实粒数	千粒重	结实率	产量
单位面积穗数	1				
每穗实粒数	- 0.192 97	1			
千粒重	0.110 742	0.716 035	1		
结实率	0.217 669	0.310 434	0.428 436	1	
产量	0.231 591	0.901 72	0.832 382	0.426 235	1

通过对产量性状的相关分析,可以看出以上的性状都与产量呈现正相关。其中每穗实粒数和千粒重与产量的相关系数很大,分别达到了 0.90 和 0.83。而单位面积和结实率较小,分别为 0.23 和 0.43;每穗实粒数和单位面积在一定程度上显现出了较弱的负相关。所以在农业生产中,要注意提高每穗实粒数和千粒重这两个会对产量产生很大影响的产量性状。而同时也应该注意性状间的制约性,要权衡各个性状的相互影响,从而达到产量的最优化,充分发挥水稻的产量潜力。

2. 产量性状的通径分析

各产量性状与产量之间的相关性分析只能表明两者之间的相关性,并不能说明其通过某些相关因素对提高产量的重要程度。通径分析可以深入讨论性状间的因果关系,把一对性状的相关系数根据其成因分解成若干部分:一是,自变数对因变数的直接作用;二是,某一自变数通过与其相关的另外的自变数对因变数的间接作用。通过通径分析可以把各个因素无量纲化,可以比较自变数对因变数的相对重要程度。在一个多变数系统中便于筛选出影响因变数的关键自变数,以明确各性状对产量的效应大小具有实际应用价值。计算得出表 4 – 32 产量因素对产量的通径系数。

表 4 – 32　产量因素对产量的通径系数

项目	$x_1 \to y$	$x_2 \to y$	$x_3 \to y$	与 y 的相关系数 r_{yi}
每穗实粒数 $x_1 \to$	0.702 1	0.171	0.081	0.901 72
千粒重 $x_2 \to$	0.503	0.239	0.048	0.832 382
结实率 $x_3 \to$	0.218	0.102	0.113 9	0.426 235

通过相应计算和软件处理得出直接通径系数、多元决定系数和剩余通径系数如下:

直接通径系数 $P_{y-1} = 0.702\ 1$　$P_{y-2} = 0.239$　$P_{y-3} = 0.113\ 9$

计算间接通径系数为

$$Px_1 \to x_2 \to y = r_{12} \quad p_{y-2} = 0.716 \times 0.239 = 0.171$$
$$Px_1 \to x_3 \to y = r_{13} \quad p_{y-3} = 0.31 \times 0.113 = 0.081$$
$$Px_2 \to x_1 \to y = r_{21} \quad p_{y-1} = 0.716 \times 0.702 = 0.503$$
$$Px_2 \to x_3 \to y = r_{23} \quad p_{y-3} = 0.428 \times 0.113 = 0.048$$
$$Px_3 \to x_1 \to y = r_{31} \quad p_{y-1} = 0.31 \times 0.702 = 0.218$$
$$Px_3 \to x_2 \to y = r_{32} \quad p_{y-2} = 0.428 \times 0.239 = 0.102$$

计算多元决定系数和剩余通径系数:

多元决定系数

$$R^2 = 0.876\ 3$$

剩余通径系数

$$P_{ey} = \sqrt{1 - R^2} = 0.35\ 2$$

从表 4 – 32 看出,虽然千粒重对产量的直接通径系数为 0.239,但是其通过每穗实粒数($Px_2 \rightarrow x_1 \rightarrow y = 0.503$)对产量的间接影响较大；结实率对产量的直接通径系数为0.113 9,其通过每穗实粒数($Px_3 \rightarrow x_1 \rightarrow y = 0.218$)和千粒重($Px_3 \rightarrow x_2 \rightarrow y = 0.102$)对产量有较大的间接作用；各个性状对产量的相对重要性依次为:每穗实粒数 > 千粒重 > 结实率,且三个性状对产量的直接效应都是正效应。通过以上相关系数和通径分析可以看出每穗粒数、千粒重、结实率与产量的相关性及通径分析的结果大体一致。剩余通径系数为0.35 说明还有一些重要的产量性状会对产量发生影响。

(六) 覆膜灌溉水稻的灌溉水生产效率及水分生产效率

从图4-48 看出,覆膜淹灌处理和常规淹灌处理在各生育期耗水量较大,尤其在分蘖期比较突出,达到213.9 mm 和233.9 mm,而且淹灌模式在总的生育期耗水量也是最大的,分别为711.7 mm 和768.2 mm;其次为间歇灌溉模式,覆膜间歇灌溉和常规间歇灌溉耗水量处于中间位置,分别为506.1 mm 和557.3 mm;耗水量最小的为控制灌溉模式,覆膜控制灌溉和常规控制灌溉分别达到423.6 mm 和440.2 mm;分蘖期和拔节期是需水关键期,符合水稻生育期的需水规律:苗期需水量最小,然后逐渐增多,到生育盛期达到高峰,后期又逐渐减少。因此要加强分蘖期和拔节期的水分管理,保证水稻生长的水分环境,使水稻得到充足的水分;返青期和黄熟期各灌溉模式间耗水量差异不明显。在相同的灌水模式下,覆膜使水稻的耗水量减小,在一定程度上节约水稻用水量。

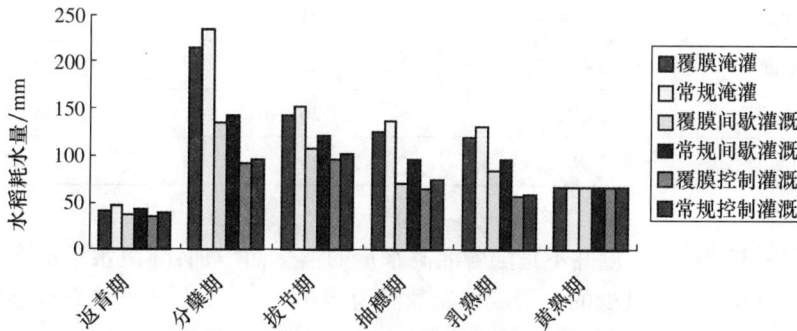

图4-48　不同灌溉处理的耗水量变化规律

从图4-49 看出,覆膜条件下可以用较少的水产生较大的产量,其中以覆膜控制灌溉最明显;从图中看出,覆膜节水模式使得水稻的产量得到充分的发挥,达到用较少的水生产出更多水稻的目的。常规灌溉条件下,常规淹灌条件下,耗水量最大,但是产量却没有达到最大,反而使产量在一个很低的水平。说明不一定耗水量多就一定会得到好的产量效果,通过覆膜和节水模式相结合,可以在低的耗水量情况下,产生高产效果。在覆膜条件下,覆膜淹水灌溉耗水量最多,达到711.7 mm,其产量达到9 023 kg/hm^2;而常规条件下,常规淹水灌溉耗水量最多,达到768.2 mm,而产量仅达到7 353 kg/hm^2。利用不同的灌溉模式调节水稻耗水规律和调控土壤水分供应后,水稻灌溉水生产效率如表4-33 所示。

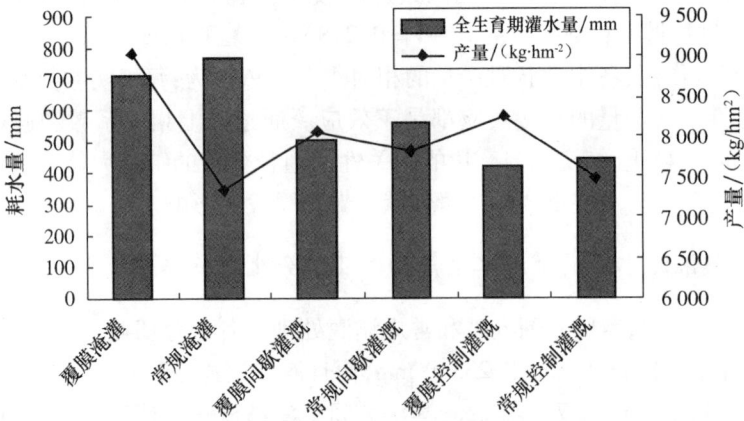

图 4-49 水稻全生育期耗水量与产量关系

表 4-33 不同灌溉处理水稻灌溉水生产效率

灌溉模式	灌溉水量/(m^3/hm^2)	产量/(kg/hm^2)	生产效率/(kg/m^3)
覆膜淹灌	4 775	9 023	1.889 634
常规淹灌	5 340	7 353	1.376 966
覆膜间歇灌	2 891.7	8 047	2.782 792
常规间歇灌	3 416.7	7 821	2.289 051
覆膜控制灌溉	2 802	8 261	2.948 251
常规控制灌溉	2 968.7	7 491	2.523 327

由表 4-33 看出,产量并不是随着灌溉水量的增多而增加;灌溉水量最多的是常规淹灌为 5 340 m^3/hm^2,最少的为覆膜控制灌溉为 2 802 m^3/hm^2;产量最高的是覆膜淹灌为 9 023 kg/hm^2,产量最低的为常规淹灌为 7 353 kg/hm^2;灌溉水生产效率从大到小进行排列:覆膜控制灌溉 > 覆膜间歇灌溉 > 常规控制灌溉 > 常规间歇灌溉 > 覆膜淹灌 > 常规淹灌;在相同的灌溉模式下,覆膜普遍提高了灌溉水生产效率,灌溉水生产效率最高的是覆膜控制灌溉,达到 2.95 kg/m^3,是最低的淹灌生产效率的 1.56 倍,可见覆膜控制灌溉大大提高水稻的灌溉水生产效率,达到节约用水的目的。

表 4-34 给出不同灌溉处理水稻水分生产效率相关数据。控制灌溉模式下,水稻水分生产效率最高。覆膜控制灌溉达到 2.55 kg/m^3,常规控制灌溉达到 1.92 kg/m^3,说明控制灌溉在一定程度上提高水稻的水分生产效率;间歇灌溉的水分生产效率次之,覆膜间歇灌溉和常规间歇灌溉分别达到 1.59 kg/m^3 和 1.4 kg/m^3;淹灌条件下水分生产效率最低,分别为 1.26 kg/m^3 和 0.96 kg/m^3;覆膜与否没有改变相同灌溉模式下的有效降雨量,对有效降雨量进行比较,淹灌模式下最高,间歇灌溉次之,控制灌溉最低。通过表中的分析可以看出,覆膜控制灌溉用最少的灌溉水量,得到最高的水分生产效率,这种灌溉模式使用最少的资源却达到最大的效率,充分体现效益的最大化。通过以上分析,

可以看出覆膜能提高水稻的水分利用效率。

表4-34 不同灌溉处理水稻水分生产效率

灌溉模式	灌溉水量/ (m^3/hm^2)	有效降雨量/ (m^3/hm^2)	产量/ (kg/hm^2)	生产效率/ (kg/m^3)
覆膜淹灌	4 775	2 342	9 023	1.267 809
常规淹灌	5 340	2 342	7 353	0.957 173
覆膜间歇灌	2 891.7	2 156	8 047	1.594 191
常规间歇灌	3 416.7	2 156	7 821	1.403 449
覆膜控制灌溉	2 802	1 434	8 261	2.552 843
常规控制灌溉	2 968.7	1 434	7 491	1.919 440

三、结论

①通过对覆膜条件下不同灌溉模式下水稻茎蘖、株高、干湿重的动态分析,得出在田间环境中,由于覆膜的存在,对水稻各个生育期适宜的水分控制能有效地改善土壤的水分条件,起到"以水调温、以水调气"的作用;可以抑制水稻无效分蘖,并且大幅度提高有效分蘖率;在田间环境下,覆膜使得水稻的分蘖的增长趋势较稳定,没有大的起落;测桶环境下,覆膜使得水稻的分蘖高峰出现滞后;覆膜使得不同灌溉模式水稻有效分蘖率的差异有所减小。水稻的株高在田间环境下,覆膜条件下的水稻株高小于不覆膜水稻株高;而在测桶环境下覆膜条件下的水稻株高大于不覆膜水稻株高,覆膜节水模式在测桶的环境下达到较好效果,究其原因可能是测桶环境能提供水稻生长后期充足的温度、养分使得覆膜的优势得到充分发挥;水稻的干湿重无论覆膜与否,其生长变化趋势基本一致。覆膜可以有效地提高水稻的干重、湿重。

②地膜可以有效地提高地温,各处理的土层温度高低基本上随深度的增加而降低,即5 cm > 10 cm > 15 cm > 20 cm > 25 cm。覆膜条件下,不同的灌溉模式水稻的地温增减趋势大体一致,不同的灌溉方式对水稻的增温效应影响不大;水稻覆膜在较浅土层上增温效果较明显,随着土层深度的增加,增温效果逐渐减弱。

③覆膜条件下在一定程度上降低灌溉水量,进而增加水稻的生产效率。同时,覆膜使得各灌溉模式水分生产效率的差别有所减小;其中水分生产效率最高的是覆膜控制灌溉模式,达到2.55 kg/m^3,最小的为常规淹灌为0.96 kg/m^3。水稻覆膜和灌溉模式的改变并没有改变水稻的需水规律,苗期需水量最小,然后逐渐增多,到分蘖盛期达到高峰,后期又逐渐减少。

④通过对水稻产量因子的相关分析得出每穗实粒数和千粒重与产量显著相关,相关系数分别达到0.901 72和0.832 382;通径分析每穗实粒数、千粒重与产量的直接通径系数分别为 $P_{y-1} = 0.702\ 1$、$P_{y-2} = 0.239$。由于覆膜的存在普遍提高了各个灌溉模式的每穗实粒数和千粒重,对单位面积穗数和结实率影响不明显,所以使得覆膜处理水稻

产量相比常规处理水稻有较大提高。产量最高的覆膜淹灌集成模式达到 9 023 kg/hm²，产量最低的常规淹灌模式为 7 353 kg/hm²。如果单纯追求产量的情况下，可以采用覆膜淹灌集成模式；如果要在产量和水分节约上综合考虑，可以选择覆膜控制灌溉模式为最优灌水模式。

第四节　水田节水减排技术

温室气体的过量排放是气候变暖及一系列环境问题的重要根源。氧化亚氮（N_2O）作为痕量温室气体之一，与气候变化密切相关，对温室效应的贡献率为 6%。农业是温室气体重要的排放源之一，其排放的温室气体量约占人类活动总排放量的 14%，其中 CH_4 和 N_2O 排放量分别占各自总排放量的 52% 和 84%。稻田是 N_2O 主要生物排放源之一，其排放主要受气候条件、土壤特性和农业管理措施等因素的影响。稻田土壤水分状况是影响土壤硝化与反硝化过程的最重要因素之一，也影响着水稻植株对土壤中氮肥的吸收利用。这就使得土壤中水分状况和氮素转化过程同时影响土壤中 N_2O 的生成量，也影响着稻田 N_2O 向大气的传输过程。曾有学者研究通过提高农田氮肥的利用率，减少由于氮肥施用所产生的 N_2O 间接排放。黄耀等认为，如果将中国目前的氮肥利用率提高 10% 左右，则可降低 10% 的 N_2O 排放。灌溉模式不同，稻田的氮肥利用率也会产生差异。因此，在节水灌溉模式下，提高氮肥的利用率，对减少稻田 N_2O 排放起到重要作用。

一、材料与方法

（一）土壤理化性质

土壤理化性质：有机质含量 41.4 g/kg，pH 值 6.40，全氮 1.08 g/kg，全磷 15.23 g/kg，全钾 20.11 g/kg，碱解氮 154.36 mg/kg，有效磷 25.33 mg/kg，速效钾 157.25mg/kg。

（二）试验设计

常规灌溉即以淹灌为对照，另外设计三种节水灌溉模式：控制灌溉、间歇灌溉、浅湿灌溉。各处理重复 3 次。淹灌处理田面水层较深，由于黑龙江省春季气温较低，淹水状态有利于插秧后返青，因此在返青期田面保持较深水层，为减少水稻无效分蘖，分蘖末期均进行晒田。控制灌溉模式田面长期不建立水层，主要应用灌溉方式来调节土壤含水率；间歇灌溉将每次灌溉水量分次灌入田面，田面无明显水层；浅湿灌溉处理田面水层深度较浅，又称"浅灌、勤灌"。不同处理土壤水分设计如表 4-35。

表 4-35　水田生育期内各处理土壤水分管理方式

处理	返青期	分蘖初期	分蘖盛期	分蘖末期	拔节期	抽穗期	灌浆期	黄熟期
控制灌溉	0~30	0.7θs	0.7θs	晒田	0.8θs	0.8θs	0.7θs	落干
间歇灌溉	0~30	0~40	0~40	晒田	0~30	0~40	0~40	落干

续表

处理	返青期	分蘖初期	分蘖盛期	分蘖末期	拔节期	抽穗期	灌浆期	黄熟期
浅湿灌溉	0~30	0~30	0~20	晒田	0~10	0~20	0~20	落干
淹灌	0~30	0~40	0~40	晒田	0~40	0~40	0~40	落干

注:θs 为根层土壤饱和含水率(85.5%)。"~"前数据为水分控制下限,"~"后数据位水分控制上限,田面水层深度单位:mm。

(三)试验管理

试验共设置 12 个小区,各小区面积 100 m^2,小区四周加设保护行。为减少侧向渗透,小区四周用塑料板埋入田间地表以下 40 cm 进行防渗。每个小区安装水表及水尺控制灌溉水量和水层深度。在每个小区中央距离周边 4 m 处安置固定采集气样地点,用于放置 N_2O 人工采样静态箱。

试验前均施尿素 105 kg/hm^2,P_2O_5 45 kg/hm^2,氧化钾 80 kg/hm^2。磷肥作基肥 1 次施用,钾肥分基肥和 8.5 叶龄(幼穗分化期)2 次施用,前后比例为 1:1。尿素按照基肥、蘖肥、调节肥、穗肥比例为 5:2.5:1:1.5 分施。

供试水稻品种为龙庆稻 2 号,4 月 10 日播种育苗,种植密度为 30 cm × 10 cm,每平方米 33 穴。水稻品种、育秧、移栽、植保及用药等技术措施以及田间管理条件相同。5 月 3 日施基肥,5 月 20 日移栽,5 月 28 日施返青肥,6 月 15 日施分蘖肥,7 月 9 日施穗肥,9 月 20 日收获。水稻生育期为 126 d,分为返青期(5 月 20 日至 5 月 29 日)、分蘖期(5 月 30 日至 7 月 7 日)、拔节期(7 月 8 日至 7 月 21 日)、抽穗期(7 月 22 日至 8 月 1 日)、灌浆期(8 月 2 日至 8 月 24 日)、黄熟期(8 月 25 日至 9 月 10 日)。

(四)样品采集

1.气体样品

田间 N_2O 采集在 2014 年 5 月至 9 月,于水稻生长的各主要生育阶段采集气体样品,生育旺盛阶段加测,如遇强降雨天气则推迟取样时间,全生育期共采集 20 次气体样品,每次采取 3 个平行样。

采用静态箱法取气体样品,静态箱由 5 mm 厚的透明有机玻璃做成,箱体外部用锡纸密封隔温。水稻生育前期箱体高度 60 cm,生育后期箱体高度增加至 110 cm。箱内顶部安装微型电风扇及数字温度计的温度探头,用来校正取样过程中箱内温度升高引起的气体质量计算误差。箱体侧面接入采气管,采气管进入箱内 25 cm,采气管末端连接三通阀,分别连接采气袋与注射器(60 mL)。每个处理分别在 0,10,20,30 min 各采集 1 次,每次以连续抽取 2 次作为一个气体样品,转入采气袋(120 mL)内。该试验站位于黑龙江省第四积温带,昼夜温差较大,因此将采样时间安排在 10:00~14:00 进行,此时采样最能代表当日气体排放平均水平的时刻。

2. 土壤样品

用土钻均匀取 0 ~ 20 cm 土样,装入泡沫保温箱内,放置冰袋保鲜,带回实验室冷冻贮存,测定土壤硝态氮和铵态氮含量。采样的同时同步测定每个小区的水层深度及土壤 10 cm 温度。气象数据由试验站 DZZ2 型自动气象站(天津气象仪器厂)自动记录(图 4 – 50)。

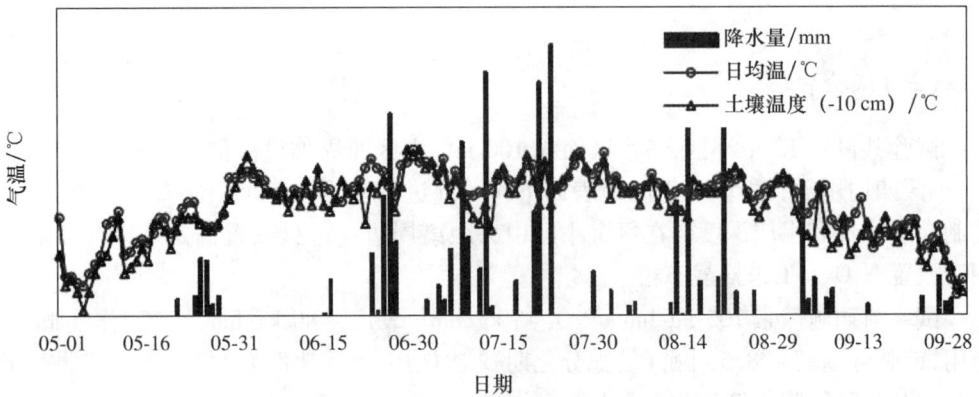

图 4 – 50　试验期间日均温、降水量及土壤 10 cm 处温度

(五)样品的测定

气体浓度采用气相色谱 GC – 17A(日本岛津)进行测定,检测器为电子捕获检测器 ECD,检测温度 330 ℃,柱温 55 ℃,载气为高纯 N_2,流速 30 cm^3/min,并加设除氧装置。标准气体由国家标准物质中心提供。

土壤铵态氮采用滴定法测定,硝态氮采用比色法测定。同步称取对应处理的土样在 105 ℃下烘至恒重后测定土壤含水率以便折算成干土重。水稻成熟期各处理取样 5 株,将整株水稻分为籽粒和茎秆两部分,80 ℃恒温烘干后分别测定干物质质量。

(六)计算方法和数据分析

水田 N_2O 排放通量为

$$F = \rho h \cdot \frac{d_c}{d_t} \cdot \frac{273}{273 + t} \cdot \frac{p}{p_0} \tag{4 – 20}$$

式中:F——N_2O 的排放通量,$\mu g/(m^2 \cdot h)$;

ρ——N_2O 在标准状态下的密度 1.964 kg/m^3;

h——箱体有效高度,田面有水层时为水面到达箱顶高度(0.6 m),无水层时候为箱体自身高度(1.1 m);

$\frac{d_c}{d_t}$——采样过程中采样箱内 N_2O 浓度变化率,$\mu l/(m^3 \cdot h)$;

t——采样箱内的平均温度,℃;

P——采样箱内气压,Pa;

P_0——标准大气压,Pa。

该地区属于平原地区,气压影响较小,P 认为等同于标准大气压。

根据气样浓度与时间的关系曲线计算气体的排放通量,N_2O 累积排放量是平均排放通量乘以相应的观测时间天数。

试验数据采用 Excel 2007 和 SPSS 8.0 进行统计分析。均值之间的多重比较利用 Duncan's 分析,统计性显著性假设为 $P < 0.05$。

二、结果与分析

(一)灌溉模式对水田生长季 N_2O 排放的影响

1. N_2O 排放通量的季节变化特征

不同灌溉模式下水田 N_2O 排放通量的变化特征较为相似,见图 4-51。各处理在移栽后第 8 天(5 月 28 日)施用返青肥,之后 N_2O 排放通量略有上升,但未出现明显排放高峰。在水稻移栽后第 25 天(6 月 15 日),施用分蘖肥后,出现一个 N_2O 排放小高峰。间歇灌溉处理的排放通量[27.13 μg/(m²·h)]显著($P < 0.05$)大于淹灌处理 [14.56 μg/(m²·h)],控制灌溉处理的排放通量[8.44 μg/(m²·h)]和浅湿灌溉处理 [8.71 μg/(m²·h)]接近,均小于淹灌($P < 0.05$)。淹灌在其余时间 N_2O 排放的波动都较小,排放通量在 $-38.5 \sim 76.4$ μg/(m²·h)。

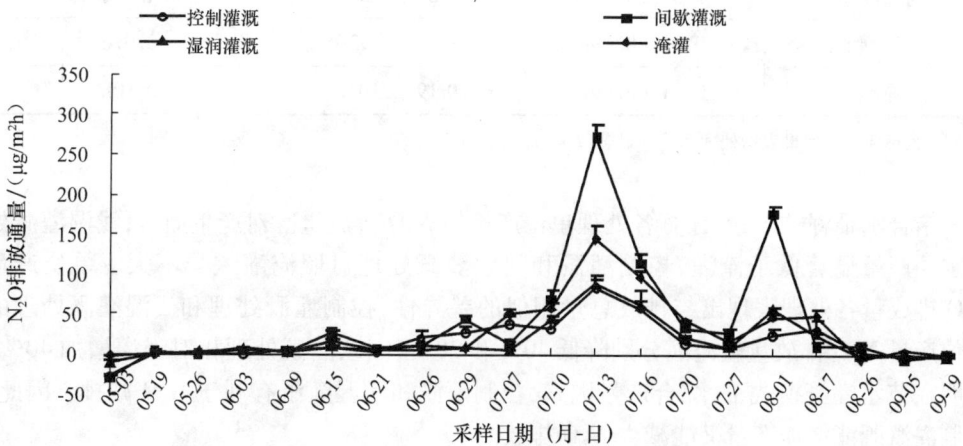

图 4-51 不同灌溉模式下水田 N_2O 排放季节变化

在水稻移栽后第 31 天(6 月 21 日)N_2O 排放通量开始上升,并在穗肥施用后的第 3 天(7 月 13 日)达到排放最大高峰,这可能是稻田施用穗肥的结果;排放高峰过后各处理的 N_2O 排放通量逐渐下降,在移栽后第 68 天(7 月 13 日)又出现一个 N_2O 排放小高峰,此后各灌溉处理在低排放通量下小幅波动。晒田期水田的干湿交替改善了土壤的通气性,增加土壤的有效氧,促进了 N_2O 的形成与产生。在水稻生长期间,控制灌溉、间歇灌溉、浅湿灌溉和淹灌处理的 N_2O 排放最大峰值分别为 84.38 $\mu g/(m^2 \cdot h)$、271.25 $\mu g/(m^2 \cdot h)$、87.15 $\mu g/(m^2 \cdot h)$、145.6 $\mu g/(m^2 \cdot h)$，间歇灌溉处理明显提高了 N_2O 排放峰值，而控制灌溉和浅湿灌溉的排放峰值较淹灌显著降低。在水稻生育阶段前期，各处理 N_2O 排放都处于较低水平，泡田期几乎无 N_2O 排放。水稻生长期间 N_2O 平均排放通量顺序是间歇灌溉 > 淹灌 > 浅湿灌溉 > 控制灌溉，依次为 39.5 $\mu g/(m^2 \cdot h)$、27.33 $\mu g/(m^2 \cdot h)$、16.42 $\mu g/(m^2 \cdot h)$、16.2 $\mu g/(m^2 \cdot h)$（$P < 0.05$）。对照处理除晒田期其余阶段田面水层变化较小，土壤的通气性较差，减少了 N_2O 的排放。间歇灌溉将单次灌水定额分 2~3 次灌入农田，频繁的水层变化，增加了 N_2O 的排放。

2. 灌溉模式对 N_2O 总排放量和水稻产量的影响

不同灌溉模式下水稻生育期内 N_2O 排放总量见表 4-36。在水稻全生育期内，控制灌溉模式的 N_2O 排放总量范围为 0.54~1.34 kg/hm^2，淹灌排放总量为 0.91 kg/hm^2。间歇灌溉模式下的水稻 N_2O 排放总量最高，相比淹灌，其 N_2O 排放总量增加 44.55%，控制和浅湿灌溉处理的 N_2O 排放总量相对淹灌分别减少 58.99% 和 58.42%。

表 4-36 不同灌溉模式下 N_2O 总排放量

处理	N_2O 总排放量/ （kg/hm^2）	籽粒产量/ （kg/hm^2）	单位产量 N_2O 排放量/ （g/kg）
控制灌溉	0.54 ± 0.19c	8 977 ± 346a	0.06c
间歇灌溉	1.34 ± 0.15a	9 267 ± 200a	0.14a
浅湿灌溉	0.55 ± 0.09c	8 287 ± 192b	0.07c
淹灌	0.91 ± 0.09b	9 195 ± 103a	0.10b

注：同一列标注不同字母表示处理间差异显著（$P < 0.05$），下同。

结合水稻籽粒产量，计算各处理单位产量的 N_2O 排放量。对产量而言，浅湿灌溉处理水稻产量显著低于淹灌，控制灌溉和间歇灌溉处理对照淹灌差异不大。单位产量 N_2O 排放量各处理表现出与排放总量相似的差异性，控制灌溉处理和浅湿灌溉处理的单位产量 N_2O 排放量较淹灌分别降低 40% 和 30%，间歇灌溉处理相对淹灌增加 40%。说明在节水灌溉模式下，综合产量因素，控制灌溉和浅湿灌溉有利于 N_2O 减排。因此，控制灌溉既能增加产量又能减少 N_2O 排放。

（二）不同灌溉模式下土壤无机氮的变化

不同处理土壤铵态氮及硝态氮含量变化特征如图 4-52 所示。

土壤 $NH_4^+ - N$ 含量在泡田及返青期节水灌溉各处理间差异较小 [图 4-52（a）]，但均与对照差异显著（$P < 0.05$）。从晒田期之后，各处理之间均达到了 5% 的显著差异。土壤 $NH_4^+ - N$ 含量均在返青期出现峰值。间歇灌溉条件下土壤 $NH_4^+ - N$ 含量在不同生育阶段差异较大，范围在 5.65~28.24 mg/kg。控制灌溉和浅湿灌溉处理土壤 $NH_4^+ - N$

含量变化在整个生育期内变化比较平稳。淹灌在返青期及灌浆期处于较低水平,在泡田期为各处理最高,为19.34 mg/kg,在水稻生育后期表现出先上升后下降的趋势。

各处理土壤$NO_3^- - N$含量均在水稻拔节期出现峰值,其余生育阶段处于较低水平[图4 -52(b)]。晒田期控制灌溉、间歇灌溉及浅湿灌溉各处理的土壤$NO_3^- - N$质量分数分别为0.34 mg/kg、1.37 mg/kg、3.51 mg/kg,均低于淹灌处理。拔节期除间歇灌溉处理外,其余三个处理土壤$NO_3^- - N$含量都出现了峰值,其中淹灌处理的土壤$NO_3^- - N$质量分数高达38.09 mg/kg。间歇灌溉处理土壤$NO_3^- - N$质量分数在整个生育期内变化较小,范围在1.37 ~ 6.50 mg/kg。

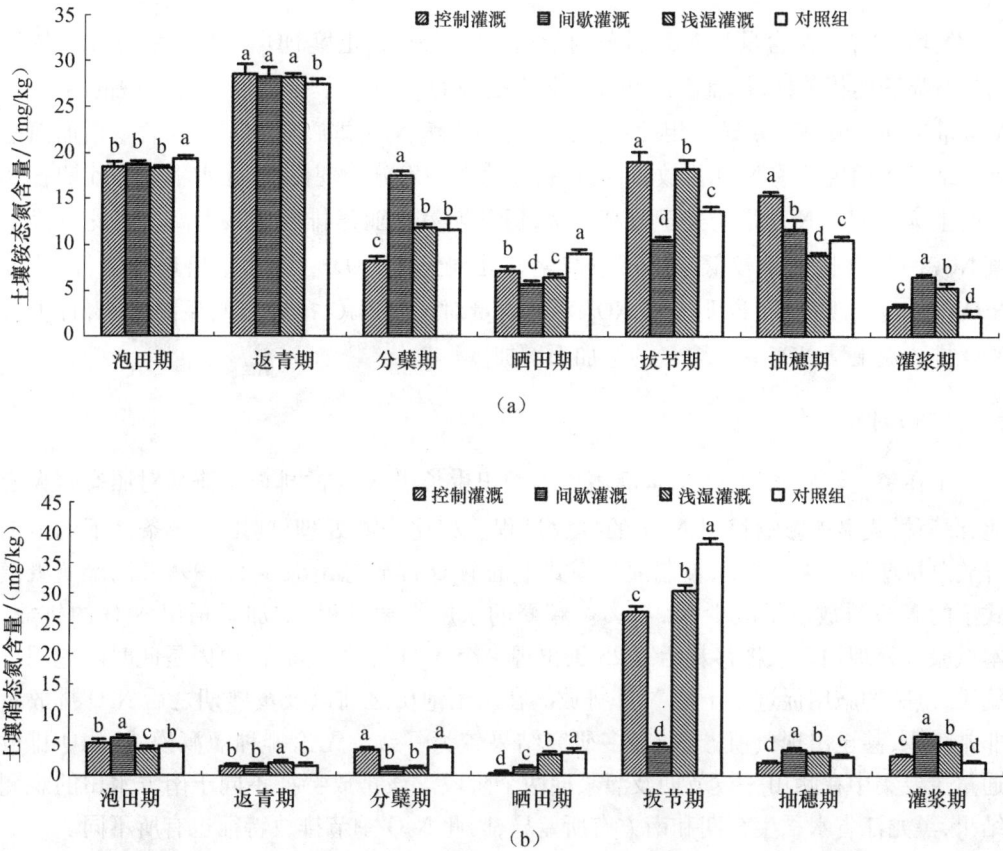

（a）

（b）

图4 -52 不同处理土壤 $NH_4^+ - N$ 和 $NO_3^- - N$ 变化

（三）不同灌溉模式下 N_2O 排放的环境影响因素

温度是影响稻田 N_2O 排放的重要因素。研究表明,各处理水稻全生育期的 N_2O 排放通量与相应日均温的相关性不显著（$R^2 = 0.005 ~ 0.028$，$n = 20$，$P > 0.05$），但土壤10 cm处温度呈极显著相关（$P < 0.01$）（表4 -37），表明土壤温度是影响稻田 N_2O 排放的重要环境因素,土壤温度的提高有利于水田 N_2O 的排放。

表 4-37　N_2O 排放通量与环境因子的相关关系

处理	日均温	土壤 10 cm 处温度	$NH_4^+ - N$	$NO_3^- - N$
控制灌溉	0.10^{ns}	0.51^{***}	0.19^{ns}	0.98^{***}
间歇灌溉	0.29^{ns}	0.62^{***}	0.28^{ns}	0.85^{**}
浅湿灌溉	0.14^{ns}	0.49^{***}	0.21^{ns}	0.90^{***}
淹灌	0.14^{ns}	0.37^{***}	0.17^{ns}	0.84^{**}

注:ns 为不显著;＊＊为显著;＊＊＊为极显著。

土壤 $NH_4^+ - N$ 含量与 N_2O 排放通量相关性不显著,土壤 $NO_3^- - N$ 含量与 N_2O 排放通量有显著的相关性,控制灌溉和浅湿灌溉处理的 N_2O 季节排放通量与土壤的 $NO_3^- - N$ 含量达到了极显著差异。相关系数为正说明土壤 N_2O 排放随 $NO_3^- - N$ 含量增加而增加。结合水稻生长季 N_2O 排放特征分析,无论哪种水分管理模式,在水稻生育前期各处理的土壤 $NH_4^+ - N$ 含量均处于较高水平,但前期氧化亚氮排放量并不高。而此阶段土壤 $NO_3^- - N$ 含量处于较低水平。拔节期各处理土壤 $NO_3^- - N$ 含量出现峰值,此阶段 N_2O 排放也出现高峰,说明土壤 $NO_3^- - N$ 含量对土壤 N_2O 排放有明显的影响,且土壤 N_2O 排放随土壤 $NO_3^- - N$ 含量的增加而增加。

（四）讨论

①在黑龙江省水田区,节水灌溉处理稻田生长季 N_2O 的排放与淹灌对照有较大变化,灌溉模式显著影响稻田 N_2O 的排放过程。相比淹灌处理,间歇灌溉条件下的 N_2O 排放总量增加了 44.55%,控制灌溉模式下的 N_2O 排放总量减少 58.99%,浅湿灌溉模式下的 N_2O 排放总量减少 58.42%。频繁的水层交替过程,增加了稻田 N_2O 的排放。本试验各处理均在水稻移栽后第 25 天出现一个 N_2O 排放小高峰,原因是此时刚施用分蘖肥,氮肥的施用促进了土壤 N_2O 排放。在水稻泡田之前以及黄熟期之后 N_2O 排放量非常微小,甚至出现负值,这和很多研究结果较为一致。无论哪种灌溉模式,N_2O 排放通量主要集中在晒田—拔节期及灌浆期两个阶段。该排放特征不同于南方水田的观测结果,黑龙江省水稻生育期和南方有所差异,因此 N_2O 季节排放特征也有所不同。

②相对于淹灌而言,控制灌溉和浅湿灌溉模式下的 N_2O 排放总量明显减少,这与前人的一些研究结果有所不同。这可能因为黑龙江省气象条件的影响,在水稻生长旺季,降水量频繁,控制灌溉处理土壤处于饱和,N_2O 排放量较小。各处理不同生育阶段的 N_2O 排放通量与相应的土壤 $NH_4^+ - N$ 及 $NO_3^- - N$ 含量做相关性分析发现,土壤 N_2O 的排放受土壤 $NH_4^+ - N$ 含量影响不显著,而与土壤 $NO_3^- - N$ 含量关系密切。节水灌溉方式使水稻根系土壤供氧充足,土壤的硝化作用大于反硝化作用,增加了土壤 N_2O 的排放。持续淹水状态,会使土壤长期处于厌氧状态,硝化作用减弱,$NO_3 -$ 基质得不到补充,使反硝化作用速率降低。本试验中各处理水稻生育前半程 N_2O 的排放非常微弱,这可能是由于寒冷地区水田土壤温度较低,土壤 $NO_3^- - N$ 含量较低,限制了硝化细菌

的生长。水稻收获后,N_2O 排放通量出现负值,可能是由于土壤处于较为干燥的状态,有机质含量较高,吸附了较多的 N_2O,抑制了 N_2O 的排放。此外,本试验中水稻全生育期内 N_2O 排放总量相对于南方水稻产区排放量减少。黑龙江省水田区气温较低,2014 年年积温在 $2\,100\sim2\,300\ ℃$,低温条件使稻田土壤 N_2O 排放总量下降。本试验采样时的温度在 $21℃\sim26\ ℃$,已满足硝化和反硝化作用进行所需的温度条件。根据 N_2O 排放通量与对应 $-10\ cm$ 土壤温度显著性分析,二者之间呈显著线性相关($R^2=0.37\sim0.62,n=20,P<0.05$)。因此,对于黑龙江省水田土壤温度的变化会对 N_2O 排放产生重要影响。

③黑龙江省水田已逐渐从传统的蓄水淹灌向节水灌溉方式转变,采取水稻生长前期淹水、中期烤田、后期干湿交替、末期排干的水分管理方式。稻田复杂的土壤水分变化状况影响氮素在水田土壤中的动态变化,也影响了土壤中 N_2O 的积累和向大气的传输。本试验中控制灌溉及湿润灌溉处理的产量水平低于对照组,间歇灌溉处理相对于对照组略增加1%。控制灌溉模式和湿润灌溉模式下的单位产量 N_2O 排放量也与对照组差异显著,也说明了在获得相同产量的前提下这两种灌溉模式具有减排优势。间歇灌溉处理的水稻产量虽然有所增加,但单位产量 N_2O 排放量相比对照组处理显著增加。间歇灌溉虽然显著提高了水田 N_2O 的排放,但水田控水时期是作物生长旺期,土壤氮素含量较低,因此 N_2O 排放的增幅较小,对全球增温潜力的总体影响还要进一步研究。

三、结论

①节水灌溉模式改变了寒冷地区水田生长季 N_2O 排放通量的季节变化特征。相对淹灌而言,间歇灌溉使水田 N_2O 排放通量增加,而控制灌溉及浅湿灌溉技术使得 N_2O 排放通量减少,减少的幅度因水分管理方式不同而有所区别。

②寒冷地区水田 N_2O 的排放主要集中在温度日变化较小,且田面水层变化比较频繁时期。N_2O 排放通量与土壤 $10\ cm$ 温度显著相关,土壤无机态氮对稻田 N_2O 排放有显著交互效应,在研究水田温室气体减排时要考虑多种因素的综合分析。

③间歇灌溉虽然有助于提高水稻产量,但会促进水田 N_2O 的排放,从而增加温室气体排放量。控制灌溉和浅湿灌溉能有效控制水田 N_2O 排放,比淹灌分别减少58.99%和58.42%,且水稻产量差异不显著($P<0.05$)。黑龙江省水田区应综合考虑产量及水田温室效应,对控制灌溉和浅湿灌溉两种灌溉模式给予高度重视。

参 考 文 献

[1]许迪,李益农,程先军,等.田间节水灌溉技术研究与应用[M].北京:中国农业出版社,2003.

[2]山仑,康绍忠,吴普特,等.中国节水农业[M].北京:中国农业出版社,2004.

[3]吴文荣,丁培峰,忻龙祚,等.我国节水灌溉技术的现状及发展趋势[J].节水灌溉,2008(4):50-51.

[4]吴普特,冯浩,牛文全.现代节水农业技术发展趋势与未来研发重点[J].中国工程科

学,2007,9(2):12－18.

[5] 陈亚新,康绍忠. 非充分灌溉原理[M]. 北京:中国水利水电出版社,1995.

[6] Barth C A,Lurnling B,SchmitzM,et al. Soybean trypsin inhibitorsreduce absorption of exogenous and increase loss of endogenous protein in Iniature Pigs[J]. Nutrition,1993, (123):2195－2220.

[7] 翟丙年,李生秀. 冬小麦产量的水肥耦合模型[J]. 中国工程科学,2002,4(9): 69－73.

[8] 沈荣开,王康. 水肥耦合条件下作物产量、水分利用和根系吸氮的试验研究. 农业工程学报,2001,17(5):40－43.

[9] 方开泰,全辉,陈庆云. 实用回归分析[M]. 北京:科学出版社,1988.

[10] 孟兆江,刘安能,吴海卿. 商丘试验区夏玉米节水高产水肥耦合数学模型与优化方案[J]. 灌溉排水,1997,16(4):18－21.

[11] 程旺大. 水稻节水高效栽培的生理生态效应及对产量与品质的影响[D]. 杭州:浙江大学,2001.

[12] 武美燕. 连续覆膜旱作稻田土壤肥力及水稻营养特性研究[D]. 杭州:浙江大学,2008.

[13] 朱遐亮,吕本贵,吴有才. 水稻覆膜旱作节水栽培方式的试验[J]. 中国农村水利水电,2000(8):27－29.

[14] 杨丽敏. 寒地水稻覆膜节水增效研究初报[J]. 中国农学通报,2001,17(5):91－98.

[15] 梁森,韩莉,李慧娴,等. 水稻旱作栽培方式及调亏灌溉指标试验研究[J]. 干旱地区农业研究,2002,20(2):13－19.

[16] 高真伟,闫滨,闫胜利,等. 水稻膜孔灌节水增产效果的田间试验研究[J]. 农业工程学报,2001,17(3):171－172.

[17] 彭世彰,李荣超. 覆膜旱作水稻蒸发蒸腾量计算模型研究[J]. 河海大学学报,2001, 29(3):52－54.

[18] 蔡昆争,骆世明,方祥. 水稻覆膜旱作对根叶性状、土壤养分和土壤微生物活性的影响[J]. 生态学报,2006,26(6):1903－1911.

[19] 赵静,陈晓飞,席联敏,等. 水稻覆膜灌溉对生态环境的影响研究[J]. 灌溉排水学报,2005,24(3):8－11.

[20] 刘军,刘美菊,官玉范,等. 水稻覆膜湿润栽培体系中的作物生长速率和氮素吸收速率[J]. 中国农业大学学报,2010,15(2):9－17.

[21] 沈康荣. 水稻与莲藕覆膜节水高效技术[M]. 北京:中国农业科学技术出版社,2007.

[22] 陈晓飞,杨利,商艾华,等. 水稻不同节水灌溉措施对春季土壤墒情及养分状况的影响[J]. 沈阳农业大学学报,2004,35(5):462－464.

[23] 范明生,刘学军,江荣风,等. 覆盖旱作方式和施氮水平对稻－麦轮作体系生产力和氮素利用的影响[J]. 生态学报,2004,24(11):2591－2595.

[24] 徐俊增,彭世彰,魏征. 分蘖期水分调控对覆膜旱作水稻茎蘖动态影响分析[J]. 河海大学学报(自然科学版),2010,38(5):513－514.

［25］魏晓敏. 寒地水稻节水增产技术模式研究［D］. 哈尔滨：东北农业大学，2010.

［26］程建平，曹凑贵，潘圣刚，等. 不同灌溉方式下水稻产量性状相关性及通径分析［J］.
灌溉排水学报，2008，27（1）：96 － 98.

第五章　灌区多水源平衡利用技术

第一节　区域水平衡及用水效率

南方河网灌区一般是以大型骨干水库为主体,中小型水库、塘堰等水利设施为基础,电灌站作补充的大、中、小相结合和蓄、引、提相配合的灌溉网,各种水体之间转化关系十分复杂。本章通过试验探究南方灌区水平衡机制。

一、试验区概况

1. 地理位置

试验区位于湖北省荆门市掇刀区,属漳河灌区。北依漳河灌区总干渠,东邻凤凰水库,距漳河水库 13.6 km,灌溉水源充足;离荆门市区 8.4 km,交通十分方便。

2. 水文气象

本试验区属长江中下游亚热带季风气候类型,气候温和、无霜期长、雨量充沛、较为湿润。区内年平均气温 15.8 ℃,年无霜期为 267 d,年平均降雨量 903.3 mm,年平均蒸发量 1 413.9 mm。

3. 土壤特征

除部分刚平整过的土地外,本试验区大部分耕地土层较厚,耕作层较深,质地黏,透水性较差,保水、保肥、抗旱能力较强。干旱时板结坚硬,容易发生裂缝,遇水则较柔软易耕,肥力较高,易于种植水稻。

4. 土地利用类型

本试验区总面积 270 hm²,其中耕地 218 hm²,占总面积的 81%。区域内有水田、旱地、塘堰、沟渠、农村住宅及林地等多种土地利用类型。

5. 种植结构

本试验区主要种植水稻(优质稻、有机稻)、油菜、玉米及大棚蔬菜,种植方式以中稻—油菜轮作为主。

6. 水利工程建设

本试验区有分支渠两条,直接从漳河灌区总干渠引水,建成 120U 型渠 3 500 m,80U

型渠 800 m,50U 型渠 25 000 m,30U 型渠 15 000 m,构成干—支斗—农—毛五级灌溉渠道系统。排水支沟 1 条,由南至北贯穿本区中部,将本试验区分为东西两区,承担主要排水功能的同时成为南部近千亩农田的灌溉水源。塘堰 96 处,其中鱼塘 41 处,湿地 8 处,最大水面面积 21 万 m²,总蓄水容积 53.1 万 m³。

二、水平衡监测试验设计

为了研究不同尺度的水平衡规律,2014 年 5 月至 10 月,在试验区内选取 3 个区域,分别是典型田(田间尺度)、核心区(中等尺度)、辐射区(中等尺度),区域面积分别是 1.6 hm²、23.7 hm²、270hm²。在水稻生育期内,对 3 个区域内的水平衡要素分别进行监测。

(一)典型田

1. 区域简介

选择临近水源的一个田块作为典型田,该田块面积 1.6 hm²,通过一个进水口由渠道引水灌溉,并通过一个出口自流排水。

2. 监测内容及方法

典型田块需要监测的内容包括灌溉水量、排水量以及田间水位。典型田监测点布置图如图 5-1 所示。

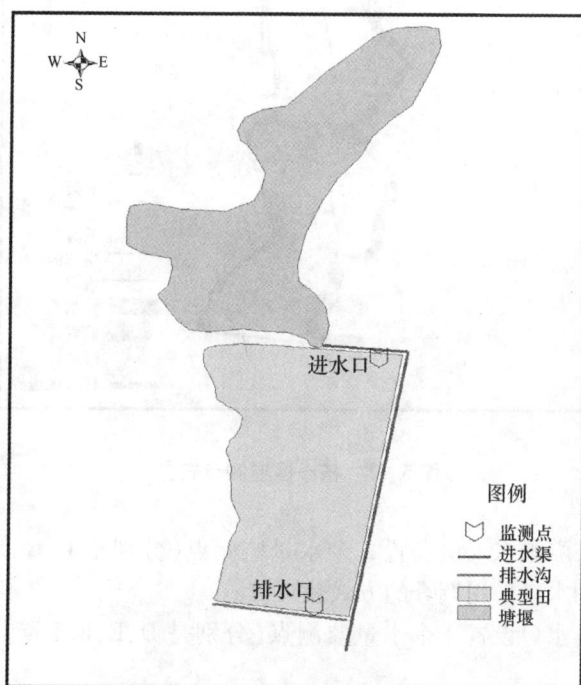

图 5-1　典型田监测点布置

①灌溉水量:用流速仪每日监测进水口流速及水深。

②排水量:用流速仪每日监测排水口流速及水深。

③田间水位:在典型田内选取3个水位监测点竖立水尺,每日观测田间水位。

(二)核心区

1.区域简介

核心区面积23.7 hm²,通过一条支渠从塘堰引水灌溉,内有东西走向排水沟4条,南北走向排水沟1条。

2.监测内容及方法

核心区需要监测的内容包括灌溉水量、排水量及田间水位。核心区监测点布置图如图5-2所示。

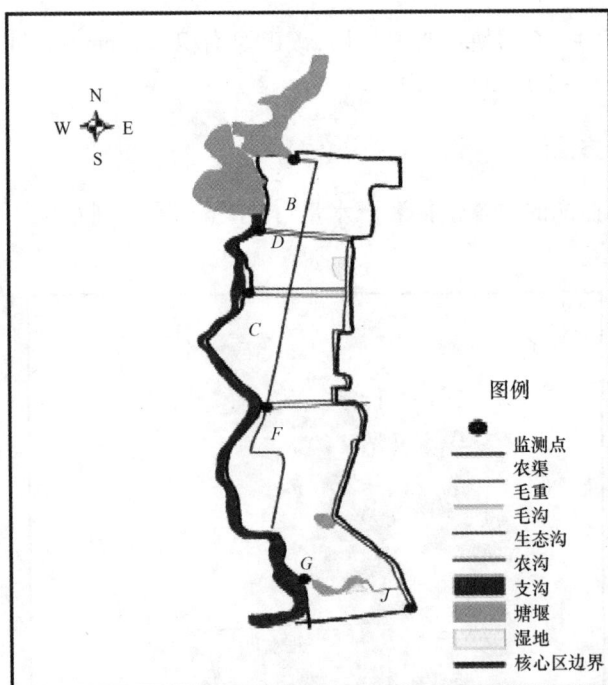

图5-2 核心区监测点布置

①灌溉水量:在灌溉水入口设置2个水量监测点(分别是B、G点),用流速仪每日监测流速及水深;抽水量采用调查的方式获得。

②排水量:在排水口设置4个水量监测点(分别是D、E、F、J点),用流速仪每日监测流速及水深。

③平均水位:在区域内选取7个水位监测点并竖立水尺,每日观测水位。

三、辐射区

1. 区域简介

选择整个试验区域作为辐射区,总面积 270 hm²。该区域是由 4 条公路形成的相对封闭区域,通过两条分支渠从漳河灌区总干渠引水,并通过 1 条南北走向排水沟承接上游地表来水和排出区域内多余水量。

2. 监测内容及方法

辐射区需要监测的内容包括灌溉水量、上游地表来水量、排水量、塘堰水位、排水沟水位及田间水位。辐射区监测点布置图如图 5-3 所示。

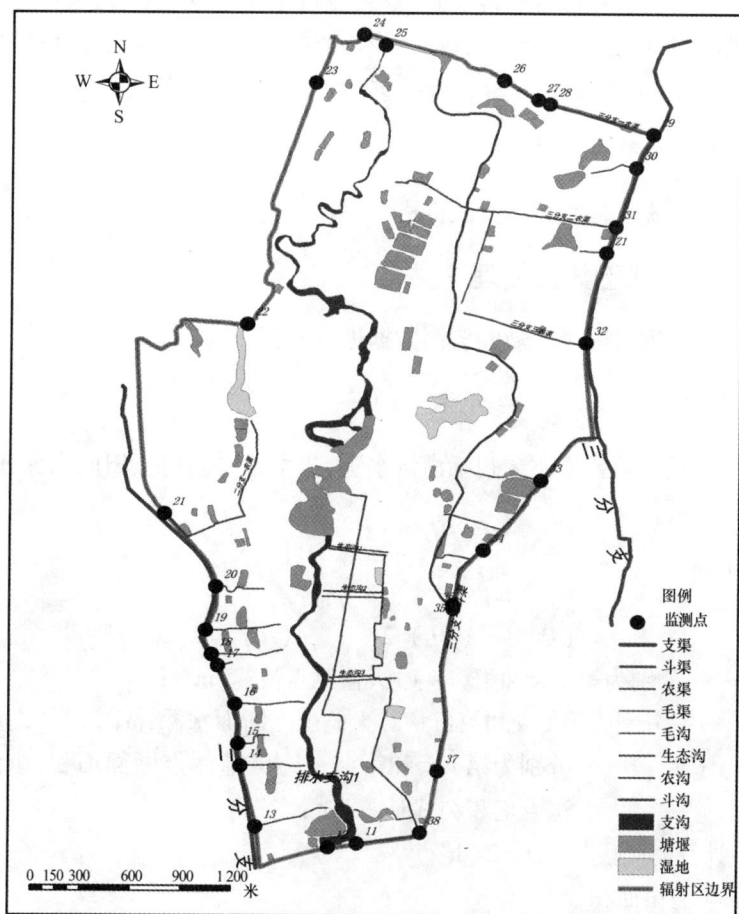

图 5-3　辐射区监测点布置

①灌溉水量:在灌溉水入口设置 20 个水量监测点(分别是 13,14,15,16,17,18,19,20,21,29,30,31,Z,32,33,34,35,36,37、G 点),用流速仪每日监测流速及水深。

②上游地表排水量:在上游排水口设置 7 个水量监测点(分别是 22,23,24,25,26,27,28 点),用流速仪每日监测流速及水深。

排水量:在排水口设置 3 个水量监测点(H,I,J 点),用流速仪每日监测流速及水深。

④塘堰水位:在塘堰内竖立水尺,每隔 14 天观测塘堰水位。

⑤排水支沟水位:在排水支沟上选取 3 个断面竖立水尺,每日观测沟水位。

⑥田间水位:在区域内选取 15 个点竖立水尺,每日观测沟水位。

四、其他数据

1. 气象数据

通过观测自动气象装置得到,自动气象装置位于距离试验区 12 km 的团林灌溉试验站。每日观测内容包括最高气温、最低气温、平均气温、相对湿度、绝对湿度、饱和差、最多风向、最大风速、平均风速、气压、降雨量、蒸发量、日照时数等。

2. 水稻产量及价格

采用调查的方式获得水稻产量及价格。

五、水量平衡试验数据处理

用水量平衡原理对三个区域的监测数据进行分析。

(一)典型田

典型田的水量平衡要素主要包括灌溉水量、排水量、腾发量、田间水深、降水量以及渗流和渗漏量。

1. 灌溉水量

$$m_i = 1\,000[v_i A(H_i)/2 + v_{i+1} A(H_{i+1})/2]\Delta t/AF \tag{5-1}$$

式中:v_i,v_{i+1}——分别为第 i 天和第($i+1$)天监测点流速,m/s;

H_i,H_{i+1}——分别为第 i 天和第($i+1$)天监测点断面水深,m;

$A(H_i)$、$A(H_{i+1})$——分别为第 i 天和第($i+1$)天监测点断面面积,由该断面的水深－面积公式计算,m^2;

Δt——计算时间段长,$\Delta t = 24$ h;

AF——典型田面积,m^2。

排水量用同样的方法计算。

2. 腾发量

腾发量根据水稻不同生育期作物系数乘以潜在腾发量计算,即

$$ET_i = K_{c_i} \cdot ET_{0i} \tag{5-2}$$

式中：K_{ci}——第 i 天作物系数，在水稻不同生育期存在较大的差异；

　　　ET_{0i}——第 i 天潜在腾发量，mm；其值由彭曼公式及气象资料计算得出。

3. 田间平均水深

$$h_i = \sum_{j=1}^{3} h_{i,j}/3 \tag{5-3}$$

式中：$h_{i,j}$——第 i 天第 j 个水位监测点田间水深，mm。

4. 水量平衡方程

典型田水平衡中除了渗流和渗漏量外，其他水平衡要素均可确定，因此可建立如下水量平衡方程并计算渗流和渗漏量。

$$h_{i+1} - h_i = \Delta h_i = m_i + p_i - et_i - d_i - S_{ep_i} \tag{5-4}$$

式中：h_i, h_{i+1}——分别为第 i 天和第 $(i+1)$ 天田间平均水深，mm；

　　　m_i——第 i 天的灌溉水量，mm；

　　　p_i——第 i 天的降雨量，mm；

　　　e_{ti}——第 i 天的腾发量，mm；

　　　d_i——第 i 天的排水量，mm；

　　　S_{ep_i}——第 i 天渗流和深层渗漏量，mm。

（二）核心区

核心区的水量平衡要素主要包括灌溉水量、排水量、腾发量、田间蓄水量、降水量以及渗流和渗漏量。

1. 灌溉水量

$$M_i = \sum \left[v_{k,i} A(H_{k,i})/2 + v_{k,i+1} A(H_{k,i+1})/2 \right] \Delta t \tag{5-5}$$

式中：$v_{k,i}, v_{k,i+1}$——分别为第 k 个监测点第 i 天和第 $(i+1)$ 天流速，m/s；

　　　$H_{k,i}, H_{k,i+1}$——分别为 k 个监测点第 i 天和第 $(i+1)$ 天断面水深，m；

　　　$A(H_{k,i})$、$A(H_{k,i+1})$——分别为 k 个监测点第 i 天和第 $(i+1)$ 天断面面积，由该断面的水深－面积公式计算，m^2；

　　　Δt——计算时间段长，$\Delta t = 24$ h；

　　　k——监测点（D，G 点）。

排水量用同样的方法计算。

2. 田间蓄水量

$$S_i = \sum_{j=1}^{7} h_{i,j} AC/7\,000 \tag{5-6}$$

式中：$h_{i,j}$——第 i 天第 j 个水位监测点田间水深，mm；

　　　AC——核心区面积，m^2。

3. 水量平衡方程

核心区水量平衡中除了渗流和渗漏量外,其他水平衡要素均可确定,因此可建立如下水量平衡方程并计算渗流和渗漏量。

$$S_{i+1} - S_i = \Delta S_i = M_i + P_i - D_i - ET_i - Sep_i \tag{5-7}$$

式中:S_i,S_{i+1}——分别为第 i 天和第 $(i+1)$ 天田间蓄水量,m^3;

$\quad M_i$——第 i 天的灌溉水量,m^3;

$\quad P_i$——第 i 天的降雨量,m^3;

$\quad ET_i$——第 i 天的腾发量,m^3;

$\quad D_i$——第 i 天的排水量,m^3;

$\quad Sep_i$——第 i 天渗流和深层渗漏量,m^3;

$\quad AC$——核心区面积,m^2。

(三)辐射区

辐射区水量平衡要素包括区域内蓄水量、来水量、排水量、耗水量以及地表水与地下水交换量。

1. 蓄水量

区域内的蓄水量包括田间蓄水量、塘堰蓄水量、湿地蓄水量以及排水支沟蓄水量,即

$$W_{out_t} = WT_t + WP_t + WW_t + WD_t \tag{5-8}$$

式中:WT_t——第 t 时段田间储水量,m^3;

$\quad WP_t$——第 t 时段塘堰储水量,m^3;

$\quad WW_t$——第 t 时段湿地储水量,m^3;

$\quad WD_t$——第 t 时段排水支沟储水量,m^3。

2. 来水量

区域来水量包括降雨、灌溉水、上游地表排水,即

$$W_{in_t} = M_t + P_t + WS_t \tag{5-9}$$

式中:M_t——第 t 时段灌溉水量,m^3;

$\quad P_t$——第 t 时段降雨量,m^3;

$\quad WS_t$——第 t 时段上游地表排水量,m^3。

3. 耗水量

区域耗水量包括水面蒸发量以及作物腾发量,即

$$WC_t = E_t + ET_t \tag{5-10}$$

$$E_t = k_t E_{E-601t} \Delta t A W_t \tag{5-11}$$

式中:E_t——第 t 时段水面蒸发量,m^3;

E_{E-601t}——第 t 时段用 E-601 型蒸发器测得的蒸发量,mm/d;

AW_t——第 t 时段水面面积;

k_t——蒸发折算系数;

Δt——计算时段长,d;

ET_t——第 t 时段作物腾发量,m^3。

4. 水量平衡方程

辐射区水平衡中除了地表与地下水交换量外,其他水平衡要素均可确定,因此可建立如下水平衡方程并计算地表与地下水交换量。

$$W_{t+1} - W_t = \Delta W_t = W_{in_t} - W_{out_t} - WC_t - WE_t \qquad (5-12)$$

式中:W_{t+1},W_t——分别为第 $(t+1)$ 和第 t 时段初储水量,m^3;

W_{in_t}——第 t 时段区域外来水量,m^3;

W_{out_t}——第 t 时段排水量,m^3;

WC_t——第 t 时段耗水量,m^3;

WE_t——第 t 时段地表水与地下水交换量,m^3。

四、结果与分析

(一)水平衡要素分析

1. 典型田

由于渗漏水量记录数据不足,采用实测的降水、灌溉、排水、耗水、田间水层等数据,通过式(5-4)计算田间水量平衡和田间渗漏量。各水量平衡要素逐日累计量见图5-4,各生育期水量平衡要素见图5-5。作物需水、排水和渗漏分别占总入流量(降雨和灌溉水)的59.3%、33.9%、7.8%。

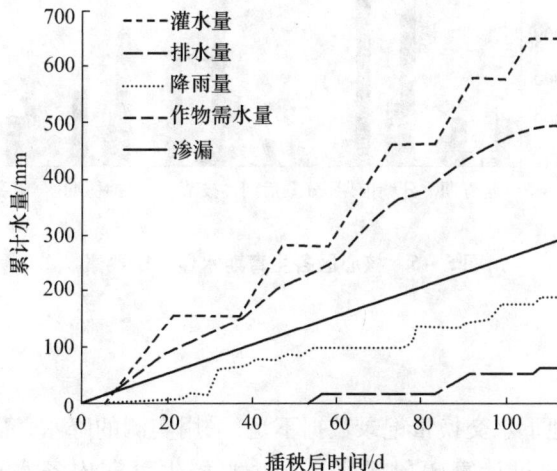

图5-4　典型田水稻生长期内各水量平衡要素逐日累计量

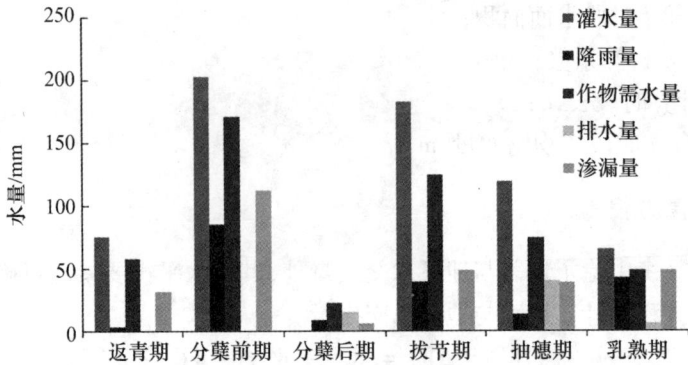

图 5-5 典型田各生育期水量平衡要素

2. 核心区

由于渗漏水量记录数据不足,采用实测的降水、灌溉、排水、耗水、田间水层等数据,通过式(5-7)计算辐射区水量平衡和核心区渗漏量。作物需水、排水和渗漏分别占总入流量(降雨和灌溉水)的22.2%、53.6%、24.2%。与典型田相比,渗漏量较少,一方面是因为部分渗漏量以地表水的形式排出;另一方面是典型田刚平整过,土地翻动较大,土质较松,渗透系数较大。而排水增加很多主要是因为分蘖前期和乳熟期进水渠道引水量较多,造成大量的退水。各生育期水量平衡要素见图5-6。

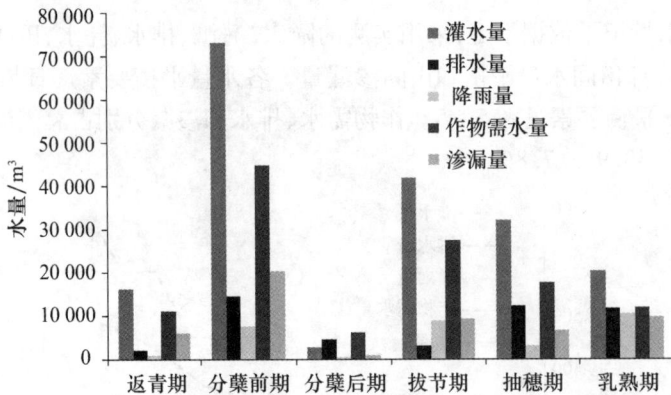

图 5-6 核心区各生育期水量平衡要素

3. 辐射区

由于地表水与地下水交换量记录数据不足,采用实测的降水、灌溉、上游地表来水、排水、耗水等数据,通过计算辐射区水平衡。水稻生育期内各水量平衡要素水量见图 5-7。

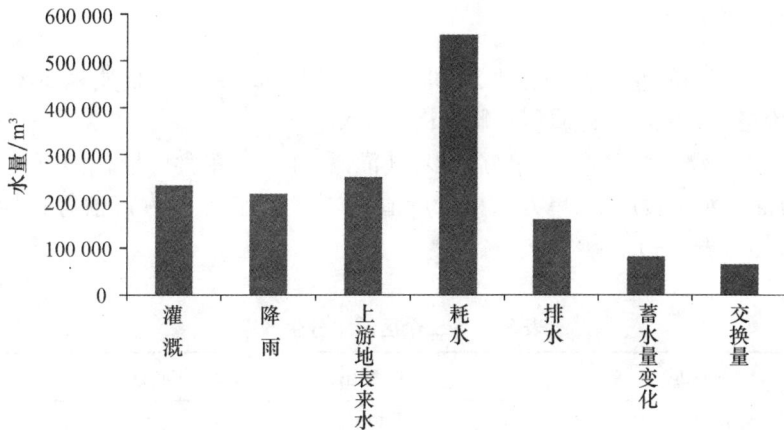

图 5 – 7　辐射区水稻生育期内各水量平衡要素

(二) 用水效率分析

1. 耗水量分析

各耗水量占入流总量的比例如图 5 – 8 所示。渗漏量所占比例,依次是典型田 > 核心区 > 辐射区,核心区相比典型田较少,主要是因为部分侧渗量通过排水沟以地表水形式排出。辐射区的渗漏量所占比例很少,一部分的渗漏量会补给沟、渠、塘堰等地表水,以致最终的深层渗漏较少。

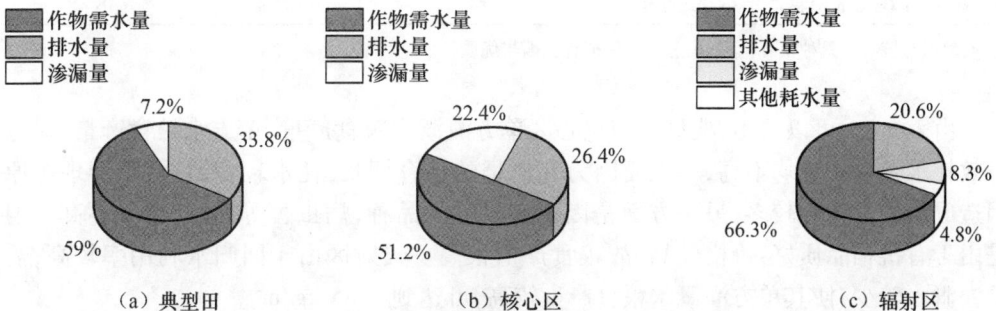

图 5 – 8　各耗水量占入流总量的比例

作物需水量所占比例,辐射区 > 典型田 > 核心区,主要是因为辐射区中部分排水量、渗漏与侧渗量会通过沟、塘收集,并被再次利用,回归水的重复利用率较高。

由此看出,沟、塘对农业水利用效率有显著的作用。尺度扩大后,农业用水效率有所提高(如由典型田扩大到辐射区),也主要是因为较大尺度上有沟、塘等收集回归水的水利设施。如果尺度扩大后,沟、塘等水利设施较少,或是发挥的作用较少,则农业用效率则不会有较大变化(如由典型田扩大到核心区)。

2. 水分生产率分析

经抽样测产与问卷调查,试验区有机稻平均产量 400 kg/亩,优质稻 508 kg/亩。有机稻收购价格 7.2 元/kg,优质稻收购价格 2.6 元/kg。

选取单方灌溉水粮食产量、单方水粮食(灌溉+降水)粮食产量、单方有效耗水粮食产量、单方灌溉水粮食产值、单方水粮食产值、单方有效耗水粮食产值等指标来评价水分生产率,详见表 5-1。

表 5-1 三个区域水分生产率

区域	典型田	核心区	辐射区
灌溉水量/(m³/亩)	490	582	170
蒸发蒸腾量/(m³/亩)	323	323	311
降雨量/(m³/亩)	156	156	156
粮食产量/(kg/亩)	400	400	485
粮食产值/(元/亩)	2 880	2 880	1 644
单方灌溉水粮食产量/(kg/m³)	0.82	0.69	2.85
单方水粮食产量/(kg/m³)	0.62	0.54	1.49
单方有效耗水粮食产量/(kg/m³)	1.24	1.24	1.56
单方灌溉水粮食产值/(元/m³)	5.88	4.95	9.67
单方水粮食产值/(元/m³)	4.46	3.90	5.04
单方有效耗水粮食产值/(元/m³)	8.92	8.92	5.29

注:典型田与核心区只种植有机稻,辐射区内种植有机稻与优质稻。

由表 5-1 可以看出,典型田与核心区单方灌溉水粮食产量、单方水粮食产量、单方有效耗水粮食产量均不高,一方面因为有机稻的生育期长,耗水较多,且由于管理等原因造成渗漏和排水较多;另一方面是因为有机稻的品种,病虫害等原因,产量不高。但是由于有机稻品质好,价格较高,故粮食产值很高。辐射区由于回归水利用率较高,需要灌溉水较少,使其单方灌溉水粮食产量较高,可达到 2.85 kg/m³。

第二节 明渠量测水技术

一、明渠水流特点分析

(一)试验设计与方法

在分析黄河灌区末级渠道断面形式与量水特点的基础上,针对性开展渠道水流特性试验是探索明渠量水方法的基础。通过开展室内试验与田间试验,提出明渠水流流速分布规律,同时利用数值模拟手段进一步扩展试验工况,在更大范围内验证流速分布规律,以便在此基础上得出简单实用的灌区末级渠道量水方法。

1. 试验设计

试验分为室内试验与田间实测两部分。室内试验便于控制试验渠道形式和水流条件,是基础数据的重要来源,田间实测能够更好地表达自然环境下明渠流的水力条件,是项目研究与验证的有益补充。为不失一般性,室内与田间试验涵盖了灌区常见的 U 形、梯形及矩形渠道,以期获得更具代表性的研究成果。

2. 试验模型及测点布置

室内试验分别修建矩形及 U 形试验水槽,混凝土结构。室内试验采用光电流速仪测流,流量利用电磁流量计量测。

田间实测在南岸灌区进行,渠道为梯形及 U 形,利用光电流速仪测量流速,依据流速 – 面积法计算渠道过流量。

(1)室内模型试验

室内矩形水槽为混凝土结构,水槽长 25 m,深 1 m,宽 1 m,渠底坡降为 1:5000。U 形水槽亦为混凝土结构,过水断面由下部圆弧段与上部矩形段组成。水槽长 25 m,深 0.8 m,底部圆弧为半圆形,半径 $r=0.4$ m,上口宽 $B=0.8$ m,水槽底坡降 $i=1:5000$。

试验渠槽纵断面布置情况如图 5－9 所示。水槽在入口处布置消能花墙及压波排,保证水面波动迅速衰减。测量段布置在渠槽中部。测量段水位通过水槽尾部木板闸门控制,水位由测针测得。渠槽流量利用电磁流量计测得。

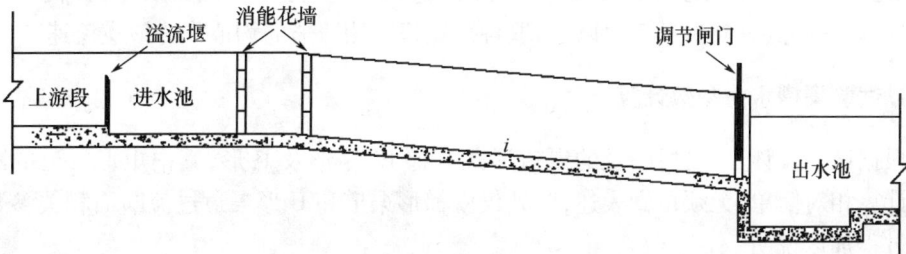

图 5－9　试验渠槽纵断面布置图

(2)田间试验

田间梯形渠道为灌区混凝土衬砌分支渠。渠道下底宽 1.3 m,边坡系数 m 为 1.46,渠深 0.97 m,实测渠底坡降为 $i=1:6000$。

U 形渠道为灌区斗渠,亦为混凝土衬砌结构,渠道断面尺寸与室内 U 形水槽相同,渠底坡降约为 $i=1:6000$。灌区渠道水流含沙量为 $0.9\sim1.3$ kg/m^3。

(3)测流断面布置

①室内模型试验。为了实现对模型水槽水流流速分布的精确测量,试验除需进行水面宽度、水深、流量等常规参数的量测外,还需对测流断面划分流速测量网格。参照

国际标准 ISO 1088 及《流速 - 面积法流量装置检定规程》(JJG 835)的有关要求,测流断面上测深、测速垂线的数目和位置应满足过水断面和平均流速测量精度的要求。根据规则渠道断面恒定均匀紊流流速分布具有对称性的特点,为保证试验精度,测流断面自中垂线向边坡每 3 cm 布置一条测线,每条测线自水面向下每 3 cm 划分一个测点。

②田间实测试验。根据田间末级渠道水位及流量消长较快的特点,在满足试验精度要求的前提下,视渠道断面尺寸及水流条件,对测流断面测点分布情况进行划分。测流断面自中垂线向边坡一侧布置 4~6 条测线,中垂线自水面向下每 5 cm 划分一个测点,其余测线视情况划分 3~10 个测点。渠道流量根据实测断面流速情况采用流速 - 面积法计算,水深利用水尺测量,水面宽度根据渠道尺寸换算可得。

3. 试验仪器

试验渠道水流流速采用光电流速仪测量。光电流速仪利用红外发射管发射红外线,通过光敏接收管和光纤束记录采样时间内叶轮的转数,并根据式(5-13)将其转换为流速值,即

$$u = \frac{KN}{T} + C \tag{5-13}$$

式中:u——水流流速,cm/s;

K——叶轮率定曲线斜率;

N——采样时间段内叶轮转数;

T——采样时间,s;

C——补偿系数。

根据测流需要,设定光电流速仪采样时间为 20 s。为减少试验误差,提高测量精度,保证单一测点重复测量 5 次以上,取各测点稳定测速值的均值作为该点流速。

4. 试验渠槽水力参数计算

根据试验设计,项目所涉及的渠道形式有梯形、矩形及 U 形,其中矩形渠道的断面参数计算相对简单,无须再做表述,此处仅就梯形渠道和 U 形渠道过流断面相关参数的计算过程加以说明。

(1)渠道断面参数计算

U 形渠道由下部圆弧段和上部直线段组成,根据水深的不同渠道过水断面面积、湿周及水面宽度等水力参数采用如下公式确定。

①U 形渠道参数计算。

U 型渠道几何尺寸可表示为

$$A = \begin{cases} \Delta hB + \dfrac{1}{2}\pi R^2 & h \geq R \\ \dfrac{1}{2}\theta R^2 - \sin\theta(R-h) & h \leq R \end{cases} \tag{5-14}$$

$$\chi = \begin{cases} \pi R + 2\Delta h & h \geq R \\ \theta R & h \leq R \end{cases} \tag{5-15}$$

$$B = \begin{cases} B & h \geqslant R \\ 2R\sin\theta\left(\dfrac{\theta}{2}\right) & h \leqslant R \end{cases} \qquad (5-16)$$

当 $h \leqslant R$ 时

$$\theta = 2\arccos\left(\frac{R-h}{R}\right) \qquad (5-17)$$

式中:A——渠道过水断面面积,m^2;

　　　χ——过水断面湿周,m;

　　　B——上口宽,m;

　　　R——圆弧半径,m;

　　　θ——外倾角;

　　　h——水位,m;

　　　Δh——水位差,m。

②梯形渠道参数计算。

梯形渠道断面参数按下式计算:

$$A = h(B_1 + hm) \qquad (5-18)$$

$$\chi = B_1 + 2h\sqrt{1+m^2} \qquad (5-19)$$

$$B = B_1 + 2hm \qquad (5-20)$$

式中:m——边坡系数;

　　　其他符号意义同前。

(2)试验水力参数计算

水力参数是描述明渠水流特征的重要指标,除水深 h 及流量 Q 外,明渠流水力参数主要还包括弗劳德数 F_r、雷诺数 Re 等。田间和室内实测渠道测流工况水力参数(部分)见表 5-2、表 5-3。表中 Um 为断面平均流速,B/h 为渠道宽深比。

表 5-2　田间实测渠道测流工况水力参数(部分)

渠形	编号	流量 $Q/(\text{m}^3/\text{s})$	水深 h/m	断面平均流速 $Um/(\text{m/s})$	宽深比 B/h	弗劳德数 F_r	雷诺数 Re
梯形渠道	1	0.276	0.395	0.375	6.21	0.190	85 241
	2	0.205	0.360	0.314	6.53	0.167	66 316
	3	0.222	0.370	0.328	6.43	0.172	70 750
	4	0.286	0.400	0.385	6.17	0.194	88 433
	5	0.241	0.385	0.340	6.30	0.175	75 769
	6	0.292	0.430	0.361	5.94	0.176	87 879
	7	0.498	0.520	0.495	5.42	0.219	139 666
	8	0.564	0.535	0.543	5.35	0.237	156 656
	9	0.500	0.520	0.497	5.42	0.220	140 203
	10	0.458	0.500	0.476	5.52	0.215	130 320

续表

渠形	编号	流量 $Q/(\text{m}^3/\text{s})$	水深 h/m	断面平均流速 Um/(m/s)	宽深比 B/h	弗劳德数 F_r	雷诺数 Re
U形渠道	1	0.109	0.545	0.3	1.51	0.205	58 868
	2	0.074	0.496	0.229	1.65	0.134	42 791
	3	0.07	0.495	0.215	1.65	0.118	40 160
	4	0.075	0.502	0.227	1.62	0.128	42 782
	5	0.049	0.45	0.17	1.79	0.081	30 139
	6	0.091	0.524	0.262	1.56	0.163	50 427
	7	0.112	0.567	0.295	1.46	0.19	58 912
	8	0.081	0.585	0.205	1.41	0.088	41 674
	9	0.138	0.6	0.335	1.37	0.227	69 134
	10	0.123	0.57	0.317	1.43	0.216	63 963

表 5-3　室内试验渠道测流工况水力参数(部分)

渠形	编号	流量 $Q/(\text{m}^3/\text{s})$	水深 h/m	断面平均流速 Um/(m/s)	宽深比 B/h	弗劳德数 F_r	雷诺数 Re
矩形渠道	1	0.031	0.279	0.109	3.58	0.066	15 417
	2	0.031	0.250	0.124	4.00	0.079	16 239
	3	0.057	0.438	0.129	2.28	0.062	23 707
	4	0.055	0.362	0.151	2.76	0.080	24 887
	5	0.055	0.266	0.205	3.76	0.127	28 001
	6	0.052	0.403	0.129	2.48	0.065	22 598
	7	0.048	0.326	0.149	3.07	0.083	23 094
	8	0.049	0.262	0.185	3.82	0.116	25 089
	9	0.047	0.343	0.136	2.92	0.074	21 708
	10	0.049	0.261	0.187	3.83	0.117	25 230
	11	0.048	0.261	0.183	3.84	0.115	24 704
	12	0.052	0.357	0.145	2.80	0.078	23 808

续表

渠形	编号	流量 $Q/$ (m^3/s)	水深 h/m	断面平均流速 $Um/(m/s)$	宽深比 B/h	弗劳德数 F_r	雷诺数 Re
U 形渠道	1	0.034	0.358	0.168	2.22	0.114	23 890
	2	0.037	0.409	0.144	1.96	0.066	24 178
	3	0.038	0.367	0.178	2.18	0.122	26 156
	4	0.043	0.386	0.185	2.07	0.119	29 227
	5	0.046	0.41	0.177	1.95	0.099	29 797
	6	0.047	0.493	0.144	1.64	0.053	26 955
	7	0.048	0.394	0.196	2.03	0.129	31 839
	8	0.053	0.388	0.223	2.06	0.171	35 431
	9	0.054	0.395	0.219	2.03	0.159	35 611
	10	0.055	0.405	0.214	1.97	0.146	35 685
	11	0.056	0.415	0.214	1.93	0.143	36 319
	12	0.065	0.464	0.215	1.74	0.125	38 859
	13	0.057	0.611	0.135	1.34	0.036	28 030

由表中数据可见,室内水槽试验流量范围为 0.034 ~ 0.057 m^3/s,水深控制在 0.25 ~ 0.61 m,试验水流均保持在恒定均匀紊流状态,雷诺数在 23 890 ~ 42 840。田间实测流量范围为 0.035 ~ 0.564 m^3/s,水深在 0.45 ~ 0.66 m,雷诺数在 17 859 ~ 69 134。

可见,室内及田间渠道水流均为充分发展的紊流,且由于弗劳德数 Fr 均小于 1,因此各工况为缓流,与平原灌区渠道水流特质相符。

5. 数值模拟试验

室内模型及田间实测试验耗费巨大,在一次试验中所涉渠道形式往往有限。相较物理模型,数值模拟手段简单明确,可重复操作,耗费较小,是比较理想辅助试验手段,特别是 FLUENT 等商业软件的出现,为数值模拟的应用提供了便利。

(1) 数值模拟方程与方法

FLUENT 是目前处于领先地位的 CFD 软件包。项目通过 FLUENT 软件实现对田间常见末级渠道(U 形、梯形)水流的模拟计算,利用 Gambit 进行模型网格划分,流速数据的后处理运用 Tecplot 完成。采用标准 $k -$ (两方程二阶紊流封闭模型对 U 形及梯形水槽流场进行三维水流流速分布模拟,模型连续方程、动量方程及紊动动能 k、耗散系数)方程如下。

连续方程: $\dfrac{\partial \rho}{\partial t} + \dfrac{\partial(\rho u_i)}{\partial x_i} = 0$ (5 – 21)

动量方程：$\dfrac{\partial \rho u_i}{\partial t} + \dfrac{\partial (\rho u_i u_j)}{\partial x_j} = -\dfrac{\partial \rho}{\partial x_i} + \dfrac{\partial\left[\left(\mu + \mu_i\right)\left(\dfrac{\partial u_i}{\partial x_j} + \dfrac{\partial u_j}{\partial x_i}\right)\right]}{\partial x_j}$ （5 - 22）

k 方程：$\dfrac{\partial (pk)}{\partial t} + \dfrac{\partial (\rho k u_i)}{\partial x_i} = \dfrac{\partial\left[\left(\mu + \dfrac{\mu_t}{\sigma_k}\right)\dfrac{\partial k}{\partial x_i}\right]}{\partial x_i} + G_k - \rho\varepsilon$ （5 - 23）

方程：$\dfrac{\partial (\rho\varepsilon)}{\partial t} + \dfrac{\partial (\rho\varepsilon u_i)}{\partial x_i} = \dfrac{\partial\left[\left(\mu + \dfrac{\mu_t}{\sigma_s}\right)\dfrac{\partial\varepsilon}{\partial x_j}\right]}{\partial x_j} + C_{1\varepsilon}\dfrac{\varepsilon}{K}G_k - C_{2\varepsilon}\dfrac{\varepsilon^2}{k} + S_\varepsilon$ （5 - 24）

式中：ρ——流体密度，kg/m^3；

u_i, u_j——速度分量，m/s；

x_i, x_j——坐标分量；

ε——动力黏滞系数；

p——压力，Pa；

t——时间，s；

σ_k、σ_s——k 和 s 的普朗特数，$\sigma_k = 1.0$、$\sigma_s = 1.3$；

$C_{1\varepsilon}, C_{2\varepsilon}$——常数，$C_{1\varepsilon} = 1.42$，$C_{2\varepsilon} = 1.68$；

G_k——由平均速度引起的湍动能 k 的产生项，可由式（5 - 25）确定：

$$G_k = \mu_t\left(\dfrac{\partial u_i}{\partial x_j} + \dfrac{\partial u_j}{\partial x_i}\right)\dfrac{\partial u_i}{\partial x_j}$$

（5 - 25）

$$\mu_t = \rho C_\mu\dfrac{k^2}{\varepsilon}$$

式中：C_k——常数，$C_k = 0.0845$。

（2）网格划分与边界条件

①模型网格划分。网格划分是 FLUENT 计算区域离散方式的核心，网格划分质量的好坏直接影响模型的计算精度。由于灌溉渠道边界清晰、断面规则，为了节省计算量采用六面体结构化网格对计算域进行划分，并在边壁处局部加密，如图 5 - 10 所示。为保证计算精度，渠段长度满足 30 倍于水槽上口宽度的要求，渠段长取为 30 m。

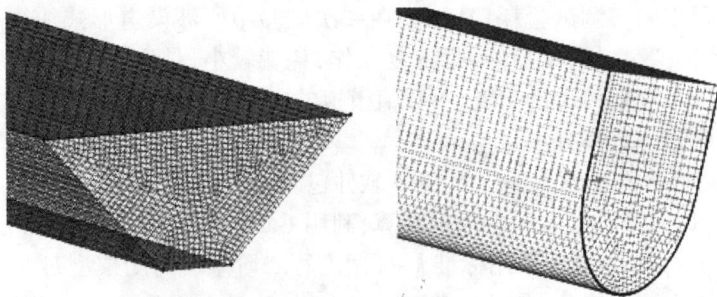

图 5 - 10　模型水槽网格划分示意图

②边界条件设置。田间灌溉过程渠道水流多为渐变流,为了简化计算,近似设定渠段上游进水边界为均匀来流流速,给定上游进口条件为流速入口;由于下游流场未知,给定下游边界条件为自由出流;固体边壁为无滑移固壁条件,并运用壁面函数确定壁面附近的流速分布;为模拟结果接近实际情况,采用 VOF 法追踪自由水面。

(3)数值模拟精度验证

数值模拟结果的准确与否直接影响数据的计算精度。为了检验数学模型的准确性,通过比较室内模型及田间渠道形制,选择与室内模型相同尺寸的 U 形渠道进行数值模拟精度验证,实测工况基本参数如表 5-4 所示。

表 5-4　模拟流量与实测工况基本参数比较

序号	h/m	Um /(m/s)	流量 $Q/(m^3/s)$		相对误差 $R/\%$
			实测值	计算值	
1	0.390	0.194	0.047	0.049	3.56
2	0.400	0.254	0.062	0.064	2.48
3	0.495	0.205	0.067	0.067	-0.30
4	0.364	0.211	0.047	0.047	0.00

由表 5-4 可见,模型计算流量与实测流量之间具有良好的吻合性,相对误差均在 ±4% 以内,平均误差仅为 1.43%,表明模拟结果具有相当的准确性。选取断面中垂线及表面流速,比较流速分布的数值模拟结果与实测结果,并分析模拟流速与实测流速之间的相对误差。

分析表 5-5 可知,计算流速值与实测流速分布非常接近,相对误差在 ±3% 以内,表明数值模拟结果是可靠的。利用 FLUENT 软件建立的数学模型,可以描述水流流速的分布情况,进行不同工况条件及断面形式的明渠流拓展模拟。

表 5-5　断面中垂线与水面实测流速与计算流速比较

$Q/(m^3/s)$	h/m	中垂线流速				水面横向流速			
		相对水深 y/h	流速 $u/(m/s)$		相对误差 $R/\%$	相对宽度 $(B-2x)/B$	流速 $u/(m/s)$		相对误差 $R/\%$
			计算值	实测值			计算值	实测值	
0.067	0.495	0.94	0.229	0.223	-2.46	0.90	0.233	0.237	1.97
		0.82	0.234	0.235	0.53	0.70	0.232	0.233	0.54
		0.58	0.231	0.236	1.96	0.51	0.230	0.225	-2.07
		0.15	0.205	0.202	-1.58	0.31	0.213	0.209	-1.96
		0.09	0.198	0.194	-2.37	0.21	0.195	0.198	1.34

续表

$Q/$ (m^3/s)	h/m	中垂线流速				水面横向流速			
		相对水深 y/h	流速 $u/(m/s)$		相对误差 $R/\%$	相对宽度 $(B-2x)/B$	流速 $u/(m/s)$		相对误差 $R/\%$
			计算值	实测值			计算值	实测值	
0.047	0.364	0.83	0.245	0.245	-0.20	0.92	0.243	0.248	2.14
		0.74	0.246	0.249	1.30	0.69	0.240	0.242	0.83
		0.58	0.241	0.245	1.66	0.46	0.226	0.224	-0.58
		0.41	0.235	0.238	0.93	0.38	0.220	0.214	-2.41
		0.25	0.214	0.219	1.96	0.23	0.200	0.201	0.70

（4）数值模拟试验工况及参数

为验证提出的流速分布规律在不同尺寸渠道上的适用性，结合黄河灌区末级渠道常见形式，对不同坡降（$i=1:5000$、$i=1:1000$）、不同断面（U形、梯形）渠道建立数学模型。其中，U形渠道上口宽0.6 m，最大深度0.6 m，底部弧形段为半圆，半径0.3 m，上部矩形段高0.3 m；梯形渠道上口宽1.7 m，渠深0.7 m，边坡系数为1，下底宽0.3。在各种渠形及底坡的组合下分别模拟在高、中、低不同水深条件下的水流情况，各工况参数见表5-6。

表5-6　不同渠形不同工况明渠流数值模拟统计

渠形	比降 i	水深 h/m	流量 $Q/$ (m^3/s)	平均流速 $U_m/$ (m/s)
U形	1:5000	0.25	0.028	0.25
		0.40	0.080	0.40
		0.50	0.091	0.35
	1:10000	0.25	0.028	0.25
		0.40	0.071	0.35
		0.55	0.116	0.40
梯形	1:5000	0.30	0.070	0.25
		0.40	0.120	0.30
		0.50	0.280	0.40
	1:10000	0.35	0.046	0.20
		0.45	0.185	0.30
		0.60	0.252	0.32

注：U_m 为模型入口平均流速。

(二)明渠水流流速横向分布规律

水流流速的横向分布主要受渠道边壁的影响,是判别水流特性的重要特征。明确流速横向分布规律在渠道设计、流量计算等方面都起着重要的作用。在分析流速横向变化特点的基础上,探索明渠各流层及测线平均流速的横向分布规律,为灌区测流计算提供理论依据。

1. 明渠水流流速横向分布特点

考虑渠道断面具有对称性,便于分析,取断面的一半作为研究对象。经过对试验数据的统计,发现渠道断面水流流速大小与横向位置有关,流速值由边壁至中心连续变化,断面上测点流速沿横向相对位置分布如图 5 – 11 所示。图中,B_i 为第 i 流层宽度,m;x 为各测点至流层中点的距离,m;u 为测点流速,m/s;y 为流层距渠底的距离,m;h 为渠道中线水深,m。

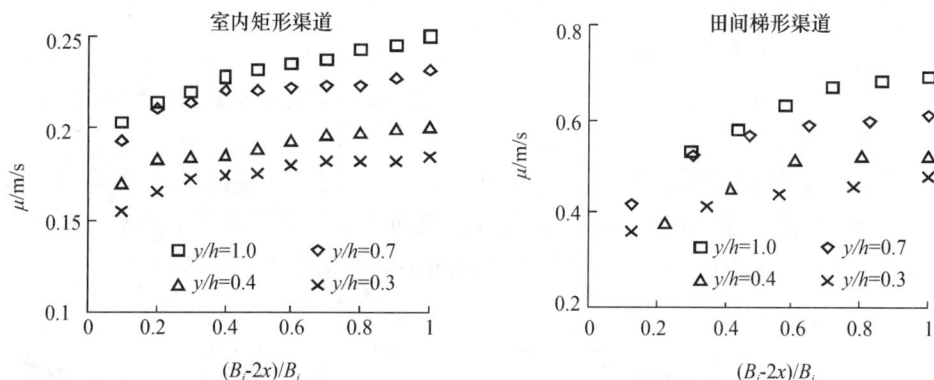

图 5 – 11　断面测点流速沿横向相对位置分布

在 $(B_i - 2x)/B_i < 0.2$ 的范围内,水流受到边壁碍流作用较大,流速变化强烈,并在渠道边壁附近迅速衰减;在 $0.2 < (B_i - 2x)/B_i < 1$ 的范围内,水流受到的边壁阻碍作用降低,取而代之的是流体单元间的剪切力,流速分布平缓,变化相对较小。分析室内试验与田间实测来看,室内渠槽水流流速变化平缓,在 $(B_i - 2x)/B_i > 0.2$ 的范围内,流速变化梯度较小。田间渠道各流层、流速变化梯度较大,这一差别与田间渠道粗糙、水流流速较快等因素有关。

2. 明渠水流流速横向分布规律

(1)流速横向分布指数规律

通过分析试验资料及数据,发现水流流速与测点横向位置之间呈指数关系。取测点流速与流层最大流速(流层中点流速)的比值为无量纲值,可将无量纲流速与横向相对位置之间的函数关系表达如式(5 – 26):

$$\frac{u_i}{u_{im}} = m\left(\frac{B_i - 2x}{B_i}\right)^k \tag{5 - 26}$$

式中：u_i——过水断面第 i 水平层测点流速，m/s；

u_{im}——过水断面第 i 水平层最大流速，即中垂线流速，m/s；

k,m——待定系数。

分析上式可知，当测点位于中垂线上时

$$x = 0, \quad \frac{B_i - 2x}{B_i} = 1$$

即

$$u_i = u_{im}, \quad \frac{u_i}{u_{im}} = 1$$

可知式中 $m = 1$，公式可变形为

$$\frac{u_i}{u_{im}} = \left(\frac{B_i - 2x}{B_i}\right)^k \tag{5 - 27}$$

经拟合多组实测数据发现各次 k 值接近于 1，与上述结果相符。

利用室内及田间实测资料，分析式(5-27)的适用性，如图 5-12 与图 5-13 所示。不同流层间表层流速的拟合精度高于底层，这与近底层水流受渠道底部影响较大，流速突变性增强有关。

就不同渠道而言，指数律拟合室内及田间渠道表层水流流速横向分布均具有较好的精确程度，R^2 值可达到 0.95 以上，表明流速横向分布指数规律对不同断面形式及规模的渠道均具有良好的适应能力，可以用于描述明渠水流特性。

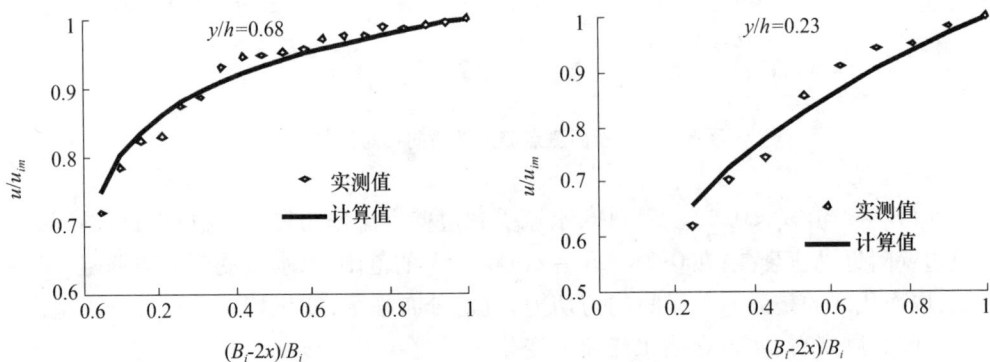

图 5-12　同一断面不同流层指数律拟合结果（$Q = 0.047 \text{ m}^3/\text{s}$）

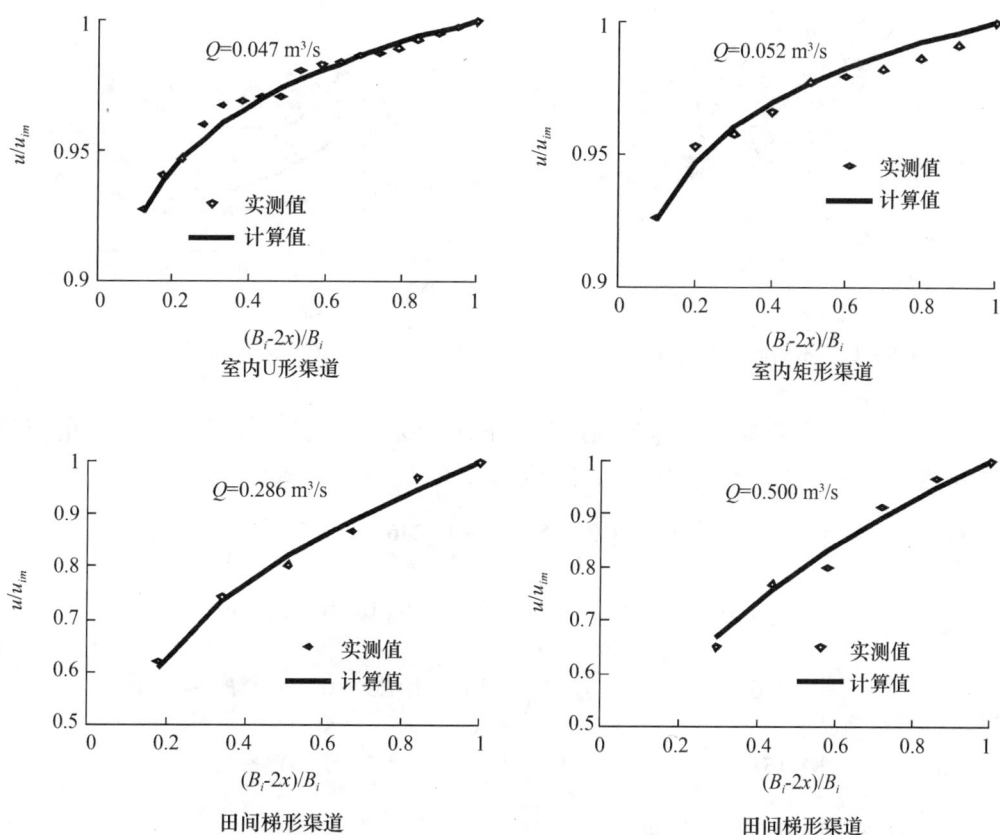

图 5－13　室内及田间不同渠道表层流速指数律拟合结果

（2）参数确定

分析实测数据拟合结果可知，不同流层 k 值有所不同。如图 5－14 所示，k 值在近底区较大，后逐渐减小，表面附近又稍有增大。此外，不同水流强度条件下，k 值总体有所差别。依据水流强度，对多组 k 值进行分段统计平均计算，并分别进行拟合，拟合结果如图 5－15 所示。为便于应用，利用中线平均流速 V_0 建立 F_r 表征水流强度，其形式与弗劳德数相同，即

$$F_r = \frac{V_0}{\sqrt{gh}}$$

式中：F_r——中线弗劳德数；

　　　V_0——明渠断面中线平均流速，m/s；

　　　g——重力加速度，m/s^2；

　　　h——渠道中线水深，m。

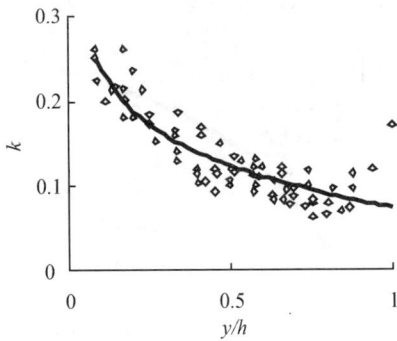

图 5-14 不同流层 k 值分布

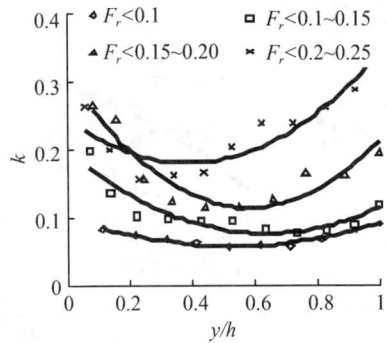

图 5-15 不同流层 k 均值拟合

分析拟合结果可知,不同水流强度条件下,k 均值与流层位置之间具有良好的相关性,R 达 0.9 以上,在 $0 < F_r < 0.25$ 的范围内,各流层 k 值可按式(5-28)计算:

$$k = \begin{cases} 0.430\,7\left(\dfrac{y}{h}\right)^2 - 0.336\,5\left(\dfrac{y}{h}\right) + 0.246\,4 & 0.2 < F_r \leqslant 0.25 \\[2mm] 0.568\,5\left(\dfrac{y}{h}\right)^2 - 0.664\,8\left(\dfrac{y}{h}\right) + 0.309\,0 & 0.15 < F_r \leqslant 0.20 \\[2mm] 0.296\,9\left(\dfrac{y}{h}\right)^2 - 0.379\,8\left(\dfrac{y}{h}\right) + 0.197\,9 & 0.10 < F_r \leqslant 0.15 \\[2mm] 0.151\,1\left(\dfrac{y}{h}\right)^2 - 0.161\,2\left(\dfrac{y}{h}\right) + 0.101\,2 & 0 < F_r \leqslant 0.10 \end{cases} \quad (5-28)$$

(3)流速横向分布计算验证

为验证指数规律的计算精度,根据实测数据资料,按拟合公式计算不同测点流速,如表 5-7 所示。在 $(B_i - 2x)/B_i > 0.20$ 的范围内,除个别点外,计算流速相对误差在 $\pm 5\%$ 以内,但在靠近边壁的区域内 $[(B_i - 2x)/B_i < 0.20]$,相对误差加大,这与壁面剪切力对测点流速值的影响增大有关。

表 5-7　计算流速验证表

渠　形	y/h	$(B_i - 2x)/B_i$	实测流速 $u_s/(\mathrm{m/s})$	计算流速 $u_j/(\mathrm{m/s})$	相对误差 $R/\%$
室内 U 形渠道	0.93	0.97	0.292	0.291	-0.26
		0.75	0.288	0.283	-1.63
		0.45	0.282	0.269	-4.67
		0.37	0.276	0.264	-4.37
		0.22	0.270	0.25	-7.40
		0.15	0.266	0.24	-9.71

续表

渠　形	y/h	$(B_i-2x)/B_i$	实测流速 $u_s/(\text{m/s})$	计算流速 $u_j/(\text{m/s})$	相对误差 $R/\%$
室内 U 形渠道	0.57	0.92	0.168	0.167	-0.80
		0.76	0.166	0.164	-1.34
		0.53	0.163	0.158	-3.05
		0.37	0.161	0.155	-3.73
		0.21	0.158	0.15	-5.06
		0.14	0.158	0.138	-12.46
室内矩形渠道	0.70	0.90	0.230	0.233	1.17
		0.80	0.229	0.230	0.63
		0.70	0.227	0.227	0.11
		0.50	0.223	0.220	-1.13
		0.40	0.221	0.216	-2.45
		0.30	0.220	0.210	-4.77
	0.30	0.80	0.191	0.192	0.14
		0.70	0.187	0.188	0.77
		0.60	0.186	0.185	-0.61
		0.50	0.186	0.181	-2.67
		0.40	0.185	0.178	-4.00
		0.30	0.181	0.172	-4.97
田间梯形渠道	0.81	1.00	0.633	0.630	-0.45
		0.85	0.630	0.620	-1.53
		0.69	0.619	0.608	-1.79
		0.54	0.604	0.593	-1.68
		0.38	0.542	0.574	5.93
	0.33	1.00	0.502	0.510	1.58
		0.80	0.500	0.496	-0.64
		0.60	0.480	0.480	-0.10
		0.40	0.455	0.457	0.44
		0.20	0.430	0.420	-2.31

续表

渠　形	y/h	$(B_i - 2x)/B_i$	实测流速 $u_s/(m/s)$	计算流速 $u_j/(m/s)$	相对误差 $R/\%$
数模 U 形渠道	0.90	0.94	0.404	0.400	-0.91
		0.73	0.399	0.390	-2.20
		0.61	0.392	0.383	-2.30
		0.34	0.367	0.360	-1.87
		0.28	0.357	0.353	-1.14
数模梯形渠道	0.85	0.97	0.226	0.225	-0.30
		0.81	0.225	0.221	-1.72
		0.58	0.222	0.213	-4.22
		0.39	0.212	0.204	-3.92
		0.28	0.198	0.197	-0.72

从指数律对各流层的拟合看,拟合精度由水面到渠底波动下降。在 $y/h > 0.2$ 时各流层拟合精度总体较好。但在靠近渠道底部的区域内($y/h < 0.2$),指数律计算流层横向流速分布精度有所降低。表明在纵向上,指数律的适用范围在 $0.2 \leqslant y/h \leqslant 1$。

综上可知,明渠水流流速随横向位置的变化而不同,流速由边壁向中心逐渐增大,变化梯度逐渐平缓。指数律可以较为精确地表达明渠水流流速横向分布,其对不同断面形式及不同规模的渠道具有较高的适用性。在 $y/h > 0.2$,$(B_i - 2x)/B_i > 0.2$ 时指数规律可以应用于明渠水流的横向流速分布计算。

(3)测线平均流速横向分布

明渠水流流速横向分布与测点位置之间存在着一定的关系,流速值随着测点向边壁移动而逐渐减小。测线平均流速是表征测线流速分布的特征值,其横向分布也应与测线位置间存在一定关系。

①测线平均流速分布规律。分析室内及田间实测资料表明,测线相对流速与测线相对位置之间的关系符合抛物线变化特征,这一规律可由式(5-29)表示。

$$\frac{V_i}{V_0} = p\left(\frac{2x}{B}\right)^2 + l \tag{5-29}$$

式中：V_i——第 i 条测线平均流速,m/s;

V_0——中线平均流速,m/s;

p,l——待定参数,其余符号意义同前。

当测线为断面中线时 $V_i = V_0$,$2x/B = 0$,由此可得 $l = 1$

则式(5-29)可变形为

$$\frac{V_i}{V_0} = p\left(\frac{2x}{B}\right)^2 + 1 \tag{5-30}$$

利用式(5-29)与式(5-30)计算多组试验数据,比较分析表明,指数律与抛物线律均能较好地描述测线平均流速横向分布,但就多组数据平均相对误差绝对值(MAPE)而言,抛物线律 MAPE 为 1.4%,而指数律的这一指标则为 1.8%,表明抛物线律拟合精度总体好于指数规律。

典型工况条件下,抛物线律拟合明渠水流测线平均流速横向分布结果如图 5-16 所示,抛物线律拟合精度良好,不同渠型不同工况 R^2 值均大于 0.9。经室内及田间实测资料验证,抛物线律能较好地表达测线均速分布情况,范围在 $0.1 \leqslant 2x/B \leqslant 1$,可以在明渠水流特性研究中应用。

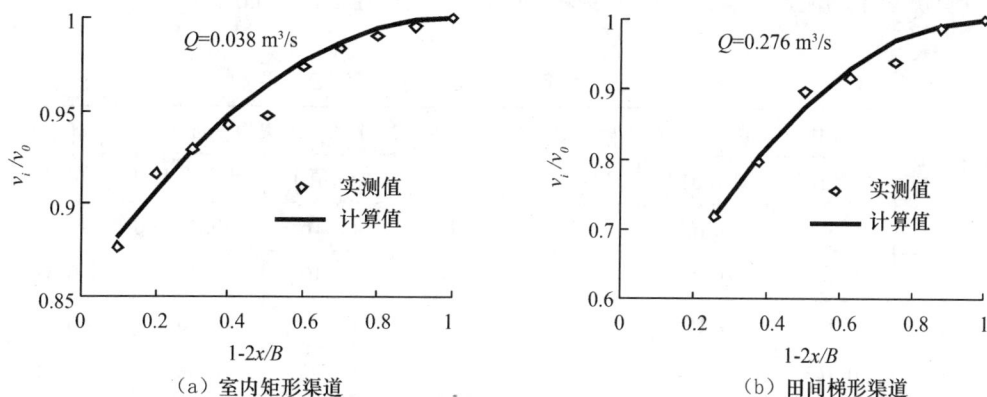

图 5-16　抛物线律拟合测线平均流速分布结果

②参数确定。参数 p 与水流强度之间存在一定的联系。为便于应用,仍采用式(5-39)表达水流强度。利用最小二乘法拟合 f_{rz} 与 p(图 5-17)表明两者之间相关性良好,R^2 值达到 0.95,两者关系可用式(5-31)表示。

$$p = -0.858\,6f_{rz} - 1.877f_{rz} - 0.0181 \tag{5-31}$$

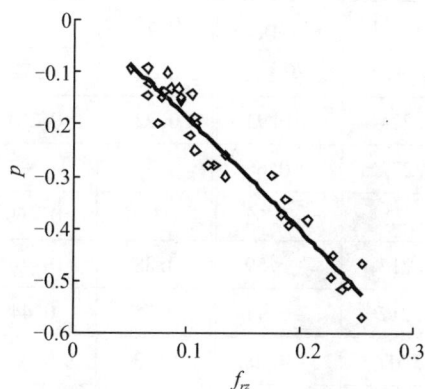

图 5-17　抛物线律拟合测线平均流速分布结果

考虑到实际使用中需要首先知道中线平均流速 V_0 并计算出 f_{rz},从便于生产应用角度出发,分析水面中点流速与中线平均流速发现,两者存在良好的线性相关,中线平均流速可按式(5-32)计算。

$$V_0 = 0.9151u_0 \qquad\qquad (5-32)$$

式中：u_0——断面中线水面流速，m/s。

（3）计算验证

根据室内及田间实测资料，计算不同渠道测线平均流速分布情况，如表 5-8 所示，表中 V_s 为实测流速，V_j 为计算流速，单位均为 m/s。由表可见，利用抛物线律表达测线平均流速具有较好的计算精度，流速实测值与计算值间的相对误差在 ±5% 以内。由于试验条件所限，在近壁区测线分布较少，但从实测情况来看，在 $1-2x/B \geqslant 0.1$ 时抛物线律计算测线平均流速具有足够的精度，可以用来描述流速横向分布特征。

表 5-8　测线平均流速横向分布与计算流速结果

$1-2x/B$	室内 U 形渠道/（m/s）		相对误差 $R/\%$	$1-2x/B$	田间梯形渠道/（m/s）		相对误差 $R/\%$
	实测值 V_s	计算值 V_j			实测值 V_s	计算值 V_j	
1	0.165	0.165	0	1	0.416	0.41	−0.92
0.93	0.164	0.165	0.77	0.87	0.410	0.41	−0.47
0.85	0.164	0.164	0.49	0.74	0.400	0.40	−0.43
0.78	0.163	0.164	0.11	0.61	0.390	0.38	−2.21
0.7	0.162	0.162	0.09	0.47	0.370	0.36	−3.31
0.63	0.162	0.161	−0.35	0.34	0.318	0.33	2.93
0.55	0.161	0.159	−1.21	—	—	—	—
0.4	0.16	0.155	−3.41	1	0.378	0.384	1.68
0.33	0.16	0.152	−4.98	0.84	0.371	0.375	1.02
0.18	0.145	0.146	0.69	0.69	0.368	0.364	−1.03
$1-2x/B$	室内矩形渠道（m/s）		相对误差 $R/\%$	0.53	0.36	0.347	−3.57
	实测值 V_s	计算值 V_j		0.37	0.32	0.323	0.99
0.9	0.226	0.224	−0.93	0.22	0.287	0.292	1.86
0.8	0.224	0.222	−0.66	—	—	—	—
0.7	0.227	0.22	−3.05	1	0.469	0.480	2.44
0.6	0.222	0.217	−2.59	0.88	0.463	0.465	0.47
0.5	0.219	0.212	−3.11	0.75	0.44	0.455	3.35
0.4	0.216	0.207	−4.28	0.63	0.43	0.437	1.61
0.3	0.205	0.201	−2.14	0.5	0.42	0.412	−1.90
0.2	0.186	0.194	4.27	0.38	0.373	0.38	2.00
0.1	0.179	0.186	3.88	0.25	0.337	0.341	1.24

综上所述，测线平均流速横向分布与流层流速横向分布具有相似的变化特征。抛

物线律可以很好地描述测线平均流速横向分布,在 $1-2x/B>0.1$ 时,抛物线律计算流速相对误差均在 $±5\%$ 以内,表明抛物线律参数确定方法具有足够的准确性。

(三)明渠水流流速垂向分布规律

灌溉渠道水流的精确量测是实施灌区管理、优化水资源配置的重要手段。大中型渠道,数量有限,渠系建筑物配套完善,管理严格,易于利用建筑物等手段实现流量的测算。田间末级渠道面广量大,过流能力有限,在一定程度上限制了量水堰槽布设与应用,而人工量测又不现实,因此探索对渠道水流流速干扰较小,便于实现自动化测流的量水技术显得尤为重要。利用流速分布规律量水是明渠量水方法的重要方面,其中研究水流垂向流速分布,得到简单精准,适应性强的垂向流速分布规律是实现灌区无干扰测流的基础。

1. 垂向流速分布特点

分析室内及田间试验数据发现,测点流速(u)大小与测点位置存在紧密的联系。选择典型试验数据,绘制测点流速与测点相对位置间的关系,如图 5－18 与图 5－19所示。

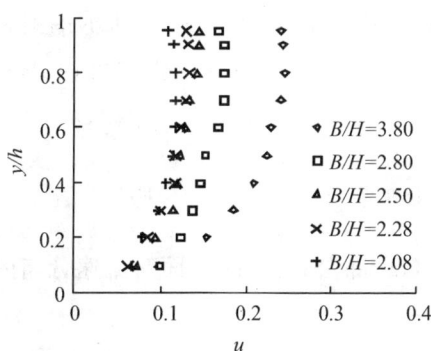

图 5－18　室内矩形水槽不同宽深比水流

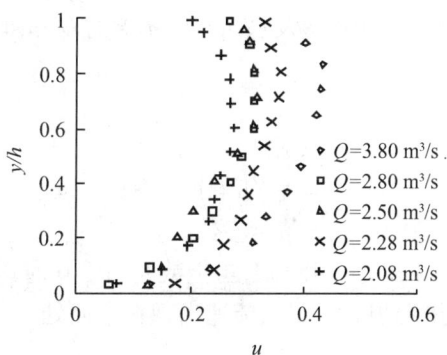

图 5－19　田间 U 形渠道不同工况水流流速分布

测点流速 u 随 y/h 的变化而变化,在不同区域,流速变化特点有所不同。当 $y/h<0.2$ 时,明渠水流流速随测点位置的上升迅速增大;在 $0.2≤y/h≤0.7$ 区间,流速变化稳定,随测点位置的上升缓慢增大;表面区 $0.7<y/h<1$,水流流速逐渐减小,最大流速出现在水面以下。田间实测水流垂向流速分布与室内试验所得结果相似,只是流速变化梯度较大,水面处流速减小明显,这与田间渠道底面粗糙,水流内含有漂浮物,水面波动剧烈,水气交界面及渠底阻滞作用加大有关。

在研究紊流非对称封闭渠道水流过程中,Whey－Fone Tsai 等提出采用双幂律作为黏性流体的修正模型。所谓非对称渠道是指渠道的上下边壁糙率不同,如图 5－20 所示。在上下底面作用下,渠道流速出现分层现象,最大流速位置随着渠道上下边壁糙率的不同而发生变化,流速分布满足式(5－32)。

$$u = K_0 \left(\frac{y}{h} \right)^{1/m_b} \left(1 - \frac{y}{h} \right)^{1/m_t} \qquad (5-32)$$

式中:y——测点至渠底之间的距离,m;

$\qquad m_b,m_t$——征上下边界对水流影响大小的参数。

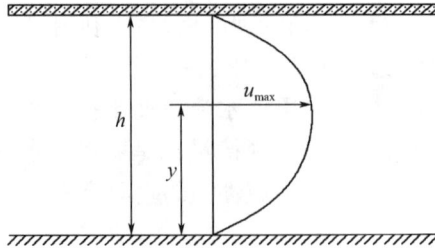

图 5-20 非对称封闭渠道示意

考虑到自由水面对流速存在的阻滞作用,设想将自由水面概化为糙率很小的渠道边壁,这样就满足了最大流速在水面以下的产生条件。不过,与其他边壁不同的是,这一边壁要光滑许多,对水流的阻碍也更小。结合试验数据引入无量纲值 u/V 及 y/h,采用能够表达边壁及水面共同影响的双幂律描述测线流速分布,如式(5-33)所示:

$$\frac{u}{V} = a \left(1 - \frac{y}{h} \right)^b \left(\frac{y}{h} \right)^c \qquad (5-33)$$

式中:u——测点流速,m/s;

$\qquad V$——测线平均流速,m/s;

$\qquad a,b,c$——待定参数。

由式(5-45)知,当指数 b 趋于 0 时该式为指数分布公式,此时水面对流速分布的影响降到最低,最大流速出现在水面处。

2. 双幂律计算明渠垂向流速分布

(1)明渠流速垂向分布计算

通过分析试验资料,采用多元非线性回归拟合明渠断面流速分布,不同工况下断面中垂线及相同工况下不同测线流速分布拟合结果如表5-1。为了便于比较,对各点流速进行无量纲处理。

由表5-9可以发现,双幂律拟合明渠水流垂向流速分布具有良好的精确程度。不同工况条件下,计算值与实测值之间具有极好的相关性,除田间实测极个别点外,各测线 R^2 值均在0.97以上。其次,双幂律拟合非中线流速结果精确,R^2 值仍能达到0.97以上,表明双幂律克服了对数律对边壁区模拟精度降低的不足,可以用于全断面的流速计算。从渠形及宽深比来看,试验数据涵盖的 U 形、矩形及梯形皆为黄河灌区常见渠形,宽深比达到1.4~5.6,表明双幂律对不同形式的明渠水流具有广泛的适用性。

表5-9　多元非线性回归结果及相关系数

类别	渠形	$Q/$ (m^3/s)	h/m	B/h	$(B-2x)/B$	$V/$ (m/s)	a	b	c	R^2
室内试验	U形	0.047	0.350	2.290	1	0.245	1.202	0.140	0.094	0.985
					0.89	0.245	1.294	0.201	0.112	0.981
					0.69	0.233	1.286	0.212	0.077	0.979
					0.5	0.230	1.336	0.263	0.098	0.988
	矩形	0.052	0.314	3.230	1	0.167	1.272	0.249	0.019	0.978
					0.7	0.164	1.420	0.352	0.064	0.987
					0.5	0.163	1.472	0.371	0.093	0.995
					0.2	0.162	1.424	0.335	0.097	0.982
田间实测	U形	0.080	0.491	1.629	1	0.273	1.759	0.101	0.536	0.997
		0.035	0.500	1.600	1	0.141	1.500	0.080	0.354	0.988
		0.112	0.561	1.426	1	0.309	1.287	0.049	0.241	0.991
		0.109	0.540	1.481	1	0.369	1.631	0.418	0.154	0.982
	梯形	0.458	0.500	5.560	1	0.527	1.590	0.450	0.092	0.963
					0.71	0.518	1.313	0.302	0.021	0.982
					0.57	0.506	1.179	0.156	0.009	0.967
					0.42	0.439	1.162	0.127	0.025	0.984

选择表5-9中典型工况绘制实测流速与双幂律计算流速图5-21至图5-23,由图可见,无论是田间还是室内试验,双幂律计算多种渠形明渠水流流速垂向分布与实测结果吻合良好,精确程度较高。

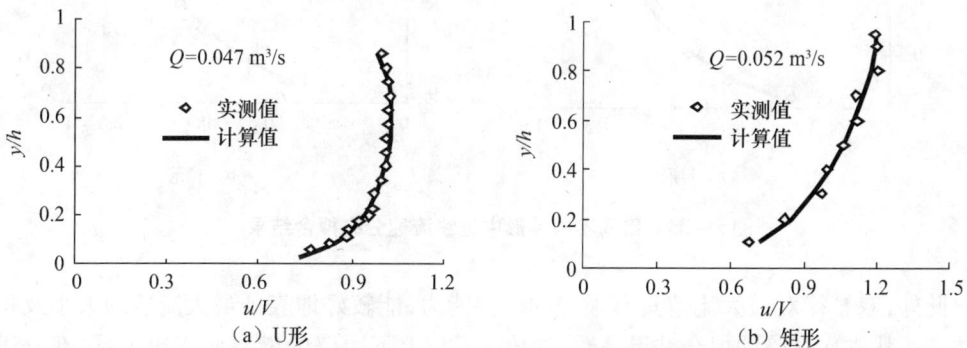

（a）U形　　　　　　　　　（b）矩形

图5-21　室内不同渠形中垂线流速分布拟合结果

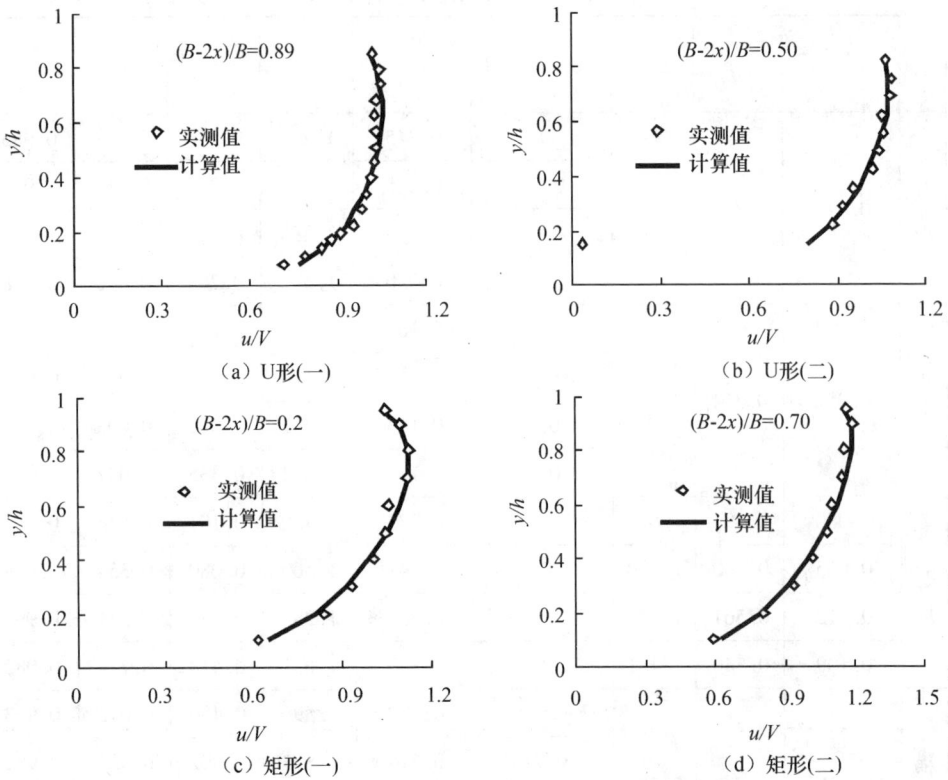

图 5－22　室内不同渠形不同测线流速拟合结果

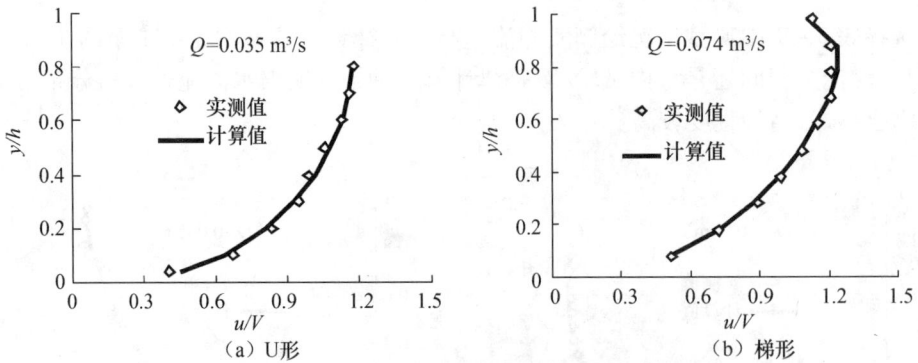

图 5－23　田间不同渠形中垂线流速分布拟合结果

此外,双幂律对最大流速具有很好的捕捉能力,能较好地表征最大流速的大小及相对位置。从本次试验的拟合结果来看,参数 b,c 与上下边壁的糙率成正比关系,部分田间试验中 c 值较大,这与野外环境复杂,自由水面边壁效应明显有关。

分析表 5－9 及图 5－24 至图 5－26,可以发现双幂律拟合流速垂向分布整体效果良好,但由于试验设备精度所限,无法观察局部,特别是近底区域流速的拟合情况。当然,仅就利用流速分布计算流量而言,双幂律在 $0.1 \leqslant y/h$ 时计算精度完全可以满足。

由于设备精度所限,本试验所测流速数据亦多分布在 $y/h > 0.1$。因此,项目搜集了他人在相关研究领域的水槽数据来检验双幂律在近底区的适用情况,见表5-10所示。表中为玻璃水槽试验资料,水槽宽 $B = 0.3$ m,两组数据资料分别为均匀流与非均匀流,两者均为光滑底面。

表5-10　双幂律拟合他人试验渠槽水流流速垂向分布结果($y/h < 0.1$)

	均匀流				非均匀流		
y/h	u/V		$R/\%$	y/h	u/V		$R/\%$
	实测值	计算值			实测值	计算值	
0.021	0.660	0.681	3.17	0.013	0.606	0.629	3.71
0.025	0.697	0.698	0.10	0.014	0.640	0.634	−1.03
0.029	0.733	0.712	−2.91	0.016	0.647	0.649	0.37
0.036	0.731	0.736	0.77	0.019	0.657	0.663	0.95
0.044	0.761	0.756	−0.63	0.024	0.693	0.686	−0.93
0.052	0.773	0.774	0.21	0.037	0.724	0.729	0.76
0.071	0.803	0.809	0.77	0.052	0.754	0.766	1.61
0.080	0.854	0.823	−3.62	0.078	0.844	0.810	−4.00
0.110	0.849	0.860	1.30	0.104	0.856	0.843	−1.46

由表5-10发现,在水槽近底区,利用双幂律计算水流流速垂向分布结果精确,相对误差控制在 ±4% 以内,表明双幂律在这一区域内是适用的。这一精确表达的范围可达到 $y/h > 0.01$。

由于双幂律本身的限制,在水面处($y/h = 1$)计算流速值为 0,与实际情况不符。但就对实测数据的观察而言,在水面区,双幂律可以精确计算的范围可达到 $y/h > 0.97$,甚至更高,而这一区域流速与水面实际流速相差不大,在生产中可以采用近水面流速来代表表面流速。

平均流速计算的精确程度是横流流速分布律计算精度的重要指标。根据《灌溉渠道系统量水规范》(GB/T 21303—2007)的有关规定,采用五点法计算测线平均流速,并以其为比较依据。通过对双幂律进行积分得到断面测线平均流速,同时采用三点法和一点法进行同步计算比较,计算结果如表5-11所示。

表5-11　不同流速方法计算垂线平均流速比较

方法	矩形渠道		梯形渠道			田间 U 形渠道		室内 U 形渠道		
五点法 V/（m/s）	0.090	0.215	0.519	0.379	0.559	0.265	0.238	0.205	0.158	0.125

续表

方法	矩形渠道		梯形渠道			田间 U 形渠道		室内 U 形渠道		
三点法 $V/$ (m/s)	0.092	0.221	0.527	0.395	0.584	0.277	0.242	0.212	0.161	0.128
一点法 $V/$ (m/s)	0.093	0.229	0.524	0.400	0.584	0.283	0.241	0.212	0.163	0.128
双幂律 $V/$ (m/s)	0.090	0.214	0.517	0.388	0.571	0.273	0.238	0.205	0.160	0.126
$R_1/\%$	2.70	2.87	1.59	4.11	4.51	4.67	1.46	3.20	2.07	2.61
$R_2/\%$	3.35	6.51	0.90	5.54	4.52	6.83	1.22	3.25	3.30	2.21
$R_3/\%$	0.37	−0.28	−0.35	2.37	2.18	3.29	−0.11	0.04	0.95	1.07

注:R_1,R_2,R_3 分别为三点法、一点法和双幂律与五点法计算平均流速相对误差。

由表中结果可知,与五点法相比,三点法计算误差总体小于一点法,而三者中以双幂律计算结果最优。双幂律与五点法计算平均流速相对误差在 ±3% 以内。可见,尽管双幂律在水面处流速计算存在失真的现象,另一方面,相较于水面渠床底面是明渠流中影响水流形态的主要因素,双幂律在近底区计算精度优良。

(2)不同流速分布规律比较

经分析发现,各种流速分布规律均有其各自的优缺点,对数及指数律结构简单,但无法表达水面处最大流速的衰减;抛物线分布律能够较精确地表达紊流区流速的分布,但在近底区拟合精度较低;双幂律计算精确,但当 $y/h = 1$ 时计算流速为零,与实际情况不符。为比较不同流速分布规律的计算精度,利用四种流速分布规律拟合不同工况及相同断面不同测线流速分(流速点为 $0.1 < y/h < 0.99$),计算不同测线位置各种流速规律拟合精度指标如表 5 – 12、表 5 – 13。

表 5 – 12　不同测线位置各种流速规律拟合精度比较(室内试验)

流速分布规律	相关系数 R^2	均方差 $RMSE$	平均相对误差绝对值 $MAPE/\%$	标准差 SDE	有效性 EF
双幂律	0.965	0.475	1.805	0.689	0.928
抛物线	0.950	0.569	2.265	0.754	0.893
指数公式	0.868	0.830	3.890	0.911	0.644
对数公式	0.876	0.821	3.757	0.906	0.666

表 5 - 13　不同工况断面中垂线各种流速规律拟合精度比较(田间实测)

流速分布规律	相关系数 R^2	均方差 RMSE	平均相对误差绝对值 MAPE/%	标准差 SDE	有效性 EF
双幂律	0.996	0.937	2.892	0.968	0.992
抛物线	0.994	1.167	4.087	1.080	0.988
指数公式	0.989	1.637	6.418	1.279	0.967
对数公式	0.994	1.234	4.726	1.111	0.980

由表 5 - 12、表 5 - 13 可知,无论是不同工况断面中垂线流速,还是相同断面不同测线流速的拟合结果,不同分布规律的精度指标均呈现一致的变化趋势,指向性明显。不同流速分布规律中,双幂律的精度最高,其均方差、平均相对误差绝对值、标准差均明显低于其余三者,而相关系数及有效性较其他分布律高;除此之外,抛物线分布也具有较好的精度,其次为对数分布,指数分布律精度最低。同一断面,不同测线检验结果差异较中垂线大,指数及对数律对不同测线适应性较差,抛物线稍好,但精度明显低于双幂律。由此可见,与常见的流速分布规律相比,双幂律能够更精确地表达明渠水流形态,更好地适应断面不同测线的流速分布情况,具有明显的优越性。

在将水面概化为糙率很小的渠道边壁的基础上,利用双幂律描述明渠水流垂向流速分布具有较高的计算精度。双幂律对不同尺寸及断面形式的渠道均具有良好的适应能力,计算范围在 $0 \leqslant y/h < 1$。相较于常见的流速分布律,双幂律具有计算准确,适用范围广的突出优势,可以在明渠水流流速分布的研究中采用。

(3)双幂律参数确定

为服务于实际生产,在双幂律具有良好的计算精度基础上还应率定其参数。根据实测数据资料,分析试验数据表明渠道各测线流速分布系数 a,b,c 与雷诺数、弗劳德数、水力半径以及测线位置并不存在明显关系。

进一步分析式(5 - 33)发现 b 与 c 表征渠道表层及底面对水流影响的程度,而 a 最终决定流速的相对大小。分析试验数据发现,在不同工况条件下,a 与水流流速的变化梯度有关,流速梯度越大 a 值越大,相反则 a 值减小;同一断面上,各测线 ad 值由中线向边壁逐渐增大,也与流速变化梯度由中线向边壁处逐渐加大的趋势相同。

经研究发现,采用 $y/h = 0.2,0.6,0.8$ 测点流速的相对大小可以表征流速梯度。

令

$$f(u)_{u0.2} + u_{0.8} \tag{5 - 34}$$

分析表明 $u_{0.6}/f(u)$ 与 a,b 之间均呈现显著的线性相关,R^2 达到 0.96 以上,如图 5 - 24、图 5 - 25 所示。因而,系数 a,b 的计算公式如下。

$$a = 7.3436 \times \frac{u_{0.6}}{f(u)} - 2.7059 \tag{5 - 35}$$

$$b = 5.5198 \times \frac{u_{0.6}}{f(u)} - 2.7738 \tag{5 - 36}$$

式中:$u_{0.2}, u_{0.6}, u_{0.8}$——测线上 $y/h = 0.2,0.6,0.8$ 位置处测点的流速值,m/s。

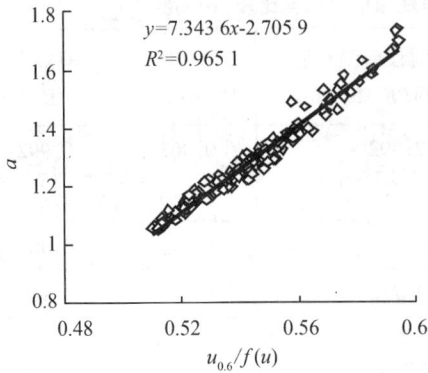

图5-24 $u_{0.6}/f(v)$ 与 a 呈显著的线性相关

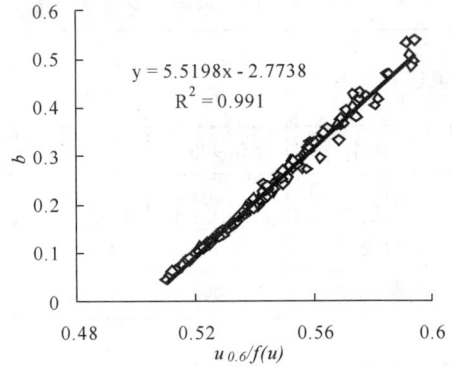

图5-25 $u_{0.6}/f(v)$ 与 b 呈显著的线性相关

将式(5-33)两侧同取对数为

$$\ln\left(\frac{u}{V}\right) = \ln a + b\ln\left(1 - \frac{y}{h}\right) + c\ln\frac{y}{h} \tag{5-37}$$

式中各参数意义同前。

根据式(5-37)令

$$\ln(u/V) = m, \ln(1 - y/h) = n, \ln(y/h) = k$$

则式(5-37)转换为

$$m = \ln a + nb + kc$$
$$nb + kc = -\ln a + m \tag{5-38}$$

如图5-26所示,根据实测数据对 a 与 $(b+c)$ 进行分析,两者之间存在良好的相关,经最小二乘拟合,得到与式(5-50)形式一致的表达式(5-40)。

$$b + c = 1.1902 \times \ln a - 0.002\ 3 \tag{5-39}$$

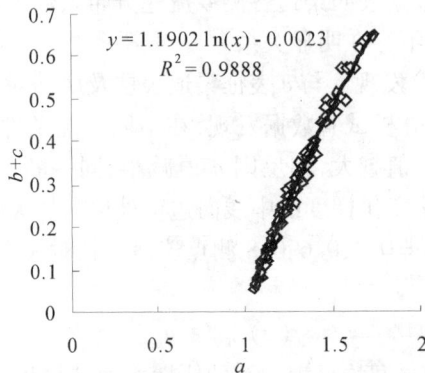

图5-26 $(b+c)$ 与 a 存在相关

则

$$c = 1.1902 \times \ln a - 5.519\ 8 \times \frac{u_{0.6}}{f(u)} \tag{5-40}$$

(4)数据验证

在已掌握的室内及田间数据资料的基础上,进一步搜集一些水槽、明渠实测资料检验双幂律的准确性,如表 5-14 至表 5-16。表中各点流速值按式(5-34)计算,参数由式(5-35)、式(5-36)及式(5-40)计算。经对比,测线上各点流速计算值与实测值之间非常接近,只在自由水面及近底区域的较小范围内相对误差出现稍大偏离。

表 5-14　室内试验流速资料验证

$\dfrac{B-2X}{B}$	y/h	U 形渠道流速/(m/s)		$R/\%$	$\dfrac{B-2X}{B}$	y/h	矩形渠道流速/(m/s)		$R/\%$
		实测值	计算值				实测值	计算值	
0.8	0.98	0.166	0.159	−4.00	1	0.95	0.250	0.245	−2.12
	0.9	0.166	0.164	−1.12		0.9	0.261	0.255	−2.06
	0.8	0.164	0.165	0.87		0.8	0.259	0.259	0.09
	0.7	0.167	0.165	−1.31		0.7	0.256	0.255	−0.57
	0.6	0.165	0.165	0.00		0.6	0.245	0.245	0.00
	0.5	0.164	0.164	−0.17		0.5	0.224	0.232	3.25
	0.4	0.161	0.161	−0.27		0.4	0.220	0.214	−2.55
	0.2	0.155	0.152	−2.01		0.3	0.197	0.193	−2.24
	0.1	0.144	0.145	0.91		0.2	0.164	0.164	0.17
	0.05	0.13	0.138	5.56		0.1	0.130	0.124	−4.72
0.48	0.99	0.206	0.207	0.47	0.4	0.95	0.23	0.23	−0.14
	0.8	0.226	0.234	3.47		0.9	0.24	0.24	0.65
	0.7	0.228	0.234	2.58		0.8	0.25	0.25	0.35
	0.5	0.232	0.229	−1.27		0.7	0.24	0.24	0.00
	0.4	0.225	0.226	0.50		0.6	0.23	0.23	0.00
	0.3	0.222	0.221	−0.30		0.5	0.23	0.22	−4.41
	0.2	0.212	0.207	−2.19		0.4	0.20	0.21	3.58
	0.1	0.2	0.195	−2.47		0.3	0.19	0.19	−1.79
	0.04	0.173	0.17	−1.66		0.2	0.16	0.16	−0.52
0.25	0.8	0.228	0.233	2.42	0.2	0.95	0.22	0.23	3.53
	0.7	0.233	0.234	0.47		0.9	0.23	0.24	3.40
	0.6	0.232	0.232	0.00		0.8	0.24	0.24	0.91
	0.5	0.231	0.23	−0.58		0.7	0.23	0.24	1.68
	0.4	0.229	0.227	−0.82		0.6	0.23	0.23	0.00
	0.3	0.217	0.219	1.28		0.5	0.23	0.22	−4.14
	0.2	0.216	0.212	−1.68		0.4	0.21	0.20	−2.13
	0.1	0.196	0.201	2.66		0.3	0.19	0.18	−0.18
	0.08	0.174	0.193	10.54		0.2	0.17	0.16	−3.22
	0.04	0.145	0.178	22.85		0.1	0.14	0.13	−8.42

表 5 – 15　田间实测流速资料验证

$\frac{B-2X}{B}$	y/h	U 形渠道流速/(m/s)		$R/\%$	$\frac{B-2X}{B}$	y/h	矩形渠道流速/(m/s)		$R/\%$
		实测值	计算值				实测值	计算值	
1	0.91	0.4	0.404	0.93	1	0.98	0.639	0.615	−3.71
	0.83	0.43	0.42	−2.32		0.88	0.676	0.670	−0.78
	0.74	0.428	0.425	−0.79		0.78	0.677	0.681	0.62
	0.65	0.42	0.42	0		0.69	0.677	0.674	−0.32
	0.56	0.413	0.409	−0.92		0.59	0.658	0.658	0.00
	0.46	0.393	0.392	−0.15		0.50	0.619	0.633	2.30
	0.37	0.367	0.369	0.59		0.40	0.570	0.600	5.31
	0.28	0.331	0.339	2.6		0.21	0.496	0.499	0.57
	0.19	0.31	0.302	−2.54		0.11	0.371	0.390	5.22
	0.09	0.236	0.237	0.35	0.43	0.97	0.355	0.346	−2.59
1	0.9	0.151	0.153	1.4		0.82	0.380	0.371	−2.47
	0.8	0.159	0.161	1.5		0.67	0.371	0.371	0.00
	0.7	0.155	0.161	3.97		0.52	0.352	0.363	3.01
	0.6	0.156	0.156	0		0.37	0.335	0.348	4.00
	0.5	0.144	0.149	3.08		0.23	0.316	0.324	2.81
	0.4	0.13	0.132	1.53	0.58	0.88	0.683	0.645	−5.43
	0.3	0.12	0.125	3.77		0.79	0.659	0.656	−0.44
	0.2	0.109	0.106	−2.96		0.70	0.655	0.651	−0.54
	0.1	0.082	0.08	−2.12		0.60	0.637	0.637	0.00
1	0.95	0.32	0.31	−3.13		0.51	0.596	0.614	3.10
	0.85	0.335	0.334	−0.3		0.42	0.590	0.585	−0.91
	0.75	0.335	0.339	1.01		0.32	0.540	0.546	1.07
	0.65	0.33	0.333	0.97		0.14	0.467	0.424	−9.28
	0.55	0.32	0.32	0	0.65	0.96	0.438	0.447	2.01
	0.45	0.291	0.302	3.74		0.78	0.471	0.447	−4.93
	0.35	0.283	0.278	−1.82		0.60	0.443	0.443	0.00
	0.25	0.238	0.247	3.83		0.42	0.430	0.437	1.61
	0.2	0.208	0.208	0.03		0.25	0.404	0.426	5.56
	0.1	0.157	0.152	−3.39		0.07	0.328	0.402	22.47

由于双幂律函数本身的不足,在水面处即 $y/h=1$ 时计算流速值为 0,出现失真现

象。就验证结果来看,在表面区 $y/h < 0.95$,计算流速与实测值之间的相对误差均在 5% 以下,计算值具有足够的精确程度。

相较于室内试验,田间实测流速计算误差稍大(表 5-15),但除少量点外,各测点计算流速误差也在 $\pm 5\%$ 以内,表明双幂律在不同形式渠道水流流速模拟具有良好的适用性。

在室内及田间实测实验的基础上,进一步利用数值模拟结果进行双幂律流速分布验证,渠道形式分别为 U 形($i = 0.001$)和梯形($i = 0.0002$)如表 5-16 所示。同时,搜集的前人(严军,2005,蔡甫款,2003)试验数据拟合情况。其中,"＊"部分数据为室内矩形玻璃水槽,水槽底宽为 B = 1.2m;"＊＊"部分数据为田间实测渠道,有矩形与梯形渠道,均为灌区干渠。经对比,双幂律计算流速分布与他人实测结果精确符合,除个别点外,相对误差均在 $\pm 5\%$ 以内,可以应用于不同断面明渠流速的分析拟合。

表 5-16　多渠形流速实验资料验证

数据来源	U 形($i = 0.001$)				梯形($i = 0.0002$)			
	y/h	实测流速/(m/s)	计算流速/(m/s)	$R/\%$	y/h	实测流速/(m/s)	计算流速/(m/s)	$R/\%$
室内试验*	0.95	0.452	0.446	-1.24	0.95	1.099	1.040	-5.38
	0.90	0.454	0.461	1.44	0.90	1.110	1.079	-2.75
	0.80	0.473	0.471	-0.46	0.80	1.114	1.109	-0.47
	0.60	0.471	0.470	-0.24	0.60	1.096	1.107	1.00
	0.40	0.463	0.454	-1.99	0.40	1.053	1.063	0.96
	0.20	0.408	0.418	2.43	0.20	0.943	0.965	2.38
	0.10	0.376	0.381	1.39	0.10	0.845	0.867	2.60
田间实测**	0.95	1.002	1.003	0.07	0.95	1.002	1.012	0.95
	0.80	1.059	1.065	0.61	0.80	1.072	1.087	1.40
	0.60	1.069	1.064	-0.47	0.60	1.095	1.086	-0.83
	0.40	1.016	1.024	0.82	0.40	1.018	1.039	2.08
	0.20	0.910	0.936	2.82	0.20	0.892	0.935	4.85
数值模拟	0.83	0.320	0.332	3.89	0.90	0.215	0.223	3.46
	0.69	0.332	0.335	0.78	0.73	0.226	0.227	0.33
	0.46	0.332	0.326	-1.87	0.66	0.226	0.226	0.08
	0.24	0.310	0.303	-2.21	0.36	0.218	0.217	-0.42
	0.05	0.268	0.250	-6.84	0.30	0.214	0.214	0.12

综上所述,双幂律可以精确描述明渠水流流速分布情况,利用本试验所提出的参数

确定方法,双幂律精确计算流速分布的区间可达 $0.1 < y/h < 0.95$ 甚至更大的范围;双幂律对不同形式、不同尺寸的明渠断面流速分布具有普遍适应性,可以在不同断面形式的渠道上推广。

3. 流层平均流速分布规律

上述探讨了明渠水流垂向流速分布规律,并给出了参数的确定方法。测线流速垂向分布表达了同一测线上不同测点的运动情况,由于流层相对位置的差异,也可能存在类似的规律。依据流层流速横向分布规律,结合流层部分流量计算方法,确定能够代表流层流速分布的特征量,并分析能表达其分布特点的基本规律,给出参数的确定方法,以期为流速分布律在实际生产中的应用奠定理论基础。

(1)流层平均流速分布双幂律

各流层部分流量可按式(5-41)计算:

$$\Delta Q_i = 2\int_0^{B_i/2} u_i \Delta h_i dx = 2u_{im}\int_0^{B_i/2}\left(\frac{B_i - 2x}{B_i}\right)^k \Delta h_i dx = \frac{u_{im}}{k+1}\Delta A_i \qquad (5-41)$$

式中:ΔQ_i——第 i 流层部分流量,m^3/s;

Δh_i——第 i 流层高度,m;

ΔA_i——第 i 流层面积,m^2。

式(5-42)中,$\dfrac{u_{im}}{k+1}$ 不包含渠道参数,表征流层平均流速的大小为

$$U_{li} = \frac{u_{im}}{k+1} \qquad (5-42)$$

式中:U_{li}——第 i 流层平均流速,m/s。

将式(5-42)带入式(5-41)可得

$$\Delta Q_i = U_{li}\Delta A_i \qquad (5-43)$$

在研究明渠流层平均流速横向分布的过程中,k 值通过最小二乘法计算。利用式 5-43 计算流层平均流速的基础上,进一步探索平均流速分布规律,并对其计算精度进行验证。

(2)双幂律计算流层平均流速垂向分布

依据式(5-43)计算明渠水流流层平均流速,绘制不同工况条件下多种渠形流层平均流速垂向分布如图5-27、图5-28 所示。由图可知,不同工况条件下明渠流层平均流速垂向分布特点与测线流速垂向分布相同。各流层平均流速的大小与流层相对位置之间存在一定的关系;不同流层平均流速,由底层至表层呈先增后减的变化,最大值出现在水面以下。表明流层平均流速垂向分布可以采用双幂律加以描述。

将各流层平均流速与表层平均流速的比值确定为无量纲值,利用双幂律拟合流层平均流速垂向分布,为加以区别双幂律采用式(5-44)计算。

$$\frac{U_l}{U_{l0}} = \alpha\left(1 - \frac{y}{h}\right)^\beta \left(\frac{y}{h}\right)^\gamma \qquad (5-44)$$

式中:U_{l0}——表层平均流速,m/s;

α,β,γ——待定参数,其余符号意义同前。

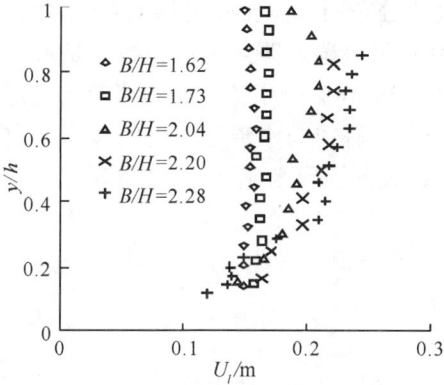

图 5 - 27　室内 U 形水槽不同宽深比流层

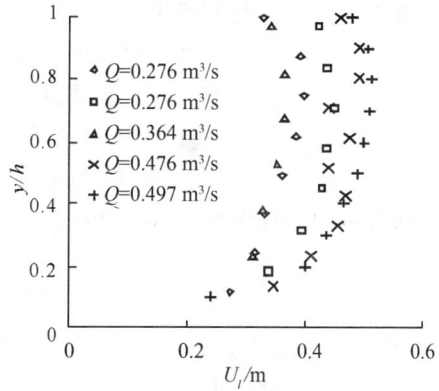

图 5 - 28　田间梯形渠道不同流量流层
平均流速分布

根据式(5 - 44)计算明渠水流相对流速,并与实测结果进行比较如图 5 - 29 所示。双幂律计算流层平均流速垂向分布具有良好的精确程度,R^2 值可达 0.95 以上。从试验资料来看,双幂律可以精确描述 $y/h > 0.1$ 的流速分布情况。由于近底区域流层测点少,测量难度大,因此对于 $y/h < 0.1$ 的流速尚无法明确其适用情况。

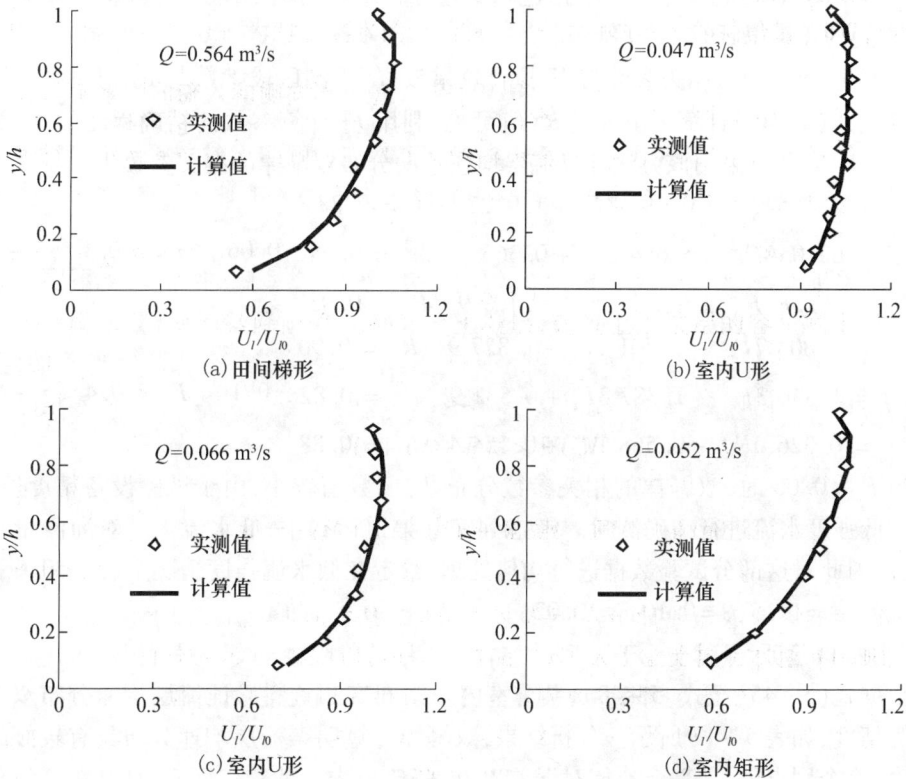

(a)田间梯形

(b)室内U形

(c)室内U形

(d)室内矩形

图 5 - 29　双幂律拟合室内及田间渠道流层特征流速结果

与描述流速垂向分布相似,流层平均流速垂向分布同样需要确定相关参数,才能在实际中得到应用。在明确水深条件下,通过测量有限点确定明渠流速分布律是流速分布研究的一个重要内容。而测点数量及相对位置则最终影响了流速分布律参数确定的难易程度。通过分析比较,发现流层平均流速分布双幂律与水流强度之间存在一定的联系。为便于应用,定义参数 F_r 为表层弗劳德数,表征表层水流强度,其形式与弗劳德数相同,计算方法如式(5-45):

$$F_r = \frac{U_{l0}}{\sqrt{gh}} \tag{5-45}$$

式中:F_r——表层弗劳德数;

　　g——重力加速度,m/s^2;

　　h——断面中线处水深,m。

依据室内及田间实测资料,水面平均流速可以利用水面中点流速确定,即

$$U_{l0} = 0.827\,7u_0 \tag{5-46}$$

式中:u_0——水面中点流速,m/s。

在室内及田间实测资料的基础上,进一步搜集水槽实验,分析 α,β,γ 与 F_r 之间的关系。经比较发现,α,β,γ 随 F_r 值的不同而呈现先增后减,最后趋于稳定的变化趋势。在 $F_r < 0.1$ 时参数随 F_r 的增大而增大;在 $0.1 < F_r < 0.4$ 时参数与 F_r 呈反比例变化;当 $0.4 < F_r < 1$ 时,参数趋于稳定。根据这一变化特点,利用最小二乘法分段拟合相关参数与 F_r 之间的关系,如图 5-30 所示。

由图 5-30 可知,相关参数与 F_r 拟合效果较好,不同区段参数与 F_r 的关系采用式(5-47)、式(5-48)计算。由各式 R^2 值可见,利用 F_r 计算参数的精确程度较高,关系数大于 0.9,表明可采用该方法计算流层均速垂向分布双幂律的有关参数。

$$\begin{cases} \alpha = 28.552F_r^2 + 0.293\,3F_r + 1.012\,2 & R^2 = 0.88 \\ \beta = 62.054F_r^2 - 6.684\,8F_r + 0.366\,2 & R^2 = 0.98 \\ \gamma = 29.583F_r^2 - 3.091\,3F_r + 0.109\,9 & R^2 = 0.93 \end{cases} \quad 0.06 < F_r < 0.1 \tag{5-47}$$

$$\begin{cases} \alpha = 3.803\,7F_r^2 - 3.701\,1F_r + 1.827\,9 & R^2 = 0.90 \\ \beta = 1.346\,3F_r^2 - 1.387\,3F_r + 0.531\,9 & R^2 = 0.82 \\ \gamma = 0.326\,0F_r^2 - 0.568\,1F_r + 0.154\,4 & R^2 = 0.88 \end{cases} \quad 0.1 < F_r < 0.4 \tag{5-48}$$

当 $F_r < 0.06$ 时,双幂律的相关参数分布杂乱,数值较小,由于试验设备精度所限,很难对低强度水流进行精确测量。考虑到实际渠道运行中,低水流强度对灌溉量水意义不大,因此对这部分试验数据进行均值处理,给定在低水流强度情况下($F_r < 0.06$)的一组参数:$\alpha = 1.15,\beta = 0.10,\gamma = 0.02$。

(3)数据验证

根据式(5-45)至式(5-48),结合室内及田间实测资料验证流层均速分布双幂律的计算精度,如表 5-17 所示。分析结果,双幂律计算明渠流层均速分布具有较好的精确程度,除个别点外,计算流速相对误差 R 在 ±5% 以内。就整体而言,计算精度较双幂律计算测线流速垂向分布精度稍低,分析原因主要为采用表面流速确定有关参数具有一定的不确定性,但整体精度水平可以在实际生产中应用。

（a）α与F_r的关系

（b）β与F_r的关系

（c）γ与F_r的关系

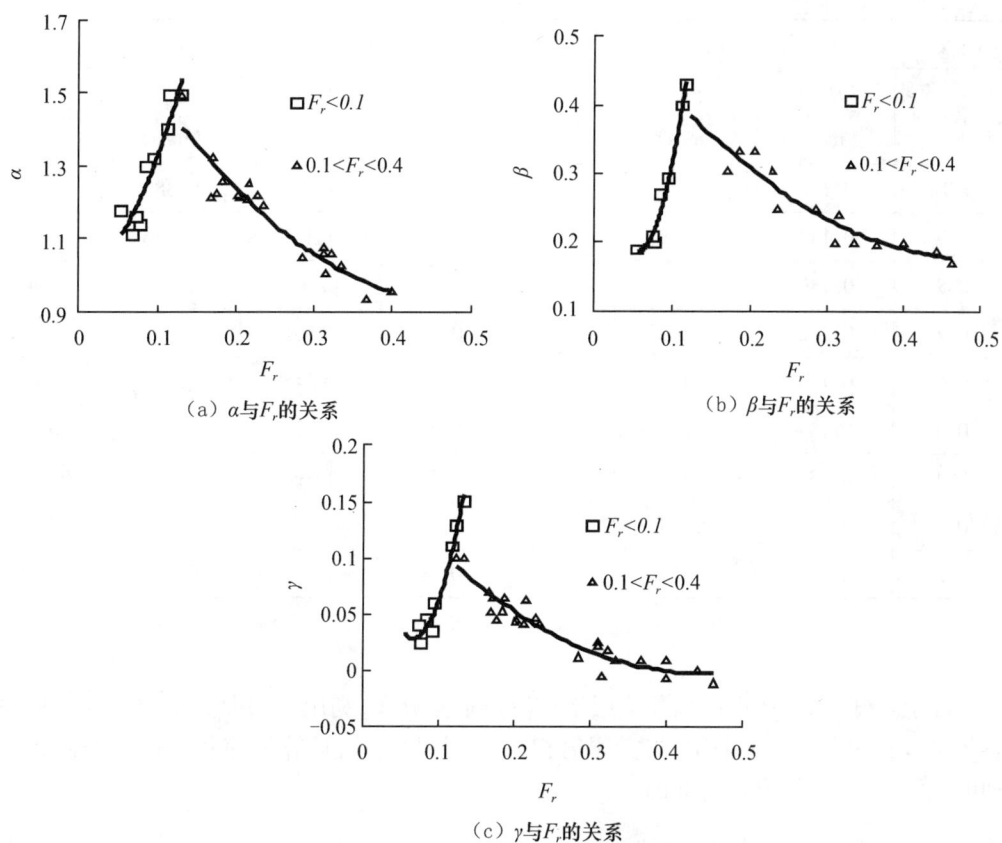

图 5-30　α,β,γ 与 F_r 关系图

表 5-17　流层平均流速分布双幂律计算校核

室内 U 形渠道				田间梯形渠道			
y/h	$U_{ls}/$ (m/s)	$U_{lj}/$ (m/s)	$R/\%$	y/h	$U_{ls}/$ (m/s)	$U_{lj}/$ (m/s)	$R/\%$
0.95	0.189	0.189	-0.05	0.90	0.505	0.520	3.00
0.84	0.209	0.218	4.28	0.80	0.511	0.523	2.38
0.76	0.208	0.216	3.66	0.70	0.510	0.528	3.56
0.61	0.200	0.206	3.06	0.60	0.499	0.518	3.75
0.54	0.188	0.189	0.40	0.50	0.486	0.503	3.57
0.38	0.186	0.180	-3.04	0.40	0.464	0.484	4.33
0.23	0.165	0.160	-3.10	0.30	0.436	0.452	3.70
0.15	0.145	0.130	-10.20	0.20	0.400	0.415	3.83

续表

室内矩形渠道				田间 U 形渠道			
y/h	$U_{ls}/$ (m/s)	$U_{lj}/$ (m/s)	$R/\%$	y/h	$U_{ls}/$ (m/s)	$U_{lj}/$ (m/s)	$R/\%$
0.97	0.130	0.126	−3.28	0.83	0.375	0.389	3.77
0.9	0.137	0.132	−3.45	0.74	0.373	0.386	3.36
0.8	0.140	0.135	−3.19	0.65	0.367	0.376	2.64
0.7	0.140	0.136	−2.37	0.56	0.361	0.363	0.53
0.6	0.139	0.136	−1.87	0.46	0.345	0.345	0.06
0.5	0.137	0.135	−1.53	0.37	0.324	0.323	−0.35
0.4	0.133	0.134	0.39	0.28	0.294	0.295	0.48
0.3	0.128	0.131	1.79	0.19	0.276	0.258	−6.41
0.2	0.120	0.126	5.57	0.09	0.210	0.204	−2.88

注：表中 U_{ls} 为按式(5−14)计算的实际流层平均流速；U_{lj} 为按式(5−16)计算的流层平均流速。

综上可知，双幂律可以描述流层平均流速垂向分布；利用表层弗劳德数确定的相关参数可以在实际计算中采用，与实测值相比，除个别点外，计算流速相对误差控制在合理的范围内，计算结果较为准确。

二、明渠量测水优化技术

(一)研究思路

流速－面积法测流的基本思路是将渠道断面划分为有限个子部分，求解各部分平均流速及面积，并利用各部分平均流速与面积的乘积计算该部分的过流流量，并将流量累加求得断面总流量，其计算过程可用式(5−49)：

$$Q = \sum_{i=1}^{n} \Delta Q_i = \sum_{i=1}^{n} \Delta A_i V_i \quad (i = 1, 2, \cdots, n) \tag{5−49}$$

式中：Q——断面总流量，m³/s；

ΔQ_i——断面各部分流量，m³/s；

ΔA_i——断面各部分划分面积，m²；

V_i——断面各部分平均流速，m/s。

如图 5−31、图 5−32 所示，断面可沿深度或宽度方向进行面积划分。沿深度划分断面得到横向的各流层，各流层流量值为该部分面积及横向流速积分的乘积；沿宽度划分断面后得到竖向子部分，各部分平均流速为该部分特征测线均值流速。前一种方法横向流速分布较易获得，但因要计算流速横向分布的积分值，故而要求横向流速分布规律具有良好的可积分性；后一种方法计算简单，但结果依赖于测线平均流速分布规律的精确程度。

传统的流速－面积法测流是采用后一种面积划分方法,在明确渠道横向及垂向流速分布的基础上两种方法都可作为渠道流量计算的方法。

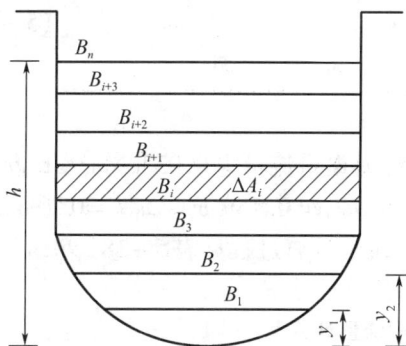

图 5 - 31　沿深度方向划分断面示意

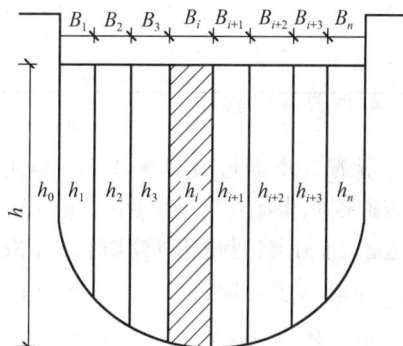

图 5 - 32　沿宽度方向划分断面示意

(二) 中线"三点法"

在明渠水流垂向流速分布双幂律的基础上,通过测量断面中线的三个测点,得到双幂律计算参数,确定中线流速分布情况,最终通过横向流速分布指数律求得断面流量的方法,称为中线"三点法"。

1. 计算方法与步骤

鉴于规则渠道过流断面上流速分布具有对称性的特点,只取断面的一半作为研究对象进行流量计算,最终结果乘以 2 即为断面过流量。在测量断面尺寸的基础上,将明渠按照深度方向划分子部分面积,可以确定中线"三点法"计算流量的基本步骤及方法如下:

①测量断面中垂线上 $y/h = 0.2, 0.6, 0.8$ 处测点流速值,计算参数 a, b, c,依据双幂律推导流速垂向分布规律,得到中垂线流速分布,并依据测点流速值计算测线平均流速。

②根据水位将渠道划分为若干流层,计算各流层面积。第 i 水平层流层厚度为

$$\Delta h = y_{i+1} - y_i \tag{5-50}$$

计第 i 水平层上下缘宽度为 B_i、B_{i+1},则由渠道边壁及流层上下缘所围成的区域近似于梯形,面积为

$$\Delta A = \Delta h \frac{B_i + B_{i+1}}{2} = \frac{(y_{i+1} - y_i)(B_i + B_{i+1})}{2} \tag{5-51}$$

③利用流速横向分布指数规律,根据式(5 - 52)积分求得各流层流量,即第 i 水平层的流量 ΔQ_i 为

$$\Delta Q_i = 2 \int_0^{\frac{B_i}{2}} u_i 4 \Delta h dx = 2 \int_0^{\frac{B_i}{2}} \left(\frac{B_i - 2x}{B_i} \right)^k \Delta h dx = \frac{1}{k+1} u_{im} \Delta A_i \tag{5-52}$$

$k, u_{im}, \Delta A_i$ 分别按式(5-28)、式(5-13)及式(5-51)确定。

(4)将各部分流量累加,计算得到断面过流流量。

$$Q = \sum_{i=1}^{n} \Delta Q_i \qquad (5-53)$$

2. 计算实例验证

室内 U 形渠过流水深 0.370 m,电磁流量计测得渠道流量为 0.037 2 m³/s。利用光电流速仪测得渠道断面中垂线上 $u_{0.2} = 0.176$ m/s、$u_{0.6} = 0.189$ m/s、$u_{0.8} = 0.194$ m/s。以 $\Delta h_i / h = 0.05$ 为步长将渠道划分为 20 个流层,流量计算过程见表 5-18。

表 5-18　中线"三点法"流量计算表

流层 i	流层相对位置 y_i/h	流层最大流速 $u_{im}/(\text{m/s})$	流层宽 B_i/m	流层面积 A_i/m^2	k_i	流层部分流量 $\Delta q_i/(\text{m}^3/\text{s})$
1	0.05	17.124	12.024	11.122	0.173	0.162 4
2	0.10	17.591	16.802	26.664	0.161	0.404 0
3	0.15	17.870	20.327	34.345	0.151	0.533 4
4	0.20	18.072	23.178	40.243	0.141	0.637 4
5	0.25	18.230	25.582	45.103	0.132	0.726 2
6	0.30	18.361	27.655	49.244	0.125	0.804 0
7	0.35	18.472	29.467	52.838	0.118	0.873 3
8	0.40	18.570	31.064	55.991	0.112	0.935 4
9	0.45	18.656	32.477	58.776	0.106	0.991 1
10	0.50	18.735	33.731	61.242	0.102	1.041 0
11	0.55	18.806	34.841	63.428	0.099	1.085 6
12	0.60	18.872	35.821	65.362	0.096	1.125 1
13	0.65	18.933	36.682	67.066	0.095	1.159 8
14	0.70	18.991	37.432	68.556	0.094	1.189 9
15	0.75	19.046	38.078	69.847	0.094	1.215 6
16	0.80	19.098	38.624	70.950	0.095	1.236 9
17	0.85	19.149	39.076	71.872	0.098	1.254 0
18	0.90	19.201	39.435	72.622	0.100	1.267 2
19	0.95	19.256	39.705	73.204	0.104	1.276 6
20	0.99	19.322	39.858	58.876	0.108	1.026 8

渠道计算流量为:$Q_j = 2 \sum \Delta q_i = 0.037\ 9$ m³/s,将计算流量与实验室电磁流量计

算值相比较,得到相对误差为

$$R = \frac{Q_j - Q_s}{Q_s} \times 100\% = 1.75\%$$

根据对中线"三点法"的论述,结合流速横向及垂向分布规律提出的流量计算方法较传统流速面积法有所改进,节省了测流工作量。该方法操作简单,结果精确,测点少,可以应用于渠道测流计算。

（三）测线平均流速法

依据测线平均流速横向分布抛物线律,通过测算中线平均流速确定抛物线律的计算参数,在积分抛物线律的基础上,形成断面平均流速,并最终获得渠道流量,即为测线均速法测流。

1. 计算方法与步骤

根据对称性,仍取渠道的一半进行分析。在测量渠道水位的基础上,计算明渠过流断面面积,测线均速法可按如下步骤实现明渠测流。

①测量水面流速,计算断面中线平均流速。

②计算抛物线律相关参数,并按式(5-54)计算断面平均流速。

$$U_m = pV_0 \int_0^{\frac{B_i}{2}} \left[\left(\frac{2x}{B} \right)^2 + 1 \right] dx = \left(1 + \frac{P}{3} \right) V_0 \tag{5-54}$$

式中：U_m——断面平均流速,m/s。

③依据明渠水位,计算渠道过流断面面积,并结合式(5-54)计算的断面平均流速计算断面流量。

$$Q = AU_m \tag{5-55}$$

2. 计算实例验证

田间梯形渠道水深为0.37 m,流速面积法实测渠道流量为0.222 m³/s。渠道过流断面面积为0.68 m²,测量得到水流表面中点流速为0.400 m/s。明渠中线平均流速为0.366 m/s,从而确定参数p为-0.40,断面均速V为0.32 m/s,最终得到明渠计算流量为0.216 m³/s。

将计算流量与实测流量相比较,得到相对误差为

$$R = \frac{Q_j - Q_s}{Q_s} \times 100\% = -2.59\%$$

根据上述计算,测线均速法只测量表面中点流速与过流断面参数,经过简单计算即可得到断面流量,方法施测简单,计算便捷,水面流速的测量减少了传统测流方法对水流条件的干扰,不易造成渠道淤积,同时,表面流速与水深的施测可以利用非接触式设备同步监测,为实现明渠自动化测流提供便利。

（四）流层平均流速法

所谓流层平均流速法是利用流层平均流速垂向分布双幂律,在测量表面流速的基

础上,确定相关参数,最终依据明渠过流面积计算明渠流量。

1. 计算方法与步骤

取对称性渠道的一半作为分析对象,渠道断面子部分的划分方法与中线"三点法"相同(图 6 - 1),则流层平均流速法测流的基本步骤如下。

(1)测量水面中点流速,并计算双幂律相关参数;

(2)根据渠道水位将测流断面划分为若干流层,计算各流层面积。

(3)根据式(5 - 43)计算第 i 流层流量为

$$\Delta Q_i = \Delta A_i U_{li} \tag{5 - 56}$$

(4)依据式(5 - 53)累加各流层流量得到断面流量。

2. 计算实例验证

室内矩形渠道过流水深 0.254 m,电磁流量计测得渠道流量为 0.043 5 m³/s。利用光电流速仪测得水流表面中点流速为 0.214 m/s,则水流表层平均流速为 0.177 m/s,f_r 为0.14,计算得到流层平均流速分布双幂律的相关参数。以 $\Delta h_i/h = 0.05$ 为步长将渠道划分为 20 个流层,流量计算过程见表 5 - 19。

表 5 - 19 流层均流速法流量计算表

流层 i	流层相对位置 y_i/h	流层平均流速 $U_{li}/(\mathrm{m/s})$	流层宽 B_i/m	流层面积 A_i/m^2	流层部分流量 $\Delta q_i/(\mathrm{m}^3/\mathrm{s})$
1	0.05	8.17	50.00	63.60	467.87
2	0.10	10.51	50.00	63.60	594.03
3	0.15	12.14	50.00	63.60	720.22
4	0.20	13.43	50.00	63.60	813.28
5	0.25	14.51	50.00	63.60	888.46
6	0.30	15.43	50.00	63.60	951.84
7	0.35	16.23	50.00	63.60	1 006.57
8	0.40	16.93	50.00	63.60	1 054.48
9	0.45	17.56	50.00	63.60	1 096.75
10	0.50	18.11	50.00	63.60	1 134.09
11	0.55	18.59	50.00	63.60	1 166.98
12	0.60	19.01	50.00	63.60	1 195.66
13	0.65	19.36	50.00	63.60	1 220.17
14	0.70	19.64	50.00	63.60	1 240.34
15	0.75	19.85	50.00	63.60	1 255.73

续表

流层 i	流层相对位置 y_i/h	流层平均流速 $U_{li}/(m/s)$	流层宽 B_i/m	流层面积 A_i/m^2	流层部分流量 $\Delta q_i/(m^3/s)$
16	0.80	19.95	50.00	63.60	1 265.43
17	0.85	19.92	50.00	63.60	1 267.66
18	0.90	19.66	50.00	63.60	1 258.59
19	0.95	18.93	50.00	63.60	1 227.31
20	0.99	16.81	50.00	50.88	909.19

依据上表,渠道计算流量为: $Q_i = 2\Delta Qi = 2\sum \Delta q_i = 0.019$ m³/s,将计算流量与实验实测流量相比较,得到相对误差为

$$R = \frac{Q_j - Q_s}{Q_s} \times 100\% = -3.63\%$$

流层平均流速法测流建立在流层均速垂向分布双幂律的基础上,较中线"三点法"而言,其参数确定无须测量固定测点,只需监测表面流速,增加了在实际生产中的实用性和可操作性。方法计算结果精确,便于实现自动化测流,可以应用于灌区渠道量水工作。

(五)测流计算验证

研究了水流流速分布规律,给出参数的确定方法,并提出中线三点法、测线均速法和流层均速法共三种测流方法。三种测流方法所依据的流速分布规律有所差异,参数确定方式亦各不同,使得不同方法在测流精确性及适用性等方面存在必然差别。通过对比较三种测流方法,得到不同测流方法的适用范围以便不同领域区别采用。

为验证三种测流方法的精确程度及适用范围,运用水槽及田间实测资料进行流量计算精度验证,如表 5-20 所示。表中室内试验实测流量由电磁流量计测得,现场明渠流量由流速-面积法计算得出。

表 5-20　多组试验计算流量验证

渠型	h/m	流量 $Q/(m^3/s)$				相对误差 $R/\%$		
		Q_s	Q_{j1}	Q_{j2}	Q_{j3}	R_1	R_2	R_3
室内 U 型渠道	0.39	0.047	0.048	0.047	0.046	3.03	1.21	-1.90
	0.51	0.057	0.057	0.055	0.056	0.81	-3.04	-0.63
	0.55	0.057	0.055	0.056	0.057	-2.67	-0.56	0.99
	0.50	0.067 0	0.068	0.065	0.068	1.56	-2.72	0.98
	0.55	0.067 0	0.069	0.068	0.069	2.02	1.79	2.62

续表

渠型	h/m	流量 $Q/(m^3/s)$				相对误差 $R/\%$		
		Q_s	Q_{j1}	Q_{j2}	Q_{j3}	R_1	R_2	R_3
室内矩形渠道	0.31	0.050	0.049	0.051	0.050	−2.31	1.83	0.08
	0.36	0.052	0.051	0.050	0.050	−1.60	−3.51	−3.73
	0.26	0.049	0.049	0.048	0.051	0.83	−1.67	3.70
	0.25	0.043	0.044	0.045	0.044	1.22	3.45	1.10
	0.25	0.043	0.043	0.045	0.044	1.16	4.55	2.35
田间 U 形渠道	0.52	0.091	0.091	0.092	0.094	0.00	1.94	3.15
	0.60	0.138	0.138	0.141	0.143	−0.14	2.24	3.59
	0.49	0.070	0.068 5	0.066	0.069	−1.65	−4.89	−1.26
	0.66	0.038	0.038	0.040	0.037	−0.89	4.79	−3.68
	0.57	0.123	0.124	0.124	0.127	0.63	0.80	2.98
	0.45	0.049	0.049	0.047	0.049	−1.01	−4.77	−1.76
田间梯形渠道	0.39	0.241	0.235	0.235	0.235	−2.17	−2.37	−2.57
	0.44	0.292	0.285	0.277	0.281	−2.23	−5.04	−3.62
	0.52	0.498	0.490	0.512	0.490	−1.52	2.75	−1.51
	0.54	0.564	0.554	0.549	0.544	−1.75	−2.57	−3.50
	0.52	0.500	0.515	0.511	0.495	3.16	2.21	−1.03
	0.50	0.458	0.458	0.458	0.457	0.07	−0.04	−0.29
数模 U 形渠道	0.25	0.028	0.027	0.029	0.028	−1.79	3.93	0.71
	0.40	0.071	0.071	0.069	0.069	−0.56	−2.25	−3.52
	0.55	0.116	0.118	0.119	0.114	1.29	2.76	−1.38
数模梯形渠道	0.60	0.252	0.256	0.255	0.247	1.63	1.27	−1.83
	0.40	0.120	0.118	0.123	0.124	−1.83	2.08	2.17
	0.30	0.070	0.069	0.071	0.072	−0.86	0.86	2.57

注:Q_s 为实测流量;Q_{j1},Q_{j2},Q_{j3} 为按中线三点法、测线均速法和流层平均流速法计算流量;R_1,R_2,R_3 为相应方法计算流量的相对误差。

由表 5−20 可见,三种测流方法的精确程度均较高,除个别工况外,各工况相对误差控制在 ±5% 以内。就方法而言,中线三点法计算精度稍高于其余两者,而流层平均流速法与测线均速法计算精度相差不大,三种测流方法均可在灌区生产实际中应用。

由于表 5−20 仅能给出不同方法各自的计算精度,无法在各方法之间给出合理的评价,因此利用多种参数对不同方法计算流量进行精度检验,以期系统地认识各方法的适用范围及精确程度。通过比较,选择相关系数(R^2),平均相对误差绝对值($MAPE$)和模型模拟效率系数(NSC)三个参数进行不同流量计算方法的精度检验和比较,如表5-21所示。

表5-21 不同流量计算方法精神精度比较

测流方法	相关系数 R^2	平均相对误差绝对值 MAPE/%	模型模拟效率系数 NSC
中线三点法	0.985	2.99	0.998
测线均速法	0.974	4.32	0.997
流层平均流速法	0.979	4.14	0.997

三种方法计算不同渠道与工况流量精度良好,其中 NSC 的阈值为0.75,三者计算结果均达到0.99以上,表明方法在测流应用中是可行的。从不同方法来看,中线三点法的计算精度最高,MAPE 值仅为2.99%,R^2 与 NSC 值也均较其余两者方法高;测线均速法与流层平均流速法的测流精度相差不多,基本在同一水平上。但由于测线均速法与平均流速法的测点较少,易于操作,因此在田间操作方面更具优势。

三、灌区末级渠道适宜量水方法

通过对三种测流方法的精度验证可以发现,三种方法均具有较高的计算精度,对不同断面形式及规模的渠道具有良好的适用性。其中,中线三点法需测量断面中线3个固定测点,而流层平均流速法与测线均速法均只需测量水面中点流速。

1. 不同测流方法测流过程

通过分析,可以发现不同测流方法测算的基本程序概括为以下两个方面。

①田间施测:在确定测流断面的基础上,测量测流断面水深、渠道水面宽度,同时测量测流方法要求的测点流速。

②流量计算:在取得上述数据的基础上,计算中线或表层平均流速及弗劳德数,并进一步确定流速分布规律的相关参数,最终依据测流断面子面积划分情况计算明渠过流量。为便于实际应用,操作步骤总结如图5-33所示。

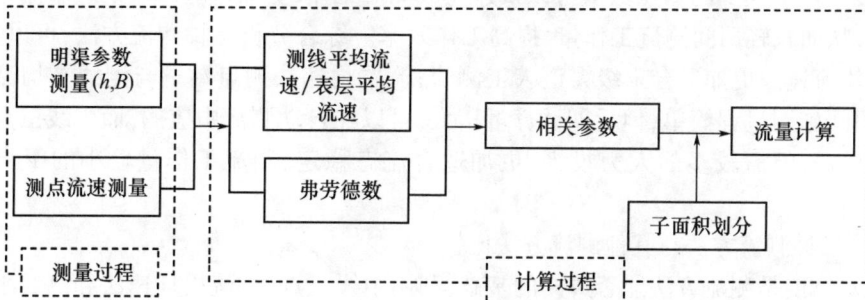

图5-33 测流过程操作步骤

2. 不同测流方法比较

（1）三种测流方法比较

就实际操作及计算过程而言，中线三点法操作最为烦琐，流层平均流速法次之，以测线均速法最简便。在考虑田间渠道水位涨落频繁，水流稳定性差的基础上，较少的测点更易捕捉渠道水流的瞬时变化，提高测流精度。综合考虑不同测流方法在测流各阶段的操作难易程度如表 5－22 所示。

表 5－22　不同测流方法比较

方法	测点数	测点位置	测线位置	参数个数	计算过程	人工测算难度	实现自动测流难易程度	适用工况
中线三点法	3	$y/h=0.2$, 0.6,0.8	中线	4	较复杂	复杂	难	干支渠人工测流
流层均速法	1	表面	中线	3	较简单	较简单	容易	末级渠道自动化测流
测线平均流速法	1	表面	中线	1	简单	简单	容易	末级渠道人工测流

中线三点法需要测量 3 个固定测点的流速，由于渠道过流水位不断变化，因此测点位置均需在量测渠道水位之后经计算确定；与中线三点法相比，流层均速法和测线平均流速法只需测量表面流速，测点无须再进行计算，同时测点数量减少，简化了田间实际操作的工作量。同时，由于测点位置无须经计算确定，增加了田间自动化量水的可操作性。另就测流过程中所需计算的参数而言，中线三点法需计算 4 个参数、流层平均流速法需 3 个参数，而测线平均流速法只需 1 个参数，同时中线平均流速法与流层均速法参数确定公式均为二次函数，较中线三点法简单，因此在人工测流计算时测线平均流速法最简单，流层均速法次之，中线三点法测算最为复杂。

灌区末级渠道具有过流条件变化迅速、水位涨落明显、测流工作面广量大等特点。针对这一特点，较少的测点数量可以快速完成测流工作，更加适应末级渠道水流条件变化特点，从而减轻田间测流工作量，提高工作效率。综合分析三种测流方法，可以发现，测线平均流速法更加适合末级渠道人工测流；流层均速法测点数量与测线平均流速法相同，田间施测过程简单，但后期计算量稍大，可以在自动测流中应用；而中线三点法测流精度较高，但需较多的人力投入，更加适合流态稳定、测流工作量较小的干支渠系测流。

（2）三种测流方法与其他测流方法比较

量水精度是测流方法能否成立的基础，利用中线三点法、流层均速法和测线平均流速法测算明渠过流流量，并与电磁流量计（室内试验）和流速－面积法（田间实测）结果进行比较，证明了三种方法在测流精度方面满足实际生产要求。在验证测流精度的条件下,进一步将本方法与灌区常见末级渠道测流方法(堰槽法、流速面积法)进行了比较。

①三种测流方法与堰槽测流相比较。

堰槽法测流需要改造渠道,大部分堰槽对渠道水流的淹没度要求低于0.9[《灌溉渠道系统量水规范》(GB/T 21303—2007)],同时测流堰槽的置入会造成一定的水头损失,对含沙及漂浮物较多的渠道,可能在堰槽前后产生淤积及阻塞。另外,根据相关规范,堰槽测流施测渠段上游需保证长约10倍渠道宽度的顺直段,这一要求在田间渠道量水过程中常无法得到满足。

与堰槽法测流相比,本项目提出的三种方法无须改造渠道,利用流速仪量水,不存在淹没度问题,亦不会因测流而产生水头损失和淤积。同时,测流对渠段长度无特殊要求,断面布置更加灵活。

②三种测流方法与流速–面积法相比较。

提出的三种测流方法,基本原理与流速–面积法测流相似,其主要优越性表现在三种测流方法大大降低了田间测流的工作强度。以田间斗渠为例,按照《灌溉渠道系统量水规范》(GB/T 21303—2017)的要求,采用流速面积法量水时斗渠应布置3条测线,每条测线需布置3个测点。与流速–面积法相比,本项目提出的三种测流方法只需布置1条测线,除中线三点法需3个测点外,其余方法只需测量水面1点流速,仅在测流过程中就减少70%~90%的工作量。

③施测水面点流速,无须通过测量计算测点位置,进一步提高测流效率。

测点数量的减少,缩短单一测次的测流历时,减轻田间测流的工作强度,更重要的是较短的测流时间,更加适应渠道水流条件变化迅速的基本特点,间接提高测流精度。

三种不同的测流方法均可应用到明渠测流工作中,还应根据测流工作的特性加以区别选择。中线三点法测流精确,但测点较多,适合在水流条件稳定,测流工作量相对较低的灌区干支渠采用;流层平均流速法在较大范围内给出了参数的确定方法,使方法的应用空间更广泛,加之测点较少,可以结合灌区现代化技术,实现灌区渠系的自动化测流;测线均速法,测点少、计算简单、操作便捷,适合在灌区末级渠道水流稳定性差的特点,可以在末级渠道自动化量水中应用,特别是一些仍需采用人工测量的渠段,测线均速法测流优势明显。

第三节　多水源转化与平衡利用模型

一、水平衡模型构建与参数率定

研究中应用的灌区"四水转化"模型以农区土壤水为中心,重点考虑引水灌溉、地下水的开采等对水平衡的影响,可以分析灌区水分的迁移、转化和消耗过程(胡和平等,2004),模型已应用于塔里木河流域多个灌区和内蒙古河套灌区(雷志栋等,2006;杜丽娟等,2011)。该模型是一个复杂的水资源引用、转化、均衡和消耗的模拟系统。进行灌区水资源转化消耗模拟分析时,按需要将灌区进行分区,每个分区内有渠系水域、农区、非农区(又分为洼地、自然植被或林草荒地、裸地三类)等水量输送、调蓄与用水的水均衡单元。渠系水域模块各自的地表水、土壤水和地下水联系紧密,在垂直方向不加区分;农区水分转化量大,转化关系复杂,在垂直方向将农区分为上土壤层、下土壤层、地下水层;非农区土壤水变化不大,在垂直方向简化为土壤层和地下水层。农区按作物耗水能力控制最大耗水量,按地下水埋深确定农田排水量,按下土壤层储水量来确定土壤层与地下水层的水量交换(入渗补给、潜水蒸发)等。模型中对水库与渠系的渗漏量,同时考虑了对土壤水和地下水的补给,根据其环境条件确定向灌溉地和非灌溉地补给的分配(雷志栋,等,2006)。

(一)模型结构

利用的灌区水量平衡模型以月为计算时段,以水量平衡为基础,用各种参数表示蒸发能力、土壤类型等对灌区内水分转化的影响,模型结构如图 5 - 34 所示。

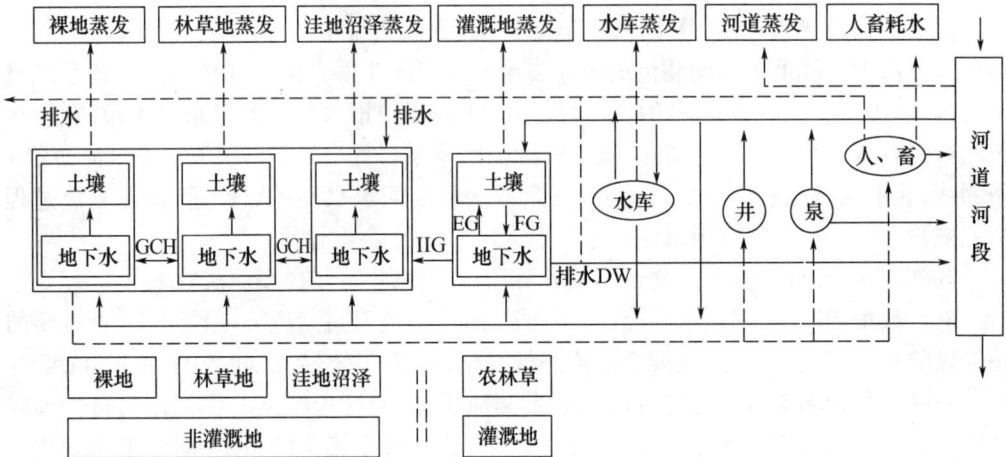

图 5 - 34 水量平衡模型结构

由于灌区中人类活动比较频繁,导致水分的交换和转化关系非常复杂,所以在散耗型模型中考虑了多种水体之间的交换或转化,并重点考虑人类活动如引水灌溉、作物种植、地下水的开采等对水平衡的影响。模型把研究区划分为灌溉地和非灌溉地,灌溉地中水均衡模块有河道、泉井、水库湖泊和农地,非灌溉地中水均衡模块有河道、泉井、水库湖泊和非农地,水均衡模块之间通过地表渠系、地下水侧渗进行水量交换。

灌溉地水分转化量大,转化关系复杂,在土壤垂直剖面上分为上部土壤层(非饱和带)和下部地表水层(饱和带),考虑地表水、土壤水和地下水的转化。非灌溉地土壤水变化不大,在土壤垂直剖面上不区分上部土壤层和下部地下水层,只考虑地表水和地下水的转化。河段、泉、井、水库、湖泊等水均衡单元,因各自的地表水、土壤水和地下水联系紧密,在垂直方向不加以区分,重点考虑地表水的入流和出流及地表水和地下水的转化。

在灌区的水分转化中,引入绿洲的地表水,首先在灌溉地进行转化和消耗,地表水转化为土壤水,部分土壤水通过植被蒸腾进入大气,部分通过裸地蒸发进入大气,部分补给进入地下水。由于灌溉地灌溉水补给地下水,引起地下水位升高,从而形成灌溉地地下水向非灌溉地的迁移,模型对以上水文过程也进行了充分的考虑。

系统与外部有水量交换,如有排水排出区外。此外,分区之间通过灌溉及排水有地表水的交换,通过侧渗存在着地下水的交换(侧向渗入和排出)。

如果模型模拟区域面积比较大,为了模拟各因素的空间变异情况,往往将研究区域划分为数个分区进行研究。具体的方法是将河流划分为河段,将研究区划分为灌溉单元(灌区),再将单元进一步划分为子单元。各河段、灌溉(地下水)单元分别采用不同参数。

用结点将河流划分为河段,结点通常选在水文测站、引水渠首等有径流观测资料处,以便计算与校核。河流及河段必须按照特定的顺序编码,以便程序处理。

灌溉单元和地下水单元的划分一致,是水平衡模型的核心部分。各灌溉单元需要考虑来自河流、水库、泉水和水源地引水;渠系灌溉水一部分为作物所消耗,一部分损失于蒸发和渗漏。灌溉(地下水)单元的划分以河流水系、灌溉渠系为基础,兼顾行政管理实际状况。在模拟计算中,根据模型设计,单元的土地利用类型可以分为灌溉作物、非灌溉作物和裸地等情况。在单元内各变量仍存在空间变化,因此依据土壤质地、土地利用状况、灌溉状况等要素进一步划分子单元。对于子单元内的土壤质地、土地利用状况等因素的差异,以百分比方式处理。

对于研究区的每一个单元,采用前述的耗散型模型进行计算,各个单元之间的水量联系按照研究区实际情况在模型输入中指定,最终流出研究区的水量集中在研究区河道出口节点。

(二)灌溉地子模型

从河道引入灌区的水通过渠道进入灌溉地。灌溉地的水分转化过程包括有地面入渗、作物蒸腾、地面蒸发,以及土壤水和地下水之间的相互转化。根据干旱区水分转化的特点,参照概念性水文模型的处理方法,把灌溉地在垂直方向分为三层,分别为上土壤层、下土壤层和地下水层。

上土壤层为灌溉地土壤中水分转化最活跃部分,上土壤层模拟表层土壤,灌溉时最先充满,有水时蒸发不受土壤的胁迫,该层土壤蓄水容量(最大蓄水量)记为WUM,土壤蓄水量记为WU。在该层发生的主要物理过程包括灌溉和有效降水$I+P$、上土壤层腾发量EU、下渗到下土壤层水量FWM。

下土壤层模拟地下水位以上非表层土壤,其腾发受到土壤的胁迫作用,该层土壤蓄水容量(最大蓄水量)记为WMM,土壤蓄水量记为WM。在该层发生的主要物理过程有从上层入渗水量FWM,渠系、水库、河道渗漏补给土壤水量GWS,下土壤层腾发EM,下渗到地下水层水量FGW。灌溉地的腾发量计算只设置上土壤层腾发项和下土壤层腾发项,在缺水灌溉时如果地下水埋深比较浅,毛管水EG上升(地下水潜水蒸发)到下土壤层供作物腾发。在灌溉地模型中用上、下土壤层水库蓄水量作为特征状态变量来描述土层对外部因素(灌溉、腾发能力等)的响应。

地下水层指地下水位以下的饱和水土壤层。该层发生的主要物理过程有灌溉补给地下水层的水量FGW(通过下土壤层),地下水的蒸发EG(潜水蒸发)和地下水排水

DR,地下水补给和消耗的变化将影响到地下水的埋深的变化。

模型所假设的灌溉地剖面及主要水文物理过程如图 5 – 35 所示。

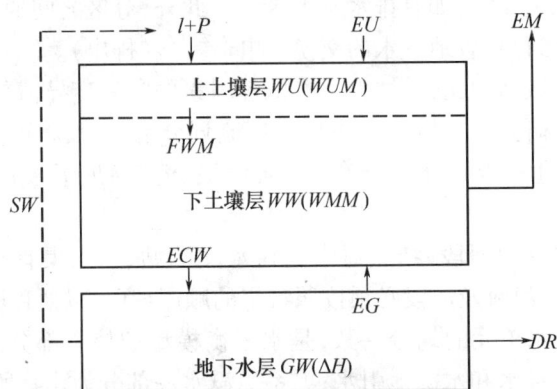

图 5 – 35　灌溉地剖面及主要水文物理过程示意

灌溉地模型中灌溉地的补给水量包括灌溉水量 I,有效降水 P,地下水侧向补给 IGW,渠系、河道与水库渗漏对灌溉地地下水的补给 GWG,渠系、河道与水库渗漏对灌溉地土壤水的补给 GWS;灌溉地的散耗水量有上土壤层腾发 EU,下土壤层腾发 EM,排水 PD,地下水的开采量 SW,灌溉地非灌溉地地下水交换量 IIG,地下水侧向排出 OGW。与灌溉地相关的水文要素还有上土壤层渗入下土壤层水量 FWM、下土壤层渗入地下水层水量 FGW 和毛管水上升(潜水蒸发)补给下土壤层的水量(供作物消耗)EG。

1. 灌溉水量 I

灌区大量从河道引水进行灌溉(模拟时还包括从水库的引水量和地下水开采量),其引水水量 R 是已知的(实测或设定),引水到达灌溉地时有渠系损失,因此进入灌溉地水量为

$$I = R \cdot \eta \tag{5 – 57}$$

式中:η——渠系水利用系数,由地表水监测以及渠道渗漏试验得到。

2. 有效降雨 P

灌区内部降雨稀少,可设定降雨少时,降水全部被农作物或自然植被拦截,直接蒸发。降水量较大时,产生补给土壤的有效降雨 P,即

$$P = \begin{cases} 0 & P_r \leqslant P_e \\ P_r - P_e & P_r > P_e \end{cases} \tag{5 – 58}$$

式中:P_r——月降雨量,mm;

P_e——能够产生有效降雨的最小降雨量,mm。

3. 退水量 TUI

考虑到灌区的实际情况,由于管理不善等原因,事实上有部分引来的水没有送到田

间,而是作为退水进入了排水。因此模型中设定退水系数 $TCEFF$,将渠系损失量的 5% ~ 15% 作为退水直接计入排水量,因此退水量为

$$TUI = TCEFF \cdot R \cdot (1 - \eta) \tag{5-59}$$

4. 毛管水上升补给作物水量 EG

毛管水上升水量即潜水蒸发量,分单元进行计算,采用清华大学等单位对新疆地下水潜水蒸发研究的潜水蒸发分段拟合公式进行估算:

$$EG_1 = E_0 \times e^{\alpha(H-r)} \tag{5-60}$$
$$EG_2 = \beta \times (H-r)^\gamma \tag{5-61}$$

式中:E_0——水面蒸发量,mm;

　　H——地下水埋深,m;

　　r——作物平均根系深度,m;

　　α,β,γ——分别为不同土壤下潜水蒸发参数。

EG_2 为相对埋深 H 时的最大(或极限)潜水蒸发量,当 $EG_1 \leqslant EG_2$ 时,毛管水上升补给作物水量 $EG = EG_1$;当 $EG_1 > EG_2$ 时,毛管水上升补给作物水量 $EG = EG_2$。

5. 渗漏补给水量 GWG、GWS

通过渠系、河道和水库的水量平衡分析,得到各自的渗漏水量。根据经验判断或监测分析,将渗漏水量分解为对土壤水的补给量 GWS 和对地下水的补给量 GWG。

6. 地下水侧向流入和侧向流出量 IGW、OGW

根据地下水侧向流入和侧向流出断面的渗流面积、水力坡降(由等水位线得到)、导水系数等参数,可估算地下水侧向流入量 IGW 和侧向流出量 OGW。

7. 上土壤层计算

①灌溉水量 I 和有效降雨 P 先补充上土壤层,超过上土壤层的容量则下渗到下土壤层,即

如果

$$WU + (I + P) > WUM$$

则

$$FWM = WU + (I + P) - WUM \quad WU = WUM$$

否则

$$FWM = 0 \quad WU = WU + (I + P)$$

②上土壤层腾发不受土壤胁迫,如果蒸发能力 ET 大于上土壤层水量 WU,则上土壤层水全部腾发完,剩余蒸发能力 ET' 将腾发下土壤层水量,即

如果

$$ET > WU$$

则

$$WU = 0 \quad EU = WU \quad ET' = ET - EU$$

否则

$$WU = WU - ET \quad EU = ET \quad ET' = 0$$

8. 下土壤层计算

①上土壤层下渗水量 FWM、渗漏补给土壤水水量 GWS 补充下土壤层,超过下土壤水层的容量则下渗到地下水层,即

如果

$$WM + FWM + GWS > WMM$$

则

$$FGW = WM + FWM + GWS - WMM \quad WM = WMM$$

否则

$$FGW = 0 \quad WM = WM + FWM + GWS$$

②毛管水上升补充下土壤层,如果超过下土壤层的容量,则设置毛管水上升量为补充到下土壤层的容量,即

如果

$$WM + EG > WMM$$

则

$$EG = WMM - WM \quad WM = WMM$$

否则

$$WM = WM + EG$$

根据下土壤层含水量计算下土壤层腾发。

$$EM = K_s \cdot ET' \tag{5 - 62}$$

式中:K_s——下土壤层供水系数;

ET'——剩余蒸发能力。

土壤层供水系数 K_s 反映了下土壤层饱水状况,可以根据下土壤层储水量来确定。

$$K_s = WM'/WMM \tag{5 - 63}$$

式中:WM'——时段内下土壤层的平均储水量,m^3;

WMM——下土壤层储水容量,m^3。

9. 地下水库水位变化 ΔH

土壤入渗到地下水的水量引起灌溉地地下水位抬升,当地下水位上升到灌溉地排水沟以上时,产生地下水基流排泄量 DR。灌溉地地下水位升高,而非灌溉地的陆面蒸发和生态植被的腾发导致地下水下降,从而形成灌溉地地下水向非灌溉地的迁移量 IIG。灌溉地的地下水开采量对灌溉地地下水平衡也有影响,也必须加以考虑。

地下水埋深变化计算式为

$$\Delta H = \frac{\Delta GW}{1000\mu} \tag{5 - 64}$$

式中:ΔGW——地下水库蓄量变化,m^3;

μ——土壤给水度;

ΔH——地下水埋深变化，m。

地下水的蓄量变化是 GW 为时段内地下水的补给量（GWG、IGW、FGW）和消耗量（EG、SW、DR、IIG、OGW）之差。

10.灌溉地地下水基流排泄量 DR

灌溉地地下水基流排泄量采用下式进行计算：

$$DR = PD \cdot A \cdot (H_0 - IH) \tag{5-65}$$

式中：PD——排水系数，根据灌区单位面积上排渠长度和灌区土壤性质等确定；

A——排水沟所控制的面积，m^2；

H_0——排水沟深度，m；

IH——灌溉地地下水埋深，m。

（三）渠系水量平衡子模型

在灌区水文过程中，渠系是农田的供水系统，起着输水散流的作用。渠系的水量平衡示意如图 5-36 所示。

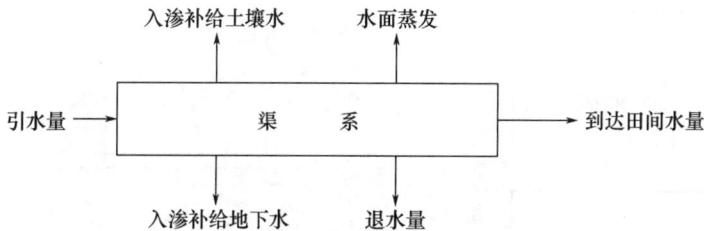

图 5-36　渠系水量平衡示意

若渠系总引水量为 $TOTDIV$（模拟计算时包括从河道引水直接灌溉水量、水库的灌溉供水量和农田灌溉地下水开采量），利用渠系水利用系数 η 来表示渠系输水的水量损失和利用的程度，到达田间的水量 I 为总引水量与渠系水利用系数的乘积，即

$$I = \eta \times TOTDIV \tag{5-66}$$

总引水量减去到达田间的水量为渠系输水的水量损失，包括以下四方面：

①由于管理及工程的原因，渠系损失水量中，有一部分为退水，退水可以是直接退入河道、排入自然生态系统，或通过排水沟排出。退水量大小与灌溉管理水平和渠系工程配套状况有关，根据实测或调查确定，计算时利用退水系数表示。

②渠系水面蒸发，根据渠系输水流量、输水时间、大气蒸发能力等来确定。

③渠系入渗补给地下水水量。渠系水量损失扣去退水损失、水面蒸发后为渠系渗漏损失。渠系渗漏损失由两部分组成，一部分即渠系入渗补给地下水，常用入渗补给系数表示，入渗补给系数是渠系入渗补给地下水的水量与渗漏水量的比值。

④渠系入渗补给土壤水，是渠系渗漏损失的另一部分，等于渠系渗漏减去入渗补给地下水水量。

（四）沟水与地下水水量平衡子模型

沟水与地下水相互转化是灌区水文循环的一个重要组成部分,灌区渠水、沟水和地下水转化的强度大、频率非常高。灌溉期间如果有大量渠水退如沟道,造成沟道水位一般高于地下水位,沟水将向地下水迁移;而如果退水量较小,田间地下水位较高,则沟道水位低于地下水位,则地下水补给沟水。总之,在灌区沟水与地下水之间转化关系十分复杂,与沟道水位、过水历时、河道外的地下水位、含水层岩性以及地形、地貌等诸多因素有关,又随时间而变化,具有很强的时空分布特点。

地下水常作为供水水源,是地下水的水量支出项。模拟试验中主要是机井的抽水量和井灌的回归量。当地下水和地表水混合利用时,渠系的损失和损失的分配统一计算;当井灌为独立系统时,渠系水的利用程度高,且不考虑退水损失和忽略水面蒸发及湿土蒸发损失。沟水与地下水相互转化关系见图 5-37。

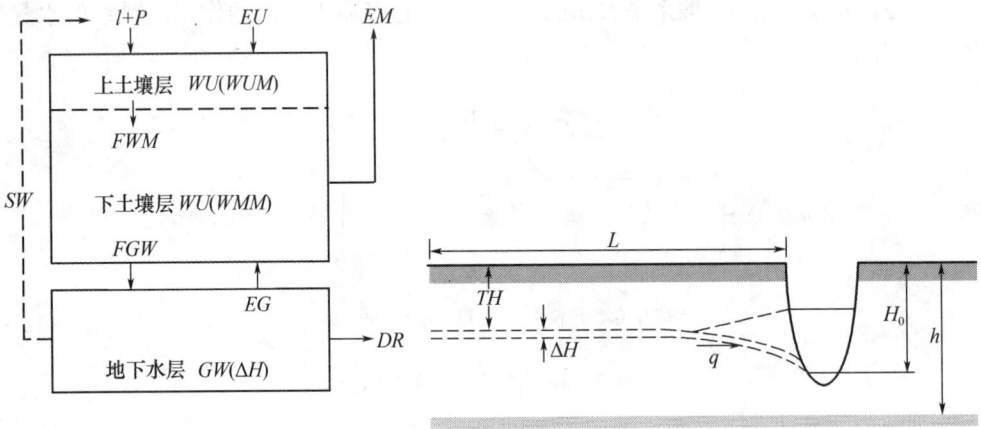

图 5-37　沟水与地下水相互转化关系

二、多水源利用模式水均衡模拟结果分析

为了分析评价研究区多水源利用效果,以提出优化的渠水、地下水和沟水综合利用模式,研究中采用灌区水平衡模型对研究区的水均衡进行分析和模拟。在对模型进行改进之后用于示范区的水均衡模拟,模拟期为 2013 年 10 月 15 日至 2014 年 10 月 14 日,时间尺度为日。研究中用平均地下水埋深数据对参数进行率定,将地下水平均埋深的模拟值与实测值(分区内典型地下水观测实测平均值)。通过相关系数和确定性系数对进行回归分析,以此来测试率定期模拟效果如何,以误差最小为原则对参数进行优化调试,最终确定参数的最优值。

表5-23　不同区域模型参数率定值

参数	上土壤层蓄水容量	下土壤层蓄水容量	退水系数	排水系数	农区非农区地下水交换系数	非农区地下水交换系数	土壤给水度
量优值	5	60	0.1	0.03	0.1	0.1	0.02

从图5-38的模拟结果可以看出,模拟的地下水埋深与观测值在总体变化趋势上相近。部分数据之间存在偏差的可能原因:每个分区内的不同田块并不是同时灌溉,不同田块的灌水时间存在差异,而模拟时采用相同的灌溉量和灌溉时间与实际情况存在一定差异;模拟的时间间隔为1 d,与实际灌溉情况存在一定差异;模拟假定计算区域内的土壤质地是均一的,但空间变异性使土壤质地分布较为复杂。总之,虽然模拟结果存在一定误差,但仍能较客观地反映出试验区在多水源利用模式下的水平衡状态。

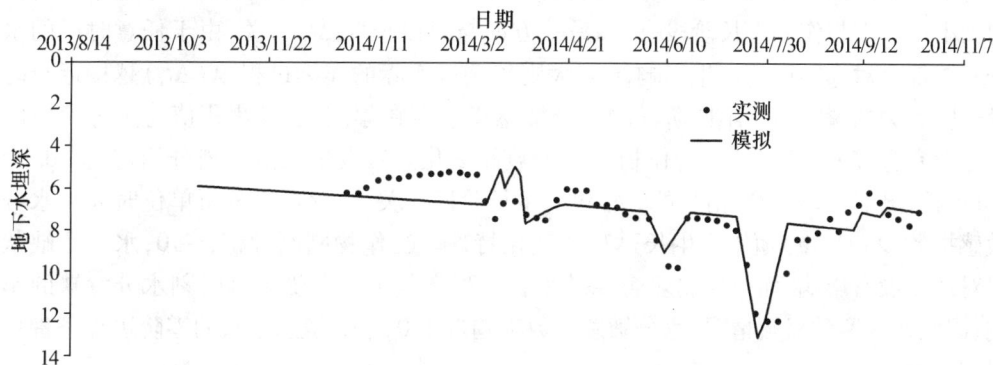

图5-38　分区平均地下水埋深模拟值(线)与实测值(点)的对比

三、多水源优化配置模型

(一)基于作物水分生产函数 Jensen 模型的目标函数

灌区多水源利用的主要目标是在水资源紧缺的背景下满足作物用水,提高作物产量,因此作物产量最大化是灌区多水源利用的主要目标。实践中一般通过作物水分生产函数描述作物产量与水分关系,因此,灌区多水源利用优化配置的目标函数可以表示为

$$\max \sum_{i=1}^{n} f_i \left(\sum_{j=1}^{k} Q_{i,j} \right) \tag{5-67}$$

式中:$f(Q_{i,j})$——第 i 个用水单元在灌溉配水量 $Q_{i,j}$ 下的作物水分生产函数。

Jensen 模型是应用最为广泛的一种水分生产函数模型,一般根据作物生育阶段划分为3~7个不同的时期,将不同阶段作物实际蒸散发量与作物充分供水条件下的蒸散发量之比进行连乘。

作物生长过程,无论是作物干物质积累,还是作物对水分的消耗,都是连续的变化过程,所以反映作物产量与水分关系的水分敏感指数也应是一个连续的变化过程。如

果将作物缺水对相对产量影响看作一种连续过程,则可以提出 Jensen 模型的一种表示形式,即

$$\frac{Y}{Y_m} = \prod_{i=1}^{l}\left(\frac{ET_a(\Delta t_i)}{ET_m(\Delta t_i)}\right)^{\lambda(\Delta t_i)} \tag{5-68}$$

式中:Y, Y_m——实际供水和充分供水条件下对应的作物产量,kg/hm^2;

t_i——从播种日算起的作物生长天数,$0 \le t_i \le T$(T 为作物生长期长度);

$ET_a(\Delta t_i)$、$ET_m(\Delta t_i)$——与产量 Y 和 Y_m 相对应的 $\Delta t_i = t_i - 1$ 时段的作物腾发量,mm;

$\lambda(\Delta t_i)$——时段 Δt_i 的水分敏感指数值,反映该阶段缺水对产量的影响程度;

l——划分的作物生育期阶段数。

由于作物生育阶段的划分与灌区多水源配置的时段可能存在不一致的情况,目前作物水分生产函数 Jensen 模型难以直接作为灌区多水源优化配置的目标函数。$\lambda(\Delta t_i)$ 的大小一方面与作物生长阶段有关,另一方面与时段长度 Δt_i 有关,由于任意时段的水分亏缺都会对作物产量产生影响,n 越大则越接近实际的连续过程,$\lambda(\Delta t_i)$ 越接近与时段长度无关的瞬时值。不同阶段的水分敏感指数存在累加性,其累积值与生育阶段的划分没有直接的关系,只随着作物生长天数而变化。假设生长阶段划分均匀(如 $\text{d}t$ 为 1 d)的情况下,水分敏感指数的大小仅与生长阶段有关,因此可以分析单位时间的水分敏感指数($\lambda(t)/\text{d}t$)随作物生长过程的变化特性。当作物刚刚种植,$t \to 0$,水分亏缺状况对产量没有影响,而当作物生育期结束,$t \to T$,产量也不会受到该时刻水分亏缺的影响,因此在这两种极端情况,水分敏感指数都趋近于 0,水分敏感指数的零阶边界条件可以表示为

$$\begin{cases} \dfrac{\lambda(t)}{\text{d}t} = 0, & t \to 0 \\[2mm] \dfrac{\lambda(t)}{\text{d}t} = 0, & t \to T \end{cases} \tag{5-69}$$

式中:t——从播种日算起的作物生长天数。

由于累积值 $Z(t)$ 是作物生长期的增函数,因此 $\lambda(t)/\text{d}t$ 总是大于 0。假设 $\lambda(t)/\text{d}t$ 是 t 的连续函数,则可以推测出水分敏感指数的变化过程应该是随着作物的生长,从 0 逐渐增大到某一最大值,然后又逐渐减小到 0。相应地根据 $Z(t)$ 一阶导数的变化特性,水分敏感指数累积值 $Z(t)$ 随着作物生长逐渐增大,但是在初始阶段增长缓慢,中间阶段增长迅速,而在后期趋于停滞,随着作物生长具有三个阶段特征。为了反映水分敏感指数累积值随作物生长的变化过程,同时满足水分敏感指数的边界条件,本试验提出一种累积函数,即

$$Z(t) = \frac{K}{1 + b_2\left(\dfrac{T}{t} - 1\right)^n} \tag{5-70}$$

式中:K, b_2, n——待定系数。

为了利用 Jensen 模型构建灌区多水源优化配置的目标函数,需要首先确定不同作物的水分生产函数。根据之前研究成果,主要作物 Jensen 模型水分敏感指数见表 5-24。

表 5 – 24 灌区主要作物 Jensen 模型水分敏感指数

作物	苗期	分蘖	拔节	抽穗	灌浆
小麦	0.321	0.351	0.467	0.526	0.203
玉米	0.042 5	—	0.106	0.210 5	0.094 3

利用上述方法,可以计算得到不同作物 Jensen 模型水分敏感指数累积函数。

（二）约束条件

多水源联合配置与调控过程中需要考虑多种因素,首先需要考虑不同水源的可利用量,包括地表来水的可利用量、地下水可开采量、水库蓄水量,而地下微咸水和退泄水需要在满足水质要求的情况下进行单独灌溉,部分因水质不达标需要和地表水混合之后才能用来灌溉。其次需要考虑作物在不同生长时期的需水量和水质要求,同时需要考虑灌区的环境承载力,如地下水位的要求、灌区土壤含盐量的要求等,在这些因素的基础上建立优化配置的约束条件。

1. 水量平衡约束

全面考虑灌域水分转换和消耗,利用水平衡模型的水均衡约束作为多水源优化配置模型的系统方程。

2. 不同水源开发利用能力约束

（1）沟水抽水能力约束

$$QGW_{ji} \leqslant QG_{\max j} \cdot \Delta t_i \tag{5-71}$$

式中：QGW_{ji}——j 灌域 i 时段抽沟水灌溉水量,m^3;

$QG_{\max j}$——j 灌域抽沟水灌溉的总抽水能力。

（2）沟水可利用量约束

$$QGW_{ji} \leqslant QGW_{\max j} \cdot \Delta t_i \tag{5-72}$$

式中：$QGW_{\max j}$——j 灌域 i 时段沟水可利用量,m^3。

（3）排水沟过水能力约束

$$QTUI_{ji} + QD_{ji} \leqslant QD_{\max j} \cdot \Delta t_i \tag{5-73}$$

式中：$QTUI_{ji}$——j 灌域 i 时段灌溉退水量,m^3;

QD_{ji}——j 灌域 i 时段排泄地下水量,m^3;

$QD_{\max j}$——j 灌域排水沟的综合排水能力。

（4）机井抽水能力约束

$$QWA_{ji} \leqslant QW_{\max j} \cdot \Delta t_i \tag{5-74}$$

式中：QWA_{ji}——j 灌域 i 时段抽水量,m^3;

$QW_{\max j}$——j 灌域机井的总抽水能力。

（5）地下水埋深约束

为防止土壤盐碱化和避免形成水位降落漏斗,地下水埋深应控制在返盐临界埋深

之下和允许最大开采埋深之上,即

$$H_{minj} \leqslant H_{ji} \leqslant H_{maxj} \tag{5-75}$$

式中:H_{minj}——j 灌域 i 时段地下水允许开采的最小埋深,m;

$\quad\quad H_{ji}$——j 灌域 i 时段地下水允许开采的临界埋深,m;

$\quad\quad H_{maxj}$——j 灌域 i 时段地下水允许开采的最大埋深,m。

(三)结论

根据灌区水盐动态观测资料和研究成果,不同时期地下水的适宜控制埋深为:解冻至夏灌前(3~4月)的地下水的适宜控制埋深为 2.0~2.4 m,使春播前表土含盐量控制在 0.25% 以下;作物生长期(5~9月)的地下水的适宜控制埋深为 1.2~1.5 m,即可满足小麦正常需水要求,又可使根系土层有良好的生态环境。

第四节　多水源联合调度模型

一、研究区情况

三刘寨灌区位于黄河南岸,郑州市中牟县东北部,北邻黄河大堤,南依贾鲁河,西与杨桥灌区以石沟为界,东与开封县接壤,中间有赵口灌区总干渠穿过。灌区范围包括中牟县的雁鸣湖、狼城岗、万滩、大孟、官渡等 5 个乡镇、88 个行政村,2012 年底统计总人口 14.63 万人,其中农业人口 13.89 万人,农村劳动力 8.37 万人。灌区控制面积 279.67 km²,设计灌溉面积 19 300 hm²。

近年来由于黄河水位下降,引黄灌溉保证率在逐年降低,灌区发展井渠双灌势在必行。为防止灌区在大量抽取地下水后出现降落漏斗等环境地质问题,就要对井渠进行联合调度。

(一)模型建立

在对三刘寨灌区多水源灌溉情况进行调查的基础上,建立多水源优化调度模型,模型结构如图 5-39 所示。

(二)目标函数

引起灌区地下水漏斗及土地盐碱化等环境问题的原因就是灌区上下游地下水位分布不均。而灌区的灌溉费用中包含了地下水位分布信息,并且当井位分布使地下水位分布趋于均匀时,相应的提水费用也较少。因此选用灌区灌溉总费用作为目标函数。

$$
\begin{aligned}
C &= C_Y + C_G \\
&= W_Y \times P_{uY} + P_{uG} \times \sum_{t=1}^{n_t} \sum_{i=1}^{n_G} w_G(i,t) \times D(i,t) \\
&= W_Y \times P_{uY} + P_{uG} \times \sum_{t=1}^{n_t} \left(\sum_{i=1}^{n_{WG}} w_{WG}(i,t) \times D(i,t) + \sum_{i=1}^{n_{RG}} w_{RG}(i,t) \times D(i,t) + \right.
\end{aligned}
$$

$$\sum_{i=1}^{n_{CG}} w_{CG}(i,t) \times D(i,t))\qquad\qquad(5-76)$$

式中:C——灌区灌溉总费用,万元;

$\quad$ C_Y——引黄灌溉费用,万元;

$\quad$ C_G——抽取地下水灌溉费用,万元;

$\quad$ W_Y——引黄灌溉量,104 m^3;

$\quad$ P_{uY}——引黄灌溉单价,元/m^3;

$\quad$ P_{uG}——抽取地下水单价,元/($m^3 \cdot m$);

$\quad$ $w_G(i,t)$——t 时段,子区域 i 的地下水抽取量,104 m^3;

$\quad$ $w_{WG}(i,t)$——t 时段,种植小麦及玉米的子区域 i 的地下水抽取量,104 m^3;

$\quad$ $w_{RG}(i,t)$——t 时段,种植水稻的子区域 i 的地下水抽取量,104 m^3;

$\quad$ $w_{CG}(i,t)$——t 时段,种植棉花的子区域 i 的地下水抽取量,104 m^3;

$\quad$ n_t——总时段数;

$\quad$ n_G——地下水灌溉子区域数;

$\quad$ n_{WG}——种植小麦及玉米的地下水灌溉子区域数;

$\quad$ n_{RG}——种植水稻的地下水灌溉子区域数;

$\quad$ n_{CG}——种植棉花的地下水灌溉子区域数;

$\quad$ $D(i,t)$——t 时段内,第 i 子区域的地下水平均深度,m。

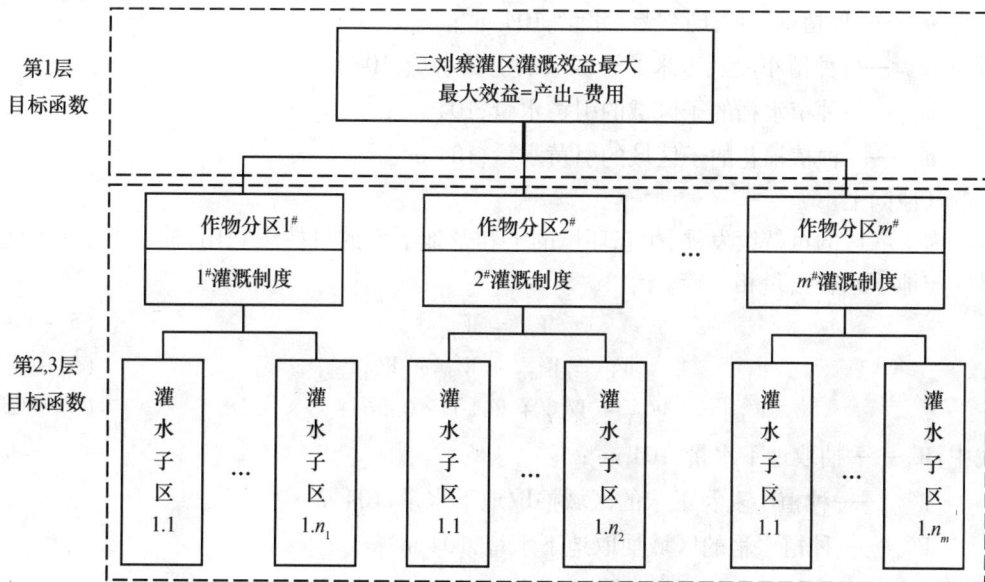

图 5-39　多水源优化调度模型结构

（三）约束条件

三种作物的区域总面积之和一定,而且一年中各作物种植范围、数量应不变,即

$$n_W + n_R + n_C = n_{Total}\qquad\qquad(5-77)$$

$$\begin{cases} n_{\mathrm{WY}} + n_{\mathrm{WG}} = n_{\mathrm{W}} \\ n_{\mathrm{RY}} + n_{\mathrm{RG}} = n_{\mathrm{R}} \\ n_{\mathrm{CY}} + n_{\mathrm{CG}} = n_{\mathrm{C}} \end{cases} \tag{5-78}$$

式中：n_{Total}——子区域总数；

n_{W}——种植小麦及玉米的子区域数；

n_{R}——种植水稻的子区域数；

n_{C}——种植棉花的子区域数；

n_{WY}——种植小麦及玉米的地表水灌溉子区域数；

n_{RY}——种植水稻的地表水灌溉子区域数；

n_{CY}——种植棉花的地表水灌溉子区域数。

井灌或渠灌都应满足作物的生长需要，但由于多年的耕种习惯，使用渠水灌溉时灌水定额较大；抽取地下水灌溉费用相对较高，灌水定额较小无深层渗漏。经调查后，确定相同作物同时期渠灌灌水定额是井灌灌水定额的 1.6 倍。

$$\begin{cases} w_{\mathrm{W}} = w_{\mathrm{WY}} = w_{\mathrm{WG}} \times 1.6 \\ w_{\mathrm{R}} = w_{\mathrm{RY}} = w_{\mathrm{RG}} \times 1.6 \\ w_{\mathrm{C}} = w_{\mathrm{CY}} = w_{\mathrm{CG}} \times 1.6 \end{cases} \tag{5-79}$$

式中：w_{W}——种植小麦及玉米的子区域灌水量，$10^4\ \mathrm{m}^3$；

w_{R}——种植水稻的子区域灌水量，$10^4\ \mathrm{m}^3$；

w_{C}——种植棉花的子区域灌水量，$10^4\ \mathrm{m}^3$；

w_{WY}——种植小麦及玉米的子区域的引黄水量，$10^4\ \mathrm{m}^3$；

w_{RY}——种植水稻的子区域的引黄水量，$10^4\ \mathrm{m}^3$；

w_{CY}——种植棉花的子区域的引黄水量，$10^4\ \mathrm{m}^3$。

其他同上。

为了灌区的可持续发展，生态环境的平和及地下水的可持续利用，抽取地下水的总量应与地下水补给量相平衡。

$$W_{\mathrm{G}} = W_{\mathrm{TG}} \tag{5-80}$$

$$W_{\mathrm{G}} = W_{\mathrm{WG}} + W_{\mathrm{RG}} + W_{\mathrm{CG}} \tag{5-81}$$

$$W_{\mathrm{TG}} = (W_{\mathrm{WY}} + W_{\mathrm{RY}} + W_{\mathrm{CY}}) \times 0.26 + P \times 0.18 \tag{5-82}$$

式中：W_{G}——抽取地下水量，$10^4\ \mathrm{m}^3$；

W_{WG}——种植小麦及玉米的区域抽取地下水量，$10^4\ \mathrm{m}^3$；

W_{RG}——种植水稻的区域抽取地下水量，$10^4\ \mathrm{m}^3$；

W_{CG}——种植棉花的区域抽取地下水量，$10^4\ \mathrm{m}^3$；

W_{TG}——灌溉及降雨补给地下水总量，$10^4\ \mathrm{m}^3$；

W_{WY}——种植小麦及玉米的区域引黄灌溉水量，$10^4\ \mathrm{m}^3$；

W_{RY}——种植水稻的区域引黄灌溉水量，$10^4\ \mathrm{m}^3$；

W_{CY}——种植棉花的区域引黄灌溉水量，$10^4\ \mathrm{m}^3$；

P——降雨量，mm。

其他同上。

为了建立模型及求解的方便，对灌水水源进行简化：一年中，每个小区域的灌水水源只有井灌或只有渠灌。

$$IM_{ki} = \begin{cases} 0 & 井水灌溉 \\ 1 & 引黄灌溉 \end{cases}$$

$$k = R, W, C \tag{5-83}$$

$$\begin{cases} \sum_{i=1}^{n_W} IM_{Wi} = n_{WY} \\ \sum_{i=1}^{n_R} IM_{Ri} = n_{RY} \\ \sum_{i=1}^{n_C} IM_{Ci} = n_{CY} \end{cases} \tag{5-84}$$

式中：IM_{ki}——各中子区域中使用的灌水水源（Irrigation Method）；

其他同上。

目标函数中的地下水深度 $D(i,t)$、抽水量 WG、补给量 WTG 等水量应该符合地下水运动规律。

$$\mu \frac{\partial H}{\partial t} = \nabla K \nabla H - \varepsilon \tag{5-85}$$

式中：K——渗透系数，m/d；

H——地下水位，$H = M - D$，M 为含水层厚度，D 为地下水深度，m；

ε——源汇项，地下水抽水量，井位、井流量及抽水时间等信息由上面给出，并通过优化求解最优解，m；

μ——给水度，m；

t——时间，d。

上边界条件为灌溉、降雨补给，即

$$-K \frac{\partial H}{\partial z}\bigg|_{z=0} = 0.26W_Y + 0.18P \tag{5-86}$$

因为要研究灌区的水量平衡问题，所以把灌区四周边界简化为 0 通量边界，即

$$-K \frac{\partial H}{\partial n}\bigg|_B = 0 \tag{5-87}$$

式中：n——边界法方向；

B——灌区水平方向边界。

其他同上。

二、模型求解

建立的灌溉多水源优化调度模型中包含了分布式水文模型式，因此，模型不能用传统方法优化，拟使用遗传算法进行模型的优化求解。

（一）井、渠供水比例的分配

分配出各种作物种植区的井、渠供水比例，n_{WG}，n_{RG}，n_{CG} 为变量，$n_{WG} = 0 \sim 500$，$n_{RG} =$

$0 \sim 150, n_{CG} = 0 \sim 110$, 其他量为常量。

$$n_{WG} \cdot w_W + n_{RG} \cdot w_R + n_{CG} \cdot w_C$$
$$= P \times 0.2034 + 0.2938 \cdot (n_W \cdot w_W + n_R \cdot w_R + n_C \cdot w_C)$$

先指定 n_{WG}, n_{RG}, n_{CG} 中的两个量,表 5 – 25 中列出了部分可行解的井渠供水比例。

表 5 – 25 模型部分可行解的井渠供水比例

序号	n_{WG}	n_{WY}	n_{RG}	n_{RY}	n_{CG}	n_{CY}
1	240	260	0	150	88	22
2	220	280	50	100	80	30
3	180	320	100	50	89	21
4	160	340	150	0	22	88

(二)对可行解进行编码

要使用遗传算法对优化模型进行求解,就要对各灌水模式进行编码,即生成遗传算法的种子,对各种子进行整数编码。以表 5 – 25 中序号 1 的井渠供水比例为例,对每一种分布模式赋一整数值,整数值即为此种模式的编码。

(三)初始父代个体生成

随机生成 n(这里选择 $n = 100$)个 $[0, nm]$ 区间上的整数,每个整数代表一种井渠分布模式,作为 n 个初始父代群体 $y(i)$ $(i = 1, 2, \cdots, n)$。

(四)迭代寻优过程

把第 i 个个体的井渠分布方式经过整理计算,输入到 ModFlow – 2000 模型的".RCH"和".WEL"文件(如图 5 – 40、图 5 – 41 所示)中,得到地下水位数据,得到相应的 $C(i)$ 值。$C(i)$ 越小,该个体的适应能力越强。

把已有父代个体按优化准则值 $C(i)$ 从小到大排序,称排序后最前面几个个体为优秀个体,以概率 $p(i)$ 选择第 i 个个体,共选择 $(n - m)$ 个个体,为增加 GA 进行持续全局优化搜索能力,这里把最优秀的 m 个父代个体直接加进子代群体中,进行移民操作后,得第 n 个子代个体 $y_1(i)$ $(i = 1, 2, \cdots, n)$。这里 m 取 10。

按概率 $p(i)$ 随机选择一对父代个体 $y(i1), y(i2)$ 作为双亲,并以自适应杂交概率 pc 进行随机线性组合,产生一个子代个体 $y_2(i)$ $(i = 1, 2, \cdots, n)$。

在 GA 中,父代个体 $y(i)$ 的自适应变异的概率 $pm(i) = 1 - p(i)$ 来代替个体 $y(i)$,从而得到子代个体 $y_3(i)$ $(i = 1, 2, \cdots, n)$。

迭代运行上面过程 500 ~ 1 000 次后,可以得到接近最优的结果,即得到接近最优的井渠布置方案。

```
        0         0  INRECH INIRCH
INTERNAL  1.000E+00 (10F10.0)  0 RECH
0.000E+00 0.000E+00 0.000E+00 0.000E+00 0.000E+00 0.000E+00 0.000E+00 0.000E+00 0.000E+00 0.000E+00
0.000E+00 0.000E+00 0.000E+00 0.000E+00 0.000E+00 0.000E+00 0.000E+00 0.000E+00 0.000E+00 0.000E+00
0.000E+00 0.000E+00 1.164E-03 1.248E-04 1.248E-04 0.000E+00 0.000E+00 0.000E+00 0.000E+00 0.000E+00
0.000E+00 0.000E+00 0.000E+00 0.000E+00 0.000E+00 0.000E+00 0.000E+00 0.000E+00 0.000E+00 0.000E+00
0.000E+00 0.000E+00 0.000E+00 0.000E+00 0.000E+00 0.000E+00 0.000E+00 0.000E+00 0.000E+00 0.000E+00
0.000E+00 0.000E+00 0.000E+00 0.000E+00 0.000E+00 0.000E+00 0.000E+00 0.000E+00 0.000E+00 0.000E+00
0.000E+00 0.000E+00 0.000E+00 0.000E+00 0.000E+00 0.000E+00 0.000E+00 0.000E+00
0.000E+00 0.000E+00 0.000E+00 0.000E+00 0.000E+00 0.000E+00 0.000E+00 0.000E+00 0.000E+00 0.000E+00
0.000E+00 0.000E+00 0.000E+00 0.000E+00 0.000E+00 0.000E+00 0.000E+00 0.000E+00 0.000E+00 0.000E+00
0.000E+00 1.164E-03 1.248E-04 1.248E-04 1.248E-04 1.248E-04 0.000E+00 0.000E+00 0.000E+00 0.000E+00
0.000E+00 0.000E+00 0.000E+00 0.000E+00 0.000E+00 0.000E+00 0.000E+00 0.000E+00 0.000E+00 0.000E+00
0.000E+00 0.000E+00 0.000E+00 0.000E+00 0.000E+00 0.000E+00 0.000E+00 1.248E-04 0.000E+00 0.000E+00
0.000E+00 0.000E+00 0.000E+00 0.000E+00 0.000E+00 0.000E+00 0.000E+00 0.000E+00 0.000E+00 0.000E+00
0.000E+00 0.000E+00 0.000E+00 0.000E+00 0.000E+00 0.000E+00 0.000E+00 0.000E+00
0.000E+00 0.000E+00 0.000E+00 0.000E+00 0.000E+00 0.000E+00 0.000E+00 0.000E+00 0.000E+00 0.000E+00
0.000E+00 0.000E+00 0.000E+00 0.000E+00 0.000E+00 0.000E+00 0.000E+00 0.000E+00 0.000E+00 1.164E-03
1.248E-04 1.248E-04 1.248E-04 1.248E-04 1.248E-04 1.248E-04 0.000E+00 0.000E+00 0.000E+00 0.000E+00
0.000E+00 0.000E+00 0.000E+00 0.000E+00 0.000E+00 0.000E+00 0.000E+00 0.000E+00 0.000E+00 0.000E+00
0.000E+00 1.164E-03 1.248E-04 1.248E-04 1.164E-03 0.000E+00 0.000E+00 0.000E+00 0.000E+00 0.000E+00
0.000E+00 0.000E+00 0.000E+00 1.248E-04 1.248E-04 1.248E-04 1.248E-04 1.248E-04 1.248E-04 1.248E-04
1.248E-04 0.000E+00 0.000E+00 0.000E+00 0.000E+00 0.000E+00 0.000E+00 0.000E+00 0.000E+00 0.000E+00
0.000E+00 0.000E+00 0.000E+00 0.000E+00 0.000E+00 0.000E+00 0.000E+00 0.000E+00
```

图 5-40　补给量".RCH"文件

```
    322      0  MXACTW IWELCB
    322      0         ITMP NP -- Stress Period   1
      1      2     23 0.000E+00
      1      3     45 0.000E+00
             ...
      1     33     12 0.000E+00
    322      0         ITMP NP -- Stress Period   2
      1      2     23 0.000E+00
      1      3     45 0.000E+00
             ...
      1      9     65 -3.198E+3
      1      9     67 -3.198E+3
    322      0         ITMP NP -- Stress Period   3
      1      2     23 -3.998E+3
             ...
      1     33     12 0.000E+00
    322      0         ITMP NP -- Stress Period   4
             ...
    322      0         ITMP NP -- Stress Period   5
             ...
    322      0         ITMP NP -- Stress Period   6
             ...
    322      0         ITMP NP -- Stress Period   7
             ...
    322      0         ITMP NP -- Stress Period   8
             ...
    322      0         ITMP NP -- Stress Period   9
             ...
    322      0         ITMP NP -- Stress Period  10
             ...
    322      0         ITMP NP -- Stress Period  11
             ...
    322      0         ITMP NP -- Stress Period  12
             ...
```

图 5-41　井流".WEL"文件

（五）计算最优井渠分布模式

通过上面的方法，可以求出一种井渠供水比例的最优井渠分布模式，再把其他供水比例分别输入，可以得到所有供水比例的井渠分布模式，通过目标函数值选择 $minC$，可求出最优的井渠供水比例及井渠分布模式。

三、结果与分析

（一）模拟结果

表 5-26 统计了四种井渠灌水比例，每种灌水比例选择了五种井渠分布灌水模式，从表 5-26 中可以看出模式 18 中的费用最低为 2 246.28 万元/年，模式 5 中费用最高 2 320.59万元/年，两者相差 74.31 万元/年。可见，使用优化模型进行地下水与地表水联合调度，在灌水质量不变的前提下，可以节约灌溉成本。

表 5-26　部分计算结果统计

模式	n_{WG}	n_{WY}	n_{RG}	n_{RY}	n_{CG}	n_{CY}	C_G/（万元/年）	C_Y/（万元/年）	C/（万元/年）
1	240	260	0	150	88	22	422.49	1 895.22	2 317.71
2	240	260	0	150	88	22	421.59	1 895.22	2 316.81
3	240	260	0	150	88	22	420.96	1 895.22	2 316.18
4	240	260	0	150	88	22	422.28	1 895.22	2 317.50
5	240	260	0	150	88	22	425.37	1 895.22	2 320.59
6	220	280	50	100	80	30	418.45	1 894.68	2 313.13
7	220	280	50	100	80	30	416.06	1 894.68	2 310.74
8	220	280	50	100	80	30	418.18	1 894.68	2 312.86
9	220	280	50	100	80	30	418.08	1 894.68	2 312.76
10	220	280	50	100	80	30	414.36	1 894.68	2 309.04
11	180	320	100	50	89	21	396.62	1 894.32	2 290.94
12	180	320	100	50	89	21	394.52	1 894.32	2 288.84
13	180	320	100	50	89	21	394.56	1 894.32	2 288.88
14	180	320	100	50	89	21	396.00	1 894.32	2 290.32
15	180	320	100	50	89	21	395.02	1 894.32	2 289.34
16	160	340	150	0	22	88	356.08	1 893.78	2 249.86
17	160	340	150	0	22	88	357.76	1 893.78	2 251.54
18	160	340	150	0	22	88	352.50	1 893.78	2 246.28
19	160	340	150	0	22	88	356.66	1 893.78	2 250.44
20	160	340	150	0	22	88	357.11	1 893.78	2 250.89

（二）主要结论

综上所述，所使用的优化方法进行灌区地下水与地表水联合调度是可行的，这种运行模式有以下优点：

①调度方法可以节约灌水成本 74.31 万元/年。

②通过优化计算得到的井渠分布，可以防止上游地下水位持续上升，减小了土地次生盐碱化风险。

③可以预测局部地区的地下水位持续下降，从而防止形成地下水开采漏斗。

④这种运行模式使用水量平衡方程制作灌水计划，从而实现灌区内的水资源平衡利用，因此最大限度地利用天然降雨，减小引黄水量。

参 考 文 献

[1] 邵东国,乐志华,徐保利,等. 基于 AquaCrop 模型的有机稻灌溉制度优化[J]. 农业工程学报,2018,34(19):114-122.

[2] 余江洪,肖金生,朱宗柏. Fluent 软件的多重网格并行算法及其性能[J]. 武汉理工大学学报(交通科学与工程版),2009(1):137-140.

[3] 吴永妍,陈永灿,刘昭伟. 明渠收缩过渡段流速分布及紊动特性试验 [J]. 水科学进展,2017,28(3):346-355.

[4] 王军,王丽学,王振颖. 基于 GIS 的灌区灌溉管理信息及决策支持系统的研究与应用[J]. 现代农业科技,2006(6S):114-115.

[5] 杨士红,韩金旭,彭世彰,等. U 形渠道水流流速垂向分布规律及模拟[J]. 排灌机械工程学报,2012,30(3):309-314.

[6] 韩金旭,黄福贵,卞艳丽,等. 明渠水流流速横向分布抛物线律及其应用[J]. 人民黄河,2013(5):89-91.

[7] 韩金旭,李敬茹,杜凯,等. 明渠水流测线平均流速横向分布及其应用[J]. 灌溉排水学报,2013,32(3):71-73,100.

[8] 胡和平,汤秋鸿,雷志栋,等. 干旱区平原绿洲散耗型水文模型: I 模型结构[J]. 水科学进展,2004,15(2):140-145.

[9] 汤秋鸿,田富强,胡和平. 干旱区平原绿洲散耗型水文模型: II 模型应用[J]. 水科学进展,2004,15(2):146-150.

[10] 雷志栋,胡和平,杨诗秀,等. 塔里木盆地绿洲耗水分析[J]. 水利学报,2006,37(12):1470-1475.

[11] 杜丽娟,刘钰,雷波. 内蒙古河套灌区解放闸灌域水循环要素特征分析:基于干旱区平原绿洲耗散型水文模型[J]. 中国水利水电科学研究院学报,2011(3):168-175.

[12] 刘金清,陆建华. 国内外水文模型概论[J]. 水文,1996(4):4-8.

[13] 雷志栋,翟继龙. 以土壤水为中心的农区-非农区水均衡模型[J]. 灌溉排水学报,1999(2).

[14] 丛振涛,周智伟,雷志栋. Jenson 模型水分敏感指数的新定义及其解法[J]. 水科学

进展,2002(6):730-735.

[15]崔远来,茆智,李远华.水稻水分生产函数时空变异规律研究[J].水科学进展,2002(4):484-491.

[16]肖俊夫,刘战东,段爱旺,等.中国主要农作物分生育期 Jensen 模型研究[J].节水灌溉,2008(7):5-7+12.

[17]卞艳丽,黄福贵,曹惠提.黄河下游三刘寨引黄灌区引水能力分析[J].人民黄河,2019,,41(1):152-156.

第六章 灌区生态节水减污技术

第一节 鱼稻生态控势灌溉技术

水田系统的氮素平衡指氮素在稻田系统中输入和输出之间的转化、平衡,其伴有氮素形态及性质的变化。深入研究了解氮素在水田生态系统内的迁移转化规律及其对环境的影响是非常必要的。在简要介绍 Hydrus – 1D 有限元模型基本原理的基础上,在水田水肥试验的基础上,对不同节水灌溉与施肥管理下土壤水氮运移过程进行了模拟。以实测数据结合模型反演得到的、转化的综合一阶动力学系数作为评价指标,分析不同节灌施肥情景下各生育期内的变化过程,从而对不同节水灌溉和施肥方案的氮素利用和环境效应进行评价。

一、试验区概况

试验区位于湖北省漳河团林灌溉试验站,地处东经 111°15′,北纬 30°50′,海拔高程约 90 m,是典型的丘陵地带,属亚热带季风气候,适合种植水稻。研究区多年平均气温约 16 ℃,多年平均降雨量为 947 mm,85% 的降雨集中于 4~10 月份,20 cm 蒸发皿的年平均蒸发量约 1 300~1 800 mm,年日照总时数为 1 300~1 600 h。

该试验区土壤为面黄土,质地黏重,有机质少,pH 值 6.5~7.0,孔隙率 45.5%,干土体积质量 1.33~1.44 g/cm^3。试验区内不同区域土质略有不同,但根据试验,都能将土壤分为耕作层、犁底层和淀积层。

二、试验设计

(一)作物品种及肥料管理

本试验选择杂交水稻Ⅱ优 7954 为试验作物。施用氮、磷、钾肥分别为:氮肥基肥尿素 $CO(NH_2)_2$($N \geqslant 46.4\%$),追肥碳酸氢铵 NH_4HCO_3($N \geqslant 17.1\%$),磷肥过磷酸钙($P_2O_5 \geqslant 12.0\%$),钾肥 K_2SO_4($K_2O \geqslant 50.0\%$)。中稻的培育采用常规湿润育秧方式,在秧苗 25 d 左右带土移栽,薄水抛秧。在抛秧前清除稻田内多余杂草,耙平田面,泡田 1 周左右。基肥在移栽前 1~2 d 施入,同时耙平田面充分将肥料混入土壤。追肥方式为表施。生育期内参照当地习惯,进行除草及常规处理病虫害等田间管理措施。

(二)试验处理

试验设置干湿交替的浅灌深蓄(G1)和有水层的浅勤灌溉(G2)两种节水灌溉制度,田间水层设计如表 6 – 1 所示,安排不施氮肥(F0)与施用氮肥(F1)(135 kg/hm^2)两种施氮水平,共计4个处理,每个处理3次重复。不同处理下磷肥和钾肥施用量相同。各处理试验小区的四周埋设高约1.2 m、厚约1 mm镀锌钢板防渗,铺设时地下埋深约1 m,露出地表高约0.2 m;相邻田块间铺设防渗膜,铺设深度约为50~80 cm。试验区内布设地下水、田间水位、渗漏观测井和土壤水取样井。灌溉制度田间水层设计见表6-1。

表6-1　灌溉制度田间水层设计

单位:mm

灌溉模式	返青期	分蘖初期	分蘖末期	拔节期	抽穗期	乳熟期	黄熟期
浅灌深蓄 G1	5~40~50	5 d~40~60	晒田	8 d~110~130	8 d~130~150	8 d~80~100	晒田
浅勤灌溉 G2	10~20~30	10~30~50		0~10~30	0~10~30	0~10~30	

注:3个数据分别表示水层下限、灌水上限和蓄水上限,带"d"的数据为无水层历时天数。

(三)观测项目

1. 气象数据

气象数据取自附近团林试验站的气象站自动气象仪器和人工观测。气象数据内容包括降水量、最高及最低气温、湿度、风向、风速、蒸发量、气压、日照时数等。

2. 田间水位、田间渗漏量、地下水位

地下水位、田间水位、田间渗漏量分别通过试验小区布设的地下水位、田间水位和田间渗漏观测井观测而得。所有水位均为每天早上8:00~9:00点观测一次;地下水埋深等于地下水面至观测井井口的高度,减去管口与地面间高差;田间水位为观测井的井口与田面高差减去井口与田间水面高差;田间日渗漏量等于观测井井口到井内水面高度的前后两天之差。

3. 灌水量

灌水水源为自来水,灌溉时在自来水管出口处安装水表,灌水前后的水表读数之差为灌水量。

4. 土壤水中氮含量

土壤水取样方法:取样前一天将观测井中水排空,第二天用取样器抽取井中渗入的新鲜水,装瓶后送入试验室进行化验。土壤水中 NH_4^+—N 和 NO_3^-—N 、TN含量分别采用紫外分光光度法、纳氏试剂比色法、碱性过硫酸钾消解紫外分光光度法进行测定。

5. 水稻产量及生理生态

观测内容包括每个田块中水稻的叶面积指数、株高及产量等。

三、利用 Hydrus－1D 模型模拟研究

Hydrus－1D 是美国盐土实验室开发的软件,用于计算模拟水、热及溶质在饱和－非饱和土壤中运动的一维有限元计算机模型。该模型适用于恒定或非恒定的边界条件及各种初始条件,能够很好地模拟水分、溶质与能量在土壤中的时空变化、垂直分布及运移规律,普遍运用于农田灌溉、田间施肥和环境污染等各类问题。

(一)模型构建

1. 基本方程

(1)土壤水分运动模型

考虑到节水灌溉条件下稻田中土壤存在着饱和及非饱和过程,采用以土壤基质势为变量的土壤水分运动方程描述水流运动,即

$$C\frac{\partial h}{\partial t} = \frac{\partial\left(K\dfrac{\partial h}{\partial x_i} + K\right)}{\partial x_i} - S(h) \tag{6-1}$$

式中:C——容水度,cm;

$\quad K$——土壤水力传导度,cm/d;

$\quad H$——土壤基质势,cm;

$\quad S(h)$——源汇项,表示根系吸水量。

(2)根系吸水模型

Hydrus－1D 模型采用 Fedds 函数描述根系吸水量在土壤剖面中的分布,如式(6－2)、式(6－3)所示,其中根系分布函数模拟根系分布情况,如式(6－4)所示:

$$S(h) = \alpha(h)S_P \tag{6-2}$$

$$S_P = \beta_z T_p \tag{6-3}$$

$$\int_0^{LR} \beta_z \mathrm{d}z = 1 \tag{6-4}$$

式中:$a(h)$——水压力响应函数,$0 \leqslant \alpha \leqslant 1$;

$\quad S_p$——潜在根系吸水量;

$\quad T_p$——潜在蒸腾量;

$\quad \beta_z$——根系分布函数;

$\quad LR$——土壤中根系层厚度;

$\quad z$——垂直深度。

(3)土壤水动力学参数

在非饱和条件下,负压水头、含水量与水力传导度之间具有高度非线性关系,Hydrus 提供了 5 种土壤水力模型来进行土壤水力参数计算,采取其中 van Genuchten － Mualem 公式,计算如式(6－5)、式(6－6):

$$S_e = \frac{\theta(h) - \theta_r}{\theta_s - \theta_r} = (1 + |ah|^n)^{-m} \tag{6-5}$$

$$K(h) = K_s S_e^l \left[1 - \left(1 - S_e^{1/m} \right)^m \right]^2 \qquad (6-6)$$

式中：K_s——土壤饱和导水率，cm/d；

$\quad\quad S_e$——土壤相对饱和度；

$\quad\quad \theta_r$——土壤剩余体积含水率；

$\quad\quad \theta_s$——土壤饱和体积含水率；

$\quad\quad m,n$——曲线性状参数，其中 $m = 1 - 1/n$；

$\quad\quad \alpha$——与土壤物理性质有关的参数；

$\quad\quad l$——经验拟合参数，取 0.5。

根据土壤结构性质，将土壤分为三层，分别为耕作层、犁底层和淀积层，其实测土壤物理参数及 van Genuchten 参数如表 6-2 所示。

表 6-2　土壤物理参数及 van Genuchten 参数

土层	深度/cm	沙/%	粉沙/%	黏粒/%	θ_r	θ_s	α	n	$K_s/(\text{cm/d})$
1	0~21	20.2	45.5	34.3	0.098	0.43	0.021	1.31	2.43
2	21~34	16.1	44.7	39.2	0.069	0.38	0.011	1.23	0.48
3	33~100	36.4	37.2	26.4	0.062	0.41	0.034	1.41	10.2

（4）溶质运移模型

水田饱和-非饱和土壤水中和运移数值模型：

$$\frac{\partial c}{\partial t} = \frac{\partial \left(D \frac{\partial c}{\partial x_i} \right)}{\partial x_i} - \frac{\partial qc}{\partial x_i} - S_N \qquad (6-7)$$

式中：D——纵向弥散系数，cm^3/d；

$\quad\quad q$——水流通量，cm/d；

$\quad\quad c$——溶液质量浓度，g/cm^3；

$\quad\quad S_N$——源汇项。

采用综合的一阶动力学系数 k_N 描述土壤水中氮素在各种物理、化学以及生物过程综合作用下的浓度衰减，即

$$S_N = k_N \cdot c \qquad (6-8)$$

不同生育期内的上边界情况不同，土壤水气热状况不同，因此 k_N 也有显著不同。不同生育期阶段内 k_N 可由实测氮素（NH_4^+ 与 NO_3^-）浓度率定得到。若 k_N 为正值，k_N 越大表示土壤水中氮素减少的越快；若 k_N 为负值，k_N 越小表示氮素增加的越快。

2. 模型初始条件及边界条件

由于水稻生育期内有淹灌湿润阶段，也有无水层晒田阶段等，每个生育期阶段的边界条件及参数等有所不同，故对每个生育期阶段分别进行模拟。

（1）模型初始条件

根据返青期前一天试验测得的土壤含水量及土壤水分特征曲线推得其初始土壤基

质势,模型以该初始土壤基质势与返青期前一天测得的氮素含量作为初始条件。

（2）边界条件

水稻全生育期内,主要分为有水层情况以及无水层晒田情况。有水层情况的上边界为变压力水头,以该阶段每天田间水层平均高度作为其压力水头。无水层晒田情况以大气边界为上边界,其需要输入降水量、灌溉量、潜在蒸腾量和潜在蒸发量等。模型下边界条件选择变水头边界,根据每日实测地下水位设定。

降水量和灌溉量可直接由实测数据得来。根据团林试验站的实测气象资料,采用Penman-Monteith 公式计算每日参考作物潜在腾发量 ET_0,乘以作物系数确定作物潜在腾发量 ET_P,见公式（6-9）。再由式（6-9）、式（6-10）将作物潜在腾发量 ET_P 划分为作物潜在蒸发量 E_P 和潜在蒸腾量 T_P 式（6-11）:

$$ET_P = K_C \cdot ET_0 \qquad (6-9)$$

$$E_P = ET_P \cdot e^{-0.438LAI} \qquad (6-10)$$

$$T_P = ET_P - E_P \qquad (6-11)$$

其中,作物系数 K_C 分布如表 6-3 所示,LAI 为叶面积指数,每个生育期观测 1 次,每天的叶面积指数由观测值插值得到。

表 6-3　中稻作物系数分布

月份	5	6	7	8	9
作物系数	1.35	1.50	1.40	0.94	1.24

3. 综合一阶动力学参数反演

土壤中氮素的迁移转化是一个涉及有机质矿化、硝化与反硝化等化学过程、土壤吸附等物理过程以及作物吸收等生物过程的复杂动力学过程,各种过程相互影响。由于土壤中氮素各种变化都能够用一阶动力学方程来描述,因此与作为土壤中无机氮的两种主要存在形式,分别采用一个综合的一阶动力学系数来对氮素的变化过程进行描述。综合一阶动力学系数反映了土壤中氮素浓度的实际变化能力,体现了氮素状态的变化趋势,可以作为土壤中氮素利用与损失的研究依据。

在模型水分模拟可靠性得到验证的基础上,根据 4 组试验中土壤水与含量的实测资料,分别对不同生育期不同土层的与的综合一阶动力学系数进行反演,使目标函数达到最小最优,目标函数为

$$\Phi = \sum_{j=1}^{m} \sum_{i=1}^{n_j} \left[c_j^*(t_i) - c_j(t_i) \right]^2 \qquad (6-12)$$

式中: $c_i^*(t_i)$ ——在 j 位 t_i 置时刻的 NO_3^- 或 NH_4^+ 的模拟浓度;

$c_i(t_i)$ ——在 j 位置时刻的 NO_3^- 或 NH_4^+ 的实测浓度;

m ——深度上的监测点数目;

n_j ——位置上的测量值个数。

(二)模型模拟及参数反演效果验证

1. 模型水分模拟结果验证

运用 Hydrus - 1D 模型对 2008 年水稻生育期内水田水分氮素运移过程进行模拟,四种模式下土壤含水量的模拟值与实测值比较如图 6 - 1 所示。

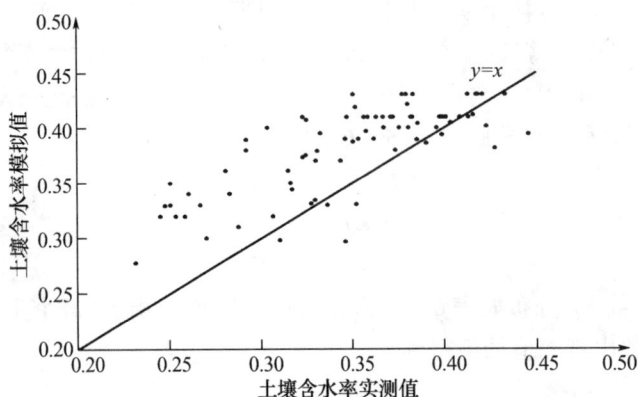

图 6 - 1　土壤含水量模拟值与实测值对比

采用相对均方根误差 R_E 对反演效果进行评价,即

$$R_E = \sqrt{\frac{1}{n} \sum_{i=1}^{n} \left(\frac{P_t - O_t}{O_t}\right)^2} \tag{6-13}$$

式中:P_t——t 时刻的计算值;

O_t——t 时刻的监测值;

n——观测点数目。

相对均方根误差 R_E 的理想值为 0,土壤含水量模拟结果的 R_E 为 0.155,说明模型对水分运动的模拟效果良好。

2. 氮素综合一阶动力学参数反演效果验证

在模型对水分运动模拟良好的基础上,利用 Hydrus 的反演模块对不同生育期阶段各土层的一阶动力学系数进行反演,图 6 - 2 分别为土壤水中 NH_4^- 与 NO_3^- 浓度的反演参数模拟值与实测值的比较,NH_4^+ 反演结果的 R_E 为 0.367,NO_3^- 反演结果的 R_E 为 0.482,反演效果良好。

四、氮素迁移转化特性分析及结果讨论

(一)迁移转化特性分析

根据实测土壤水数据,对 4 种节灌施肥模式下水稻各生育期的综合一阶动力学系数进行反演,对反演结果进行统计分析,不同处理下各生育期及相应均值、最大值、最小

值及其变化范围如表 6 - 4 所示。

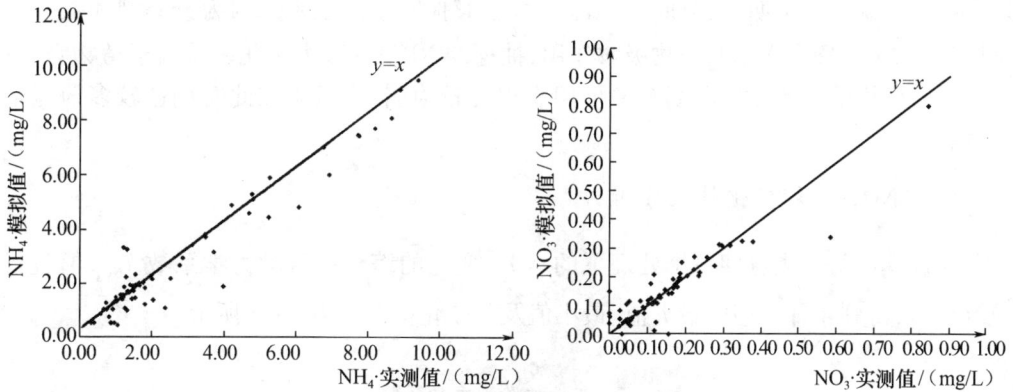

图 6 - 2　土壤水中和模拟值与实测值对比

表 6 - 4　综合一阶动力学系数 $k_{NH_4^+}$　　　　　　　　　　　　　　　　单位:d

生育期	不同处理下的值				变化范围			
	G1F0	G1F1	G2F0	G2F1	均值	最大值	最小值	变化范围
返青期	-0.063	-0.090	-0.075	-0.083	-0.078	-0.063	-0.090	0.027
分蘖期	0.028	0.051	-0.025	0.062	0.029	0.062	-0.025	0.087
拔节期	-0.013	0.065	0.002	0.016	0.018	0.065	-0.013	0.078
抽穗期	-0.042	0.007	-0.047	-0.023	-0.026	0.007	-0.047	0.040
乳熟期	-0.048	-0.073	-0.050	0.003	-0.042	0.003	-0.073	0.077
黄熟期	-0.010	-0.093	-0.083	-0.098	-0.071	-0.010	-0.098	0.088
生育期平均	-0.025	-0.022	-0.046	-0.021	-0.028	-0.021	-0.046	0.025

　　土壤中的 NH_4^+ 浓度受到各种物理、化学以及生物作用的影响。若综合一阶动力学系数为正值,则表示 NH_4^+ 浓度在各种物理、化学以及生物作用下减小;负值表示由于化肥水解、土壤有机物作用下 NH_4^+ 浓度增加。

　　土壤中所发生的各种氮素迁移转化、物理化学和生物作用中,一些因素(如土壤吸附与矿化作用)主要与土质、土壤有机物、碳氮比等有关,水稻灌溉方式以及施肥措施的不同对其影响并不明显;硝化、反硝化过程则由于灌溉方式不同导致的土壤氧化还原状态变化而表现出明显的差异;氨氮的挥发主要发生在施肥后的 1 周内;植物吸收作用主要与植物生长状态以及土壤中氮素浓度有关,且不同施肥量对其有一定影响。

　　表 6 - 11 可以看出,在分蘖期和拔节期,$k_{NH_4^+}$ 的平均值和最大值明显超过其他生育期,孕穗开花期的次之,表明此阶段土壤中的 NH_4^+ 浓度变化率要显著大于其他生育期。这三个生育期内,G2F1 与 G1F1 两组处理的 $k_{NH_4^+}$ 值大于 G2F0 和 G1F0,由实验设计可

知,这些差异的存在主要由施分蘖肥和拔节肥导致的。根据分析,肥料对氨挥发与植物吸收的影响较为明显,氨挥发主要发生在施肥后1周内,而植物吸收作用伴随整个生育期存在。这说明分蘖期、拔节期的k_{NH_4}远大于其他时期的主要原因为分蘖肥和拔节肥施用后的NH_4^+挥发作用及植物吸收作用,抽穗期NH_4^+的较大变化率是由于植物吸收;植物吸收作用的影响在分蘖期至抽穗期表现得较为明显,氮素在此时期被较多地氮素积累和利用。

(二)NO_3^-迁移转化特性分析

对反演的每个生育期每个处理下的NO_3^-变化的综合一阶动力学系数$k_{NO_3^-}$值进行统计分析,得到4种处理中最大值、最小值及其变化范围如表6-5所示。

表6-5 综合一阶动力学系数 $k_{NO_3^-}$　　　　　　单位:d

生育期	不同处理下的值				变化范围			
	G1F0	G1F1	G2F0	G2F1	均值	最大值	最小值	变化范围
返青期	0.083	0.100	0.023	0.095	0.075	0.100	0.023	0.077
分蘖期	−0.047	−0.020	0.011	0.020	−0.009	0.020	−0.047	0.066
拔节期	0.023	0.034	0.030	0.042	0.032	0.042	0.023	0.019
抽穗期	−0.018	0.016	−0.045	−0.030	−0.019	0.016	−0.045	0.061
乳熟期	−0.018	−0.034	−0.023	0.012	−0.016	0.012	−0.034	0.045
黄熟期	−0.002	−0.097	0.112	−0.367	−0.089	0.112	−0.367	0.478
生育期平均	0.003	0.000	0.018	−0.038	−0.004	0.018	−0.038	0.056

土壤中NO_3^-主要转化过程包括植物吸收作用、硝化作用、反硝化作用,这些作用影响着$k_{NO_3^-}$的值。其中硝化、反硝化作用主要与土壤含水率、通气性及土壤pH值等有关,在一定范围内,含水量的减小将促进硝化作用,而在含水率高、厌氧环境下,反硝化速率值较大,大量硝态氮转化为N_2、N_2O等气态损失。NO_3^-变化的综合一阶动力学系数为正值表示NO_3^-浓度在反硝化作用、植物吸收作用下减小;负值表示硝化作用等比较剧烈,造成NO_3^-浓度的增加。

由表6-6可以看到:分蘖期、抽穗期和乳熟期的$k_{NO_3^-}$变化范围较大,且$k_{NO_3^-}$值主要与灌溉方式表现出很大联系,灌溉方式的不同造成土壤含水率、含氧量不同,说明该时期的硝态氮变化以硝化和反硝化作用为主。由$k_{NO_3^-}$值与灌水量对照可以看到,灌水量大的$k_{NO_3^-}$值较大,其硝态氮消耗速率较大,即厌氧环境下反硝化作用较明显。总体来说,(G1)灌溉模式的$k_{NO_3^-}$值较小,灌溉次数和灌水量较少,氮素损失量较小。另外,对于分蘖期、拔节期和抽穗期,(F0)下的$k_{NO_3^-}$值都小于相同灌溉模式下的(F1)值,拔节期的$k_{NO_3^-}$平均值、最大值较其他阶段大,说明这三个阶段的植物吸收作用比较明显,其中拔节期最为显著。

表 6-6 与灌水量对照表

月份	分蘖期		抽穗期		乳熟期	
灌溉模式	G2F1	G1F0	G1F1	G2F0	G2F1	G1F1
$k_{NO_3^-}$/(d-1)	0.020	-0.047	0.016	-0.045	0.012	-0.034
灌水量/mm	60	40	78	70	20	0

（三）的综合一阶动力学系数与产量关系分析

G1F0、G1F1、G2F0、G2F1 模式下水稻的平均产量分别为 365 kg/亩、568 kg/亩、340 kg/亩、545 kg/亩。（G1）与（G2）灌溉模式下,（F1）比（F0）产量分别高出 55.61% 与 60.29%,施肥的增产效果明显;（F1）与（F0）施肥模式下,（G1）比（G2）产量分别高出 7.35% 与 4.22%。

从前面的分析得到,植物吸收作用是抽穗期 $k_{NH_4^+}$、拔节期 $k_{NO_3^-}$ 差异的主要影响因素,从它们的差异中可以看到不同处理下植物吸收氮素的差异。对于抽穗期的 $k_{NH_4^+}$,其 G1F1 > G2F1 > G1F0 > G2F0,对于拔节期的 $k_{NO_3^-}$,G2F1 > G1F1 > G2F0 > G1F0。可以看出,（F1）的植物吸收速率远大于（F0）模式,（G1）与（G2）的 $k_{NH_4^+}$ 相差不多,而（G2）的较大反硝化速率对其 $k_{NO_3^-}$ 有一定增加作用,综合 $k_{NH_4^+}$、$k_{NO_3^-}$ 相差幅度,（G1）的植物吸收速率略大于（G2）,这与产量方面 G1F1 > G2F1 > G1F0 > G2F0 是相吻合的。

五、结论

①综合一阶动力学系数反映了土壤中氮素浓度的实际变化能力。通过不同生育期内综合一阶动力学系数的数值,可以清楚地看到不同阶段 NH_4^+、NO_3^- 的变化速率的差异;不同节灌与施肥方式下的综合一阶动力学系数对比,反映了这些措施对于氮素在不同生育期内的损失与利用。

②对比分析不同生育期阶段的综合一阶动力学系数得到:植物吸收作用在分蘖期、拔节期和抽穗期比较明显,其中拔节期对氮素的利用最为显著,应保证此阶段氮素充足供给;分蘖肥和拔节肥导致的较大氨挥发损失,是铵氮在分蘖期和拔节期损失效率大的主要原因,故控制氨挥发损失是提高氮素利用率的重要方面;另外,不同控制灌溉方式在分蘖期、抽穗期和乳熟期对 NO_3^- 反硝化作用的影响较大,从而造成该阶段硝态氮变化效率的差异显著。这些结果符合其他学者在水稻对氮素吸收作用、氨挥发及反硝化作用的相关试验研究成果。

③不同情景下的综合一阶动力学系数及产量的分析结果表明:干湿交替的浅灌深蓄（G1）较浅勤灌溉（G2）的灌水量少,而硝态氮损失效率小,植物吸收效率高,产量也较高,说明其施氮增产效果较好,氮素利用效率较高;（F1）施肥模式下的植物吸收效率及作物产量都远高于不施肥的（F0）模式,但施肥模式下的氨挥发损失作用却又远大于不施肥模式,故需要进行一定的施肥,但同时要控制施肥量,采取深施方式,并在植物吸收作用显著的分蘖期、拔节期与抽穗期分次追肥。这与相关试验模拟结果一致。

由此可见,Hydrus-1D 模型能较好地模拟水田中水分溶质的迁移转化过程,利用反演得到的综合一阶动力学系数分析水稻生育期内氮素的利用与损失的可行性强,与其他相关试验成果的一致性也反映了该方法的可靠合理。

第二节 渠塘结合灌溉配水技术

针对南方地区季节性干旱频繁发生的现象,结合南方灌区渠、塘、田地复杂的水量转化关系,建立以灌溉区域效益最大为目标的渠-塘优化调控与田间多种作物优化配水相结合的耦合模型。根据该模型的特点,提出模型求解的粒子群-人工蜂群混合算法。

一、渠-塘-田优化调配耦合模型构建

考虑塘堰的调节作用,进行渠-塘优化调控,在需水较少时引渠水入塘,在用水紧张时引塘堰水灌溉;并与田间多种作物优化配水相结合,以各时段渠道引水量、作物灌溉水量为决策变量,以灌溉区域效益最大为目标,建立渠-塘-田地优化调配耦合模型。

(一)目标函数

优化每个时段渠道引水量和灌溉区域内各种作物的灌水量,使灌溉区域在整个规划期内经济效益最大,目标函数 F 为

$$F = \max\Big[\sum_{i=1}^{I} Y_i C_i A_i - \sum_{i=1}^{T} \beta WD_t \Big] \qquad (6-14)$$

式中:Y_i——第 i 种作物的实际产量,kg/hm^2;

C_i——第 i 种作物的价格,元$/kg$;

A_i——第 i 种作物的种植面积,hm^2;

β——渠道灌溉水价格,元$/m^3$;

WD_t——第 t 计算时段渠道引水量,该变量为决策变量,m^3。

作物的实际产量 Y_i 按式(6-15)计算,即

$$Y_i = Y_{i,m} \prod_{n=1}^{N} \Big(\frac{ET_{i,n}}{(ET_m)_{i,n}} \Big)^{\lambda_{i,n}} \qquad (6-15)$$

式中:n——作物的生育阶段,$n=1,2,\ldots N$;

$Y_{i,m}$——第 i 种作物的潜在产量,kg/hm^2;

$ET_{i,n}$——第 i 种作物第 n 生育阶段的实际腾发量,mm;

$(ET_m)_{i,n}$——第 i 种作物第 n 生育阶段的潜在腾发量,mm;

$\lambda_{i,n}$——第 i 种作物第 n 生育阶段的敏感指数。

作物的实际腾发量 $ET_{i,n}$ 按式(6-16)计算,即

$$ET_{i,n} = \sum_{t=1}^{T} \Big(\frac{ET_{i,t}}{DA_t} T_{i,n,t} \Big) \qquad (6-16)$$

式中:$ET_{i,t}$——第 i 种作物在第 t 时段的实际腾发量,mm;

DA_t——第 t 时段天数,d;

$T_{i,n,t}$——第 i 种作物第 n 生育时段在第 t 时段的生长天数,d。

（二）约束条件

1. 田间水量平衡约束

水稻：
$$h_{i,t+1} = h_{i,t} + m_{i,t} + p_t - ET_{i,t} - d_{i,t} - Sep_{i,t} \tag{6-17}$$

旱作物：
$$s_{i,t+1} = s_{i,t} + m_{i,t} + p_t' - ET_{i,t} + GR_{i,t} + WR_{i,t} \tag{6-18}$$

式中：$h_{i,t+1}$，$h_{i,t}$——分别为第 i 种作物第 $(t+1)$ 时段初和第 t 时段初的田间水层深度，mm；

$s_{i,t+1}$，$s_{i,t}$——分别为第 i 种作物第 $(t+1)$ 时段初和第 t 时段初的田间储水量，mm；

p_t，p_t'——分别为第 t 时段降雨量和有效降雨量，mm；

$m_{i,t}$——第 i 种作物第 t 时段灌溉水量，该变量为决策变量，mm；

$d_{i,t}$——第 i 种作物第 t 时段排水量，mm；

$Sep_{i,t}$——第 i 种作物第 t 时段田间渗漏量，可通过试验等方式确定，mm；

$GR_{i,t}$——第 i 种作物第 t 时段地下水补给量，可通过试验等方式确定，mm；

$WR_{i,t}$——第 i 种作物第 t 时段由于计划湿润层增加而增加的水量，mm。

有效降雨量 p_t' 按式（6-19）计算，即
$$p_t' = \alpha p_t \tag{6-19}$$

式中：α——降雨入渗系数，其值与一次降雨量、降雨强度、降雨延续时间、土壤性质、地面覆盖及地形等因素有关。

田间储水量 $s_{i,t}$ 按式（6-20）计算，即
$$s_{i,t} = H_{i,t}\theta_{i,t} \tag{6-20}$$

式中：$\theta_{i,t}$——第 i 种作物第 t 时段初土壤含水率，以占土壤体积的百分数计；

$H_{i,t}$——第 i 种作物第 t 时段初土壤计划湿润层深度，mm。

由于计划湿润层增加而增加的水量 $WR_{i,t}$ 按式（6-21）计算，即
$$WR'i,t = (H_{i,t+1} - H_{i,t})\theta_{i,av} \tag{6-21}$$

式中：$\theta_{i,av}$——第 i 种作物 $(H_{i,t+1} - H_{i,t})$ 土层中的平均含水率，以占土壤体积的百分数计。

2. 塘堰水量平衡约束

在需水较少时引渠水入塘，在用水紧张时引塘堰水灌溉。塘堰水量平衡方程：
$$V_{t+1} = V_t + W_t - WS_t - D_t - WC_t \tag{6-22}$$
$$WS_t = \sum_{i=1}^{I} (10m_{i,t}A_i/\eta) - WD_t \tag{6-23}$$
$$V_{min} \leq V_t \leq V_{max} \tag{6-24}$$

式中：V_{t+1}，V_t——分别为第 $(t+1)$ 时段初和第 t 时段初塘堰蓄水量，m³；

W_t——第 t 时段塘堰来水量，m³；

D_t——第 t 时段塘堰弃水量, m^3 ;

WC_t——第 t 时段塘堰耗水量, m^3 ;

WD_t——第 t 时段渠道引水量, m^3 ;

若 $WS_t > 0$,则 WS_t 表示第 t 时段塘堰供水量, m^3 ;

若 $WS_t \leqslant 0$,则 WS_t 表示第 t 时段渠道引入塘堰的水量, m^3 ;

$V_{\min}$——塘堰死库容, m^3 ;

$V_{\max}$——塘堰最大蓄水量, m^3 ;

η——灌溉水利用系数,由灌区的实际情况而定。

3. 渠道引水量约束

$$0 \leqslant WD_t \leqslant (WD_{\max})t \tag{6-25}$$

式中: $(WD_{\max})t$——第 t 时段渠道最大引水量,由渠道的引水能力和上游水库第 t 时段

可供水量确定, m^3 。

4. 作物正常生长的腾发量约束

$$(ET_{\min})_{i,t} \leqslant ET_{i,t} \leqslant (ET_m)_{i,t} \tag{6-26}$$

式中: $(ET_{\min})_{i,t}$——第 i 种作物第 t 时段正常生长所需的最小腾发量, mm ;

$(ET_m)_{i,t}$——第 i 种作物第 t 时段潜在腾发量, mm 。

5. 田间水深及土壤含水率约束

$$(h_{\min})_i, t \leqslant h_{i,t} \leqslant (h_{\max})_{i,t} \tag{6-27}$$

$$(\theta_w)_{i,t} \leqslant \theta_{i,t} \leqslant (\theta_f)_{i,t} \tag{6-28}$$

式中: $(h_{\min})_{i,t}$——第 i 种作物第 t 时段正常生长允许的最小田间水深, mm ;

$(h_{\max})_{i,t}$——第 i 种作物第 t 时段正常生长允许的最大田间水深, mm ;

$(\theta_w)_{i,t}$——第 i 种作物第 t 时段正常生长允许的最小土壤含水率,以占土壤体积的

百分数计;

$(\theta_f)_{i,t}$——第 i 种作物第 t 时段正常生长允许的最大土壤含水率,为田间持水量,

以占土壤体积的百分数计。

二、粒子群-人工蜂群混合算法

人工蜂群算法是一种新的人工智能算法,它是一种基于模拟蜂群的采蜜机制而进行全局寻优的随机搜索优化算法,具有操作简单、设置参数少、鲁棒性高、收敛速度快等优点。但人工蜂群算法在求解高维复杂单目标优化问题时易早熟,而粒子群则具有很强的跳出局部极值的能力。本节将粒子群算法和人工蜂群算法融合在一起,用于求解具有变量多、结构复杂、非线性等特点的问题。

(一)混合算法求解思路

将决策序列看成是一个个体(一个蜜源),决策序列得到的目标函数值看成是蜜源

的品质。在满足一定的约束条件下,随机生成 NP 个个体组成初始种群,且每一个个体上有一个蜜蜂与之一一对应,并用目标函数值来评价个体的适应度。通过雇佣蜂搜索、跟随蜂搜索、雇佣蜂转为侦察蜂进行粒子群搜索,择优保留形成新的种群,如此反复,直到满足算法的终止条件。粒子群 – 人工蜂群混合算法结构如图6 – 3所示。

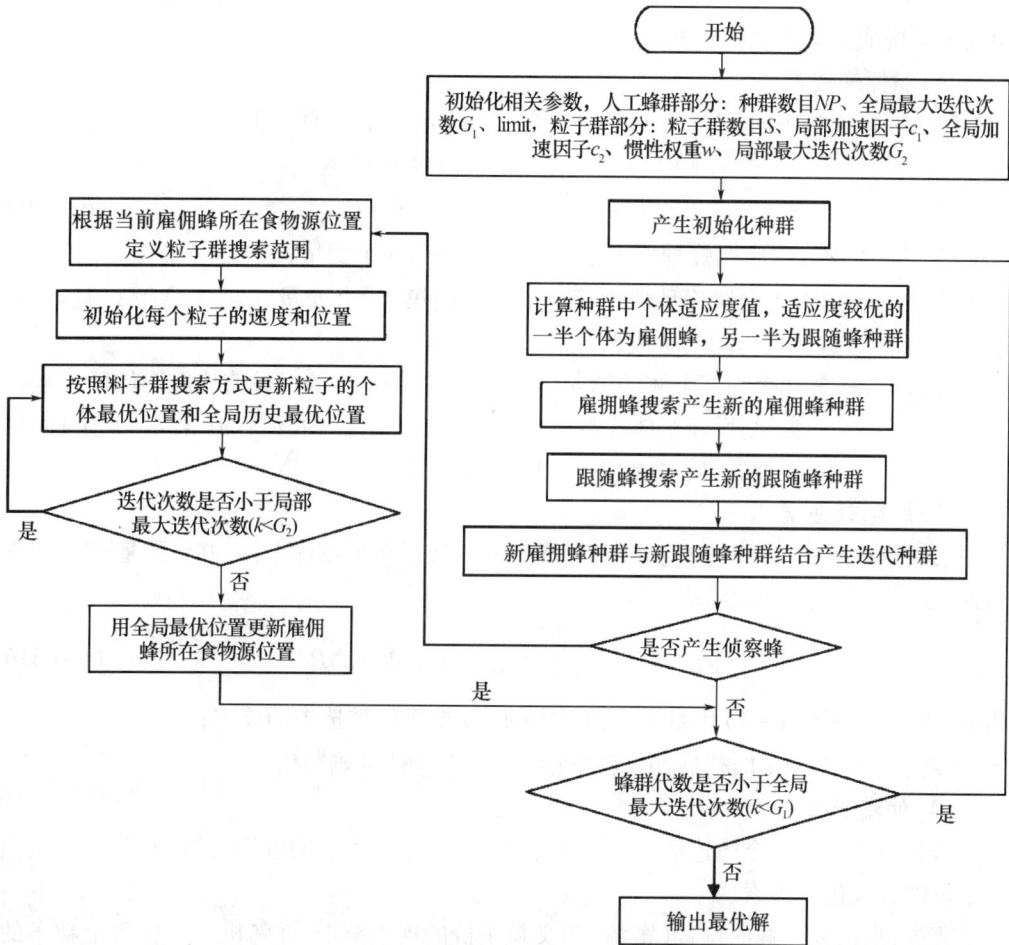

图6 – 3　粒子群 – 人工蜂群混合算法结构

（二）混合算法求解步骤

运用粒子群 – 人工蜂群混合算法求解复杂问题,算法主要步骤如下:
（1）初始化种群并计算目标函数值
在满足约束条件下,按式（6 – 29）产生 NP 个个体构成初始种群,即

$$X_0^j —— X^L + (X^U - X^L) \times rand,$$
$$j = 1,2,\cdots,NP \qquad\qquad (6 - 29)$$

式中:X_0^j——$(X_0^{j,1}, X_0^{j,2}, \cdots, X_0^{j,NU})$初始群中的第 j 个个体;

　　　NP——变量的维数;

$X^U = (x_1^U, x_2^U, \cdots, x_{NU}^U)$——变量的上限；

$X^L = (x_1^L, x_2^L, \cdots, x_{NU}^L)$——变量的下限；

$rand$——[0,1]上的随机数。

计算初始种群的目标函数值，将目标函数值较大的一半个体(蜜源)上的蜜蜂当作雇佣蜂，相应个体(蜜源)构成的种群为雇佣蜂种群；另一半个体上的蜜蜂当作跟随蜂，相应个体构成的群体为跟随蜂种群。

(2)雇佣蜂搜索

对雇佣蜂种群中的每一个个体按式(6-30)产生新的个体，即

$$(X_k^{j,nu})' = X_k^{j,nu} + (2rand - 1) \times$$
$$(X_k^{j,nu} - X_k^{r,nu}), j = 1, 2, \cdots, NP/2 \tag{6-30}$$

式中：$X_k^{j,nu}$——第 k 代雇佣蜂种群中第 j 个个体的第 nu 个变量；

$X_k^{r,nu}$——第 k 代雇佣蜂种群中第 r 个个体的第 nu 个变量，$r \in [1, NP/2]$ 且 $r \neq j$，nu, r 均为随机生成；

$(X_k^{j,nu})'$——产生的新个体的第 nu 个变量。若新个体的函数值比原个体的函数值大，则用新个体代替原个体，进入下一代，构成新的(第 $k+1$ 代)雇佣蜂种群；反之，则保留原个体进入下一代。

(3)跟随蜂搜索

跟随蜂按照式(6-31)在新的雇佣蜂种群中选择一个较优个体，并依照雇佣蜂搜索的方式迭代，形成新的跟随蜂种群，即

$$Pr_{k+1}^j = Z_{k+1}^j \Big/ \sum_{j=1}^{NP/2} Z_{k+1}^j, j = 1, 2 \cdots, NP/2 \tag{6-31}$$

式中：Pr_{k+1}^j——第$(k+1)$代雇佣蜂种群中的第 j 个个体被选中的概率；

Z_{k+1}^j——第$(k+1)$代雇佣蜂种群中的第 j 个个体的函数值。

(4)侦察蜂搜索

若种群中某一个个体连续"limit"代不变，则相应个体上的蜜蜂转换为侦察蜂，按照粒子群的方式进行搜索。

首先，根据侦察蜂的位置(蜜源)定义粒子群的搜索范围，并随机初始化每个粒子的速度和位置。

其次，按照式(6-32)和式(6-33)更新粒子群的个体速度和位置，即

$$Ve_l(k+1) = wVe_l(k) + c_1 rand[Lo_{lbest} - Lo_l(k)] +$$
$$c_2 rand[Lo_{best} - Lo_l(k)] \tag{6-32}$$
$$Lo_l(\bar{k}+1) = Lo_l(\bar{k}) + Ve_l(\bar{k}+1) \tag{6-33}$$

式中：$Ve_l(k), Ve_l(k+1)$——分别为第 1 个粒子第 k 次迭代和第 $k+1$ 次迭代的速度；

$Lo_l(k), Lo_l(k)$——分别为第 l 个粒子第 k 次迭代和第 $k+1$ 次迭代的位置；

Lo_{lbest}——第 1 个粒子所经历的最优位置；

Lo_{best}——整个粒子群所经历的最优位置；

w——惯性权重；c_1, c_2 分别为局部加速因子和全局加速因子；

k——迭代次数。

最后,用全局最优位置更新侦察蜂的位置(蜜源)。

三、优化调配耦合模型应用

(一) 研究区概况

以漳河灌区二干渠第三分渠控制范围为研究 duix 对象。该区域为亚热带季风气候,多年平均降雨量为 905 mm,其中 60% 分布在 5~9 月份;控制灌溉面积 540 hm²,主要种植早、中、晚稻和冬小麦,种植面积分别为 142 hm²、310 hm²、176 hm²、256 hm²;区域内无小型水库,有大小塘堰 96 处,最大蓄水容量 26.6 万 m³。

(二) 模型计算

采用 1981~2010 年的历史资料,从 11 月下旬开始,以旬为计算时段,运用以下三种模型分别进行计算:模型 1,供水时先塘堰后渠道,作物间按需水量所占比例配水;模型2,供水时先塘堰后渠道,作物间进行优化配水;模型 3,供水时考虑渠-塘优化调控,作物间进行优化配水,即提出的优化调配耦合模型。计算中用到的历史资料来源于湖北省漳河工程管理局,作物生育时段划分及敏感指数见表 6-7。

表 6-7　作物生育时段划分及敏感指数

作物种类	生育期	日期	敏感指数
早稻	返青期	04.26—05.05	—
	分蘖期	05.06—06.12	0.144
	拔节期	06.13—06.25	0.382
	抽穗期	06.26—07.04	0.722
	乳熟期	07.05—07.13	0.483
	黄熟期	07.14—07.21	—
中稻	返青期	05.25—06.03	—
	分蘖期	06.04—07.11	0.297
	拔节期	07.12—07.26	0.642
	抽穗期	07.27—08.05	0.961
中稻	乳熟期	08.06—08.15	0.243
	黄熟期	08.16—08.23	—
晚稻	返青期	08.01—08.08	—
	分蘖期	08.09—09.05	0.151
	拔节期	09.06—09.20	0.761
	抽穗期	09.21—10.01	0.691
晚稻	乳熟期	10.02—10.15	0.398
	黄熟期	10.16—10.29	—

续表

作物种类	生育期	日期	敏感指数
冬小麦	越冬期	12.06—02.01	0.047
	返青期	02.02—02.10	0.191
	拔节期	02.11—03.08	0.196
	扬花灌浆期	03.09—04.04	0.297
	结实成熟期	04.05—05.06	0.171

（三）指标计算

优化调配耦合模型相比其他模型的效益增加率用式（6-34）计算，即

$$\gamma = \frac{F_3 - F_o}{F_o} \times 100\% \qquad (6-34)$$

式中：γ——优化调配耦合模型相比其他模型的效益增加率，%；

F_3——采用优化调配耦合模型计算得到的效益，万元；

F_o——采用第 o 种模型计算得到的效益，万元，$o=1,2$。

（四）结果与分析

1. 缺水时段比较

由表 6-8 可以看出，在特别枯水年、一般枯水年、平水年优化调配耦合模型的缺水时段数模型 3 比模型 1 和模型 2 大幅度减少，总缺水时段数减少 91.4%。这是因为优化调配耦合模型采用渠－塘优化调控，在需水较少时引渠水入塘，在用水紧张时引塘堰水灌溉，能减少用水高峰时期渠道供水不足造成的缺水。

表 6-8　三个模型缺水时段比较

典型年	缺水时段			与模型 3 差值	
	模型 1	模型 2	模型 3	模型 1	模型 2
特别枯水年（$P=95\%$）	4	4	1	-3	-3
枯水年（$P=75\%$）	2	2	0	-2	-2
平水年（$P=50\%$）	2	2	0	-2	-2
总和（1981~2010）	35	35	3	-32	-32

2. 经济效益比较

由表 6-9 可以看出，在三种典型年下，相比于其他两种模型，优化调配耦合模型净效益有所增加，其中在特别枯水年有大幅度增长，比模型 1 和模型 2，分别增加 20.7% 和

6.9%。这是因为模型1既没有考虑塘堰的调节作用,也没有考虑作物间的优化分配;模型2只考虑了不同作物同一时期对水分亏缺的不同反应,而没有考虑塘堰的调节作用;优化调配耦合模型在模型2的基础上,既考虑了不同作物在同一时期对水分亏缺的不同反应及同一作物在不同时期对水分亏缺的不同反应,也考虑了塘堰的调节作用,能及时有效地供给灌溉水。

表6-9　三个模型效益比较

典型年	效益/万元			与模型3相比效益增加率/%	
	模型1	模型2	模型3	模型1	模型2
特别枯水年($P=95\%$)	1 201	1 356	1 450	20.7	6.9
枯水年($P=75\%$)	1 322	1 413	1 458	10.3	3.2
平水年($P=50\%$)	1 431	1 439	1 459	2	1.4
多年平均	1 383	1 418	1 458	5.4	2.8

四、结论

①考虑塘堰的调节作用,实现渠-塘优化调控,能有效削减用水高峰,减少缺水时段,相比于模型1,总缺水时段数减少91.4%。

②优化调配耦合模型优化效果明显,在干旱年份下优化效果尤为显著,在特别枯水年下效益比模型1和模型2分别提高20.7%和6.9%,在一般枯水年下效益比模型1和模型2分别提高10.3%和3.2%。

③针对优化调配耦合模型的高维、非线性、复杂等特点,采用粒子群-人工蜂群混合算法,能从局部最优通过随机搜索达到全局最优,有利于多水源、长距离输配水、库塘共同调控等复杂情况下的高效用水模型的求解问题。

第三节　控制排水及其再利用技术

一、概述

排水再利用是指利用蓄水和灌溉设施收集由降雨或灌溉引起的排水进行再灌溉利用的一种水管理模式,以补充灌溉和减少农业水肥流失的优势在世界各地被广泛采用。例如在干旱半干旱地区,为了缓解灌溉水资源的不足,埃及、印度、巴基斯坦、美国和中国等国家均实施了排水再利用。在湿润地区,以日本为代表的亚洲国家则因其减少肥料流失引起的面源污染作用而推行水田排水再利用。

农业面源污染,尤其是由农业灌溉或降雨排水造成的氮、磷流失,已成为地表水体富营养化的主要污染源之一。近年来,水资源相对丰富的我国南方地区也从局部的季节型干旱逐渐演变成区域性干旱,导致了占全国40%种植面积和粮食产量的水稻作物的灌溉需水量显著提高。而南方汛期频繁的大量灌溉或降雨又易产生灌溉回归水、地表或地下排水,甚至会造成洪涝灾害。这种水旱交替频发的现象及普遍存在的沟渠塘堰的水资源调蓄功能强化了在南方灌区实行排水再利用的必要性和可行性。我国南方漳河水库灌区水稻生长区的研究表明循环使用自然沟塘积蓄的排水提高了灌区的节水潜力和实际灌溉水利用率。水稻作物的这种频繁灌溉排水加速了氮、磷等营养物质向地表水体的排放,尤其水稻泡田期或施肥后,排水中的磷素含量显著提高。为追求作物高产稳产的过量施肥又加剧了氮磷排水流失并降低了肥料利用率,如当季磷肥的水稻利用率仅为 5% ~ 15%,加上后效作用也不会超过 25%。故在我国南方降雨排水较为频繁的地区实行排水再利用可减少氮、磷等污染物的排放以减少农业面源污染对地表水体的影响。

二、磷污染物的时空分布特征研究

(一)研究区概况

漳河水库灌区临近长湖且在四湖流域西南地区由一系列河间洼地组成,形成江汉平原腹地的地势低洼区,汛期洪涝灾害频繁,夏季适宜种植水稻作物。水稻作物的频繁灌溉排水造成长湖总磷和总氮的含量超标,使长湖水质长期处于劣Ⅳ及以下水平。然而水稻作物的高需水量还需通过取水灌溉的方式来保障其正常生长。因此,该区具有利用排水再利用来补充灌溉和减少水田磷素向长湖排放的必要性与可行性。该地区属于亚热带季风气候区,多年平均气温 16.5 ℃,多年平均降水量 1 120 mm。

塘堰为包括该区在内的南方水稻种植区的常规滞洪蓄涝工程,通常也具有种藕或养鱼的生产功能,可作为排水再利用的蓄水池。这些塘堰的水源大都来自降雨或灌溉排水,抑或来自水库灌溉水,藕塘直接种植莲藕且不施肥,鱼塘内大都混养青鱼、草鱼或鲢鱼等,并不定期向塘内投放鱼食,致使鱼塘水中氮磷含、量较高。水稻生长期的藕塘和鱼塘水中 TP 浓度分别为 0.1 ~ 1.0 mg/L 和 0.2 ~ 1.5 mg/L。故在使用藕塘水和鱼塘水两种灌溉水源进行排水再利用时要考虑氮、磷含量的差异对再排水中污染物的影响。

按再利用田块与塘堰间的相对位置关系,把排水再利用分为两种布局形式。蓄水塘堰自然蓄积来自上游区的排水,若再利用小区位于塘堰下游则可采用自流灌溉的形式,否则利用水泵把塘水经输送通道到田块进行排水再利用的形式。

(二)田面水中不同形态磷素的动态变化

藕塘水和鱼塘水灌溉下田面水 DRP 浓度随田面距离和时间的变化由图 6 - 4 给出。由图可见,田面水中 DRP 浓度随着距进水口距离的增加呈现减少的趋势,排水回灌到田块后浓度消减量随时间的变化较大,7 月与 8 月的田面水 DRP 浓度明显低于 6 月的相应值,以 8 月 5 日田块末端(40 m 处)为例,与藕塘水和鱼塘水的灌溉水源相比,DRP 浓度消减率分别为 67.1% 和 22.0%。除了 8 月鱼塘水灌溉的田面水浓度高于藕塘水外,田面水中 DRP 浓度在两种灌溉水源间的差异不显著。这表明水田田面系统对通过循环灌溉输入水源的 DRP 浓度变化具有一定的缓冲作用,循环灌溉水源中 DRP 浓度一定范围的变化不会改变再排水中 *DRP* 浓度。

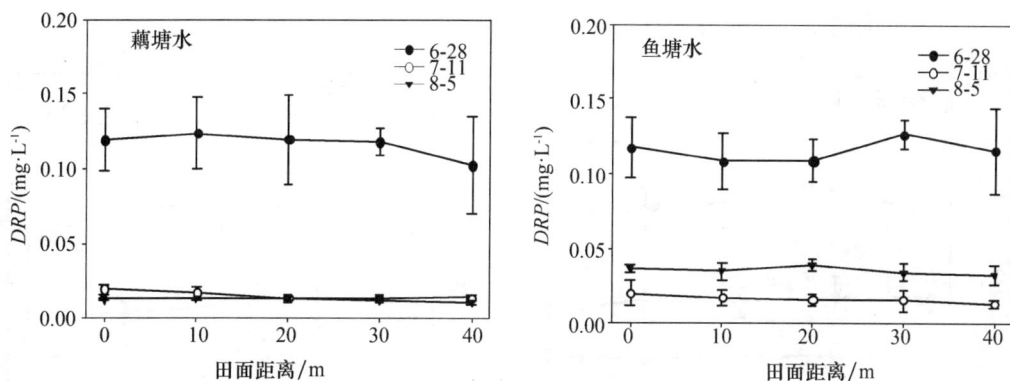

图 6-4　藕塘水和鱼塘水灌溉下田面水 *DRP* 浓度随田面距离的变化

由图 6-5 可见,随着距进水口距离的增加田面水中 *DP* 浓度有减少的趋势,排水被回灌到田块后田面水 *DP* 浓度随时间的变化较大,田面水 *DP* 浓度的大小为 7 月 > 6 月 > 8 月,且 8 月田面水中 *DP* 浓度均低于《地表水环境质量标准》(GB 3838—2002) Ⅲ 类水中规定的可溶性磷浓度阈值 0.2 mg/L。以 8 月 5 日田块末端(40 m 处)为例,与藕塘水和鱼塘水的灌溉水源相比,*DP* 浓度消减率分别为 85.9% 和 79.2%。田面水中 *DP* 含量在 2 种灌溉水源处理间的差异不显著。表明水田田面系统对通过循环灌溉输入水源的 *DP* 浓度变化具有缓冲作用,循环灌溉水源中 *DP* 浓度的变化未改变再排水中 *DP* 浓度。

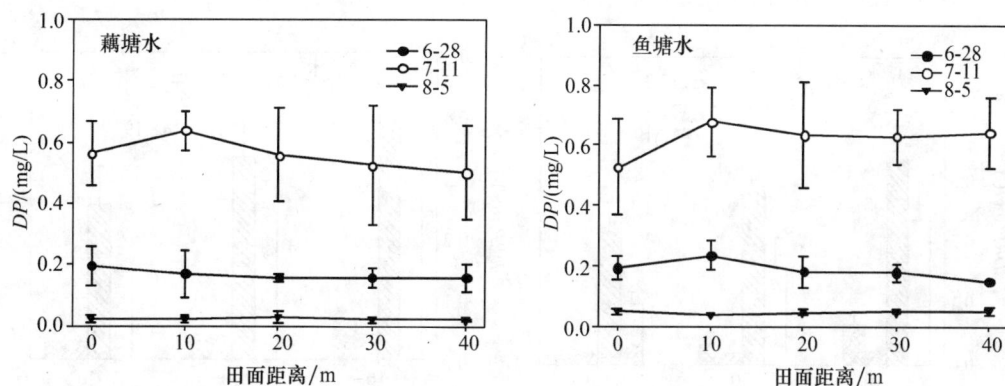

图 6-5　藕塘水和鱼塘水灌溉下田面水 *DP* 浓度沿田面距离的变化

由图 6-6 可见,田面水中 *TP* 浓度沿田块距离呈减少的趋势,排水回灌到田块后 *TP* 浓度消减量随时间的变化较大,呈现出田面水 *TP* 浓度的大小为 7 月 > 6 月 > 8 月的规律,以 8 月 5 日田块末端(40 m 处)为例,与藕塘水和鱼塘水的灌溉水源相比,田面水 *TP* 浓度消减率分别为 57.4% 和 64.2%。除 8 月鱼塘水灌溉的田面水 *TP* 浓度略高于藕塘水外,田面水中 TP 含量在 2 种灌溉水源处理间的差异不显著。这表明水稻田面系统对通过循环灌溉输入水源的 TP 浓度变化具有一定的缓冲作用,循环灌溉水源中 TP 浓度在一定范围内变化不会改变再排水中 TP 浓度。

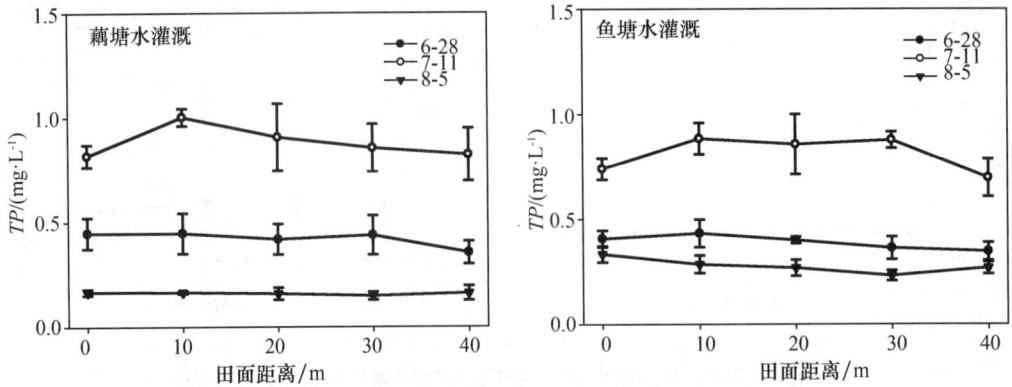

图 6-6　藕塘水和鱼塘水灌溉下田面水 TP 浓度沿田面距离的变化

(三)渗漏水中不同形态磷素的动态变化

藕塘水和鱼塘水灌溉下渗漏水 DRP 浓度随田面距离和时间的变化由图 6-7 给出。由图可见,渗漏水中 DRP 浓度在不同灌溉时期的差异比较明显,8 月渗漏水中 DRP 浓度明显低于 7 月的相应值。渗漏水中 DRP 浓度沿着田面距离递减,尤其 7 月浓度较高时的减少量更明显。与前述的相应田面水中 DRP 浓度相比,渗漏水中 DRP 浓度略高。除了 8 月 3 日鱼塘水灌溉的渗漏水中 DRP 浓度显著高于藕塘水灌溉的相应值外,渗漏水中 DRP 浓度在不同灌溉水源间的差异不显著。

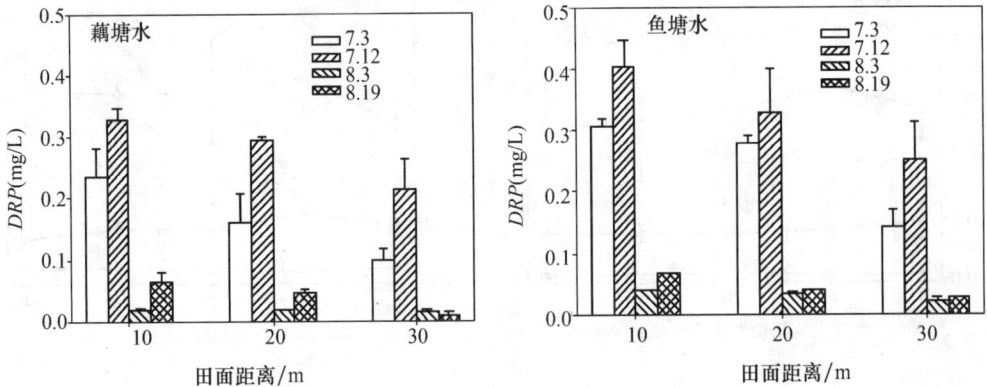

图 6-7　藕塘水和鱼塘水灌溉下渗漏水 DRP 浓度沿田面距离的变化

由图 6-8 可见,渗漏水中 DP 浓度在不同灌溉时期的差异比较明显,8 月渗漏水中 DP 浓度明显低于 7 月的相应值。渗漏水中 DP 浓度沿着田面距离降低,尤其 7 月浓度较高时的降低量更为明显。与前述的相应田面水中 DP 浓度相比,渗漏水中 DP 浓度略高,而8月的浓度也大都低于《地表水环境质量标准》(GB 3838—2002)Ⅲ类水中规定的可溶性磷浓度阈值0.2 mg/L。除了8月3日鱼塘水灌溉下渗漏水中 DP 浓度显著高于藕塘水灌溉的相应值外,渗漏水中 DP 浓度在不同灌溉水源间的差异不显著。

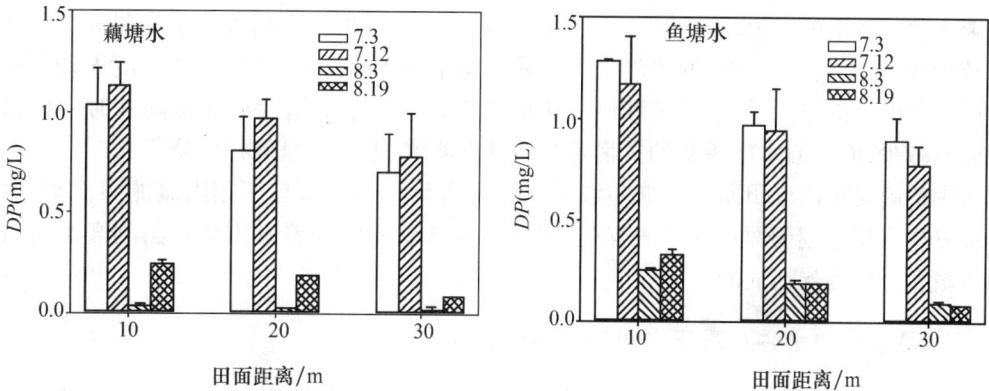

图6-8　藕塘水和鱼塘水灌溉下渗漏水 DP 浓度沿田面距离的变化

由图6-9可见,渗漏水中 TP 浓度在不同灌溉时期的差异比较明显,8月渗漏水中 TP 浓度明显低于7月的相应值。渗漏水中 TP 浓度沿着田面距离降低,在7月浓度较高时的降低量更明显。与前述的相应田面水中 TP 浓度相比,渗漏水中 TP 浓度大都略高。除了8月3日下鱼塘水灌溉的渗漏水中 TP 浓度显著高于藕塘水灌溉的相应值外,渗漏水中 TP 浓度在不同灌溉水源间的差异不显著。

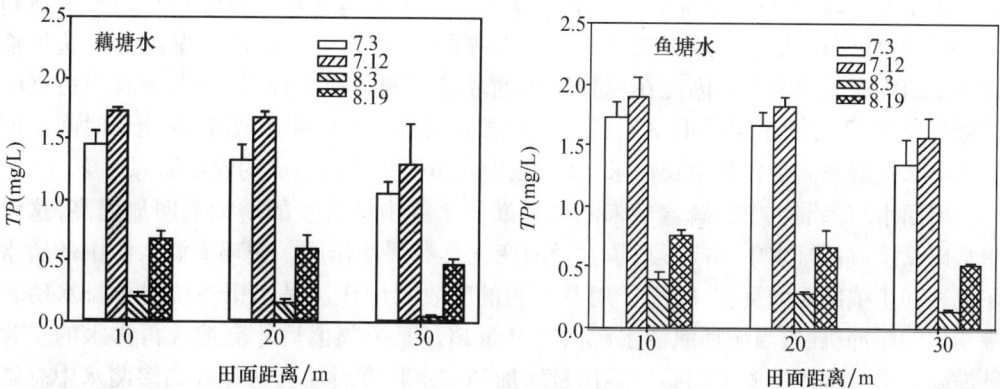

图6-9　藕塘水和鱼塘水灌溉下渗漏水 TP 浓度沿田面距离的变化

三、问题讨论

(一)提高稻田的磷素净化效率或减少磷流失

把排水循环灌溉到田块使作物再次利用排水中的磷素成为可能,延长水力停留时间或循环灌溉次数均能提高颗粒态磷的沉淀作用和溶解性磷的土壤吸附作用,从而提高水田的磷素净化效率。然而这两种方式有时与水稻作物需水规律和田间管理不协调，可调控的空间有限。通过延长单个田块的长度或多个田块串联灌溉的方式，可增加循环灌溉水与土壤和作物的作用时间，更易实现。本试验及相关研究均发现水田田面水和渗漏水中不同形态磷素含量沿程降低，均支撑了延长循环灌溉水的流程能改善水田磷素净化效率的结论。之所以形成田面水磷含量的沿程减少趋势弱于渗漏水磷含量的减少程度，是由于本试验的田面水和渗漏水均于灌水后 2 ~ 4 d 后取样。由于磷素在田面水中的扩散作用，排水循环灌溉后田面水中磷素含量的沿程差异量随着时间推移而逐渐减少；而渗漏水中磷素的扩散作用受土体阻隔使其沿程差异保持更长时间。渗漏水中的磷含量高于田面水可能与渗漏水中磷含量一部分来自于刚灌溉的田面水，另一部分来自于土壤剖面磷的释放有关；渗漏水磷含量的沿程差异主要是由刚灌水后田面水磷含量的差异造成的。

(二)影响排水再利用下水田磷素净化效率

田面水中磷素含量较高的泡田期和施肥期不宜进行排水再利用，因为该时期较高的田面磷素含量再加上循环水本身的磷素含量极易造成大量农田磷素的再排水流失。水稻生长后期随着所施肥料的消耗和作物磷需求高峰期的到来，使田面和土壤水中的磷含量均达到较稳定的低水平，宜实行排水循环灌溉，这与本试验发现的 8 月份田面水和渗漏水中不同形态磷浓度较低一致，常规清水灌溉试验研究也得到类似的结果。之所以形成 7 月份较高的田面水与渗漏水中磷含量还与该时期的水稻晒田改善了土壤的通气条件与结构有关。7 月份的晒田使土壤从还原状态向氧化状态转化，促进了土壤磷的释放以提高土壤水溶液和田面水中的磷浓度；8 月份的持续淹水还原状态促进了土壤的固磷作用，降低了磷素的释放能力和土壤水溶液中的磷含量。另外当水稻土由饱和向干燥转换过程中易于形成裂隙以充当磷素渗漏通道，也使大量的土壤磷沿着这种临时形成的优先流而淋失。因此在规划排水循环灌溉制度或工程时，应考虑利用适宜的沟塘蓄存 6 ~ 7 月的汛期排水，8 月份再利用蓄积的排水进行补充灌溉，既能从时间尺度上调配水资源来满足作物生长需求，又可减少农田磷素排放造成的农业面源污染。

田面水与渗漏水中的磷含量未随循环灌溉水源中磷含量的增加而明显提高，这说明水田系统对再排水中不同形态磷含量的变化具有缓冲作用。循环灌溉水源中的磷素在地表和土壤剖面的沉淀、吸附作用及作物的吸收利用作用是水田系统对再排水磷含量变化的缓冲机制，当循环灌溉水源的磷含量超过某个阈值后才会造成再排水的磷含量提高。这与常规灌溉下当磷肥施用量增加到一定程度时才会明显提高渗漏水中总磷含量的结论相一致。

四、结论

排水再利用下水田田面水和渗漏水中不同形态磷素含量沿程降低，尤其渗漏水的磷含量减少趋势更为显著，排水再利用水中磷含量的一定范围变化不会增加田面水和渗漏水的磷含量。田面水和渗漏水中不同形态磷含量受灌溉时期的影响明显，8 月份田面水和渗漏水的磷含量明显低于其他时段。延长循环灌溉水的田面流程或在 8 月份的水稻需肥高峰期进行排水再利用，可明显提高四湖流域的水田磷素去除效率。

第四节　排水再利用驱动的水循环模型

排水再利用的管理方式可有效地利用降水资源和减少氮磷等污染物的排放。但在实际应用的过程中塘堰工程的容积及相应集水与灌溉面积等对节水的影响明显。这就需要根据不同地区的特点选择不同的灌排面积比和塘堰容积以形成适合的排水利用模式。故在考虑到作物用水和降雨排水时间分布不均衡的状况下建立以塘堰为主体的区域排水再利用驱动的水循环模型来探讨不同的排水再利用模式对排水再利用效率的影响。

一、模拟模型

(一)排水量估算

水稻种植区的排水量采用改进 SCS 模型计算,具体形式为

$$Q = \begin{cases} \dfrac{(P - I_a)^2}{(P + 4I_a)} & P > I_a \\ 0 & P \leqslant I_a \end{cases} \tag{6 – 35}$$

$$I_a = I_d - k \overline{P_1} \tag{6 – 36}$$

$$\overline{P_i} = \begin{cases} I_d & P_i + k \overline{P_{i+1}} \geqslant I_d \\ P_i + k \overline{P_{i+1}} & P_i + k \overline{P_{i+1}} < I_d \end{cases} \tag{6 – 37}$$

$$I_d = \frac{5\ 080}{CN} - 50.8 \tag{6 – 38}$$

式中:Q——日排水量,mm;

P——产流当日的降雨量,mm;

P_i——产流前第 i 天的日雨量,mm;

$\overline{P_i}$——产流前第 i 天的有效影响雨量,mm;

I_a——降雨初损,mm;

I_d——潜在初损,mm;

k——影响系数;

CN——曲线数。

(二)灌溉需水量估算

1. 作物需水量

作物需水量是指在水分供应充足且不受其他影响因素限制的条件下,为获得最高产量作物所需要的水分总量。参考作物蒸散量乘以作物系数法是计算作物需水量最普遍的方法,计算为

$$ET_c = ET_0 \times K_c \qquad (6-39)$$

式中：ET_c——某计算时段的作物需水量，mm；

ET_0——对应时段的参考作物蒸散量，mm；

K_c——同一时段的作物系数。

水稻作物系数 K_c 参照该方法分生育早期、发育期、生育中期和生育后期四个阶段分段赋值。

参考作物蒸散量 ET_0 采用 Penman – Monteith 公式计算，即

$$ET_0 = \frac{0.408\Delta(R_n - G) + \gamma \dfrac{900}{T+273} U_2(e_s - e_a)}{\Delta + \gamma(1 + 0.34U_2)} \qquad (6-40)$$

式中：ET_0——参考作物蒸散量，mm/d；

R_n——地表净辐射，MJ/（m² · d）；

G——土壤热通量，MJ/（m² · d）；

T——2 m 高处日平均气温，℃；

U_2——2 m 高处风速，m/s；

e_s——饱和水气压，kPa；

e_a——实际水气压，kPa；

γ——干湿表常数，kPa/℃。

2. 水稻灌溉需水量

水稻灌溉需水量指为了满足水稻正常生长通过灌溉补充的水量，主要指水稻需水量和田间渗漏量与有效降雨量之差，即

$$IR = ET_c + L - P_e \qquad (6-41)$$

式中：IR——某计算时段的水稻灌溉需水量，mm；

ET_c——对应时段的水稻作物需水量，mm；

L——该时段的田间渗漏量，mm；

P_e——一时段的有效降雨量，mm。

其中，有效降雨量采用美国农业部水土保持司推荐的计算方法，即

$$P_e = \begin{cases} P \times \dfrac{125 - 0.2P}{125} & P \leqslant 250 \\ 125 + 0.1P & P > 250 \end{cases} \qquad (6-42)$$

式中：P_e——月有效降雨量，mm/M；

P——月累计降雨量，mm/M。

若计算日或旬的有效降雨量，通过时段平均来获得。

（三）塘堰水平衡演算

塘堰涝时蓄积排水和旱时灌溉是排水再利用的具体实现形式，故基于排水来水量和作物灌溉需水量的变化来匹配合适的塘堰是成功实行排水再利用的关键。基于塘堰的排水集蓄和灌溉用水的质量平衡可表示为

$$S_e = S_i + Q \times A_D - IR \times A_I - DL \qquad (6-43)$$

式中:S_i,S_e——为分别计算时段初与时段末的塘堰蓄水量,m^3;

DL——时段内的塘堰损失量或泄水量,m^3;

Q——排水区的单位集水量,m;

A_D——排水区的集水面积,hm^2;

A_I——排水再灌溉区域的面积,hm^2。

考虑到塘堰最大容积 S_m 与相应集水面积 A_D 之比为塘堰容积率 PV,又定义灌溉面积 A_I 与排水面积 A_D 之比为排水再利用的灌排比 R_{ID} 后,上式(6-43)可变为

$$S_e = S_i + (Q - R_{ID} \cdot IR) \cdot \frac{S_m}{PV} - DL \tag{6-44}$$

考虑到南方灌区水稻的灌溉周期一般为 10 d 左右,本试验以旬为时段进行塘堰水平衡演算。塘堰的水面蒸发与渗漏量占塘堰容积较少予以忽略。按计算旬段内降雨排水事件和灌溉事件的遭遇状况,分三种情况进行计算。

①计算旬段内只有灌溉发生时,$S_e = S_i - R_{ID} \cdot IR \cdot S_m/PV$,若 $S_e < 0$,则需要利用其他水源灌溉,灌水量为 $R_{ID} \cdot IR \cdot S_m/PV - S_i$。

②计算旬段内仅发生降雨排水时,$S_e = S_i + Q \cdot S_m/PV$,若 $S_e > S_m$,则产生塘堰泄水且泄水量为 $DL = S_i + Q \cdot S_m/PV - S_m$。

③计算旬段内灌溉与降雨排水事件均发生时,考虑到水田的雨水蓄积深度均不小于最大灌溉水深且同一旬段内的灌溉事件大都不超过一次,则灌溉事件必定先于降雨排水事件发生。为此灌溉结束后的塘堰蓄水容积(记为 S_{mi})可表示为 $S_{mi} = S_i - R_{ID} \cdot IR \cdot S_m/PV$,若 $S_{mi} < 0$,取值为 0;随后的降雨排水后,$S_e = S_{mi} + Q \cdot S_m/PV$,若 $S_e > S_m$,则产生塘堰泄水量为 $DL = S_{mi} + Q \cdot S_m/PV - S_m$。

二、实例分析

(一)基本情况

漳河水库灌区位于我国水稻主产区,随着近年种植结构的调整,中稻成为主要种植品种。目前,灌区初步形成以漳河水系为骨干,各种中小型蓄水设施彼此连接的"长藤结瓜"式灌溉模式,数量众多的塘堰起到了补充灌溉的作用。为了有效地发挥塘堰汛期滞蓄洪涝和旱期补充灌溉的作用,以漳河水库灌区平原区为研究对象进行排水再利用的评价分析。气象资料为研究区附近团林实验站 1977~2014 年监测的逐日大气压力、最高气温、最低气温、降雨量、相对湿度、风速、日照时数的数据。曲线数 CN 与影响系数 k 参照相关研究和监测数据分别取为 72 和 0.8。当地中稻插秧时间为 6 月上旬,根据调查和实验站监测资料确定生育早期、发育期、生育中期和生育后期的历时分别为 22 d、27 d、37 d 和 23 d,对应的作物系数 KC 分别为 1.05,1.05~1.63,1.63 和 1.63~1.03,田间渗漏量为 1 mm/d,泡田定额约 135 mm。

排水再利用效果在不同的气象和水文条件间的差异较大,为此先基于 37 年的降雨数据,筛选出丰水年(25%)、平水年(50%)和枯水年(75%)三个典型水文年的气象数据。为了厘清排水循环灌溉涉及的塘堰、排水区和灌溉区三者的关系,在南方典型塘堰

容积 1 000 m^3 的基础上讨论灌排比 R_{ID}、塘堰容积率 PV 和塘堰初始蓄水率 S_0 变化对排水循环灌溉效果的影响。其中灌排比 R_{ID} 的设计变化范围为 1 ~ 0.01, 塘堰容积率 PV 的设计变化范围为 10 ~ 3 000 m^3/hm^2, 塘堰初始蓄水率 S_0 变化范围为 0.01 ~ 1.00。

补充灌溉率和排水再利用率作为评价指数用来讨论排水再利用的效果。其中补充灌溉率是指通过排水循环灌溉到农田的水量占总灌溉量的比例, 排水再利用率指通过排水循环灌溉到农田的水量占总排水量的比例。补充灌溉率表示了排水循环灌溉对灌溉需水的贡献量, 而排水再利用率则侧重于描述排水循环灌溉对区域排水的消减作用, 后者对减少面源污染排放的效应更大。

(二)影响评价

图 6 - 10 给出不同水文年下区域灌溉与排水面积比对排水循环灌溉补充灌溉率和排水再利用率的影响。由图可见, 排水循环灌溉能够提高排水再利用率和补充灌溉率, 并随着 R_{ID} 的增加而增至最大时便趋于稳定。补充灌溉率和排水再利用率受 R_{ID} 的影响在不同水文年间的差异明显, 枯水年的补充灌溉率和排水再利用率在 $R_{ID} = 0.15$ 时达到最大, 分别为 13.0% 和 57.5%; 对于平水年, 当 $R_{ID} < 0.1$ 时两者增加较快, 在 0.5 时达到最大; 丰水年下的排水再利用率随着 R_{ID} 的增加而快速提高并在 0.15 时达到 100% (这与丰水年水稻生长期降雨较为均匀有关), 丰水年的补充灌溉率增长缓慢并在 $R_{ID} = 0.4$ 时达到最大。这表明在特定的排水区域和塘堰条件下, 增加排水循环灌溉面积能有

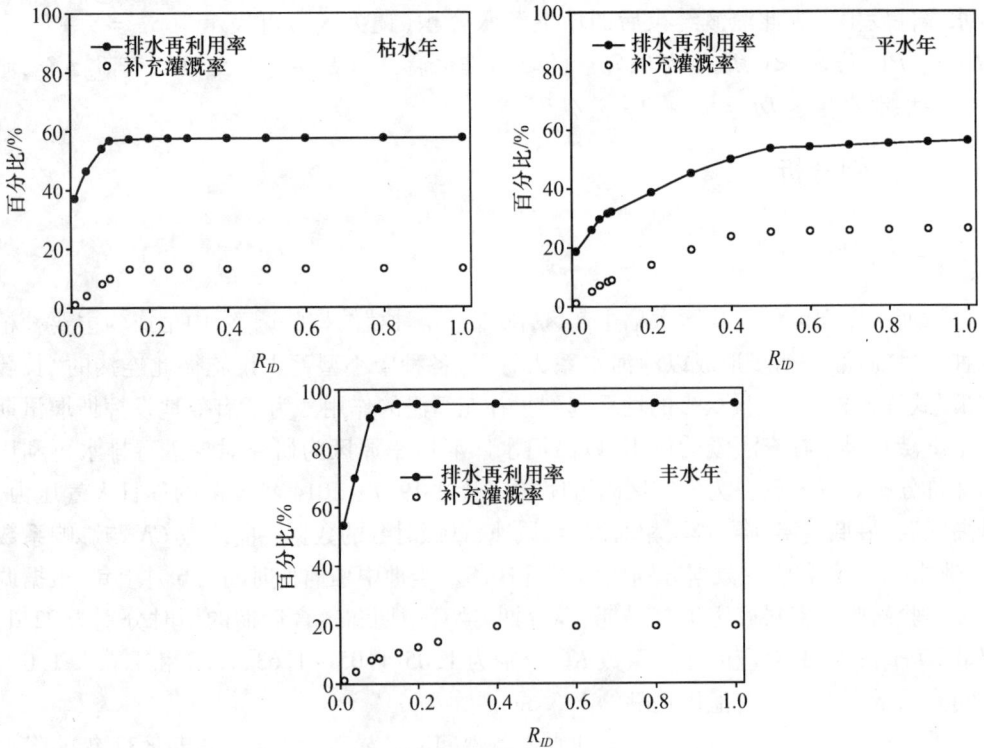

图 6 - 10 不同水文年下灌溉与排水面积比 R_{ID} 对排水循环灌溉的补充灌溉率和排水再利用率的影响

效地减少排水损失和补充灌溉水源的不足,这种效果在灌排面积比小于15%时的增加效应最为明显,不宜使其超过50%。

图6-11给出不同水文年下塘堰容积率对排水循环灌溉补充灌溉率和排水再利用率的影响。由图可见,补充灌溉率和排水再利用率随着塘堰容积率的增加而增加,随后趋于稳定。当容积率分别增加到1 000,2 000和700 m³/hm²时,枯水年、平水年和丰水年下排水再利用率均分别快速增加到100%。不同水文年的补充灌溉率均在容积率为1 500 m³/hm²时达到最大为20%,枯水年的补充灌溉在容积率小于700 m³/hm²时的增加速率较大,平水年和丰水年的补充灌溉率快速增加阶段是容积率小于300 m³/hm²的区间。这表明,增加容积率可有效提高补充灌溉率和排水再利用率,如果容积率增加到一定程度则可完全再利用区域排水。

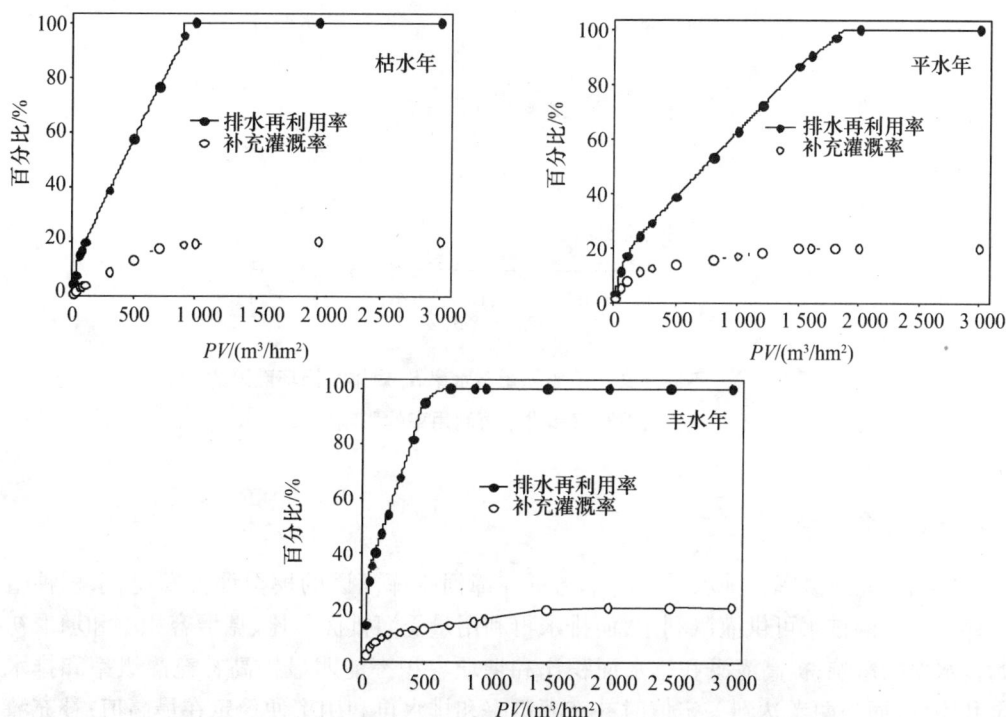

图6-11 不同水文年下塘堰容积率PV变化对排水循环灌溉的补充灌溉率和排水再利用率的影响

图6-12给出不同水文年下塘堰初始蓄水率S_0对排水再利用补充灌溉率和排水再利用率的影响。由图可见,补充灌溉率和排水再利用率受塘堰初始蓄水率的影响相对较小。不同水文年下排水再利用率随着初始蓄水率的增加开始变化平缓,只有当枯水年$S_0 > 0.7$和平水年与丰水年$S_0 > 0.9$时才呈现递减趋势。补充灌溉率随着S_0增加而缓慢增加,并在枯水年$S_0 > 0.7$和平水年与丰水年$S_0 > 0.9$时达到最大值。这表明适当地提高塘堰的初始蓄水量可一定程度地提高排水再利用的补充灌溉量,初始容积量在0~0.7变化不会弱化其减少排水损失的作用。

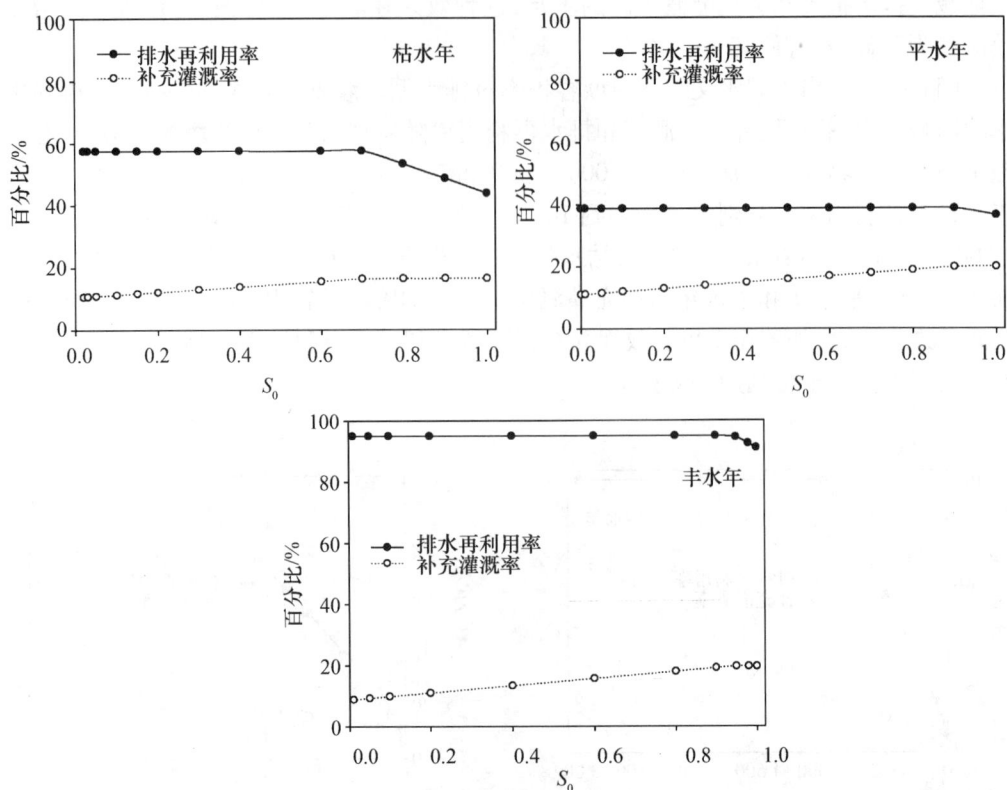

图 6 - 12 不同水文年塘堰初始蓄水率 S_0 对排水循环灌溉的补充灌溉率和排水再利用率的影响

三、结论

使用补充灌溉率和排水再利用率指标在漳河水库灌区的模拟评价发现,水稻种植区存在大量的排水可供灌溉利用,而排水再利用量受灌排面积比、塘堰容积率和塘堰初始蓄水率的影响;提高灌溉和排水面积比和塘堰容积率能明显提高补充灌溉率和排水再利用率,而当两者达到一定值时补充灌溉率和排水再利用率便稳定在最高值;补充灌溉率随塘堰初始蓄水率的增加而缓慢增加,排水再利用率则先随初始蓄水率的增加而稳定不变,随后逐渐降低。

参 考 文 献

[1]蔡学良,崔远来,代俊峰,等.长藤结瓜灌溉系统回归水重复利用[J].武汉大学学报（工学版）,2007,40(2):46-50.

[2]王建鹏 崔远来.基于蒸散发调控及排水重复利用的灌区节水潜力[J].灌溉排水学报,2013(4):1-5.

[3]Somura H,Takeda I,Mori Y. Influence of puddling procedures on the quality of rice

paddy drainage water[J]. Agricultural Water Management,2009,96(6):1052 – 1058.

[4]李学平 石孝均.紫色水稻土磷素动态特征及其环境影响研究[J].环境科学,2008,29(2):434 – 439.

[5]朱兆良.农田中氮肥的损失与对策[J].土壤与环境,2000,9(1):1 – 6.

[6]王庆仁 李继云.论合理施肥与土壤环境的可持续性发展[J].环境科学进展,1999,7(2):116 – 123.

[7]谢菲 朱建强.鱼塘 – 稻田复合系统中稻田规格的确定[J].长江大学学报(自然科学版),2013,10(23):72 – 76.

[8]颜晓,王德建,张刚,等.长期施磷稻田土壤磷素累积及其潜在环境风险[J].中国生态农业学报,2013,21(4):393 – 400.

[9]彭世彰,黄万勇,杨士红,等.田间渗漏强度对稻田磷素淋溶损失的影响[J].节水灌溉,2013,9:36 – 39.

[10]叶玉适,梁新强,李亮,等.不同水肥管理对太湖流域稻田磷素径流和渗漏损失的影响[J].环境科学学报,2015,35(4):1125 – 1135.

[11]高超,张桃林,吴蔚东.氧化还原条件对土壤磷素固定与释放的影响[J].土壤学报,2002,39(4):542 – 549.

[12]Prem M,Hansen H C B,Wenzel W,et al. High spatial and fast changes of iron fedox state and phosphorus solubility in a seasonally flooded temperate wetland soil[J]. wetlands,2015,35(2):237 – 246.

[13]Simard R R,Beauchemin S,Haygarth P M. Potential for preferential pathways of phosphorus transport[J]. Journal of Environmental Quality,2000,29(1):97 – 105.

[14]焦平金,许迪,于颖多,等.递推关系概化前期产流条件改进SCS模型[J].农业工程学报,2015,31(12):132 – 137.

[15]王卫光,彭世彰,孙风朝,等.气候变化长江中下游水稻灌溉需水量的时空变化特征[J].水科学进展,2012,23(5):656 – 664.

[16]Bos M G,Kselik R A,Allen R G,et al. ,Water requirements for irrigation and the environment[M]. Springer Science & Business Media,2008.

[17]蔡学良,崔远来,董斌,等.基于GIS的南方水库灌区塘堰蓄水能力研究[J].中国农村水利水电,2006,10:1 – 3.

[18]毛战坡,尹澄清,单宝庆,等.水塘系统对农业流域水资源调控的定量化研究[J].水利学报,2003,12:76 – 83.

[19]罗琳,张松,郭胜男,等.SCS模型在中尺度流域和径流试区的应用比较[J].灌溉排水学报,2014,33(4/5):394 – 398.

[20]黄志刚,王小立,肖华,等.气候变化对松嫩平原水稻灌溉需水量的影响[J].应用生态学报,2015,26(1):260 – 268.

第七章 灌区节水灌溉技术模式

第一节 田间节水灌溉技术模式

一、格田规模的演变

目前我国农业的种植规模小,大大地影响了农业机械的作业效率,使农业机械作业成本加大。格田尺寸研究的目的,就是通过分析农业机械的作业效率与格田尺寸的关系,找出能使大中型机械有效工作的格田尺寸。

田块的尺寸和方向以末级沟渠的布局来确定,长度为末级渠道至末级沟道(小沟)的间距,一端邻灌溉农渠或毛渠,一端邻排水农沟,以田埂相隔,形成格田。格田宜长些、大些,但也不能过长。日本、荷兰、德国及英国规划的许多水稻垦区,几乎都是每块 3 亩左右,长 50~70 m,宽 30~40 m,这样的规格既利于田面平整,方便灌溉与排水,有利水稻高产,又便于水稻机械作业。而且农田的大小也要和当前的土地承包规模相适应,在丘陵地区还要和地形相适应。

雷声隆指出我国灌区田间工程建设的参考标准:地形平坦的旱作地区可以采用 400 m×800 m(约 30 hm^2)的机耕耕作区,平原水田区采用 30 m×100 m 或 40 m×80 m(约 0.3 hm^2)的格田,但山丘地区先争取达到 0.10~0.20 hm^2,待以后再行合并,使其能进行中小型机械化作业。日本目前正在提倡的水田最小格田尺寸是 30 m×(100~150)m,数块格田(3~5 块)处于同一高程,构成机耕作业区。

江苏地分丘陵、平原和低洼水乡三大类型,相应的田块布局也有所不同。圩区内田块的形式和方向取决于圩内河网布局,田块垂直于生产河,基本上为南北向,便于作物通风、采光。长度大致在 100 m,宽度约 20 m,每个格田面积约 3 亩。淮北地区格田的长度一般为 200~300 m,格田形状一般多为矩形和平行四边形。南方山区、丘陵区梯田宽度需视坡陡缓与其他情况而定,一般梯田宽度 16~25 m,长度 80~100 m。

赵华甫等结合东北黑土区的特点,设计典型田块大小为 300 m×600 m,东西走向 300 m,南北走向为 600 m,面积 18 hm^2,根据项目区现有发展规模农业的范例和传统,每个典型田块根据需要布置临时灌溉毛渠和毛沟,毛渠下分割为小格田,格田大小为 40 m×100 m。

许迪等认为格田的长度不应仅考虑农机操作的距离要求,还要使灌排系统的运行能够达到较好效果。但在"两暗一明"工程模式下,影响格田尺寸和形状的主要因素不是末级固定降渍排水沟间距,而是农业机械的作业效率。它的长度和宽度必须满足机耕、机播和机械收割的要求。

马剑通过理论计算,对给定的半喂入式联合收割机在特定田块不同尺寸和形状田块作业进行测定计算,探讨了田块尺寸对联合收割机生产率的影响,并得出这样的结论:在水稻种植区,田块面积一般规划不要小于 0.267 hm²,但田块面积也无须过大,否则平整困难。

如果田块的长度较长,虽然单位面积的转弯次数会减少,机械的作业效率会增大,但是长度受到农业机械一次可行驶距离的影响,如果不将长度控制在 220 m 以下,就不能完成一个往返,所以必须将田块长度和田块宽度的 2 倍值控制在一次可行驶距离以下。

二、规模化格田配套的标准化工程模式

土地整理的目的在于合理配置土地资源,提高土地生产率,其最有效的方法就是规整田块,使各个田块的性状比较规整,形成标准田块。标准田块又成耕作田块,它的规模、长度、宽度、方向、形状等要素规划的合理与否直接影响田间灌排渠道、护田林带、田间道路等作用的发挥以及机耕的效率和田间管理的方便与否,所以正确规划耕作地块,是土地整理规划设计十分重要的问题。

(一)田块规划

田块规划设计包含以下三个方面的要素:田块方向、田块的边长和形状、田块设计与地形的关系。根据成功的耕作经验,结合科学研究试验提出如下设计思路。

1. 田块方向

田块长边方向往往是播种与耕作管理的方向,也是末级固定渠道、田间道和护田林带主林带的方向。因此,田块方向选择的正确与否,将长期影响田块的日照、灌排条件、机械作业和防风效果以及下地距离远近等。在丘陵山区,合理设计田块方向,对保持水土有着十分重要的意义。选定田块方向应满足以下几个方面的要求:首先,要有利于作物的生长发育,光是作物生产干物质的能源,几乎所有的农作物都只有在强光下才能正常生长,越到生长盛期需光量越多,因此充分保证光照条件是促进农作物增产的关键措施之一;其次,要有利于田间机械作业,在坡耕地上,田块方向直接影响着拖拉机功率的利用率、机械作业效率和土壤侵蚀速度。当拖拉机顺坡作业时,由于要克服上坡阻力,拖拉机的有效牵引力要比平地小。一般坡角在 10° 范围以内,坡度每增加 1° 牵引力损失约 5%,下坡仅增加 3%,且下坡不能经常被实际运用。

2. 田块的边长(长宽度)和形状

田块的边长和形状应根据合理组织生产和有效利用农机具以及地形特点、田块面积等因素具体加以确定。在风害地区还要考虑合理配置护田林带的要求。

(1)田块长度

田块长度的设计应有助于提高机械作业效率,有利于合理地组织田间生产过程,灌水组织工作和土地平整的要求。机械作业要求田块长度决定着机器拖拉机组的工作单程,而后者对于机组空行程的大小和耕作效率的高低有着决定性的作用。工作单程长,机组转变次数就减少,则机械作业效率就高。反之,若工作单程短,转弯次数就会增加,

消耗于转变的时间和燃料就要增加,机械作业效率也会降低。

（2）田块宽度

田块宽度应考虑田块面积、机械作业要求、灌溉排水以及防止风沙等要求,同时应考虑地形、地貌的限制。田块要求宽度的参考数据：机械作业要求宽带 200～300 m,灌溉排水要求宽度 100～300 m,防止风沙要求宽度 200～300 m。

（3）田块形状

田块形状是否规则,直接影响着机械作业效率与田间管理的方便程度。田块越规整,则机械作业过程中重耕与漏耕面积越小,有利于提高耕作质量,减小机械损耗。同时,规则的田块也方便水利设施道路工程防护林带等的布局,降低整理成本,减小土地浪费。一般情况下,耕作田块的规划形状应该尽量接近矩形或者正方形,其次是接近直角的平行四边形或者其他规划的四边形,应该尽量保证田块开关的规则性,避免出现三角形多边形等不规划田块,对于因地形条件复杂造成外形特殊的田块,应该通过土地平整,将其变为规则的集合形状。对于接近河流渠沟村界等导致形状弯曲的田块,不能机械分割或合并,应该尽量将自然边界作为短边,同时保持长边的平行。

3. 田块设计与地形的关系

在丘陵山区设计田块时,地形条件具有重要作用。地形对农业生产的影响是多方面的。地形影响热量的重新分配,同时影响土壤水分、养分、机械组成状况,这些直接制约着土壤的肥力和小气候,由于田块长边方向就是田间耕作方向,而后者在丘陵山区对地面径流和土壤冲刷影响很大。

4. 各种地形条件下田块规划标准

耕作田块是田间道路、防护林带和末级固定渠道所围成的生产地块,是田间耕作、生产管理、作物种植。平整土地的基本单元。从耕作田块的长度、宽度、规模、形状、布置方向、土地质量要求以及田块内部规划等方面,综合考虑平原、丘陵、滨海滩涂区等不同地形区的耕地机械作业效率、灌排要求、田块平整度、地形地貌、耕作制度、保水保肥、防风固土及方便交通运输等要求,提出耕作田块规划的一般性标准,如表 7-1 所示。

表 7-1　耕作田块规划的一般性标准

1. 丘陵地台模式田块规划		
格（梯）田长度	坡度 <10°	50～200 m
	坡度 10°～15°	30～100 m
格（梯）田宽度	坡度 <10°	5～20 m
	坡度 10°～15°	3.5～5 m
格（梯）田方向		长边沿等高线方向,在土壤黏重和过湿的情况下,地块的长边应沿等高线呈一定角度

续表

田面平整度	水田	平均坡度 = 0,凹凸高差 < 3 cm
	旱田	平均坡度 = 1/800 ～ 1/500,凹凸高差 < 10 cm

2. 邱间冲垅模式田块规划		
格(梯)田长度	坡度 < 10°	30 ～ 100 m
格(梯)田宽度	坡度 < 10°	5 ～ 45 m
格(梯)田方向		顺等高线方向,在土壤黏重和过湿的情况下,地块的长边应沿等高线呈一定角度
田面平整度	水田	平均坡度 = 0,凹凸高差 < 3 cm
	旱田	平均坡度 = 1/800 ～ 1/500,凹凸高差 < 10 cm

3. 河谷盆地模式田块规划	
田块长度	100 ～ 500 m
田块宽度	30 ～ 100 m
格田方向	长边宜南北向,或与主害风向夹角在于 60°

田面平整度	水田	平均坡度 = 0,凹凸高差 < 3 cm
	旱田	平均坡度 = 1/800 ～ 1/500,凹凸高差 < 10 cm

格田长度	30 ～ 100 m
格田宽度	20 ～ 40 m

4. 沿溪沙地模式田块规划	
田块长度	100 ～ 400 m
田块宽度	30 ～ 80 m
格田方向	长边宜南北向,或与主害风向夹角在于 60°

田面平整度	水田	平均坡度 = 0,凹凸高差 < 3 cm
	旱田	平均坡度 = 1/800 ～ 1/500,凹凸高差 < 10 cm

格田长度	30 ～ 80 m
格田宽度	20 ～ 30 m

5. 冲积平原模式田块规划	
格田长度	80 ～ 600 m
格田宽度	60 ～ 120 m
格田方向	长边宜南北向,或与主害风向夹角在于 60°
田面平整度	平均坡度 = 0,凹凸高差 < 3cm
格田宽度	30 ～ 50 m

续表

6. 盐化、脱盐平原模式田块规划	
田块长度	100 ~ 600 m
田块宽度	60 ~ 120 m
格田方向	长边垂直地下水流方向
田面平整度	平均坡度 = 0,凹凸高差 < 3 cm
格田长度	60 ~ 120 m
格田宽度	30 ~ 50 m

7. 风沙地模式田块规划		
田块长度		100 ~ 600 m
田块宽度		50 ~ 80 m
格田方向		长边宜南北向,或与主害风向夹角在于60°
田面平整度	水田	平均坡度 = 0,凹凸高差 < 3 cm
	旱田	平均坡度 = 1/800 ~ 1/500,凹凸高差 < 10 cm
格田长度		50 ~ 80 m
格田宽度		30 ~ 50 m

(二)灌排渠系

灌溉与排水工程是指为防治农田旱、涝、渍和盐碱等灾害而采取的各种措施,包括水源工程、输水工程、喷微灌工程、排水工程、渠系建筑物工程、泵站及输配电工程等。水资源利用应以地表水为主,地下水为辅,严格控制开采深层地下水,禁止使用未经处理的污水进行灌溉。水源配置应综合考虑地形条件、水源特点等因素,宜采用蓄、引、提、集相结合的方式。应根据灌溉规模、地形条件、田间道路、耕作方式等要求,合理布置各级输配水渠道及渠系建筑物,灌溉水利用系数不应低于《节水灌溉工程技术规范》(GB/T 50363—2018)的规定。灌溉设计保证率应根据水文现象、水土资源、作物种类、灌溉规模、灌水方式及经济效益等因素确定。排涝标准应满足农田积水不超过作物最大耐淹水深和耐淹时间,应有设计暴雨重现期、设计暴雨历时和排除时间确定。旱作区农田排水宜采用 10 年一遇,1 ~ 3 d 暴雨从作物受淹起 1 ~ 3 d 排至田面无积水;水稻区农田排水宜采用 10 年一遇,1 ~ 3 d 暴雨排至作物耐淹水深。

平原地区斗渠、斗沟以下各级渠沟宜相互垂直。斗渠长度宜为 1 000 ~ 3 000 m,间距宜为 400 ~ 800 m;末级固定渠道(农渠)长度宜为 400 ~ 800 m,间距宜为 100 ~ 200 m,并应与农机具宽度相适应。末级固定渠道与排水沟(农沟)可根据地形条件采用平行相间布置或平行相邻布置。地形复杂地区可因地制宜布设。灌水沟畦坡地小于1/400时,宜选用横向布置;大于1/400 时,宜选用纵向布置。水稻区的格田长边宜沿等高线布置。每块格田均应在渠沟上设置进排水口。若受地形条件限制必须布置串灌串排格田时，其串联数量不得超过三块。斗渠、农渠宜防渗衬砌。渠道上配水、灌水、量水和交通等建筑物及斗沟、农沟上的交通和控制建筑物应配备齐全。

（三）田间道路

田间道路规划中干道、支道是农田生态系统内外各生产单位相互联络的道路，可行机动车，交通流量较大，应该采用混凝土路面或泥结碎石路面。根据有利于灌排、机耕、运输和田间管理，少占耕地，交叉建筑物少，沟渠边坡稳定等原则确定其最大纵坡宜取 6% ~ 8% ，最小纵坡在多雨区取 0.4% ~ 0.5% ，一般取 0.3% ~ 0.4% 。田间道路根据规划区原有道路状况、耕作田块、沟渠布局及农村居民点分布状况进行设置，以方便农民出行及村级农田水利规划设计方案研究耕作。田间道是由居民点通往田间作业的主要道路，除用于运输外还应能通行农业机械，以便田间作业需要，一般设置路宽为 4 ~ 5 m，在具体设计时交叉道路尽量设计成正交，在有渠系的地区进行结合渠系布置。另外，田间道和生产路是系统内生产经营或居民区到地块的运输、经营的道路，其数量大，对农田生态环境影响也较大。因此生态型田间道的设计模式应以土料铺面为主，辅以石料。生产路的规划应根据生产与田间管理工作的实际需要确定。生产路一般设在田块的长边，其主要作用是为下地生产与田间管理工作服务。在路面有条件的地区考虑生态物种繁衍方面生产路的设计可以选择土料铺面，以有利于花草生存及野生动物栖息，促进物种的多样性。在土质疏松道路不平整地区以满足正常行走为主要目标可以选择泥结碎石路面。道路设计时还应保证居民与田间、田块之间联系方便，往返距离短，下地生产方便，尽量减少占地面积，尽量多的负担田块数量和减少跨越工程，减少投资。道路两侧种植花草树木，可以营造野生动植物的栖息之所，也可以使灌区内生物更好流通，有利于生物扩散，促进生物多样性。

（四）农田防护与生态环境保持工程

农田防护与生态环境保持工程是指为保障土地利用活动安全，保持和改善生态条件，防止或减少污染、自然灾害等所采取的各种措施，包括农田林网工程、岸坡防护工程、沟道治理工程和坡面防护工程。农田防护与生态环境保持工程应与田、路、渠、沟等有机结合。农田防洪标准应采用以乡村为主的防护区防洪标准，重现期应为 10 ~ 20 年一遇。农田防护面积比例是指通过各类农田防护和生态环境保持工程建设，受防护的农田面积占建设区农田总面积的比例，农田防护面积比例不应低于 90% 。

1. 农田防护林工程

农田生态防护林设计应结合当地最主要的生态问题进行防护林设计，建立以农田生态防护林为主，多林种相结合的综合防护体系。创造新的农业地理景观，建立结构合理、良性循环的农业生态系统。统一规划、全面整治，实行山、水、林、田、路、村统一规划，综合治理，使生态效益、经济效益和社会效益相统一。

根据地形、气候条件、风害程度及其特点，因地制宜确定林带结构、种类、高度、宽度及横断面形状。林带走向一般应于主害风向垂直，偏角不得超过 30° 。在一般灌溉地区,林带应尽量与渠向一致。主副林带间距根据土壤条件、防护林类型、害风频率、害风最大风速和平均风速、林带结构和疏透度、林带高度和有效防护距离,同时考虑灌溉条件、地物、地形、田块形状、原有渠系和道路分布等因素确定。一般风害的壤土或沙壤土耕地,以及风害不大的灌溉区或水网区,主林带间距宜为 200 ~ 250 m,副林带间距宜为 400 ~ 500 m,网格面积宜为 8 ~ 12.5 hm²;风速大,风害严重的耕地,以及遭台风袭击的水网区,主林带间距宜为 150 m 左右;副林带间距宜为 300 ~ 400 m,网格面积宜为 4.5 ~ 6.0 hm²。

2. 生态环境保持工程

(1)治坡工程规划

坡地梯田规划包括水平梯田、隔坡梯田和坡式梯田规划。

鱼鳞坑与水簸箕工程规划:鱼鳞坑一般布置在坡地上部,上下两排呈"品"字形分布;水簸箕布置在较缓的坡地、集水凹地,根据集水面积、地面坡度等确定其大小和间距。

坡地蓄水工程规划是指对截留沟、蓄水池、水窖等工程设施的布局安排。

(2)治沟工程规划

沟头防护工程包括修筑土埝、截水沟埂及造林护沟。

谷坊工程是布局在沟谷比降较大,沟谷狭窄、切割较深,一般难以耕作的山区。

淤地坝是布局在沟谷较宽、比较较小的沟谷中下游。

(3)治滩工程规划

治滩工程规划主要是通过人工垫土、水力冲土办法,治理河滩地、淤地造田,包括修堤、改河道、引洪淤滩工程等规划。

(4)防洪防潮工程规划

根据洪潮特点,合理确定堤围位置。按防洪、防潮标准,设计堤顶高程和堤线。联围筑堤工程,要合理进行联围布局,缩短防洪堤线,应对上下游、左右岸进行统筹安排,合理规划干、支流的联围和分流,并要进行联围水利计算。

(5)潮排工程规划

潮排工程规划包括潮排与机电排工程规划,是指通过潮位频率计算机围内水位推算决定排水方式,确定排水面积、潮排、抽排范围及配合方式,进行潮排工程布局。

(6)引淡防咸工程规划

引淡防咸工程规划包括防咸工程、咸田淡水用水量确定、筑闸拒咸工程及蓄淡工程等规划。蓄淡工程包括海滩地围海蓄淡、海港堵港蓄淡、挡潮堤蓄淡、围垦区内港道蓄淡及低洼滩地蓄淡等规划。

(7)防护草规划

防护草规划确定草被种类和密度,并根据地形、土壤、草被情况及固坡的要求进行布局。

三、集雨利用与控制灌溉管理技术模式

我国是世界上最大的水稻生产国和消费国,水稻的种植面积达 3 000 多万 hm²,占全国粮食作物总面积的 28%，在我国农业用水过程中，水稻的用水量占到农业用水量的 45% 以上，堪称第一用水大户。目前，水稻灌溉缺水约 200 亿 m^3，在一定程度上造成了全国水稻总产量的降低。由此可见，发展水稻节水灌溉技术，采用田间综合措施提高农业用水的利用效率，将是未来中国农业可持续发展的根本途径。水稻生育期与雨期基本同步，雨水是水稻耗水的主要来源。如何有效安全地利用好水资源特别是雨水资源，被越来越多的人所重视。综合水稻耐淹特征，考虑雨后蓄水深度、蓄水历时等耐淹指标，在降低灌水下限的同时，通过加大蓄水深度以截留更多雨水资源，根据水稻生长及产量对干旱和淹水胁迫的反应特征，在保持较低灌水下限的同时，提高雨后蓄水上限，以扩大稻田的储水库容，充分利用天然降水，减少灌排水频率、灌排定额和氮磷排放量，以期达到节水、减排、环保的效果。因此，通过充分利用降雨，减少灌溉用水量，是水稻节水灌溉的主要发展方向之一。

由于传统淹灌模式耗水量过大，近年来水稻节水灌溉的研究主要集中在水稻对干旱胁迫的反应规律和机理方面，并取得了较多成果，在此基础上又提出了水稻控制灌溉、浅湿灌溉以及间歇灌溉等节水灌溉模式。这些节水模式的理论核心是认为水稻对土壤水分亏缺具有一定的适应能力，通过控制灌溉上、下限时灌水下限指标，造成某种程度的水分亏缺（干旱胁迫），从而减少作物需水量和耗水量，达到节约灌溉用水的目的。对于降雨量较少的地区，耗水量的减少通常意味着灌溉水量的减少，因此，通过控制灌溉上下限即可达到较好的节水效果。目前的水稻节水灌溉模式，偏重与通过减少耗水量节约灌溉用水，而对提高天然降雨利用率的研究不够，这对于日益紧缺的灌溉水资源来说无疑是一个缺陷。

充分利用降雨需要两个条件，一是水田具有较大的蓄水能力，主要通过降低灌溉控制下限和加高田埂实现，二是根据水稻不同阶段的耐淹能力确定适宜的排水上限。目前水稻节水灌溉理论中，对灌溉下限的研究较多，但对最大允许蓄水上限的研究尚不够深入。尤其在现有节水模式中较少涉及雨后蓄水上限，或者滞蓄上限较低，雨水利用不足。从目前水稻"少灌多蓄"技术的研究现状来看，雨后蓄水上限的增加，将会扩大水田的调蓄库容，增加降雨利用，减少灌排定额，有利于田间用水管理。

提高蓄水上限意味着水稻在一定时间内遭受淹水胁迫，因此研究淹水胁迫对水稻的影响成为提高雨水利用效率的重要内容。现有成果中，水稻的淹水试验大多数为应对洪涝灾害而开展的破坏性试验，如高德友、Sharma 等人研究了水稻不同生育阶段没顶淹水处理或深度淹水处理对产量及其构成因子的影响，其设计淹水深度远高于节水灌溉的控制排水上限。试验结果表明，水稻具有很强的耐淹能力，在抽穗期淹没深度达到 600～900 mm 或者没顶后才会导致大幅度减产。在淹没深度 300～400 mm 的情况下，淹水 2 d 减产幅度为 3% 左右；在淹水 200～300 mm 的情况下，作物并不减产。而现有水稻节水灌溉推荐的滞蓄深度，一般不超过 80～150 mm，因此进一步提高雨后蓄水深度是可能的。

蓄雨型节水灌溉模式将控制灌溉与降雨结合起来，以减少灌水次数，提高对自然来水的利用，形成水分可持续利用的循环系统，考虑到水稻的生长和抗病虫害等方面的因素，规定水稻不同生育期可蓄雨水最大深度和蓄雨时间，最大蓄雨深度不同生育期不同，最大蓄雨时间一般不超过 7 d。

近几十年来,我国的水稻栽培技术发展较快,大致分为两种模式:一是基于旱育秧为基础,以抛秧为代表的轻简栽培;二是适当降低群体密度,以提高成穗质量为核心的高产、超高产栽培模式的研究。黑龙江省具有较强代表性的技术就是旱育稀植,高明友、黄俊研究了寒冷地区水稻节水灌溉基本模式下直播栽培及旱育稀植栽培,其试验结果表明,在高产和维持相同产量前提下,旱育稀植水稻较直播水稻生育时期灌水量少 $1\,895.0 \sim 4\,377.5\ \mathrm{m^3/hm^2}$,节水 $27.0\% \sim 39.6\%$,水分生产效率提高 $0.57 \sim 2.40\ \mathrm{kg/m^3}$,在节水灌溉尺度上,已达到北方水田灌区先进水平。

本试验将水稻高产栽培技术模式与控制灌溉技术相结合,以探讨寒冷地区黑土区水田节水、增产新方式。于 2012 年 5～10 月在黑龙江省庆安灌溉试验站进行,旨在研究基于不同控制灌溉条件、不同插秧密度、不同施肥方式条件下的水稻产量、水分利用率等变化规律;集成旱育稀植、前氮后移和控制灌溉技术,确定寒地水稻水肥调控一体化技术模式,分析各模式下的水稻生理动态、产量及灌溉水效益,以期为寒冷地区水田节水增产决策提供相应的理论依据和实践参考。

(一)材料与方法

1. 试验设计处理

试验选择的水稻品种为北方绿洲 3 号,供试肥料为尿素(含氮 46%)、钾肥(K_2O 含量 40%)、磷酸二铵(含氮 18%,P_2O_5 含量 46%)。

试验采用三种水分管理模式,分别为控制灌溉Ⅰ、控制灌溉Ⅱ及充分灌溉(CK),分别为 A1、A2、A3,见表 7-2;三种分段施肥方式,分别为 B1、B2、B3;三种插秧密度,分别为 C1、C2、C3,见表 7-3。运用正交设计方案进行试验设计,见表 7-4。

表 7-2　不同灌溉模式水分管理表

灌溉方式	返青期	分蘖前期	分蘖中期	分蘖后期	拔节期	抽穗期	乳熟期	黄熟期
控制灌溉Ⅰ	0～30	90% θ_s ～0	90% θ_s ～0	70% θ_s ～0	90% θ_s ～0	90% θ_s ～0	75% θ_s ～0	落干
控制灌溉Ⅱ	0～30	85% θ_s ～0	85% θ_s ～0	65% θ_s ～0	85% θ_s ～0	85% θ_s ～0	70% θ_s ～0	落干
充分灌溉/mm	0～30	0～30	0～30	0～30	0～30	0～30	0～30	落干
观测层深度/cm	0～20	0～20	0～20	0～20	0～30	0～30	0～40	0～40

注:(1)分蘖后期晒田 5～7 d。

(2)表中带有%数字表示田间无水层情况下,土壤水分占饱和含水率的百分比,θ_s 为土壤饱和含水率。

表7-3　试验因素水平表

处理序号	A:水分管理	B:分段施肥(氮肥) (基肥:蘖肥:穗肥:保花肥)	C 插秧密度
1	控制灌溉Ⅰ	5:2.5:1:1.5	18 穴/m²
2	控制灌溉Ⅱ	4:3:2:1	21 穴/m²
3	充分灌溉(CK)	4.5:2:1.5:2	24 穴/m²

表7-4　正交试验方案

试验处理	水分管理因素 A	分段施肥因素 B	插秧规格因素 C
处理1	1	1	1
处理2	1	2	2
处理3	1	3	3
处理4	2		3
处理5	2		1
处理6	2	3	2
处理7	3	1	2
处理8	3	2	3
处理9	3	3	1

水稻于4月8日开始采用旱育稀植栽培技术进行播种育苗,5月27日移栽插秧,9月28日收割,考种测产。全生育时期共施氮肥 300 kg/hm²,钾肥 200 kg/hm²,磷肥 150 kg/hm²,喷洒农药2次。

每个处理重复2次,共18次试验。试验采用裂区排列,每个小区的规格为 10 m × 10 m,周边用水泥埂及 PVC 板防渗。试验小区布置图见图7-1。

灌水管道					
重复Ⅱ处理7	重复Ⅰ处理7	重复Ⅱ处理4	重复Ⅰ处理4	重复Ⅱ处理1	重复Ⅰ处理1
灌水管道					
处理8	处理8	处理5	处理5	处理2	处理2
灌水管道					
处理9	处理9	处理6	处理6	处理3	处理3

图7-1　试验区布置图

（二）结果与分析

1. 产量与灌溉水生产效率分析

试验观测数据见表 7 – 5。

表 7 – 5　试验观测数据

试验处理	有效穗数/（个/m²）	产量 Y/（kg/hm²）	灌溉水生产效率/（kg/m³）
处理 1	402	6 711.89	2.09
处理 2	433	6 856.37	2.02
处理 3	451	7 099.16	2.05
处理 4	459	7 545.91	2.12
处理 5	397	7 264.19	2.09
处理 6	441	7 681.85	2.14
处理 7	429	6 818.73	1.66
处理 8	442	6 399.89	1.70
处理 9	387	6 674.05	1.89

（1）有效穗数方差分析

有效穗数对产量有着举足轻重的作用，决定着群体的质量，通过数据研究分析，密度对有效穗数的影响最大。稀植虽然使水稻分蘖多，但因群体变小所带来的单位面积穗数的减少，是制约稀植水稻高产的主要因素。

对不同处理的有效穗数进行方差分析，见表 7 – 6，发现栽培密度 C 因素对有效穗数的影响极显著，水分管理因素 A 对有效穗数差异影响显著；分段施肥 B 对有效穗数的影响不显著。

表 7 – 6　有效穗数方差分析表（SSR 法）

变异来源	DF	SS	MS	F	$F_{0.05}$	$F_{0.01}$
A	2	269.56	134.78	23.32*	19	99
B	2	54.89	27.45	4.75	19	99
C	2	4 849.56	2424.78	419.51**	19	99
误差	2	11.56	5.78			
总变异	8	5 185.57				

注：*表示差异显著；**表示差异极显著。

因 A 因素和 C 因素都达到显著水平，因此需对两种因素进行多重比较，以明确各因素的最好水平和最优处理组合。最小显著极差和比较结果分别列于表 7 - 7 和表 7 - 8。

表 7 - 7　A 因素和 C 因素各水平平均数多重比较

水平	x_i	差异显著性	
		0.05	0.01
A2C3	459	a	A
A1C3	451	ab	A
A3C3	442	ab	AB
A2C2	441	ab	AB
A1C2	433	b	AB
A3C2	429	b	AB
A1C1	402	c	B
A2C1	397	c	B
A3C1	387	c	B

表 7 - 8　A 因素和 C 因素多重比较的 SSR 值和 LSR 值

P	2	3
$SSR_{0.05}$	6.09	6.09
$SSR_{0.01}$	14	14
$LSR_{0.05}$	20.322 84	20.322 84
$LSR_{0.01}$	46.719 18	46.719 18

结果表明,处理组合 A2C3 最优,在本方案设计中仅有 A2B1C3 处理,即控制灌溉 Ⅱ,施肥模式基肥:蘖肥:穗肥:保花肥 = 5:2.5:1:1.5,插秧密度为 24 穴/m² 对有效穗数增长最明显。

(2)产量方差分析

对各处理的产量进行方差分析,结果见表 7 - 9。

表 7 - 9　产量方差分析表(SSR 法)

变异来源	DF	SS	MS	F	$F_{0.05}$	$F_{0.01}$
A	2	1 187 267	593 633.5	44.16*	19	99
B	2	147 334	73 667	5.48	19	99
C	2	83 647	41 823.5	3.11	19	99
误差	2	26 888.42	13 444.21			
总变异	8	1 445 136				

注:＊表示差异显著。

根据表 7-9,只有 A 因素对产量达到显著水平,B,C 对产量影响不显著,对各因素进行多重比较,最小显著极差和比较结果分别列于表 7-10 至表 7-13。

表 7-10 A 因素多重比较的 SSR 值和 LSR 值

P	2	3
$SSR_{0.05}$	6.09	6.09
$SSR_{0.01}$	14	14
$LSR_{0.05}$	47 270.69	47 270.69
$LSR_{0.01}$	108 668.3	108 668.3

表 7-11 A 因素各水平平均数多重比较

水平	x_i	$x_i - 6\,630.89$	$x_i - 6\,889.14$
A2	7497.32	866.43**	608.18**
A1	6 889.14	258.25**	
A3	6 630.89		

注:**表示差异极显著。

表 7-12 B 因素各水平平均数多重比较

水平	x_i	$x_i - 6840.15$	$x_i - 7\,025.51$
B3	7 151.69	311.54**	126.18**
B1	7 025.51	185.36**	
B2	6 840.15		

注:**表示差异极显著。

表 7-13 C 因素各水平平均数多重比较

水平	x_i	$x_i - 6\,883.38$	$x_i - 7\,014.99$
C2	7 118.98	235.60**	104.00**
C3	7 014.99	131.61**	
C1	6 883.38		

注:**表示差异极显著。

结果表明,A,B,C 因素间差异达到极显著,通过各因素多重比较发现,处理 A2B3C2 最优,即控制灌溉 II,施肥模式基肥:蘖肥:穗肥:保花肥 = 4.5 : 2 : 1.5 : 2,插秧密度为 21 穴/m² 对促进产量最显著。

（3）灌溉水生产效率方差分析

灌溉水生产效率是指作物利用灌溉水分生产的经济产量，单位是 kg/m^3，对各处理进行方差分析，结果见表 7－14。

表 7－14　灌溉水生产效率方差分析表（SSR 法）

变异来源	DF	SS	MS	F	$F_{0.05}$	$F_{0.01}$
A	2	0.230 5	0.115 25	25.90 *	19	99
B	2	0.013 4	0.01	1.51	19	99
C	2	0.011 7	0.005 85	1.31	19	99
误差	2	0.008 9	0.004 45			
总变异	8	0.264 5				

注：* 表示差异显著。

根据表 7－14，只有 A 因素对灌溉水生产效率达到显著水平，B，C 对灌溉水生产效率影响不显著，对各因素进行多重比较，最小显著极差和比较结果分别列于表 7－15 至表 7－18。

表 7－15　A 因素多重比较的 SSR 值和 LSR 值

P	2	3
$SSR_{0.05}$	6.09	6.09
$SSR_{0.01}$	14.00	14.00
$LSR_{0.05}$	0.02	0.02
$LSR_{0.01}$	0.04	0.04

表 7－16　A 因素各水平平均数多重比较

水平	x_i	$x_i-1.75$	$x_i-2.05$
A2	2.15	0.4	0.1
A1	2.05	0.3	
A3	1.75		

表 7－17　B 因素各水平平均数多重比较

水平	x_i	$x_i-1.94$	$x_i-2.05$
B3	2.03	0.09	0.07
B1	1.96	0.02	
B2	1.94		

表7-18　C因素各水平平均数多重比较

水平	x_i	$x_i - 1.94$	$x_i - 1.98$
C2	2.01	0.08	0.03
C1	1.98	0.04	
C3	1.93		

结果表明,A,B,C因素间差异都不显著,通过各因素多重比较发现,处理A2B3C2最优,即控制灌溉Ⅱ,施肥模式基肥:蘖肥:穗肥:保花肥=4.5:2:1.5:2,插秧密度为21穴/m²对提高水分生产率最显著。

(4)不同灌溉方式对水稻产量、灌溉水生产效率的影响

由表7-19可以看出,A2水平产量和灌溉水分生产率均最高,A1水平产量、灌溉水分生产率居中,而A3水平产量、灌溉水分生产率均最低。相较A3水平来说,A1水平产量提高3.9%,A2水平产量提高13.06%,A1水平灌溉水分生产率提高了17.14%,A2水平灌溉水分生产率提高了22.86%。可见,控制灌溉Ⅱ既提高产量又提高灌溉水分生产率,在节水的基础上达到增产效果。

表7-19　不同灌溉方式水稻产量、灌溉水生产效率比较

灌溉方式	产量平均值/(kg/hm²)	水分生产率平均值/(kg/m³)
A1	6 889.14	2.05
A2	7 497.32	2.15
A3	6 630.89	1.75

2.基于熵权的灰色关联模型在水稻栽培中的评价

作为衡量各指标间相关联程度的一种方法,灰色关联度能够全面、客观评价复杂指标之间的关系,使人们能够得到足够的信息去观察、分析、预测和决策事物,抓住事物的主要矛盾,从而给系统分析带来方便。

熵权系数法是一种依据各指标值所包含的信息量的大小确定决策指标权重的客观赋权法,将各待选方案的固有信息和决策者的经验判断的主观信息进行量化和综合进行多目标决策评价,进而为多目标决策提供依据,使评价结果更符合实际。本试验为综合评价寒区水稻各种栽培技术,选用基于熵权的灰色关联模型来寻求最优栽培方案。

(1)基于熵权的灰色关联分析

①构建决策矩阵。设多指标综合评价问题中方案集合为$P=\{P_1,P_2,\cdots,P_n\}$,指标集合为$V=\{V_1,V_2,\cdots,V_m\}$,方案P_i对评价指标V_j的属性值矩阵为X,即

$$\boldsymbol{X} = \begin{bmatrix} X_{11} & X_{12} & \cdots & X_{1m} \\ X_{21} & X_{22} & \cdots & X_{2m} \\ \vdots & \vdots & & \vdots \\ X_{n1} & X_{n2} & \cdots & X_{nm} \end{bmatrix} \tag{7-1}$$

式中：X_{ij}——代表第 i 个被评估对象的第 j 个分指标，即方案 P_i 对指标 V_j 的属性值。

$(i = 1,2\cdots n; j = 1,2\cdots m)$

（2）数据无量纲化处理。为保证建立模型的质量和系统分析的正确性，对采集来的原始数据一般需进行处理，使其消除量纲。

对于越大越优的指标为

$$X'(i,j) = \frac{x^*(i,j)}{x_{\max(j)}} \tag{7-2}$$

对于越小越优的指标为

$$X'(i,j) = \frac{x_{\min}(j)}{x^*(i,j)} \tag{7-3}$$

式中：$x_{\max}(j)$——第 j 个指标中的最大值；

$x_{\min}(j)$——第 j 个指标中的最小值；

$X'(i,j)$——指标特征值归一化序列；

$x^*(i,j)$——第 i 个样本中第 j 个指标值；

通过无量纲化处理后得到的无量纲矩阵为 $\boldsymbol{X'}$，即

$$\boldsymbol{X'} = \begin{bmatrix} X'_{11} & X'_{12} & \cdots & X'_{1m} \\ X'_{21} & X'_{22} & \cdots & X'_{2m} \\ \vdots & \vdots & & \vdots \\ X'_{n1} & X'_{n2} & \cdots & X'_{nm} \end{bmatrix} \tag{7-4}$$

③计算关联系数矩阵。

绝对差序：

$$\Delta_{ij} = |X'_{ij} - X'_{\max j}| \tag{7-5}$$

两极最小差：

$$\Delta_{\min} = \min(\Delta_{ij}) \ (i = 0,1,2,\cdots,n; \ j = 1,2,\cdots,m) \tag{7-6}$$

两极最大差：

$$\Delta_{\max} = \max(\Delta_{ij}) \ (i = 0,1,2,\cdots,n; \ j = 1,2,\cdots,m) \tag{7-7}$$

第 i 方案第 j 项指标的关联系数 ξ_{ij} 的计算公式为

$$\xi_{ij} = \frac{\Delta(\min) + \rho\Delta(\max)}{\Delta_{ij} + \rho\Delta(\max)} \tag{7-8}$$

式中：ρ——分辨系数，一般取 $\rho = 0.5$。

④用熵值法确定权重。计算第 i 个处理中第 j 个待评价指标特征值比重：

$$P_{ij} = \frac{X'_{ij}}{\sum\limits_{i=1}^{n} X'_{ij}} \tag{7-9}$$

计算第 j 个指标评价的熵：

$$e_j = -\frac{1}{\ln n} \sum_{i=1}^{n} P_{ij} \ln P_{ij} \tag{7-10}$$

计算第 j 个评价指标的权重:

$$a_j = (1 - e_j) / \sum_{i=j}^{m} (1 - e_j) \tag{7-11}$$

(5)计算关联度值

$$W_i = \sum_{j=1}^{m} a_j \xi_{ij}; \text{其中}: \sum_{j=1}^{m} W_i = 1 \tag{7-12}$$

按 W_i 值由大到小,对各个栽培方案进行优劣排序。

(2)应用实例

为了全面客观评价各种栽培模式,选取各不同处理的产量、灌溉水利用效率、有效穗数、千粒重作为评价指标,指标均为越大越优。各评价指标的基本实测数据见表7-20。

表7-20 各评价指标的基本实测数据

试验处理	产量 Y/(kg/hm²)	灌溉水利用效率/(kg/m³)	有效穗数/(个/m²)	千粒重/g
处理1	6 711.89	2.09	402	26.99
处理2	6 856.37	2.02	433	28.22
处理3	7 099.16	2.05	451	26.46
处理4	7 545.91	2.12	459	27.27
处理5	7 264.19	2.09	397	26.88
处理6	7 681.85	2.14	441	25.94
处理7	6 818.73	1.66	429	27.16
处理8	6 399.89	1.70	442	26.98
处理9	6 674.05	1.89	387	27.61

根据式(7-4)可计算出 $\boldsymbol{X'}$:

$$\boldsymbol{X'} = \begin{bmatrix} 0.8737 & 0.8925 & 0.9241 & 0.9823 & 0.94561 & 0.8876 & 0.8331 \\ 0.9766 & 0.9439 & 0.9579 & 0.9907 & 0.97661 & 0.7757 & 0.7944 \\ 0.8758 & 0.9434 & 0.98261 & 0.8649 & 0.9608 & 0.9346 & 0.9630 \\ 0.95631 & 0.9376 & 0.9662 & 0.9525 & 0.9192 & 0.9624 & 0.9561 \end{bmatrix}$$

根据式(7-8)可计算出 $\boldsymbol{\xi_{ij}}$:

$$\boldsymbol{\xi_{ij}} = \begin{bmatrix} 0.3979 & 0.4371 & 0.5238 & 0.8250 & 0.60551 & 0.4262 & 0.4040 \\ 0.8276 & 0.6667 & 0.7273 & 0.9231 & 0.82761 & 0.3333 & 0.3529 \\ 0.3871 & 0.5806 & 0.81821 & 0.3673 & 0.6667 & 0.5455 & 0.6792 \\ 0.41641 & 0.3333 & 0.4800 & 0.3964 & 0.2785 & 0.4536 & 0.4151 \end{bmatrix}$$

根据式(7-11)可计算出 $\boldsymbol{\alpha_j}$:

$$\boldsymbol{\alpha_j} = \begin{bmatrix} 0.2212 & 0.5274 & 0.2168 & 0.035 \end{bmatrix}$$

根据式(7-12)可计算出 W:

$$W = \begin{bmatrix} 0.1173 & 0.1153 & 0.1138 & 0.1129 & 0.1114 & 0.1099 & 0.1069 & 0.1064 & 0.1061 \end{bmatrix}$$

通过各处理综合评判值的大小进行排序,即可得到各方案的优劣顺序为处理 6 > 处理 4 > 处理 3 > 处理 5 > 处理 1 > 处理 2 > 处理 9 > 处理 8 > 处理 7,即控制灌溉 II,基肥∶分蘗肥∶拔节肥∶抽穗肥 $= 4.5∶2∶1.5∶2$,插秧密度为 21 穴/m²,为最优栽培模式。比正常栽培模式(CK)产量提高了 12.66% 、水分利用效率提高了 28.42%。

发展控制灌溉技术,前氮后移技术均可以提高水稻的经济产量、水分利用效率等。此分析结果与实际试验得到的结论一致,说明此模型在寒冷地区水稻的栽培模式评价运行中是可行的。

(三)结论

通过田间小区正交设计试验,研究了黑龙江省气候条件下水稻在不同集成模式下各项指标的变化规律,得出以下结论:

①通过对水稻产量、灌溉水生产效率进行方差分析得出,各处理最优组合为控制灌溉 II、施肥模式基肥∶蘗肥∶穗肥∶保花肥 $= 4.5∶2∶1.5∶2$,密度 21 穴/m² 的组合模式。可见,在水稻适宜的生育阶段即进行适当的水分控制可以提高作物的产量及灌溉水生产效率。

②控制灌溉 II 模式较充分灌溉方式可提高产量 13.06%,灌溉水生产效率可提高 22.86%。

③建立基于熵权的灰色关联模型,可判断出处理 6 为各组合的最优集成模式。

④在该地区条件下,选用适宜的水稻栽培的集成模式控制其水稻关键生育时期的关键水分可达到节水增产的效果。

第二节　引黄灌区井渠双灌节水技术模式

一、小畦灌溉技术

小畦灌溉是我国北方井灌区行之有效的一种节水灌溉技术,河北、山东、河南等的一些园田化标准高的地方,或在发展低压管道输水灌溉的地方正在逐步推广应用。小畦灌溉的优点是灌水流程短,减少了沿畦长产生的深层渗漏量,因此能节约灌水量,提高灌水均匀度和灌水效率。为了更好地推广这一技术,在河北省廊坊地区的永定河冲积平原上,结合井灌区的建设,对小畦灌水技术进行了研究。选择了不同地块、不同坡、不同畦长和不同单宽流量进行田间畦灌试验,测定在当地土壤条件下,灌水定额与畦长、畦坡、单宽流量之间的关系,为类似地区田间灌溉工程规划设计和灌溉管理提供了依据。

(一)试验基本情况

试验分别在冬小麦的冬、春灌(第一水)期间进行。试验时土壤覆盖率不足 50%,土壤的主要物理参数见表 7-21。试验前分别对 1 m 深土层含水量进行测定,平均含水量在 8%~15%,近似正常灌水前的情况。测定参数包括畦长、平均畦面坡度、单宽流量和灌水定额。试验时沿畦长每隔 10 m 立一标尺,观测畦面水流推进情况。用电子流量计测定入畦流量。

表 7－21　试区 1m 深土壤主要物理参数

土壤深度/cm	土壤类别	干容重/(g/cm³)	田间持水量/%
0~10	轻壤土	1.29	22.5
10~20	轻壤土	1.29	19.5
20~40	沙土	1.348	18.5
40~60	中壤土	1.339	21.3
60~80	壤土	1.329	28.3
80~100	沙土	1.329	23.5

（二）结果与分析

灌水定额与单宽流量、地面坡度和畦长之间的数学关系式为

$$m = b_0 q^{b1} i^{b2} l^{b3} \qquad (7-13)$$

式中：m——灌水定额,m³/亩;

　　q——单宽流量,L/(s·m);

　　i——沿畦长平均地面坡度,小数表示;

　　l——平均畦长,m;

　　b_0,b_1,b_2,b_3——系数和指数,分别由试验确定,其值主要决定于土壤性质和田面
　　　　　　　　粗糙程度。

畦灌田间试验结果分析见表 7－22。

表 7－22　畦灌田间试验结果分析

序号	单流量/[L/(s·m)]	畦坡坡度 i	畦长(l)/m	灌水定额/(m³/亩) 实测值	计算值	相对误差/%
1	3.09	0.001 20	21.00	38.10	38.88	-2
2	2.88	0.001 10	21.00	42.10	42.50	-1
3	2.78	0.001 00	21.00	45.60	45.86	-1
4	3.46	0.000 80	37.00	60.00	55.44	8
5	2.69	0.001 60	36.30	38.50	40.61	-5
6	2.56	0.001 30	36.30	45.00	47.30	-5
7	2.43	0.001 30	36.30	50.00	48.47	3

续表

序号	单流量/ $[L/(s \cdot m)]$	畦坡坡度 i	畦长(l)/ m	灌水定额/(m³/亩)		相对误差/ %
				实测值	计算值	
8	2.69	0.001 20	39.20	48.00	49.57	-3
9	2.56	0.001 20	39.20	49.60	50.78	-2
10	2.43	0.001 20	39.20	55.90	52.04	7
11	6.39	0.001 17	35.00	25.30	25.42	0
12	3.69	0.001 60	35.00	36.50	34.48	6
13	6.39	0.000 80	37.50	40.00	41.31	-3
14	3.69	0.001 00	37.50	48.00	47.02	2
15	2.96	0.002 20	90.00	39.50	41.09	-4
16	2.96	0.002 40	94.00	37.80	39.41	-4
17	5.67	0.000 60	34.40	51.09	51.05	0
18	5.67	0.000 20	54.40	107.00	114.54	-7
19	5.52	0.001 50	35.00	29.76	29.49	1
20	5.52	0.000 90	55.00	41.03	45.92	-12
21	5.52	0.000 70	75.00	60.76	58.53	4
22	4.65	0.001 10	44.40	42.00	41.52	1
23	4.42	0.000 80	74.40	59.68	59.94	0
24	4.42	0.000 85	64.40	57.75	55.44	4
25	4.65	0.000 96	54.40	48.20	47.82	1
26	4.65	0.000 80	64.40	60.80	56.12	8
27	4.93	0.000 10	64.40	49.10	47.52	3
28	4.93	0.000 85	74.40	55.70	54.72	2

式(7-14)是个非线性表达式,对式(7-14)取对数,将其转化为一个线性问题求解。

$$\ln m = \ln b_0 + b_1 \ln q + b_2 \ln i + b_3 \ln l \qquad (7-14)$$

令 $\ln m = Y, \ln b_0 = B_0, \ln q = X_1, \ln i = X_2, \ln l = X_3$,将其代入式(7-14),则有

$$Y = B_0 + B_1 X_1 + B_2 X_2 + B_3 X_3 \qquad (7-15)$$

上式为典型的三元一次线性方程,利用多元线性相关分析方法进行回归分析,计算结果见表7-23。

表 7 – 23　回归分析计算结果

参数	数目	系数 b_0	指数	相关系数	检验
q	28		$b_1 = -0.486$		$F = 2.66 > F_{\alpha=0.95} = 3.01$
i	28		$b_2 = -0.618$		$|t_1| = |-14.2| > t_{\alpha=0.95} = 1.71$
		0.477		$\tau = 0.985$	
l	28		$b_3 = 0.281$		$|t_2| = |-26.8| > t_{\alpha=0.95} = 1.71$
m	28				$|t_3| = |11.8| > t_{\alpha=0.95} = 1.71$

由表 7 – 24 可以看出,灌水定额(m)与单宽流量(q)、畦坡(l)呈显著相关,相关系数达 0.985。回归分析结果表明,检验值 F 和 t_1, t_2, t_3 分别大于置信度 0.95 时的 F_a 和 t_a 值,说明回归效果显著。

表 7 – 24　畦长与灌水定额、地面坡度、单井出水量和畦宽之间关系

流量/ (m^3/h)	畦宽 /m	单宽流量/ $[L/(s \cdot m)]$	灌水定额/(m^3/亩)								
			40			45			50		
			坡度								
			0.0007	0.0010	0.0015	0.0007	0.0010	0.0015	0.0007	0.0010	0.0015
			畦长/m								
30	1.5	5.56	19.70	43.20	105.00	30.00	65.70	160.00	43.70	95.70	233.00
	2.0	4.17	12.00	26.30	64.00	18.00	39.98	97.50	26.50	58.20	141.90
	2.5	3.33	8.20	17.90	43.60	12.40	27.20	66.30	18.00	39.50	96.50
40	2.0	5.56	19.70	43.20	105.00	30.00	65.70	160.00	43.70	95.70	233.00
	2.5	4.44	13.40	29.40	71.70	20.40	44.70	109.00	29.70	65.00	158.70
	3.0	3.70	9.80	21.40	52.30	14.90	32.60	79.60	21.70	47.40	115.00
50	2.5	5.56	19.70	43.20	105.00	30.00	65.70	160.00	43.70	95.70	233.00
	3.0	4.63	14.40	31.50	77.00	21.90	47.90	117.00	31.80	69.80	170.00
	3.5	3.97	11.00	24.20	58.90	16.80	36.60	89.60	24.40	53.40	130.00

通过对实验数据的相关分析,得到回归方程式(7 – 16),即

$$m = 0.447 \frac{l^{0.281}}{q^{0.486} i^{0.618}} \qquad (7-16)$$

式(7 – 16)表明,灌水定额与畦长的 0.281 次方程成正比,与单宽流量的 0.486 次和坡度的 0.618 次方程成反比。当单宽流量和地面坡度一定时,灌水定额随畦长的增加而增加,随畦长的减小而减小;当畦长确定时,灌水定额随单宽流量和地面坡度的增加而减小,随其减小而增加。

在华北平原井灌区,一般单井出水量都是确定的,地面坡度变化也能不大,此时,灌水定额主要随畦长和畦宽变化。例如,廊坊试区单井出水量一般在 30~50 m³/h、地面坡度在 1/1 500~1/1 000 变化,个别地块也有 1.5/1 000 左右的。根据灌溉工程设计确定的适宜灌水定额为 45 m³/亩,通过对不同畦长单宽流量情况下的田间试验,当畦长小于 60 m 时,需要适当调整单宽流量,即畦宽合适,灌水定额控制在 40~50 m³/亩是可行的。表 7-24 给出了不同灌水定额(40 m³/亩、45 m³/亩、50 m³/亩)、畦坡(0.000 7,0.001 0,0.001 5)、单井出水量(30 m³/h、40 m³/h、50 m³/h)、畦坡(0.000 7,0.001 0,0.001 5)、单井出水量(30 m³/h、40 m³/h、50 m³/h)和不同畦宽(1.5~3.5 m)情况下的畦长值。

国内外大量试验证明,畦灌用水量随灌水时间和畦长的增大而增大,但水量增加过多会造成田间深层渗漏。山东省和陕西省一些老灌区的畦灌试验资料说明,当畦长为 30~50 m 时,灌水定额一般在 45~60 m³/亩。当畦长为 80~100 m 时,灌水定额在 80 m³/亩以上。廊坊试区所做的试验结果也说明,当畦坡在 0.000 6~0.001 5,单宽流量在 2.5~5.6 L/(s·m),畦长小于 75 m 时,只要设计合理,灌水定额一般不超过 60 m³/亩;当畦长小于 50 m 时,灌水定额一般不超过 45 m³/亩。这样,既可节省水量,又可提高灌水均匀度和灌水效率。

二、间歇灌溉技术

(一)间歇灌溉试验

在廊坊试验区,新规划设计的管灌工程多采用小畦灌,畦长 40~50 m。试验区建设前的一些工程,设计标准较低,畦长一般 100~200 m,采用连续畦灌灌水,灌水定额较高,约 60~100 m³/亩,针对这一问题,进行间歇灌溉与连续灌溉对比试验。

试验地分别选在赵庄村的麦田(冬灌)和济南屯村的休闲地,试验前分别测定畦长、畦宽、平均畦面坡度和 1 m 深土层的平均含水量(沿畦长每 20 m 一个测点,每测点垂直向 10~20 cm 为一层)以及其他土壤物理参数。试验时沿畦长每 10 m 设一测点,以测定水流推进实践和距离。试验采用多孔闸管系统直接向畦田供水,每个畦扣处均设有一个小闸门。开始灌水前,用电子流量计测定入畦流量。试验时主要观测供水时间、推进长度和间歇时间等。间歇灌溉与连续灌溉对比试验资料见表 7-25、表 7-26。

表 7-25　间歇灌溉与连续灌溉对比试验资料

推进距离 /m	间歇灌溉推进时间/min				连续灌溉推进时间 /min	平均推进速度	
	Ⅰ	Ⅱ	Ⅲ	累计		$V_闸$	$V_连$
0	0	0	0	0	0		
44.4	6.65	4.05	3.33	14.03	6.88		
84.4	20.00	11.58	9.50	41.08	25.12		
114.4		22.08	15.50	57.58	42.21		

续表

推进距离	间歇灌溉推进时间/min				连续灌溉推进时间	平均推进速度	
/m	I	II	III	累计	/min	$V_闸$	$V_连$
154.4		40.00	24.00	84.00	72.80		
184.4			32.00	92.00	99.80		
214.4			45.00	105.00	138.47	2.04	1.548

注：入畦流量 31.79 m³/h，畦宽 1.6 m，畦长 214.4 m，单宽流量 5.52 L/(s·m)。

表 7-26　间歇灌溉与连续灌溉对比试验资料

推进距离	间歇灌溉推进时间/min				连续灌溉推进时间	平均推进速度	
/m	I	II	III	累计	/min	$V_闸$	$V_连$
0	0	0	0	0	0		
44.4	10.03	5.58	3.75	19.36	9.4		
84.4	30.00	14.42	10.85	55.25	33.8		
114.4		31.25	18.23	79.48	60.5		
144.4		60.00	25.33	115.33	90.15		
184.4			47.50	137.50	143.4		
214.4			64.00	154.00	182.0	1.39	1.178

注：入畦流量 31.79 m³/h，畦宽 19 m，畦长 214.4 m，单宽流量 4.65 L/(s·m)。

试验采用变循环比(变周期)的间歇灌溉，即在灌水期间，为了保证每个周期推进长度大致相等，每次供水时间不等，间隔时间视田面水层消退情况而定，详见表 7-27。

表 7-27　间歇灌溉主要参数

畦田情况	循环次数	供水时间/min	间隔时间/min	循环比
$B = 1.6$ m	I	20	30	0.40
裸地	II	40	60	0.40
	III	45	—	—
$B = 1.9$ m	I	30	40	0.43
裸地	II	60	45	0.57
	III	64	—	—
$b = 2.3$ m	I	30	30	0.50
裸地	II	30	50	0.38
	III	50	—	—

（二）结果与分析

间歇灌溉与连续灌溉试验结果见表 7 - 28。从表中看出,间歇灌溉与连续灌溉相比,灌水速度快、节水效果显著。从对试验资料的整理分析得知,间歇灌溉比连续灌溉水流沿畦长平均推进速度快、节水效果显著。从对试验资料的整理分析得知,间歇灌溉比连续灌溉水流沿畦长平均推进速度提高18% ~50%,灌水效率提高15% ~33%,节约水量达15%以上。

表 7 - 28　间歇灌溉与连续灌溉对比试验结果

| 地表情况 | 地面坡度 | 畦长/m | 单宽流量/[L/(s·m)] | 连续灌 | | | 间歇灌 | | | 灌水效率提高率/% | 节水率/% | $V_间/V_连$ |
				灌水时间/min	灌水定额/(m³/亩)	平均速度/(m/min)	灌水时间/min	灌水定额/(m³/亩)	平均速度/(m/min)			
裸露	0.000 7 ~ 0.001 0	214.4	5.52	128.47	73.38	1.548	105	55.64	2.04	24.17	24	1.318
裸露	0.000 7 ~ 0.001 0	214.4	4.65	182.00	96.48	1.178	154	81.64	1.39	15.38	15	1.180
小麦(冬灌)	0.001 5 ~ 0.002 0	202.0	2.96	165.00	67.4	1.22	110	44.93	1.83	33.00	33	1.500

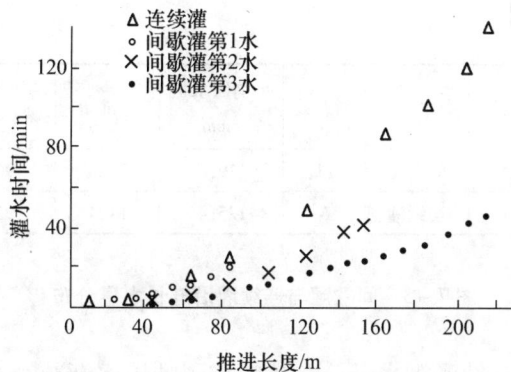

图 7 - 2　间歇灌与连续灌推进示意

从表 7 - 28 和图 7 - 2 可以看到,在间歇灌溉第一次供水时,即从畦首到 84.4 m,间歇灌溉推进曲线与连续灌溉重合,这是因为灌溉开始阶段畦田全为干土状况。从间歇灌来看,第二次供水时推进曲线比第一次平缓(即推进速度快),第三次供水又比前两次推进速度快。而连续灌溉则不同,只是在第一次供水的 0 ~84.4 m,推进速度与间歇灌基本相同,此后,推进速度愈来愈慢。产生这种结果的原因是由于不同灌水条件下土壤特性发生变异所致,当前次供水时湿润了前段土壤,使表层土壤沉淀密实,形成一个比较光滑的密封表面,使沿程土壤入渗率大大降低。另一种原因可能是,当每个供水时段停止后,田面水层消退时土壤毛细管作用在表土层孔隙中存留一些气泡,减少了土壤入渗率,从而保证在每个循环过程中,都维持一个较快的推进速度,这就提高了灌溉效率,达到节约灌溉用水之目的。

为了研究灌溉质量,了解间歇灌溉和连续灌溉条件下的沿畦长入渗水量分布情况,灌水前后分别采集土样,用烘干法测定土壤含水量,实际灌入 h 深土层的水量用式(7-17)计算,即

$$H_i = 0.01\gamma h(\overline{p_1} - \overline{p_2}) \tag{7-17}$$

式中:H_i——测点 i 平均灌入水量,mm;

γ——土壤干容重(以 1m 深土层平均值计算),t/m^3;

h——湿润土层深度(按 1m 计算),mm;

p_1——灌水前 1 天所测整个田块 1m 深土层平均含水量,%;

p_2——第 i 点灌水后 48 小时所取 1m 深土层平均含水量,%。

计算结果如图 7-3 所示。

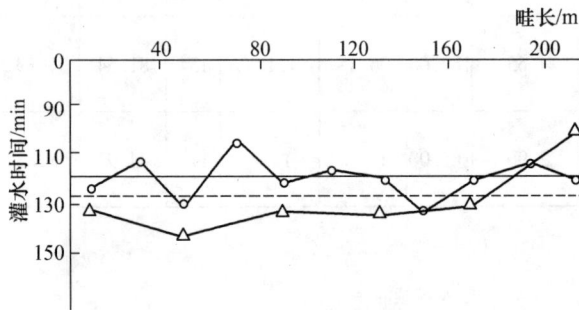

符号	灌水方法	测点数	平均灌水量/mm	标准量	均匀度/%
○	间歇灌	11	119.5	7.16	96
△	连续灌	6	125.4	14.4	91

图 7-3 间歇灌与连续灌沿畦长水量分布

从图中可以看出,连续灌溉水量分布从畦首到畦尾逐渐减小,呈递减现象,而间歇灌溉沿畦长分布却比较均匀。水量分布均匀度可用式(7-18)计算,即

$$DU = \left(1 - \frac{\sum\limits_{i=1}^{N} |H_i - \overline{H}|}{N\overline{H}}\right) \times 100 \tag{7-18}$$

式中:DU——灌溉水分步均匀度,%;

H_i——第 i 点处灌入土壤水量,mm;

H——畦内灌溉水泡脚入渗水量,mm;

i,N——沿畦长方向所选的测点数和序数。

经分析计算,间歇灌溉平均入渗量为 119.5 mm,标准差 $\sigma_{n-1} = 7.16$ mm,分布均匀度 96%,而连续灌溉平均入渗量为 125.4 mm,标准差 14.4 mm,分布均匀度 91%。

试验的地面坡度比较平缓,均小于 0.001。从上述结果看出,连续灌溉比间歇灌溉的分布均匀性低,入渗偏差大 1 倍左右,平均入渗水量明显大于间歇灌溉。显然,间歇灌溉比连续灌溉具有节水、均匀度高、灌水效率高等优点。国内外的实验已经证明,连续灌溉和间歇灌溉的上述差异随着地面坡度的增加还会加大,但当坡度大到一定程度时,间歇灌溉的优势会降低。另外,土壤质地越疏松,间歇灌溉节水、节能效果也愈显著。所以,间歇灌溉的上述优势在第一次灌溉中更为突出。

三、引黄灌区补源工程技术模式

对于引黄灌区补源来说,没有现成的统一模式。但在选择引黄补源的方法上,应当遵循的基本原则:在深入细致地调查研究的基础上,根据不同地区、不同情况,因地制宜地选择技术简单、效果良好的方法。其工程系统不仅考虑建设投资较低,还必须考虑系统的运行管理和养护维修费用较低,使之与当地的经济承受能力和技术水平相适应。

根据上述原则,经调查研究,确认在清丰县地表水贫乏、地下水超采、引黄水不足的情况下,应在利用改造原有的河、沟、坑、塘和机井的基础上,逐步建成"引、蓄、灌、排"相结合的工程系统,实行引黄补源堤灌和井灌联合运用。

(一)引黄补源堤灌与井灌联合运用方式

1. 在时间上的联合运用

引黄补源水量受季节和年际的影响很大,当地农作物灌溉高峰期与黄河枯水期往往相遭遇,而黄河枯水年有可能与当地干旱年重叠,造成引黄灌区受旱,向补源区送水更加困难。因此,在年内和年际间,实行引黄堤灌与井灌相结合,地下水与地表水联合利用、统一调控,使有限的水资源发挥更大的经济效益与环境效益。

2. 年内联合利用

本试验区 4~6 月是小麦灌溉高峰期,正值黄河枯水期,有时出现断流现象,引黄保障率较低。在无水可引的时期,要适当进行井灌,满足作物需水要求。汛期 7~9 月,黄河水含沙量大,引黄灌区一般避免引用,如需灌溉就用井灌。10 月至翌年 3 月,是引黄补源的黄金季节,应充分利用引黄堤灌,在满足灌溉需水的同时,利用沟渠河网和坑塘洼淀蓄水,增加地下水的补给量。这样,在不同的季节,随着引黄条件的变化,合理运用引黄堤灌和井灌。

3. 年际间联合运用

黄河径流量年际变化较大,最小与最大年径流量之比为 1:(3~4)。枯水年,引黄灌区用水相当紧缺,补源区就更加困难,灌溉用水主要靠开采地下水、动用地下水的储存量;丰水年,黄河水量相对较充沛,应充分利用引黄堤灌,少用地下水,使地下水在枯水年中的亏缺得到恢复和补充。通过引黄堤灌和井灌联合运用,对水资源进行年际间的调节,使水资源的开发利用进入良性循环。

4. 在空间上的联合利用

(1)引黄补源区划

为了充分利用地下水库的调蓄作用,提高水资源的利用率,可把引黄补源区划分为站井双灌区和纯井双灌区,即沿引黄沟地带作为站井双灌区,远离引黄沟(两条引黄沟之间)地带,则作为纯井灌区,并要合理确定二者的面积比例。现以示范区所在的高堡乡为例,全乡耕地4.9万亩,已发展站井双灌面积1.6万亩。经分析,可再发展1.6万亩,若再进一步发展,就会产生引黄水量不足和由此引起的争水矛盾,反而会降低引黄补源的效益。就清丰县而言,站井双灌面积占总面积的50%~60%比较适宜。

(2)堤灌与井灌联合运用策略

在站井双灌区,地下水保证程度高,且有较大的调蓄能力,应优先利用引黄水,引黄水没有时才用地下水。在非灌溉季节,应尽量利用河、沟、坑、塘蓄存引黄水,既可入渗补给地下水,还可蓄水待用灌溉,缓解引黄水供求矛盾。采用这一用水策略,有利于水资源的供需平衡,促使水资源趋向良性循环。在纯井灌区,尽管是单纯利用地下水,但其毗邻的站井双灌区地下水位较高,对纯井灌区的侧向补给,增加了地下水的补给量。显然,站井双灌区与纯井灌区相间布置,具有相辅相成的功能。

(二)引黄堤灌与井灌联合运用工程系统

引黄堤灌与井灌联合运用,是以井灌为基础,对地下水和引黄水实行统一调度,合理开发利用。其工程系统框见图7-4。

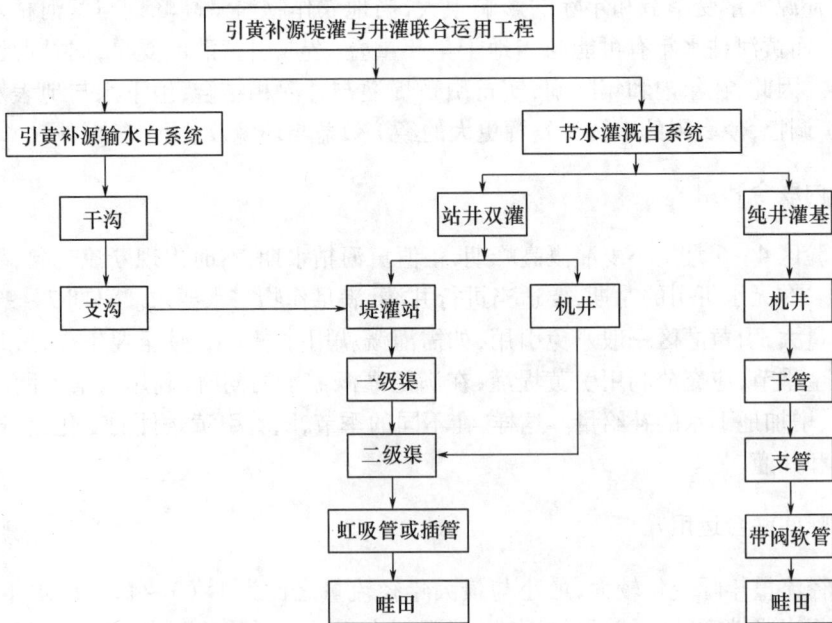

图7-4 引黄堤灌与井灌联合运用工程系统框架

由图 7 – 4 可知,引黄补源堤灌与井灌联合运用工程系统,是由引黄补源子系统和结合水灌溉子系统组成。

1. 引黄补源子系统

根据当地的自然地理条件,本着利用和改造原有排水系统,实行"引黄排灌"相结合的原则,逐步建成干支沟组成的引黄补源子系统。当前引黄补源子系统斗沟甚少,要不要斗沟,与今后引黄补源的发展前景密切相关。观测研究表明,引黄沟因引黄河水淤化而在底部较快形成厚度 0.2 ~ 0.3 m 的黏土质淤积层,其渗透系数在 0.015 ~ 0.045 m/d,渗漏补给地下水量很小。例如,高堡支沟每千米每昼夜渗漏补给量仅 70 ~ 80 m³,无疑斗沟的渗漏补给量则更小。根据《濮清南引黄蓄灌补源规划设计报告》所定间距 1 km左右的斗渠计算,平均斗沟蓄水 2.2 m³/m,平均耕地增加年调蓄容量仅 2.3 m³/亩。然而,如开挖斗沟,土方工程量大,劳动强度大,占地又多。以拥有 3 200 亩耕地的高堡乡英满城村为例,如果开挖斗渠,其土方量有 7 万余 m³,占地 50 余亩,超过该村的承受能力。

从以上分析可知,斗渠对提高引黄补源子系统的调蓄能力和增加地下水补给量均由限,而土方工程量大、占地多,尤其是在当前土地资源不断减少的情况下,土地显得更宝贵,所以不宜开挖斗渠,引黄补源子系统只开挖支干沟即可。

2. 节水灌溉子系统

引黄补源水量有限,而且从上游引黄灌区远距离送水到补源区,沿途水量损失大、成本高,补源提灌水量更显得宝贵,要坚持推行节水灌溉工程技术。节水灌溉子系统是由水源工程、输水系统和田间灌溉水系统组成。

(1)水源工程

水源工程包括提灌站和机井。当地机井大多是 20 世纪 70 年代成井,平均单井灌溉面积 66 亩,布局不尽合理,今后应逐步调整。堤灌站应以村为单位沿干支沟修建,其规模一般为灌溉面积在 500 ~ 2 000 亩。这样,管理方便,运行费用较省,效益较高。

机井抽水装置选型配套是否合理,不仅直接关系到井灌效益和能耗的大小,而且也影响到抽水装置效率的高低和使用年限,因此必须做好抽水装置的选配工作,首先对机井进行测试改造,提高装置效率,。对项目区原有 25 眼机井的井深、出水量、净扬程和机泵运行情况等进行测试,对井距太小以及淤积太多又不易修复的机井进行调整,减少7 眼,保留 18 眼。这样,使单井控制面积从 66 亩提高到 92 亩。对配套不合理的机泵进行更换,如张郭庄 2 号机井安装 1 台 QS25 × 40—5.5 型潜水泵,配用 1 台 10 kW 电机,经测试更换为 5.5 kW 电机。经对机井测试改造后,装置效率从 21% 提高到 36%,单井出水量从 25 m³/h 左右提高到 35 m³/h,平均增加 24%,千吨米能耗降低 24%,取得了较好的效果。

(2)输水系统

引黄补源堤灌输水系统有混凝土 U 形渠道输水系统和地下塑料管道系统两种类型。

（3）混凝土 U 形渠道输水系统

混凝土 U 形渠道系统和地下塑料管道系统由一级渠道和二级渠道组成。井灌和堤灌输水有分设和共用一套系统两种类型。从水量调度、节省占地和减少工程投资等方面考虑，以两者共用一套输水系统为宜。后王家示范区为实现共用一套输水系统，首先废除井灌原有的土渠系统，然后再利用地下塑料管道把机井与较近的堤灌 U 形渠道连接起来。在进行井灌时，把井水通过地下管道送入二级 U 形渠道，然后再配水到田间。为此，要考虑堤灌二级混凝土 U 形渠道过水断面与机井出水量想适应，且比降宜小，有条件时可修成水平的，即比降为零。在井灌时有利于上下游水量的相互调节或统一调度。

（4）地下管道输水系统

地下管道输水系统是由干管和支管组成，干支管均采用硬质塑料管。一种是在纯井灌区、管灌区，另一种是井灌与堤灌相结合的管灌区。为了防止引黄河水淤积塑料管，在干管的中部和尾部个安装了一个排淤闸阀，定期开闸冲淤。经过两年多的运用，证明这种排淤闸阀是解决管道泥沙淤积的有效措施。

（5）安全保护装置的研制与运用

在低压管道灌溉中，为了防止开机和突然停电带来的停泵水击造成的管道破坏，必须在管网首部安装安全保护装置。经过 2 年多的试验研究和实践表明，以下三种安全保护装置效果好。

①对接式：将水泵出水管与铸铁管或钢管接头直接连接，接头下部与地下管道相接，接头上部装 2 英寸（约 50.8 mm）铸铁安全阀，安全可靠。高堡街三角地 1，2，3 号机井都是采用这种形式。固城张郭庄 2 号机井原为水塔式，因水塔（高 3 m）往外溢水，故改为对接式，8 d 浇完 85 亩地，用电 1 188 kW·h，比水塔式减少 90 kW·h。

②水塔式：使水泵出水管插入水塔，塔高 2～3 m，内径 0.2～0.5 m，用砖砌或混凝土管均可，如张郭庄 2 号机井，采用砖砌水塔，15 号机井采用混凝土管，这种形式比对接式造价低，但运行费用稍大。

③三通式：水泵出水管与一根 PVC 三通管件相连，其中一通向上安装 2～3 m 长的 110PVC 管，另一通与地下管道相接。固城示范区张郭庄 13 号井为这种形式，平均每次浇完 95 亩地用电 855 kW·h。这种形式易于安装，搬运方便，投资少，经济实用。

（6）管道合理布置长度研究及应用

管道灌溉工程建成后，主要问题在于管理运用，发挥节水节电增产的效益。通过 2 年来的测试以及得出单井出水量 30～40 m³/h，控制面积最大为 80～100 亩，管道单向最大长度以 200～300 m 为宜，其运行电费比盲目埋设管道明显下降。

表 7-29　管道长度与运行耗电的关系

机井编号	距井最长管道距离/m	单井出水量/（m³/h）	灌溉面积/亩	浇地时间/d	用工/（人/d）	总用电/（kW·h）	亩用电/（kW·h/亩）
1	180	30～40	99	6	2	891	9.0
2	430	30～40	85	8	4	1 188	14.0

续表

机井编号	距井最长管道距离/m	单井出水量/（m³/h）	灌溉面积/亩	浇地时间/d	用工/（人/d）	总用电/（kW·h）	亩用电/（kW·h/亩）
3	180	30~40	85	5	2	765	9.0
4	297	30~40	87	6	3	870	10.0
5	200	30~40	82	5	2	738	9.0
6	200	30~40	93	5	2	837	9.0
7	261	30~40	98	6	3	980	10.0
8	360	30~40	98	8	4	1 078	11.0
9	200	30~40	99	7	2	900	9.1
10	230	30~40	94	7	2	864	9.2
11	350	30~40	84	8	3	924	11.0
12	368	30~40	99	8	4	1 108	11.2
13	180	30~40	95	6	2	855	9.0
14	434	30~40	96	9	5	1 248	13.0
15	210	30~40	86	6	2	782	9.1
16	280	30~40	94	6	3	855	9.1
17	290	30~40	93	7	3	939	10.1
18	300	30~40	93	7	3	948	10.2

第三节　引黄灌区规模化管道灌溉技术模式

一、山东省引黄灌区概况

山东省地处黄河最下游,当地水资源严重短缺,人均和亩均水资源占有量仅为全国平均占有量的1/6左右。山东省53处大型灌区中有29处属于引黄灌区,占全省大型灌区数量的60%。沿黄现有引黄闸63座,设计引水能力2 424 m³/s,设计灌溉面积3 304.13万亩,有效灌溉面积2 620.05万亩。由于黄河水资源供不应求,现有效灌溉面积仅为1 938万亩,约占全省总有效灌溉面积的40%。据初步统计,全省58处引黄灌区共计干渠长度4 427 km,其中衬砌761 km,衬砌率只有17%;支渠长度12 963 km,其中衬砌554 km,衬砌率仅有4%。

引黄自流灌区最大的特点是运行费用低,但由于灌区下游沟渠水位较低,耕地多无法实行自流灌溉,部分高亢地灌溉困难。即使是自流灌区,由于渠系和田间工程标准低,畦田相对宽而长,田间水的利用率不高,灌水定额大,难以实现灌区地表水和地下水的联合调控。灌区中下游目前大都灌排一条沟,利用沟中引黄水,建泵站渠道输水灌溉,或分散提水灌溉模式,工程标准低,成本高,管理难度大,资源浪费严重。为此,结合小型农田水利重点县项目实施,建设一定规模的泵站进行管道化输水,可以大幅度提升灌溉效率。引黄灌区通过灌区干支引水作为水源,推广"一泵一网两卡两表一带"的泵站管道输水灌溉建设模式,实现了"以管代渠""灌排分设"和"无缝隙灌溉",不仅大幅度提高灌溉水利用率,而且也大幅度提高灌水效率,缩短灌溉周期,减少永久占地,促进农村水利现代化进程,使引黄灌区也实现"田间自来水"。

二、引黄灌区主要作物灌溉制度

(一)作物节水灌溉制度

1. 作物灌溉制度

灌水次数及相应的最佳灌水时间是灌溉制度的重要内容,同时,确定灌溉制度还要考虑土壤、水文、栽培条件和生产水平等因素的变化,该灌溉制度适宜无异常气候条件、当前的栽培水平和生产水平。在特殊情况下还需根据作物的需水规律来调整灌水决策,应根据作物生长、气候状况、土壤类型和墒情而定,同时还应结合灌溉预报进行灌水决策。

(1)冬小麦不同灌水次数的增产效益及最佳灌水时间

通过对冬小麦不同灌水次数和灌水时间试验,分析其增产效果和生长发育状况,得出如下结论:灌1次水比对照不灌水增产10%～20%,最高增产48%,最佳灌水时期为拔节期,其次为抽穗期,再次为冬灌期;灌2次水比对照不灌水增产20%～40%,较灌1次水平均增长15%,灌2次水最佳组合若前期墒情好,其最佳灌水组合为拔节—抽穗期或拔节—灌浆期;若前期墒情较差,则以冬灌—拔节或冬灌—孕穗为宜;灌3次水一般年份即为充分灌溉,但在特旱或中等干旱年份,充分灌溉也难以实行,其最佳灌水组合为冬灌—拔节—抽穗或冬灌—孕穗—灌浆。

(2)夏玉米不同灌水次数的增产效益及最佳灌水时间

夏玉米的耐旱能力较差,生长期内雨热同步,一般年份、干旱年份灌水1～2次,最佳灌水期为抽雄期和灌浆期,其次为拔节期,另外5,6月份一般气候干旱,一般需灌造墒水,可结合小麦的灌浆水套种。

2. 边际分析法确定灌溉制度

根据作物生产函数和边际分析理论,利用价值生产函数的关系,确定经济灌溉定额,经济灌溉定额确定后,可根据前述对比试验成果确定的最佳供水时间,制定节水灌溉制度。

(1)经济灌溉定额的确定

在水资源供给不充分时,以灌区农业生产效益最大为目标而合理确定作物的灌溉面积、灌水定额、灌水时间、灌溉定额,即经济灌溉制度。也就说,确定的经济灌溉制度,允许作物一定生长期内遭受一定程度的水分亏缺,从而减少蒸腾量,节约灌溉用水,扩大灌溉面积。虽然单位面积产量可能有所降低,但灌区整体农业效益最大。

对灌区来说,确定最大经济效益时灌溉定额,应从如下两个方面进行考虑:一是灌溉面积和最大可供水量一定,确定灌溉定额和可供水量;二是供水量和最大可能的灌溉面积一定,确定灌溉定额及相应的灌溉面积,使总效益最大。

（2）确定经济灌溉制度

根据龙口市北邢家试验站的实测资料,说明产量与耗水量关系的建立及经济灌溉定额的确定方法。耗水量与产量见表 7-30。

表 7-30　试验站各处理的耗水量与产量

处理	Ⅰ	Ⅱ	Ⅲ	Ⅳ	Ⅴ	Ⅵ	Ⅶ	Ⅷ
耗水量/(m³/亩)	125.4	175.4	225.4	275.4	325.4	375.4	425.4	475.4
产量/(kg/亩)	50.9	149.4	287.5	316.9	366.7	390.6	393.0	381.0

将各处理的产量与耗水量在 YOE 平面上点绘,并按 $Y = f(E)$ 函数关系进行回归计算,回归方程为二次抛物线式(7-19),结果见图 7-5。

$$Y = -33233 + 2.623E - 0.00449E^2 \tag{7-19}$$

式中:$a = -0.0049$,$b = 3.623$,$c = -332.33$;若 $P = 125.4$ m³/667 m²,$P_1 = 0.54$ 元/kg,$P_2 = 0.12$ 元/kg,$a = 0.22$,$C_a = 118.34$ 元/667m²,$C_w = 0.2$ 元/m³。

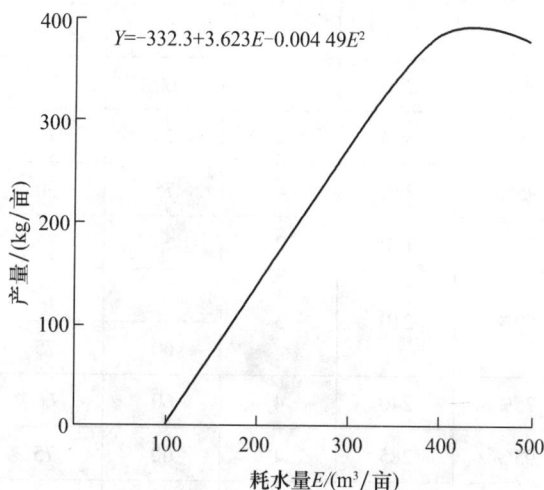

$$Y = -332.3 + 3.623E - 0.004\,49E^2$$

图 7-5　产量与耗水量关系图

可用于冬小麦的灌溉水量为 607.5 万 m³,灌溉面积为 1 220 hm²。

（二）山东省主要农作物灌溉制度

根据丰产灌水经验、灌溉试验以及理论方法计算,确定山东省主要农作物灌溉制度见表 7-31 至表 7-33。

表 7-31　山东省不同地区冬小麦灌溉模式

分区名称	频率	灌溉定额/mm	灌水次数	灌溉模式/mm			
				越冬水	拔节水	抽穗水	灌浆水
鲁西南	25%	120	2		60	60	
	50%	180	3		60	60	60
				60	60	60	
	75%	210	3	75	75	60	
				60	75	75	
	95%	270	3	60	75		
鲁北	25%	210	3		75	75	60
				60	75	75	
	50%	270	4	60	75	75	60
	75%	285	4	60	90	75	60
	95%	315	4	75	90	75	75
鲁中	25%	225	3	75	75	75	
				75	75	75	
	50%	270	4	60	75	75	60
	75%	300	4	75	75	75	75
	95%	330	4	75	90	90	75
鲁南	25%	150	2		75	75	
	50%	210	3		75	75	75
				60	75	75	
	75%	240	4	60	60	60	60
	95%	285	4	60	75	75	75
胶东	25%	120	2		60	60	
	50%	180	3		60	60	60
				60	60	60	
	75%	225	3		75	75	75
				75	75	75	
	95%	270	4	60	57	75	60

表 7 - 32 山东省不同地区夏玉米灌溉模式

分区名称	频率	灌溉定额/mm	灌水次数	灌溉模式/mm			
				出苗水	拔节水	抽穗水	灌浆水
鲁西南	25%						
	50%	50	1				
	75%	100	2	50	50		
	95%	150	3	50	50	50	
鲁北	25%	50	1	50			
	50%	100	2	50		50	
	75%	150	3	50	50	50	
	95%	240	4	50	50	60	60
鲁中	25%	50	1	50			
	50%	100	2	50		50	
	75%	120	3	60		60	
	95%	240	4	60	60	60	60
鲁南	25%						
	50%						
	75%	50	1	50			
	95%	120	2	60		60	
胶东	25%						
	50%	50	1	50			
	75%	100	2	50		50	
	95%	150	3	50	50	50	

表 7 - 33 山东省不同地区棉花灌溉模式

分区名称	频率	灌溉定额/mm	灌水次数	灌溉模式/mm					
				播前	幼苗后	现蕾	开花	节龄	吐絮
鲁西南	25%	60	1	60					
	50%	120	2	60		60			
	75%	180	3	60		60	60		
	95%	300	5	60	60	60	60	60	
鲁北	25%	60	1	60					
	50%	180	3	60		60	60		

续表

分区名称	频率	灌溉定额/mm	灌数次数	灌溉模式/mm					
				播前	幼苗后	现蕾	开花	节龄	吐絮
鲁西南	75%	240	4	60		60	60	60	
	95%	360	6	60	60	60	60	60	60
鲁中南及胶东	25%	45	1	45					
	50%	120	2	60		60			
	75%	180	3	60		60	60		
	95%	280	5	60	40	60	60	60	

根据《灌溉与排水工程设计规范》，管道水利用系数的设计值不应低于0.97。旱作灌区田间水利用系数的设计值不应低于0.9，水稻灌区田间水利用系数的设计值不应低于0.95。为了减少泵站提水所需要的能量消耗，降低运行费用，对提水灌区德渠道防渗要求更高。因此，提水灌区的额渠系水利用系数应适当高于自流灌区。

三、规模化管道灌溉分片轮灌区域划分

(一)规模化管灌工程设计依据

1.设计规范

《低压管道输水灌溉工程技术规范(井灌区部分)》(SL/T 153—95)，对灌溉输水管道的最大工作压力规定一般不超过0.2 MPa。然而，随着管道输水灌溉技术的发展，主要表现为：一是，承压性能较好的薄壁塑料管、双壁塑料管，在管道输水灌溉中得到了迅速发展；二是，管道输水灌溉技术在河网提水灌区、水库灌区得到了应用和发展，对输水压力要求有所提高，在实践应用上要求适当提高低压输水管道的压力上限。2006年颁布的国家标准《农田低压管道输水灌溉工程技术规范》(GB/T 20203—2006)，规定低压管道输水灌溉系统工作压力通常不超过0.4 MPa，每个系统的控制面积不大于80 hm²即1 200亩。但随着灌溉工程规模的扩大，整个管网压力也随之逐渐提高，有些已不再局限于低压管灌，2017年，国家颁布了《管道输水灌溉工程技术规范》(GB/T 20203—2017)取消了控制面积不大于80 hm²的限制，重新界定了管道输水系统工作压力，可作为规模化管灌工程设计依据。

2.轮灌组划分原则

①轮灌组的数目应满足需水要求，同时使控制灌溉面积与水源的可供水量相协调。
②每个轮灌组的总流量尽可能一致或相近，系统最小流量不应小于最大流量的75%。

③同时开启的给水栓数量尽可能相等。

依据上述划分原则,为保证水泵运行稳定、最大限度地降低干管管径,同一轮灌组的给水栓应分散布置,即轮灌组中给水栓距离泵站之和基本相等。轮灌组划分时将整个管网作为统一整体,一般是选择离泵站最近的一个给水栓,最远的给水栓逐渐向管网中心靠拢,这样的划分保证每个轮灌组中给水栓距离泵站之和基本相等,管道的水头损失几乎相同,保证水泵的恒压运行,提高电动机和水泵的效率,降低能耗。

(二)规模化管道灌溉管网设计及存在问题

1. 规模化管网设计

山东省平原县引黄灌区管道输水灌溉工程项目位于张庄泵站灌区,耕地面积 3 823 亩,设计泵房面积 79.6 m²,装机功率 235 kW,变压器容量为 315 kVA,地下输水管道长 23.7 km,其中干管 3.04 km,给水栓 343 处。

该系统灌溉参数:灌水定额 38 m³/亩,灌溉周期 10 d,每天灌水时间 18 h,灌溉系统流量 1 008.8 m³/h,轮灌组 12 组,一次同时开启的给水栓 28 个,给水栓流量 36 m³/h。

轮灌组的划分,以第 1 轮灌组和第 12 轮灌组为例进行的水力计算,计算结果见表 7 - 34。

表 7 - 34　管道灌溉系统水力计算表

轮灌组	管段	流量/ (m³/h)	管长/m	管道尺寸			沿程水损 /m	总水损 /m
				管径 /mm	壁厚 /mm	内径 /mm		
第 1 轮 灌组	0 - 1	1 008.8	527	600	15.0	570.0	0.74	0.82
	1 ~ 14	504.42	2 505	400	9.8	380.4	7.12	7.83
	14 ~ 17	504.42	433	315	7.7	299.6	3.85	4.23
	17 ~ 17 - 5	360.30	960	315	7.7	299.6	0.47	0.52
	17 - 5 ~ 17 - 6	360.30	96	315	7.7	299.6	0.47	0.52
	17 - 1 ~ 17 - 5	216.18	96	200	4.9	190.2	1.66	1.83
	17 - 1 ~ 17 - 4	72.06	437	140	3.5	133.0	5.94	6.53
	17 支斗管 6	72.06	230	110	2.7	104.6	9.84	10.82
第 12 轮 灌组	6 - 0	1 080.9	1 647	600	15.0	570.0	2.62	2.89
	7 - 6	756.6	68	450	11.0	428.0	0.23	0.25
	8 - 7	684.6	113	400	9.8	380.4	0.55	0.61
	9 - 8	612.51	138	400	9.8	380.4	0.55	0.61
	10 - 9	540.45	328	315	7.7	299.6	3.29	3.62
	11 - 10	504.42	268	315	7.7	299.6	2.38	2.62

从表 7 - 35 可以看出，管灌系统中第 1 轮灌组的水损为 31.84 m，泵站的出水压力 33.09 m；第 12 轮灌组的水损 32.97 m，泵站的出水压力 33.77 m。不同轮灌组的泵站出水压力基本保持在 33 m 左右，整个灌溉周期理论上是在基本恒压状态下运行的。根据流量及扬程确定选用 3 台单级离心泵 KQL 250 - 300/55/4，流量 336 m³/h，扬程 33 m。

2. 运行中的问题

通过对灌溉运行的 2 年监测，相邻较近各支管上的给水栓出水量差别不大，但相邻较远的各支管上的给水栓出水量差别较大，管网首端给水栓流量大约是管网末端给水栓流量的 2 倍，见表 7 - 35。

表 7 - 35　第 1 轮灌组同一轮灌组给水栓流量测量值

上级管道	分支管道	给水栓编号	给水栓流量/(m³/h)	上级管道	分支管道	给水栓编号	给水栓流量/(m³/h)
支管1	斗管1	1,2	43	支管17	斗管1	311,312	23
	斗管2	6,7	45		斗管2	315,316	23
	斗管3	8,9	41		斗管3	317,318	22
	斗管4	10,11	40		斗管4	319,320	22
	斗管5	14,15	43		斗管5	329,330	21
	斗管6	17,18	41		斗管6	334,335	20
	斗管7	20,21	40		斗管7	342,343	20

3. 问题原因分析

规模化管灌工程运行存在问题主要是同一轮灌组给水栓流量差异较大，造成给水栓实际流量差别较大的主要原因：

①传统的轮灌组划分中，为降低干管管径，同一轮灌组中涉及的支管数量较多，支管间距离较远。由于规模化管灌工程管网系统庞大，灌溉期间干管、支管和拟开给水栓的斗管均串联充满水，灌溉管道长，管道沿程水头损失较大，降低管道内水压，造成管网首端给水栓压力大，出水流量较大，管网末端给水栓压力小，出水流量较小；但在同一或相近支管上由于水力条件相差不大，各给水栓流量变化并不大。

②由于规模化管网管线长，干、支管上的闸阀、管件较多，由于部分产品、施工质量不到位，造成管网漏气、渗水等密封不严的概率增多，在一定程度上降低管道内压力，使得给水栓出水量减少。

③由于管网首端给水栓压力大，流量较大，对给水栓周围土地冲刷破坏较为严重；管网末端给水栓压力小，流量小，灌溉时间延长。再者，在灌溉过程中传统轮灌组的划分，由于同时开启给水栓之间的距离较远，给管理造成极大不便，增加管理成本。

（三）规模化管道灌溉工程现场试验

1.试区概况

骆驼巷北泵站位于阳谷县陶城铺灌区北干渠右岸,控制灌溉面积2 889 亩,涉及骆驼巷北部、阎胡村、二郎庙村。管网主管道的管径为 560 mm,分干管的管径分别为500 mm、400 mm、315 mm,支管管径 200 mm、110 mm,铺设 PVC 管道 19.5 km,设置出水栓 347 个。泵站流量为 1 540 m³/h,扬程 25 m,配套功率 150 kW。骆驼巷北泵站管道布设压力表分布见图 7 − 6。

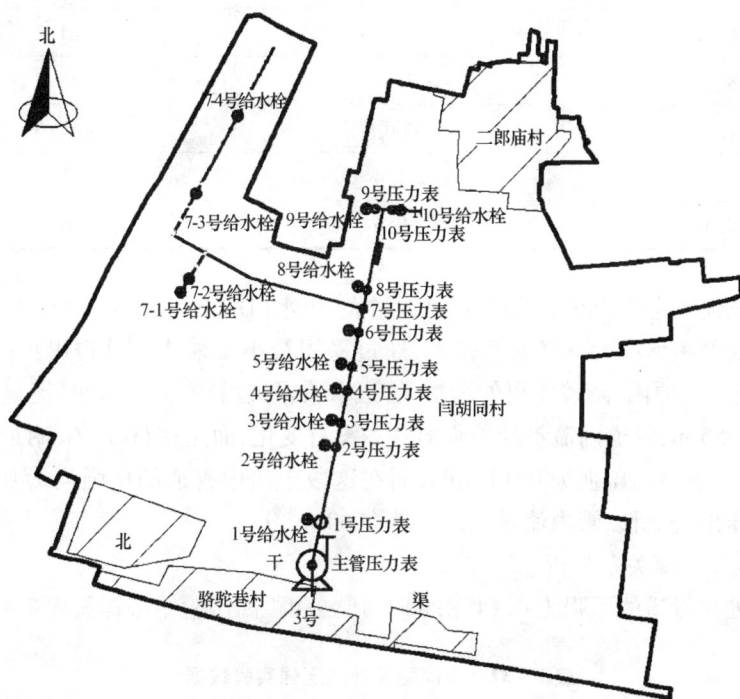

图 7 − 6　骆驼巷北泵站管道布设压力表分布

2.试验方案

（1）管道流量和距离关系

①利用骆驼巷北泵站,设定主管道的压力值为 0.14 MPa。

②在灌区管道上,与泵站距离分别是 142 m、400 m、781 m、915 m、1 170 m、2 134 m、2 956 m 位置安置给水栓,给水栓均为 Φ110 mm,测量各点的流量。

（2）管道压强和距离关系

①利用骆驼巷北泵站,首先调节主管道的压力使其达到稳定,稳定值为 0.14 MPa。

②在灌区管道上,与泵站距离分别是 0 m、142 m、400 m、584 m、781 m、860 m、915 m、1 170 m、1192 m、2 134 m 的闸阀井内安装压力表,读取相应位置的压力值。

3. 结果与分析

(1)流量和距离关系分析

当泵站主管道处的压强维持在 0.14 MPa,流量和距离试验结果详见表 7-36。

表 7-36　不同距离处的流量实验数据

出水口	距离/m	流量/(m³/h)
0-1	142	93.6
0-2	400	86.4
0-6	781	61.2
0-8	915	61.2
0-10	1170	57.6
0-7.1	2 134	57.6
0-7.4	2 956	57.6

在泵站压强恒定的情况下,随着距离的增大,出水口的流量逐渐减小。在 0~781 m,管道内流量随着距离增大下降幅度较大,通过采用最小二乘法计算得出该段的下降比率为 0.05,其主要原因:随着距离的增加,管道水头损失增加,流速减小,流量随之变小。而在 781~2 956 m,管道内流量随着距离基本没有变化,而是在 60 m³/h 附近来回震荡,其主要原因:由于泵站压强为 0.14 MPa,而在这段距离内管道的压强均为 0.1 MPa,管道内水为无压出流,所以管内流量基本维持在 60 m³/h。

(2)压强和距离关系分析

在泵站处主管道的压强为 0.14 MPa 时,压强和距离试验结果详见表 7-37。

表 7-37　不同距离处的压强实验数据

出水口	距离/m	压强/MPa
泵站	0	0.140
0-1	142	0.127
0-2	400	0.123
0-4	584	0.120
0-6	781	0.104
0-7	860	0.102
0-8	915	0.100
0-10	1 170	0.099
0-9	1 192	0.099
0-7.1	2 134	0.099

由表 7 - 37 可知,管道内的压强随着距离的增加而减小。在 0 ~ 781 m 内,随着距离的增加,压强的下降速率为 0.000 04,其主要原因:在管道输水过程中受到多种因素的影响,如管壁的摩擦、管道的密封性差、管径的变化等因素,增加了水头损失,导致管内压强减小。在 781 ~ 2 134 m 内,随着距离的增加,管道内的压强基本不会发生变化,即在压力为 0.1 MPa 附近震荡,管道内流量也基本稳定。

（3）压力和流量关系分析

在泵站处主管道的压强为 0.14 MPa 时,压强和流量关系详见表 7 - 38。

表 7 - 38　不同距离处的压强实验数据

出水口	压强/MPa	流量/（m³/h）
0 - 7.1	0.099	57.6
0 - 10	0.099	57.6
0 - 8	0.100	61.2
0 - 6	0.104	61.2
0 - 2	0.123	86.4
0 - 1	0.127	93.6

由表 7 - 38 可知,流量随着压强的增加而增加,采用最优拟合分析得出压强和流量的关系式:$y = 24\ 962x^2 - 4\ 381.4x + 247.52$,拟合度为 0.994 9。由此可知该方程可以表示在泵站压强为 0.14 MPa 情况下,灌区管道各位置处的流速分布情况。通过分析发现二者之间不是单纯的线性关系,其主要原因:在灌区实际运行过程中存在管道损坏、漏水、远距离管道内无压、测量设备精度较低等情况。

四、规模化管道灌溉轮灌技术

（一）分片轮灌模式

（1）分片轮灌设计基本原则

泵站灌区管灌系统一般控制面积较大,通常不可能整个管灌系统同时灌溉全部面积,而需要划分成若干灌水小区进行轮灌。基于传统轮灌组划分在系统运行中存在的问题,经现场试验、理论计算及与灌溉用户村民交流,得出分区分片轮灌组划分模式可操作性更强。

①将相邻片区给水栓划分为一个轮灌组,因为各给水栓与泵站的距离基本相等,水损相近,可以保证灌溉时同一轮灌组中各给水栓流量基本一致;同区水头压力应大致相等,偏差不宜超过 20%。

②考虑行政村、道路、沟渠、河流、种植结构等因素的影响,尽量与农业管理体制的管辖范围相一致,一个区内的种植方式或种植作物应力求相同,以方便灌溉和田间管理。

③为保证水泵在高效区运行,分区分片轮灌组划分将采用不同轮灌组同时开启给水栓数量不同的方式,在扬程高的轮灌组减少同时开启给水栓数量,即减小灌溉面积;反之亦然。

④一个管道灌溉系统中划分的轮灌区数目不宜过多,确定轮灌区数目和安排轮灌以能充分利用每天可进行灌溉的时间为原则,对于一个管道灌溉系统中的压力分区则应以管道承压能力及实际地形地貌情况进行合理地划分。

⑤轮灌区编组应有一定的规律,并应有利于提高管道设备利用率。

(2)规模化管网分片轮灌模式

根据轮灌组划分原则,平原县张庄管道灌溉系统划分为 12 个轮灌组,每个轮灌组同时开启给水栓数量见表 7-39。

表 7-39 各轮灌组同时开启给水栓个数及系统流量

轮灌组	1	2	3	4	5	6	7	8	9	10	11	12
同时开启给水栓数	34	34	33	33	28	28	28	28	24	25	24	24
系统流量/(m³/h)	1 225.0	1 225.0	1 189.0	1 189.0	1 008.8	1 008.8	1 008.8	1 008.8	864.7	900.8	864.7	864.7

从表 7-39 看出,各轮灌组同时开启给水栓的数量、系统流量都是不相同的。选择距离泵站最近的第 1 轮灌组和最远的第 12 轮灌组进行管道灌溉系统水力计算。从表 7-40 看出,管道灌溉系统中第 1 轮灌组的水损 30.57 m,泵站的出水压力 31.67 m;第 12 轮灌组的水损 27.52 m,泵站的出水压力 28.62 m。

表 7-40 管道灌溉系统水力计算

轮灌组	管段	流量/(m³/h)	管长/m	管道尺寸			沿程水损/m	总水损/m
				管径/mm	壁厚/mm	内径/mm		
第 1 轮灌组	1~0	1225.03	197.0	600	15	570	0.39	0.43
	2~1	720.61	317.0	315	7.7	299.6	5.30	5.83
	2-3~2	216.18	208.0	160	4	152	10.49	11.54
	2-2~2-3	144.12	178.0	140	3.5	133	8.27	9.10
	2 支斗管 1	72.06	78.0	110	2.7	104.6	3.34	3.67
第 12 轮灌组	0-13	864.73	3032.0	600	15	570	3.25	3.58
	15~13	720.61	145.0	400	9.8	380.4	0.78	0.85
	17~15	576.48	288.0	355	8.7	337.6	1.83	2.02

续表

| 轮灌组 | 管段 | 流量/（m³/h） | 管长/m | 管道尺寸 | | | 沿程水损/m | 总水损/m |
				管径/mm	壁厚/mm	内径/mm		
第12轮灌组	17－6～17	360.30	96.0	315	7.7	299.6	0.47	0.52
	17－5～17－6	288.24	96.0	225	5.5	214	1.58	1.73
	17－1～17－5	288.24	96.0	225	5.5	214	1.58	1.73
	17－4～17－1	72.06	437.0	125	3.1	118.8	10.18	11.20
	17支斗管6	72.06	230.0	125	3.1	118.8	5.36	5.89

由流量及扬程确定选用3台单级离心泵 KQL250－300/55/4,离心泵适合于大流量低扬程,而且流量变化范围大,扬程变化幅度小。第1~4轮灌组开启3台水泵,每台泵流量408 m³/h,扬程31 m;第5~8轮灌组开启3台水泵,每台泵流量336 m³/h,扬程30.6 m;第9~12轮灌组开启2台水泵,每台水泵流量432 m³/h,扬程27 m。所选水泵可以满足分区分片轮灌组的划分方式下系统流量及扬程的变化。

（3）运行效果测试

通过重新划分轮灌组运行,测量同一轮灌组中给水栓的出口流量,结果见表7－41。根据流量测试,第1轮灌组的34个给水栓流量基本一致。

表7－41　第1轮灌组同一轮灌组给水栓流量测量值

上级管道	分支管道	给水栓编号	给水栓流量/（m³/h）	上级管道	分支管道	给水栓编号	给水栓流量/（m³/h）
支管1	斗管1	1,2	37	支管2	斗管3	34,35	37
	斗管2	6,7	37		斗管4	39,40	37
	斗管3	8,9	37		斗管5	43,44	37
	斗管4	10,11	36		斗管6	45,46	36
	斗管5	14,15	37	支管3	斗管1	49,50	36
	斗管6	17,18	37		斗管2	53,54	36
	斗管7	20,21	36		斗管3	57,58	36
支管2	斗管1	25,26	36		斗管5	67,68	35
	斗管2	29,30	36				

（二）两种轮灌组划分方式对比

（1）工程造价

与原设计相比,分片轮灌组划分方式主要增加的工程投资在主干管。原轮灌组划分方式使得管道流量分摊,主干管的管径逐级降低,而分片轮灌为满足最不利片区轮灌组灌溉要求,主管管径相对较大。经计算,较原设计投资增加20%左右。

张庄泵站传统轮灌组划分方式管网投资149.92万元,分片轮灌组划分方式投资179.89万元,投资增长近20%,按20年运行期考虑,年增加投资1.5万元。

（2）运行管理费

分片轮灌组较传统轮灌组方式年省工2个。由于分片灌溉,不同轮灌组的流量及扬程不同,第1~8轮灌组灌溉时需启动3台水泵,第9~12轮灌组灌溉只需2台水泵,整个灌溉系统的燃料动力费降低,见表7-42。

表7-42　两种轮灌组划分方式费用对比

轮灌组划分方式	用工费			工程维护费			燃料动力费		年运行费/元
	用工/个	工资/(元/个)	用工费/元	工程投资/元	费率/%	维护费/元	用水量/m³	动力费/元	
分片划分	3	5 000	15 000	1 798 947.3	2.0	35 978.9	1 032 480	248 726.3	299 705.2
传统划分	5	5 000	25 000	1 499 122.7	2.0	29 982.5	1 032 480	280 591.6	335 574.1

由表7-42可知,分片轮灌方式的工程维护费增加,但动力费、管理费降低。

（3）费用对比

分片轮灌组划分方式较传统方式年运行费节省3.59万元,而工程投资年增加1.5万元,因此较传统方式年节省2.08万元,从工程投资及运行管理综合分析,分片轮灌组划分方式是经济合理、可行的。

规模化管灌分区轮灌模式解决了因传统轮灌组划分模式造成的给水栓出水量不一致,压力不稳定的情况;分区轮灌相对于传统轮灌的管理更加方便,灌溉效率更高,在灌水期内可以更加合理地分配灌溉用水,避免了无序灌水,争水强水事件的发生。因此无论从理论方面还是从实际运行方面,规模化管道灌溉分区轮灌模式均可推广。

五、规模化灌溉工程适宜规模

井灌区的管道输水灌溉工程中,单井控制灌溉面积多是以井的出水量为控制因素,规模一般不大。河道(水库)如果水源有足够的保证,从理论上讲,灌溉工程规模可以设计得足够大。灌溉系统越大,管理费用相对越高;灌溉系统越小,建设成本(亩投资)相对越高。管道输水灌溉工程,若不考虑田间地面灌溉工程,其工程投资主要包括机电设备和管道管材。经过调查研究,电力工程相对造价固定,机泵设备的投资与灌溉面积(即功率)基本是线性的对应关系,而管道的投资与控制面积,在一定范围内是线性的对应关系,超过一定范围其投资增加较大。以常用的PVC管道为例,管道输水灌溉控制面积与管径之间的关系见图 7-8。从图中可以看出,随着控制面积的增大,输水管道的计算管径也增大,二者之间成二次多项式的关系。以市场上常见的 PVC 管材 20 mm 与 800 mm 作为适宜的管径上、下界限,得到旱作物灌区[灌水模数取为 0.3 m³/(s·万亩)]管道输水灌溉的控制面积不宜超过 2 万亩;水田灌区[灌水模数取为 0.45~0.6 m³/(s·万亩)]的控制面积上限为 1~1.33 万亩。

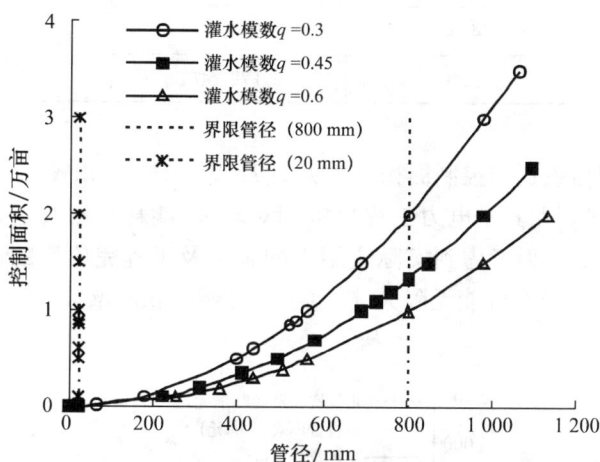

图 7-8　管道输水灌溉控制面积与管径的关系

灌溉管道系统采用聚氯乙烯硬塑管,不同管径的管材价目表详见表 7-43。

表 7-43　硬聚氯乙烯(PVC-U)管材价目表

公称直径/mm	壁厚/mm	价格/(元/m)	备注
90	1.8	13.50	
110	2.2	20.25	
160	3.2	43.00	
200	3.9	64.80	
250	4.9	103.00	
315	6.2	162.70	
355	7.0	207.00	
400	7.8	260.00	工作压力 0.4 MPa
450	8.8	330.00	
500	9.8	408.00	
560	11.0	513.00	
630	12.3	646.00	

续表

公称直径/mm	壁厚/mm	价格/(元/m)	备注
200	2.5	43.00	
250	3.1	66.80	
315	3.9	105.90	工作压力 0.25 MPa
355	4.4	134.70	
400	5.0	172.50	

管道灌溉工程亩投资与控制面积关系见图 7-9。工程面积较小时,管径较小,管材投资较少,但机电投资尤其是电力工程投资相对较大,能耗费用及运行管理费用增大;工程面积较大时反之。但考虑到实际应用中的施工及工程完成后的运行管理等情况,工程的控制面积及管径不可能无限大,随着工程控制面积的增大,亩投资呈一定的上升趋势。

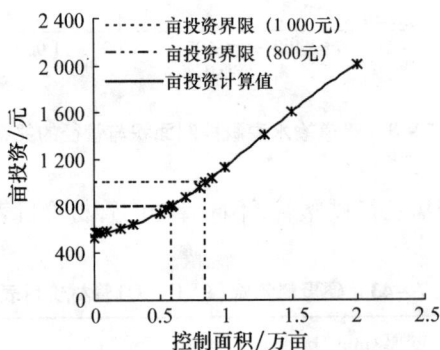

图 7-9 管道灌溉控制面积与工程亩投资的关系

根据目前管道灌溉亩均投资的情况,以 800~1 000 元/亩作为亩投资上限范围,由此确定适宜的管道灌溉工程控制面积上限为 6 000~8 500 亩,管径上限为 450~560 mm。

同时,考虑土地经营现状给灌溉管理增加的费用,以河道(水库)为水源的较大规模的管道灌溉工程规模最大不宜超过 6 000 亩,以 3 000~5 000 亩为最佳。

参 考 文 献

[1]费子新,赵红军.关于快速发展农业机械化的措施及对策的意见[J].科技与企业,2014(19):124.

[2]尹荣海.农业机械生产效率及作业质量提升方法研究[J].中国农业信息,2016(10):47-48.

[3]钱耀才.我国农村土地规模化经营的现状及对策[J].农村经济,2003(2):61-62.

[4]刘新卫,梁梦茵,郧文聚,等.地方土地整治规划实施的探索与实践[J].中国土地科学,2014,28(12):4-9.

[5]雷声隆.第四讲 灌区田间工程建设[J].中国农村水利水电,1999(7):43-44.

[6]赵华甫,屈雪冰,冯新伟,等.耕地的弹性变形理论及实证研究[J].地域研究与开发,2012,31(2):73-77.

[7]许迪,李益农.精细地面灌溉技术体系及其研究的进展[J].水利学报,2007,38(5):529-537.

[8]江培福,刘群昌,白美健.高标准农田建设标准对比分析[J].中国农村水利水电,2013(11):175-178.

[9]卢红伟,王延贵,史红玲.引黄灌区水沙资源配置技术的研究[J].水利学报,2012,43(12):1405-1412.

[10]武继承,杨永辉,贾延宇,等.不同补充灌水量对小麦产量和灌水利用的影响[J].河南农业科学,2011(1):80-84.

[11]居辉,周殿玺.不同时期低额灌溉的冬小麦耗水规律研究[J].耕作与栽培,1998(2):20-23.

[12]闫成皋.夏播玉米的合理灌溉[J].农家顾问,2009(6):44-45.

[13]党红凯,曹彩云,郑春莲,等.小麦提前造墒灌水对玉米后期光合与产量的影响[J].农业机械学报,2015(10):132-140.

第八章　灌区信息化管理系统

第一节　旱作灌区信息化系统开发

农业一站式灌区信息化系统包括农业灌溉所需的信息监测与数据采集系统、节水灌溉预报与灌溉决策系统和灌溉自动控制系统。利用先进的传感设备,对作物生长所需的水、肥、环境温度等因子进行监测采集,通过构建的计算机信息平台,对监测采集的数据进行存储计算;利用已有的作物灌溉制度资料及科研成果,建立作物灌溉制度及作物生长制约因素信息库;通过开发的节水灌溉智能决策与控制系统软件,进行推理、对比、决策,从而实现灌溉智能化、自动化,实现实时精准灌溉,达到提高作物产量与品质的目的,提高水分生产率,实现农业高效用水。以平原县张庄泵站管道输水灌溉工程示范区为依托,研发了一站式灌区信息化系统,主要研发内容:构建农业灌溉信息监测与信息存储平台;灌溉预报、灌溉决策系统的软件开发;灌溉自动控制与管理应用系统开发及系统的应用与示范。

一、一站式灌区信息化系统的开发与集成

一站式灌区信息化系统主要包括信息采集存储、决策和灌溉自动控制系统两部分。采集的信息数据主要包括土壤含水量、地下水水位、降水、蒸发、风速、空气湿度等气象信息以及输水管道的供水压力流量等;决策系统主要通过对已采集的影响作物生长环境因子的分析,根据一定规则进行计算处理,从而根据土壤含水量或其他因素控制灌溉的时间、灌水量,达到精确灌水的目的。灌溉自动控制系统则是按照决策系统指令进行执行。

(一)灌溉信息采集存储、决策系统的开发与集成

灌溉信息采集存储、决策系统,是计算机信息技术与作物生长诸因素的采集处理技术在灌溉领域的综合技术集成。通过计算机系统软件,将采集的信息,依照一定的规则推理,形成数据查询,进行灌溉预报然后进行灌溉决策的三大模块。农业灌溉信息采集与决策系统框架见图 8-1。

1. 信息自动采集系统

信息自动采集系统主要包括 QPDC 型数据采集控制器、一杆式土壤墒情测报系统、输水管道压力流量传感器、自动气象站。一杆式土壤墒情测报系统,采用积木式结构,土壤含水量、降雨量、地下水位、视频四位一体,加之太阳能电源系统、通信系统、采集终端系统集于一杆,形成了一站式产品结构。自动气象站采集的信息主要包括降水、气

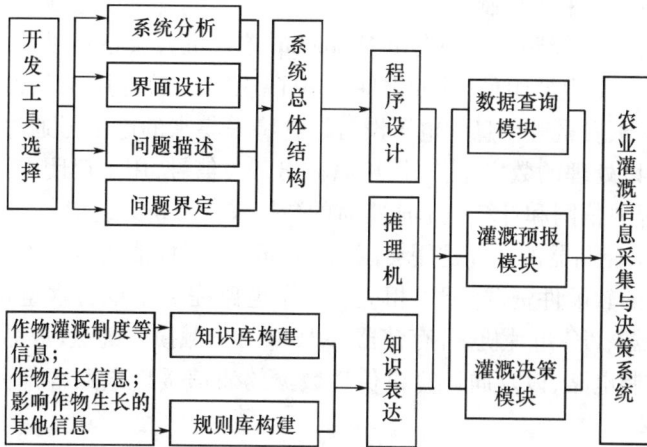

图8-1　农业灌溉信息采集与决策系统框架

温、风速风向等。信息存储系统即建立具有查询、统计等功能的数据信息库。土壤湿度传感器、地下水位传感器、压力流量传感器，包括降雨、气温等信息采集的自动气象站的选择，对系统工作的准确性、可靠性、经济性至关重要。经过试验对比筛选，研发的信息自动采集系统所需的传感设备如下：

（1）水位传感器

选用中德合资生产的WP311型投入式液位变送器（也称静压式液位变送器）。该产品带防腐膜片敏感组件，芯片装入一个聚四氟乙烯（或不锈钢）壳体内。独特的内部结构工艺彻底解决冷凝结露的问题；采用特制的电子设计技术基本解决雷击问题。该产品采用特制的通气电缆，使感压膜片的背压腔与大气良好相通，测量液位不受外界大气压变化的影响，测量准确，长期稳定性好，并具有优良的密封及防腐性能，符合船用标准，可直接投入水、油等液体中长期使用。聚四氟乙烯材料的外壳及电缆可测量多种强腐蚀性液体。

（2）土壤水分传感器

土壤水分传感器是扩展插入深度适用于野外大田操作，精度高稳定性好，配合ATP1AS可组成便携式水分速测仪。

（3）水量传感器

水量传感器采用专利技术研制的新型产品，是建设部推荐产品，连云港浪花牌。

（4）雨量传感器

雨量传感器选用美国戴维斯仪器7852翻斗式雨量计，特点是设计非常精确，设备客体和基础构造坚固耐用，小翻斗采用满分轴承、减少摩擦磨损，不锈钢调整螺丝允许微调进行校准。

（5）温湿度传感器

LTM8701TR温湿度一体化4～20 mA变送器。温度范围-25～60 ℃、温度测量精度±0.5 ℃、湿度测量范围0%～100% RH、湿度测量精度±3% RH（25 ℃）、工作电压负载电阻小于250 Ω，12～36 V DC。

（6）QPDC 型数据采集控制器

QPDC 型数据采集控制器是一套由 Microchip 单片机为核心处理器、A/D 转换模块、通信、存储器、LCD、继电器组件、脉冲组件等电子部件组成,专用于采集土壤含水量、压力、水位、降雨量、蒸发量等信息的电子设备。它将采集来的电信号通过 A/D 转换模块转换为计算机可以处理的数字量信号,可以输出开关信号,用来启闭电磁阀和水泵控制器,并且可以通过通信网和计算机形成实时的数据采集分析系统。

QPDC 型数采控制器的芯片选用美国 Microchip 公司性能优良的 PIC16C74 单片机,充分利用其提供的软硬件资源,配以相应的外围电路完成土壤含水量检测。其主要组成部分包括传感器、PIC 单片机、外存储器（E2PROM）、触摸式键盘、液晶显示屏（LCD）、电池电源通断控制电路,以及向计算机传送数据的通信接口电路等部分。人工智能决策框架见图 8 - 2。

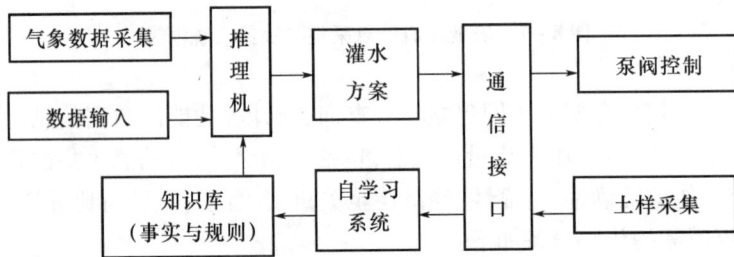

图 8 - 2　人工智能决策框架

2. 信息存储系统的研发

建立信息存储系统数据库的目的是为灌溉预报、灌水决策提供依据。信息存储系统的主要内容包括:对采集的不同作物生长期需水规律、灌溉制度,以及作物生长对土壤肥力、地温,空气湿度、温度以及风速、光照等作物生长技术信息存储、统计、查询。

考虑系统的开放性和扩充性,系统对信息数据库的设计没有像通常那样将数据库放在主系统中,而是采用数据库软件 Access 另外创建数据库,数据库与主系统采用 ADO 技术连接。主系统既可以实时写入采集到的信息到数据库保存,也可以随时访问数据库进行查询、检索,并以不同的统计方法进行直观显示。需要更改的环境参数、控制参数均以表格的形式存于数据库中。其主要优点有以下三点。一是充分利用 Access 功能,减少主系统的程序量。Access 作为专用数据库软件功能强大,如果通过编程在主系统中实现其功能,不仅困难,而且会使主系统变得非常庞大,必将影响主系统的运行速度和系统维护。我们将常用的或实时性强的功能放在主系统中,而将实时性不强的功能,如数据打印,利用 Access 实现,通过 ADO 技术为桥梁,实现全部功能。二是方便与其他系统的连接。控制主程序采用 VB 编写,编程容易、界面友好,功能相互独立,维护方便。三是提高系统的通用性。该系统用于不同的地方,与环境有关的界面中的名称、示意图等要做相应的修改,通常情况下要修改主程序,非编程人员很难做到。我们将需要修改的部分做成 Access 表格形式,系统开机时自动读入界面,如果需要做某些改动,非编程人员只要用 Access 打开相应的表格,在 Access 下做些简单的修改即可,无须修改主程序。

3. 灌溉智能决策系统

灌溉智能决策系统工作的原理:根据采集传输的信息进行综合分析判断,确定出土壤含水量的实时值,然后与作物生长所需适宜含水量的上限比较,进行决策。当小于或等于设定的土壤含水量上限时,发出使机泵(或电磁阀)自动开启的指令,并且根据预先制订的灌水计划,按灌溉顺序、灌溉时间,自动执行,直至机泵(或电磁阀)自行关闭。

系统软件根据作物在不同生长期的需水参数以及土壤条件等资料建立信息库,推理机根据信息采集系统输入的土壤含水量、空气温度湿度、降雨、光照、风速等资料和信息库比较,经推理后形成灌溉方案,通过接口电路送至相应的模块执行。

灌溉智能决策与控制系统软件的工作程序:将监测控制命令由计算机串口发出,通过 RS232/RS485 转换模块将信号转换为传输距离较远的 RS485 信号格式,信号通过 RS485 网络传送至信息采集系统的因子采集变送设备上,各设备对命令进行解码处理后执行相应的操作。决策系统软件还实时监测 GPRS 远程监控 MODEM 是否有远程监控信号,当接收到远程监控信号时立即进行命令解密、解码处理,处理后的信息实时与信息库的规则或设置指令相比较、判断决策执行相应的操作指令,完成灌溉工作。

(二)自动控制系统的开发与集成

自动控制系统主要包括主控中心、田间灌溉测控单元、数字仪表和水泵控制柜及远程监控通信设备等。

1. 主控中心

主控中心包括中心控制计算机、人工智能决策与控制系统软件、SMS 远程监控通信设备等。在中心控制室可通过智能决策与控制系统软件的评估、实时监测、预置、随机、远程五种控制方式,由计算机自动对灌溉系统实施控制。

2. 田间灌溉测控单元

每个轮灌区建立灌溉测控单元,包括土壤含水量、其他作物生长监测设备和电磁水阀及其驱动电路和模块。

3. 数字仪表、水泵控制柜

在水泵控制室内安装水泵控制柜和数字仪表。数字仪表负责将水位、压力、流量等数据采集、现场显示并传送至主控计算机。水泵控制柜负责控制、驱动水泵并提供过载、轻载、过压、欠压、短路等保护,将水泵运行情况反馈主控计算机。

4. SMS 远程监控通信设备

主控计算机上安装 SMS 远程监控通信设备,将工况信息向远程监控中心发送,也可接收远程监控中心的控制命令并执行。

二、一站式灌区信息化系统软件开发

(一)系统软件设计

系统软件采用模块化结构设计。软件系统包括五个功能模块:系统设置、实时监控、数据管理、预报模型及在线帮助。总控计算机界面和主控程序采用 VB\C#编程,上位机总控站和下位机控制子站采用高效的汇编语言编程,利用 PIC16F 片内的 8KROM,不用外扩程序存储器,系统采用了自定义通信协议。

(二)灌溉预报模型

根据系统采集的土壤湿度、气象信息等,由计算机推理作物灌水方案,即形成作物的灌溉预报。灌溉预报技术是农田节水灌溉智能决策与控制系统的核心。利用土壤基本参数及易于观测的气象资料等来预测土壤水分状况的动态变化,据以确定灌水日期、灌水定额,并随作物生育期的推移,逐段实行灌溉预报,并进行决策。

灌溉预报,即根据农田土壤水量平衡原理,利用当前的土壤含水量推算下一阶段的土壤含水量进而预报灌溉时间和灌水量。土壤含水量的递推模型如式(8-1):

$$W_i = W_{i-1} + D_i + M_i + I_i + P_i - R_i - S_i - ET_{ai} \qquad (8-1)$$

式中:W_i, W_{i-1}——作物第 $i,(i-1)$ 时段计划湿润层的土壤蓄水量,mm;

D_i——第 $(i-1) \sim i$ 时段地下水补给量,mm;

M_i——第 $(i-1) \sim i$ 时段因计划湿润层增加而增加的水量,mm;

I_i——第 $(i-1) \sim i$ 时段灌水量;

P_i, R_i, S_i——第 $(i-1) \sim i$ 时段有效降水量、径流量、渗漏量,mm;

ET_{ai}——第 $(i-1) \sim i$ 时段作物实际腾发量,mm。

模型参数包括计划湿润层土壤蓄水量、降雨量、径流量、渗漏量、地下水补给量、灌水量、作物腾发量等参数的确定方法。

灌溉预报程序是利用 VB 软件开发的 Microsoft Windows 应用程序,具有极强的可视性和直观性。该程序由主程序和各个子程序组成。主程序的功能是各个子程序之间的相互调用,起出入口引导作用,引导由菜单完成,根据选择进入相应子程序。子程序是该程序的核心部分,包含了示范区基本情况、降水量、腾发量、地下水补给量、灌水时间和灌水量计算等子程序。该程序采用模块化结构,符合自上而下逐步求精的设计原则,结构清晰,便于阅读和修改。程序功能的实现采用菜单选择的方式,提示明了,操作简单,便于推广应用。

(三)数据通信设计

数据采集后的通信方式分为两部分:一是有线通信网络,二是 SMS 全球无线通信网络。

有线通信网络用于短距离信息传输,主要采用 RS485 网络完成,RS485 通信网络是采用两根双绞线进行组网连接的,它运用的是差分信号格式,因此其最远通信距离可以达到 1 200 m,如果中间添加中继,则距离可以无限延长,但投资会越来越大。

无线通信方式主要采用移动通信 GPRS,采用分组交换的方式,数据速率最高可达

164 kB/S、它可以给 SMS 用户提供移动环境下的高速数据业务,还可以提供收发 E - mail、Internet 浏览等功能。GPRS 用户的计费以通信的数据量为主要依据,体现了"得到多少、支付多少"的原则,因此应用 GPRS 比其他的通信方式更节俭资金,不受距离的限制,其通信数据更安全,不会被其他设备拦截、破解。

（四）系统操作方式与系统功能

一站式灌区信息化系统采用 Windows 操作形式,人机界面友好,操作简单,用户只需点击鼠标即可完成所有操作,特别适合没有计算机操作经验的农民朋友。一站式灌区信息化系统操作流程见图 8 - 3。

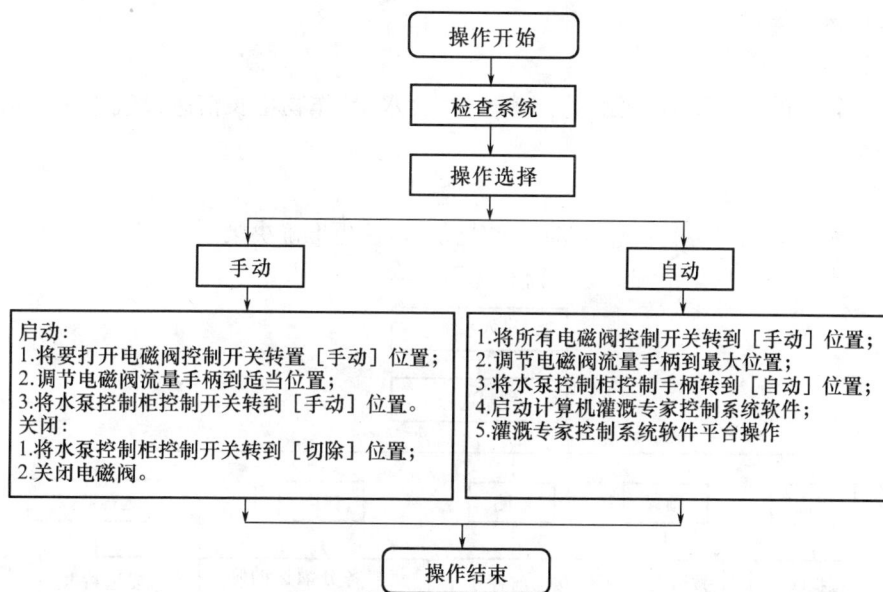

图 8 - 3　灌区信息化系统操作流程

1. 系统功能

（1）灌溉决策支持功能

根据采集传输的信息进行综合分析判断,确定出土壤含水量的实时值,然后与信息库中规定的作物生长所需适宜含水量的上限比较,当小于或等于设定的土壤含水量上限时,发出使机泵（或电磁阀）自动开启的指令,并且根据预先制订的灌水计划,按灌溉顺序、灌溉时间,自动执行,直至机泵（或电磁阀）自行关闭。

（2）预置修改功能

系统具有对运行参数进行预置和实时修改的功能,即在每一个灌溉过程之后,可根据下一次作物生长阶段所需的适宜含水量的上限修改有关数据,并可重新预置灌水顺序及灌水时间。

（3）灌溉预报功能

根据当日土壤含水量以及气象信息分析以后 5 d 之内土壤墒情,逐段进行灌溉预报。

（4）自动监控功能

系统运行时,计算机可自动显示机泵、阀门的实时工作状态,如工作压力、灌水流量、水位、土壤含水量、作物生长信息及气象等信息的实时数据。

（5）远程监控功能

可以通过 SMS 无线网络和通信设备远距离发送信息,对灌水的过程进行人工控制,关闭机泵和电磁阀。

（6）预警保护功能

对机泵电流过限,管道工作压力超限及水泵等设备发生故障前进行预警保护直至自动修正运行等。

（7）查询功能

对运行时的工作压力、灌水量、土壤实时含水量、作物生长信息及气象实时信息等进行查询。

（8）信息库升级

影响作物生长的各类信息,随时能够增加,以便更准确决策。

一站式灌区信息化系统的运行流程见图 8 - 4。

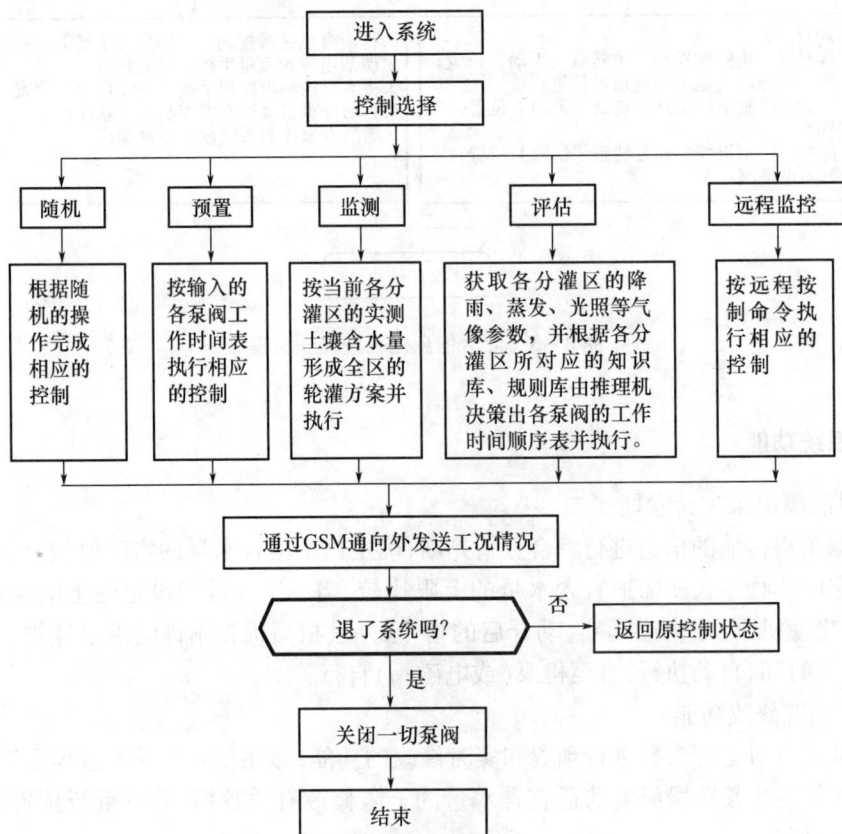

```
                        ┌──────────┐
                        │  进入系统  │
                        └─────┬────┘
                        ┌─────┴────┐
                        │  控制选择  │
                        └─────┬────┘
        ┌──────┬──────┬──────┼──────┬──────────┐
     ┌──┴─┐ ┌──┴─┐ ┌──┴─┐ ┌──┴─┐        ┌──┴───┐
     │随机 │ │预置 │ │监测 │ │评估 │        │远程监控│
     └──┬─┘ └──┬─┘ └──┬─┘ └──┬─┘        └──┬───┘
```

| 根据随机的操作完成相应的控制 | 按输入的各泵阀工作时间表执行相应的控制 | 按当前各分灌区的实测土壤含水量形成全区的轮灌方案并执行 | 获取各分灌区的降雨、蒸发、光照等气像参数,并根据各分灌区所对应的知识库、规则库由推理机决策出各泵阀的工作时间顺序表并执行。 | 按远程按制命令执行相应的控制 |

```
                 ┌───────────────────────────┐
                 │ 通过GSM通向外发送工况情况    │
                 └─────────────┬─────────────┘
                      ┌────────┴────────┐      否   ┌──────────┐
                      ╱  退了系统吗？    ╲ ────────→│返回原控制状态│
                      ╲                 ╱          └──────────┘
                      └────────┬────────┘
                             是 │
                        ┌──────┴──────┐
                        │  关闭一切泵阀  │
                        └──────┬──────┘
                        ┌──────┴──────┐
                        │    结束      │
                        └─────────────┘
```

图 8 - 4　灌区信息化系统执行流程

2. 监测

根据实时测量各灌区的土壤含水量和知识库中的最佳土壤含水量的上下限形成灌水方案。

3. 评估

计算机根据作物在不同生长期的需水参数以及土壤条件等数据建立的数据库和蒸发、降雨、光照、风速、气温、气湿等气象数据形成灌水方案。

4. 预置

可由用户根据需求自行输入控制参数,预置灌水时间表,系统根据预置时间表进行灌溉。

5. 随机

由用户进行随机的操作完成各灌区的灌溉。灌区信息化系统随机功能界面见图8－5。

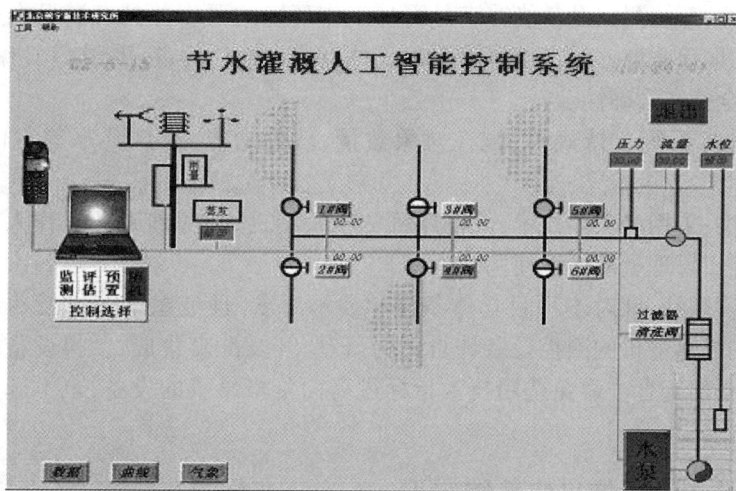

图8－5　灌区信息化系统随机功能界面

6. 数据分析

一站式灌区信息化系统可随时对采集的数据进行整理分析,绘制分析曲线,并打印输出,如图8－6所示。

(五)系统特点

研制开发的"一站式"灌区信息化系统具有如下特点:

①先进性:在国内同类系统的技术结构、设备选型、功能和技术指标等方面具有先

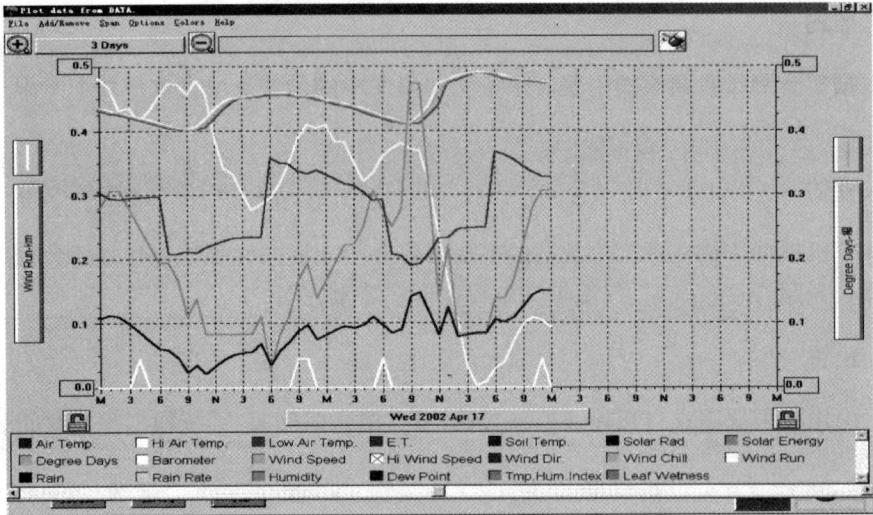

图 8-6　气象信息变化

进性。

②可靠性:系统测控设备能够满足野外工作环境的要求并具有满足农业灌溉的可靠性指标,如远程监控方面直接利用 SMS 无线网络和通信设备,采用 CRC 编码技术,确保系统的安全性和准确性。

③扩展性:系统支持规模、测控对象数量、软件功能、信息共享等方面的开放扩展性。

④操作性:采用多媒体技术,人机界面友好,形象逼真,系统对于操作人员的技术水平要求低,便于管理员的操作使用。

⑤经济实用性:针对本项目具体条件和技术要求,且考虑系统的长期运行维护费用,通过选用成熟适价的测控设备和自己的研制、开发配套集成,使得设备的功能和技术指标能够平衡配合。避免选用技术指标过高而价格昂贵的设备,也不选用可靠性差的廉价设备。

三、一站式灌区信息化系统应用

在一站式灌区信息化系统研发的基础上,为了验证系统的性能,在山东省德州市平原县张庄泵站示范区进行了示范应用。

1. 主要的监测控制内容

主要的监测控制内容包括土壤湿度、水位、雨量、压力、流量、灌溉水量、灌水控制等。

2. 系统组成

系统内一杆式土壤墒情测报系统、输水管道压力传感器、管道电磁流量计、支管道 48 处 IC 卡计量与控制装置和电流、电压等监测设备组成。其中,一杆式土壤墒情测报系统为无线遥测,其他为有线检测。

3. 系统界面与操作程序

打开工控机,在桌面找到工程运行文件图标,双击打开。进入工程运行环境,首先显示的是"一站式"灌区信息化系统界面;用鼠标点击封面,进入数据监控界面,在数据监控界面可以看到相应监测点及相应实时监测数据情况。

①灌水量、降雨监测界面。在这个界面可以很清楚地了解到示范区及各试验田本次用水量与总用水量以及各个电磁阀的状态。

②土壤湿度界面。在土壤湿度监测界面,可实时显示观测到的土壤含水量的变化,还可以查询过去某个时段的土壤含水量的变化曲线及其他相关数值。

③土壤水及灌溉水源水位实时曲线界面

④历史曲线界面。通过相应的历史曲线图可以查询相应监测点历史某一时段的曲线变化图。

⑤存盘数据查询。点击菜单的存盘数据查询即出现界面。通过存盘数据查询界面可以查询到所有存盘的工程历史数据。

⑥系统管理。在菜单的最左端为系统管理,可在该系统管理菜单下的用户窗口管理里面实现各个窗口界面的显示切换。在系统窗口下还有退出系统菜单,点击退出系统即可退出运行系统。或者点击运行界面右上角的关闭按钮关闭运行系统。若想再次进入系统,可以在桌面上再次打开文件图标,即可再次进入运行系统。

⑦历史数据提取复制。在工控机硬盘 D 盘找到示范区文件夹并打开,再找到数据库文件,双击打开该数据库文件,然后双击打开表对象里的——数据工作组_MCGS 的数据表,里面存放着所有的存盘历史数据,可以选中、复制、粘贴到 Excel 表格中,可进行打印或其他处理。

4. 系统的相关功能

(1)主控中心室

①控制功能:面向控制对象的操作平台有四种不同控制方式。

A. 智能控制方式:决策系统软件根据系统各功能部件采集的当前土壤湿度、空间温度和湿度等数据和软件知识库数据(详细的条件数据和最佳作物生长数据等)对当前灌区的土壤含水量进行综合客观处理分析,推导出相应的灌水方案并自动实施。

B. 设置控制方式:决策系统软件根据操作人员预先设置的灌水计划自动实施。

C. 随机控制方式:决策系统软件根据操作人员对软件操作平台上泵阀的操作实施灌溉。

D. 远程控制方式:决策系统软件对 GSM 设备接收到的命令进行分析并实施。

②其他功能:数据统计、历史趋势显示,报表打印和输出;提供缺水、管道过压、水泵及驱动设备故障告警;密码保护的各种控制指令设置操作界面。

(2)现场控制单元

①监测部分负责采集水位、压力、流量等数据,现场显示并传送至主控计算机。

②变频控制柜负责控制、驱动运行水泵、阀门,并提供过载、轻载、过压、欠压、短路

等保护,将水泵、阀门运行情况反馈主控计算机。

③提供现场手动操作方式,便于调试和维护。

④支管道 48 处 IC 卡自动计量与控制装置,为用户服务。

第二节　水田灌区实时灌溉预报系统

一、实时灌溉预报模型

实时灌溉预报包括参考作物蒸发蒸腾量预报、实际作物蒸发蒸腾量预报、土壤水量平衡演算及灌水预报等,以漳河灌区为例。

（一）参考作物蒸发蒸腾量计算模型

采用 1991 年 FAO 专家咨询会议所确定的计算模型,即 Penman – Monteith 方程:

$$ET_0 = \frac{0.408\Delta(R_x - G) + y\dfrac{900}{273 + T} \cdot u_2 \cdot (e_a - e_d)}{\Delta + y(1 + 0.34 \cdot u_2)} \tag{8 – 2}$$

式中:ET_0——参考作物蒸发蒸腾量,mm/d;

Δ——温度 – 饱和水汽压关系曲线上在 T 处的切线斜率,kPa/℃;

R_n——净辐射,MJ/m^2 · d;

T——平均气温,℃;

e_a——饱和水汽压,kPa;

e_d——实际水汽压,kPa;

G——土壤热通量,MJ/m^2 · d;

γ——湿度表常数,kPa/℃;

u_2——2 m 高处风速,m/s。

（二）参考作物蒸发蒸腾量预报模型

采用指数预测模型进行逐日参考作物蒸发蒸腾量 ET_0 预报,ET_0 预报指数模型为

$$EI_{oi} = \Psi \cdot \overline{ET_{0max}} \cdot e^{-\left(\frac{i - I_m}{A_0}\right)^2} \tag{8 – 3}$$

式中:i——日序数;

ET_{0i}——第 i 日参考作物蒸发蒸腾量,mm/d;

Ψ_i——第 i 日天气类型修正系数;

ET_{0max}——多年平均最大日 ET_0 均值,mm/d;

I_m——对应的日序数;

A_o——经验参数。

以上有关参数采用漳河灌区团林灌溉试验站 1982 ~ 2013 年的气象资料进行率定。

实际作物蒸发蒸腾量采用式(8 – 4)预报,即

$$ET_{ci} = K_{ci} \cdot K_{si} \cdot ET_{oi} \tag{8 – 4}$$

式中：ET_{ci}——第 i 日实际作物蒸发蒸腾量，mm/d；

　　　ET_{0i}——第 i 日参考作物腾发量，mm/d；

　　　K_{ci}——第 i 日作物系数；

　　　K_{si}——第 i 日土壤水分修正系数。

水稻作物系数 Kc 由团林灌溉试验站试验资料确定，见表 8-1。漳河灌区水稻均采用充分灌溉，土壤水分修正系数取 1.0。

表 8-1　漳河灌区中稻作物系数表

5 月	6 月	7 月	8 月	9 月
1.03	1.35	1.5	1.4	0.94

（三）灌水预报模型

灌水预报模型的主要作用是在作物需水量计算、预报的基础上，做出本旬灌溉需水量的预报，包括田间土壤水分预报模型、灌水时间和灌水量预报模型。

1. 田间土壤水分预报模型

已知短期作物腾发量，根据当时的田间土壤水分状况做出预测日灌水与否的决策。而田间土壤水分又是不断变化的，因此需要进行土壤水分动态的数值模拟，向前递推至预报期末。

对于水田，在水稻不同生育期设置不同的水层上、下限，若超过上限，则需排水；若小于下限，则需灌溉，计算公式为

$$h_i = h_i - 1 - ET_{i-1} - S_{i-1} + P_{i-1} - D_{i-1} \qquad (8-5)$$

式中：h_i, h_{i-1}——分别表示第 i、$i-1$ 日水层深，mm；

　　　ET_{i-1}——第 $i-1$ 日作物蒸发蒸腾量，mm；

　　　P_{i-1}——第 $i-1$ 日降雨量，mm；

　　　S_{i-1}——第 $i-1$ 日渗漏量，mm；

　　　D_{i-1}——第 $i-1$ 日稻田地表排水量，mm。

2. 灌水时间和灌水量预报模型

（1）灌水时间预报

灌水时间根据田间土壤水分状况来确定，即当田间水层下降到水稻生育期某阶段预先设定的下限时就开始灌水。

（2）灌水定额预报

灌水定额由作物生育期各阶段的土壤水分（田间水层）的适宜上、下限之差确定。根据作物生长特性，设置作物生育期不同阶段的适宜含水率（田间水层）上、下限。对水稻而言，还需要设置雨后田间水层的蓄水上限，若超过雨后蓄水上限，则需排水。当土壤水分状况小于灌溉下限，则需灌溉。

水稻的灌水定额等于该生育阶段田间水层的适宜上限减去适宜下限,即

$$m_j = h_{上限} - h_{下限} \tag{8-6}$$

式中:m_j——灌水定额,mm;

$h_{上限}$,$h_{下限}$——水稻生育期某阶段田间水层的适宜上、下限,mm。

漳河灌区主要灌溉作物为中稻,且灌区内的农业用水主要指中稻的灌溉用水,旱作物一般不灌溉,漳河灌区中稻田间水层适宜上下限特征值见表8-2。

表8-2　漳河灌区中稻田间水层适宜上下限特征值　　　　　　单位:mm

生育阶段	返青期	分蘖初期	分蘖后期	拔节穗期	抽穗花期	乳熟期	黄熟期
适宜水层上限	40	50	50	50	50	50	0
适宜水层下限	10	0	−30	0	10	−10	−50
降雨蓄水上限	50	100	100	100	100	70	0

注:适宜水层下限为负时,下限为占饱和含水率的百分率,或换算为饱和亏(根系层土壤含水量与饱和含水量相比亏缺的水量)。

3. 净灌溉需水量预报

净灌溉需水量根据综合净灌水定额及作物灌溉面积进行计算。综合净灌水定额和各支渠系统净灌溉需水量计算公式为:

$$m_{综} = \sum_{j=1}^{n} \frac{A_j}{A} m_j \tag{8-7}$$

$$W_{净} = m_{综} \cdot A \tag{8-8}$$

式中:$m_{综}$——综合净灌水定额,m³/亩;

$W_{净}$——净灌溉需水量,m³;

A_j,m_j——分别为研究范围内第j种作物的种植面积,亩;净灌水定额,m³/亩;

$j = 1, 2, \cdots, n$——所种植的作物序号;

A——灌区总的灌溉面积(或某一支渠控制范围的灌溉面积),亩。

4. 毛灌溉需水量预报

根据田间水利用系数、渠系水利用系数,由综合净灌溉定额可以得到毛灌溉需水量;所有干、支渠系统的需水量总和为该次灌溉的毛灌溉需水量,即

$$M_{毛} = \sum_{i=1}^{N} (W_{净,i}/\eta_{田,i} - L_i)/\eta_{渠,i} \tag{8-9}$$

式中:$M_{毛}$——干渠或支渠渠首毛灌溉需水量,m³;

$W_{净,i}$,L_i,$\eta_{田,i}$,$\eta_{渠,i}$——分别为第i个支、斗渠系统的净灌溉需水量,m³;当地水源可供水量,m³,田间水利用系数及渠系水利用系数;

N——灌区内干(或支)渠总数。

（四）渠系动态配水模型

动态用水计划的编制和执行，主要体现在渠系操作计划方面，即确定各级渠道的开闸时间、放水延续时间（或关闸时间）、配水流量。

1. 开闸时间

由轮灌组内各支渠所需灌水时间加以平均，推得该轮灌组灌水中间日。针对推算的多个轮灌组灌水中间日可能存在矛盾，即存在此轮灌组尚未灌完，下一轮灌组又需开灌的问题，结合灌水延续时间对各轮灌组灌水中间日进行调整，让灌水中间日较早、灌水延续时间较短的轮灌组先灌，以取得较妥善的平衡。确定开闸时间还应该注意以下三点：

①开闸时间不可过早，也不能推迟过多。开闸过早，则出现不可预见降水时造成水量浪费；推迟过多又会引起作物缺水和田块间争水抢水的现象。

②应该考虑水流在渠道中的行进时间。特别是当渠道较长或流速太小时，不考虑水流行进时间提前开闸，将会使作物产生不必要的干旱减产。

③应该结合延续时间考虑到关闸时间，若关闸时间超过了本旬，则首先考虑缩短延续时间，增大流量，若仍不能满足，则应将开闸时间提前。

2. 放水延续时间

在制定动态灌溉用水计划时，一般先根据所预测的毛灌溉需水量和渠道设计流量计算各级渠道在最佳工作状态时输送所需水量花费的时间。但是这种计算结果不能付诸实施，只能作为确定放水延续时间的依据。确定渠道放水延续时间除兼顾渠道的养护状态、劳力情况、作物种类和生育阶段等条件外，还遵循以下原则：

①所有续灌渠道的工作时间应该相等；

②轮灌渠道各组工作时间之和应等于续灌工作时间；

③续灌渠道工作时间应为轮灌组的整数倍；

④放水延续时间最好为整数，以便管理；

⑤一次配水最好在旬内完成。

若各轮灌组的灌溉面积和灌溉需水量相差不大，则只需确定续灌渠道放水延续时间和轮灌组。如果灌溉面积相差较大，或者虽灌溉面积相当，但由于当地水源条件差异大，使得各轮灌组灌溉需水量相差很大，此时应根据情况重新划分轮灌组，这是动态计划用水的重要特征之一。

各轮灌组的延续时间可以用公式（8-10）确定，即

$$T_i = \frac{\sum\limits_{j=1}^{n} T_{ij}}{n} \qquad (8-10)$$

式中：T_i——第 i 轮灌组灌水延续时间，d；

$\quad\ \ T_{ij}$——第 i 轮灌组第 j 支渠所需灌水延续时间，d。

放水延续时间初步确定后，还应反算各级渠道输水流量，若实际流量大于 $1.2Q$ 设，或者

小于 $0.4Q$ 设,则须延长或缩短放水时间。

3. 配水流量

确定各级渠道配水流量时,应满足下面两个原则。

①各级渠道的流量应满足连续流方程,即

$$Q_{干} = \frac{\sum_{j=1}^{J} Q_{支,j}}{\eta_{干}} \qquad (8-11)$$

$$Q_{支,j} = \frac{\sum_{i=1}^{T} Q_{斗,t}}{\eta_{支,j}} \qquad (8-12)$$

$$Q_{斗,t} = \frac{\sum_{r=1}^{R} Q_{农,r}}{\eta_{斗,t}} \qquad (8-13)$$

式中:$Q_{干}$——干渠流量;

$\quad Q_{支,j}$——第 j 条支渠流量;

$\quad Q_{斗,t}$——第 t 条斗渠流量;

$\quad Q_{农,r}$——第 r 条农渠流量;

$\quad \eta_{干}$——干渠的输水效率系数;

$\quad \eta_{支,j}$——第 j 条支渠的输水效率系数;

$\quad \eta_{斗,t}$——第 t 条斗渠的输水效率系数。

②渠道流量不能过大和过小,必须满足式(8-14):

$$0.4Q_{设} \leqslant Q_{放} \leqslant Q_{加大} \qquad (8-14)$$

式中:$Q_{设}$——渠道设计流量,m^3/s;

$\quad Q_{放}$——渠道实际放水流量,m^3/s;

$\quad Q_{加大}$——渠道加大流量,m^3/s。

二、灌溉用水信息管理

灌溉用水信息是实时灌溉预报和渠系动态配水的基础和重要依据,包括灌区基本信息和实时监测信息两大类。灌区基本信息主要有灌区概况、渠系工程资料、作物种植结构等;实时监测信息主要有实时天气资料、实时监测数据(田间水层、土壤墒情、渠道水位等)以及作物生长状况等信息。由于这些信息十分复杂,有必要对其分类管理,并支持可视化以及输入输出功能。为此,建立了灌溉用水信息管理系统,它是灌区用水动态管理决策支持系统的重要组成部分,能够为实时灌溉预报及动态配水模块提供基础数据和决策依据。

(一)基本结构

灌溉用水信息管理系统由信息管理中心、实时信息采集系统、数据库系统、通信系统组成,如图 8-7 所示。数据库系统包括灌区基本信息数据库和灌区实时信息数据库,是灌溉用水信息管理系统的核心部件,其结构如图8-8所示。

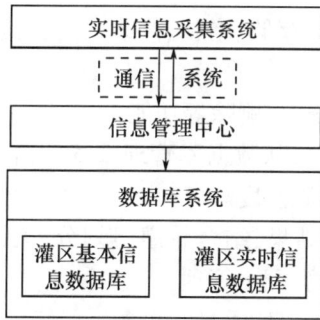

图8-7 灌溉用水信息管理系统基本结构

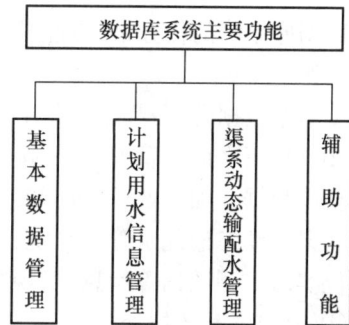

图8-8 数据库系统主要功能结构

1. 信息管理中心

信息管理中心的任务是控制和管理各子系统,接收信息采集系统的信息,外部机构(如水文、气象部门)提供的信息和灌区历史资料,并通过数据库管理系统送入数据库。数据处理辅助系统进行数据加工存储,调用数据库中的数据,与采集的信息一同传到计划用水子系统进行处理,以获得用水管理中心的反馈信息,显示和打印成文件。按照信息系统所提供的用水信息进行灌溉系统运行管理。

2. 实时信息采集-传输子系统

实时信息采集-传输子系统的任务是通过各种传感器、数/模、模/数装置及电信传输系统将接收的气象、水文、土壤、作物等信息传送到信息管理中心,分为四个二级子系统。

(1)气象信息采集子系统

采集传输温度、湿度、日照、风速、蒸发、降雨等数据。采用实时抓取中国气象网荆门市未来15 d的预报资料(最高温度、最低温度、天气类型、风速等)来提供气象数据。

(2)水文信息采集子系统

采集传输渠道(水库)水位(流量)、地下水位及稻田水层深度等数据。研究区域安装有7个渠道水位流量监测点,1个地下水位监测点和4个田间水层监测点。8个渠道流量监测点分别布置在姚庙支渠、李集支渠、一分干、一分干尾段、一支渠、陈集支渠、杨树垱西干渠、双碑支渠。地下水位监测点布置在团林试验站。4个田间水层监测点布置在团林试验站、陈集八组、槐桥四组和马山二组试验田。

(3)土壤信息采集子系统

采集传输土壤含水量、土壤温度、盐分等数据。研究区域内布置3个土壤墒情监测点,分别在双碑一组、槐桥四组及陈集八组。

(4)作物信息采集子系统

实时采集传输田间作物生长发育状况,如根系深度、绿叶覆盖百分率等。

3. 数据库系统主要功能

数据库系统的任务是管理灌区各种数据,进行数据存储、增补、修改、加工、检索、打印等工作。

①基本数据管理:数据的基本编辑功能,如输入、修改、删除等功能。

②计划用水信息管理系统:接受信息管理中心指令,从数据库管理系统和信息采集系统获取数据并加工处理,进行实时灌溉预报,拟定灌溉制度。

③渠系动态输配水管理系统:根据实时灌溉预报结果,结合轮灌组划分、关键渠道的水位实时监测数据等信息,实现渠系灌溉用水动态输、配水管理。

④辅助功能:数据处理、文书档案管理、复印、绘图、打印等日常事务。

(二)灌区基本信息数据库

1. 灌区概况

参照灌区自然地理、社会经济、工农业生产、渠系布置等情况,编写成综述性的文字信息,便于用户进入系统操作前了解灌区情况。

2. 气象数据库

建立灌区作物需水量预报模型时,收集了灌区 1991～2013 年逐日气象观测资料,有日最高温度、最低温度、平均温度、日照时数、相对湿度、风速等 6 项。分年度将资料输入数据库中。计算所得的参考作物腾发量亦同时列在最后一栏。并且分年度将其单独保存成备份的数据文件,以便资料库遭到破坏或重新安装系统时,直接调用所需年份数据。

3. 作物基本信息库

作物基本信息库包括作物种植面积、品种,播种日期,收获日期,当前生长阶段,各生育阶段起始终止日期,各阶段每种作物根系深度变化等。这些信息与作物的种植季节相关,又称为季节资料,每年只需输入一次即可。

考虑到实时预报分旬进行,实时信息量大,将这些信息分作物填到不同表格上,待作物生长期结束后再对资料进行整理,分年度、作物品种保存每年生育期内的各种作物信息,供今后灌溉预报做参考。

4. 渠系特性信息库

渠系特性信息库是按干、支渠划分建立表格式数据库。这些信息只需在建立数据库时一次性输入,以后当某一渠道控制面积、水力特性等发生变化时才更新信息库内容。

5. 土壤信息库

土壤信息库包括灌区内土壤类型、分区、土壤容重、饱和含水率、田间持水率以及凋萎系数等。因受当地土壤监测、试验技术条件限制,信息库在系统投入运行之后还需不断补充和完善。

6. 农业生产信息库

农业生产信息库包括灌区内的农业耕作、栽培技术,作物品种选育,灌水方式,农业综合节水技术,作物田间管理方式,化肥、农药施放情况等信息。

(三)灌区实时信息数据库

实时信息包括短期天气预报,作物生长情况,作物需水量,田间土壤水分状况,工业、城镇生活用水量以及反馈流量等。每次运行预报程序之前要根据系统菜单提示输入前一个时段的各项实测数据,以修正预报值;同时,输入下一时段的预测值辅助系统做出灌溉预报。

1. 实时天气预报信息

系统自动记录荆门市天气预报资料,单次抓取未来 15 d 预报数据,隔天覆盖更新,每天只存入最新数据。

2. 实时田间水层信息

实时田间水层信息既可为实时灌溉预报提供初始田间水层,又可作为田间水层实时信息的反馈,为实时灌溉预报自动校正提供依据。

3. 实时渠道水位/流量信息

渠道水位实时数据是渠道水情监测的重要反馈信息,是本系统中动态配水计划制定的重要依据之一。

4. 实时土壤墒情信息

土壤墒情是分析判断旱情最直接的指标。

5. 实时作物生长情况

作物需水量受气象、土壤和作物因素的影响,因此需要对作物生长进行监测,主要监测项目为作物的绿叶覆盖率。

(四)实时信息监测及硬件建设

1. 试验区概况

试验区布置在漳河灌区杨树垱试验区控制范围内,该区域被漳河灌区最大的干渠——三干渠、三干渠一分干和杨树垱水库所包围,水稻种植面积为 7 万亩。试验区内灌溉用水由三干渠和三干渠一分干提供。该范围是较封闭的子流域、水量监测及水量平衡分析容易进行,且在土壤、种植模式等方面有代表性,又有团林试验站多年的试验研究基础。因此,以该区作为灌区水平衡动态监测与用水管理信息化技术研究中各类信息监测、模型率定、系统调试及示范的区域是合适的。

2. 实时信息监测点布设

实时信息监测站点布设的数量及位置按照试验区的规模及有关监测信息全覆盖的要求确定。土壤墒情站点由试验区作物类型及种植位置来确定,田间水层、渠道水位/水量监测及地下水位监测点根据一些代表性的堰塘及渠道来确定布设位置及数量,依据不重复布点,不留空白,在关键位置及节点布设信息点,选择有代表性的位置布点等原则来确定各信息监测点布设的位置。试验区内各类实时监测点的位置布设如图 8-9所示。

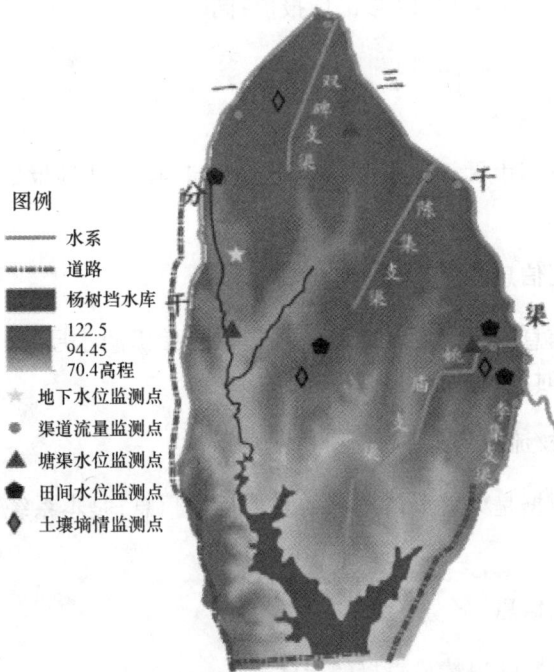

图 8-9 漳河试验区内各类实时监测点位置布设

(1)田间水层监测点

为了确定旬初田间水层或对模拟结果进行验证,在试验区范围内均匀布置 4 个田间水层监测点,见表 8-3。

表 8-3 田间水层监测站点统计表

编号	站点名称	性质	备注
1	团林信息采集点 1	田间水层监测点	
2	陈集采集点	田间水层监测点	
3	马山二组采集点	田间水层监测点	

（2）渠道水位监测点

渠系动态配水计划的顺利实施，离不开对输水渠道中的水位、流量变化的监测。因此，结合杨树垱试验区已有条件，根据土质、地形、渠系、作物以及管理等方面的分布情况，在灌区内选择可控制整个灌区干渠系统配水的 8 个水位监测点，见表 8-4。

表 8-4　水位/水量监测站点统计表

编号	站点名称	性质	备注
1	一分干水位采集	水位/水量监测点	
2	一支渠采集	水位/水量监测点	
3	双碑支渠水位采集	水位/水量监测点	
4	姚庙支渠水位采集	水位/水量监测点	
5	李集支渠水位采集	水位/水量监测点	
6	陈集支渠水位采集	水位/水量监测点	
7	一分干尾段水位采集	水位/水量监测点	
8	杨树垱西干渠水位采集	水位/水量监测点	

（3）土壤墒情监测点

在试验区范围内布置了 3 个土壤墒情监测点，见表 8-5。

表 8-5　土壤墒情监测站点统计表

编号	站点名称	性质	备注
1	双碑一组采集点	墒情监测点	
2	陈集一组采集点	墒情监测点	
3	槐桥四组采集点	墒情监测点	

（4）作物信息监测点

作物信息监测点主要为作物绿叶覆盖百分比信息，由团林试验站监测。作物种植及农事管理的基本信息也根据团林试验站的资料确定。

（5）气象资料监测点

预报的气象信息来源于中国天气网荆门市天气预报资料。实际监测的气象资料由团林灌溉试验站自动气象站提供。

（6）地下水埋深监测点

地下水埋深监测点是由团林灌溉试验站内的地下水水位自动监测设备提供实时监测。

3. 水量监测方法

（1）监测内容

漳河灌区实际灌溉作物为水稻，旱作物基本无须灌溉，因此本试验中关于水量的监测只针对水稻开展。土壤墒情的实时监测信息作为灌区内分析判断旱情的重要指标，从而为灌区管理者提供决策依据。根据水稻灌溉用水管理的要求，监测内容有以下几点。

①田间水层：田间水层深度反映稻田水分状况，根据当前水层深度、未来一定时段的耗水强度及适宜灌水水层上下限，可确定未来灌水决策。

②渠道水位：通过渠道水位的监测，一是保证渠道运行安全，二是由水位流量关系换算为流量，达到实际配水流量及配水量的监测。

③闸门开度：采用闸门量水时，通过闸门开度及闸上游、闸下游水位的监测，换算为流量。

④降雨量：采用自计雨量计。

（2）监测方法

①田间水层：田块边建观测井，安装自计水位计，通过遥测手段发送到水管理中心。

②渠道水位：渠道边安装自计水位计，通过遥测手段发送到水管理中心。

③闸门开度：采用闸位计，通过遥测手段发送到水管理中心。

④降雨量：采用自计雨量计，通过遥测手段发送到水管理中心。

4. 硬件建设

硬件分两部分：关键渠道闸站智能控制系统和实时信息监测系统。

湖北省漳河灌区是 2003 年水利部启动的灌区信息化试点之一，经过近十年的信息化建设，漳河灌区的信息化建设已经具备了较好的基础。杨树垱试验区内，关键渠道的现有闸站智能控制系统（包括闸门监控系统及视频监视系统）比较完善，能够充分实现远程自动化控制以及远程监测。

实时信息监测系统主要采用两种传感器和 1 个数据接收、存储、传输终端。使用 WFX－40 型数字式水位计分别测量渠道水位、地下水位（厘米级）以及田间水层深度（毫米级）；采用 DH－FD 型土壤水分测试仪测定田间土壤实时墒情。最终集成独立的数据测量站点。

（1）土壤墒情采集与远程监控系统

土壤墒情监测系统由监测中心、数据传输、监测终端三部分组成，其系统示意如图 8－10 所示。

①监测中心：远端查询监测终端属性数据，设置运行模式；远端召测、巡测监测终端采集的土壤含水率数据；执行防办抗旱信息系统指令，实时采集和上传墒情数据。

②数据传输：实现监测中心和监测终端的双向数据传输，包括监测中心向监测终端发送指令数据和监测终端向监测中心发送的采集数据。系统采用 GPRS/GSM 无线通信网络作为数据传输信道。

③监测终端：接收、解析并响应监测中心下达的指令；向监测中心发送采集到的土

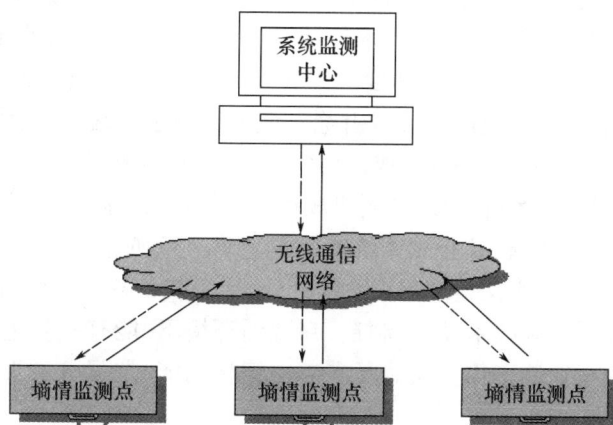

图 8 - 10　土壤墒情监测系统示意

壤含水率等数据；显示监测终端各设备模块的工作状态、工作模式和传感器参数。

（2）水位/水量实时采集系统

水位/水量实时采集系统以遥测数据终端为核心，配置通信终端、电源系统、细井式水位计以及避雷系统，实现水量信息的自动采集和传输。自动水位实时采集系统采用太阳能浮充蓄电池方式供电，水位/流量监测设备连接示意如图 8 - 11 所示。

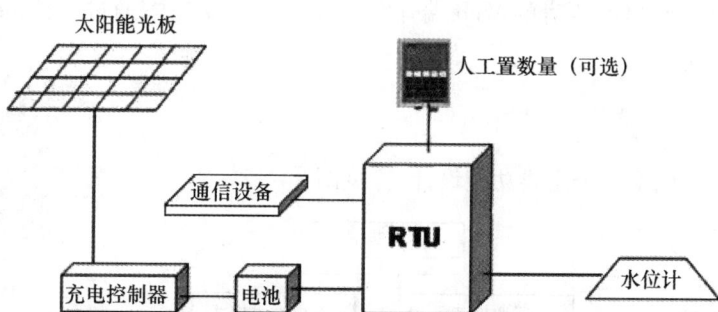

图 8 - 11　水位/流量监测设备连接示意

细井式水位计能够长期可靠测量江河、湖泊、水库、潮汐及地下水水位变化，可靠性高、运行维护简单、建设成本低，但需要与此配套的水位观测井和仪器站房或设备箱。

（3）监测设备简介

①QEET. YDJ 遥测终端机：QEET. YDJ 系列遥测终端机集数据采集、传输、存储功能于一体，可实时监测水位、雨量、风速风向、气温气压等信息；并具有 CAN 接口，支持 Canopen 协议，可接入多个分采集器。遥测终端机可通过 GPRS/CDMA、GSM、数传电台、近距离无线通信及有线连接等多种可选通信方式实现数据传输；提供键盘和 LCD 显示器，方便用户现场安装调试和设置参数。设备采用低功耗设计，可用于独立的直流供电系统（典型的为太阳能电池板和蓄电池组成），广泛应用于气象、水文监测领域。

②WFX－40 型数字式水位计：WFX－40 型数字式水位计按照 GB/T 11828.1—2019《水文测量仪器第 1 部分：浮子式水位计》要求设计、制造。仪器在水位变率大、波涌严重的环境下，具有良好的测量精度和工作稳定性，特别适合水文站、水库站、闸坝站、遥测站、水电站、潮位站使用。仪器由绝对值编码型水位编码器、水位轮显示器、浮子、悬索、平衡锤、通信接口等部分组成，是独立的水位观测测量仪器，与电显示器、闸门开度仪、闸门启闭机控制系统连接，共同组成计算机显示、控制系统（如船闸、水电站、抽水蓄能电站、农业灌溉系统，给排水系统等）；配置 RS485 通信接口的水位仪，可直接与通信机、计算机联网组成水文自动测报系统，广泛用于装备各种类型的水位测站。仪器采用国家新型防波涌专利技术设计、制造，在波涌环境下，能有效防止测缆与测轮之间打滑，使仪器稳定、可靠地工作。仪器具有断电记忆功能、抗强电磁干扰、无温度、零点漂移等特点。

③DH－FD 型土壤水分测试仪：大恒 DH－FD 型土壤水分测定仪是国家防办发布的第一批合格产品目录入围产品，具有测量精度高、响应速度快、土质影响较小（应用地区广泛）、密封性好（可长期埋入土壤中使用）且不受腐蚀及防雷击等特点；可连接各种带有差分输入的数据采集器，数据采集卡，远程数据采集模块等设备。

三、灌区用水动态管理决策支持系统

（一）开发环境

系统采用基于 PHP 语言的 Web 端开发，B/S 模式。浏览器通过 Web Server 同数据库进行数据交互。

（二）系统功能设计

系统主要有以下几个主要功能设计，详见图 8－12。

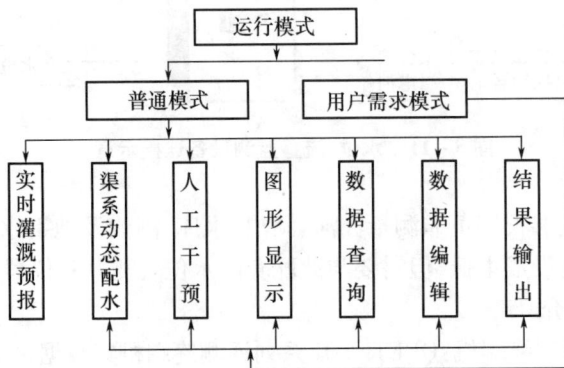

图 8－12 系统主要功能设计

（1）实时灌溉预报

根据灌区片区的划分（一般为支渠控制范围），以任意一天作为起始日（以往的系统多以每旬的第一天为起始日），根据普通的短期天气预报资料（晴、多云、阴、雨四种天气

类型)预测未来 10 d 内不同片区作物的需水量及田间净灌溉定额。

（2）渠系动态配水

根据灌区内的渠系特性、轮灌组划分以及灌溉水利用系数等资料制定科学合理的动态配水计划,包括不同干支渠的灌溉次数、开闸时间、渠道流量、灌溉起始时间、灌溉延续时间、灌溉终止时间、渠首流量等。

（3）人工干预

根据灌区内的实时反馈信息,对灌溉预报过程及动态配水计划进行修正,使作物灌溉需水及实际配水与生产实际相吻合,便于实施配水调度。人工干预过程具体通过以下三个方面实现。

①直接利用实时观测信息对系统模型库中预测模型的"初始状态"进行修正,如利用土壤墒情、田间水位遥测系统反馈的实时信息或人工实测资料对起始日的土壤水分状况、田间初始水层等信息进行初始化,重新运行模型更新配水计划。

②通过修正过去 10 d 内的预测结果实现对系统模型库中预测模型的"初始状态"进行修正,如根据过去 10 d 内的实测气象资料以及实际的灌水信息(灌水定额、灌水时间等)对作物需水量进行逐日修正,实现对新一轮预测的"初始状态"的修正,从而更新动态配水计划。

③直接修正系统的动态配水计划,如根据水库可供水量、渠道流量实时遥测信息以及用户实际需求等实时信息对动态配水计划进行调整,并输出最终的动态配水计划;

（4）数据编辑

根据灌区内用水户提交的需水信息(所属渠段、需要灌水量、灌水时间等),系统自动统计分类,按照时间相近集中供水的原则,制定用户需求模式下的动态配水计划。

（5）结果输出

不同时期灌水档案、气象资料、产量等历史信息查询、显示、导入以及输出等功能。

（三）系统逻辑结构

逻辑结构是指决策支持系统如何控制程序运行,如何体现决策者意图。为体现决策者意图,在系统内部加入人工干预功能,对操作结果进行人为干预,系统逻辑结构如图 8 – 13 所示。

灌溉用水决策支持系统在实时灌溉预报模型、动态配水模型中均加入人为干预功能,如在实时灌溉预报结束时,由于模型计算的各支渠控制面积内田块的灌水日期不尽相同,若完全按计算结果来实行用水调度,可能造成管理上的麻烦。此时,需要灌区用水管理部门的决策者根据计算结果,并考虑轻重缓急和操作运行的方便性,确定一个或两个统一的灌水日期。

由于计算的每条支渠的放水时间不同,决策者应结合具体操作的便利性、实际灌溉的需要及传统灌溉的经验确定合理的时间,一般最好是天数的倍数。若决策者对计算结果不满意,这时可重新调整各支渠或轮灌组的灌水要素,系统自动返回再重新进行模型计算,直至决策者满意。也就是说,决策支持系统的最大优点就是决策者可以根据计算机计算的结果,结合自己的决策意图,从而达到科学决策的目的。

图 8 – 14 为系统运行输出的动态配水结果表,可供决策者使用。

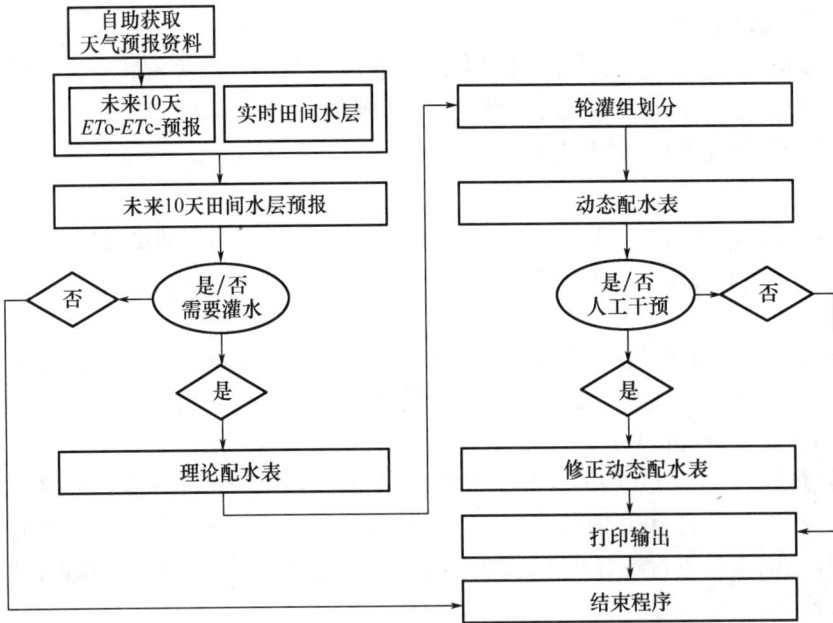

图 8-13　系统逻辑结构

图 8-14　动态配水结果表

四、系统测试及评价

(一)测试内容

2014 年 5 月 22 日至 2015 年 11 月 24 日,开发的实时灌溉预报及灌溉用水管理决策支持系统在漳河灌区进行安装、测试。由于2015年试验区内放水记录资料不全,无法统计2015年试验区内的实际灌溉用水量。因此,针对2014年试验区内中稻整个生育期的田间水层、灌溉预报、配水结果等进行了测试,并将测试结果与试验区的实际放水记录进行了对比分析。

（二）逐日参考作物蒸发蒸腾量预报效果

根据水稻物候期实际调查资料,2014年试验区内中稻生育期为5月17日至9月5日。因此,运用系统预报了2014年中稻生育期内的逐日参考作物蒸发蒸腾量,同时根据历史气象资料运用公式计算逐日参考作物蒸发蒸腾量,将预报值与实际值进行对比分析,结果如图8-15所示。

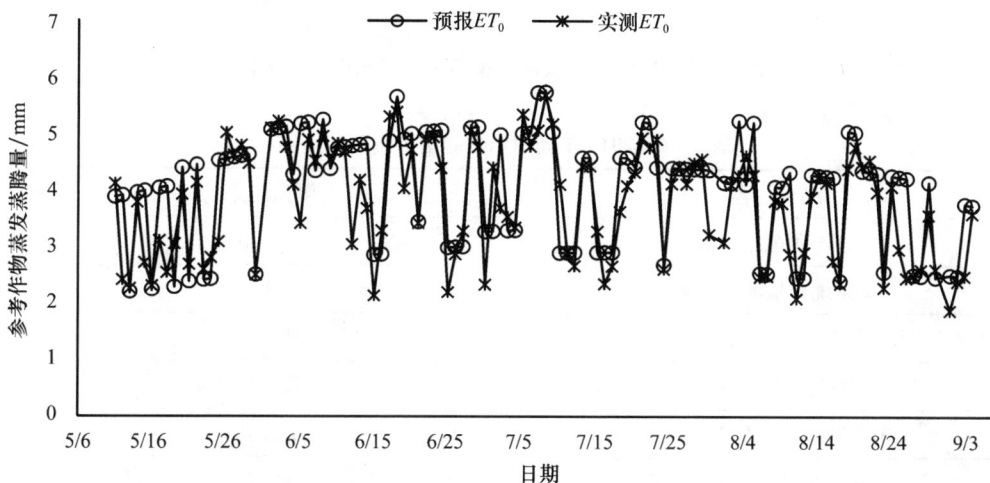

图8-15　中稻生育期内参考作物蒸发蒸腾量的预测值与实际值对比

图8-15表明,由于天气预报的不准确性,导致中稻生育期内参考作物蒸发蒸腾量的预测值与计算值之间存在一定差异。在中稻生育期内,系统预测值均值4.02mm,与计算值的均值3.74mm非常接近;参考作物蒸发蒸腾的系统预测值与计算值之间的相对误差均值8.5%,二者的相关系数0.908。可见,系统对中稻生育期内的逐日参考作物蒸发蒸腾量的预报精度较高,满足应用要求。

（三）典型田块田间水层比较

根据系统测试结果,选择团林试验站典型稻田为代表,2014年整个中稻生育期内典型田块的田间水层变化如图8-16所示。可见典型田块水层变化预测值与实际观测值比较吻合。

1. 系统测试评价

根据系统对杨树垱试验区内典型田块的田间水层、渠道灌水量、灌水时间等内容的模拟结果,汇总得到2014年中稻生育期内的系统测试结果,如表8-6所示。

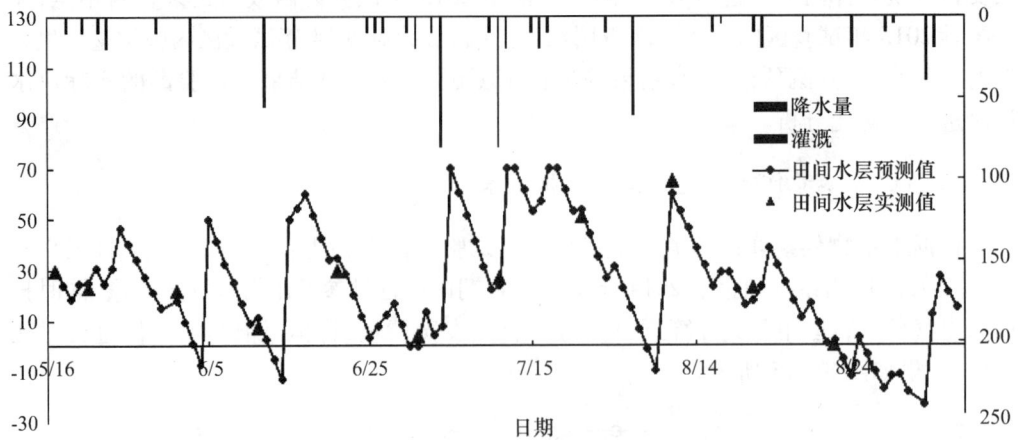

图 8-16　2014 年试验区典型田块田间水层逐日变化

表 8-6　2014 年杨树垱试验区系统测试结果

测试内容	测试结果
中稻种植面积/亩	46 130
本系统预报灌水次数	3
本系统预报灌水总量/万 m³	554.18
毛灌溉定额/m³·亩⁻¹	120.13
2014 年实际灌水量/万 m³	652.96
灌水减少量/万 m³	98.78
节水量/%	15.13

表 8-6 显示,2014 年杨树垱试验区中稻生育期内的渠道供水总量的系统模拟值为 554.16 万 m³;根据实际放水记录,2014 年试验区的渠道供水量的统计值为 652.96 万 m³;因此,运用该系统配水可以节约灌溉用水量98.78 万 m³,节水率为 15.12%。

第三节　水田灌区田间灌溉信息管理系统

一、总体思路

以优化灌区水资源调配、促进节水增效、保证工程安全运行、提高管理效率的实际需要为出发点;应用计算机技术、信息监测技术、通信技术、数据集成技术、可视化技术、决策支持技术、自动控制技术,针对田间墒情监测、田面水位监测、渠道流量监测、管道流量监测、闸门自动控制等关键技术,集成信息采集系统、智能决策系统、精量控制系统、综合管理系统等模块功能,建立一个以信息采集系统为基础、以计算机网络为手段、以决策支持系统为核心、以控制系统为支持、以综合管理系统为保障的水田灌溉信息化系统,实现水情、墒情、工情等信息的采集、传输、存储、处理、分析、决策和控制的现代化和自动化

二、系统组成

水田灌溉信息化系统主要由硬件系统平台、网络通信系统平台、应用软件系统平台、数据库系统平台四部分组成,主要包括采集系统、通信系统、决策系统、控制系统、数据库管理系统、水费管理系统等单元。

①硬件系统平台包括气象信息、渠道管道水资源信息、田间水位、土壤墒情等信息的采集系统、水田生产设施设备控制系统(主要指水泵、闸门、阀门远程控制)、视频监视系统等。

②网络通信系统平台主要包括自架光纤通信、GSM、GPRS 无线通信。

③应用软件系统平台包括灌溉信息化平台框架、数据采集处理系统、智能决策系统、自动控制系统、地理信息管理系统、配水调度管理系统、水费管理系统、维护系统等。

④数据库系统平台主要包括基础数据库系统、地理信息数据库系统及接口系统。

三、系统主要功能

(一)信息采集系统

可靠、准确的数据采集与传输是实现决策与控制的基本环节和根本保障。在水田灌溉管理体系中,通过有线、无线数据监测和传输,结合人工观测输入,利用电子、光电、计算机网络作为数据传输的基本支持,实现一点到多点的远程无线双向数据通信和控制。

1. 实时数据采集

(1)采集方式

通过仪器设备、传感器、计算机网络共享等方式采集数据。

(2)数据类型

数据类型包括气象因素、渠道水位、管道流量、水田水位、土壤墒情、土壤温度、视频影像等。

2. 动态数据采集

(1)采集方式

通过仪器设备、传感器、计算机网络共享与人工输入、导入结合的方式采集数据。

(2)数据类型

数据类型包括仪器设备技术参数、作物叶龄、作物计划湿润层深度、灌溉制度、施肥制度、影像图片等。

3. 静态数据采集

（1）采集方式

通过人工输入、导入方式采集数据。

（2）数据类型

数据类型包括区域地理位置、水田分区面积、电子地图、作物品种、作物生育期天数、土壤类型、土壤容重、土壤田间持水量、土壤饱和含水率等。

（二）智能决策系统

1. 基本功能

智能决策系统的支撑与实现是整个灌溉信息化系统的核心，是连接采集系统和控制系统，完成灌溉任务的关键所在。智能决策系统以接收采集信息的数据库为依据，以模型库为系统计算与统计支撑，以方法库作为模型库计算与统计的理论指导，以知识库为系统理论与经验运行的依托，从数据库中获取田间采集的实时数据，借助知识库，做出灌溉决策，并将决策结果传送至自动控制系统，同时将结果送回数据库进行保存，对信息进行计算、统计、分析，从而做出灌溉决策，实现了对区域灌溉的科学指导。

2. 系统构成

（1）模型库

模型库包括农业试验、生产和应用中获得的经验模型，作物、环境和措施之间水分转换的机理模型。模型库管理模块主要用于提供农田水分计算与决策，由农田水分管理系统模拟模型组成，为灌溉决策提供理论计算的基础，是决策支持系统的核心。其主要模型包括传感器校正模型、土壤水分转换模型、水量平衡模型、灌溉时间模型、灌溉水量计算模型等。

（2）方法库

主要用于系统的输入、输出、存储、分析、计算等方法，是支持数学分析、数学规划等方法、模型运算和数据处理的依据。不同灌溉方式对应不同的计算方法，采用简便、高效的方法对系统运行所在路径、系统登陆用户、系统登陆用户权限、窗口刷新时间等全局变量进行设定。采用明确、合理的方法对查询界面用于传递查询条件、用于从接口处传递采集数据、用于窗体之间传递数据等结构进行设定。采用准确、概括的方法对数据采集函数、电磁阀控制函数等函数进行设定。

（3）知识库

反映不同地区自然条件下，农田用水管理经验知识，是事实、规则和概念的集合，是以一定形式存储知识的存储器，向用户提供组织、检索、维护的咨询库，它为用户全面了解科学灌溉知识以及查阅相关资料提供帮助。该系统主要存储研究领域内原理性、规划性知识与专家经验性知识及书本知识和理论常识，如各种土壤特性指标，各种作物的灌水管理、综合调控以及生产应用的相关技术知识等。

（4）数据库

存储支持农田水分管理决策和模型运算必需的数据,主要包括数据的录入、维护、更新以及输出等功能。数据库中存储着每日定时与任意间隔时间采集的土壤含水量,温度、湿度等数据,即存储支持农田水分管理决策和模型运算必需的数据库。为防止数据丢失,数据库可以文本、Excel(表格)或其他形式导出,另外存储。利用数据库中的数据可生成土壤含水量、空气温度、空气湿度等变化曲线,用户可以直观地了解某一时间段参数的变化情况。

（三）自动控制系统

1. 基本功能

自动控制系统根据水田生产实际需要,由智能决策系统的灌溉决策指令,由系统控制中心根据接收的灌溉决策指令确定是否进行灌溉,灌溉执行信息通过无线网络或光缆传输到相应的田间数据采集终端和灌水控制终端上,实现对监控点设备进行开启和关闭控制,同时将田间数据采集终端和灌水控制终端信息实时反馈到控制中心,自动完成水田灌溉。同时系统能采取人工干预的措施,查询水田灌溉控制指标,人工做出灌溉决策,发送命令给控制中心完成水田灌溉。

2. 系统构成

硬件部分主要由数据采集卡、计算机、电器控制器、闸门控制装置、水泵控制装置以及电磁阀等部分组成。

软件部分主要包括智能控制程序、监测系统和决策系统信息处理程序、灌溉信息反馈程序等部分组成。

（四）优化配水系统

采用"计划配水、分解指标、集中调度、分级执行"的统一调度方式,根据以需定量、以量定需的供水管理要求,合理分配用水指标和用水时段,根据运行情况统一下达调度指令,系统各级执行机构按照各自的操作规程人工或自动执行调度指令,通过适宜的技术手段监测调度指令执行情况。

1. 灌水模式

①固定灌溉模式,包括湿润灌溉、控制灌溉、浅湿灌溉。
②自定义模式,是根据灌水需要与实际情况制定的灌溉制度。
③生产用水模式,安全排水、防冷害、肥药用水等模式。

2. 配水计划

系统将整个灌溉信息化系统分解成若干个子系统。在控制灌溉区域内各灌溉子区域的灌溉过程中,在规定时间 ΔT 内,智能决策系统提出下一个时段 ΔT 的需水信息,计算出灌区各级渠系所需流量 $Q_{渠系需水}$ 及渠首的需水流量 $Q_{渠首需水}$,依据系统来水流量及工程引水条件确定出渠首的引水流量 $Q_{渠首引水}$，通过对比分析 $Q_{渠系需水}$ 与 $Q_{渠首引水}$，确定不同配水方案。

（1）全渠系按需配水

当 $Q_{渠系需水} < Q_{渠首引水}$，即灌溉需水流量小于渠首引水流量时，按各灌溉子区域的需水流量进行配水。

（2）全渠系按比例配水

当 $Q_{渠系需水} > Q_{渠首引水}$，即灌溉需水流量大于渠首引水流量时，而灌区又无补充水源或计划时段内无降雨的时候，采用按比例配水方案。

按灌溉面积的比例分配水量。当灌区内各灌溉区域种植作物相同，土壤物理性状一致时，先算出各区域灌溉面积比例应分的流量，考虑渠系水利用系数，求出各灌溉区域的毛流量，再按各灌溉区域的毛流量计算出配水比例。

$$Q_{农毛} = \frac{A_{农}}{A} \times Q_{斗净} \times \frac{1}{\eta_{农}} \qquad (8-15)$$

$$Q_{农} = \frac{Q_{农毛}}{\sum Q_{农毛}} \times Q_{斗净} \qquad (8-16)$$

式中：$Q_{农}$——灌区内的农渠配水流量，m^3；

$Q_{农毛}$——灌区内的农渠毛流量，m^3；

$A_{农}$——灌区内各灌溉区域的面积，hm^2；

A——灌区总面积，hm^2；

$Q_{斗净}$——灌区内的斗渠配水流量，m^3。

按毛灌溉用水量的比例分配。灌区内种植多种作物，灌水定额各不相同时，先统计各灌溉区域的作物种类、灌溉面积、灌水定额、各渠道的渠系水利用系数，分别计算出各灌溉区域的毛灌溉用水量，并按毛灌溉用水量的比例计算各用水单位的配水比例。

$$W_{农净} = \frac{A_{农} \times m_n}{\eta_f} \qquad (8-17)$$

$$Q_{农} = \frac{W_{农净} \times \eta_{农}}{\sum W_{农净} \times \eta_{农}} \times Q_{斗净} \qquad (8-18)$$

式中：$W_{农净}$——渠供给田间的水量，m^3；

m_n——净灌溉定额，mm；

η_f——田间水利用系数。

（3）渠系优化配水

当灌溉系统面积较大，灌区内的用水地块多，各用水地块在各个时期的需水、用水要求各不相同，带有随意性。应用计算机技术、节水灌溉技术、自动监测与控制技术，对有限灌溉水量的时空分配做出最优决策。

3. 灌溉判断

将时段初的田面水层灌溉至适宜水层的上限 h_{max}，在水分增加或消耗过程中，系统实时采集田面水位信息和土壤墒情信息，依据采集信息对每个水稻田块进行灌溉决策与判断：

①当田面水层下降到适宜水层下限 h_{min}，此时段如果没有降雨，则灌溉至田面水层为适宜水层的上限 h_{max}。

②当田面水层高于允许最大蓄水深度 H，将超出适宜水层上限 h_{max} 的部分排除。

③当田面水层深度介于上限 h_{max} 与下限 h_{min} 之间的时候，不进行补充灌溉。

4. 灌溉延时

为了保证各级渠道运行安全，满足渠道配水水位要求，以不至于出现渠道过流输水导致溃决。系统设置一个安全时间 Δt，在当前轮灌组灌溉结束前 Δt 时刻，提前开启下一个轮灌组进行灌溉，确保各级灌溉渠系流量在设计的安全区域内。

5. 约束条件

（1）配水优先级约束

配水时先对配水级别高的渠道配水，上级渠道完全配水完毕后再对本级渠道配水，同理本级配完配下级。同级别渠道配水按给定先后顺序，或将各渠道控制区域内的水分亏缺程度从大到小排序，依据田间渴水程度进行配水。

（2）轮期约束

设配水渠道最大允许输水时间为 T，则每一配水方案渠道的轮流引水时间之和不大于 T。

（3）水量平衡约束

任一时段上级渠道流量等于该时段内配水的各下级渠道配水流量之和。

（4）水量约束

任一下级渠道的配水流量与引水时间之积应等于该渠道的需配水量，而且应使参与配水的全部渠道的流量尽可能保持在其设计流量的 0.6～1.2 内变动，进而满足渠道配水水位要求，以不至于出现渠道过流输水导致溃决。

（5）下级渠道配水流量约束

任一下级渠道的配水流量应在其设计流量的 0.8～1.2 以内。

（6）田面水位约束

任意时段的田面水层深度应该介于水位下限和水位上限之间。

（7）田间墒情约束

任意时段的田间土壤墒情不小于限定的土壤墒情下限值。

（五）灌溉预报系统

水田灌溉信息化系统依托计算机技术、无线通信技术、传感器技术、可视化技术完成土壤墒情或田面水位的实时监测，根据水文信息、气象信息、作物种类、作物种植面积等辅助信息，通过定性与定量的分析时段内土壤墒情或田面水位的变化规律，实现对作物需水量值的计算，将土壤墒情（或田面水层）控制在有利于提高水分利用率的阈值之内，从而对灌区内作物的灌水日期和灌水定额做出准确预测。

1. 监测技术预报

通过作物生长期内田间土壤水分(或田面水层)消退过程的逐日模拟,以规定的土壤含水率(或田面水层)允许上、下限作为发布灌溉(或排水)的阈值,遭遇突然的降水或灌溉补水则及时调整预报结果,每一次预测都要将实时采集到的数据替换原来的初始状态,并对土壤水分(或田面水层)状况进行修正。随着作物生育期的变化,依靠土壤墒情监测技术获得每一时刻的田面水层深度或土壤水分状况,根据其变化趋势提前逐段乃至逐日实行灌溉预报,预报时段为 1~3 d。

2. 数学模型预报

(1)参考作物法

参考作物法是假想存在一种作物,可以作为计算各种具体作物需水量的参照。根据气象资料计算参考作物的需水量,然后利用作物系数进行修正,最终得到某种具体作物的需水量进行灌溉预报,计算公式为

$$ET_{ci} = K_{ci} \cdot ET_{0i} \tag{8-19}$$

式中:ET_{ci}——第 i 阶段作物的实际蒸发蒸腾量,mm;

$\qquad K_{ci}$——第 i 阶段的作物系数;

$\qquad ET_{0i}$——第 i 阶段的参考作物需水量,mm。

(2)数学模型

收集、整理多年长期观测的作物需水量试验资料,应用神经网络、小波神经网络、时间序列、灰色模型等数学模型进行作物需水量的拟合,得到拟合后的预测模型,再将不同时段待预测的作物需水量数据输入预测模型中进行预测。

3. 数学模型与监测技术耦合预报

利用定期测定土壤墒情状况(或田面水层)对灌溉预报模型的模拟结果进行不断修正,使整个生育期的预报和实测结果的误差平方和最小,发挥预报模型和实时监测技术的优势进行互补,提高调度的准确性和灵活性。

(六)水费管理系统

1. 功能管理

①权限管理,包括新增、修改、密码等权限属性。

②用户资料管理,包括用户类型、用户数据录入与修改、账号管理、区域名称、结算方式、用水定额等。

③日志管理,包括不同类型的日志文件。

2. 水费结算与统计

①水费结算,即现金结算、预付款结算、用户结算方式升级与变更。

②用水量及水费统计,即所有用户统计、已结用户统计、未结用户统计、结算方式统

计、用户类别统计。

3. 数据查询

数据查询主要包括用户名称查询、按账号查询、按用水量查询、按种植情况查询、按结清情况查询、按区域查询、按日志查询、其他查询。

（七）网络通信系统

1. 基本功能

实现采集系统、决策系统、控制系统之间网络结构联通的桥梁，能够传输雨情、水情、工情、农情、灾情、工程调度运行数据、语言、视频图片等信息，组建的计算机网络为各类信息采集、数据库应用、用水优化调度、运行监控管理等应用提供服务平台。

2. 系统构成

①网络硬件，包括计算机工作站、辅助的打印设备、网络交换机、硬件防火墙、采集处理信息化数据的服务器、应用服务器、数据库服务器、接收服务器、备份服务器及租用公网 IP 地址、通信安全的硬件设备等。

②软件，包括服务器操作系统、杀毒软件和安全入侵检测系统等。

③机房，包括显示设备、音响设备、空调、机柜、防静电、避雷针、避雷线、避雷器、防火等建设。

3. 传输方式

传输方式主要包括光纤传输系统、GSM 网络、GPRS 网络、蜂窝网络、数字数据网络系统、超短波短波通信、卫星通信系统等有线、无线传输方式。

（八）数据库系统

数据库系统主要用于管理和维护数据库中的各类数据，包括数据的浏览、查询、更新、添加以及数据的备份和恢复等。在选择建立数据库时，数据库的开放性、可伸缩性、并行性和安全性等技术指标决定着整个灌溉信息化管理系统的性能。数据库能够存储支持水田灌溉管理决策和模型运算的数据存储空间，主要包括基础数据库系统、地理信息数据库系统及接口系统。

1. 基础数据库系统

基础数据库是水田灌溉信息化基础信息的载体，也是应用系统的公共数据源。

①静态数据库，是指存储相对稳定的数据，主要包括组织机构、水田现状、土壤、作物、水泵、灌溉渠道、灌溉管道等基本属性数据。

②动态数据库，是指不定期更新的数据，主要包括种植结构、种植面积、灌溉制度、施肥制度、地下水位等数据。

③实时数据库，是指随时空变化较大的数据，主要包括气象指标、渠道水位、田面水

位、土壤墒情、作物生长等数据。

2. 地理信息数据库系统

地理信息数据库是水田灌溉工程 GIS、监测监控、电子地图系统依赖的信息基础,具有基础性、专业性、规范性和共享性等特征,能够提供底层数据、地理信息表现形式和相关地理信息数据存储支持。其主要将水田田间工程的空间位置、形状、属性等地理信息进行数字化,以图形方式直观、层叠地表现出来,并在图形信息上附着相关属性信息,并以信息数据的形式存储在数据库中,为渠系水位、田间水位及用水量的监测、调度、维护抢修作业等提供有效和实用的资料、帮助和辅助决策。

3. 接口系统

水田灌溉信息化系统由各种模块组成,各子系统之间既相互独立,又存在着数据和控制的联系。接口系统是其他应用软件操作基础数据库,实现各类信息系统数据联通,以"com"WebService 等形式体现,支持 Java. net"delphi" VB 等多种主流编程语言的调用,为系统开发提供开发函数接口。

四、水田田间灌溉信息化系统应用实例

(一)系统框架结构

水田灌溉信息化系统主要由自动采集子系统、智能决策子系统、精量控制子系统组成。系统自动采集子系统见图 8 –17,决策与控制子系统见图 8 –18。

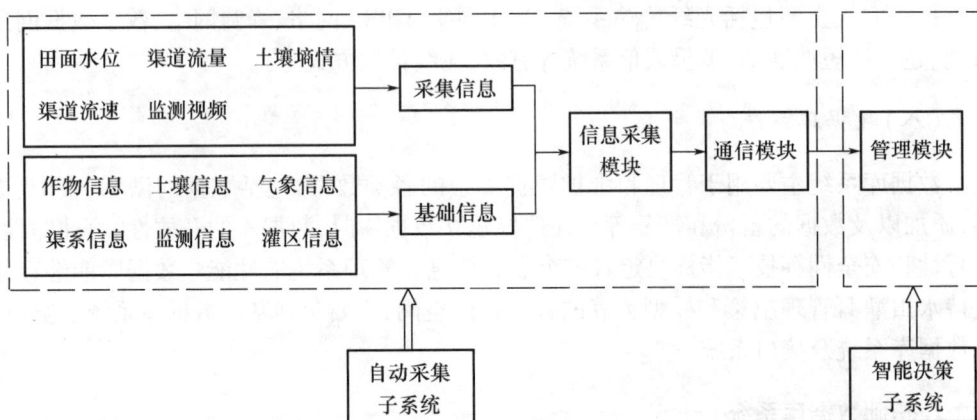

图 8 –17　系统自动采集子系统

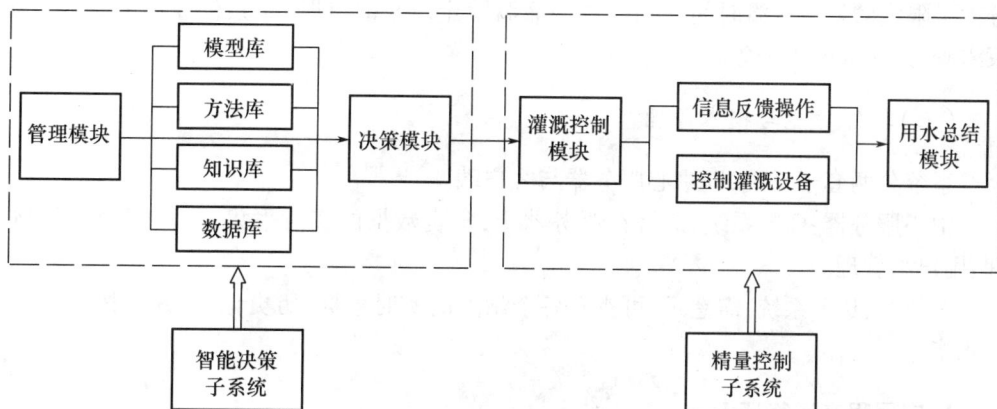

图 8 - 18　系统的决策与控制子系统

（二）功能模块

水田灌溉信息化管理系统主要包括信息采集模块、通信模块、管理模块、决策模块、灌溉控制模块。

1. 信息采集模块

信息采集模块主要采集稻田气象因子、土壤理化、水层深度、墒情变化、作物生长、渠道系统、管道系统等技术指标的实时数据和基础数据。

2. 通信模块

通信模块为接收、发送信息提供及时、可靠的信道，实现中心控制室与远程终端间进行无线通信。

3. 管理模块

管理模块具有对数据库、模型库、方法库中的任何数据进行添加、删除、修改、更新、查询、下载、打印的数据管理功能。

4. 决策模块

决策模块主要依据采集信息，通过约束条件的限定进行综合判断，经过对比分析后优选灌溉用水模式，通过采集信息中的实时信息和基础信息进行计算，确定与生成灌水方案。

5. 灌溉决策模块

灌溉自动控制是根据生成的灌溉方案向控制设备发送灌溉指令，系统开启闸门进行灌溉，在灌溉过程中不断进行实时数据和约束条件之间数据反馈与判断，当前系统数据中田面水位、土壤水分小于限定阈值时，继续灌溉；当前系统数据中田面水位、土壤水分大于限定阈值或灌溉时间达到计算的灌溉限定时长时,即满足条件要求的条件下结束灌溉,并完成灌溉任务。

(三)软件功能与技术原理

系统分两套子系统,即中心服务器与客户端。

中心服务器:C/S 系统,部署在服务器上,负责数据的实时采集、站点管理、用户管理、用户组管理。

客户端:B/S 系统,需登录,可查看各个站点的实时数据、历史记录,并可执行召测、冲水指令。

1. 应用程序运行环境

服务端和客户端程序运行环境分别见表 8 - 7、表 8 - 8。

表 8 - 7 服务端程序运行环境

CPU	Intel 及兼容 CPU 2 GHz 以上
内存	512 MB 以上
硬盘空间	100 MB 以上的磁盘空间
软件环境	Windows 2003 操作系统,. net 2.0 framework,SQL Server 2005 数据库

表 8 - 8 客户端程序运行环境

CPU	Intel 及兼容 CPU 1 GHz 以上
内存	256 MB 以上
硬盘空间	100 MB 以上的磁盘空间
软件环境	Windows 2000 以上操作系统,支持 Internet Explorer 或 Firefox 等浏览器

2. 一般约束

①硬件接口:使用宏电 DTU 二次开发包。

②通信协议:采用 Modbus RTU 协议。

③安全性:系统使用软加密,即对每一个发布版本在代码中进行加密处理。

3. 程序管理层

①UI 层为表现层,即呈现给用户的界面,调用 BLL 层对应方法完成对应功能。

②BLL 层为业务逻辑层,处理并组合业务逻辑,调用 DAL 层操作数据库。

③DAL 层为数据访问层,封装数据库访问的代码(增删改查)。

④DBUtility 层为封装数据库连接、数据库底层操作等。

⑤MODEL 层为实体层,与数据库中表结构一一对应,封装对象,用于各层之间传递

对象。

⑥UTIL 层为封装常用工具类以及系统枚举等。

4. 中心服务器

（1）实时监控设计

①功能：主要负责各个站点的实时监控，包括根据站点设置的时间间隔自动测量并解析返回的数据，以及中心服务器与各个站点之间的通信情况的监控。

A. 实时数据：显示所有站点的最新数据，某站点获取到最新数据后自动刷新列表。不在线站点灰色显示，并且所有数据显示为空。

B. 通信监控：显示中心服务器与各个 DTU 的通信状态，包括 DTU 接到软件中心下达的指令可以看见 DTU 是否接收到，在监控软件中可以反映到，下达召测指令时也可以看见数据原始代码在回传。通信记录不保存至数据库，保存在".txt"文本文件中。保存位置为系统可执行文件同目录下的"Log"文件夹中，每日新建一个日志文件，文件名如"2009－06－01. txt"。

C. 历史记录：显示指定站点的历史数据，提供时间段查询条件。历史数据根据测量时间倒叙排列（最新的记录显示在最上端）。数据列表提供分页操作，每页显示 20 条数据。

D. 性能：中心服务器为 24 h 不间断运行，程序中应合理利用资源，及时释放无用的资源。

③算法：根据各站点的时间间隔，发出相应的召测指令。各站点返回召测数据，返回数据忽略时间误差。将数据信息解析并执行插入数据库的操作。

④流程逻辑

DAL 层方法见表 8－9。

表 8－9　DataDAL. cs

方法名	方法参数	返回值	功能描述
GetRealtimeData	NULL	Dataset	返回所有站点以及每个站点的最新数据，使用连表 SQL 语句实现（注：只显示统计数据，临时数据不显示）
GetHistoryData	Datetime beginTime, Datetime endTime, String siteId	IList < Data >	指定开始时间、结束时间和站点 ID，查询该站点在此时间段内的历史数据，按时间倒叙排列。若时间为默认"1900－01－01"，则为不限制时间段（注：只显示统计数据，临时数据不显示）
InsertData	Data	bool	向数据库插入站点数据，在 UI 层封装好 Data 对象，传入方法

BLL 层方法见表 8 – 10、表 8 – 11。

表 8 – 10　DtuBLL. cs

方法名	方法参数	返回值	功能描述
IsOnline	String siteId	bool	判断指定 ID 的站点是否在线
TransData	String siteId, Char[ ] oriData	Data	传入 DTU 返回的数据,解析数据并保存在 Data 对象中返回
SendSurvey	String siteId	Char[ ]	向 DTU 发送召测指令,获取 DTU 返回的数据

表 8 – 11　DataBLL. cs

方法名	方法参数	返回值	功能描述
GetRealtimeData	NULL	Dataset	调用 DataDAL 的 GetRealtimeData 方法
GetHistoryData	Datetime beginTime, Datetime endTime, String siteId	IList < Data >	调用 DataDAL 的 GetHistoryData 方法
InsertData	Data	bool	调用 DataDAL 的 InsertData 方法

(2)远程控制设计

①功能:主要负责远程控制各个站点的召测和冲水。系统向 DTU 发送指令,并返回相应信息,执行相应的召测和冲水操作以及操作类型(如冲水的操作有固定时间冲水和手动冲水)。

A. 召测:向指定站点发送召测指令。返回数据为临时数据,记录到数据库中类型字段值为 1,不参与统计。冲水有三种方式:按时间间隔、按指定时间、手动冲水。按时间间隔冲水,则系统自动检测各个站点设置的时间间隔,到时间后自动执行冲水指令。

B. 手动冲水:按指定时间,则系统自动检测各个站点设置的指定时间(一天冲水一次),到达设置的时间点自动执行冲水指令。

②流程逻辑。

BLL 层方法见表 8 – 12。

表 8 – 12　DtuBLL. cs

方法名	方法参数	返回值	功能描述
SendFlush	String siteId	bool	向指定站点发送冲水指令

(3)站点管理设计

①功能:主要负责对站点的新增、修改、删除。站点信息包括 ID(用户自定义手机号)、站点名称(支持维吾尔语)、测量时间间隔、流量公式、蒸发雨量测量时间(每日测

量一次）、冲水方式以及冲水时间、连接参数等。其中流量公式需指定流量计算公式，然后设置公式中各项参数。

②流程逻辑。

DAL 层方法见表 8 – 13。

表 8 – 13　SiteDAL. cs

方法名	方法参数	返回值	功能描述
InsertSite	Site	bool	向数据库插入站点记录
UpdateSite	Site	bool	修改站点
DeleteSite	String siteId	bool	删除站点
GetAllSite	NULL	IList < Site >	获取所有站点信息
GetSiteById	String siteId	Site	根据站点 ID 获取站点信息

BLL 层方法，见表 8 – 14。

表 8 – 14　SiteBLL. cs

方法名	方法参数	返回值	功能描述
InsertSite	Site	bool	调用 SiteDAL 的 InsertSite 方法
UpdateSite	Site	bool	调用 SiteDAL 的 UpdateSite 方法
DeleteSite	String siteId	bool	调用 SiteDAL 的 DeleteSite 方法
GetAllSite	NULL	IList < Site >	调用 SiteDAL 的 GetAllSite 方法
GetSiteById	String siteId	Site	调用 SiteDAL 的 GetSiteById 方法

（4）用户管理设计

①功能：主要负责对系统用户的新增、修改、删除。此处系统用户指登录客户端的用户，中心服务器不需要权限限制。

②流程逻辑。

DAL 层方法见表 8 – 15。

表 8 – 15　UserDAL. cs

方法名	方法参数	返回值	功能描述
InsertUser	User	bool	向数据库插入用户信息
UpdateUser	User	bool	传入 User 对象，修改数据库中对应 User 数据
DeleteUser	String userId	bool	根据传入 ID 删除 User 数据
GetAllUser	NULL	IList < User >	获取所有用户信息
GetUserById	String userId	User	根据用户 ID 获取用户对象

BLL 层方法见表 8 - 16。

表 8 - 16　UserBLL. cs

方法名	方法参数	返回值	功能描述
InsertUser	User	bool	调用 UserDAL 的 InsertUser 方法
UpdateUser	User	bool	调用 UserDAL 的 UpdateUser 方法
DeleteUser	String userId	bool	调用 UserDAL 的 DeleteUser 方法
GetAllUser	NULL	IList < User >	调用 UserDAL 的 GetAllUser 方法
GetUserById	String userId	User	调用 UserDAL 的 GetUserById 方法

(5)用户组管理设计

①功能:主要负责对用户组的新增、编辑、删除功能。用户组与系统功能权限相关,可为每个用户组定义该用户组所包含的系统功能权限。可针对每个站点的查看数据、打印报表、召测、冲水进行权限控制,每个用户组的登录有效时间各有不同。

②算法:修改用户组对应每个站点的权限方式,查看为第一级权限,若不选择查看权限,打印、召测、冲水为不可选状态。

③无权限站点,在 gprs_group_duty 表中不生成记录。有权限站点,在 gprs_group_duty 表中生成记录,其中 ggd_duty 字段每一位对应为查看、打印、召测、冲水的权限,0 为无权限,1 为有权限。如某个站点有查看、打印权限,则 ggd_duty 值为 1 100。每次修改用户组信息时,先清空此用户组对应 gprs_group_duty 表中所有数据,然后再根据配置的权限向 gprs_group_duty 表插入数据。

④流程逻辑。

DAL 层代码见表 8 - 17。

表 8 - 17　GroupDAL. cs

方法名	方法参数	返回值	功能描述
InsertGroup	Group , IList < GroupDuty >	bool	向数据库插入用户组以及用户组权限记录,数据库操作须用事务控制
UpdateUser	Group , IList < GroupDuty >	bool	修改用户组信息,包括用户组的权限,数据库操作须用事务控制
DeleteGroup	String groupId	bool	删除用户组以及用户组权限记录,数据库操作须用事务控制
GetAllGroup	NULL	IList < Group >	获取所有用户组

方法名	方法参数	返回值	功能描述
GetGroupById	String groupId	Group	根据 ID 获取用户组信息
GetGroupDutyByGourpId	String groupId	IList < GroupDuty >	根据用户组 ID 获取用户组对应权限

BLL 层代码见表 8 – 18。

表 8 – 18　GroupBLL. cs

方法名	方法参数	返回值	功能描述
InsertGroup	Group , IList < GroupDuty >	bool	调用 GroupDAL 的 InsertGroup 方法
UpdateUser	Group , IList < GroupDuty >	bool	调用 GroupDAL 的 UpdateUser 方法
DeleteGroup	String groupId	bool	调用 GroupDAL 的 DeleteGroup 方法
GetAllGroup	NULL	IList < User >	调用 GroupDAL 的 GetAllGroup 方法
GetGroupById	String groupId	Group	调用 GroupDAL 的 GetGroupById 方法
GetGroupDutyByGourpId	String groupId	IList < GroupDuty >	调用 GroupDAL 的 GetGroupDutyByGourpId 方法

5. 客户端

（1）实时数据显示设计

①功能：根据各站点设置的时间间隔（以分钟为单位），系统向 DTU 发送召测指令，获取 DTU 返回的数据，并根据 Modbus 协议解析数据，从中提取水位、流量、雨量、蒸发量及水温，保证将最新的水文信息呈现出来。

②输入项：参考中心服务器实时监控输入项。

③输出项：参考中心服务器实时监控输出项。

④算法：根据各站点的时间间隔，发出相应的召测指令，各站点返回召测数据，将数据信息解析并执行插入数据库的操作。

（2）远程控制设计

①功能：主要负责远程控制各个站点的召测和冲水。系统向 DTU 发送指令，并返回相应信息，执行相应的召测和冲水操作以及操作类型（如冲水的操作有固定时间冲水和手动冲水）。

②输入项：参考中心服务器远程控制

③输出项：参考中心服务器远程控制。

④算法：中心服务器向 DTU 发送一条指令，使硬件执行一次测量或冲水操作，召测

返回测量数据,冲水则使硬件自动清洗探头,远程操作属临时数据,不必执行将数据插入数据库的操作。

(3)客户端远程监测设计

①功能:可查看指定站点在指定时间段内的历史记录,包括水位、流量、雨量、蒸发量、水温,以及在此时间段内的累积流量、累积雨量、累积蒸发量。时间段查询精确到分钟。

②输入项:给出对每一个输入项的特性,包括名称、标识、数据的类型和格式、数据值的有效范围、输入的方式、数量和频度、输入媒体、输入数据的来源和安全保密条件等。

③输出项:给出对每一个输出项的特性,包括名称、标识、数据的类型和格式、数据值的有效范围、输出的形式、数量和频度、输出媒体、对输出图形及符号的说明、安全保密条件等。

④算法:根据用户需求,显示出相应时间段内各个站点的信息。

(四)硬件设备功能与技术原理

1. 无线智能高清视频系统

XD - YSSP - 2 型无线智能高清视频系统是集网络远程监控功能、视频服务器功能和高清智能球功能为一体的新型网络智能球。智能球安装方便、使用简单,不需要烦琐的综合布线。

2. 线间隔视频图像监控器

XD - YSSP 型野外无线间隔视频图像监控器,可以将比较偏远不需要进行实时监控(农作物长势状态、病虫害情况、灌溉运行情况等)的现场情况以间隔图片传输至显示屏,主要达到节约铺设线缆工程费用、节约无线通信流量费用的目的。

3. 自动控制灌排闸门

(1)基本组成

XD - ZKZM 型农田灌溉自动控制闸门配套箱体内配置有小型升降机、微型电动机、全自动控制系统以及太阳能电源系统。所有系统在简约化精准水层调节传感器配合下实现全自动无人值守运用,不需要也没有必要加装远程无线遥控装置,可以极大地提高水利自动化,可以有效提高工作效率、管理效率,降低劳动强度,节约时间成本。

(2)应用功能

①灌溉闸板:主要实现输水灌溉作用,如果田间水层低于某设定水位高度或者落干时,闸门会在自动控制或者遥控状态下开启,等待渠系来水灌溉;进田灌溉的水层如果达到水稻某时段需要的设定高度时,闸门关闭保住水层。

②排水闸板:主要实现田间排水功能,在大暴雨情况下,田间水层高涨,达到设定的危害水位线,闸门会在自动或者遥控状态下开启排水;经过排水,田间水层降低水稻某时段需要的设定高度时,闸门关闭保住水层。

（3）控制方式

①中心服务器远程遥控：在水稻田中安插水层雷达，水稻种植者根据每个时间段水稻生长需要的水层高低要求，预先进行设定，闸板就能够根据设定好的时间段和需要的水位自行开启和关闭，实现开闸进水，关闸保水，或者开闸排水等，也可以通过中心服务器手动实时开启关闭闸门和召测田间水层高度。

②平板电脑近地遥控：便携路由器配备与闸门同频段无线自组网通信模块，平板电脑连接便携路由器，实现近地操控启闭，同时也可安装水层雷达，实时召测田间水层高度。采用中心服务器形式或者种植人员以挎包携带的手持平板电脑形式，配备无线遥感测控路由器，是水稻田智能节水灌溉的中枢，无线遥感测控路由器具有二种制式的无线通信功能，一方面路由器与平板电脑实现无线连接，进行指令数据交换；另一方面与田间安装的灌溉设备中的通信控制系统实现无线连接。种植人员携带路由器身处自己田间范围内任何地方，或者在可视且并无遮挡的条件下，距离任何一个配备有无线通信控制系统的灌溉设备 500～800 m 的地方，均可以控制各种灌溉设备无线遥感测控。

4. 水层调节传感器

简约化精准水层调节传感器可由水稻种植者根据田间水层控制的需要随意简单调节，只可现场控制设备应用，不具有水层测量和远程传输功能。如果需要田间水层数据测量和远程数据传输，可另选择计算机或者手机配合超声波水位计实现远程遥测的高端配置。

5. 超声波水位计

XD－QJS 型超声波气介质水位计具有一定方向性的声脉冲在各种介质中以不同的速度进行传播运行，当声脉冲在运行过程中遇到介质发生突变或者遇到不同介质物体的障碍时，其中一部分声波便会返回至声换能器并被其接收，该声脉冲从出发到返回的传播运行时间与传播介质的声音速度相乘，即可计算出相应的距离（即水位或空间长度）。

6. 超声波管道流量计

XD－YCGD 型超声波时差法管道流量计是利用声脉冲在水介质中沿声道传播的时间差来达到测流目的。声脉冲在流动水中的速度是声音在静水中的速度与沿声道方向的水流速度分量的代数和。

参 考 文 献

[1]蔺宝军，张芮，高彦婷，等. 灌区信息化建设发展现状及发展对策规划[J]. 水利技术监督，2019，149（3）：79－80＋248.

[2]边玉国，李积军，郭志成. 大型灌区信息化系统总体方案设计[J]. 水利规划与设计，2018（7）：15－18.

[3]茆智，李远华，李会昌. 实时灌溉预报[J]. 中国工程科学，2002，4(5):24-33.

[4]顾世祥，傅骅，李靖. 灌溉实时调度研究进展[J]. 水科学进展，2003，14(5)：660-666.

第九章　灌区节水改造工程示范与应用

第一节　东北粳稻灌区田间工程标准化示范区

一、基本情况

黑龙江省庆安县和平灌区成立于 1954 年 2 月,通过 50 多年来的整顿、配套、续建和改造,灌区骨干工程已基本成型。灌区现有干渠一条,长 45 km,支渠 16 条,直属斗渠 12 条,提水渠 2 条,总长 106.63 km;排水干渠 15 条,总长 56.87 km。经过 2008 年末级渠系改造,2009 年小型农田水利重点县建设,基本完成小型农田水利工程配套改造,基本形成较为完善的灌排工程体系,基本实现"旱能灌、涝能排",达到农业生产条件明显改善、农业综合生产能力明显提高、抗御自然灾害能力明显增强的效果。庆安灌溉试验站示范区见图 9-1。

图 9-1　庆安灌溉试验站示范区

二、建设内容

按照"标准规范、节水高效、精量控制、延长寿命、方便作业"的设计理念,在庆安县和平灌区久胜示范区、庆安灌溉试验站示范区完成示范工程 3 180 亩。

(一)庆安灌溉试验站核心区

庆安灌溉试验站示范区面积 980 亩,主要建设内容包括以下三点。

1. 标准化格田

规划项目区的标准化格田规格,选择 50 m×50 m、50 m×100 m、100 m×100 m 的三种形式,应用激光平地技术进行土地平整,平整土地高差 ±3 cm。

2. 标准化渠道灌区

对原有土渠进行硬质化改造,采用新型材料 RPC 混凝土矩形渠道、竹塑渠道等衬砌,面积为 840 亩。RPC 矩形渠道和竹塑渠道见图 9 – 2。

图 9 – 2　RPC 矩形渠道和竹塑渠道

3. 管道化灌溉区

采用超高分子量聚乙烯膜片复合管道,选择灌溉面积 140 亩,1 条干管,3 条支管,总长度 1 900 m。

(二)久胜示范区

依托庆安县 2012 年中央追加小型农田水利设施建设补助专项资金项目,建设久胜高标准节水示范工程 2 200 亩,种植作物为水稻。

①建设 1 200 亩高标准管道输水工程,布置输水干管 2 条,输水支管 10 条,总长度 6 898 m,支管上平均每 50 m 布置一个田间给水栓,共布置 121 个给水栓。排水沟道与田间路和生产路交叉处布置过路涵洞 26 座。水源为和平干渠,在和平干渠桩号 11 + 200 处修建一座提水泵站,从和平干渠抽水,通过干管—支管—田间给水栓输送到田块。管道灌溉区提水泵站见图 9 – 3。

②建设 1 000 亩 RPC 渠道输水工程,该区为井灌区,衬砌灌溉斗渠 16 条,新打机电井 5 眼,井房配套 5 处。

图 9 - 3　管道灌溉区提水泵站

三、信息监测建设

1. 量测水设施

分别在示范区内的干渠安装测桥,支渠上安装巴歇尔量水槽,采用流速仪测定渠道流速,确定其渠系水利用系数。在管道灌溉示范区,安装超声波流量计,计量管道出水量。

2. 试验基础设施

在庆安灌溉试验站建有测坑 24 组,称重式蒸渗仪 24 组,试验室有土壤水分测定仪、烘箱等,为课题开展试验研究提供基础设施。

3. 气象观测场

在庆安灌溉试验站有标准气象场 1 处,设有雨量、蒸发、温度、湿度、气压、风向、风速等传感器。

四、辐射推广区

技术成果在黑龙江省东部桦川县悦来灌区、中部哈尔滨市新仁灌区、西部富裕县富南灌区等应用,累计辐射推广面积达 4.565 万亩,提高了农田灌水利用效率,减少占地,增加了粮食产量。

1. 桦川县悦来灌区

针对灌区工程老化、灌溉水浪费严重、田间工程布局不合理等问题,对灌区进行升级改造。在佳木斯市桦川县悦来灌区建立 2.11 万亩标准化节水示范区,干渠护坡、建立生态排水沟道,合理布局斗、农渠,通畅田间道路,多处建设亲水工程。田间每 500 m 设置农道一条,农渠间距 100 ~ 200 m,农渠采用装配式混凝土矩形渠。渠道 264 条,总长 63.63 km,土地平整面积 6 800 亩。

通过标准化田间工程建设,提高了土地利用效率和农田灌溉利用效率,达到农田

"四化"标准,即渠道装配化、田间标准化、运输道路化、作业农机化,实现三个目标,即节约水资源、提高土地利用率、增加粮食产量。该示范区的建立在黑龙江省起到示范、引领的作用。桦川县悦来示范区规划图见图9-4。

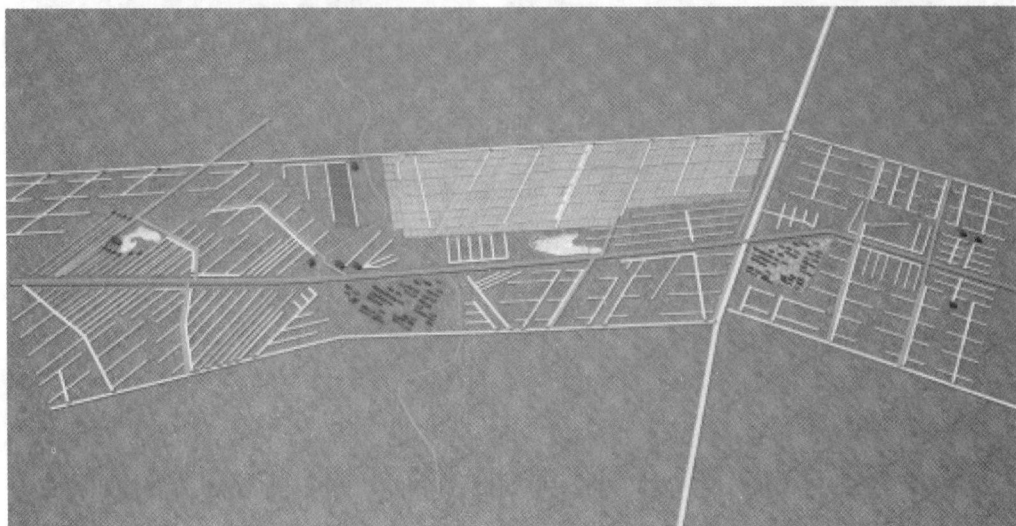

图9-4 桦川县悦来示范区规划图

2. 哈尔滨市新仁灌区

新仁灌区处于松花江沿岸,属于自流灌区,为哈尔滨市市郊,地理位置十分优越。建设集现代农业、观光旅游、生态友好于一体的标准化示范工程。该灌区提高灌排标准,土渠全面衬砌,改造老化建筑物,配套田间路,新建生态沟塘,形成渠、沟、塘、湿地融合的灌溉、亲水工程。

2014年,在新仁灌区建设2万亩标准化节水示范工程,设有管道灌溉区850亩,井渠结合灌溉区3750亩,渠道灌溉1.54万亩。管道采用超高分子量聚乙烯膜片复合管,明渠采用装配式混凝土矩形渠。平整土地面积1.3万亩,每隔200 m设农道一条,标准化格田以0.5 hm² 为主。哈尔滨市新仁灌区规划图见图9-5。

3. 富裕县富南灌区

富裕县富南灌区是新建旱改水灌区,黑龙江省政府要求富裕县实施水利工程体制改革,并建立万亩水稻示范基地及标准化灌区工程技术应用的核心示范区。明晰水利工程产权,建立水权、水价、水市场交易平台,实现互联网+农业+水利的现代经营模式。

富南灌区示范工程面积4550亩,灌溉工程类型分为管道灌溉、渠道灌溉。其中管道灌溉区865亩,采用超高分子量聚乙烯膜片复合管;渠道灌溉区3685亩,采用装配式混凝土矩形渠,标准化格田面积1 hm²。灌区开发了自动监测与灌溉系统,实现信息化管理。富裕县富南灌区规划图见图9-6。

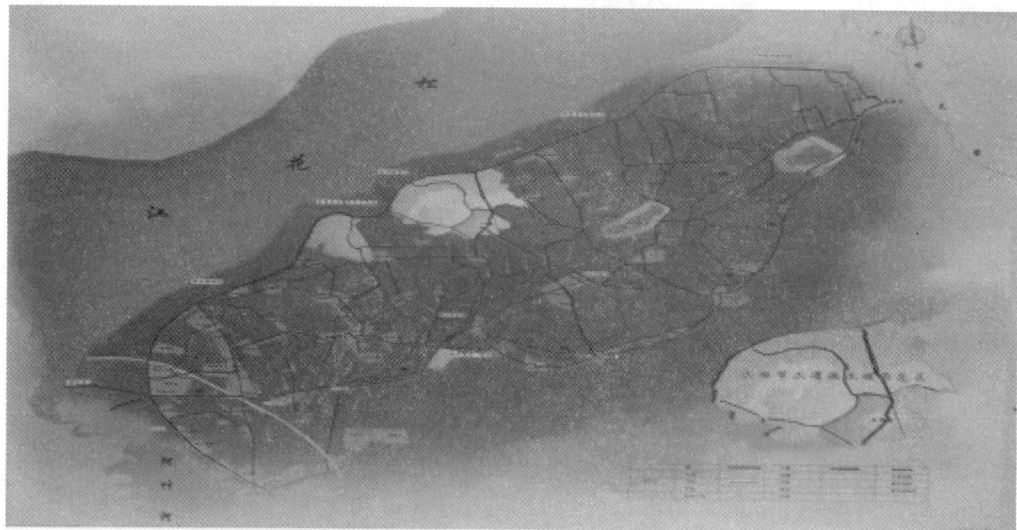

图 9 - 5　哈尔滨市新仁灌区规划图

图 9 - 6　富南灌区规划图

第二节　引黄灌区井渠双灌节水示范区

一、基本情况

引黄灌区井渠双灌节水技术集成示范区位于郑州市中牟县万滩镇,为三刘寨灌区西干渠十里店支渠控制区域,西干渠十里店支渠长度 2 220 m,设计灌溉面积 8 895 亩,设计流量 0.7 m³/s,其中示范区控制面积 2 000 亩。

二、建设内容

1. 灌溉水源

(1)灌溉水源

灌溉水源为黄河水和当地地下水。黄河水通过三刘寨灌区西干渠十里店支渠供水,共有斗门 8 座,斗渠 7 条,斗渠总长度 7 266 m;区域内原有机电井 21 眼,井径 300 ~ 400 mm,井深 40 ~ 50 m,单井出水量 35 ~ 50 m³/h,单井控制面积 50 ~ 90 亩。

(2)畦田规格

示范区主要采取地面灌溉,畦田长度取决于两灌水斗渠之间距离,示范区畦田长度分别为 120 m、130 m、150 m 和 170 m 四种规格。畦田宽度变化较大,最宽 24 m,最窄 2.5 m,畦宽为 4 ~ 13 m 的畦田占总数的 72%,小于 4 m 和大于 13 m 的畦宽分别占 6%、22%。示范区畦田纵坡降总体较缓,均值在 0.000 7,局部出现逆坡。

(3)作物种植比例

示范区作物主要是小麦、玉米、大蒜,其中小麦 72%,玉米 98%,大蒜 27%,林木 1%,作物复种指数 1.98。

2. 灌排工程

示范区新建斗渠进水闸 8 座,退水闸 3 座,衬砌斗渠 7 条,总长度 6 251 m,新建路涵 49 座,改建引退水交叉建筑物一座、新建退水渠道标准断面 1 个。

3. 机电井灌溉工程

(1)机电井工程

2015 年依托中牟县农田灌溉工程建设项目,根据示范区现有农田灌溉机电井现状,进行机电井工程设计、布局。合理确定新打机电井位置及现有机电井需配套水泵型号及电机功率,建设实用可靠的护井工程,进行示范推广。水泵配套包括水泵、上水钢管、井盖、短管、闸阀、入井电缆等配件,保证机电井出水量达 50 m³/h,护井工程采用钢筋混凝土井台。在示范区内新打机电井 8 眼,井深 50 m,配套机电井 29 眼,水泵采用 200QJ32 - 26/2 潜水电泵。

(2)智能灌溉控制器

为了实现对农田灌溉机电井的智能控制,研制开发了机电井智能灌溉控制器,其具有 IC 卡刷卡计费取电、机电井出水量计量、地下水埋深测量、数据采集与发送、电机变频控制、机电井远程控制等功能。控制器的研发改变了示范区原来"空气开关 + 老式电能表 + 人工抄表计量"方式,实现了对机电井用水、用电的自动监测。示范区已经安装智能灌溉控制器 20 套,并配备专用 IC 卡。

4. 低压管道输水工程

依据示范区地形,结合现有机电井、渠道工程布局,以单个井为一个单元进行管网布置。单眼井控制灌溉面积 50 亩,由输水干管向机电井所在生产路两边农田输水。管道加装逆止阀、T3 - 1 - K1 卡片式超声波水表(口径 DN 80)和控制开关,方便计量机电井出水量及区域灌水测算。田间给水栓间距 20 m 或 30 m,给水栓上阀体可拆卸,不灌溉时取下,用混凝土套管保护在地面以下。

5. 土地平整及畦田改造

为实现高效灌溉,按照井渠双灌示范区畦田规格研究成果,结合示范区实际情况,对示范区土地比降和畦田规格进行调整。畦田纵比降统一按照 0.2% 进行调整,其余灌水要素技术参数的设置参照相近畦长推荐的合理数值进行组合。

畦宽进行标准化改造,由原来宽窄不等,统一调整到推荐畦宽 2.4 m,畦埂断面采用三角形,畦埂高 0.2 m,底宽 0.3 m。

三、水量信息监测站网建设

根据示范区量水需求,建成长喉道量水槽 8 处,自动水位监测点 9 处,自动地下水位埋深监测点 4 处,自动土壤墒情监测点 3 处。

1. 渠道水位、流量监测

对灌区末级渠道量水设施进行调查分析,根据示范区渠道的特点,依据施工管理方便、计量稳定、节省投资等原则,与中国水科院、武汉大学合作设计了无喉道量水槽、量水槛、长喉道量水槽等量水建筑物,在灌区典型渠道上安装并开展了现场测试与模拟试验,从水位流量关系方面考虑,推荐采用量水槛和长喉道量水槽。

为了配合水建筑物自动监测渠道水位流量,引进陕西省渭南沃泰物联技术有限公司生产的 WT. WFZ - 1 - G 型一体化智能磁致伸缩水位流量计。该设备采用先进的磁致伸缩传感器和最新微控制器和无线通信模块,可以实时监测渠道水位,并根据渠道水位流量关系转换成流量,通过内置 GPRS 模块将监测到的渠道流量、累计水量等数据信息上报到控制中心。

示范区斗渠流量监测,采用"长喉道量水槽 + 一体化智能磁致伸缩水位流量计"组合的方式。示范区共建设长喉道量水槽 8 处,引进一体化智能磁致伸缩水位流量计 9 套,实现了对示范区 7 个引水斗渠、2 个排水口的监测。

为了监测机井灌溉出水量,引进了大连道盛仪表有限公司生产的专利产品 T3 - 1 - K1 卡片式超声波水表(又名 TUF - 2000K1 卡片式超声波流量计)。该水表具有成本低、测量精度高、耗电量小、工作稳定等特点,可自动记录并显示瞬时流量、累计水量,内置电池可使用 10 年,表体厚度只有 25.4 mm,节省安装空间。安装时用法兰连接测量管道,通过 RS485 接口可将监测数据发送到数据中心。

3. 地下水位监测

地下水位固定点监测引进陕西麦克公司生产的 MPM4700 型智能液位变送器,采用太阳能电池板供电,利用 485 通信接口进行数据传输;巡测采用德国 SEBA 电子水位计;布设 4 个地下水位固定监测站点,7 个地下水人工巡测点。示范区布设地下水位固定监测站点 4 个,人工巡测点 7 个,每月逢一、六开展地下水监测。

4. 土壤墒情监测

固定墒情监测点采用 TDR - 3 型土壤水分传感器,每个监测点监测测量 20 cm、40 cm、60 cm 埋深土壤墒情,采用太阳能电池板供电,485 通信接口进行数据传输。流动土壤墒情监测采用德国生产的 Trime - Logging 设备,测量表层土壤墒情。在示范区布置了 3 处固定墒情监测点、14 处人工巡测土壤墒情监测点。

(5)气象监测

建设 PC - 3 型气象监测站 1 处,可进行风向、风速、温度、湿度、气压、雨量、太阳辐射、太阳紫外线、土壤温湿度等常规气象监测。

四、辐射推广区

辐射推广区位于三刘寨灌区西干渠两侧(三刘寨桥至油坊头节制闸)和杨桥灌区二支渠两侧(二支进水闸至万三路)。

三刘寨灌区西干渠两侧灌溉面积 15 876 亩,新建斗渠进水闸 70 座,衬砌渠道 40 条,衬砌总长度 30.886 km,新建路涵 264 座,新建渠道流量监测点 12 个,新建土壤墒情监测点 1 个,安装 IC 卡机井灌溉控制器 75 个。利用中牟县农田灌溉工程项目,在辐射推广区新打机井 54 眼,井径 400 mm,井深 50 米,投资 41.65 万元,配套机井 332 眼,投资 139.09 万元。

杨桥灌区二支渠两侧灌溉面积 4 971 亩,修建量水槛 58 座,超声波水位计 58 个,流量监测采用"量水槛 + 超声波水位计"的方式,并安装 IC 卡机井灌溉控制器 113 个。

第三节　南方河网灌区生态水利技术示范区

一、基本情况

南方河网灌区示范核心区位于湖北省荆门市掇刀区掇刀石街道谭店村,东与谭店小学相邻,西抵朱沟,总面积 1 000 亩,其中包括 450 亩核心区,是一个两侧高中间低的地形,两侧的排水向中间的排水沟中汇集,汇集到排水沟中的水经过沟塘由北向南排出。区内黏土及黏壤土交错分布,土层厚,耕作层较深,质地黏重,透水性差,肥力高,宜于种植水稻。示范区直接从漳河灌区总干渠取水,并由三分渠进行灌溉;经统计示范区内塘堰共 21 处,总蓄水容量 10 万 m^3。

辐射推广区为漳河灌区一部分,灌区内主要种植水稻、小麦、棉花、油菜等多种作物,水稻又分为早稻、中稻、一季晚稻或双季晚稻。灌区主体工程于 1966 年开始投入运行,四十年来累计向灌区提供水量 160 多亿 m^3,灌区粮食产量由 3.46 亿 kg 增长到 14 亿 kg,增长了 3.05 倍。漳河灌区已成为荆楚大地著名粮仓之一。示范区灌溉渠道图见图 9 - 7。

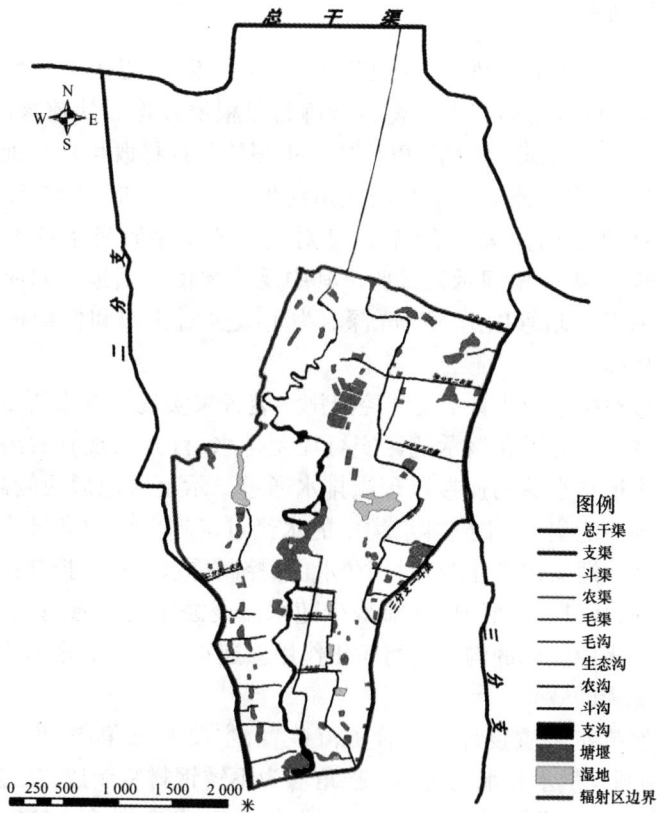

图 9 – 7　示范区灌溉渠道图

二、建设内容

示范核心区布置有设施农业区、有机水稻区、旱稻试验区、减污研究区等生产区和试验区。试验区开展了农田土水势与水肥利用关系、区域水平衡及用水信息监测、控制排水及排水再利用、示范区生态建设等相关试验研究。

1. 土地平整

在项目实施初期对示范区进行了集中土地平整工作,共平整土地 1 000 亩。

2. 灌排工程

示范区布置量水设施 39 处;新建 80U 型渠 1 680 m,50U 型渠 600 m;生态沟渠3 条;控排节制闸 4 处。

3. 沟道塘堰生态整治

根据示范区实际的灌溉情况以及水文情况,在建设生态灌区的理念下,有针对性的修整塘堰 21 口,塘堰生态湿地 11 个,总蓄水容量 10 万 m³。

4. 控制排水及再利用

为了发挥暗管排水技术的优势和克服其排除涝水的不足,提出了一种新型的改进暗管排水技术。在传统的埋设暗管上端覆盖砂砾石至根层以形成快速渗滤体,使涝水可以通过这个快速通道排入地下排水管以快速排出田块。这样既可通过地下排水管道排出涝渍水,又能减少地表径流排水引起的氮磷流失。为了评价不同的反滤体设计参数(宽度)对除涝效果和氮磷流失的影响,设计对比了传统暗管排水技术和20 cm与30 cm宽度反滤体暗管结果的田间示范试验。其中反滤体使用当地不同粒径的建筑沙砾进行合理级配后埋设在暗管以上50 cm深。为了减少对耕作和作物根系生长的影响,反滤层上覆盖30 cm表土。

控制排水是通过在排水沟或管上安装控制排水装置来实现对排水流量或深度的调控的一种排水管理技术。为了在该示范区实行控制排水,首先在现有的沟塘和田块分布基础上疏通排水沟道与水塘的连接以理顺排水通道。示范区地形两侧高中间低,两侧排水向中间排水沟中汇集,汇集到排水沟中的水经过沟塘由北向南排出。为了蓄积排水用于满足干旱期的灌溉需求建造了两个(水位)控制排水装置。控制排水装置减少氮、磷流失的作用,通过汛期阻挡沟底水流减少随水流侵蚀作用的氮磷流失,非汛期的静置作用也能促进排水中氮磷的沟道生物净化作用。连接排水沟的水塘中的水生植物也具有净化排水中氮磷的效果。

结合上述的控制排水装置设计了组合测流装置,主要有三角堰、底部控制排水涵洞、上部叠板式控制闸及量水和水尺断面。三角堰为不锈钢材料制成,其过水部分尺寸为堰顶净宽 $b = 0.6$ m,最大堰上水头 $h = 0.3$ m,堰口角 $\theta = 90°$;整个堰体的长为 0.9 m,高为 0.45 m。

三、信息监测建设

实时信息监测是灌溉用水管理的基础和灌溉决策管理的重要依据之一。示范区内主要的监测内容包括田间水层、渠道水位/流量、土壤墒情、地下水位等。示范区建设各类信息监测点4个。

1. 监测点布设原则

实时信息监测站点布设的数量及位置主要按照整个示范区的规模及有关监测信息全覆盖的要求确定。土壤墒情站点由示范区作物类型及种植位置来确定,田间水层、渠道水位/水量监测及地下水位监测点根据一些代表性的堰塘及渠道来确定布设位置及数量,本着不重复布点,不留空白,在关键位置及节点布设信息点,选择有代表性的位置布点等原则来确定各信息监测点布设的位置。

2. 监测方法

①田间水层:在田块边建观测井,将自计水位计安装在观测井中,并通过遥测手段发送到水管理中心。

②渠道水位:渠道安装自计水位计,并通过遥测手段发送到水管理中心。

③闸门开度:采用闸位计,并通过遥测手段发送到水管理中心。

④降雨量:自计雨量计,并通过遥测手段发送到水管理中心。

⑤地下水位:安装自计水位计,并通过遥测手段发送到水管理中心。

3. 监测设备

实时信息监测系统主要采用 2 种传感器和一个数据接收、存储、传输终端,即使用 WFX-40 型数字式水位计分别测量渠道水位、地下水位(厘米级)以及田间水层深度(毫米级);采用 DH-FD 型土壤水分测试仪测定田间土壤实时墒情。最终集成为独立的数据测量站点。实时信息监测设备主要包括遥测终端、数据采集端以及相应的太阳能供电系统、无线信号传输系统等。

四、辐射推广区

辐射推广区有分支渠两条,直接从漳河灌区总干渠引水,建成 120U 型渠 3 500 m、80U 型渠 800 m,50U 型渠 25 000 m,30U 型渠 15 000 m,构成干、支、斗、农、毛五级灌溉渠道系统。排水支沟 1 条,由南至北贯穿本区中部,将本辐射推广区分为东西两区,承担主要排水功能的同时成为本区南部近千亩农田的灌溉水源。塘堰 96 处,其中鱼塘 41 处,湿地 8 处,最大水面面积 21 万 m^2,总蓄水容积 53.1 万 m^3。

第四节　华北引黄灌区管道灌溉工程示范区

一、基本情况

示范工程位于山东省德州市平原县,属于潘庄引黄灌区。潘庄引黄灌区是全国大型引黄灌区之一,位于山东省西北部,黄河下游左岸德州市境内。设计引黄流量 120 m^3/s,设计灌溉面积 500 万亩,灌溉作物以冬小麦、夏玉米等粮食作物为主,兼有棉花等经济作物。以平原县 2012 年度小型农田水利重点县为依托,对示范区进行了规划设计和建设,示范区包括张庄、管庄、槐王村等三个村,面积 3 823 亩。

二、建设内容

建设内容有泵站、输变电、输水管道、IC 卡自动计量与控制设施、一杆式土壤墒情检测设备、泵站信息化自动控制设备等。泵站泵房建设面积 79.6 m^2,装机功率 235 kW,泵站信息化自动控制设备 1 台套;变压器容量 315 kVA;地下输水管道总长 23 713 m,其中玻璃钢管长 1 788 m,PVC 管道长 21 925 m;IC 卡自动计量与控制设施 48 台套、安装灌溉给水栓 305 个;一杆式土壤墒情检测设备 1 台套;管道泥沙淤积观测井 5 处等。

建设泵站 1 座,变压器 1 台套,铺设地下输水管道,安装给水栓和 IC 卡计量与控制设备,以及泥沙淤积观测点、土壤墒情、信息化自动化控制设备,建设"固定泵站+变频调速器+管道输水+给水栓"的灌溉工程模式。

1. 管道输水灌溉工程

（1）田间管道工程布置

示范区是以泵站控制的独立灌溉系统。按照节水灌溉技术规范要求，规划管道输水灌溉工程配水支管之间的距离不大于 150 m，配水支管上放水口的间距不大于 50 m，管网布置形式主要为"王"字形，各支管全部配套 IC 卡计量与控制设备。给水栓以下的田间灌溉配套软管，替代田间的毛渠输水。

（2）泵站及首部枢纽布置

依据泵站设计功率，考虑运行因素，泵站布置三台水泵。考虑到水泵吸程对水泵效率的影响，水泵进水管的高程设计为 3 个数值，以便开展试验研究工作。首部枢纽包括变频控制开关、逆止阀、闸阀、安全阀、进排气阀、测水量水设施等。

（3）农作物灌溉制度

根据示范区气候条件、土壤类型和作物种植种类，参照《山东省主要农作物灌溉定额第 1 部分：谷物的种植等 3 类农作物》（DB37/T 1640.1—2015），确定示范区作物灌溉制度如下：

①冬小麦：灌水定额 50 ~ 80 m^3/亩，灌水周期 5 ~ 10 d，一般年份灌水 3 ~ 4 次。

②夏玉米：灌水定额 40 ~ 60 m^3/亩，灌水周期 5 ~ 10 d，一般年份灌水 2 ~ 3 次。

由于示范区节水灌溉工程形式为管道输水灌溉，采用变频恒压控制管道输水，考虑示范区的生产体制为一家一户的农业经营方式，为方便用水计量和灌溉管理，灌溉系统均采用轮灌制度。

2. 示范区管道输水灌溉工程设计

（1）管道输水灌溉工程管材选择

田间地下输水管道选用管材为 PVC 管、玻璃钢管。PVC 管材连接速度快、接头强度高，玻璃钢管接头连接较为烦琐。但 PVC 管材的径价比随着管径的增大越来越大，玻璃钢管材的径价比随着管径的增大较小，经厂家价格对比，本着合理经济的原则，确定管径 350 mm 以上采用玻璃钢管，管径小于 350 mm 采用 PVC 管。

（2）管道输水灌溉工程布置

依据地形、地块、道路等情况布置管道系统，在方便灌溉的前提下使管线最短，控制面积最大，便于机耕。主管道采取双向分水方式灌溉。示范区南北方向设置主管道 1 条，垂直主管道设置干管，垂直每条干管布设管径 125 mm 和 110 mm 支管，给水栓沿支管布设，间距 50 m，给水栓多为单向分水控制灌溉，共布设 305 个。在每条干管末端设放水阀各一处，每条干管首端设 IC 卡计量与控制设备一处，管径大于 125 mm 的输水管道分支处设镇墩，镇墩用混凝土构筑。

3. 灌溉工程附属设施设置

管道输水灌溉工程构筑物主要包括泥沙淤积观测井、阀门井、排气阀井、管网排水口及排水阀池、给水栓保护池、镇墩。

三、辐射推广区

辐射推广区选择在类似条件的引黄灌区,结合23个市县的2013~2016年小型农田水利重点县规划设计项目推广应用技术成果,规划了38处项目区,灌溉面积达79.19万亩,其中粮食78.89万亩,果树0.3万亩。2013年推广45.11万亩,2014年推广12.53万亩,2015年推广13.61万亩,2016年推广7.95万亩,详见表9－1。

表9－1　辐射推广区一览表

辐射推广区			种植作物	灌溉形式	面积/亩	实施年度
山东省	鲁西南	菏泽市	定陶县	玉米、小麦	管道灌溉	19 300	2014
			定陶县	玉米、小麦	管道灌溉	3 560	2015
			定陶县	玉米、小麦	管道灌溉	11 780	2016
			曹县	玉米、小麦	管道灌溉	11 000	2015
	鲁北	济南市	济阳县	玉米、小麦	管道灌溉	13 200	2013
		德州市	庆云县	玉米、小麦	管道灌溉	58 700	2013
			临邑县	玉米、小麦	管道灌溉	23 000	2013
			陵城区	玉米、小麦	管道灌溉	26 490	2013
			平原县	玉米、小麦	管道灌溉	28 700	2014
			平原县	玉米、小麦	管道灌溉	29 060	2015
			德城区	玉米、小麦	管道灌溉	240	2013
			德城区	玉米、小麦	管道灌溉	26 100	2014
			德城区	玉米、小麦	管道灌溉	16 546	2015
			德城区	玉米、小麦	管道灌溉	25 803	2016
			齐河县	玉米、小麦	管道灌溉	28 039	2013
			武城县	玉米、小麦	管道灌溉	21 100	2013
			禹城县	玉米、小麦	管道灌溉	27 984	2013
			宁津县	玉米、小麦	管道灌溉	17 000	2013
			乐陵市	玉米、小麦	管道灌溉	23 500	2014
			乐陵市	玉米、小麦	管道灌溉	25 100	2015
			乐陵市	玉米、小麦	管道灌溉	24 900	2016
			庆云县	玉米、小麦	管道灌溉	24 840	2013
			夏津县	玉米、小麦	管道灌溉	58 700	2013
			茌平县	玉米、小麦	管道灌溉	23 400	2015

续表

辐射推广区			种植作物	灌溉形式	面积/亩	实施年度
山东省	鲁北	聊城市	荏平县	玉米、小麦	管道灌溉	11 763	2015
			荏平县	玉米、小麦	管道灌溉	7 400	2016
			东昌府区	玉米、小麦	管道灌溉	7 600	2014
			东昌府区	玉米、小麦	管道灌溉	3 000	2016
			临清市	玉米、小麦	管道灌溉	3 100	2014
			临清市	玉米、小麦	管道灌溉	4 700	2015
			临清市	玉米、小麦	管道灌溉	4 400	2016
		滨州市	博兴县	玉米、小麦	管道灌溉	4 000	2013
			阳信县	玉米、小麦	管道灌溉	28 300	2013
			惠民县	玉米、小麦	管道灌溉	49 300	2013
			无棣县	玉米、小麦	管道灌溉	22 300	2013
			沾化县	玉米、小麦	管道灌溉	25 000	2013
			沾化县	玉米、小麦	管道灌溉	3 000	2013
			沾化县	玉米、小麦	管道灌溉	25 000	2014
			沾化县	玉米、小麦	管道灌溉	25 000	2015
合计						791 905	

参 考 文 献

[1] 佚名. 庆安灌溉试验站[J]. 黑龙江水利,2016,2(12):2+95.

[2] 仲伟强,司振江,李芳花. 水稻控制灌溉与栽培模式研究[J]. 农机化研究,2014(8):153-156.

[3] 张伟强. 发展旱作农业机械化技术是保障[J]. 农机使用与维修,2010(3):114.

[4] 韩雪. 和平灌区水量供需平衡分析[J]. 黑龙江水利科技,2017,45(7):60-62.

[5] 佚名. 黑龙江省桦川县悦来灌区简介[J]. 黑龙江水利科技,2019,47(5):2+251.

[6] 赵娜,李艳芬,朱建彬,等. 中牟县小型农田水利工程现状分析[J]. 河南农业,2010(16):17.

[7] 张士菊. 节水灌溉对漳河经济效益的影响分析[J]. 中国农村水利水电,2001(S1):33-35.

[8] 刘其武. 漳河灌区用水户参与式灌溉管理的实践与探索[J]. 节水灌溉,2001(6):32-33.

[9] 赵崇涛. 潘庄引黄灌区水沙分析及泥沙处理[J]. 人民黄河,1992(1):11-15+65.